精华类化妆品配方与制备手册

JINGHUALEI HUAZHUANGPIN
PEIFANG YU ZHIBEI SHOUCE

李东光 主编

U0389817

化学工业出版社

·北京·

内 容 简 介

本书精选近年来绿色、环保、经济的 338 种精华类化妆品配方，包括修复护肤精华、补水保湿精华、美容面膜精华、美白嫩肤精华、去皱抗衰精华、祛痘祛斑精华、眼部肌肤调理精华、润发护发精华，重点阐述了原料配比、制备方法、产品应用、产品特性等内容，具有原料易得、配方新颖、产品实用等特点。

本书可供从事化妆品配方设计、研发、生产、管理的人员，精细化工专业的师生以及对化妆品相关知识有兴趣的大众参考。

图书在版编目（CIP）数据

精华类化妆品配方与制备手册／李东光主编.

北京：化学工业出版社，2024. 11. -- ISBN 978-7-122-46264-0

Ⅰ. TQ658-62

中国国家版本馆 CIP 数据核字第 2024ZU0669 号

责任编辑：张　艳　　　　　　文字编辑：杨凤轩　师明远
责任校对：宋　夏　　　　　　装帧设计：王晓宇

出版发行：化学工业出版社
　　　　　（北京市东城区青年湖南街 13 号　邮政编码 100011）
印　　装：北京建宏印刷有限公司
710mm×1000mm　1/16　印张 33¼　字数 635 千字
2025 年 1 月北京第 1 版第 1 次印刷

购书咨询：010-64518888　　　　售后服务：010-64518899
网　　址：http://www.cip.com.cn
凡购买本书，如有缺损质量问题，本社销售中心负责调换。

定　　价：198.00 元

随着人们生活水平的不断提高，化妆品由奢侈品变成了不可缺少的日常用品。人们生活理念改变，对化妆品的需求也越来越多样化，而精华（精华素、精华液），作为化妆品中的极品，成分精致、功效强大、效果显著，始终保持着高贵和神秘，精华所提取的是高营养物质并将其浓缩。它的作用有防衰老、抗皱、保湿、美白、去斑等。

精华从提取物角度可分为以下几种。

植物精华：从各种野生或人工种植的植物中提取的精华，如桑叶精华、玫瑰精华、金盏花精华等，最受欢迎的是芦荟精华，因其刺激性小，对各类肤质都适用，主要效用是滋润、平衡水分和油脂分泌、消除红肿、减轻炎症。

果酸精华：从水果中提炼果酸，用从果酸中提取的保养肌肤物质制成的，如甜杏精华、柠檬精华、水蜜桃精华、苹果精华。果酸精华具有较强的毛孔收敛功效，可使肌肤紧致光滑，但过敏性肤质不适用；

动物精华：动物精华所具有的抗皱、防干燥功效不容否认，如蜂王浆精华、鲨烯精华等，性质温厚、养分充足，适用于缺水性肌肤。

维生素精华：从对皮肤有益的维生素中提取的精华，如维生素 E 精华、维生素 C 精华，不同的维生素精华有不同的功效，有很强的针对性。

基因精华：通过基因重组和生物工程技术得到的，一种新型的、水溶性高分子生物胶原蛋白制成的精华，也叫类人胶原蛋白精华。

从功能上可分为以下几种。

修护精华：此类精华比较特殊，功效强大可以起到"安内抚外"的作用。一方面，尽量补充肌肤所需要的营养、水分，强化肌肤天然抵抗力，抵御外界环境的侵害，让肌肤尽快恢复正常；另一方面，刺激、加速细胞的修护与更新，提供细胞必需的氧气，带动皮肤新陈代谢，让肌肤更加明亮、紧致。干性、敏感性肌肤或晦暗、无光的肌肤尤其应加强使用这类产品。

抗衰老精华：抗衰老，重在防纹抗纹。使用有效成分为已受损的胶原蛋白或弹力纤维做修护；或运用有效成分刺激纤维母细胞，以促进胶原蛋白及弹力纤维的增生；更新的概念则是补充有效成分提升肌肤更新能力，预防细胞提早损坏或衰老。

美白精华：美白，重在除斑淡斑。根据不同的作用机理，此类精华产品通常分为三类：第一类，使用有效成分抑制黑色素的产生；第二类，使用有效成分中和正在形成的黑色素；第三类，使用有效成分将已形成并逐渐浮现于表皮的黑色素代谢掉。至于该使用哪种精华，不是视季节而定，而是应须依肌肤的症状与现况而定。

美白精华成分能够由肌肤表面进入到肌肤的基底层，作用在细胞上，阻止黑色素产生，最终达到淡化斑点、均匀肤色的目的。有些活性成分甚至可以在皮肤各层发挥美白效果，令肌肤更明亮有光泽。

保湿精华：保湿，重在锁水补水。保湿精华的使用会使肌肤缺水症状得到有效缓解。同时，保湿因子的大量使用也使真皮层的"胶状"本质得到维持，使肌肤真皮层中其他组成分子的活性与功能不致受到影响。玻尿酸、黏多糖体、氨基酸、尿素、乳酸钠及胜肽类都是极佳的天然保湿因子。

化妆品技术发展日新月异，新产品竞争也异常激烈，新配方层出不穷。为满足相关技术人员的需要，我们编写了《精华类化妆品配方与制备手册》，书中收录了近年含有各种精华的化妆品配方，详细阐述原料配比、制备方法、产品特性等，可作为从事化妆品的科研、生产、销售人员的参考读物。

本书的配方以质量份数表示，在配方中注明以体积份数表示的情况下，需注意质量份数与体积份数的对应关系，例如质量份数以 g 为单位时，对应的体积份数是 mL；质量份数以 kg 为单位时，对应的体积份数是 L，以此类推。

需要请读者注意的是，我们没有也不可能对每个配方进行逐一验证，所以读者在参考本书进行试验时，应根据自己的实际情况本着"先小试，后中试，再放大"的原则，小试产品合格后才能往下一步进行，以免造成不必要的损失。

本书由李东光主编，参加编写的还有翟怀凤、李桂芝、吴宪民、吴慧芳、邢胜利、蒋永波、李嘉等。由于我们水平有限，书中不妥之处在所难免，敬请广大读者提出宝贵意见。编者联系方式为 ldguang@163.com。

主编

2024 年 9 月

目录
CONENTS

2

补水保湿精华

168～312

3

美容面膜精华

313～341

5

去皱抗衰精华

395~446

6

祛痘祛斑精华

447~483

7

眼部肌肤调理精华

484~498

8

润发护发精华

499～513

参考文献

1

修复护肤精华

配方1 寡肽修护精华素

[原料配比]

原料	配比（质量份）		
	1#	2#	3#
寡肽-1	0.1	2	1.5
去离子水①	5	5	4
寡肽-2	0.1	2	1.5
去离子水②	5	5	4
寡肽-5	0.1	1.5	1
去离子水③	5	3	3
甘油	5	15	8
1,2-戊二醇	0.01	0.03	0.02
1,2-己二醇	0.01	0.05	0.03
β-葡聚糖	0.03	0.2	0.15
聚谷氨酸钠	0.1	0.6	0.4
透明质酸钠	0.05	0.2	0.15
甘露糖醇	0.2	1	0.8
皱波角叉菜粉	0.2	1	0.8
去离子水④	79.1	63.42	74.65

[制备方法]

（1）将寡肽-1溶于去离子水①中，得到寡肽-1溶液，将寡肽-2溶于去离子水②中，得到寡肽-2溶液，将寡肽-5溶于去离子水③中，得到寡肽-5溶液。

（2）将去离子水④加热到88℃，保温搅拌20min，再降温到80℃，将去离子水④与甘油、甘露糖醇、1,2-戊二醇、1,2-己二醇、聚谷氨酸钠和透明质酸钠混合，搅拌至完全溶解，得到混合料液；将混合料液降温至50℃后，与β-葡聚糖、皱波角叉菜粉混合，搅拌至完全溶解，得到含有皱波角叉菜粉的混合液；将含有皱波角叉菜粉的混合液降温至42℃后，与寡肽-1溶液、寡肽-2溶液、寡肽-5溶液混合，搅拌至完全溶解，得到精华素。

[原料介绍] 寡肽-1具有修复表皮、抗衰老、淡化色斑、平复皱纹、滋润之功效；寡肽-2能促进细胞再生及生长，修复受损的皮肤屏障；寡肽-5具有去皱、保湿、抗衰修复、增加皮肤抵抗力等功效，可促进胶原蛋白、弹力纤维和透明质酸合成，提高肌肤的含水量。

所述皱波角叉菜能够增加精华素的黏性。在本品中，所述皱波角叉菜优选制作成粉状后再使用。

[产品应用] 本品每天早晚各使用一次，每次使用2～5滴。

[产品特性] 本品提升皮肤整体的耐受力，修复受损的皮肤细胞，加速老化细胞的代谢，改善皮肤微循环，还原皮肤健康的生态系统，预防色素沉积导致的色斑出现，焕发皮肤莹润与光泽，解决了皮肤老化问题。

配方2 去角质精华素

[原料配比]

原料	配比（质量份）			
	1#	2#	3#	4#
角鲨烯	0.5	1.5	2	2
神经酰胺	0.5	0.8	1	1
甘油	5	8	10	5
丁二醇	5	6	8	8
聚乙二醇	2	4	5	5
乳木果脂	0.5	0.8	1	1
牛油果	3	5	7	7
红没药醇	4	5	6	6
洋甘菊	5	8	10	5
维生素E	1	5	10	10
维生素C	1	6	10	10
胶原蛋白	10	18	20	18
去离子水	62.5	31.9	10	22

[制备方法]

（1）将角鲨烯、甘油、丁二醇、聚乙二醇、牛油果、红没药醇、洋甘菊、维生素 E、维生素 C 和胶原蛋白加热至 75～85℃，搅拌均匀得到精华素原液；

（2）向步骤（1）的精华素原液中加入去离子水，继续搅拌 10～20min 后，降温至 50～60℃，加入神经酰胺和乳木果脂并继续搅拌，温度降至 35～45℃时，停止搅拌，然后温度自然降至常温，得到所述去角质精华素。

[产品特性] 本品具有显著的去角质、去红血丝和活肤滋润的功效。本品制备方法工艺简单，制备成本较低，通过加工过程中原料加入顺序、加工温度以及时间的控制，能够更大限度地提取原料中的有益物质，使制备的去角质精华素效果更好。

配方 3 脂质体精华素

[原料配比]

原料	配比（质量份）
表皮细胞生长因子（EGF）	3
血管内皮细胞生长因子（VEGF）	1
透明质酸	1000
干细胞生长因子（SCGF）	0.05
类脂	100
磷脂	100
脂肪酸	100
金属硫蛋白	5
胶原蛋白	5
弹性蛋白	5
纤维状蛋白	5
熊果苷	20
芦荟苷	20
氨基酸	5
维生素 E	25
维生素 C	25
胆固醇	25
乙醇（或者氯仿、甲醇或二氯甲烷等）	50000（体积份）
去离子水	70000（体积份）

[制备方法] 将 100mg 磷脂、100mg 类脂、100mg 脂肪酸、25mg 维生素 E 和

25mg 胆固醇溶于 50mL 乙醇（或者氯仿、甲醇或二氯甲烷等）中，振荡均匀得溶液Ⅰ，然后放入茄形瓶中，在水浴旋转蒸发仪上不断旋转振摇下，减压蒸发以除去溶剂（水浴温度为 35℃±1℃），并不时地通入氮气，直至完全蒸发，然后在室温下干燥 24h；称取 3.0mg 表皮细胞生长因子、0.05mg SCGF（购自 Peprotech 公司）、1mg 血管内皮细胞生长因子（VEGF）、1000mg 透明质酸、5mg 金属硫蛋白、5mg 胶原蛋白、5mg 弹性蛋白、5mg 纤维状蛋白、20mg 熊果苷、20mg 芦荟苷、5mg 氨基酸和 25mg 维生素 C 溶于 70mL 去离子水中并在水浴旋转蒸发仪上不断旋转振摇下摇匀得水溶液Ⅱ；然后将上述水溶液Ⅱ加入上述茄形瓶中，在水浴旋转蒸发仪上不断旋转振摇下得到脂质体乳液，探式超声仪在冰水浴条件下使脂质薄膜充分水化 20～30min，直至乳液变为透明为止，得到载表皮细胞生长因子、干细胞生长因子、金属硫蛋白、胶原蛋白、弹性蛋白、纤维状蛋白、熊果苷、维生素 E 和维生素 C 等的脂质体精华素。

[原料介绍] 脂质体能够保护被包封的表皮细胞生长因子、SCGF（购自 Peprotech 公司）、金属硫蛋白、胶原蛋白、弹性蛋白、纤维状蛋白、熊果苷、芦荟苷、氨基酸、维生素 E 和维生素 C 等营养成分穿过角质层进入真皮及皮下组织，被充分吸收和利用。

[产品特性] 本品脂质体精华素由磷脂双分子构成，内含净水的微型囊泡，囊泡内能包囊定量的表皮细胞生长因子、金属硫蛋白、干细胞生长因子等营养成分，其平均直径为 100nm，是人体细胞直径的 1/300～1/200，能轻易穿透人体皮肤表层，与细胞融合，发挥功效。因此，脂质体精华素，能够促进细胞再生，解决皮肤暗淡无光、弹性下降和老化的问题，具有良好的护肤作用，能深入湿化角质细胞和加强水合作用以改善皮肤的柔软性，能修复有损伤的细胞从而维护皮肤的正常生理功能；能够提供足够的养分以保证皮肤的健康，增强皮肤抵抗力；具有超强的滋润保湿功能，深层补水，改善皮肤的干燥缺水状况。本品将各种营养成分运输到皮肤深层，能够促进皮肤组织细胞的增殖和生长，使新生的年轻细胞迅速替代衰老的细胞，从而解决皮肤暗淡无光、弹性下降和老化的问题，并能使皮肤白皙、皱纹减少。

配方 4 活颜紧致精华素

[原料配比]

	原料	配比（质量份）
A 相	聚二甲基硅氧烷	2
	合成角鲨烷	2
	辛酸/癸酸甘油三酯	1

原料		配比（质量份）
A相	异硬脂醇异硬脂酸酯	1
	单硬脂酸甘油酯	1
	十六/十八醇	1.5
	单硬脂酸失水山梨醇酯	1.5
B相	聚氧乙烯（100）硬脂酸酯	1
	聚氧乙烯失水山梨醇单硬脂酸酯	1.5
	甜菜碱	1
	甘油	5
	1,3-丁二醇	3
	茶多酚	0.2
	丙烯酰胺/丙烯酰基二甲基牛磺酸钠共聚物/异十六烷/聚山梨醇酯-80	2
	泊洛沙姆188	0.2
	乙二胺四乙酸二钠	0.05
	去离子水	加至100
C相	环五聚二甲基硅氧烷	1
	包裹白藜芦醇（20%）	2
D相	泛醇	1
	烟酰胺	1
	维生素C乙基醚	0.5
	燕麦β-葡聚糖（10%）	5
	透明质酸钠	0.3
	谷胱甘肽	0.5
	水	10
E相	人参提取物	0.2
	红景天提取物	0.2
	灵芝提取物	0.2
	黄芪提取物	0.2
	当归提取物	0.2
	水	5
F相	辅酶Q10和硫辛酸纳米乳液（5%）	3
	聚多糖紧肤剂	5
	维生素A棕榈酸酯	0.5
	维E醋酸酯	0.05
	1,2-辛二醇	0.35
	2-苯氧基乙醇	0.65

[制备方法] 将上述 A 相和 B 相分别置于 75～80℃水浴锅中搅拌 25～30min，使固状物溶解；将 C 相加入 A 相，边搅拌边把 B 相加入，快速搅拌 25～30min 后降温；冷却至 40～45℃时，分别将 D 相、E 相和 F 相加入并搅拌至均匀；温度降至 30～35℃时停止搅拌，出料，即得所述活颜紧致精华素。

[原料介绍] 本配方中的维生素 C 乙基醚是不影响生物活性且真正意义上不会变色的维生素 C 衍生物，进入皮肤后被酶分解从而发挥维生素 C 的作用；它能有效抑制黑色素的合成，防止生成及淡化色斑，同时还能改善皮肤光泽度，修复皮肤细胞活性，促进胶原蛋白的形成，具有防止皮肤衰老的功能。

维生素 E 醋酸酯是维生素 E 的稳定衍生物，它透入皮肤后分解为维生素 E，从而产生抗氧化活性，保护皮肤免遭自由基的伤害；它还能促进皮肤新陈代谢，改善皮肤的弹性，防止色素沉着等。

谷胱甘肽不仅具有抗氧化性，还能够影响皮肤细胞酪氨酸酶活性、抑制黑色素生成，防止皮肤色斑的产生。

维生素 A 棕榈酸酯具有抗皮肤衰老、抗癌等功效。

白藜芦醇能清除自由基、抗氧化、抗衰老，抑制细胞内酪氨酸酶的活性，阻止黑色素的形成。

硫辛酸具有强抗氧化性，兼具水溶性及脂溶性，易于皮肤吸收，对于黑眼圈、皱纹及斑点等效能卓著，还能改善肌肤暗沉、细致毛孔。

辅酶 Q10 能够有效清除自由基，防止皮肤衰老，促进皮肤新陈代谢，减少皱纹的产生，还有抗色素沉着的功效。配方中选择添加辅酶 Q10 和硫辛酸的纳米乳液，具有粒径小、皮肤亲和性好以及在皮肤上的闭合效应，能有效促进活性组分在皮肤上的渗透性，提高活性物质的吸收。

烟酰胺（维生素 B3）能有效抑制黑色素的生成，美白肌肤。

泛醇又称维生素原 B5，为深入渗透的保湿剂，可刺激上皮细胞的生长，促进伤口愈合，起消炎作用。

燕麦 β-葡聚糖有保湿、抗衰老、祛敏、促进伤口愈合、修复晒后损伤、淡化瘢痕、抗敏消炎等多种功效。

透明质酸钠被称为最理想的保湿剂，它可以持久保湿，使皮肤柔嫩、光滑；还可促进其他活性成分和营养物质的吸收，改善皮肤的营养代谢，为真皮胶原蛋白和弹性纤维的合成提供良好的环境，减轻老化皱纹痕迹，防止衰老。

聚多糖紧肤剂具有瞬时平滑肤质和提拉效果，令肌肤塑形紧实。

灵芝、人参、黄芪、当归、红景天均属于补益类中药，灵芝补脾益气，人参补益脾肺，黄芪补气固表，当归活血补血，红景天活血止血。根据中医配伍理论，灵芝与人参、黄芪、当归配伍，有益气补血之效。作为活性成分添加在化妆品中，它们也各有不同的功效；灵芝、人参提取物都有抗氧化、延缓皮肤衰老、提升皮肤免疫力等多种功效；黄芪提取物能促进胶原蛋白的合成，提升皮肤弹性；当归提取物能抑制酪氨酸酶的活性，有一定的美白功效；红景天提取物具有很强的抗氧化性，能对抗多种自由基对皮肤的伤害。

[产品特性]　将抗氧化网络体系用于配方，并添加多种其他抗氧化剂，以发挥抗氧化的协同增效作用；添加聚多糖紧肤剂、多种保湿剂，使产品具有即时提拉紧致和长效保湿功效；选择乳化型基质配方作为载体，便于水溶性和脂溶性多种活性成分的溶解；部分活性成分采用纳米乳液和微胶囊技术，既利于活性成分的传输及皮肤的吸收，又增加了产品的稳定性；配方中不含酒精、香精、尼泊金酯类，温和无刺激。

本品具有抗氧化、保湿、紧致、淡化色素等多重功效，对皮肤屏障损伤的修复效果好，连续使用该活颜紧致精华素，皱纹明显变浅，皮肤变得水润、紧致、白皙、柔嫩。

配方5　植物精华素（1）

[原料配比]

原料	配比（质量份）		
	1#	2#	3#
白及	100	80	80
白芷	100	80	80
元参	100	100	90
苦参	100	100	90
北芪	100	100	90
黄柏	100	100	90
大黄	100	100	90
桃仁	100	100	90
荷叶	80	60	50
藏红花	20	15	15
沉香花	50	50	40
扁豆花	40	40	40
野菊花	50	50	40
金银花	40	40	40
野葛花	50	50	40
木莲花	40	40	40
鸡蛋花	40	40	40
田七	100	100	90

续表

原料	配比（质量份）		
	1#	2#	3#
赤小豆	100	100	90
桑树根	100	80	80
柠檬根	100	80	80
60%以上浓度的酒精	24000	22400	20800
去离子水	20500	19750	21300

[制备方法]

（1）将根、果类植物材料如中药材白及、白芷、元参、苦参、北芪、黄柏、大黄、桃仁、田七、赤小豆、桑树根、柠檬根放入 60%以上浓度的酒精浸泡 5～24 个月，根、果类植物材料中药材和酒精的质量比为 1∶（10～30）；

（2）然后将浸泡的材料以及浸泡液转入蒸馏装置，向蒸馏装置内按比例加入叶、花类植物材料如中药材荷叶、藏红花、沉香花、扁豆花、野菊花、金银花、野葛花、木莲花、鸡蛋花，然后加入去离子水；

（3）蒸馏后取馏分，所得馏分即为所述的植物精华素。

[产品特性]

（1）本品采用沉香花和藏红花活血美肤的机理，再加上木莲花的紧肤作用，和多种植物花朵根茎辅助提高活性，提取的精华素紧肤、祛斑效果明显并且对人体无害。

（2）用酒精浸泡植物材料中的根、果类材料，可以使这些材料内的有效成分部分溶入酒精中，在蒸馏过程中酒精挥发而有效成分进入馏分。

（3）采用一定浓度的酒精浸泡根、果类植物材料，在蒸馏时酒精挥发，所得的馏分中不含有对皮肤有刺激作用的酒精，在提高精华素浓度的同时保证了产品纯天然的特性。

配方 6 妊娠纹修复精华素

[原料配比]

原料	配比（质量份）		
	1#	2#	3#
积雪草提取液	5～6	4～6	4～5
燕麦 β-葡聚糖	3～4	2～4	2～3

续表

原料	配比（质量份）		
	1#	2#	3#
山茶油	6～8	5～8	5～7
果酸	2～3	1～3	1～2
石榴皮提取液	4～5	3～5	3～4
芦荟提取液	2～3	1～3	1～2
三乙醇胺	0.5～0.8	0.3～0.8	0.3～0.6
甘油	5～6	4～6	4～5
丙二醇	6～8	5～8	5～7
去离子水	加至 100	加至 100	加至 100

[制备方法]

(1) 积雪草提取液的制备：将积雪草清洗、干燥、粉碎，称取粉末 50g，置 500mL 圆底烧瓶内，加 80％乙醇 200mL，室温浸泡 12h，85℃水浴热回流提取 2 次，首次 20min，第 2 次 10min，合并提取液，冷却后真空抽滤，减压回收乙醇至无醇味，得积雪草初提液；将积雪草初提液加入制备型高效液相色谱仪中，制备参数如下：采用的色谱柱为 C18 柱（50mm×200mm，5μm），流动相为甲醇-水（体积比为 60：40），流速为 100mL/min，二极管阵列检测器在 220nm 检测；运行 20min 后，积雪草初提液中的积雪草苷、羟基积雪草苷可以与干扰成分很好地分离，提取液纯度可达 98％以上。

(2) 按配比将所述组分石榴皮提取液、芦荟提取液、三乙醇胺、甘油、丙二醇加入去离子水中，搅拌均匀，升温至 50℃，乳化 10min。

(3) 按配比将所述组分积雪草提取液、燕麦 β-葡聚糖、山茶油加入上述混合液中，搅拌均匀。

(4) 按配比将所述组分果酸加入上述混合液中，调节溶液 pH 值位于 4.5～5.5 之间，去离子水加至 100，混合均匀即可。

(5) 冷却后无菌分装，检验合格后入库保存。

[原料介绍] 积雪草是伞形科植物积雪草的干燥全草，又名连线草、老公根等，为多年生匍匐草本植物，常卷缩成团状，其茎细长，结节生根，原产于印度，现广泛分布于热带、亚热带区，在我国主要分布于长江以南各省（区）。积雪草提取液具有较强的抗菌、消炎、促进成纤维细胞和胶原细胞的增殖、修复瘢痕、改善肤色的作用。积雪草提取液用于化妆品的主要活性成分为积雪草酸、羟基积雪草酸、积雪草苷和羟基积雪草苷，其具有：①抗菌作用：积雪草酸和羟基积雪草酸属于活性皂角苷物质，会酸化植物细胞中的细胞质，从而保护植物自身来抵抗霉菌和酵母菌的侵袭。积雪草提取液对绿脓杆菌、金黄色葡萄球菌、痤疮杆菌

等均有一定的抑制作用。②消炎作用：积雪草提取液能减少前炎症介质 IL-1 的产生，提高和修复肌肤自身屏障功能，从而防止和纠正肌肤免疫功能紊乱。③促进成纤维细胞和胶原细胞的增殖作用。④瘢痕修复作用：积雪草提取液具有出色的愈合伤口和修复瘢痕作用，其原因在于积雪草苷有促进体内胶原合成和新血管生成、刺激肉芽生长等重要作用，故而有利于伤口愈合。⑤改善肤色作用：积雪草提取液具有较强的抗氧化作用，可抑制自由基活性、淡化黑色素沉着、改善肌肤血液循环、更新肌肤细胞，帮助黑色素顺利代谢出体外，使肌肤光滑细嫩、美白亮丽。

燕麦 β-葡聚糖可以提高皮肤抗过敏能力，激活免疫功能，延缓皮肤衰老。燕麦 β-葡聚糖能加快确定人群的免疫细胞对细菌感染的反应，并控制住细菌感染的位置，使感染面尽快恢复；燕麦 β-葡聚糖拥有优异的抗衰老功效，能够抚平细小皱纹，提高皮肤弹性，改善皮肤纹理度；具有独特的直链分子结构，赋予了良好的透皮吸收性能；促进成纤维细胞合成胶原蛋白，促进伤口愈合，修复受损肌肤，给予皮肤如丝绸般滋润光滑的触感。

果酸顾名思义，就是从水果中提取的各种有机酸，是存在于多种天然水果或酸奶中的有效成分，包含葡萄酸、苹果酸、柑橘酸及乳酸等，因大多数从水果中提炼，故称果酸。外用高浓度果酸制剂，可使表皮与真皮分离，这就是剥脱剂。果酸制剂的剥脱作用较温和，愈后不会发生色素异常，更不会产生瘢痕。果酸是天然的有机酸，因而对全身无毒副作用，是一种对皮肤有益的营养物质，对皮肤有良好的滋养作用。外用果酸制剂可使表皮增厚、真皮乳头层结缔组织变薄、色素减退、皮肤滋润，减轻皱纹和老化。除上述作用外，果酸还可以改善皮肤质地。外用果酸制剂可使真皮浅层的肥大细胞脱颗粒，脱颗粒释放的介质刺激真皮内纤维母细胞，使腔原纤维和弹力纤维数量增加，使皮肤再次充实，富于弹性。果酸能使毛细血管扩张，有改善皮肤血液循环的作用，从而改善皮肤质地。

石榴皮别名石榴壳，石榴皮鞣质有助于局部创面愈合或保护局部免受刺激。对金黄色葡萄球菌、溶血性链球菌、伤寒杆菌、副伤寒杆菌、霍乱弧菌、大肠杆菌、变形杆菌、铜绿假单胞菌、结核分枝杆菌、脑膜炎双球菌、幽门螺杆菌、淋球菌、各种痢疾杆菌等均有不同程度的抑制作用，其中又以对伤寒杆菌、志贺氏痢疾杆菌作用最强。石榴皮水浸剂对多种致病真菌也有不同程度的抑制作用。石榴皮鞣质是抗生殖器疱疹病毒的有效成分，它不仅能抑制病毒在细胞内的增殖，还有直接杀灭病毒和阻止其吸附细胞的作用。石榴皮煎剂对甲型流感病毒 PR8 株有抑制作用，石榴皮水提液对 HBV 有体外灭活作用。

[产品特性]

(1) 促进成纤维细胞的增殖和胶原蛋白的合成，可有效预防、减轻、淡化皮肤的妊娠纹、运动裂纹和肥胖纹等；

(2) 具有促进体内胶原合成和新血管生成、刺激肉芽生长等作用，具有愈合伤口和修复剖宫产瘢痕的作用；

（3）较强的抗氧化作用，可抑制自由基活性、淡化黑色素沉着、改善肌肤血液循环、更新肌肤细胞，帮助黑色素顺利代谢出体外，使肌肤光滑细嫩、美白亮丽；

（4）优异的抗衰老功效，能够抚平细小皱纹，提高皮肤弹性，改善皮肤纹理度；

（5）抗紫外线、抗菌、抗病毒、杀癣疥，防止皮肤瘙痒、干燥、皲裂、慢性湿疹的发生；

（6）具有锁水和保湿作用。

配方 7　干细胞精华素

［原料配比］

原料	配比（质量份）			
	1#	2#	3#	4#
干细胞提取物	30	32	30	30
玻璃酸二甲基硅烷醇酯复合物	—	—	5	5
天然植物混合液	—	—	—	3
甘油	5	3	5	5
乳酸	0.5	0.8	0.5	0.5
海藻糖	1	1.3	1	1
维生素 A 醋酸酯	0.3	0.5	0.3	0.3
维生素 E 醋酸酯	0.2	0.1	0.2	0.2
4,6,7-三羟基异黄酮	0.2	0.3	0.2	0.2
二氧化钛	0.6	0.5	0.6	0.6
黄原胶	0.015	0.01	0.015	0.015
三乙醇胺	0.025	0.02	0.025	0.025
肉豆蔻酸异丙酯	3	2	3	3
丙二醇	1	1	1	1
透明质酸钠	0.05	0.02	0.05	0.05
防腐剂	1	1.2	1	1
去离子水	加至 100	加至 100	加至 100	加至 100

［制备方法］

（1）将甘油、玻璃酸二甲基硅烷醇酯复合物、天然植物混合液、海藻糖、维生素 A 醋酸酯、维生素 E 醋酸酯、4,6,7-三羟基异黄酮、透明质酸钠、黄原胶、三乙醇胺、肉豆蔻酸异丙酯、丙二醇、防腐剂和去离子水混合加热至75~80℃，均质乳化；

（2）降温至室温后，加入乳酸、二氧化钛、干细胞提取物，搅拌均匀后真空脱气，得到产品。

[原料介绍] 本品的干细胞提取物可以为植物干细胞提取物，本品采用的是商购获得的苹果干细胞、番茄干细胞和葡萄干细胞，但是为了更好地发挥效果，将组分进行了处理和调整，具体的方法如下：

（1）按照质量比为1∶1∶1∶2将苹果干细胞、番茄干细胞、葡萄干细胞和维生素C混合；

（2）常规方法体外培养并收集培养物；

（3）收集上清液中分子量小于5000Da的成分，进行冷冻干燥，其中，冷冻干燥的方法如下：0℃保存5~10min，−10℃保存10~20min，−20℃保存2~3h，然后−35℃保存超过5h，进行冷冻干燥，这可以最大限度保留细胞活性物质，对最终产品的效果具有非常好的促进作用。

干细胞提取物可以为羊脐带血干细胞提取物。获得羊脐带血干细胞提取物的方法如下：

（1）脐带及胎盘的采集。选足月母羊，进行病毒检测，在无菌条件下取得羊脐带血和胎盘，0℃条件下运至GMP车间，放入液氮罐内进行保存。

（2）收集足量的胎盘和羊脐带血后，准备生产和加工。采集羊的脐带血加入抗凝剂，保持在4℃的温度下，用生理盐水稀释，羊脐带血和生理盐水的体积比为（1~1.2）∶1；取收集好的备用羊胎盘，洗净并去除筋膜，剪碎后称重，进行组织研磨，加入羊胎盘质量1~2倍的生理盐水，进行高速组织匀浆，匀浆后的胎盘为均匀的肉糜状，然后将羊胎盘匀浆在−30~−40℃下冷冻48h后于25℃下融化，如此反复冻融2~3次。再以5000~70000r/min冷冻离心25~30min，取上清液静置透析24~48h或真空透析10~12h即可得到胎盘活性抽提液。

（3）将稀释后的羊脐带血加入胎盘活性抽提液中，稀释后的羊脐带血与胎盘活性抽提液的体积比为（0.8~1.2）∶1，再加入质量分数为3%~6%的明胶溶液，明胶溶液与胎盘活性抽提液的体积比为（0.3~0.5）∶1，进行梯度离心分离，获取液相交界面细胞悬液。

（4）将细胞悬液用磷酸盐缓冲液洗涤两次得到干细胞，将洗涤后的干细胞放入1640培养基（商购自青岛海博生物技术有限公司）中测定活性，活性大于95%即为合格。

（5）使用流体剪切力将合格的干细胞剪切成超小分子活性物质或采用超声波破碎法，利用超声波振荡器处理3~9min。

所述的天然植物混合液的制备方法为：将生姜、薄荷、老鹳草按质量比为1∶1∶1混合后（优选混合前将全部组分干燥到含水量为1%~3%），用机械绞碎，压榨出汁液，残渣加入乙醇水溶液中，搅拌 2h 后，过滤去残渣，将滤液和汁液混合得到提取液；乙醇水溶液为按乙醇与水的体积比为（0.5～0.8）：1 混合制备的；残渣与乙醇水溶液的质量比为 1：1。因为此天然植物混合液具有消毒、提味的作用，使得本品在不加入防腐剂的前提下，也可以拥有更长时间的保质期。

[产品特性] 本品干细胞精华素，从细胞的角度，有针对性地补充活性细胞或活化已有细胞的功能。在皮肤众多的细胞中，皮肤干细胞是各种细胞更新换代的"种子细胞"，是可以产生各种类型细胞的原始细胞。干细胞精华素通过表皮吸收后，深入到真皮层和皮下组织，全面激活皮肤内干细胞分化，快速地更新替换衰老的细胞，从而增加胶原分泌，改善皮肤弹性；促进蛋白质的合成活性化，增强皮肤柔软度；刺激肌层产生成纤维细胞及肌肤蛋白质，增加肌肤紧致度及弹性，增强皮肤弹力，令皮肤紧绷；吞噬色素，消除色斑；有助于抚平细纹、皱纹，重塑脸部轮廓，令肌肤变得紧致、柔嫩、细腻、滋润。

配方 8 赋活修护精华素

[原料配比]

原料	配比（质量份）	原料	配比（质量份）
甘油	10	葡萄籽提取物（原花青素）	2
银耳提取物	1	熊果素	1
芦荟苦素	10	人参果提取物	4
茶叶提取物（茶多酚）	2	去离子水	加至 100

[制备方法] 将除甘油外的各个组分按比例混合，加入水浸泡，加热至 95～100℃，滤出植物液；滤渣另加水，再次加热至沸腾慢火煎熬，加热至 95～100℃，滤出植物液；合并两次植物液后，在 50～60℃的温度下继续均匀搅拌 1h，加入甘油搅拌浓缩，取样查看，混合均匀后即可得到产品。

[原料介绍] 芦荟苦素具有多方面美化皮肤的效能，在保湿、消炎、抑菌、止痒、抗过敏、软化皮肤、防粉刺、抑汗防臭等方面有一定的作用，对紫外线有强烈的吸收作用，防止皮肤灼伤；芦荟含有多种消除超氧阴离子的成分，如超氧化物歧化酶、过氧化氢酶，能使皮肤细嫩、有弹性，具有防腐和延缓衰老等作用；芦荟胶是天然防晒成分，能有效抑制日光中的紫外线对皮肤的伤害，防止色素沉着，保持皮肤白皙。研究发现，芦荟具有使皮肤收敛、柔软化、保湿、消炎、解除硬化、角质化、改善伤痕等作用。

茶叶提取物中的茶多酚具有很强的抗氧化性和生理活性，是人体自由基的清除剂；1mg 茶多酚清除对人机体有害的过量自由基的效能相当于 9μg 超氧化物歧化酶（SOD），大大高于其他同类物质；茶多酚有阻断脂质过氧化反应、清除活性酶的作用；茶多酚的抗衰老效果要比维生素 E 强 18 倍。

葡萄籽提取物中含有原花青素，欧洲人称原花青素为青春营养品、皮肤维生素、口服化妆品，因为它能恢复胶原蛋白活力，使皮肤平滑而有弹性；胶原蛋白是皮肤的基本成分，并且是一种使身体成为一个整体的胶状物质，维生素 C 是生化合成胶原蛋白必要的营养品，原花青素使更多的维生素 C 活化，这意味着，维生素 C 可以更容易地去完成它所有功能（包括胶原蛋白的产生）；原花青素连接在胶原蛋白上，可以阻止那些破坏胶原蛋白的酶的危害；原花青素不仅帮助胶原蛋白纤维形成交联结构，而且可以帮助修复因受伤和自由基所引起的过度交联的损害，过度交联会使结缔组织窒息和硬化，从而使皮肤起皱纹和过早老化；花青素还保护人体免受阳光伤害，促进治愈牛皮癣和寿斑；原花青素也是局部施用的皮肤霜的极好添加剂。

熊果素主要萃取自熊果的叶子，一些水果和其他植物中也可以发现熊果素的存在，它具有使肌肤明亮的功效，能迅速地渗入肌肤而不影响肌肤细胞，与造成黑色素产生的酪氨酸结合，能有效地阻断酪氨酸的活动以及麦拉宁的生成，加速麦拉宁的分解与排出；熊果素还能保护肌肤免受自由基的侵害，亲水性佳。

人参果提取物所富含的硒、钼、钴、铁、锌为人体必需的微量元素，其硒元素含量高，硒是一种强氧化剂，激活人体细胞，营养细胞以达到皮肤细胞维持机体正常的生理功能。

［产品特性］ 本品具有轻微扩张毛细血管、增加血液循环、改善中间代谢、促进皮肤营养吸收作用，直接参与细胞内外电解质交流的调控，发挥物理和分子信息的过滤器作用，具有较强的消皱功能，可增加皮肤弹性，延缓皮肤衰老，改善由于各种原因导致细胞堵塞产生的各种亚健康肤质，增加表皮细胞的通透性，清除皮肤细胞的自由基；帮助皮肤表皮、真皮、皮下组织的细胞代谢，从而帮助皮肤毛孔排出垃圾毒素；改善皮下组织的含氧量，增加皮肤微血管循环，促进皮下脂肪代谢，提升皮肤真皮细胞的弹性；帮助皮肤一般伤口的愈合，以达到修复皮肤、还原肤质圆润光滑健康本色。

配方 9　防晒抗敏精华素

［原料配比］

原料	配比（质量份）	原料	配比（质量份）
透明质酸钠	1	杭白菊、红参浸提液	100
甘油	50	银耳、百合浸提液	150

原料	配比（质量份）	原料	配比（质量份）
迷迭香叶浸提液	25	丙二醇	50
茶叶浸提液	25	去离子水	50
1,3-丁二醇	50		

[制备方法]

（1）将透明质酸钠加入甘油中充分搅拌，分散均匀，静置 30min，得到澄清透明黏稠液，备用；

（2）将杭白菊、红参浸提液，银耳、百合浸提液，迷迭香叶浸提液，茶叶浸提液混合，加入 1,3-丁二醇、丙二醇和水充分搅拌混合均匀后，再加入步骤（1）得到的澄清透明黏稠液中，充分搅拌混合均匀，得到黏稠液，静置 24h，即得本精华素。

[原料介绍] 杭白菊、红参浸提液制备方法：取杭白菊 110～130 份、红参 50～70 份，加水 1000 份，加丙二醇 1000 份，加丁二醇 1000 份，室温浸泡 5～7 天，200 目过滤，备用；

银耳、百合浸提液制备方法：取银耳 1200～1800 份、百合 700～800 份，加水 90000 份，浸泡 20～28h，微沸煮提 2～4h，趁热用 200 目滤布过滤，向滤渣中再加水 90000 份，微沸煮提 2～4h，趁热用 200 目滤布过滤，合并两次滤液，浓缩至 25℃时相对密度为 1.25～1.28，冷却至室温，备用；

迷迭香叶浸提液制备方法：取迷迭香叶 40～60 份，加 70%～95% 乙醇回流提取 2 次，每次 1～2h，第一次加 7 倍质量的乙醇提取，第二次加 5 倍质量提取，200 目过滤，合并两次滤液，回收乙醇至无醇味，加入 250 份丙二醇，300 目过滤，得深棕色液体，备用；

茶叶浸提液制备方法：取茶叶 40～60 份，加 70%～95% 乙醇回流提取 2 次，每次 1～2h，第一次加 7 倍质量的乙醇提取，第二次加 5 倍质量提取，200 目过滤，合并两次滤液，回收乙醇至无醇味，加入 250 份丙二醇，300 目过滤，得深棕色液体，备用。

杭白菊是含天然防晒剂的植物之一，其含吸收紫外线的天然化学成分，杭白菊的丙二醇浸提液在 280～320nm 的紫外光下有较强吸收，具备防晒性能。本品含杭白菊，对皮肤刺激性低，无副作用，防晒效果好。此外，杭白菊还具有抗菌、消炎、抗氧化作用，能有效缓解过敏性肌肤的不适。红参具有益血、养心安神的作用，并能抗衰老、抗辐射，红参浸提液能促使肌肤健康并富有弹性，使人体焕发青春活力。银耳富有天然植物性胶质，有润肤、祛除脸部黄褐斑、雀斑的功效，银耳胶质亦能改善本品的状态，使基质易涂散均匀，锁水保湿，并增强皮肤对本品的吸收能力。百合中固有的水解蛋白含易被皮肤吸收的 8 种氨基酸，而蛋白质的亲水基团又具有保水保湿性能,同时,由于蛋白质和皮肤结构的相似性,能被皮肤吸收。百合多糖是一种天然保湿因子,由于亲肤性好,能提高 SOD 活力,能阻断活性氧和自由基的生成;皮肤会吸收氨基酸并将其转化为自身物质,维持释放其羟基上的活泼氢,捕获自由基,从而维持足够的胶原纤维和弹性纤维,提升皮肤生理机能。百合中的胡萝卜素,能防止皮肤起鳞屑,不仅能提高皮肤的呼吸性能,还可以防止因使用清洗剂而引起的脱脂。百合中的维生素 C 可以抑制皮肤上异常颜色、滋润、保湿、防晒、增加皮肤弹性、延缓衰老、修复色素沉着,以及抑制酪氨酸-酪氨酸酶的反应而起到抗损伤等功能的同时,更在很大程度上提升了化妆品酶化作用。迷迭香叶、茶叶香味清新淡雅,茶叶更具提神清心的功效,茶多酚是水溶性物质,能清除面部的油腻,收敛毛孔,具有消毒、灭菌、抗皮肤老化、减少日光中的紫外线辐射对皮肤的损伤等功效。

[产品特性] 本品为植物配方组合,制备工艺能较好地不破坏植物有效成分并保存植物天然香味,制备工艺绿色、环保、经济。该产品配方独特,植物天然成分发挥功效,温和不刺激皮肤,安全性高,防晒淡斑,养颜美容效果较好。

配方 10 玻尿酸海洋胶原精华素

[原料配比]

原料	配比（质量份）			
	1#	2#	3#	4#
瑞蓝玻尿酸原液	3.6	4	5.7	7
依兰油	4.3	2	3	4
荷荷巴油	4.8	2	3.3	4.2
椰子油	5.5	2.3	3.5	4.9
紫苏提取物	3.3	1.7	2	3
芦荟提取物	2.2	2.5	3.2	4.2
海洋鱼鳞胶原蛋白	2.9	3	4.4	5.5
维生素 B_3	2.8	3	4	4.5
五胜肽	3.9	1.4	2.3	2.6
六胜肽	1.5	1.5	2.2	2.9
金银花提取物	2.4	2.6	3.5	4.8
假叶树根提取物	2.3	2.4	3.4	4.4
酵母提取物	1.8	2.2	2.5	3.5
去离子水	加至 100	加至 100	加至 100	加至 100

[制备方法]

（1）将去离子水和瑞蓝玻尿酸原液加入搅拌锅中，将搅拌锅升温至75～85℃，搅拌48h，直至成为均一的黏性液体；

（2）把依兰油、荷荷巴油、椰子油、紫苏提取物、芦荟提取物依次添加到搅拌锅中，每添加一个品种搅拌10～15min，然后静置2～3h；

（3）把海洋鱼鳞胶原蛋白、维生素B_3依次添加到搅拌锅中，每添加一个品种搅拌10～15min，然后静置2～3h；

（4）把五胜肽、六胜肽依次添加到搅拌锅中，每添加一个品种搅拌10～15min，然后静置2～3h；

（5）把金银花提取物、假叶树根提取物、酵母提取物依次添加到搅拌锅中，每添加一个品种搅拌30min，然后静置24h；

（6）待温度降至25～35℃后，搅拌均匀，灌装即得成品。

[原料介绍] 本品各组分中，瑞蓝玻尿酸原液可以保持皮肤弹性，还能大量锁住水分子，起到保湿润滑作用，可以有效缓解肌肤水分散失、失去弹性和光泽、起皱粗糙的问题。

依兰油的提取方法是：取依兰的鲜花粉碎后，加入9～11倍量的水浸泡1～3h，采用水蒸气蒸馏方法提取7～9h，在油水分离器中静置分离，收集得到依兰油。依兰油呈流质状、清澈而有奇香且厚重，肌肤吸收后具有抗菌、降低血压、镇静等功效，它在平衡荷尔蒙方面的效果卓著，用以调理生殖系统的问题极有价值。

荷荷巴油来源于荷荷巴豆，具有良好的渗透性和耐高温特性，其分子排列方式和人类油脂非常类似，是稳定性极高、延展性特佳的基础油，主要成分为：矿物质、维生素、蛋白质、类胶原蛋白、植物蜡。肌肤吸收后，具有良好的保湿和滋养作用，对油性皮肤、暗疮、皮肤炎、干癣、湿疹等问题有显著疗效。荷荷巴油同时也是最佳护发用油之一，用于身体按摩时还有改善风湿、关节炎、痛风等疾病的功效。

椰子油可以卸妆、洁面，去污力强，保护肌肤不受紫外线伤害，吸收后可以提拉细胞的紧密度，强化毛孔的收缩力，帮助祛除死皮细胞的外层，恢复受伤皮肤，消除皱纹、粉刺、头皮屑，舒缓嘴唇龟裂，起到防晒、护发、排毒养颜、抗菌等作用。

紫苏提取物的制备方法如下：将紫苏子粉碎过40～60目筛后添加紫苏子7～10倍质量的无水乙醇浸渍提取，控制温度在30～45℃，1～2h后调整温度为55～60℃，2～3h后将提取液浓缩、干燥得到乙醇提取物；向乙醇提取后的紫苏子残渣中添加75～85℃热水，热水添加量为紫苏子残渣质量的3～6倍，处理时间为30～50min，连续提取2～3次，将提取液真空浓缩后喷雾干燥，得到热水提取物；将上述乙醇提取物和热水提取物合并粉碎，过60目筛，即得紫苏提取物。紫苏提取物主要成分是亚麻酸、棕榈酸、亚油酸、维生素E等18种氨基酸及多种微量元素，吸收后能柔润表皮，使肌肤光洁细腻，能消除皮层的黑色素。

芦荟提取物对肌肤具有滋润保湿、美白祛斑、抗衰老的作用，芦荟可以修复受伤的细胞组织，促使细胞再生，具有强烈的渗透性，能帮助营养物质渗透进入肌肤，具有强烈的清洁、抗菌、消炎、止痒等效果。

海洋鱼鳞胶原蛋白的制备方法如下：

（1）将鱼鳞洗净后热处理；

（2）将热处理后的鱼鳞原料以机械破碎处理；

（3）向经步骤（2）破碎后的鱼鳞原料中添加蛋白水解酶，并于温水下进行酶处理；

（4）将经步骤（3）酶处理后的水解液离心；

（5）取出经步骤（4）离心后的上层液；

（6）将步骤（5）所得的上层液干燥成粉末。

海洋鱼鳞胶原蛋白含丰富必需氨基酸，可维持皮肤水合作用，具有良好保湿性，能加速细胞更新、修护受损肌肤、平衡酸碱值、促进血液循环，能够在皮肤表面形成透明保护膜，具有高效保湿作用，使肌肤保持年轻并维持弹性，减少皱纹产生。

维生素 B_3 能够抑制黑色素从黑色素细胞向蛋白细胞转移，减少黑色素的沉积，加速肌肤新陈代谢，促进含黑色素的角质细胞脱落，能促进表层蛋白质的合成，增强肌肤含水量，从而改善肌肤质地。维生素 B_3 能够抗老化、美白功能强，起到淡化色斑的作用。使用含维生素 B_3 的护肤产品能减少皮肤棕色斑点的面积和数量，使色斑颜色淡化直至消失。

五胜肽被肌肤吸收后，能够缓解肌肤疲劳，使脸部肌肉放松，达到平衡状态，减少皱纹，提高肌肤含水量，增加皮肤厚度，有很好的美容功能。

六胜肽可用于防止细纹形成。它具有类似能抑制神经传导的物质，阻断神经肌肉间的传导功能，避免肌肉过度收缩。它能够减缓肌肉收缩的力量，让肌肉放松，减少动态纹的产生与消除细纹；有效重新组织胶原弹力，可以增加弹力蛋白的活性，使脸部线条放松、皱纹抚平，改善松弛。

金银花提取物的制备方法如下：取金银花，加水煎煮两次，第一次煎煮加入 12 倍量的蒸馏水，第二次煎煮加入 10 倍量的蒸馏水，每次 2h，合并煎煮液，过滤，滤液加入石灰乳调节 pH 值至 10～12，静置，过滤取沉淀，加水适量，用硫酸调节 pH 值至 6，再加入乙醇，减压蒸馏并回收乙醇，即可得到活性物含量为 6%～7% 的溶液，搅匀，过滤，滤液浓缩干燥，得到金银花提取物。金银花提取物可以滋润皮肤，清脑、醒酒、消除体内的有毒物质，美容洁肤，预防衰老，润肤祛斑，促进新陈代谢，增强记忆，改善微循环，提高人体耐缺氧自由基，清除人体过氧化脂沉积，清凉解毒，提高免疫力。

假叶树根提取物可增加皮肤新陈代谢，对神经鞘髓磷脂酶有很好的活化作用，神经鞘髓磷脂酶活性的提高是表皮细胞的合成能力增强的标识，说明假叶树根提取物具有皮肤细胞修复及抗衰老的作用。肌肤吸收假叶树根提取物后，能促进血液循环、消除黑眼圈、能锁住水分子等。

酵母提取物含有大量皮肤必需的氨基酸、肽、核酸等生物活性物质，而氨基酸是皮肤的天然保湿因子的主要成分，用以合成皮肤胶原蛋白，能快速透过皮肤提供皮肤所需养分，深层滋养皮肤细胞；核酸是细胞代谢的必需物质，有助于表皮细胞的营养及其损伤的修复，对皮肤进行深层滋养，使皮肤柔软。

[产品特性] 本品首先通过椰子油和紫苏提取物完成肌肤去污，不需要依靠化工产品氢氧化钠等物质，安全可靠不伤皮肤，起到去污、卸妆的功效，同时瑞蓝玻尿酸原液、依兰油、荷荷巴油、芦荟提取物、海洋鱼鳞胶原蛋白、维生素 B_3、五胜肽、六胜肽、金银花提取物、假叶树根提取物、酵母提取物等具有美白、保湿等功效，营养物质通过肌肤毛孔吸收后可以有效锁住水分子、缓解肌肤粗糙、增强皮肤弹性。

配方 11 草绿盐角草细胞精华素

[原料配比]

原料	配比（质量份）	
	1#	2#
干细胞提取物	28	32
草绿盐角草提取物	3	2
甘油	7	7
乳酸	0.2	0.2
海藻糖	0.7	0.7
维生素 A 醋酸酯	0.2	0.2
维生素 E 醋酸酯	0.3	0.3
4,6,7-三羟基异黄酮	0.1	0.1
二氧化钛	0.7	0.7
黄原胶	0.02	0.02
三乙醇胺	0.03	0.02
肉豆蔻酸异丙酯	4	4
丙二醇	0.8	0.8
透明质酸钠	0.07	0.07
防腐剂	0.8	0.8
去离子水	加至 100	加至 100

[制备方法]

（1）将甘油、海藻糖、维生素 A 醋酸酯、维生素 E 醋酸酯、4,6,7-三羟基异黄酮、透明质酸钠、黄原胶、三乙醇胺、肉豆蔻酸异丙酯、丙二醇、防腐剂和去离子水混合加热至 75～80℃，均质乳化；

（2）降温至室温后，加入乳酸、二氧化钛、草绿盐角草提取物、干细胞提取物，搅拌均匀后真空脱气得到产品。

[原料介绍]　草绿盐角草提取物制备方法为：按照质量比为 1:（8～10）将草绿盐角草与去离子水混合，保持在 0～4℃的温度下浸泡 2h 到 24h，破碎草绿盐角草至悬浊液，然后按照 0.2～0.4L/kg 的比例加入壳聚糖；再加入质量分数为 3%～6% 的乙醇，静置 2h；取 109AB-8 大孔树脂装柱，在 pH 6～7 下，提取液浓度在 0.1～0.2g/L 时取 50mL 上柱，上样流速为 2BV/h（BV 表示床体积），先用去离子水澄清，再用 3BV50% 乙醇按照 2BV/h 的流速洗脱得到提取物。其中，提取效果更好的方法是在用去离子水浸泡草绿盐角草的时候加入与草绿盐角草等质量的冬青油。冬青油是水溶性的，可以将草绿盐角草中的水溶性成分进一步溶出。冬青油具有皮肤血管扩张、肤色发红等刺激反应的作用，与草绿盐角草可产生协同作用，可以使得本产品更进一步被皮肤吸收，迅速改变人体皮肤状态。另外，草绿盐角草提取物单独使用的时候效果并不是十分理想，但是与干细胞提取物混合后的效果却非常好，经过单独干细胞配料、草绿盐角草配料的化妆品与两者混合配料的化妆品的对比发现，在增加皮肤弹性、皱纹减少和皮肤光嫩方面，具有非常大的进步。

本干细胞提取物优选为植物干细胞提取物；本品采用的是商购获得的苹果干细胞、番茄干细胞和葡萄干细胞，但是为了更好地发挥效果，将苹果干细胞进行了处理和调整，使得本品的效果更好，具体的方法如下：

（1）按照质量比为 1:1:1:2 将苹果干细胞、番茄干细胞、葡萄干细胞和维生素 C 混合；

（2）常规方法体外培养并收集培养物；

（3）收集上清液中分子量小于 5000Da 的成分，进行冷冻干燥，其中，冷冻干燥的方法如下：0℃保存 5～10min，－10℃保存 10～20min，－20℃保存 2～3h，然后－35℃保存超过 5h，进行冷冻干燥，这可以最大限度保留细胞活性物质，对最终产品的效果具有非常好的促进作用。

干细胞提取物可以为羊脐带血干细胞提取物。羊脐带血干细胞提取物的方法如下：

（1）羊脐带血及胎盘的采集。选足月母羊，进行病毒检测，在无菌条件下取得羊脐带血和胎盘，0℃条件下运至 GMP 车间，放入液氮罐内进行保存。

（2）收集足量的胎盘和羊脐带血后，准备生产和加工。在冰上，用 PBS 将脐带与胎盘冲洗两次，剪断分开，去除血管和外膜后剪成 0.5～3mm³ 大小的组织块，用组织匀浆机将脐带和胎盘制成组织匀浆，以 800～900r/min 离心 2～20min 后去除组织残块，上清液置于冰箱内。优选地，可以将此上清液按照 1∶1 的质量比加入干细胞提取物中作为一个整体使用于本产品中。其中，所述的干细胞提取物制备方法为：

① 羊脐带血干细胞的破碎：将羊脐带血干细胞悬液 50mL，采用超声波破碎法，利用超声波振荡器处理 3～9min；

② 向溶液中加入 10 倍体积生理盐水后，以 3000r/min 离心 20min；

③ 取上清液，加入无水乙醇，混匀，放置 15min（乙醇沉淀法）；

④ 将溶液以 3000r/min 离心 20min；

⑤ 弃上清液，取沉淀，加入生理盐水 50mL，轻轻摇匀，将沉淀溶解成透明溶液，即为羊脐带血干细胞活性蛋白粗提液。

[产品特性]　本品从细胞的角度，有针对性地补充活性细胞或活化已有细胞的功能。在皮肤众多的细胞中，皮肤干细胞是各种细胞更新换代的"种子细胞"，是可以产生各种类型细胞的原始细胞。本品通过表皮吸收后，深入到真皮层和皮下组织，全面激活皮肤内干细胞分化，快速地更新替换衰老的细胞，从而增加胶原分泌，改善皮肤弹性；促进蛋白的合成活性化，增强皮肤柔软度；刺激肌层产生成纤维细胞及肌肤蛋白质，增加肌肤紧致度及弹性，增强皮肤弹力，令皮肤紧绷；吞噬色素，消除色斑；有助于抚平细纹、皱纹，重塑脸部轮廓，令肌肤变得紧致、柔嫩、细腻、滋润，减少皱纹，使皮肤总体呈现年轻态。

配方 12　乳房修护精华素

[原料配比]

原料	配比（质量份）			
	1#	2#	3#	4#
地中海柏木籽提取物	1	2	1	1.5
多花黄精根茎/根提取物	0.5	1.5	0.5	1
山金车花提取物	2	4	3	2
库拉索芦荟叶汁	6	3	5	5
欧洲七叶树提取物	1	3	2	2
葡萄叶提取物	8	4	5	5
乙基己基甘油	4	6	5	4
甘油	5	4	4	5
丙二醇	5	4	—	5

续表

原料	配比（质量份）			
	1#	2#	3#	4#
乳糖	2	2	4	—
丙烯酰二甲基牛磺酸铵/VP 共聚物	5	10	10	5
微晶纤维素	5	5	—	5
香精	2	3	2	1
着色剂	1	2	1	1
羟甲基甘氨酸钠	0.25	0.25	1	—
苯甲酸钠	0.25	0.25	—	0.5
山梨酸钾	0.5	0.5	—	0.5
去离子水	加至 100	加至 100	加至 100	加至 100

[制备方法]

（1）将地中海柏木籽提取物、多花黄精根茎/根提取物、山金车花提取物、库拉索芦荟叶汁、欧洲七叶树提取物、葡萄叶提取物、乙基己基甘油和水混合，搅拌均匀；

（2）继续加入保湿剂、增稠剂、香精、着色剂、防腐剂，搅拌均匀即可。

[原料介绍]　　所述保湿剂包括：甘油、丙二醇、乳糖中的至少一种。

　　　　所述增稠剂包括：丙烯酰二甲基牛磺酸铵/VP 共聚物、微晶纤维素中的至少一种。

　　　　所述防腐剂包括：羟甲基甘氨酸钠、苯甲酸钠、山梨酸钾中的至少一种。

[产品特性]　　本品可以通过改善乳房微循环来促进乳房细胞的修护，从而实现乳晕的红润娇嫩。其还可以促进乳房组织血液循环，养护乳房皮肤，增强乳房弹性，坚持使用可使乳房紧实坚挺，无任何刺激皮肤等不良症状出现。

配方 13　多肽生物修复精华素

[原料配比]

原料	配比（质量份）	
	1#	2#
烷醇丙烯酸酯交联聚合物	0.2	0.4
海藻糖	1.3	3
甘油	2.8	4
羧甲基 β-葡聚糖钠	0.09	0.14

原料	配比（质量份）	
	1#	2#
丁二醇	4	6
须松萝提取物	0.02	0.05
罗汉松提取物	0.9	0.17
1,2-己二醇	1	1.3
PEG-60 氢化蓖麻油	0.3	0.4
10%氢氧化钾	适量	适量
1%透明质酸钠	5	9
水解蜂王浆蛋白	0.9	1.7
卡瓦胡椒根提取物	1	1.8
寡肽-1	0.009	0.009
寡肽-13	0.003	0.007
去离子水	加至100	加至100

[制备方法]

（1）将烷醇丙烯酸酯交联聚合物加入水中浸泡 30～60min 后，搅拌升温至 80～90℃；

（2）将甘油、羧甲基 β-葡聚糖钠加入水和海藻糖中，升温至 80～90℃，搅匀后加入上述体系；

（3）将丁二醇、须松萝提取物搅匀，加入罗汉松提取物、1,3-己二醇、PEG-60 氢化蓖麻油搅匀并加入上述体系；

（4）将 10%氢氧化钾加入上述体系，调 pH 值至 5～6 之间，加入寡肽-1、寡肽-13、透明质酸钠；

（5）在上述体系中加入水解蜂王浆蛋白、卡瓦胡椒根提取物搅匀。

[原料介绍] 多肽是 α-氨基酸以肽键连接在一起而形成的化合物，它也是蛋白质水解的中间产物。由两个氨基酸分子脱水缩合而成的化合物叫作二肽，同理类推三肽、四肽、五肽等。通常由三个或三个以上氨基酸分子脱水缩合而成的化合物都可以叫多肽。

所谓多肽，它是分子结构介于氨基酸和蛋白质之间的一类化合物。它由氨基酸构成，但与蛋白质又有所不同，属于它们之间的中间物质。氨基酸能够彼此以肽键相互连接的化合物称作肽。一种肽含有的氨基酸少于 10 个就被称为寡肽，超过的就称为多肽，氨基酸有 50 多个以上的多肽称为蛋白质。多肽生物活性高，它能调节各种生理活动和生化反应。

须松萝提取物、罗汉松提取物能够抗菌、抗氧化，修护受损肌肤，愈合伤口；

表皮生长因子寡肽-1与酸性成纤维生长因子寡肽-13能够修护表皮，重建肌肤屏障功能，愈合伤口，抗皱，抗衰；水解蜂王浆蛋白、卡瓦胡椒根提取物能够抗刺激、镇痛、抗菌、抗过敏。

所述烷醇丙烯酸酯交联聚合物为丙烯酸酯类 C_{10}～C_{30}。

［产品特性］ 本品具有抗皱、抗衰、抗刺激、镇痛、抗菌、抗过敏、修复受损皮肤、愈合伤口的效果。

配方 14 含有玫瑰花的精华素

［原料配比］

原料	配比（质量份）			
	1#	2#	3#	4#
玫瑰花	70	80	60	75
菊花	20	30	10	25
当归	20	30	10	25
鹿衔草	8	10	5	9
白花蛇舌草	8	10	5	9
垂盆草	8	10	5	9
败酱草	3	5	1	4
去离子水	适量	适量	适量	适量

［制备方法］ 将上述玫瑰花、菊花、当归和败酱草共同蒸馏提取出挥发油，蒸馏后的水溶液另器收集；将鹿衔草、白花蛇舌草和垂盆草加水煎煮3次，每次煎煮的时间为2h；所得煎煮液加入所述蒸馏后的水溶液，过滤，采用真空浓缩的方式浓缩滤液至相对密度为1.05～1.08（90～95℃），加入所述挥发油，混匀，即得。

［产品特性］ 本品采用玫瑰花和其他成分共同作用，具有很好的祛斑美白作用。

配方 15 含有树莓的精华素

［原料配比］

原料	配比（质量份）			
	1#	2#	3#	4#
树莓花色苷提取物	4	0.5	5	3

续表

原料	配比（质量份）			
	1#	2#	3#	4#
树莓果油	2	5	5	3
树莓多糖	8	10	0.5	5
枸杞子水提物	2	5	0.5	3
玫瑰花水提物	2	5	0.5	3
乙二胺四乙酸二钠	0.1	0.05	0.1	0.05
1,3-戊二醇	3	1	5	3
1,3-丁二醇	3	1	5	2
透明质酸钠	0.05	0.01	0.03	0.05
卡波姆	0.5	1	0.1	1
三乙醇胺	0.2	0.3	0.3	0.2
氢化蓖麻油	0.3	0.1	0.5	0.2
尼泊金甲酯或乙酯	0.2	1	0.1	0.5
去离子水	加至100	加至100	加至100	加至100

[制备方法]

（1）将乙二胺四乙酸二钠、透明质酸钠、1,3-戊二醇充分混合，使乙二胺四乙酸二钠、透明质酸钠分散均匀，加热至60～90℃，搅拌均匀；

（2）向上述溶液中加入三乙醇胺、氢化蓖麻油，维持温度在60～90℃，搅拌均匀；

（3）将尼泊金甲酯或乙酯和1,3-丁二醇加热，使其完全溶解，加入上述混合液中；

（4）加入卡波姆、水，搅拌均匀；

（5）降温至30～50℃，加入树莓花色苷提取物、树莓果油、树莓多糖、枸杞子水提物、玫瑰花水提物，继续搅拌；

（6）降至室温，分装。

[原料介绍]　所述树莓花色苷提取物的制备方法如下：取树莓，加水提取，水提物上大孔树脂柱，先用水洗除杂，再用体积分数为60%～80%的乙醇洗脱，收集乙醇洗脱部分，干燥即得。

所述树莓多糖的制备方法如下：取树莓，用石油醚或乙醚脱脂后，用体积分数为75%～95%的乙醇提取，过滤，滤渣加水提取，取水提液浓缩后，加乙醇或含水乙醇至含醇量（体积分数）达到70%～85%，固形物即为树莓多糖。

所述树莓果油的制备方法如下：取树莓，采用超临界 CO_2 萃取进行提取，提取后，再经两级减压分离得到树莓果油。其中，萃取条件如下：萃取釜压力为

15～45MPa、温度为 30～55℃、CO_2 流量为 20～60L/h、萃取时间为 40～120min；两级减压分离条件如下：以压力为 5～7MPa、温度为 40～50℃作为一级减压分离，以压力为 3～5MPa、温度为 30～40℃作为二级减压分离。

枸杞子水提物，即采用水加热至 50～70℃进行提取，提取液减压浓缩，干燥即得。

玫瑰花水提物，即采用水加热至 50～70℃进行提取，提取液减压浓缩，干燥即得。

[产品特性] 本品将树莓花色苷提取物、树莓果油和树莓多糖等组分配伍使用，具有良好的美白、保湿、抗衰老、防晒等功效。

配方 16 含有睡莲的护肤精华素

[原料配比]

	原料	配比（质量份）
A 项	去离子水	15
	岩藻糖	0.5
B 项	1,3-丙二醇	1
	透明质酸钠	2
	聚谷氨酸钠	1
	黄原胶	0.5
C 项	聚甘油-10	2
	甜菜碱	1.3
	埃及蓝睡莲花提取物	3
	酵母菌发酵产物滤液	2
	欧洲七叶树叶提取物	2
	烟酰胺	1
	甘草酸二钾	1
	甲基异噻唑啉酮	0.3
D 项	PEG-40 氢化蓖麻油	0.5
	香精	0.1

[制备方法]

（1）准确称量配方中各种原料，用干净并消毒好的器皿盛放；

（2）将 A 项原料（水、岩藻糖）加入真空乳化锅中，搅拌均匀后升温至 85～90℃，搅拌均匀后冷却水降温至 45℃以下；

（3）将 B 项原料（1,3-丙二醇、透明质酸钠、聚谷氨酸钠、黄原胶）混合搅拌，充分溶解后加入真空乳化锅中，加入 C 项原料（聚甘油-10、甜菜碱、埃及蓝睡莲花提取物、酵母菌发酵产物滤液、欧洲七叶树叶提取物、烟酰胺、甘草酸二钾、甲基异噻唑啉酮）和 D 项原料（PEG-40 氢化蓖麻油、香精）搅拌均匀后出料、静置。

[原料介绍]　埃及蓝睡莲花提取物、酵母菌发酵产物滤液、欧洲七叶树叶提取物使用市售的商品即可。这三种组分组合在一起，通过其他辅助组分的协调功效，在特定的制备方法下，就会产生非常显著的护肤美白的功效。

[产品特性]

（1）本品可以改善皮肤细胞的生存微环境，改善皮肤过度角质化，保湿滋养。持续使用三个月以上，可使全身皮肤逐渐变细腻光滑，使上皮组织保持健康，抗病力增强。

（2）本品保护皮肤不受氧化应激造成的损害而增进皮肤光亮，改造肤色。

配方 17　活肤修复精华素

[原料配比]

原料		配比（质量份）		
		1#	2#	3#
胶原蛋白		20	20	20
蚕丝蛋白		15	15	15
笔筒树叶提取物		—	—	4
云芝提取物		5	5	5
蜗牛液		10	10	10
植物萃取液	纳豆萃取液	16	8	8
	薰衣草萃取液	—	8	8
神经酰胺		0.5	0.5	0.5
玻尿酸		10	10	10
维生素 E 醋酸酯		5	5	5
去离子水		25	25	25

[制备方法]

（1）将蜗牛液、植物萃取液、神经酰胺、玻尿酸、维生素 E 醋酸酯混合均匀，加热至 70℃；

（2）将胶原蛋白、蚕丝蛋白、笔筒树叶提取物、云芝提取物加入去离子水中混合均匀，加热至 70℃；

（3）将上述步骤（1）和（2）所得的物料混合，在均质机中70℃下均质6min；

（4）冷却至室温即可制得本活肤修复精华素。

[原料介绍] 所述植物萃取液的制备方法，包括以下步骤：

（1）将植物原料粉碎，过2～20目筛；

（2）将粉碎后的植物原料用65％～95％乙醇提取，得到提取液；

（3）将提取液离心分离、过滤、浓缩，得到浸膏；

（4）将浸膏用浸膏质量10倍的甘油溶解，过滤，得到植物萃取液。

所述步骤（2）中提取方法为微波提取，料液比为1∶（10～30）。

所述微波提取分为三阶段，第一阶段提取温度为90～100℃，提取时间为5～15min，微波功率为250～350W；第二阶段提取温度为30～40℃，提取时间为60～90min，微波功率为650～750W；第三阶段提取温度为90～100℃，提取时间为5～15min，微波功率为250～350W。

所述植物原料为白芷、纳豆、人参、银杏叶、薰衣草、桑叶、玫瑰花、葛根中的一种或多种。

所述云芝提取物可以制备或购买得到，制备方法为：取干燥云芝碎片粉碎并过10目筛，用10倍质量去离子水在95～100℃条件下煮提10h，过滤，滤液浓缩至原体积的1/2，加入浓缩液4倍体积的95％乙醇混合均匀，在25℃密闭条件下静置24h后在3000r/min的条件下离心20min，取沉淀物在常温下干燥，得到云芝提取物。

[产品特性] 本品分子小，天然、温和、无刺激，可以长期作润肤保湿之用，对干燥肤质、敏感肤质等都有较好的补水保湿效果，并能增强皮肤弹性；再生、补水、淡斑与修护四合一，增进肌肤补水力与修护力，抚平岁月痕迹，强效精华可快速让肌肤吸收，赋予肌肤弹性紧致，呈现丝般明亮光泽。本品还可以防辐射，隔绝空气中的雾霾等污染物；去皱纹，使用后有放松表皮表情纹的效果；纳米超细分子导入肌肤的测试结果显示吸收反应良好。

配方18　植物精华素（2）

[原料配比]

原料	配比（质量份）			
	1#	2#	3#	4#
透明质酸钠	8	12	10	10
生物糖胶-1	5	8	6	8
丁二醇	8	12	10	9

原料	配比（质量份）			
	1#	2#	3#	4#
海藻糖	2	5	3	4
羟乙基纤维素	2	3	3	2
1,2-己二醇	8	10	9	9
卷柏提取物	0.5	1	0.5	1
辣椒提取物	0.5	2	1	1
乙酰壳糖胺	5	8	6	7
甘草酸二钾	2	4	3	2
对羟基苯乙酮	0.01	0.05	0.03	0.04
羟苯甲酯	1	2	1	1
去离子水	58	63	60	62

[制备方法]

（1）将透明质酸钠、生物糖胶-1、丁二醇、海藻糖、羟乙基纤维素、1,2-己二醇与1/2体积的去离子水在35℃混合制得第一均质液；

（2）将卷柏提取物、辣椒提取物、乙酰壳糖胺、甘草酸二钾、对羟基苯乙酮、羟苯甲酯与余量去离子水在50℃搅拌混合制得第二均质液；

（3）将第一均质液和第二均质液在乳化罐中进行均质搅拌（搅拌速度为500r/min）和真空脱气制得植物精华素。

[原料介绍] 透明质酸钠、生物糖胶-1、丁二醇、海藻糖、羟乙基纤维素和1,2-己二醇作为主要的保湿和舒缓成分，刺激性较小，并且具有很好的保湿滋润效果。卷柏提取物具有修复皮肤的功效，皮肤长期保持水润状态；还具有深层补水和锁水功能，长效保湿。辣椒提取物含有丰富的维生素C，其具有紧致肌肤和抗氧化作用，提高皮肤的透亮性。乙酰壳糖胺辅助卷柏提取物和辣椒提取物，提高皮肤免疫力，具有很好的舒缓作用。甘草酸二钾、对羟基苯乙酮和羟苯甲酯具有很好的抑菌消炎效果，此外还可以提高皮肤通透性，促进吸收。

卷柏提取物的制备方法：

（1）将卷柏粉碎，在体积分数为80%的乙醇中静置24h，保持温度为60℃，卷柏与体积分数为80%的乙醇的体积比为1:3，得到卷柏浸出液；

（2）采用体积分数为70%的乙醇再次提取上述卷柏，并且与卷柏浸出液混合得到卷柏浸提物；

（3）层析柱中装入硅胶，将卷柏浸提物倒入层析柱中，并依次使用5%NaHCO$_3$、0.2%NaOH、氯仿-甲醇混合溶剂（氯仿与甲醇的体积比为8:1）和乙酸乙酯-丙酮-水（乙酸乙酯、丙酮和水的体积比为 7∶2.5∶2.5）作为洗脱剂，在层析柱下方收集卷柏提取液；

（4）将卷柏提取液采用减压蒸馏去除洗脱剂，之后在 50℃ 干燥制得卷柏提取物。

辣椒提取物的制备方法：

（1）将辣椒粉碎，以体积分数为 65% 的乙醇浸提，保持温度为 70℃ 得到辣椒浸提物；

（2）层析柱中装入硅胶，将辣椒浸提物倒入层析柱中，并依次使用石油醚、体积分数为 50% 的乙醇、体积分数为 65% 的乙醇洗脱，在层析柱下方收集辣椒提取液；

（3）将辣椒提取液采用减压蒸馏去除洗脱剂，制得辣椒提取物。

[产品特性]

（1）本品具有很好的保湿效果，透明质酸钠、丁二醇、1,2-己二醇和羟乙基纤维素具有较佳的保水补水、滋润皮肤的效果；海藻糖与羟乙基纤维素混合形成一层凝胶膜，以免皮肤水分流失，具有较好的保水效果。

（2）本品具有较佳的舒缓效果，生物糖胶-1、卷柏提取物、甘草酸二钾和海藻糖配伍避免皮肤紧绷，保持皮肤通透，可持续吸收水分，保持皮肤油水平衡。

（3）本品具有较佳的长效保湿和修复功能，卷柏提取物、辣椒提取物、羟乙基纤维素、生物糖胶-1 和乙酰壳糖胺配伍，提高皮肤的自我修复能力；羟乙基纤维素、生物糖胶-1 和乙酰壳糖胺形成的凝胶网络可持续为皮肤补水，以免皮肤暗黄。

配方 19　植物精华素（3）

[原料配比]

原料	配比（质量份）		
	1#	2#	3#
红景天萃取液	5	8	10
金缕梅萃取液	5	8	10
芦荟萃取液	6	10	15
熊果萃取液	3	4	6
桑白皮萃取液	2	3	4
玫瑰精油	0.2	0.5	1
植物甘油	4	6	8
百合浸出液	15	22	30
菊花浸出液	15	22	30

[制备方法]

（1）制备红景天萃取液、金缕梅萃取液、芦荟萃取液、熊果萃取液、桑白皮萃取液：分别将红景天叶子、金缕梅叶子、芦荟叶、熊果、桑白皮洗净、粉碎，在乙醇中静置 24～48h，保持温度为 55～75℃，采用 75%～82% 乙醇提取得到相应浸提物，浸提物依次用碳酸氢钠、氢氧化钠、氯仿-甲醇混合溶剂和乙酸乙酯-丙酮-水作为洗脱剂，收集提取液，蒸馏去除洗脱剂，过滤后灭菌得到相应萃取液；

（2）将新鲜的菊花瓣捣烂，加入适量的蛋清与其一起搅拌均匀即可，得到菊花浸出液，菊花瓣和蛋清的体积比为 1:1；

（3）向百合花瓣中加入医用酒精，密封一个月，之后倒入 2～4 倍纯净水稀释，得到百合浸出液，百合花瓣和医用酒精的体积比为 1:2；

（4）按照质量份混合相应萃取液、玫瑰精油、植物甘油、菊花浸出液和百合浸出液，均质搅拌后经脱气、灭菌处理得到植物精华素。

[原料介绍]　玫瑰富含维生素 C 等成分，具有抗氧化、保湿补水、紧致毛孔、协助循环等功效，最适合衰老干燥的肌肤，能给肌肤带来丰富的水分。

菊花中富含多种护肤精华，不仅可以抑制黑色素的产生，更能帮助细胞再生。在改善敏感和干燥肌肤方面效果也很不错，可柔化表皮细胞、抵抗自由基及延缓老化。

百合中含有肌肤所需的营养物质，如蛋白质、多种维生素等，能养肤润肤、美白淡斑。其中，百合所含的维生素能还原黑色素，具有漂白作用。

红景天是一种名贵的藏药，红景天生长在高寒和强紫外线照射区域，具有吸纳水分和保湿功能。红景天还含有大量的锰离子，具有提高多糖聚合酶活性的作用。红景天素和红景天苷具有抑制体内胶原蛋白分解、使尿内羟脯氨酸排出减少、抑制皱纹生成的功效，具有抗微波、紫外线辐射作用，抑制日晒引起的炎性反应，促进新陈代谢，调节皮肤排泄和吸收能力，可以弥补地球大气中臭氧层变薄对人体带来的影响。

金缕梅内含单宁质，可以调节皮脂分泌，具有保湿及嫩白作用；促进淋巴血液循环，专门克服早晨眼浮肿和黑眼圈；具有镇静、安抚的效果，对晒伤、粉刺有改善效果；可有效帮助肌肤夜间的再生，去除眼袋以及放松、缓和油性肌肤或是过敏的肌肤都有很优异的效果；有舒缓、收敛、抗菌的效果，有收敛控油、杀菌的显著疗效。

芦荟中含芦荟苷，可成为皮肤的防晒剂，其它所含成分如多种糖类、氨基酸、活性酶、芦荟大黄素等，对人体皮肤有良好的滋润作用，能加速皮肤新陈代谢，增强皮肤弹性，使之显得柔软、光滑、丰满，还可以消除粉刺、雀斑、皲裂。含有的多种维生素、氨基酸和小分子营养物质都可以直接被皮肤细胞吸收，达到滋养皮肤的作用。

熊果叶子中含有熊果素，熊果素有抗菌的功效，熊果素也可以减少皮肤黑色素的形成，具有美白的功效。

桑白皮是一种中药材，它是桑树的根皮，含有大量的营养物质，可促进身体的新陈代谢，对细胞还具有修复的作用，因此，桑白皮对瘢痕具有一定的祛除作用，可以让皮肤变得更加细腻光滑，具有不错的美容效果。

[产品特性] 本品采用多种植物原材料提取，基本都为药食同源的两用植物，各个组分相互辅佐，采用君臣佐使的配伍原则，相辅相成，并且不添加其他添加剂或者化学合成药物，安全性得到保证，可以长期使用，制备方法简单，功效多样，能够缓慢调理皮肤，具有明显的美白、补水、修复等功能，满足使用需求。

配方 20　酵母养颜精华素

[原料配比]

原料	配比（质量份）			
	1#	2#	3#	4#
丁二醇	5	5	5	5
二丙二醇	3	3	3	3
生物糖胶-1	3	3	5	3
二裂酵母发酵产物溶胞物	3	3	3	3
氨糖	2	2	2	2
铁皮石斛提取物	1.5	1.5	1.5	1.5
乳糖/牛奶蛋白	1.5	1.5	1.5	1.5
酵母提取物	0.5	0.8	0.3	0.5
A91（辛酰羟肟酸∶丙二醇∶甘油辛酸酯＝1∶2∶1）	0.4	0.4	0.4	0.5
对羟基苯乙酮	0.3	0.25	0.3	0.3
1,2-己二醇	0.3	0.55	0.3	0.5
艾地苯	0.1	0.2	0.2	0.2
黄原胶	0.15	0.15	0.15	0.15
甘草酸二钾	0.1	0.1	0.1	0.1
EDTA 二钠	0.05	0.05	0.05	0.05
去离子水	加至 100	加至 100	加至 100	加至 100

[制备方法]

（1）向消毒之后的乳化锅中加入水、二丙二醇、乳糖/牛奶蛋白、对羟基苯乙酮、1,2-己二醇、EDTA 二钠，将黄原胶倒入已消毒的容器中，加入丁二醇，搅拌使其分散于醇中，分散完全之后，倒入上述乳化锅中，加热至 70～80℃，搅拌速度开至 30～40r/min，充分搅拌 10～20min，形成混合液；

（2）将步骤（1）中的混合液继续加热至 80～95℃，并且提高乳化锅的搅拌速度至 40～50r/min，使其充分搅拌溶解，保温 30～60min；

（3）将步骤（2）中的混合液降温至 35～45℃后，加入生物糖胶-1、二裂酵母发酵产物溶胞物、氨糖、铁皮石斛提取物、酵母提取物、A91（辛酰羟肟酸∶丙二醇∶甘油辛酸酯＝1∶2∶1）、艾地苯、甘草酸二钾，搅拌均匀后，降温至 25～30℃，即得所述精华素；

（4）灌装，包装。

[原料介绍] 酵母包含植物生长发育的所有信息，其惊人的再生能力，使其具有分化成长为完整植物的功能，作用于人的皮肤时具有一定的抗衰老功能，延长细胞寿命。本品中所述酵母提取物为二裂酵母发酵产物滤液、假丝酵母/柬埔寨藤黄发酵产物、酵母发酵产物提取物、二裂酵母发酵产物提取液中任意一种或组合搭配。

铁皮石斛提取物应用于护肤品中，具有以下功效：①增强免疫功能：铁皮石斛具有滋阴养血的功能，能补肾积精、养胃阴、益气力；含有丰富的多糖类物质，具有增强免疫功能的作用；铁皮石斛能提高应激能力，具有良好的抗疲劳、耐缺氧的作用。②滋养肌肤：人体进入中年后，由于体内的阴液日益减少，从而加速了皮肤老化，使之变黑或变皱，铁皮石斛含有的黏液质，对人体皮肤有滋润营养作用。③抗衰老：《神农本草经》将铁皮石斛列为具有"轻身延年"作用的圣药。

生物糖胶-1 含有多个硫酸基，能聚合阴离子化合物，具有强大的水合能力，具有良好的保湿性、润湿性，也能对破损肌肤进行一定程度的修复，进而提高皮肤弹性，改善皮肤纹理。

氨糖是生物细胞内许多重要多糖的基本组成单位，是合成双歧因子的重要前提，在生物体内具有很多重要的生理功能，用于人体皮肤可达到补水和保湿的作用，以及细化皮肤纹理，增强弹性。

二裂酵母发酵产物溶胞物由双歧杆菌溶胞产物组成，包含代谢产物、细胞质、细胞壁和多糖复合物，这种组成的活性物质能特异性地支持皮肤自身的保护和修复基质，通过增强细胞内源性酶促进修复系统来防护紫外线造成的损伤，清除自由基，防止肌肤光老化，还能使细胞内各种介质的比例恢复平衡，有利于免疫系统的调节，进而修复受损细胞，使皮肤更富有弹性。

本品中所述酵母为二裂酵母发酵产物，指二裂酵母发酵产物溶胞物、二裂酵母发酵产物提取液，二者组合搭配使用。

甘草酸二钾主要是甘草根部及茎部的甘草酸成分，对过敏性肌肤具有抗刺激、退红消肿愈合作用。有效预防皮肤敏感发炎的现象产生，对日照引起的炎症具有消炎镇静的作用。

艾地苯在化妆品中有抗氧化的作用，能有效地吞噬导致肌肤机体衰老的自由基，防护外来因素对肌肤所造成的伤害，延缓肌肤胶原蛋白流失，并提供肌肤新陈代谢所需的能量，让肌肤紧致、平滑，对肌肤的穿透力非常强。艾地苯属于一种高度亲脂性化合物，也可以用适量的葡萄籽油加热溶解。它结构上与辅酶 Q10 相似。艾地苯作为一种高效的抗氧化剂，具有清除自由基、抑制脂质过氧化、抑制炎症、抑制 DNA 损伤、光保护、减轻色素沉着、改善细纹、皱纹及老年斑等化妆品功效。

[产品应用] 本品采用安瓿瓶包装。安瓿瓶密封性能好，一次性使用，其为可熔封的硬质玻璃容器，常用于存放注射用的药物以及疫苗、血清等，全密封的封装，可更好地保证酵母的活性，避免了因长时间放置而降低其酵母的活性。

[产品特性] 本品采用酵母提取物与艾地苯相结合的方式，以达到更佳的养颜美容效果。酵母提取物经皮肤表面吸收，进入皮下组织，激活细胞分化能力，加速自我更新，实现细胞再生能力。艾地苯会激活维生素 B 群、矿物质、氨基酸等活性小分子，可有效保护皮肤，促进修复，减少紫外线引起的损伤，预防表皮与真皮的光老化。

配方 21 含有不饱和脂肪酸的全油性修护精华素

[原料配比]

原料	配比（质量份）		
	1#	2#	3#
山茶籽油	50	40	60
狗牙蔷薇果油	20	30	20
辛酸/癸酸甘油酯	14.7	19.8	11.8
牡丹籽油	10	5	3
海棠果籽油	3	2	1
生育酚（维生素 E）	2	3	3
薰衣草油	0.3	0.2	1.2

[制备方法]

（1）将山茶籽油、狗牙蔷薇果油、辛酸/癸酸甘油酯、牡丹籽油、海棠果籽油、生育酚和薰衣草油按相应质量份在不高于 40℃ 的条件下混合均匀；

（2）用氮气将混合均匀液体中的空气排出，整个过程需至少 30min；

（3）将排出空气后的液体制成 0.5 克的胶囊。

[原料介绍] 山茶籽油，含有丰富的不饱和酸（美容酸）及多种皮肤营养物质，令皮肤有光泽、有弹性。主要成分：亚油酸（7%）、亚麻酸（1%）、棕榈酸（8%）、硬脂酸（2%）、王蕊醇、皂苷元、基脂醇，但是它蕴含的山茶苷、非干性的不饱和油酸（80%）、茶皂醇 A、茶皂醇 B、茶皂醇 E 这些成分，能与肌肤的皮脂融合成一体，跟皮脂中的油脂出现亲和作用，能补充皮脂因种种原因的流失，能够修护问题性肌肤和晒后的肌肤。

狗牙蔷薇果油，是南美洲的一种野生玫瑰果实经特殊新科技方法提炼、萃取浓缩而成的，不含任何化学成分、防腐剂的纯天然植物油。其主要成分由多种不饱和脂肪酸、维生素 C、果酸、软硬脂酸、亚麻油及阳光过滤因子组成。具有组织再生的功能，能有效改善瘢痕、暗疮、青春痘，保持皮肤水分功效卓越，也可以预防日晒后色素沉淀，对晒伤都有效。

辛酸/癸酸甘油酯，为植物来源，皮肤油脂分泌物中含有该成分。

牡丹籽油，是由牡丹籽提取的木本坚果植物油，是中国特有的，牡丹籽油中不饱和脂肪酸含量达 90% 以上，尤其难能可贵的是其中多不饱和脂肪酸——亚麻酸（属 ω-3 系列）含量超过 40%，是橄榄油的 140 倍。外用可以美容养颜，消除色素沉积，减少皱纹，使肌肤细腻光洁，富有弹性；对治疗皮肤病（包括青春痘、脚气、手脚蜕皮、上火起泡、湿疹、红肿、痒疼等）有奇效。

海棠果籽油，主要成分为油酸、亚麻酸，具有独特的治愈效果，表现为对皮肤中胶原蛋白降解和硬化的衰老问题有很好的疗效。

生育酚（维生素 E），是一种非常强的抗氧化剂，能够抑制脂肪酸的氧化，是细胞膜的重要组成成分，亦是细胞膜上的主要抗氧化剂，保护细胞免受自由基的损害。

薰衣草油，由薰衣草提炼而成，性质温和，气味芳香，可怡神、静心、止痛、助睡眠、舒缓压力、促进细胞再生、平衡皮肤分泌、理疗烫伤及蚊虫叮咬；预防及改善发质；随着香气的扩散，空气中的阳离子增多，进一步调节人的神经系统，促进血液循环，增强免疫力和机体活力。

[产品应用] 每天晚上洁面，并使用化妆水后，取一粒胶囊，将胶囊内的精华素均匀涂抹在脸部，均匀按摩至吸收。

[产品特性] 本品含多种天然植物油，在制备时混合温度温和，采用氮气排出空气，使用不透光的胶囊皮制备成胶囊。获得的产品针对皮肤干燥、皮肤瘙痒、皮肤皮屑增多有明显的缓解和预防作用，还能够增强皮肤疾病后的康复与机能恢复，促进肤色亮泽，令肌肤更加细腻光滑。

配方 22 含神经酰胺 2 和肌肽亚微米脂质粒的精华液

[原料配比]

原料			配比（质量份）		
			1#	2#	3#
神经酰胺 2 和肌肽亚微米脂质粒	脂质	辛酸/癸酸甘油三酯	5	5	3
		单硬脂酸甘油酯	2	—	2
		丁基辛醇水杨酸酯	—	5	2
		辛基十二醇	18	22	23
	乳化剂	鲸蜡醇聚醚-25	—	5	8
		聚山梨醇酯-60	5		
		聚山梨醇酯-80		5	3
		山梨坦橄榄油酸酯		5	—
		山梨坦月桂酸酯	3		
		山梨坦油酸酯	—		2
		椰油基葡糖苷/椰油醇			2
		山嵛醇/聚甘油-10 五硬脂酸酯/硬脂酰乳酰乳酸钠混合物	—		7
		PEG-30 二聚羟基硬脂酸酯	15	10	5
	稳定剂	丁二醇	5	—	3
		双丙甘醇	—	4	—
	助乳化剂	聚甘油-3-二异硬脂酸酯		2	
		橄榄油 PEG-7 酯类	2	—	
	神经酰胺 2		2	1.5	2
	肌肽		2	3	3
	防腐剂	苯氧乙醇	0.5	—	
		尼泊金甲酯	—	—	0.5
		苯氧乙醇和乙基己基甘油混合物	—	0.5	—
	去离子水		30	32	34
精华液	精华液的其他材料的混合物		89.4	84.4	79.4
	神经酰胺 2 和肌肽亚微米脂质粒		10	15	20
	防腐剂		0.6	0.6	0.6

[制备方法]

（1）将脂质、乳化剂、助乳化剂和稳定剂作为油相，在 60～80℃条件下混合均匀，以 100～300r/min 搅拌 10～25min 形成均匀的混合溶液；

（2）向步骤（1）中的混合溶液加入神经酰胺 2 并继续搅拌，搅拌时间约为 5～15min，使神经酰胺 2 完全溶解；

（3）向步骤（2）中的混合溶液加入常温且溶有肌肽的水相，以 100～200r/min 恒速搅拌 5～10min；

（4）将步骤（3）中所得混合液冷却至低于 45℃，加入防腐剂，冷却得到浅黄色半透明的神经酰胺 2 和肌肽亚微米脂质粒；

（5）将制备的神经酰胺 2 和肌肽亚微米脂质粒加入精华液的其他材料的混合物中混合均匀，获得含神经酰胺 2 和肌肽亚微米脂质粒的精华液。

［原料介绍］ 神经酰胺又称神经鞘脂类，是一类由神经鞘氨醇长链碱基和一个脂肪酸组成的活性成分，在护肤和护发领域发挥着重要作用。神经酰胺在皮肤表面起着牢固的屏障作用，防止水分散发和对外部的刺激、滋润、保湿肌肤。当皮肤出现干燥、脱屑、开裂现象，其屏障功能明显降低时，皮肤补充神经酰胺可迅速恢复保湿和屏障功能。而不同的神经鞘氨醇长链碱基和脂肪酸又可以组合形成不同的神经酰胺。作为其中的一员，神经酰胺 2 除了具有帮助皮肤锁住水分、促进皮肤屏障自我修复和调控皮肤细胞作用外，还能抑制肌肤活跃的皮脂腺分泌，使肌肤水油平衡，增强肌肤的自我保护机能，因而神经酰胺 2 对化妆品领域具有重要的功效性价值。

肌肽，是一种由 β-丙氨酸和 L-组氨酸组成的二肽结构，具有抗衰老活性。在化妆品中，肌肽的抗衰老活性机制主要为：延缓端粒的缩短；阻止氧化损伤，其本身为活性氧自由基（ROS）淬灭剂，又是一种重金属螯合剂；抑制糖基化反应，其本身为羰基自由基（RCS）淬灭剂，还可淬灭糖基化末端（AGE）产物；阻止大分子交联，如胶原蛋白；抑制 MMP-1，保护皮肤细胞免受 UVB 的损伤。

所述脂质选自以下一种或者多种组合：辛酸/癸酸甘油三酯、甘油乙酸酯、甘油硬脂酸酯、丁基辛醇水杨酸酯、甘油聚醚-25、辛基十二醇。

所述乳化剂选自以下一种或多种的组合：PEG-8 辛酸/癸酸甘油酯类、硬脂醇聚醚-21、鲸蜡醇聚醚-25、PPG-4-鲸蜡醇聚醚-20、PEG-30 二聚羟基硬脂酸酯、PEG-40 氢化蓖麻油、聚甘油蓖麻醇酸酯、山梨坦橄榄油酸酯、山梨坦油酸酯、山梨坦月桂酸酯、山梨坦倍半油酸酯、聚山梨醇酯-80、聚山梨醇酯-60、聚山梨醇酯-40、椰油基葡糖苷/椰油醇、山嵛醇/聚甘油-10 五硬脂酸酯/硬脂酰乳酰乳酸钠混合物。

所述助乳化剂选自以下一种或多种的组合：橄榄油 PEG-7 酯类、聚甘油-3-二异硬脂酸酯、鲸蜡醇聚醚-6。

所述稳定剂选自以下一种或多种的组合：丁二醇、双丙甘醇、鲸蜡醇、丁羟甲苯。

所述防腐剂选自以下一种或多种的组合：苯氧乙醇、乙基己基甘油、尼泊金甲酯、尼泊金丙酯。

所述的精华液的其他材料为保湿剂、润肤剂、表面活性剂、增稠剂、皮肤调理剂、抗炎剂、去离子水中一种或多种混合。

[产品特性] 脂质粒具备稳定性高、水分散性好、生物兼容性佳的特点，可与精华液配方任意互配，并且制备方法简单可控，重复性好。更重要的是，含神经酰胺2和肌肽亚微米脂质粒的精华液具有对肌肤保湿、抗氧化功效和拥有显著改善皱纹体积与深度、改善皮肤表面纹理的抗衰老作用。

配方 23　康肤净化精华液

[原料配比]

原料		配比（质量份）			
		1#	2#	3#	4#
丙烯酸（酯）类共聚物钠		5	3	4	6
丁二醇		5	10	8	6
烟酰胺		3	1	2	4
卵磷脂		20	10	30	15
季铵盐-73		5	10	8	6
黄原胶		10	15	5	7
水杨酸		5	2	8	4
氧化银		3	1.5	3.5	2
中药提取物		25	30	15	33
中药提取物	苦参提取物	0.4	1	0	0.8
	蛇床子提取物	0.3	0	0.4	0.7
	柳兰提取物	0.6	0.5	1	0

[制备方法] 将各组分混合均匀即可。

[原料介绍] 所述丙烯酸（酯）类共聚物钠是以丙烯酸酯类为主要原料经共聚反应生成的聚合物的总称，用于增稠、悬浮和稳定含有表面活性剂和皂基的个人清洁用品，广泛用于多种洗护产品，如：透明香波、沐浴露、含高分子硅油的调理产品、低 pH 值的面部和身体清洁产品等多种产品之中，同时也用于护肤霜、防晒霜、粉底、乳液及水性乳胶涂料中。

所述卵磷脂又称为蛋黄素，被誉为与蛋白质、维生素并列的"第三营养素"。卵磷脂在体内多与蛋白质结合，以脂肪蛋白质（脂蛋白）的形态存在。卵磷脂具有乳化、分解油脂的作用，可增进血液循环，改善血清脂质，清除过氧化物，使血液中胆固醇及中性脂肪含量降低，减少脂肪在血管内壁的滞留时间，促进粥样硬化斑的消散，防止由胆固醇引起的血管内膜损伤。卵磷脂是人体每一个细胞不可缺少的物质，如果缺乏，就会降低皮肤细胞的再生能力，导致皮肤粗糙、有皱纹。如能适当摄取卵磷脂，皮肤再生活力就可以得到保障，再加上卵磷脂良好的亲水性和亲油性，使皮肤重焕光泽。另外，卵磷脂所含的肌醇还是毛发的主要营养物，能抑制脱发，使白发慢慢变黑。

所述季铵盐-73，别名：Z-3-庚基-2-｛[3-庚基-4-甲基噻唑-2（3H）-亚基］甲基｝-4-甲基噻唑-3-鎓碘化物，为黄色固体或晶体，在化妆品中，作为调理剂、杀菌剂、美白剂，广泛应用于面部护理产品；具有优良的抗静电、杀菌、防腐能力，可作为抗静电剂、柔软剂等；在医药行业，主要用于暗疮、青春痘的治疗。

所述苦参提取物中含苦参碱和氧化苦参碱的总量不少于6％。

所述蛇床子提取物中含蛇床子素不少于5％。

所述柳兰提取物为柳兰花/叶/茎的水溶性浸出物，按热浸法测定，水溶性浸出物的量不少于15％。

[产品特性] 本品成分温和、无刺激性，可以有效抑痘治痘，祛除螨虫，调理肌肤；具有很好的除痘、除螨、消炎、止痛、止痒、生肌、护理肌肤的功效，并能疏通毛孔，去除多余油脂和老化角质层，平衡肌肤油水比例，减少痤疮再生，抑制螨虫生长，促进肌肤细胞新生，使皮肤细腻光滑。

配方 24　含辣木活性成分的修复精华液

[原料配比]

原料			配比（质量份）			
			1#	2#	3#	4#
A相	乳化剂	甘油硬脂酸酯/PEG-100 硬脂酸酯	1.5	1.5	1.6	1.8
		鲸蜡醇棕榈酸酯/山梨坦棕榈酸酯/山梨坦橄榄油酸酯	1.6	1.6	1.4	1.2
		C_{14}～C_{22} 醇/C_{12}～C_{20} 烷基葡糖苷	2	1.8	1.6	1.8
		橄榄油 PEG-7 酯类	0.8	0.8	1.2	0.6
	抗氧剂	生育酚	0.6	1	1.2	1.2
		丁羟甲苯	1.5	1.2	1	1.1

原料			配比（质量份）			
			1#	2#	3#	4#
B相	辣木活性成分	辣木蛋白	4	4.5	5	4
		辣木籽油	5	5	7	5.5
		辣木维生素	2	1.8	3	2
	抗皱赋活剂	豌豆提取物	1.8	1.5	1.6	2.0
		多糖/水解胶原	2.3	2.8	2.6	2.1
		银杏提取液	1.2	0.8	1.2	1.2
		红酒多酚	2	2.2	1.6	2
	防晒剂	对氨基苯甲酸酯及其衍生物	0.8	0.8	1.2	0.65
		水杨酸酯及其衍生物	1.5	1.1	1.2	1.2
		樟脑类衍生物	0.8	0.8	0.8	0.8
	抗敏剂	尿囊素	0.4	0.4	0.4	0.4
		辛酰水杨酸	0.6	0.6	0.6	0.6
	美白剂	红花提取液	1.5	1.3	1.6	1.8
		甘草黄酮	2	1.8	2.2	1.7
		曲酸	0.8	0.8	0.8	0.8
		内皮素拮抗剂	1.2	1.2	1.2	1.1
	保湿剂	甘油	5	5.5	6	6
		透明质酸钠	4	3.2	4	4
		山梨醇	2.6	2.4	2	2.6
		胶原蛋白	0.05	0.05	0.05	0.05
	增稠剂		0.15	0.15	0.15	0.15
	去离子水		65	60	55	65
C相	氢氧化钾		0.15	0.15	0.15	0.15
D相	防腐剂	山梨酸钾	0.3	0.3	0.3	0.3
		苯甲酸钠	0.2	0.2	0.2	0.2

[制备方法]

（1）将甘油硬脂酸酯/PEG-100 硬脂酸酯、鲸蜡醇棕榈酸酯/山梨坦棕榈酸酯/山梨坦橄榄油酸酯、$C_{14} \sim C_{22}$ 醇/$C_{12} \sim C_{20}$ 烷基葡糖苷、橄榄油 PEG-7 酯类、生育酚、丁羟甲苯依次投入油相锅中，加热至 70～85℃，等所有组分溶解后保温，制得 A 相；

（2）将辣木蛋白、辣木籽油、辣木维生素、豌豆提取物、多糖/水解胶原、银杏提取液、红酒多酚、对氨基苯甲酸酯及其衍生物、水杨酸酯及其衍生物、樟脑类衍生物、尿囊素、辛酰水杨酸、红花提取液、甘草黄酮、曲酸、内皮素拮抗剂、甘油、透明质酸钠、山梨醇、胶原蛋白、增稠剂和去离子水依次投入乳化锅中，加热至 70～85℃，保温 15～30min 使其充分溶解，制得 B 相；

（3）将步骤（1）制得的 A 相和步骤（2）制得的 B 相依次投入均质器中，均质 5～15min，搅拌速率为 2000～4000r/min，而后保温搅拌 15～45min，搅拌速率为 30～50r/min；

（4）将步骤（3）中的乳液冷却至 40～45℃，加入氢氧化钾，搅拌均匀；

（5）依次加入山梨酸钾、苯甲酸钠，搅拌均匀，得到修复精华液。

[原料介绍]　辣木果荚长 20～60cm，每荚含种子 12～35 粒，种子圆形、褐色。辣木种子又称为辣木籽，口味似花生，榨油后油体与橄榄油相似，可食用，作为生食色拉油或烹调用油均可。据有关资料介绍，辣木籽油的药用和保健功能均较好。

辣木种子中含有丰富的油脂和大量的不饱和脂肪酸，其中主要是油酸。油酸含量的高低是评价植物油品质好坏的一个重要指标，人们喜欢食用橄榄油、茶油，就是由于其高含量的油酸。缅甸和云南元江产辣木油中的油酸含量为 62%～74%，亚油酸含量为 1.2%～1.7%，α-亚麻酸含量为 0.4%～2.7%。野生辣木油的油酸含量高达 73.22%～78.59%。

辣木中含有诸多活性成分，如胡萝卜素、叶酸、维生素、辣木黄酮和多酚类物质、多糖和辣木素等，具有降低血压和胆固醇、抗氧化活性、免疫调节、抗癌、止痉挛、利尿、抗炎、抗溃疡、抗菌、杀菌等功效。

辣木不同器官中均含有一定量的黄酮类化合物，其中花柄中含量最多，根中最少，含量变化范围为 0.53%～4.47%。据大量的文献报道，辣木叶的水提物或醇提物具有显著的抗菌、抗炎、抑制人体癌细胞增殖并促进其凋亡、清除人体内自由基、抗氧化及减轻 γ 射线辐照对小鼠引起的氧化损伤等作用，这主要是由于提取液中富含多酚类（槲皮素、山萘酚、绿原酸等）和黄酮类化合物。

辣木的叶、花、果中富含槲皮素、山奈酚、鼠李糖及其糖苷。

辣木素主要存在于辣木的根和叶中，具有很好的杀菌作用。种子的水提物和根中所含的生物碱、辣木素等能有效抑制假单胞杆菌、金黄色葡萄球菌和大肠杆菌等。此外，辣木籽油因含有辣木素成分可涂抹在小伤口上用于预防炎症和防止感染化脓。

[产品特性]　本品有效地提高皮肤弹性、延缓皮肤衰老；改善肤色，坚持使用有美白效果；含有多种精华因子，深层保养肌肤，补充肌肤失去的营养成分；舒缓皱纹，改善皮肤，提高皮肤的光亮度和白皙度。

配方 25　铁皮石斛精华液

[原料配比]

原料	配比（质量份）			
	1#	2#	3#	4#
铁皮石斛提取物	62	65	60	55
丁二醇	3.5	3.5	3.5	3
丙二醇	3.5	4.5	5	5
燕麦提取物	3.5	4	3	5
甘露聚糖	0.85	1	0.85	0.75
透明质酸钠	0.5	0.075	0.1	0.5
谷胱甘肽	0.75	1.2	2.5	2
PEG-40 氢化蓖麻油	3	2	3	2
聚谷氨酸钠	0.75	0.8	1.5	2
玫瑰精油	0.0075	0.0065	—	—
薰衣草精油	—	—	0.006	—
茶树精油	—	—	—	0.007
去离子水	30	10	10	40

[制备方法]　将丁二醇、丙二醇、甘露聚糖、透明质酸钠、谷胱甘肽、PEG-40 氢化蓖麻油、聚谷氨酸钠依次加入去离子水中，加入铁皮石斛提取物，搅拌，形成均一透明的溶液时，再加入燕麦提取物，最后加入精油，即得铁皮石斛精华液。

[原料介绍]　所述的铁皮石斛提取物，其制备方法如下：

（1）将 100 质量份的铁皮石斛洗净、粉碎，分散于水中，使铁皮石斛与水的质量份比为 1∶10，充分搅拌混合制成铁皮石斛悬浮液；

（2）在铁皮石斛悬浮液中于 45℃ 条件下加入 1.1 质量份纤维素酶，搅拌，充分反应 2.5h；

（3）加入 0.8 质量份半纤维素酶，搅拌，充分反应 2.5h；

（4）加入 0.8 质量份果胶酶，搅拌，充分反应 1.5h；

（5）降低温度至 45℃，调节 pH 至 5，加入 0.8 质量份甘露聚糖酶后搅拌，充分反应 2.5h；

（6）在悬浮液中加入 1.2 质量份中性蛋白酶搅拌，反应充分 2h 后，过滤，除去滤渣；

（7）将滤液浓缩至 450 质量份，即得铁皮石斛提取物。

所述的燕麦提取物，其制备方法如下：

（1）将 100 质量份燕麦洗净、粉碎，分散于 500 质量份水中，充分搅拌混合；

（2）在燕麦悬浮液中于 60℃条件下加入 50 质量份甘油，搅拌，充分反应 1.5h；

（3）加入 1 质量份蛋白酶，搅拌，充分反应 5h，过滤，除去滤渣；

（4）将滤液浓缩至 150 质量份，即得燕麦提取物。

[产品特性]

（1）本品利用生物酶法对铁皮石斛进行低温温和条件下的酶解反应，不仅最大限度地保留铁皮石斛中的多糖、蛋白质、生物碱、菲类化合物等有效成分，而且避免了有效成分的破坏。

（2）本品从原料的选择、组方配伍、加工工艺等方面较之市场同类产品均有明显优势，有着良好的市场前景，具有生产工艺简单、保湿效果良好、能够淡化细纹、持久保湿、修复受损肤质等功效，感官指标和理化指标均符合规定要求。

配方 26 含有黑果枸杞提取物的精华液

[原料配比]

原料		配比（质量份）			
		1#	2#	3#	4#
油相	霍霍巴油	6	4	5	3
	牛油果脂	3	4	5	6
	吐温-80	0.3	0.3	0.5	0.5
	鲸蜡硬脂醇	1	1	2	2
	鲸蜡硬脂基葡糖苷	1	2	2	1
水相	透明质酸钠	1	2	2	3
	丁二醇	2	4	5	6
	黑果枸杞提取物	15	20	25	30
	马齿苋提取物	12	10	13	15
	去离子水	适量	适量	适量	适量

[制备方法] 将油相和水相分别制备，再混合均匀，灭菌，灌装，即得本精华液。

[原料介绍] 黑果枸杞提取物，能够平衡肌肤自然状态，在延迟和防止肌肤衰老的同时保护肌肤外层因子。

霍霍巴油（也称为霍霍巴籽油）与皮肤有良好的相容性，并能刺激细胞生长，治愈伤口，对于皮肤干燥、皮炎、湿疹及其他皮肤过敏症状具有卓越的疗效。

牛油果脂营养丰富，能够防止肌肤水分流失，帮助愈合伤口，增强肌肤防御能力以及柔顺度，是难得的护肤天然成分。

马齿苋提取物可抵抗外界对皮肤的刺激，舒缓肌肤。

［产品特性］ 本品将黑果枸杞提取物、马齿苋提取物、霍霍巴油和牛油果脂组合使用，美容功效大大提高，抗衰老和保湿功效显著，对受损肌肤有修复作用，温和无刺激，不产生副作用。

配方27　生物多肽毛孔收缩精华液

［原料配比］

原料	配比（质量份）						
	1#	2#	3#	4#	5#	6#	7#
大豆多肽	15	10	20	12	14	16	18
北美金缕梅水	15	10	20	18	12	14	16
库拉索芦荟叶提取物	20	30	10	22	25	17	13
甜菜碱	7	5	10	6	8	9	6.5
甘草酸二钾	7	5	10	6	8	9	6.5
生物糖胶-1	5	10	1	2	4	6	8
透明质酸钠	3	5	1	2	4	2.5	3.5
甘油	5	1	10	8	2	6	4
丙二醇	3	5	1	2	4	2.5	3.5
羟苯甲酯	3	2.5	1	4	2	1.5	3.5
甲基异噻唑啉酮	2	2.2	1.5	3	2.5	1.7	2.7
去离子水	加至100	加至100	加至100	加至100	加至100	加至100	加至100

［制备方法］ 将各组分溶于水，混合均匀即可。

［原料介绍］ 所述大豆多肽也称"肽基大豆蛋白水解物"，是大豆蛋白质经蛋白酶作用，再经特殊处理而得到的蛋白质水解产物。大豆多肽的必需氨基酸组成与大豆蛋白质完全一样，含量丰富而平衡，且多肽化合物易被人体消化吸收，并具有防病、治病、调节人体生理机能的作用。大豆多肽的功能有：①具有易消化吸收性，人工合成已在体外解决了它的消化问题，它进入人体不需消化，直接吸收；②促进能量代谢，从而显现出抗肥胖作用；③对于过度疲劳者有促进恢复精神、体力的效果；④增加肌肉的耐力，促进肌红蛋白恢复；⑤具有低抗原、低过敏性；⑥降低胆固醇，可调节血液黏稠度，改善血管通透性，防止动脉血管粥样硬化，防止脑血栓，防止中风；⑦具有抗氧化作用，消除人体自由基，防止新的自由基

形成，延缓人体退化、老化过程；⑧通过抑制 ACE 活性，从而降低血压；⑨调节胰岛素分泌，从而达到降低血糖的作用；⑩促进微生物生长发育，调节改善胃肠功能；⑪对双歧杆菌也有一定的促进作用。可将大豆多肽应用于低过敏食品、运动食品、运动饮料、降压食品以及消除疲劳食品等保健品中。

所述北美金缕梅又名维吉尼亚金缕梅、弗尼吉亚金缕梅，是金缕梅科金缕梅属的一种落叶灌木。树皮的萃取液具有收敛的效果，被添加在化妆品内作收敛剂使用。枝条、叶子及树皮的萃取物可以作药用，主要用来治疗痤疮、瘀伤和肿胀。萃取物的主要成分包括单宁酸、没食子酸、儿茶素、原花青素、类黄酮素（山奈酚、槲皮素）、精油（香芹酚、丁香酚、己烯醇）、胆碱及皂素。蒸馏出来的花露水可以用来保养皮肤，它是一种很强的抗氧化剂及收敛剂，用来治疗青春痘非常有效。它也被推荐用来治疗干癣、湿疹、皮肤裂伤或起水泡、蚊虫叮咬、静脉曲张和痔疮等病症，对于皮肤割伤、擦伤及晒伤也有疗效。

所述库拉索芦荟叶提取物为从库拉索芦荟植物的叶中提取的汁液。库拉索芦荟原产于美洲西印度群岛的库拉索群岛和巴巴多斯岛，所以也称之为巴巴多斯芦荟、美国翠叶芦荟和蕃拉芦荟。味苦，性寒，归肝、胃、大肠经。功能与主治：泻下通便，清肝泻火，杀虫疗疳。用于热结便秘、惊痫抽搐、小儿疳积。库拉索芦荟胶还具有多种保健作用。

所述生物糖胶-1是一种源自于中国渤海海域的生物多糖，因其分子中存在大量的岩藻糖而通常称为岩藻聚糖（fucoidan），是化妆品行业中一种新型的保湿剂、祛皱剂、肌肤修复剂和肤感调节剂。生物糖胶-1具有如下优点：①植物来源，通过发酵法从非转基因植物中获得。②可不增加黏度而提高乳液的稳定性。岩藻糖的亲脂性甲基不增加乳液稠度，同时提高其稳定性。③肤感柔软丝滑，有乳脂状质地，赋予不同的肤感质地，丰厚柔软，丝般肤感。④功效多样，应用范围广。

［产品特性］ 本品可以祛除黑头、收敛毛孔、祛除多余角质和油脂、改善肤色、淡化色斑、消除痘印、消炎舒络、净化排毒、修复润养、补充肌肤所失营养成分，使肌肤细腻白嫩、水润清爽、自然光泽、增加弹性、重现健康。

配方 28 肌能赋活水光精华液

［原料配比］

原料	配比（质量份）						
	1#	2#	3#	4#	5#	6#	7#
丙烯酸（酯）类共聚物钠	5	10	2	4	6	8	1
丁二醇	5	2	10	4	6	8	1

续表

原料		配比（质量份）						
		1#	2#	3#	4#	5#	6#	7#
烟酰胺		2	1	1.5	1.7	2.5	0.5	3
卵磷脂		15	18	20	12	14	16	10
葡聚糖		5	2	3	8	6	1	10
棕榈酰三肽-8		5	1	3	8	6	2	10
假交替单胞菌发酵产物提取物		10	5	15	7	9	11	13
甘油		5	1	2	4	6	8	10
丙二醇		3	5	1	2	4	1.5	2.5
山梨（糖）醇		2	2.5	3	1.5	1	1.2	1.7
泛醇		2	3	1	2.5	1.5	2.2	1.7
透明质酸钠		5	1	2	4	6	8	10
氧化银		3	5	1	2	4	1.5	2.5
中药提取物		20	30	22	25	15	17	10
去离子水		加至100	加至100	加至100	加至100	加至100	加至100	加至100
中药提取物	龙头竹笋提取物	0.3	1	0	0.8	0	1	0
	莲花提取物	0.3	0	0.5	0.7	1	0	0
	白睡莲根提取物	0.5	0.3	1	0	0	0	1

[制备方法] 将各组分溶于水，混合均匀即可。

[原料介绍] 所述棕榈酰三肽-8，是一种人工合成多肽，白色粉末，用于缓解皮肤过敏不适。

所述假交替单胞菌发酵产物提取物，可以促进Ⅰ型和Ⅳ型胶原蛋白的合成，促进弹性蛋白的合成，促进伤口愈合，保湿抗冻。

所述氧化银是棕褐色立方晶系结晶或棕黑色粉末，不溶于水，易溶于酸和氨水，受热易分解成单质。在空气中会吸收二氧化碳变为碳酸银。在有机合成中，常借以使羟基置换卤素，或用作一种氧化剂。

所述龙头竹笋为被子植物门双子叶植物纲罂粟目禾本科植物龙头竹根状茎上发出的幼嫩的发育芽，味甘、微寒、无毒；其中含有丰富的蛋白质、氨基酸、脂肪、糖类、钙、磷、铁、钾、胡萝卜素、维生素 B1、维生素 B2 和维生素 C 等；具有清热化痰、益气和胃、治消渴、利水道、利膈爽胃的功效。

所述莲花为被子植物门双子叶植物纲莲科莲属荷花种多年水生植物；味苦、甘、性平；归心、肝经；具有清心解暑、散瘀止血、降火除寒、消风祛湿、补身健胃的功效。

所述白睡莲根为被子植物门双子叶植物纲睡莲科白睡莲种多年生草本植物白

睡莲的根茎，白睡莲是源自于欧洲的睡莲属植物，白睡莲根能吸收水中的汞、铅、苯酚等有毒物质，还能过滤水中的微生物，是难得的水体净化植物材料。白睡莲根茎富含淀粉，可食用或酿酒，根茎还可入药，用作强壮剂、收敛剂，用于治疗肾炎。

所述龙头竹笋提取物为龙头竹的竹笋用热浸法提取的水溶性浸出物，水溶性浸出物的量不少于15％。

所述莲花提取物为莲花用热浸法提取的水溶性浸出物，水溶性浸出物的量不少于10％。

所述白睡莲根提取物为白睡莲的根用热浸法提取的水溶性浸出物，水溶性浸出物的量不少于20％。

［产品特性］　本品含有多种营养成分，温和不刺激，能够改善和修复肌肤问题，促进肌肤代谢新生，改善微循环，提高肌肤免疫能力，具有水润滋养、美白嫩肤、清洁毛孔、淡化色斑、改善肤色、抑菌消炎、排毒护肤、控油抑脂的功效，能够有效缓解肌肤缺水失养引起的干燥、粗糙、色斑、细纹、缺乏光泽、失去弹性等问题，使肌肤水润滋养、清爽嫩滑、亮白无瑕。

配方 29　安肌舒敏精华液

［原料配比］

原料		配比（质量份）						
		1#	2#	3#	4#	5#	6#	7#
甘油聚丙烯酸酯		5	6	1	8	4	2	7
烟酰胺		3	5	1	2	4	4.5	3.5
葡聚糖		5	10	1	2	8	6	4
棕榈酰三肽-8		3	5	4	2	1	4.5	3.5
甘油		5	4	1	10	8	6	4
丁二醇		5	2	6	1	10	8	4
透明质酸钠		3	2	4.5	1	4	5	3.5
氧化银		3	2.5	5	1	4	4.5	3.5
植物提取物		55	50	65	60	45	47	57
去离子水		加至100	加至100	加至100	加至100	加至100	加至100	加至100
植物提取物	白鲜皮提取物	1	0.5	2	3	1.5	2.5	1
	柽柳花/叶提取物	1	0.5	2	3	1.5	2.5	0
	莼菜叶提取物	1	0.5	2	3	1.5	2.5	0
	地肤子提取物	1	0.5	2	3	1.5	2.5	1

续表

原料		配比（质量份）						
		1#	2#	3#	4#	5#	6#	7#
植物提取物	冬瓜提取物	2	1.5	3	3	2.5	3	1.5
	黄连根提取物	1	0.5	2	3	1.5	2.5	0
	黄芩根提取物	2	0.5	3	3	2.5	3	1.5
	金松根提取物	2	1	3	2	2.5	3	1.5
	沟鹿角菜提取物	1	1	2	2	1	2.5	0.5
	蒲公英提取物	1	0.5	2	2	1.5	2.5	0.5
	忍冬花提取物	1	0.5	2	2	1.5	2.5	0.5
	葡萄叶铁线莲叶提取物	1	1	2	2	1.5	1.5	0.5

[制备方法]　将各组分溶于水，混合均匀即可。

[原料介绍]　所述甘油聚丙烯酸酯是一种水溶性长效保湿润肤成分，清爽润滑，既不像传统甘油保湿剂容易干，也不会像油脂那么油，适合敏感肌肤使用。

所述植物提取物包含白鲜皮提取物、柽柳花/叶提取物、莼菜叶提取物、地肤子提取物、冬瓜提取物，黄连根提取物、黄芩根提取物、金松根提取物、沟鹿角菜提取物、蒲公英提取物、忍冬花提取物和葡萄叶铁线莲叶提取物中的一种或几种。

所述白鲜皮为芸香科植物白鲜的干燥根皮，味苦，性寒，归脾、胃、膀胱经。功能主治：清热燥湿，祛风解毒；用于湿热疮毒、黄水淋漓、湿疹、风疹、疥癣疮癞、风湿热痹、黄疸尿赤。

所述柽柳为落叶小乔木，又名垂丝柳、西河柳、西湖柳、红柳、阴柳。柽柳的嫩枝叶是中药材，可用于痘疹透发不畅或疹毒内陷、感冒、咳嗽、风湿骨痛的治疗。干燥柽柳嫩枝叶中含有柽柳酚、柽柳酮、柽柳醇、β-谷甾醇、胡萝卜苷、槲皮素二甲醚、硬脂酸、正三十一烷、12-正三十一烷醇、三十二烷醇己酸酯、山萘酚-4-甲醚、山萘酚-7,4-二甲醚、槲皮素、槲皮素甲醚（即异鼠李素）、没食子酸、没食子酸甲酯-3-甲醚及反式的2-羟基甲氧基桂皮酸。

所述莼菜是多年生水生宿根草本，又名尊菜、马蹄菜、湖菜等。性喜温暖，适宜于清水池生长。莼菜含有丰富的胶质蛋白、碳水化合物、脂肪、多种维生素和矿物质，具有清热、利水、消肿、解毒的功效，治热痢、黄疸、痈肿。莼菜的黏液质含有多种营养物质及多缩戊糖，有较好的清热解毒作用，能抑制细菌的生长，食之清胃火、泻肠热，捣烂外敷可治痈疽疔疮。莼菜中还含有丰富的锌，为植物中的"锌王"，是小儿最佳的益智健体食品之一，可防治小儿多动症。莼菜中含有一种酸性杂多糖，不仅能够增加免疫器官——脾脏的质量，而且能明显地促进巨噬细胞吞噬异物，是一种较好的免疫促进剂，可以增强机体的免疫功能，预防疾病的发生。

所述地肤子为藜科植物地肤的干燥成熟果实。味辛、苦，性寒。归肾、膀胱经。功能主治：清热利湿，祛风止痒。用于小便涩痛，阴痒带下，湿疹，风疹，皮肤瘙痒。

所述冬瓜为葫芦科冬瓜属一年生蔓生或架生草本植物冬瓜的果实，包含冬瓜皮、冬瓜果肉、冬瓜瓤和冬瓜子。冬瓜含有丰富的营养成分，包含蛋白质、碳水化合物、膳食纤维、抗坏血酸、维生素 Bi、维生素 E、核黄素、硫胺素、尼克酸以及钾、钠、钙、铁、锌、铜、磷、硒等多种矿物质元素，还含有除色氨酸外的 8 种人体必需氨基酸，谷氨酸和天门冬氨酸含量较高，含有鸟氨酸和 γ-氨基丁酸以及儿童特需的组氨酸。冬瓜味甘、性寒，有消热、利水、消肿的功效。冬瓜皮味甘，性凉；归脾、小肠经。冬瓜肉及瓤有利尿、清热、化痰、解渴等功效，可用来治疗水肿、痰喘、暑热、痔疮等症。冬瓜子（又名白瓜子、冬瓜仁、瓜瓣）是冬瓜的种子，有清肺化痰的功效。冬瓜藤鲜汁用于洗面、洗澡时，可增白皮肤，使皮肤有光泽，是天然的美容剂。

所述黄连根为毛茛科植物黄连、三角叶黄连或云连的干燥根茎。味苦，性寒；归心、脾、胃、肝、胆、大肠经。功能主治：清热燥湿，泻火解毒；用于湿热痞满、呕吐吞酸、泻痢、黄疸、高热神昏、心火亢盛、心烦不寐、心悸不宁、血热吐衄、目赤、牙痛、消渴、痈肿疔疮；外治湿疹、湿疮、耳道流脓。酒黄连善清上焦火热，用于目赤、口疮。姜黄连清胃和胃止呕，用于寒热互结、湿热中阻、痞满呕吐。萸黄连疏肝和胃止呕，用于肝胃不和、呕吐吞酸。

所述黄芩根为唇形科植物黄芩的干燥根。味苦，性寒；归肺、胆、脾、大肠、小肠经。功能主治：清热燥湿，泻火解毒，止血，安胎；用于湿温、暑湿、胸闷呕恶、湿热痞满、泻痢、黄疸、肺热咳嗽、高热烦渴、血热吐衄、痈肿疮毒、胎动不安。

所述金松为松柏目杉科金松，属乔木，又称伞松、日本金松。阴性树，喜肥沃地。

所述沟鹿角菜为褐藻门墨角藻科鹿角藻属藻类植物，主要生长在潮带岩石上。

所述蒲公英为菊科植物蒲公英、碱地蒲公英或同属数种植物的干燥全草。味苦、甘，性寒；归肝、胃经。功能主治：清热解毒，消肿散结，利尿通淋；用于疔疮肿毒、乳痈、瘰疬、目赤、咽痛、肺痈、肠痈、湿热黄疸、热淋涩痛。

所述忍冬花为忍冬科植物忍冬的干燥花蕾或待初开的花。味甘，性寒；归肺、心、胃经。功能主治：清热解毒，疏散风热；用于痈肿疔疮、喉痹、丹毒、热毒血痢、风热感冒、温病发热。

葡萄叶铁线莲是毛茛科铁线莲属植物铁线莲中的葡萄叶型，木质藤本，二回三出复叶或羽状复叶。功能主治：祛风湿，通经络，用于解毒。

［产品特性］ 本品能较好地调节人体免疫功能，增加皮肤耐受性，提高皮肤免疫力和抵抗力，抑制引起过敏的异常免疫反应，抑制和消除致敏源，预防和舒缓皮肤过敏，并同时增强正常免疫力，改善皮肤微循环，促进皮肤新陈代谢，加快皮

肤修复，增强皮肤屏障作用。本品具有拮抗外部刺激、抑敏、消炎、止痒、美白、保湿、润养、修复等多重功效。

配方30　肌能修复水光精华液

[原料配比]

原料	配比（质量份）			
	1#	2#	3#	4#
丙烯酸（酯）类共聚物钠	5	3	1	4
丁二醇	5	6	2	4
烟酰胺	3	1	1.5	2
卵磷脂	15	10	17	18
假交替单胞菌发酵产物提取物	15	10	17	20
泡叶藻提取物	17	25	22	20
法地榄仁果提取物	17	25	22	13
氧化银	5	4	1	2
去离子水	加至100	加至100	加至100	加至100

[制备方法]　将各组分溶于水，混合均匀即可。

[原料介绍]　所述假交替单胞菌发酵产物提取物，可以促进Ⅰ型和Ⅳ型胶原蛋白、弹性蛋白的合成，促进伤口愈合，保湿抗冻。

所述泡叶藻属于巨藻的一种，味苦、咸，性寒。归肝、胃、肾经。巨藻主要产于加拿大、美国、墨西哥、澳大利亚、新西兰、秘鲁和南非等地。巨藻是冷水性种类，生长在潮下水深6～20m的岩石上。巨藻用于生产多种化工、医药产品，是褐藻胶的主要原料，同时还是动物饲料和制取甲烷的原料。泡叶藻主要成分是海藻提取物，包括褐藻胶、褐藻糖胶、岩藻黄质、海带淀粉和多糖等。功能包括：抗肿瘤、抗病毒、抗菌、消除自由基、抗氧化。

所述法地榄仁果，又称卡卡杜李，每100g果肉中含维生素C的量高达300mg，这种活性维生素可以帮助胶原蛋白合成，具有非常好的抗氧化效果，起到美肌的作用。

所述氧化银是棕褐色立方晶系结晶或棕黑色粉末，不溶于水，易溶于酸和氨水，受热易分解成单质，在空气中会吸收二氧化碳变为碳酸银。在有机合成中，常借以使羟基置换卤素，或用作一种氧化剂。

[产品特性]　本品安全无刺激性，可有效修复皮肤干燥粗糙、肤色暗黄、细纹、毛孔粗大，改善痘印、痤疮、色斑等多种皮肤问题，同时具有高补水、高保湿、

强抗敏、快修复、祛皱纹等多重功效，对于延缓皮肤衰老、恢复皮肤健康活力、提高皮肤免疫力方面效果良好。

配方 31　含玫瑰精油的精华液

[原料配比]

原料	配比（质量份）		
	1#	2#	3#
玫瑰精油	0.8	1	0.5
橄榄油	8	10	5
甘油	10	5	15
卵磷脂	10	11	9
水杨酸	0.5	0.1	1
维生素 E	0.8	1	0.5
去离子水	加至 100	加至 100	加至 100

[制备方法]　将水、甘油和卵磷脂加入乳化锅中搅拌并升温至 80℃，搅拌均匀后，降温至 45℃，然后加入玫瑰精油、橄榄油、维生素 E、水杨酸，搅拌均匀后降温 35℃即得。

[原料介绍]　玫瑰精油的提取方法：

（1）选用新鲜玫瑰 200kg，洗净后放入碾碎机中碾碎至糊状物，加入 600kg 的 1%NaCl 水溶液搅拌混合均匀，减压过滤得到滤渣 a 与滤液 b；

（2）将步骤（1）中的滤渣 a 放入饱和 NaCl 溶液中浸泡，浸泡时间为 24h，饱和 NaCl 溶液与滤渣质量比为 1.5：1，过滤，得滤液 c；

（3）将步骤（1）得到的滤液 b 与步骤（2）得到的滤液 c 合并，放入低压蒸馏釜进行蒸馏，蒸馏釜温度为 42℃，真空度为 15kPa，得气体 d；

（4）将步骤（3）蒸馏得到的气体 d 通入常压冷凝器，温度为 25℃，收集冷凝液 e；

（5）将步骤（4）中收集的冷凝液 e 进入油水分离器中，上层液体为油相，下层液体为水相，下层液体返回蒸馏釜继续蒸馏，直至过程结束，收集上层液体，即得。

[产品特性]

（1）美白祛斑：本品具有良好的美白淡斑功效，同时还具有减缓皮肤老化、促进皮肤血液循环的功效，是目前适合各种年龄段的护肤品。

（2）原料提取简单：采用本品的玫瑰精油提取方法提取出来的是玫瑰中有机精华组分，适用范围广，操作简单，任何植株都可以采用本方法提取精油；并且提取彻底，不浪费原料；减少换热程序，工艺简单，能源需求低。

（3）使用安全：原料来源安全，长期使用不会出现过敏及依赖性，适合敏感性肌肤的人群使用。

配方 32　嫩肤精华液

[原料配比]

原料		配比（质量份）			
		1#	2#	3#	4#
1,3-丁二醇		0	5	6	15
透明质酸钠		10	5	6	5
二丙二醇		10	5	6	0
甘油		0	5	6	5
丁二醇		0	5	6	5
丙二醇		5	2	0	0
EDTA 二钠		0.03	0.05	0	0.05
羟乙二磷酸		0.03	0	0.05	0.05
羟苯甲酯		0.05	0.1	0	0.1
羟苯丙酯		0.05	0	0.1	0.1
苯氧乙醇		0.1	0	0.1	0.1
去离子水		70.24	70.81	67.93	65.36
植物组合物	桑葚提取物	2	0.02	1.8	2.2
	枸杞提取物	1	2	0.01	0.04
	地锦草提取物	1.5	0.02	0.01	2

[制备方法]　将保湿剂、螯合剂、去离子水混合，搅拌加热至 80℃ 使其完全溶解；降温至 45℃ 后，依次加入植物组合物、防腐剂，搅拌均匀，低温出料。

[原料介绍]

所述保湿剂为 1,3-丁二醇、透明质酸钠、二丙二醇、甘油、丙二醇、丁二醇中的至少一种。

所述螯合剂为 EDTA 二钠、羟乙二磷酸中的至少一种。

所述防腐剂为羟苯甲酯、羟苯丙酯、苯氧乙醇中的至少一种。

所述植物组合物的制备方法为：取桑葚、枸杞、地锦草混合，洗净、烘干后，按 1:10 的料液比浸入 75%～85% 乙醇溶液中，浸泡 30～90min；取上述混合液置于水浴中加热回流提取 1.5～3h，过滤，收集滤液，滤渣用 8～10 倍体积 75%～85% 乙醇重复提取一次，合并两次滤液；取上述滤液，减压浓缩至无醇味，浓缩液通过 AB-8 大孔树脂柱进行吸附，先用蒸馏水洗脱，再用 55％～65％乙醇洗脱，收集乙醇洗脱液，减压浓缩后得到所述植物组合物。

桑葚是桑科桑属多年生木本植物桑树的果实。桑葚提取物也称桑葚红色素，它含有丰富的活性蛋白、维生素、氨基酸、苹果酸等成分，营养成分是葡萄的 4 倍，苹果的 5～6 倍，具有多种功效，被医学界誉为"二十一世纪的最佳保健果品"。桑葚有改善皮肤的血液供应、营养肌肤、使皮肤白嫩等作用，桑葚多糖能够清除自由基，阻断自由基反应链，具有一定的抗氧化及防衰老作用。

枸杞果实中的功能成分主要是枸杞多糖、黄酮、类胡萝卜素、酚酸、甜菜碱、维生素、不饱和脂肪酸、甾醇类及萜类化合物，这些功能成分与枸杞果实的抗氧化活性密切相关，也是枸杞果实调节机体免疫力、抑制肿瘤生长、延缓衰老、抗疲劳的主要成分。其中黄酮和多糖是最重要的抗氧化物质。活性多糖的抗氧化作用主要体现在可以提高机体抗氧化酶活性、清除体内自由基、抑制脂质过氧化、保护生物膜等作用。

地锦草为大戟科植物地锦草的全草，其化学成分主要为黄酮类（槲皮素及其苷、山奈素及其苷、地锦草素等）。地锦草具有多种药理作用和生物学活性，如抑菌抗菌、抗氧化等作用。地锦草含有多种黄酮类化合物，而黄酮类化合物对四种活性氧有显著清除作用，并能保护 DNA 免于氧化损伤。同时地锦草还含鞣质类、不饱和脂肪酸类、维生素类等抗氧化成分，用于补充机体抗氧化物质，提高机体内源性抗氧化酶活性，从而使过多的自由基得到清除。

[产品特性]

（1）本品将桑葚提取物、枸杞提取物和地锦草提取物复配成组合物，添加至化妆品中既可提高机体抗氧化酶活性、清除体内过多的自由基，又能够吸收紫外线，起到很好的防晒作用，长期使用，能令肌肤白皙、水润、细腻光滑；

（2）组合物与本品提供的保湿剂配伍性好，加强了本精华液的补水保湿效果，且提供的保湿剂有促进组合物活性成分渗透的作用；

（3）本品活性成分提取率高，使其能发挥最好的美白嫩肤作用；

（4）本品成分温和不刺激、安全、高效，制备工艺简单，是一款实用性很好的产品。

配方 33　六胜肽紧致精华原液

[原料配比]

原料	配比（质量份）			
	1#	2#	3#	4#
丙二醇	1	5	2	3

续表

原料	配比（质量份）			
	1#	2#	3#	4#
丁二醇	1	5	2	3
EDTA 二钠	0.01	0.1	0.02	0.08
尿囊素	0.01	0.3	0.05	0.2
羟乙基纤维素	0.01	0.3	0.05	0.2
黄原胶	0.01	0.1	0.05	0.2
甜菜碱	0.1	5	1	3
透明质酸	0.01	0.05	0.02	0.04
海藻糖	0.5	3	1	2
卡波姆	0.05	0.3	0.1	0.2
三乙醇胺	0.05	0.3	0.1	0.2
泛醇	0.1	1	0.3	0.8
烟酰胺	0.1	0.5	0.5	0.8
六胜肽-1	0.1	1	0.2	0.5
水解胶原	0.5	3	1	2
甘草酸二钾	0.01	0.5	0.05	0.3
苯氧乙醇	0.05	1	0.1	0.5
去离子水	80	100	85	90

[制备方法]

（1）将丙二醇、丁二醇、EDTA 二钠、尿囊素、羟乙基纤维素、黄原胶、甜菜碱、透明质酸、海藻糖、卡波姆、三乙醇胺加入水相锅中，并加入称量好的水，边搅拌边升温到 80℃，恒温搅拌 20min，至溶解无颗粒；

（2）开启冷却水降温至 50℃时，加入泛醇、烟酰胺，搅拌中和至完全透明；

（3）降温至 30℃时，加入六胜肽-1、水解胶原、甘草酸二钾、苯氧乙醇搅拌均匀，之后取样送检，检测合格后灌装，得到所述六胜肽紧致精华原液。

[原料介绍]　六胜肽能抑制神经传导物质，阻断神经肌肉间的传导功能，避免肌肉过度收缩，防止细纹形成。六胜肽能够减缓肌肉收缩，让肌肉放松，减少动态纹的发生与消除细纹；有效重新组织胶原弹力，可以增加弹力蛋白的活性，使脸部线条放松、皱纹抚平、改善松弛。可用于化妆品内，作为抗皱成分，且效果极佳。

透明质酸能携带 500 倍以上的水分，为当今所公认的最佳保湿成分，广泛应用在保养品和化妆品中。能够改善关节功能，属于天然的保湿润滑剂，能够防止动脉硬化、脉搏紊乱和脑萎缩等病症的发生。

水解胶原是指水解胶原蛋白肽，又称水解胶原蛋白，是一种天然生物产品，富含人体代谢所必需的各类多肽等生物活性物质，尤其富含软骨、皮肤及毛发代谢所必需的羟脯氨酸（＞12％），是结缔组织的主要物质基础。能抑制黑色素，美白肌肤；作用于真皮层，延缓衰老；改善微循环，祛斑祛皱；收缩毛孔，补水保温；紧致肌肤，修复细纹；去除黑眼圈，消除眼袋；亮肤，紧肤，减缓衰老；去妊娠纹，改善过敏体质；减肥瘦身，丰胸美容。

[产品特性]　本品含有六胜肽、透明质酸、水解胶原等能够除皱、紧肤的物质，同时添加泛醇、烟酰胺、甘草酸二钾和尿囊素等皮肤调理剂，辅以丙二醇、丁二醇和甜菜碱等保湿物质，科学配伍，制备得到的所述六胜肽紧致精华原液，具有补水保温、紧致肌肤、消除细纹、亮肤紧肤的功效。

配方 34　含柠檬精油的精华液

[原料配比]

原料		配比（质量份）
油相	柠檬精油	1
	甲基硅油	2
	单硬脂酸甘油酯	3
	聚氧乙烯去水山梨醇单月桂酸酯	1.2
	汉生胶	0.4
水相	甘油	10
	丙二醇	4
	蚕丝蛋白	1
	三乙醇胺	0.4
	去离子水	78

[制备方法]

（1）将10份甘油、4份丙二醇、1份蚕丝蛋白、0.4份三乙醇胺加入78份去离子水中，80℃下搅拌直至溶解，制成水相液；

（2）按质量份数计，将1份柠檬精油、2份甲基硅油、3份单硬脂酸甘油酯、1.2份聚氧乙烯去水山梨醇单月桂酸酯、0.4份汉生胶，在80℃条件下搅拌均匀，制成油相液；

（3）在不断搅拌的条件下，将制得的油相液缓慢地加入水相液中，使用高速分散器在搅拌速度为5000r/min的条件下搅拌15min，冷却出料，即得含柠檬精油的精华液。

[原料介绍]　柠檬精油的制备方法如下。

（1）将新鲜柠檬去皮去籽，切碎，用螺旋榨汁机压榨后得到果浆，过滤得滤液，滤液中加入 5 倍体积的饱和氯化钠水溶液，充分搅拌混合均匀，搅拌速度为 300r/min，搅拌时间为 30min，得混合液；

（2）将混合液以 4000r/min 离心处理 15min 后，吸取上层挥发油，用无水硫酸钠干燥过夜，经 0.45μm 微孔有机滤膜过滤，得柠檬精油。

[产品特性]

（1）本品无添加剂且纯度高。

（2）柠檬精油可以抑制酪氨酸酶活性，具有美白祛斑的功效。

（3）蚕丝蛋白具有修复皮肤组织细胞的功效。

配方 35　含菊芋提取液的精华液

[原料配比]

	原料	配比（质量份）
油相	甘油	6
	甲基硅油	2
	单硬脂酸甘油酯	3
	聚氧乙烯去水山梨醇单月桂酸酯	1.5
	汉生胶	0.4
水相	菊芋提取液	2
	丙二醇	4
	蚕丝蛋白	1
	三乙醇胺	0.4
	去离子水	78

[制备方法]

（1）将 4 份丙二醇、2 份菊芋提取液、1 份蚕丝蛋白、0.4 份三乙醇胺加入 78 份去离子水中，80℃下搅拌直至溶解，制成水相液；

（2）将 6 份甘油、2 份甲基硅油、3 份单硬脂酸甘油酯、1.5 份聚氧乙烯去水山梨醇单月桂酸酯、0.4 份汉生胶，在 80℃条件下搅拌均匀，制成油相液；

（3）在不断搅拌的条件下，将制得的油相液缓慢地加入水相液中，使用高速分散器在搅拌速度为 5000r/min 的条件下搅拌 15min，冷却出料，即得含菊芋提取液的精华液。

[原料介绍]　菊芋提取液制备方法如下。

（1）将菊芋用水洗干净，于 60℃下烘干 24h，经粉碎后过 200 目筛，得到菊芋粉；

（2）将菊芋粉按照液固比为 10:1 浸泡在预加热到 85℃的去离子水中，在85℃条件下恒温水浴锅中提取 2h，并于 4℃、4000r/min 离心处理 15min，收集上清液，即得菊芋提取液。

[产品特性]

（1）菊芋中富含氨基酸、糖、维生素，具有滋养美容的功效。

（2）蚕丝蛋白具有修复皮肤组织细胞的功效。

（3）本品天然成分高、易吸收，且制备方法简单。

配方 36 含植物精油的精华液

[原料配比]

原料			配比（质量份）						
			1#	2#	3#	4#	5#	6#	7#
油相	植物精油	玫瑰精油	1	—	—	—	—	—	—
		洋甘菊提取物	—	2	—	—	—	—	—
		灵芝提取物	—	—	2	—	—	—	—
		海萝藻提取物	—	—	—	2	—	—	—
		柑橘精油	—	—	—	—	1	—	—
		甘蔗渣提取物	—	—	—	—	—	2	—
		牡丹花精油	—	—	—	—	—	—	1
	甲基硅油		2	2	2	2	2	2	2
	单硬脂酸甘油酯		3	3	3	3	3	3	3
	聚氧乙烯去水山梨醇单月桂酸酯		1.2	1.5	1.2	1.2	1.2	1.2	1.2
	汉生胶		0.4	0.5	0.4	0.4	0.4	0.4	0.4
水相	甘油		10	—	10	10	10	10	10
	丙二醇		4	4	4	4	4	4	4
	蚕丝蛋白		1	1	1	1	1	1	1
	三乙醇胺		0.4	0.4	0.4	0.4	0.4	0.4	0.4
	去离子水		78	78	78	78	78	78	78

[制备方法]

（1）将甘油、丙二醇、蚕丝蛋白、三乙醇胺加入去离子水中，80℃加热搅拌直至溶解，制成水相液；

（2）将植物精油、甲基硅油、单硬脂酸甘油酯、聚氧乙烯去水山梨醇单月桂酸酯、汉生胶，在80℃条件下搅拌均匀，制成油相液；

（3）在不断搅拌的条件下，将油相液缓慢地加入水相液中，使用高速分散器在搅拌速度为5000r/min的条件下搅拌15min，冷却出料，即得含植物精油的精华液。

［原料介绍］　玫瑰精油的制备方法如下。

（1）称取200g玫瑰干花与蒸馏水以1∶8的料液比混合，得蒸馏液，置于5000mL的容器中，并向蒸馏液中加入质量分数为1％的氯化钠溶液，静置4h；

（2）蒸馏液以电热套加热，保持微沸状态进行提取，蒸馏提取3h，停止加热，过滤得滤液；

（3）取滤液0.5mL，加入20mL正己烷萃取，静置过夜，用旋转蒸发仪加热蒸发，得到黄色透明状玫瑰精油。

玫瑰干花采用以下方法制备：将玫瑰鲜花进行清洗，并放置在通风干燥处进行风干，将风干后的玫瑰置于90℃条件下干燥10min，得玫瑰干花。

洋甘菊提取物制备方法如下。

（1）取25kg洋甘菊，粉碎成粗粉，经水蒸气蒸馏法去除挥发性成分，得到洋甘菊残渣，按料液比为1∶5加入体积分数为95％的乙醇，于50℃条件下搅拌提取3h，过滤取上清液，重复提取2次；

（2）将2次所得上清液合并，减压浓缩直至无乙醇为止，即得洋甘菊乙醇提取物；

（3）取洋甘菊乙醇提取物向其中加入5倍体积的去离子水制成悬浊液，向悬浊液中加1倍体积的石油醚在室温下萃取3h，分层后将石油醚相减压浓缩去除石油醚后，即得洋甘菊提取物。

灵芝提取物制备方法如下。

（1）将灵芝切成片状，放入粉碎机中粉碎，过80目筛，得灵芝粉；

（2）称取灵芝粉100g，加入3000mL蒸馏水中，并放入80℃恒温水浴锅中加热搅拌2h进行提取；

（3）提取后抽滤，滤渣再进行第二次提取，提取液用三层纱布过滤，将两次滤液合并后置于旋转蒸发仪中浓缩，温度为75℃，浓缩至体积为400mL，得灵芝提取物。

海萝藻提取物制备方法如下。

（1）将海萝藻洗净泥沙杂质，于常温下晾晒干燥，并于-55℃真空冷冻干燥机中干燥24h；

（2）将海萝藻粉碎，过60目筛，得海萝藻粉；

（3）取1g海萝藻粉加入40mL质量分数为20％的甲醇液中，100W超声提取

2h，以 8000r/min 离心处理 20min，收集上清液，取 1g 沉淀再重复上述步骤 1 次，合并两次上清液，并加入 4 倍体积的无水乙醇，−20℃ 冷冻醇沉 2h，4℃、10000r/min 离心处理 20min，取上清液，于 40℃ 条件下旋转蒸发浓缩至原体积的 1/6，得海萝藻提取物。

柑橘精油制备方法如下。

（1）取新鲜柑橘外果皮，自然风干，切碎成 1.5cm×0.5cm 的方块，称取 100g 置于烧瓶中，加入 500mL 蒸馏水，并加入 2 颗玻璃珠，振荡均匀，静置 2h；

（2）烧瓶连接挥发油提取器与回流冷凝装置，自冷凝管上端加入蒸馏水至充满挥发油提取器的刻度线部分，并使水溢入烧瓶为止，烧瓶置于电炉中缓慢加热至沸腾，保持微沸状态提取 5h，提取器中油量不再增加时，停止加热，冷却至室温；

（3）收集上层挥发油，用无水硫酸钠干燥过夜，经过 0.45μm 微孔有机滤膜过滤，得柑橘精油。

甘蔗渣提取物制备方法如下。

（1）将甘蔗渣按照液固比为 25:1 浸泡在质量分数为 3% 的 NaOH 水溶液中，80℃、150r/min 下振荡处理 3h，之后将甘蔗渣用蒸馏水洗涤至中性，55℃ 烘干 36h，经粉碎后过 200 目筛，得甘蔗渣粉末；

（2）取 10g 甘蔗渣粉末，加入 250mL 的烧瓶中，并加入 100mL 去离子水、柠檬酸-柠檬酸钠缓冲液和 25g/L $MgCl_2$ 溶液，使得溶液的终浓度为 0.05%，110℃ 灭菌 25min，冷却至室温；

（3）在无菌条件下向溶液中加入 200FPU 纤维素酶，于 40℃、200r/min 下酶解 72h，结束后立即放于沸水浴中煮沸 3min 灭酶，过滤并于 12000r/min 离心处理 5min，收集上清液，即得甘蔗渣提取物。

牡丹花精油制备方法如下。

（1）将牡丹鲜花在 45℃ 烘箱中烘干，用粉碎机破碎，过 60 目筛，得到牡丹花粉末；

（2）取 100g 牡丹花粉末、1g NaCl 及 1000mL 蒸馏水，置于容器中混合均匀，并在 120W 超声波处理器中处理 20min，连接蒸馏装置，进行水蒸气蒸馏，保持微沸状态进行提取，提取 3h 后，停止加热并冷却至室温，过滤得提取液；

（3）向提取液中加入 0.5g NaCl，用 500mL 石油醚对提取液进行萃取，然后加入 10g 无水 Na_2SO_4 对萃取液进行干燥，将萃取液密封保存在 −18℃ 冰箱内，放置过夜，过滤得滤液，将滤液在真空状态下用旋转蒸发仪浓缩，得牡丹花精油。

［产品特性］ 本品具有美白淡斑、改善血液循环、抵抗敏感、美容养颜、促进细胞再生、缓解肌肤老化、调节皮肤问题的功效。

配方 37　天然植物精华液

[原料配比]

原料	配比（质量份）		
	1#	2#	3#
岗松提取浓缩精华液	16.7	15	19
岗松精油	8	6	9.7
玫瑰精油	18	2	6.8
蜂蜡	6	2	10
角鲨烷	3	6.5	15
甘油	8.8	7	6.5
脂肪酸聚氧乙烯酯	4	4.3	2.3
椰油基葡糖苷	3.2	2	1.6
十六烷酸异丙酯	1.6	2.1	1.4
甜杏仁油	2.2	1.3	2
中链甘油三酸酯	1.5	2	2.8
异构十二烷	0.5	0.4	0.2
肉豆蔻酸异丙酯	0.6	1.4	0.8
月桂醇醚	1	1.3	0.7
油酸甲酯	0.2	0.1	0.3
辛癸酸甘油酯	0.2	0.2	0.1
丁香酚	0.15	0.22	0.25
苯氧乙醇	0.4	0.3	0.1
棕榈醇	0.1	0.2	0.4
去离子水	10	10	10

[制备方法]

（1）取部分去离子水（最多一半，优选低于一半的量），按照配方取玫瑰精油、蜂蜡、角鲨烷、椰油基葡糖苷、肉豆蔻酸异丙酯、月桂醇醚、丁香酚、苯氧乙醇、棕榈醇分散于去离子水中，充分搅拌混合得到混合液；

（2）将脂肪酸聚氧乙烯酯、异构十二烷、十六烷酸异丙酯、中链甘油三酸酯、油酸甲酯按照配方称取后，加入上述的混合液中，并进行水浴加热得到基础混合液；

（3）将岗松精油、甜杏仁油混合得到混合油液；

（4）将甘油、辛癸酸甘油酯和剩余的去离子水混合，并进行水浴加热得到甘油混合溶液；

（5）将混合油液滴加到甘油混合溶液中，并搅拌均匀，搅拌 10～30min 后，依次加入基础混合液和岗松提取浓缩精华液搅拌均匀，即得天然植物精华液。

[原料介绍]　岗松提取浓缩精华液，制备方法包括以下过程：

（1）将岗松树枝上的杂物泥土清理干净，保留树叶，并用清水清洗干净，晾干，然后放入双氧水中再次进行清洗和消毒，双氧水的质量分数为 3％。

（2）将消毒后的岗松树枝取出沥干水分后，烘干至含水量在 5％以下，然后将烘干的树枝粉碎，粉碎后的颗粒粒径不大于 1mm。

（3）粉碎后的岗松颗粒采用超微粉碎至 300 目，得超微岗松粉。

（4）加入水，水的质量是超微岗松粉 3 倍，调节 pH 在 4.5～6.5，加入纤维素酶进行酶解，保温在 26～31℃。

（5）按照每 100kg 超微岗松粉，用纯度为 95％的乙醇溶液 500kg，并一起放入密封的容器内，水浴加热，加热至温度为 40℃，保温 8h 后，在开温至 65℃的同时，搅拌剥离 20min；其中，将水浴加热的时间和方式进一步细化，可以使得岗松粉的有效成分进一步提取出，即加热至温度为 35℃等待 2h，然后在 2min 内上升到 40℃，保温 7h 后，在 5min 内开温至 60℃，保持 5min，再在 2min 内加热到 65℃保持 10min，在此 20min 的时间内保持一种搅拌。

（6）用 500 目的滤膜对搅拌剥离后的溶液进行过滤，渣液分离后，滤渣再一次地用乙醇溶液浸泡，过滤，将两次过滤得到的滤液合并。

（7）将滤液放入容器中，水浴加热到 50～60℃，岗松精油汇集到液体的表面，收集岗松精油。

（8）剩余的滤液采用超滤膜分离处理，设定超滤粒度为 0.01μm，将去除岗松精油后的滤液加压，通过低压大孔 0.01μm 超滤膜截留细小残渣得到低压大孔透过液。

（9）将低压大孔透过液再经高压小孔 0.001μm 的滤膜超滤截留，分开得高压小孔透过液和高压小孔的截留液。

（10）将高压小孔透过液，经硅胶柱层析真空态渗透吸附，得到洗脱液，然后将洗脱液与高压小孔的截留液合并，得到提取液；其中硅胶的 pH 值为 6.9，水分含量为 2.5％，比表面积为 350m²/g；在经过此工艺之前，将高压小孔透过液加热到 78℃。

（11）将提取液进行浓缩，得到岗松提取浓缩精华液。

[产品特性]　本品利用了岗松的精油提取液，对岗松植物的有效成分进行充分提取，制得的护肤品，对皮肤具有良好的抑菌、消炎功能，并且没有刺激性，起到很好的护肤作用，尤其是眼部皮肤。

配方 38　海参精华液

[原料配比]

原料	配比（质量份）	
	1#	2#
海参酶解液	2	2
保加利亚玫瑰精油	2	2
橄榄油	1	1
薰衣草精油	1	1
荷荷巴油	10	10
柑橘精油	2	2
芦荟提取物	3	3
蜂蜜	1	1
黄瓜	1	3
金银花提取物	3	3
透明质酸	1	1
脂肪酶	—	0.01
维生素 A	—	0.1
维生素 C	—	0.1
中药提取液	—	1
去离子水	20	20

[制备方法]

（1）将各组分溶于水，混合均匀。

（2）灌装、灭菌：将步骤（1）所得的产品采用全自动灌装旋盖一体机分装到 100mL 的棕色玻璃瓶中，在 85℃条件下进行微波灭菌。

（3）包装：完成灭菌后对产品进行包装处理，贴瓶标后以 100mL 的规格作为最小销售单元。产品包装完整精致、严密，封口牢固。

[原料介绍]　所述中药提取液的原料包括：白及、白苏、白蒺藜。制备方法为：将白及、白苏、白蒺藜粉碎，按照质量比为白及∶白苏∶白蒺藜＝1∶1∶1 加入水中，水的加入量为三种药材质量的 40 倍，煎熬 0.5h，得到中药提取液。

海参酶解液制备方法如下。

（1）海参清理：清洗海参，去除泥沙，同时保留海参的肠、卵等，将清洗后的海参在沸水中煮 1～2min，去除海参表面重金属。将冷却后的海参送入粉碎机，得到直径小于 3mm 的颗粒状固体。

（2）酶解：将粉碎后的海参100kg投入生物反应釜中，添加0.5kg木瓜蛋白酶和0.5kg胃蛋白酶，酶解时间为8～12h，酶解温度为65～75℃，过滤，得到海参酶解液。

玫瑰精油具有抗菌、抗痉挛、杀菌、净化、镇静、补身等功效，适用于所有肤质，尤其是成熟干燥或敏感、红肿和发炎皮肤。玫瑰有强壮和收缩微血管的效果，对老化皮肤有极佳的恢复作用，尤其是它具有很好的美容护肤作用，能以内养外淡化斑点，促进黑色素分解，改善皮肤干燥，恢复皮肤弹性，让女性拥有白皙、充满弹性的健康肌肤，是最适宜女性保健的芳香精油。

橄榄油富含与皮肤亲和力极佳的角鲨烯和人体必需脂肪酸，吸收迅速，有效保持皮肤弹性和润泽；橄榄油中所含丰富的单不饱和脂肪酸和维生素E、维生素K、维生素A、维生素D等，以及酚类抗氧化物质，能消除面部皱纹，防止肌肤衰老，有护肤护发和防治手足皲裂等功效，是可以"吃"的美容护肤品。

薰衣草精油是由薰衣草提炼而成的，可以清热解毒，清洁皮肤，控制油分，祛斑美白，祛皱嫩肤，祛除眼袋、黑眼圈，还具有促进受损组织再生恢复等护肤功能，主要针对青春痘、痘印痘疤、黑头、易敏感肌肤、水油不平衡、毛孔粗大等肌肤问题。

柑橘精油是温和精油，任何人都可以安心使用，与薰衣草精油调和使用，可以淡化妊娠纹及瘢痕。

荷荷巴油是渗透性最强的基础油，极易被皮肤吸收，清爽滋润、不油腻，能恢复皮肤pH平衡，祛皱纹，有效改善油性皮肤，调理皮脂腺分泌机能，收缩毛孔，同时也是最佳的皮肤保湿油。荷荷巴油适合所有肤质，特别是干燥、粗糙、晦暗、油性、青春痘肤质。其渗透性及耐高温性极佳，分子排列和人的皮脂非常类似，对肌肤有十分显著的美容功效。可用来畅通毛孔，调节油性或混合性肌肤的油脂分泌，改善肌肤发炎和敏感、湿疹、干癣、面疱等问题。它的滋润和保湿效果非常好，可增加皮肤水分，预防皱纹和老化，荷荷巴油另一个特性是亲水性，对皮肤有调节水分的功用，是一种很完美的护肤与护发的天然保养成分。

芦荟含有的芦荟素、芦荟苦素，具有多方面美化皮肤的效能，在保湿、消炎、抑菌、止痒、抗过敏、软化皮肤、防粉刺、抑汗防臭等方面具有一定的作用，对紫外线有强烈的吸收作用，防止皮肤灼伤。芦荟含有多种消除超氧化物自由基的成分，如超氧化物歧化酶、过氧化氢酶，能使皮肤细嫩、有弹性，具有防腐和延缓衰老等作用。芦荟胶是天然防晒成分，能有效抑制日光中的紫外线，防止色素沉着，保持皮肤白皙。芦荟具有使皮肤收敛、柔软化，保湿、消炎、解除硬化、角化、改善伤痕等作用。

蜂蜜含有与人体血清浓度相近的多种无机盐、维生素、有机酸和有益人体健康的微量元素，以及果糖、葡萄糖、淀粉酶、氧化酶、还原酶等，具有滋养、润燥、解毒、美白养颜、润肠通便之功效，是一种温和滋补品。

黄瓜中含有丰富的维生素 E，可起到延年益寿、抗衰老的作用；黄瓜酶，有很强的生物活性，能有效地促进机体的新陈代谢，有润肤、舒展皱纹功效。

金银花提取物，提取自天然植物金银花，主要成分为绿原酸，能有效杀菌消炎、收敛毛孔。

透明质酸分子能携带 500 倍以上的水分，为当今所公认的最佳保湿成分，广泛应用在保养品和化妆品中。

各种植物精华以合理比例搭配海参中的活性因子，能给皮肤带来最佳的美容效果。

［ 产品特性 ］

（1）采用纯天然的原料，无任何化学成分；

（2）本品 pH 值与人体皮肤的 pH 值接近，对皮肤无刺激性；使用后明显感到舒适、柔软，无油腻感，对皮肤具有明显的增白、保湿、除皱纹的效果。

配方 39　双剂型精华液

［ 原料配比 ］

原料		配比（质量份）		
		1#	2#	3#
剂型Ⅰ	AQUAXYL	1	3	2
	LONMOISSH-88	1	5	1
	透明质酸钠	0.05	0.3	0.15
	甘油	1	10	5
	丁二醇	1	10	5
	SymSave H	0.3	0.8	0.6
	1,2-己二醇	0.3	3	0.6
	刺激抑制因子	0.5	5	1
	抗敏止痒剂	0.5	3	1
	燕麦 β-葡聚糖溶液	0.5	3	2
	水溶性植物神经酰胺	0.5	5	1
	去离子水	加至 100	加至 100	加至 100
剂型Ⅱ	水解胶原	0.3	5	1
	甘露糖醇	1	20	8
	明胶	0.3	10	1
	寡肽-3	0.003	0.01	0.005
	去离子水	加至 100	加至 100	加至 100

[制备方法]

剂型Ⅰ的制备方法为：

（1）将丁二醇和对羟基苯乙酮混合加热至53～58℃，搅拌溶解至透明，得到混合液B。

（2）将AQUAXYL、LONMOISSH-88、透明质酸钠、甘油和水投入容器中加热至80～85℃，溶解至混合液透明，得到混合液C；加热和溶解是在搅拌情况下进行的。

（3）将混合液C搅拌降温至50～58℃时，向混合液C中加入混合液B，搅拌均匀；制备好的混合液B可以在25～58℃的温度下加入混合液C中。

（4）继续搅拌降温至35～40℃，加入剂型Ⅰ组成成分中的剩余原料搅拌均匀即可。

剂型Ⅱ的制备方法为：

（1）将水解胶原，甘露糖醇，明胶，水加热至80～85℃，溶解至透明，得到混合液D。

（2）将混合液D冷却至15～22℃后，加入寡肽-3搅拌混合均匀后，得到混合液A。

（3）将混合液A用超滤膜进行过滤，将混合液A冷冻干燥，冷冻干燥的具体操作过程为：将灌装好的液体放入冷冻干燥机中，开始降温，将温度降至（45～48）℃，在此温度下保温2h后，开启冷冻干燥，冷冻干燥时间为13～16h。直至得到水分含量小于3%的制品。

[原料介绍] 所述防腐增效剂为对羟基苯乙酮；所述刺激抑制因子为水、木薯淀粉、扭刺仙人掌叶提取物、海藻糖和甘油的混合物；所述抗敏止痒剂为水、甘油、海藻糖、麦冬根提取物、扭刺仙人掌茎提取物和苦参根提取物的混合物；所述燕麦β-葡聚糖溶液为水、甘油和β-葡聚糖的混合物；所述混合液A在冷冻干燥前还进行了过滤，冷冻干燥是对过滤后得到的液体进行冷冻干燥的。

所述AQUAXYL为木糖醇基葡糖苷、脱水木糖醇和木糖醇的混合物，刺激抑制因子为BioAegis，水溶性神经酰胺为水溶性植物神经酰胺，抗敏止痒剂为Bio-CalmⅡ，LONMOISSH-88为麦芽寡糖葡糖苷和氢化淀粉水解物的水溶液（水、麦芽寡糖葡糖苷和氢化淀粉水解物的混合物）。

所述水为去离子水；剂型Ⅱ中水的含量小于3%（即剂型Ⅱ中：水占剂型Ⅱ总质量的质量分数小于3%）。

AQUAXYL，是长效的保湿成分，其生产商为法国SEPPIC公司，可以从销售商购买。

LONMOISSH-88，能协调甘油改善干燥的皮肤，可以选用市售商品。

对羟基苯乙酮，是新型抑菌成分。可以选择德国symrise公司生产的商品名为SymSave H的产品，SymSave H用于化妆品配方中不仅具有防腐功效，而且具有抗氧化、抗刺激等多重功效。

刺激抑制因子为水、木薯淀粉、扭刺仙人掌叶提取物、海藻糖和甘油的混合物，能抑制致敏原，降低外界物质的刺激作用。可以选用市售商品。

抗敏止痒剂为水、甘油、海藻糖、麦冬根提取物、扭刺仙人掌茎提取物和苦参根提取物的混合物，能够通过抑制细胞内组胺等炎症介质的释放，清除自由基，达到抗敏止痒效果。可以选用市售商品。

燕麦 β-葡聚糖溶液为水、甘油和 β-葡聚糖的混合物，可促进成纤维细胞合成胶原蛋白，提高皮肤弹性，改善皮肤纹理度，促进伤口愈合。可以选用市售商品。

水溶性植物神经酰胺即丁二醇、糖鞘脂类和苯氧乙醇的混合物，是从米糠壳中提取，通过使神经酰胺糖基化而使其变得水溶，能很好黏附皮肤，帮助补充皮肤缺少的神经酰胺，调节皮肤水分流失，修复干燥的角质层，提高皮肤保护屏障的质量，恢复皮肤的天然屏障，使皮肤变得柔软、光滑、富有弹性。ACVegeta-bleCeramides 是美国 ActiveConcepts 公司生产的，可以选用市售商品。

[产品应用]　使用本品时将分开放置的剂型Ⅰ和剂型Ⅱ混合后得到的精华液涂抹于面部敏感肌肤中。

[产品特性]

（1）本品通过多种功效原料复合，可以很好地解决肌肤敏感的问题，使得使用本精华液的皮肤能保持良好的状态。

（2）本品能成功解决皮肤过度角质化而导致的皮肤红痒、粗糙等肌肤敏感问题。

（3）采用两剂型储存时分开放置，在使用前才混合均匀，能保证在水中容易失去活性的原料（寡肽-3）在使用中发挥最佳的效果。

（4）本品剂型Ⅰ和剂型Ⅱ分开储存，使得两种剂型储存稳定性都很好，剂型Ⅰ在长期储存（例如：2 年）时不会产生沉淀等结块现象，溶液稳定性很好，剂型Ⅱ由于是冻干粉，在储存过程中也能保持较好的状态。本品剂型Ⅰ和剂型Ⅱ能够很容易地混合均匀，各种成分在存储过程中都能很好地保持其活性。

（5）本品制备方法简单，且能够很好地保持各个成分的活性。

配方 40　含酵母提取物精华液

[原料配比]

原料	配比（质量份）		
	1#	2#	3#
酵母提取物	0.05	2.5	1.5
寡肽-1	0.02	2	1.5

原料	配比（质量份）		
	1#	2#	3#
去离子水①	4	5	5
寡肽-2	0.01	3	2
去离子水②	4	6	5
甘油	5	15	8
1,2-戊二醇	0.01	0.05	0.03
1,2-己二醇	0.01	0.05	0.03
透明质酸钠	0.02	0.2	0.15
去离子水③	86.88	66.2	76.79

[制备方法]

（1）将寡肽-1溶于去离子水①，得到寡肽-1溶液，将寡肽-2溶于去离子水②中，得到寡肽-2溶液；

（2）将去离子水③加热到88℃，保温搅拌20min，再降温到80℃，将去离子水③与甘油、1,2-戊二醇、1,2-己二醇和透明质酸钠混合，搅拌至完全溶解，得到混合料液，将混合料液降温至42℃后，与酵母提取物、寡肽-1溶液、寡肽-2溶液混合，搅拌至完全溶解，得到精华液。

[原料介绍]　本品通过促进细胞外大分子（如透明质酸、胶原纤维、弹性纤维蛋白等）的合成，增加皮肤含水量，进而增加皮肤弹性，滋润肌肤；使皮下真皮组织饱满、肌纤维排列整齐紧密，从而减少和消除皱纹。本品在分子水平上对受损细胞进行修复和调整，改善或更新其组织和代谢，如促进皮肤细胞的生长、预防皮肤受到各种损伤、调节细胞中色素的平衡等，再创建皮肤的最佳结构和状态，从根本上达到保健皮肤、延缓衰老的目的。

所述寡肽-1具有修复表皮、抗衰老、淡化色斑、平复皱纹、滋润之功效，能促进皮肤细胞对营养物质的吸收，促进皮肤细胞的分裂和增长，促进透明质酸和功能蛋白的合成（如弹性纤维蛋白等）；增加皮肤含水量，进而增加皮肤弹性，滋润肌肤；促进真皮层细胞分泌合成胶原纤维、多糖、糖蛋白等功能分子，使皮下真皮组织饱满、肌纤维排列整齐紧密，从而减少和消除皱纹；美白防晒，促进新生细胞生长，替代受紫外线照射而损伤的细胞，以降低皮肤中黑色素细胞的数量，能有效遏制色斑的复发。

寡肽-2具有促进细胞再生及生长，修复受损的皮肤屏障的功效；酵母提取物中的活性成分具有保湿、赋活功效。本精华液能迅速提升细胞再生速度，抚平皱纹，改善肌肤光泽和外表，能够长久保持肌肤无瑕剔透质感，由内而外焕发白净、嫩滑的年轻质感，深层保湿、嫩肤、淡化黑色素沉着，能够解决皮肤老化问题。

所述酵母提取物的活性成分包括氨基酸、核苷酸、维生素和矿物质，所述氨基酸使老化的表皮恢复弹性，延缓皮肤衰老；所述核苷酸促进新陈代谢，提高蛋白质合成速度，增强免疫机能，增强 SOD 活性，提高皮肤抗自由基能力；所述维生素和矿物质为皮肤提供充足的营养。

[产品特性]　本品能够迅速提升细胞再生速度，抚平皱纹，改善肌肤光泽和外表，能够长久保持肌肤无瑕剔透质感，由内而外焕发白净、嫩滑的年轻质感，深层保湿、嫩肤、淡化黑色素沉着。

配方 41　针对敏感肌肤修复的精华液

[原料配比]

原料		配比（质量份）						
		1#	2#	3#	4#	5#	6#	7#
植物提取物		125	250	300	150	275	225	180
神经酰胺1		0.5	1	2	5	2.5	3	1.75
神经酰胺3		0.1	0.5	1	1.5	2	1	1.25
神经酰胺6		0.1	0.2	0.5	0.1	0.25	—	—
透明质酸钠（中分子）		0.1	0.5	1	2.5	1.5	2	1.5
透明质酸钠（小分子）		0.1	0.5	1	2.5	1.5	2	1.5
透明质酸钠（微小分子）		0.1	0.5	1	2.5	1.5	2	1.5
聚谷氨酸		0.1	0.5	2	1	3	6	7.5
海藻糖		2	4	5	2	2.5	3	2.75
尿囊素		0.1	1	2	1.5	0.1	0.1	0.2
植物提取物	马齿苋	10	15	20	10	17.5	12.5	15
	银耳	10	15	12.5	7.5	7.5	10	10
	甘草	7.5	5	10	5	—	—	10
	薄荷	1	2	5	1	2	2	2

[制备方法]　将去离子水加热到 80～90℃，依次加入透明质酸钠、聚谷氨酸、海藻糖、尿囊素，搅拌溶解完全，搅拌转速为 3000～9000r/min。待降温至 50～60℃，加入神经酰胺，搅拌溶解完全。待降温至 40℃，加入植物提取物，搅拌溶解完全。

[原料介绍]　植物提取物（马齿苋、银耳、薄荷、甘草）具有舒缓抗敏、减少组胺释放、抗炎抗刺激性、修复敏感肌肤受损皮肤屏障、清除自由基等多种功效。

植物提取物的制备包含以下步骤：

（1）按上述的植物提取物的质量份数称取各原料，粉碎成粉末；

（2）将粉末过 50 目筛，用无水乙醇浸泡 10～30min 后弃去液体；

（3）脱色，优选地，重复 3 次脱色；

（4）按照料水比为 1∶（80～100）于 85～95℃的水浴锅中提取 5～7h，提取过程中持续搅拌，搅拌速度为 1000～2000r/min，然后过滤后收集滤液，至少重复提取两次，合并滤液；

（5）将滤液旋转蒸发浓缩除去大部分的水，如除去 90％的水；

（6）真空冷冻干燥后得到植物提取物。

神经酰胺，是皮肤角质层的修理大师：修护完善皮肤屏障；增强皮肤角质层细胞的黏合力，改善干燥脱屑；镇静消炎，缓解肌肤红斑、红血丝；为肌肤持久补充水分；形成保湿膜锁住深层水分；增加表皮的厚度，增强皮肤弹性，延缓皮肤衰老；修复受损脆弱肤质，尤其是美容微创术、激光术后。神经酰胺 1，保护皮脂膜，提升皮肤表层屏障功能，减少水分的流失；神经酰胺 3，维持肌肤保水度，重建细胞黏合性，迅速修护干燥与受损的肌肤；神经酰胺 6，帮助角质代谢，促进肌肤平滑、柔嫩。这三种神经酰胺的组合具备良好的水溶性与稳定性。

所述的透明质酸钠选自中分子透明质酸钠、小分子透明质酸钠和微小分子透明质酸钠中的一种或几种组合，更优选三者的组合。其中，中分子透明质酸钠有紧致与保湿功效，小分子透明质酸钠可以快速透皮吸收，补充角质层的水分，微小分子的吸收、保湿补水功效更强。三者相互配合可以显著地增强保湿和补水效果。进一步地，中分子透明质酸钠的分子量为 1000000～18000000，小分子透明质酸钠的分子量为 400000～10000000，微小分子透明质酸钠的分子量为 100000～4000000。

聚谷氨酸具有天然保湿、改善皮肤营养、调节皮肤弹性、促进细胞新陈代谢、能吸收紫外线和缓解日光辐射对皮肤的损害作用；海藻糖能保湿，具有抗氧化、抗衰老，防紫外线晒伤等功效。尿囊素能保持皮肤水分，维持肌肤水分的生理平衡，缓解活性物对肌肤的刺激，且能温和处理皮肤角质，使得皮肤光滑和丰腴。

［产品特性］ 本品可以显著提高皮肤含水量，施用后，皮肤含水量提高至施用前约 5 倍。本品具有改善肌肤弹性、改善肤色、光滑肤质、延缓衰老、抗氧化等的功效。本品温和不刺激，其含有大量的天然组分，不含防腐剂，不含香精。

配方 42 抗敏修护的精华液

［原料配比］

原料	配比（质量份）			
	1#	2#	3#	4#
膜荚黄芪根提取物	0.35	0.5	0.45	0.5

续表

原料	配比（质量份）			
	1#	2#	3#	4#
白术根茎提取物	0.5	0.1	0.2	0.1
银耳子实体提取物	1.7	2.5	2.2	2.5
乳酸杆菌发酵溶胞产物	5	0.1	1	0.1
烟酰胺	0.5	1	8	1
透明质酸钠	0.15	0.1	0.12	0.1
神经酰胺	1	2.5	2	2.5
尿囊素	0.3	0.1	0.15	0.1
1,3-丁二醇	5	8	7	8
甘油	5	2	3	2
聚甘油-10	1.5	2.3	2	2.3
甘油聚醚-26	2	1	1.2	1
甲基葡糖醇聚醚-20	1	5	3	5
甘油丙烯酸酯/丙烯酸共聚物	2.5	1.8	2	1.8
卡波姆	0.1	0.25	0.15	0.25
对羟基苯乙酮	0.35	0.2	0.35	0.2
辛酰羟肟酸	0.3	0.6	0.4	0.6
三乙醇胺	0.25	0.1	0.2	0.1
去离子水	加至100	加至100	加至100	加至100

[制备方法]

（1）将 1,3-丁二醇、甘油、卡波姆、透明质酸钠、尿囊素预先混合，充分分散，然后加入对羟基苯乙酮，一起置于真空均质罐中，边搅拌边加热，搅拌转速为 40r/min，加热至 85℃，保持 5min，然后冷却至 50℃；

（2）将膜荚黄芪根提取物、白术根茎提取物、银耳子实体提取物、乳酸杆菌发酵溶胞产物、神经酰胺、烟酰胺、聚甘油-10，甘油聚醚-26、甲基葡糖醇聚醚-20、甘油丙烯酸酯/丙烯酸共聚物、辛酰羟肟酸加入真空均质罐中，抽真空至 -0.06MPa，开启均质及搅拌，均质速度为 2000r/min，搅拌转速为 40r/min，搅拌时间为 30min；

（3）抽真空至 -0.07MPa，关闭真空泵，快速打开排气阀，重复该步骤至少 3 次；

（4）消泡好后，加入三乙醇胺，搅拌均匀，出料。

[产品特性]　本品采用不同天然植物提取物作为抗敏修护原料，采用不同的抗敏作用机理协同作用，使得本品具有很好的抗过敏功效；并且肤感水润，抗敏修护，安全无刺激。

配方 43　多功能的肌肤精华液

[原料配比]

原料		配比（质量份）
溶剂	水	78.38
	乙醇	1
乳化剂	聚山梨醇酯-80	3
	甘油硬脂酸酯	2
保湿剂	聚乙二醇-400	3
	甘油	5
	聚乙二醇-60	2
	甜菜碱	0.2
	透明质酸	0.03
	丁二醇	0.5
皮肤调理剂	奥氏海藻提取物	0.5
	人参根提取物	0.5
	欧洲越橘提取物	0.2
	甘草酸二钾	0.2
	凝血酸	0.05
	甲氧基水杨酸钾	0.2
	酵母提取物	0.2
	抗坏血酸磷酸酯镁	0.02
	北美金缕梅水	0.1
	聚谷氨酸钠	0.02
	光果甘草根提取物	0.5
	欧锦葵花提取物	0.5
	母菊花提取物	0.3
	芍药根提取物	0.2
增稠剂	卡波姆	0.4
	纳托胶	0.5
	羟乙基纤维素	0.2
防腐剂	羟苯甲酯	0.15
螯合剂	EDTA 二钠	0.02
pH 调节剂	氢氧化钾	0.1
芳香剂	香精	0.03

[制备方法]

（1）将水、甘油、聚乙二醇-400、甘油硬脂酸酯、聚乙二醇-60、乙醇、人参根提取物、甜菜碱、透明质酸、欧洲越橘提取物、羟乙基纤维素、丁二醇、甘草酸二钾、卡波姆、纳托胶、凝血酸、EDTA 二钠混合，加热至 80~85℃，充分搅拌混合均匀并完全溶解，得到混合液 A；

（2）将聚山梨醇酯-80、抗坏血酸磷酸酯镁、甲氧基水杨酸钾混合，加热至 80~85℃，充分搅拌混合均匀并完全溶解，得到混合液 B；

（3）将奥氏海藻提取物、羟苯甲酯、氢氧化钾、北美金缕梅水、聚谷氨酸钠、光果甘草根提取物、欧锦葵花提取物、母菊花提取物、芍药根提取物混合均匀，得到混合液 C；

（4）将酵母提取物、香精混合均匀，得到混合液 D；

（5）将混合液 A 加入混合液 B 中，搅拌均匀，降温至 45~48℃时，加入混合液 C，充分混合，搅拌均匀，降温至 30~35℃时，加入混合液 D 充分混合、搅拌均匀，即得产品。

[原料介绍] 奥氏海藻可保湿修护，维持肌肤恒湿弹性，提升肌肤含氧量，抗氧化；欧洲越橘可抗衰修护，可有效延缓衰老，抑制黑色素，弹润肌肤，加速细胞再生；人参根提取物可健康修护，促进细胞活力，肌肤微循环。本品将奥氏海藻、欧洲越橘、人参根提取物三者按特定比例搭配，使得产品三效合一，保湿滋润、柔嫩平滑、修复新生、淡化细纹的效果明显提升。

[产品特性] 本品兼具化妆水、乳液和精华液的功能，是三效合一的肌肤精华液。该肌肤精华液延展性更强，轻轻一抹，精华快速扩散滋养肌肤每一个细胞；分子更小，瞬间吸收，让每一滴精华都在肌肤中释放；丰盈营养，微量元素、维生素、氨基酸等营养充足补给每一寸肌肤；能够一瓶代替三瓶使用，简化肌肤护理流程，缩短护肤时间，携带方便，降低成本。

配方 44　多肽抗辐射精华液

[原料配比]

原料	配比（质量份）			
	1#	2#	3#	4#
三胜肽-33	3	4	5	1
乙酰六肽-49	2	3	5	1
乙酰基四肽-5	3	3	3	1
九肽-1	4	5	6	1

原料	配比（质量份）			
	1#	2#	3#	4#
十肽-4	3	5	8	1
2%卡波姆940	3	5	8	3
芦荟提取物	2	3	4	2
黄原胶	0.01	0.05	0.03	0.01
甘油	2	3	5	2
丁二醇	2	3	5	2
透明质酸	0.05	0.05	0.1	0.05
羟苯甲酯	0.1	0.1	0.1	0.1
杰马	0.05	0.05	0.05	0.05
去离子水	加至100	加至100	加至100	加至100

[制备方法]

（1）将水、2%卡波姆940、芦荟提取物、黄原胶、甘油、丁二醇、透明质酸、羟苯甲酯、杰马加入反应罐中，开启搅拌，加热至75～80℃，搅拌分散均匀；

（2）继续搅拌冷却至低于40℃，将三胜肽-33、乙酰六肽-49、乙酰基四肽-5、九肽-1、十肽-4加入反应罐中，均质2～3min，搅拌溶解完全，结束。

[原料介绍]　三胜肽-33能减少由于紫外线照射直接或者间接造成的细胞DNA和蛋白质伤害，有效地对抗光老化。

乙酰六肽-49通过降低蛋白酶激活受体（2CPAR-2）的活性，减少促炎症反应中间物CGRP、IL6和IL8的释放，减轻神经性炎症反应和减缓过敏性肌肤的疼痛、瘙痒和其他不适。

乙酰基四肽-5能改善淋巴循环不良和过度的毛细血管通透性，抑制糖化作用，消除水肿，提高皮肤弹性和光滑度。

九肽-1是一种采用固相合成法合成的美容多肽，其特点是纯度高、对人体无刺激、美容机理明确，抑黑素九肽-1是一种仿生肽，它和MCI受体有非常好的匹配性，因此可以作为促黑色素细胞激素的对抗剂，竞争性地与MCI受体结合。因此可以阻止络氨酸酶进一步被激活而带来的黑色素生成。九肽-1可以有效地提亮肤色、淡化色斑，能抑制黑色素过量生成，减少黑色素沉积。

十肽-4是一种采用固相合成法合成的美容多肽，其特点是纯度高、对人体无刺激、美容机理明确，十肽-4能抑制酪氨酸酶合成，从而有效地减少黑色素的产生，修复皮肤光损伤。

[产品特性]

（1）本产品美容多肽成分含量很高，可高效抗辐射，促进肌肤新陈代谢，亮肤紧致，使皮肤水润光滑、富有弹性，提升肌肤年轻度。

（2）本品安全稳定，渗透性好，易吸收，使用后脸部清爽不黏腻；且制备方法简单、工艺稳定。

配方45 多肽丰胸精华液

[原料配比]

原料	配比（质量份）						
	1#	2#	3#	4#	5#	6#	7#
乙酰基六肽-38	6	8	10	3	4	5	2
三胜肽 GHK	6	8	10	2	3	5	2
棕榈酰五胜肽-3	6	8	10	3	3	3	2
棕榈酰寡胜肽	5	5	5	4	5	6	2
乙酰二肽-13	5	5	5	3	5	8	2
2%卡波姆940	3	5	8	3	5	8	5
芦荟提取物	2	3	4	2	3	4	3
黄原胶	0.01	0.05	0.08	0.01	0.05	0.08	0.05
甘油	2	3	5	2	3	5	3
丁二醇	2	3	5	2	3	5	3
透明质酸	0.05	0.05	0.05	0.05	0.05	0.1	0.05
羟苯甲酯	0.1	0.1	0.1	0.1	0.1	0.1	0.1
杰马	0.05	0.05	0.05	0.05	0.05	0.05	0.05
去离子水	加至100	加至100	加至100	加至100	加至100	加至100	加至100

[制备方法]

（1）将水、2%卡波姆940、芦荟提取物、黄原胶、甘油、丁二醇、透明质酸、羟苯甲酯、杰马加入反应罐中，开启搅拌，加热至75～80℃，搅拌分散均匀；

（2）继续搅拌冷却至低于40℃，将乙酰基六肽-38、三胜肽 GHK、棕榈酰五胜肽-3、棕榈酰寡胜肽、乙酰二肽-13加入反应罐中，均质2～3min，搅拌溶解完全，结束。

[原料介绍] 乙酰基六肽-38可显著刺激使用部位脂肪合成，增大胸部、臀部或脸

颊的体积、塑造完美身体曲线。

三胜肽 GHK 是最早被发现的胜肽排列组合方式，被视为生长因子，可刺激葡萄糖胺聚酸及胶原蛋白生成，具有促进伤口愈合及增生功效。

棕榈酰五胜肽-3 是最早被皮肤科医学界拿来与维生素 A 等作为抗老成分，它可以直接作用于真皮层，促进胶原蛋白和多糖增生，达到肌肤紧实的目的，与其他保湿成分相佐，可以加强紧致拉提之效。

棕榈酰寡胜肽可促进胶原蛋白以及透明质酸的增生，提高皮肤含水量、弹性程度。

乙酰二肽-13 可抑制弹性蛋白酶活性，增强肌肤抗拉伸的能力，保持弹性和紧致。

[产品特性] 本产品美容多肽成分含量很高，可有效补充胸腺细胞营养，高效丰胸。本品安全稳定，渗透性好，易吸收，使用后清爽不黏腻，且制备方法简单、工艺稳定。

配方 46　多肽祛红血丝精华液

[原料配比]

原料	配比（质量份）						
	1#	2#	3#	4#	5#	6#	7#
九肽-1	6	8	10	3	4	5	3
十肽-4	6	8	10	2	3	5	3
血管紧张素	6	8	10	3	3	5	3
六肽-9	5	5	5	4	5	6	3
乙酰基四肽-5	5	5	5	3	5	8	3
2%卡波姆940	3	5	8	3	5	8	3
芦荟提取物	2	3	4	2	3	4	4
黄原胶	0.01	0.05	0.08	0.01	0.05	0.08	0.08
甘油	2	3	5	2	3	5	5
丁二醇	2	3	5	2	3	5	5
透明质酸	0.05	0.05	0.1	0.05	0.05	0.1	0.1
羟苯甲酯	0.1	0.1	0.1	0.1	0.1	0.1	0.1
杰马	0.05	0.05	0.05	0.05	0.05	0.05	0.05
去离子水	加至 100	加至 100	加至 100	加至 100	加至 100	加至 100	加至 100

[制备方法]

（1）将水、2%卡波姆940、芦荟提取物、黄原胶、甘油、丁二醇、透明质酸、羟苯甲酯、杰马加入反应罐中，开启搅拌，加热至75~80℃，搅拌分散均匀；

（2）继续搅拌冷却至低于40℃，将九肽-1、十肽-4、血管紧张素、六肽-9、乙酰基四肽-5加入反应罐中，均质2~3min，搅拌溶解完全，结束。

[原料介绍] 九肽-1是一种采用固相合成法合成的美容多肽，其特点是纯度高、对人体无刺激、美容机理明确，抑黑素九肽-1是一种仿生肽，它和MCI受体有非常好的匹配性，因此可以作为促黑色素细胞激素的对抗剂，竞争性地与MCI受体结合。因此可以阻止络氨酸酶进一步被激活而带来的黑色素生成。九肽T可以有效地提亮肤色、淡化色斑，能抑制黑色素过量生成、减少黑色素沉积。

十肽-4是一种采用固相合成法合成的美容多肽，其特点是纯度高、对人体无刺激、美容机理明确，十肽-4能抑制酪氨酸酶合成，从而有效地减少黑色素的产生，修复皮肤光损伤。

血管紧张素亦称血管收缩素、血管张力素，是一种寡肽类激素，是肾素-血管紧张素系统的重要组成部分。血管紧张素能引起血管收缩，升高血压；促进肾上腺皮质释放醛固酮。血管紧张素的前体是由肝脏合成的一种血清球蛋白——血管紧张素原。

六肽-9也称可丽肽，是一种结构非常稳定的蛋白肽。可增加Ⅰ型胶原蛋白、Ⅳ型胶原蛋白、层粘连蛋白-5、整联蛋白的生成，促进表皮细胞的分化成熟，促进皮肤再生，表现出全面且显著的修复效果。

乙酰基四肽-5能改善淋巴循环不良和过度的毛细血管通透性，抑制糖化作用，消除水肿，提高皮肤弹性和光滑度。

[产品特性] 本品以多种美容多肽为主要活性成分，发挥协同作用，增强毛细血管的弹性，减少毛细血管的通透性，消除炎症，收缩扩张的毛细血管，恢复正常的微循环，可高效祛除面部红血丝，促进肌肤新陈代谢，亮肤紧致，使皮肤水润光滑，富有弹性，提升肌肤年轻度。

配方47　修护精华液（1）

[原料配比]

原料		配比（质量份）
A	去离子水	65
	丁二醇	5
	泛醇	2.5

	原料	配比（质量份）
A	肌肽	1.5
	透明质酸钠	0.25
	葡萄籽油	2
	白藜芦醇	0.15
	双丙甘醇	5
	1,2-戊二醇	5
B	葡萄籽提取物	2
	薰衣草提取物	1
	迷迭香提取物	1.5
	母菊花/叶提取物	3
	七叶树提取物	3
	药蜀葵提取物	1
	啤酒酵母菌提取物	1.6
	核糖核酸	0.2
	皱波角叉菜提取物	0.3

[制备方法]

（1）用纯热水洗净消毒乳化锅；

（2）将 A 组物料加入乳化锅，高速搅拌均匀分散完全；

（3）匀速搅拌下升温至 85℃，并保温 20min；

（4）在匀速搅拌下降温至 45℃，将 B 组物料加入乳化锅，搅拌均匀；

（5）保温 20min 后，再匀速搅拌降温至 35℃，并保温 20min，出料得半成品；

（6）半成品经质检合格后分装；

（7）包装喷码得到成品，入库。

[原料介绍] 所述去离子水用作溶剂，所述丁二醇、泛醇、透明质酸钠、葡萄籽油、双丙甘醇以及 1,2-戊二醇用作保湿剂，所述肌肽和白藜芦醇用作抗氧化剂，所述葡萄籽提取物、薰衣草提取物、迷迭香提取物、母菊花/叶提取物、七叶树提取物、药蜀葵提取物、啤酒酵母菌提取物以及皱波角叉菜提取物用作皮肤调理剂，所述核糖核酸用作润肤剂。

[产品特性] 本品不仅成分科学合理，而且使用安全方便。

配方 48　具有紧致润滑肌肤功效的精华液

[原料配比]

原料	配比（质量份）				
	1#	2#	3#	4#	5#
大血藤提取物	2	1	3	1.5	2.5
番红花提取物	1.5	2.5	0.5	2	1.5
丙二醇	5	1	9	6	8
透明质酸钠	5	3	1	17	4
甘草酸二钾	0.4	0.5	0.5	0.4	0.3
维生素 C	0.3	0.1	0.1	0.3	0.3
尿囊素	1	1.5	1.5	1.2	1.3
双羟甲基咪唑烷基脲	0.15	0.1	0.1	0.12	0.15
羟苯甲酯	0.15	0.2	0.2	0.13	0.1
去离子水	加至 100	加至 100	加至 100	加至 100	加至 100

[制备方法]

（1）取大血藤提取物和番红花提取物加入去离子水中，加热至 40～45℃，搅拌 30～45min；

（2）降温至常温，加入丙二醇、透明质酸钠、皮肤调理剂和防腐剂，继续搅拌 20～30min 后，即得。

[原料介绍]　大血藤提取物具有较强的清除自由基、抗氧化的作用，番红花提取物通过促血液循环改善肤色、减少黑色素含量直接增白，抗氧化保护肤色，以及抑制黑色素细胞的增殖等途径达到美白祛斑的效果。

大血藤提取物采用下述制备方法制成：将粉碎的大血藤用乙醇回流提取，过滤，合并提取液，经减压浓缩、冷冻干燥后，得大血藤提取物。

番红花提取物由下述制备方法制成：将番红花用水煎，过滤，合并提取液，经减压浓缩、冷冻干燥后，得番红花提取物。

所述皮肤调理剂由甘草酸二钾、维生素 C 和尿囊素组成。

所述防腐剂由双羟甲基咪唑烷基脲和羟苯甲酯组成。

[产品特性]　本品通过将大血藤提取物、番红花提取物和皮肤调理剂协同组合，最终产品能够达到更为显著的安全美白、深度保湿、紧致肌肤、抗衰老的效果。本品主要原料均为纯天然物质，因此具有性质温和、安全无刺激等优点。

配方 49　深层修护精华液

[原料配比]

原料		配比（质量份）					
		1#	2#	3#	4#	5#	6#
冻干粉	寡肽-1	0.8	—	0.9	0.5	0.25	1.0
	寡肽-3	—	1.2	0.7	0	0.25	0.5
	寡肽-5	—	—	—	1.3	0.25	—
	乙酰基四肽	1.8	1.0	0.9	0.6	2.0	0.8
	棕榈酰三肽-5	1.4	1.8	0.5	0.6	1.3	1.2
	甘露醇糖	10	12	16	18	20	18
	超纯水	100	90	85	95	80	90
溶媒液	甘油	6	8	10	12	15	10
	尿囊素	0.2	0.4	0.6	0.8	1.0	0.8
	凝血酸	1.0	0.8	0.6	0.4	0.2	0.6
	对羟基苯乙酮	0.2	0.5	0.5	0.4	0.8	0.6
	超纯水	80	85	90	95	100	90

[制备方法]　所述冻干粉的制备方法：

（1）称取上述冻干粉的各原料，并置于搅拌设备中进行搅拌，得到混合溶液Ⅰ；

（2）将所述混合溶液Ⅰ经滤膜过滤，除去其中的杂质得到混合溶液Ⅱ；

（3）将所述混合溶液Ⅱ装入西林瓶中，并进行预冷冻，在−15℃下预冷冻 2h；

（4）将冷冻后的混合溶液Ⅱ进行升华干燥。

所述溶媒液的制备方法为：按比例混合甘油、尿囊素、凝血酸、对羟基苯乙酮、超纯水，配制成混合溶液Ⅲ；将所述混合溶液Ⅲ进行紫外灭菌处理即得溶媒液。

[产品应用]　本品使用方法：将冻干粉与溶媒液按质量比为 1∶（40～60）混合使用。

[产品特性]

（1）深层修护精华液，能够对各类皮肤损伤、晒后皮肤快速修复，对纹眉、纹眼线、纹唇、漂唇手术后的创面修复。

（2）深层修护精华液可以改善肤质，增进肌肤弹性。

（3）采用冷冻干燥技术将有效功能成分制成冻干粉，且冻干粉和溶媒液独立包装，使用前将两者按比例混合，使用方便，延长了产品的保质期。

配方 50　含有海茴香干细胞的混悬修护精华液

[原料配比]

原料		配比（质量份）			
		1#	2#	3#	4#
海茴香愈伤组织培养物		0.2	0.01	0.5	0.3
琼脂		1.5	0.1	5	2.5
透明质酸钠		1	0.01	1.5	0.75
泊洛沙姆 407		0.8	0.05	2	—
泊洛沙姆 188		—	—	—	1
丙三醇		8	1	10	5
山梨醇		5	1	10	5
基质	甜菜碱	2	2	2	2
	尿囊素	0.2	0.2	0.2	0.2
	乙酰壳糖胺	0.5	0.5	0.5	0.5
	β-葡聚糖	1	1	1	1
	聚谷氨酸钠	0.2	0.2	0.2	0.2
	戊二醇	2	—	—	—
	羟苯甲酯	—	0.1	0.1	0.1
	羟苯丙酯	—	0.05	0.05	0.05
	辛酰羟肟酸	1	—	—	—
	三乙醇胺	0.1	—	—	—
	氢氧化钠	—	适量	适量	适量
	柠檬酸	—	—	适量	适量
去离子水		加至 100	加至 100	加至 100	加至 100

[制备方法]

（1）取适量丙三醇润湿山梨醇、泊洛沙姆以及海茴香干细胞，边研磨边加入剩余山梨醇和丙三醇的液体，得到混合物；

（2）将混合物加入适量水，送入高压均质机中均质，均质速度为 10000～15000r/min，均质时间为 3～5min，均质次数为 1～3 次；

（3）取适量去离子水，升温至 40～60℃后溶解琼脂和透明质酸钠，边搅拌边加入步骤（2）所得的混合物，匀速搅拌均匀；

（4）加入基质成分，调节 pH 值，搅拌至混合均匀，即得混悬修护精华液。

[原料介绍]　海茴香是一种生长在海岸边的伞形科芳香植物，其干细胞中的酚酸、

绿原酸和类黄酮等使其能够抵御高盐、高紫外线的极端环境，并能快速修复受损部位，促进细胞、组织的再生，故能够帮助人体真皮层重建，增强真皮层屏障功能，是一种安全、有效的天然抗污染化妆品原料。

所述海茴香干细胞为海茴香愈伤组织培养物的冻干粉，其粒径为50～300nm。

所述保湿剂选自甜菜碱、尿囊素、乙酰壳糖胺、葡聚糖和聚谷氨酸钠中的一种或多种。

所述防腐剂选自戊二醇、辛酰羟肟酸、羟苯甲酯、羟苯乙酯和羟苯丙酯中的一种或多种。

所述酸碱调节剂选自柠檬酸、氢氧化钠、三乙醇胺和氨基苯甲醇中的一种或多种。

所述基质包括：甜菜碱、尿囊素、乙酰壳糖胺、β-葡聚糖、聚谷氨酸钠、戊二醇、辛酰羟肟酸、羟苯甲酯、羟苯丙酯等。

所述泊洛沙姆的型号优选为407或188。

[产品特性]　本品特别添加天然高分子助悬剂琼脂，形成的混悬液体系不仅稳定，而且能够均匀分散海茴香干细胞，使其发挥最大功效，保证了产品的功效性；并通过添加天然保湿因子透明质酸钠和泊洛沙姆，利用其助悬剂的功能减短混悬修护精华液重新分散的时间，稳定混悬体系，避免有效成分分散不均或者沉淀，增强了产品的稳定性。此外本品中的海茴香干细胞成分与透明质酸钠具有协同修复、保湿，增强真皮层屏障的功效。本品较于含有海茴香干细胞的其他剂型化妆品如乳液、面霜等不仅功效性显著增强，而且更加稳定，不会产生有效成分析出、沉淀的现象。

配方 51　植物精华液

[原料配比]

原料	配比（质量份）		
	1#	2#	3#
茉莉精油	58	55	52
甲基硅油	12	16	21
甘油	9	12	10
黄原胶	8	16	22
芦荟提取液	5	6	9
灯心草提取液	4	8	11
有机绿茶白茶提取液	1.4	1.3	0.9

续表

原料	配比（质量份）		
	1#	2#	3#
高山植萃液	1.4	2.4	3.4
辛基聚甲基硅氧烷	0.8	0.5	1.2
己二醇	0.4	0.9	1.2
三乙醇胺	2	3	4
茉莉香精	3	4	5
去离子水	95	110	125

[制备方法]

（1）称取甘油、黄原胶、己二醇、三乙醇胺，加入去离子水中，加热至70～80℃，加热时间为15～25min，搅拌至完全溶解，制成水相液。

（2）称取茉莉精油、甲基硅油、辛基聚甲基硅氧烷加入容器中，加热至70～80℃，加热时间为20～30min，搅拌均匀，制成油相液。

（3）将步骤（1）制备的水相液和步骤（2）制备的油相液放入搅拌器中，均质5min，再加入芦荟提取液、灯心草提取液、有机绿茶白茶提取液、高山植萃液、茉莉香精，搅拌均匀即可出料，即得精华液。

[原料介绍]　茉莉精油制备方法如下：采摘新鲜当季的茉莉花80～120份，进行晾晒，放进干燥箱中进行干燥，再放入提取器中，加入去离子水40～60份，搅拌均匀，加热至沸腾且油量不再增加，保持微沸状态提取4～6h，冷却至室温，收集上层挥发油，用无水硫酸钠干燥过夜，经0.45μm微孔有机滤膜过滤，得茉莉精油50～60份。

[产品特性]　本品可以改善肌肤老化问题，淡化肌肤细纹，改善肌肤暗沉，帮助维持肌肤健康活力；质地清新柔润，易吸收并可渗透至肌肤深层，令肌肤柔嫩细致；帮助抵御有害的外部环境，保护肌肤健康，展现饱满鲜润肌肤。

配方 52　含有干细胞提取蛋白纯天然提取物精华液

[原料配比]

原料	配比（质量份）			
	1#	2#	3#	4#
茶多酚	3	3	3	3
香精油	2	4	4	4

续表

原料	配比（质量份）			
	1#	2#	3#	4#
丹参	2	8	8	8
芦荟萃取液	10	15	15	15
百合精油	1	1	1	1
干细胞提取蛋白	1	2	3	4
去离子水	80	67	66	65

[制备方法]　将各组分溶于水，混合均匀即可。

[原料介绍]　茶多酚对人体有很好的生理效应，它能清除人体内多余的自由基，改善血管的渗透性能，增强血管壁弹性，降低血压，防止血糖升高，促进维生素的吸收与同化，还有抗癌防龋、抗机体脂质氧化和抗辐射等作用。茶多酚还具有很好的防腐保鲜作用，对枯草杆菌、金黄色葡萄球菌、大肠杆菌、龋齿链球菌以及毛霉菌、青霉菌、赤霉菌、炭疽病菌、啤酒酵母菌等均有抑制作用。

香精油是生长在热带的芳香植物的根、树皮、种子或果实的提取物，一直是人们较感兴趣的天然防腐剂之一。丁香油中主要成分为丁香酚，还含有鞣质等。丁香油对金黄色葡萄球菌、大肠杆菌、酵母菌、黑曲霉等有广谱抑菌作用，且在100℃以内对热稳定。突出特点是抑制真菌作用强。

丹参含有多种丹参酮及维生素 E、维生素 A、维生素 B 和多种植物酸、多种生物碱、月桂酸等物质成分，能活血化瘀，疏通面部血脉，淡化色素，可以调节人体各种机能。

芦荟的蒽醌类化合物具有使皮肤收敛、柔软化、保湿、消炎、漂白的性能，还有解除硬化、角化，改善伤痕的作用。不仅能防止小皱纹、眼袋、皮肤松弛，还能保持皮肤湿润、娇嫩，同时，还可以治疗皮肤炎症，对粉刺、雀斑、痤疮以及烫伤、刀伤、虫咬等亦有很好的疗效。对头发也同样有效，能使头发保持湿润光滑，预防脱发。

芦荟萃取液制备方法：将新鲜芦荟叶切断、去皮，保留胶质部分，加入其双倍质量的去离子水，然后将其放入搅拌机搅拌，直至液体均匀无颗粒物体，经100μm 滤器过滤得到萃取液。

干细胞提取蛋白是婴儿胎盘中提取、分离、培养的间充质干细胞，通过灭菌注射用水使细胞破裂获取细胞中的生长因子和营养物质，主要包括：

（1）PDEF 血小板衍生生长因子，它能：①促进修复皮肤纤维组织的生长，可达到真皮层增厚、淡化瘢痕的效果。②促进皮下胶原蛋白的分泌与合成，可达到淡化皱纹、紧致提升的效果；③促进皮下血管新生，可达到改善红血丝症状，使红血丝面积变小、颜色变淡的效果。

（2）FGF 成纤维细胞生长因子分泌蛋白质，促进受损肌肤深层细胞组织愈合，淡化瘢痕和痘印。

（3）KGF 角质细胞生长因子促进角质层细胞的新陈代谢，维持角质层的厚度，三天到七天局部脱屑。

（4）TGFβ1 转化生长因子 β1 为多功能的蛋白多肽，修复增加肌肤免疫力，双向调节，促进凋亡，抑制细胞增殖，效果为 2 次到 3 次有长胖的感觉，4 次以后明显紧实饱满。

（5）TNF-a 肿瘤坏死因子修复、抗炎、抗癌。

（6）HGF 肝细胞生长因子再生、增加细胞活力，抑制络氨酸酶的活性，可达到淡化色素、淡化色斑、7 天提亮肤色 30% 的效果。

（7）VEGF 血管内皮生长因子促进血管内皮细胞生长，增加血管弹性，增加血管通透性。

（8）IGF 胰岛素样生长因子又称多功能细胞增殖调控因子，可以促进细胞分裂。

（9）IL-6 白细胞介素-6 有造血功能，增强免疫力，提高纤维连接蛋白伤口修复作用，促进伤口愈合。

（10）TypeICollagenI 型胶原蛋白，占全身胶原蛋白的 30%，成年人含有 3kg，具有支撑、修复、保护的作用。

（11）EGF 表皮生长因子使人体皮肤细胞的生长速度加快，其含量的多少直接影响着皮肤细胞生长增殖的数量，从而决定着皮肤的年轻程度。

（12）BFGF 碱性成纤维细胞生长因子，也是形态发生和分化的诱导因子。其主要生物学作用有：①作为血管生长因子；②促进创伤愈合与组织修复；③促进组织再生；④参与神经再生等。

［产品特性］ 本品可防止皮肤衰老，恢复皮肤弹性紧致，并且有修复皮肤损伤和祛斑除痘的作用。

配方 53 赋活精华液

［原料配比］

原料	配比（质量份）		
	1#	2#	3#
兰科植物提取物	2.8	2.3	3.8
甘油	2.8	3	1.8
丙二醇	1.1	0.9	2.1
烟酰胺	0.9	1.1	0.4

原料	配比（质量份）		
	1#	2#	3#
乙酰半胱氨酸	1.2	1	1.7
精氨酸阿魏酸盐	0.6	0.8	0.4
1-甲基乙内酰脲-2-酰亚胺	0.5	0.3	0.7
山茱萸提取物	1	1.1	1.2
丁二醇	1	0.9	0.8
积雪草提取物	1	1.1	0.8
虎杖根提取物	1	0.9	1.2
黄芩根提取物	1	1.1	1.2
茶叶提取物	1	0.9	0.8
光果甘草根提取物	1	0.9	1.2
母菊花提取物	1	1.1	0.8
迷迭香叶提取物	1	1.1	0.8
丹皮酚	1	0.9	1.2
甘草酸二钾	1	1	1
支链淀粉	1	1	1
丙烯酰二甲基牛磺酸铵/VP 共聚物	0.9	0.9	0.9
黄原胶	0.06	0.06	0.06
对羟基苯乙酮	0.02	0.02	0.02
1,3-丙二醇	0.08	0.08	0.08
辛酰羟肟酸	0.1	0.1	0.1
EDTA 二钠	0.05	0.05	0.05
去离子水	76.69	77.19	75.69

[制备方法]

（1）将水倒入搅拌容器中，然后依次将甘油、丙二醇、烟酰胺、乙酰半胱氨酸、精氨酸阿魏酸盐、1-甲基乙内酰脲-2-酰亚胺、丁二醇、丹皮酚、甘草酸二钾、支链淀粉、丙烯酰二甲基牛磺酸铵/VP 共聚物、黄原胶和 1,3-丙二醇加入搅拌容器中与水混合并留作备用；

（2）将步骤（1）中制得的混合物料加热到 80℃后持续搅拌，直至上述混合物料完全融合，然后将上述混合物料静置降温，当上述物料降温至 40℃时加入兰科植物提取物、积雪草提取物、虎杖根提取物、黄芩根提取物、茶叶提取物、光果甘草根提取物、母菊花提取物、山茱萸提取物和迷迭香叶提取物，继续搅拌均匀并留作备用；

（3）将步骤（2）中制得的混合物料 pH 调节到 5～6 之间，并加入对羟基苯乙酮、辛酰羟肟酸和 EDTA 二钠搅拌均匀后即可制得赋活精华液。

[原料介绍] 所述兰科植物提取物、积雪草提取物、虎杖根提取物、黄芩根提取物、茶叶提取物、光果甘草根提取物、母菊花提取物和迷迭香叶提取物都是经醇提得到的有效物。

所述兰科植物提取物可为金线莲、石斛、春兰、蕙兰、建兰、寒兰和墨兰中的一种或多种提取物的组合。

所述丹皮酚是从毛茛科植物牡丹的干燥根皮中提取出来的有效成分。

甘草酸二钾为甘草酸的衍生物，具有抗炎、抗过敏、抗溃疡、促进上皮细胞组织再生等作用。

烟酰胺是维生素 B3 的一种衍生物，也是美容皮肤科学领域公认的皮肤抗老化成分，最重要的功效是减轻和预防在皮肤早期衰老过程中产生的肤色黯淡、发黄和菜色，也可以修复受损的角质层脂质屏障，提高皮肤抵抗力，同时还具有极强的锁水、保湿功效，提高了精华液的功效。

丁二醇在护肤品中常用作小分子保湿成分，可将水分留在角质层，有良好的吸湿性，方便吸收精华液中的美白和保湿的成分，更加易于使用人员皮肤的吸收。

羟基苯乙酮本身是利胆药物，而且是药物合成中一种很重要的中间体，所以它是很安全的，添加羟基苯乙酮作为防腐剂使用减少了防腐剂对人体的危害，使用更安全。

辛酰羟肟酸是一种抑菌的理想有机酸，对二价铁离子和三价铁离子有高效选择性的螯合能力，在铁离子受限的环境中，霉菌的生长有限，同时具有能促进细胞膜结构降解的最佳碳链长度，因此具有较强的抗菌能力。

EDTA 二钠可与重金属结合，生成稳定而可溶的盐，可以随尿液排出，所以可用来治疗汞中毒，在精华液中可以作为防腐剂避免来自重金属的氧化，提高了赋活精华液的安全性。

[产品特性] 本品具有防衰老、抗敏、保湿、美白和祛斑等效果，且解决了精华液活性成分不易吸收的问题。

配方 54　牡丹精华液

[原料配比]

原料	配比（质量份）			
	1#	2#	3#	4#
牡丹抗氧化肽	12.1	11	13	12.1
牡丹花精油	32.4	31	34	23.4

原料	配比（质量份）			
	1#	2#	3#	4#
牡丹花浸提液	9.1	8	10	9.1
牡丹籽油	6.3	5	7	6.3
角鲨烷	3.2	2	4	3.2
柠檬酸	2.7	1	6	2.7
增溶剂	1.17	0.5	1.5	1.17
防腐剂	1.9	1	3	1.9
去离子水	适量	适量	适量	适量

[制备方法]

（1）在适量去离子水中加入三仙胶溶解分散后，向其中加入牡丹花精油和牡丹籽油，搅拌均匀得 A 相溶液；

（2）在去离子水中加入角鲨烷、牡丹抗氧化肽和牡丹花浸提液，加热到 60～70℃，溶解完全得 B 相溶液；

（3）在温度为 60～70℃的 B 相溶液中，加入 A 相溶液，搅拌均匀后，继续保温 15～20min，然后降温到 35～45℃；

（4）向步骤（3）得到的混合液中加入对羟基苯甲酸甲酯，搅拌均匀；

（5）用柠檬酸调节 pH 至 5.5～6.5。

[原料介绍]　牡丹花精油中含有大量的芳香类成分，包括芳樟醇及其氧化物、小茴香醇、橙花醇、香叶醇和月桂醇，其中芳樟醇和香叶醇的含量相对较高，芳樟醇可用作维生素 E 和异植醇的合成前体，有很好的抗菌消炎活性，香叶醇是一种花香味的日用香精，使精华液有牡丹花香味，同时可以抗菌消炎，提高皮肤免疫力，抗过敏，而且起效快、副作用小；牡丹花瓣中含有黄酮和酚类化合物，从而使牡丹花的提取物牡丹花精油和牡丹花浸提液中都含有这两种物质，使其具有天然的消炎和抗氧化作用，黄酮类物质具有抗氧化功能，借助于酚羟基的氢供体自由基清除活性，酚类物质是发挥抗氧化作用的主要成分。

牡丹籽油中含有少量的角鲨烯、植物甾醇而维生素 E 的含量较高，它们都是天然的抗氧化剂，能够清除人体自由基、延缓衰老；牡丹籽油中一些矿物元素，如 Ca、Na、Fe、K、Zn、Mg、Cu 等元素能够维持皮肤的新陈代谢；牡丹籽油作为生物活性物质，可以调节机体细胞因子的分泌，提高皮肤免疫调节功能，减少炎性因子的分泌。

牡丹抗氧化肽的抗氧化作用与氨基酸的组成有关，含组氨酸和络氨酸的肽具有清除自由基、抑制脂质过氧化的能力；牡丹抗氧化肽具有低过敏性，能够减少皮肤的异常病理性免疫应答。

角鲨烷中富含抗氧化剂，能够保湿和治疗湿疹，促进皮肤细胞再生。

所述增溶剂为三仙胶。

所述防腐剂为对羟基苯甲酸甲酯。

[产品特性] 牡丹提取物和角鲨烷发生协同增效作用，使牡丹精华液适用于痘痘肌肤，可以提高皮肤抵抗力，降低过敏反应，能够消炎、抗氧化，使痘痘肌肤恢复顺滑状态。

配方 55 富勒烯精华液

[原料配比]

原料	配比（质量份）		
	1#	2#	3#
NSKINNG 功能成分	0.3	0.2	0.2
小核菌胶	0.15	0.2	0.15
甘油	2	3	3
对羟基苯乙酮	0.8	0.8	0.6
1,2-己二醇	0.6	0.8	0.5
1,2-戊二醇	0.8	1	0.8
水溶性富勒烯	0.5	0.6	0.6
神经酰胺功能成分	3	4	3
乳酸杆菌/北美圣草发酵产物提取物	3	2	2
肌肽	0.1	0.2	0.15
乳酸杆菌发酵溶胞产物	2	1	2
去离子水	85	90.5	81.9

[制备方法]

（1）取 NSKINNG 功能成分、小核菌胶、去离子水在乳化锅中搅拌加热至95℃，均质完全；

（2）取甘油、对羟基苯乙酮搅拌加热至 60℃，溶解完全后加入至乳化锅中，搅拌均匀后开始降温；

（3）待温度降至室温，取 1,2-己二醇、1,2-戊二醇、水溶性富勒烯、神经酰胺功能成分、乳酸杆菌/北美圣草发酵产物提取物、肌肽、乳酸杆菌发酵溶胞产物加入至乳化锅中，搅拌均匀后即得到富勒烯精华液。

[原料介绍] 所述 NSKINNG 功能成分包括丙烯酸（酯）类共聚物钠和海藻提取物。

所述神经酰胺功能成分包括水、甘油、刺云实胶和神经酰胺 3。

所述乳酸杆菌发酵溶胞产物包括菌体、肽聚糖、磷壁酸、蛋白质、磷脂、甾醇、脂肪酸、各种酶类、肽和氨基酸、核苷酸、胞外多糖。

[产品特性] 本品具有很好的保湿美白效果，同时能够有效延缓衰老，有效改善皱纹、暗沉、色斑、干燥等肌肤问题，并且适用于任何肤质。

配方 56 植物精华素面部护理液

[原料配比]

原料	配比（质量份）		
	1#	2#	3#
桃仁萃取液	5	8	10
冬瓜仁萃取液	5	8	10
蜂蜜	6	10	15
绿茶萃取液	3	4	6
仙人掌萃取液	2	3	4
玫瑰精油	0.2	0.5	1
高分子透明质酸粉末	0.5	0.8	1
银耳浸出液	15	22	30
去离子水	适量	适量	适量

[制备方法]

（1）按照质量份制备桃仁萃取液、冬瓜仁萃取液、绿茶萃取液、仙人掌萃取液：分别将桃仁、冬瓜仁、绿茶、仙人掌洗净，粉碎，在75%～82%乙醇中静置24～48h，保持温度为55～75℃，采用乙醇提取得到相应浸提物，浸提物依次用碳酸氢钠、氢氧化钠、氯仿-甲醇混合溶剂和乙酸乙酯-丙酮-水作为脱水剂进行洗脱，收集提取液，蒸馏去除洗脱剂，过滤后灭菌得到相应萃取液；

（2）将高分子透明质酸粉末加入适量去离子水中，冷藏，待高分子透明质酸粉末充分溶解得到透明质酸溶液；

（3）银耳洗净后，加入10～20倍的去离子水熬煮2～3h，之后过滤得到银耳浸出液；

（4）将蜂蜜加入银耳浸出液中并搅拌，得到银耳蜂蜜混合液；

（5）混合相应萃取液、玫瑰精油、透明质酸溶液、银耳蜂蜜混合液，均质搅拌后脱气、灭菌处理得到植物精华素面部护理液。

[原料介绍] 本品原材料包含多种植物原料，如：桃仁，用于面斑、粉刺、酒渣鼻。本品苦泄，功能活血祛瘀、消斑，用于皮肤皱缩，甘平质润，防燥润肤，泽

面祛皱，治皮肤粗糙、皱纹，淡化痘印等。桃仁有丰富的维生素 E、维生素 B$_6$，不仅帮助肌肤抗氧化，还能减少紫外线的伤害。

冬瓜仁内含脂肪油酸、瓜氨酸等成分，有淡斑的功效。

绿茶，美容护肤，能清除面部的油腻，收敛毛孔，具有消毒、抗老化、减少紫外线辐射对皮肤的损伤等功效。

蜂蜜，具有保湿和滋养的功能，能够加快肌肤的新陈代谢，增强肌肤的抗菌能力和活力，能够有效地减少黑色素的沉积，预防肌肤干燥，让肌肤更加白皙、细嫩、光滑，同时还能够预防粉刺和消除皱纹等，起到美容护肤的功效。

仙人掌，含丰富的蛋白质、维生素、胡萝卜素、10 多种矿物质和 18 种氨基酸，人体所必需的氨基酸几乎都在其中，还含有机酸类、糖类、黄酮类、生物碱类、甾醇类、萜类等具有较强药理作用的化学成分。仙人掌具有极强的清除自由基、抗衰老能力。仙人掌多糖具有明显的降血糖、增强免疫功能、促进单核巨噬细胞系统吞噬功能、增强自我保护和抗辐射等功能和作用。仙人掌还具有清热、解毒、保湿、防晒之功效。

玫瑰富含维生素 C 等成分，具有抗氧化、保湿补水、紧致毛孔、协助循环等功效，最适合衰老干燥的肌肤，能给肌肤带来丰富的水分。

银耳，富含天然特性胶质，加上它的滋阴作用，长期服用可以润肤，并有祛除脸部黄褐斑、雀斑，保湿、润肤的功效。

[产品特性] 本品采用多种植物原材料提取，基本都为药食同源的两用植物，各个组分相互辅佐，相辅相成，并且不添加其他添加剂或者化学合成药物，安全性得到保证，可以长期使用。制备方法简单，功效多样，能够缓慢调理皮肤，具有明显的美白、补水、修复等功能。

配方 57 复方植物多肽修护精华液

[原料配比]

原料	配比（质量份）				
	1#	2#	3#	4#	5#
丁二醇	2	10	3	8	4
生物糖胶-1	1	8	2	6	3
小球藻提取物	0.5	6	0.8	4	1
甘油聚醚-26	0.5	6	1	4	2
金	0.01	0.1	0.01	0.08	0.06
银耳多糖	0.1	1	0.3	0.8	0.14

原料	配比（质量份）				
	1#	2#	3#	4#	5#
1,2-己二醇	0.1	1	0.3	0.8	0.6
三肽-1铜	0.01	0.2	0.03	0.18	0.05
寡肽-1	0.001	0.06	0.002	0.05	0.008
糖类同分异构体	0.1	1	0.2	0.8	0.25
透明质酸钠	0.1	1	0.2	0.8	0.4
对羟基苯乙酮	0.1	1	0.2	0.8	0.6
去离子水	80	90	82	88	83.892

[制备方法] 将各组分溶于水，混合均匀即可。

[原料介绍] 所述小球藻提取物是包括小球藻藻体中含有的水溶性成分在内的液体。作为小球藻藻体，可以为普通小球藻种、椭圆小球藻种、淡水规则小球藻种或蛋白核小球藻种等。所述小球藻提取物的提取方法，是在搅拌所述洁净培养之后的小球藻藻体的同时进行热水提取，分类除去藻体。例如，使用108～112℃的热水，进行18～22min的提取，优选为110℃的热水，进行20min的提取。然后，在得到的提取液中进一步进行叶绿素或纤维质、非水溶性蛋白质的除去工序、杀菌工序，之后，进行浓度调整工序。

所述糖类同分异构体为含有乳糖、甘露糖、半乳糖等的水溶液，其中水的质量分数为60%～85%，优选为75%。

生物糖胶-1是一种源自于中国渤海海域的生物多糖，因其分子中存在大量的岩藻糖而通常称为岩藻聚糖（Fucoidan），是化妆品行业中一种新型的保湿剂、祛皱剂、肌肤修复剂和肤感调节剂。主要作用：保湿、改善肤感、舒缓肌肤，为肌肤带来柔软、丝滑、愉悦的肤感。

小球藻提取物的主要成分是小球藻生长因子，生长因子含有丰富的核酸、核蛋白，能修复人体细胞，抗衰老。并且，小球藻生长因子有激活免疫细胞的作用，与毒素有很强的结合力并使其排出体外，所以对于皮肤有很好的作用。

甘油聚醚-26由甘油和环氧乙烷聚合而得，属于非离子表面活性剂——多元醇聚氧乙烯醚，作为化妆品的保湿剂、分散剂，属于国际上化妆品原料的一种。

银耳多糖为担子菌多糖类免疫增强剂，有改善机体免疫功能及提升白细胞的作用。

铜肽常用于美容抗皱，还具有促进头发生长、伤口愈合等作用。它不仅可以促使皮肤上皮组织再生，恢复肌肤年轻、减少粗细皱纹与瘢痕、改善肌肤弹性，使角质细胞和纤维母细胞增生，更可以让皮下组织增厚，使肌肤不再脆弱敏感，增加皮肤弹性与韧度，也让保养品在脸上能被最大化地吸收利用。

寡肽-1对于细胞有着多方面的正向作用。它能有效地抑制细胞变性，增强免疫功能，减少胶原蛋白的流失，从而改善松弛；激活细胞活性，帮助清除对人体有害的自由基，减少色素沉积等问题；帮助受损细胞修复，提升细胞新陈代谢，减少肌肤氧化，淡化皮肤皱纹；对于生成弹力蛋白、胶原蛋白有促进作用。它能快速提高动静脉的氨基酸差值，从而加速整体蛋白的合成；基于寡肽-1 易吸收的特点，它又可以进入血液循环，参与肽链的延长，提高蛋白质的合成；而寡肽-1 本身也对氨基酸及其残基的吸收有促进作用，被吸收进入循环系统的寡肽-1 可被水解为游离氨基酸，作为合成组织蛋白的氮源。

糖类同分异构体为无色或微黄透明液体，是一种萃取自甘蔗糖类综合体的天然保湿剂，协助水分结合角质层中的角蛋白，以达保湿效果。

透明质酸钠可起到保湿补水作用。

对羟基苯乙酮是一种温和、无添加、无刺激的防腐剂，同时具有抗氧化、镇静舒缓的功能，与其他防腐剂复配还有协同增效作用，是多功能的化妆品原料。

[产品特性]　本品是一种具有修复紧致、补水保湿、延缓衰老的美容产品，适合任何人群使用，中性不刺激，无副作用纯天然制剂，适合大规模应用。

配方 58　脐带、胎盘干细胞紧致修复精华液

[原料配比]

	原料	配比（质量份）
混合物 A	水	加至 100
	丁二醇	3～5
	水解霍霍巴酯类	0.5～3
	水解小核菌胶	0.15～0.2
	透明质酸钠	0.03～0.1
	尿囊素	0.05～0.5
混合物 B	北美金缕梅提取物	2～5
	月桂氮卓酮	0.2～3
	PEG-40 氢化蓖麻油	0.05～0.5
	积雪草苷	0.5～5
混合物 C	脐带提取物	0.5～2
	动物胎盘蛋白	0.5～5
	二裂酵母发酵产物溶胞物	1～5
	酵母菌多肽类	3～20
	芍药根提取物	0.3～0.8

原料		配比（质量份）
混合物 D	辛酰羟肟酸	0.3～0.5
	对羟基苯乙酮	0.5～1.5
	1,2-戊二醇	1～3

[制备方法]

（1）将混合物 A 加热到 85℃，恒温搅拌 15min，使其分散完全；

（2）降温到 60℃，加入混合物 B，充分搅拌分散均匀；

（3）继续降温到 45℃，分别加入混合物 C 和混合物 D，充分搅拌均匀；

（4）出料检测，静置，检测合格，灌装，包装。

[原料介绍]　本品采用的脐带提取物、动物胎盘蛋白由动物胎盘提取物经过双歧杆菌发酵后分离纯化得到，这里的双歧杆菌来源于 ATCC（美国模式培养物集存库）。二裂酵母发酵产物溶胞物通过物理破壁技术，粉碎酵母菌细胞，使得营养物质充分溶出，经过分离纯化得到。

[产品特性]　本品含有高活性多肽组分（脐带提取物、动物胎盘蛋白、二裂酵母发酵产物溶胞物），这些高活性多肽组分能够快速透皮，直达肌底，刺激胶原蛋白增生，即时抗皱，提升紧致肌肤，重塑肌肤屏障，提升肌肤健康状态。

配方 59　多肽复合物修复精华液

[原料配比]

原料		配比（质量份）
混合物 A	水	加至 100
	甘油	5～8
	透明质酸钠	0.03～0.1
	泛醇	1～2
	卡波姆	0.1～0.5
	海藻糖	1～5
	丙烯酸（酯）类/新癸酸乙烯酯交联聚合物	0.05～0.2
	水解小核菌胶	0.15～0.2
混合物 B	积雪草苷	3～5
	北美金缕梅提取物	3～5
	神经酰胺 3	1～3

原料		配比（质量份）
混合物 B	聚谷氨酸钠	0.05～0.1
	麒麟竭提取物	3～8
	紫草素	0.1～0.3
组分 C	三乙醇胺	0.1～0.5
混合物 D	寡肽-1	2～5
	寡肽-2	2～5
	多肽复合物	5～10
	肌肽	1～2
	动物胎盘蛋白	1～1.5
	二裂酵母发酵产物溶胞物	1～3
	甘草酸二钾	0.1～0.5
	芍药提取物	0.3～0.5
混合物 E	辛酰羟肟酸	0.3～0.5
	对羟基苯乙酮	0.5～0.8
	1,2-戊二醇	0.5～1

[制备方法]

（1）将混合物 A 加热到 85℃，均质 2min，恒温 15min，搅拌使各组分充分分散溶解；

（2）降温到 60℃，往混合物 A 中加入混合物 B，充分搅拌均匀，再加入组分 C；

（3）继续搅拌降温到 45℃，分别加入混合物 D 和混合物 E，充分搅拌均匀；

（4）出料检测，静置，检测合格，灌装，包装。

步骤（2）和步骤（3）中的混合物 B、混合物 D 和混合物 E 均预先混合均匀。

[原料介绍] 所述多肽复合物为棕榈酰三肽-1、棕榈酰四肽-7、乙酰基六肽-8 和类蛇毒肽的混合物。

棕榈酰三肽-1 中的 GHK 是真皮层 I 型胶原蛋白链片段，对皮肤细胞胶原蛋白合成具有明显的调控和促进作用。

棕榈酰四肽-7 是免疫球蛋白的一个片段，能够显著降低炎症因子白介素（IL-6）的水平，具有抗敏消炎、恢复肌肤活力作用。

乙酰基六肽-8 能模仿 SNAP-25 蛋白 N 末端的寡肽，能与 SNAP-25 竞争性抑制 SNARE 复合物的形成，减少神经递质的释放，阻碍肌肉收缩，从而预防皱纹形成。

类蛇毒肽模拟韦氏铠蝰蛇的毒液多肽成分 waglerinl 的作用机制，减少肌肉细胞的收缩，快速可逆消除模拟皱纹，特别是表情纹。

多肽复合物能促进表皮和真皮细胞（特别是纤维细胞，上皮细胞）的增殖、分裂，新生细胞增多，使皮肤增厚，逐渐恢复皮肤正常结构和生理机能，促进胶原纤维、网状纤维和弹性纤维的形成，调节胶原蛋白和黏多糖的分泌，改善萎缩皮肤的缺水状态，滋润皮肤组织，增强对环境侵袭、紫外线、污染物、刺激物、敏化剂及炎性细胞的抵抗力，巩固、增强皮肤张力，增强皮肤弹性，延缓皮肤衰老。

神经酰胺具有与人体皮肤相似的结构，可快速渗透入细胞间质，保持肌肤的弹性和水润度，修复并重建细胞的黏合性，长期维持与修复皮肤天然屏障，具有瞬时减少经皮的水分流失，改善肌肤吸水、锁水能力，并保护和修复干燥与敏感肌肤。

积雪草能够促进皮肤成纤维细胞生长和胶原蛋白合成，帮助重建肌肤的弹性和修复细纹，激发肌肤水合作用，用于伤口愈合和瘢痕的修护，使肌肤达到光滑和柔滑的皮肤效果，并具有消炎、抑制基质金属蛋白酶活性的功效。

[产品特性]　本品采用多种复合肽（棕榈酰三肽-1、棕榈酰四肽-7、乙酰基六肽-8和类蛇毒肽）、肌肽和紫草素复合使用，极易渗透入肌肤深层，让肌肤能快速吸收营养成分，增加肌肤细腻的质感，促进粗糙肌肤的更新，带来细腻肌肤感受，让肌肤保持饱满、有弹性，能够有效修复激素脸、痘印痘坑、斑后受损肌肤。

配方 60　修护精华液（2）

[原料配比]

原料		配比（质量份）				
		1#	2#	3#	4#	5#
A相	去离子水	加至100	加至100	加至100	加至100	加至100
	甘油	1	15	—	8	—
	丁二醇	—	—	3	—	12
	赤藓醇	7	1	—	—	5
	海藻糖	—	—	—	7	10
	1,3-丙二醇	1	7	—	—	10
	双丙甘醇	—	—	2	5	—
	甘油/甘油丙烯酸酯/丙烯酸共聚物/丙二醇/水	10	3	8	1	5
	EDTA二钠	0.01	0.2	0.03	0.1	0.15
	透明质酸钠	0.01	0.2	0.03	0.1	0.15
	水解透明质酸钠	0.2	0.01	0.08	0.02	0.12

续表

原料		配比（质量份）				
		1#	2#	3#	4#	5#
B 相	卡波姆	0.01	0.2	—	0.1	—
	丙烯酰二甲基牛磺酸铵/山嵛醇聚醚-25甲基丙烯酸酯交联聚合物	—	—	0.12	—	0.15
	卡波姆钠	0.2	0.01	—	—	0.1
	聚丙烯酸酯交联共聚物-6	—	—	0.12	0.16	—
C 相	1,3-丙二醇	6	10	—	1	—
	双丙甘醇	—	—	3	—	8
	对羟基苯乙酮	0.1	0.6	0.5	0.7	1
	1,2-己二醇	1	0.3	0.5	0.05	0.6
D 相	甘油聚醚-26	7	1	—	5	—
	甲基葡糖醇聚醚-10	—	—	2.5	—	10
	水/羟乙基脲	10	5	2	1	6
	天然植物修护因子	0.1	1	1.5	3	5
	四氢甲基嘧啶羧酸	1	10	3	0.5	8
	水/丁二醇/氨基酸复合物	0.5	6	1	3	4
	水/丁二醇/水前寺紫菜多糖	0.5	0.01	0.6	0.08	1
E 相	水/丙二醇/软毛松藻提取物	0.01	0.8	0.1	1	0.6
	水/乳酸杆菌/大豆发酵产物提取物/丁二醇	0.07	0.1	0.01	0.001	0.08
	低聚果糖/葡萄糖/果糖/蔗糖	0.002	0.05	0.03	0.01	0.08
	稻米发酵产物滤液	0.08	0.06	0.07	0.002	0.03
	二裂酵母发酵产物溶胞物	0.1	0.06	0.1	0.08	0.03
	去离子水	0.001	0.1	0.01	0.06	0.02
	菊粉/水/α-葡聚糖寡糖	0.04	0.1	0.1	0.06	0.06
	肌肽	0.001	0.1	0.03	0.01	0.06
F 相	PEG-40 氢化蓖麻油	0.01	0.5	0.1	0.3	0.2
	香精	0.001	0.1	0.01	0.04	0.06

[制备方法]

（1）将 C 相物料加热至 70℃，搅拌溶解完全，备用；

（2）将 F 相物料在常温下搅拌均匀，备用；

（3）将 A 相各物料加入乳化锅中，加热至 90℃搅拌溶解完全；

（4）将 B 相物料加入步骤（3）得到的溶液中均质 7min 分散均匀后，降温；

（5）将步骤（4）得到的溶液降温至 45℃，分别加入预处理好的 C、D、E、F相搅拌 15min，混合均匀，即可。

[原料介绍] 四氢甲基嘧啶羧酸是一种强效水结构形成物质，能使细胞内游离水结构化，使周围水分子数量增加，增强水分子之间的相互作用，并束缚周围水分子形成复合体；电解还原性负离子水，也称小分子水，它的表面张力比水更低[25℃环境下，水的表面张力为 72dyn/cm（1dyn/cm＝10^{-3}N/m），电解还原性负离子水表面张力为 56dyn/cm]，渗透性比水更强，可达到深层渗透补水的效果，并且根据双电层原理，电解还原性负离子水可将油脂（污垢）与皮肤表面正离子化，油脂和皮肤之间产生相互排斥作用，从而使油脂（污垢）被剥离，小分子水还能中和由紫外线、衰老等因素产生的自由基。四氢甲基嘧啶羧酸与电解还原性负离子水相互配伍，包裹在细胞、酶、蛋白质和其他有机分子周围，形成具有保护、滋养和稳定、水合作用的保护壳，达到保湿锁水、减少水分流失的作用，并能避免外界压力因子（如 UV 辐射、蓝光、脱水、刺激等）对肌肤的伤害，对抗微生物及过敏原的入侵，抑制炎症应激信号，稳定蛋白质，保护蛋白质不被分解，从而稳定细胞膜，保护细胞正常生长代谢，起到抗衰紧致、焕发肌肤光泽、修护肌肤屏障的功效。

天然植物修护因子由 7 种植物活性成分复合而成，无细胞毒性，具有较强的抗炎舒缓作用，并通过免疫调节和舒缓加强皮肤屏障；氨基酸复合物与皮肤角质层组分相似，且分子量小可轻易地渗入皮肤深处，保持皮肤水分，提供皮肤细胞营养，使皮肤纤维母细胞增殖并预防皮肤衰老；水前寺紫菜多糖可在皮肤表面形成纳米级薄膜，保护肌肤免受外界刺激。

本品中含有益生元（菊粉、α-葡聚糖寡糖、低聚果糖、二裂酵母发酵产物溶胞物、稻米发酵产物滤液等）、益生菌（乳酸杆菌等）发酵产品，通过微生态健康技术，促进肌肤表面益生菌生长，抑制有害菌，平衡肌肤微生态系统，同时营养肌肤，修护肌肤损伤，令肌肤健康强韧。再协同四氢甲基嘧啶羧酸、小分子水、软毛松藻提取物、水前寺紫菜多糖等多种有效成分，给予肌肤充足的营养物质，持续保湿和滋润皮肤，有效改善干燥缺水性肌肤，达到深度保湿修护肌肤的作用；同时维护皮肤的屏障功能，消炎抑菌。

所述的天然植物修护因子由丁二醇、水、积雪草提取物、虎杖根提取物、黄芩根提取物、茶叶提取物、光果甘草根提取物、母菊花提取物、迷迭香叶提取物组成，按其总质量计，丁二醇含量为 50%，水含量为 38%，积雪草提取物含量为5%，虎杖根提取物含量为 2%，黄芩根提取物含量为 2%，茶叶提取物含量为1%，光果甘草根提取物含量为 1%，母菊花提取物含量为 0.5%，迷迭香叶提取物含量为 0.5%。

上述精华液 D 相中所述的水/丁二醇/氨基酸复合物是多种原料的混合物，按其总质量计，水含量为 67.5%～69.1%，丁二醇含量为 30%，氨基酸复合物含量为 0.9%～2.5%。

所述的氨基酸复合物由赖氨酸、组氨酸、精氨酸、天冬氨酸、苏氨酸、丝氨酸、谷氨酸、脯氨酸、甘氨酸、丙氨酸、缬氨酸、异亮氨酸、亮氨酸、酪氨酸、苯丙氨酸组成，按其总质量计，赖氨酸含量为 4.2%，组氨酸含量为 1.5%，精氨酸含量为 3.8%，天冬氨酸含量为 8.1%，苏氨酸含量为 3.1%，丝氨酸含量为 13.9%，谷氨酸含量为 12.9%，脯氨酸含量为 3.1%，甘氨酸含量为 25.1%，丙氨酸含量为 4.5%，缬氨酸含量为 3.1%，异亮氨酸含量为 2.8%，亮氨酸含量为 7.1%，酪氨酸含量为 3.5%，苯丙氨酸含量为 3.3%。

所述的水/羟乙基脲为多种原料的混合物，其中水、羟乙基脲的质量比为 8：9～9：8。

所述的水/丁二醇/水前寺紫菜多糖是多种原料的混合物，按其总质量计，水含量为 69.5%，丁二醇含量为 30%，水前寺紫菜多糖含量为 0.5%。

所述的水/丙二醇/软毛松藻提取物是多种原料的混合物，按其总质量计，水含量为 48%～52%，丙二醇含量为 48%～52%，软毛松藻提取物含量为 1%～2.5%。

E 相中所述的水/乳酸杆菌/大豆发酵产物提取物/丁二醇是多种原料的混合物，其中水、乳酸杆菌/大豆发酵产物提取物和丁二醇的质量比为 78：10：10。

[产品特性] 本品能稳定细胞膜，保护细胞正常生长代谢，起到抗衰紧致、焕发肌肤光泽、锁住水分的作用，防止肌肤干燥粗糙，令肌肤水润细滑，维持年轻健康状态，强化肌肤防御力，以保护肌肤抵抗外来环境伤害，增强皮肤屏障功能。本品不含防腐剂、动物油脂、荧光剂、酒精等物质，无任何刺激感，实现零防腐添加成分，同时做到无任何毒副作用，产品安全有效。

配方 61 虾青素抗氧化精华液

[原料配比]

原料	配比（质量份）			
	1#	2#	3#	4#
甘油	8	5	7	10
丁二醇	5	3	4	5
透明质酸钠	0.1	0.1	0.15	0.2
卡波姆	0.1	0.1	0.15	0.2
氯苯甘醚	0.25	0.25	0.25	0.25
虾青素微囊粉	0.5	1	1.5	2
高山火绒草提取物	1	0.5	1.5	2

原料	配比（质量份）			
	1#	2#	3#	4#
埃及蓝睡莲花提取物	1	0.5	1.5	2
糖类同分异构体	1.5	0.5	3	5
酵母提取物	2	1.5	2.5	5
精氨酸	0.1	0.1	0.15	0.2
苯氧乙醇	0.5	0.5	0.5	0.5
去离子水	79.95	86.95	77.8	67.65

[制备方法]

（1）将配方量的去离子水进行灭菌，然后将去离子水加热至 85～90℃；

（2）向步骤（1）被加热的去离子水中，先加入配方量的甘油、丁二醇、透明质酸钠、卡波姆、氯苯甘醚，均质 1～2min，分散均匀，然后搅拌 5～10min 至充分溶解；

（3）降温至 40～45℃，然后逐一加入剩余的组分：虾青素微囊粉、高山火绒草提取物、埃及蓝睡莲花提取物、糖类同分异构体、酵母提取物、精氨酸和苯氧乙醇，其中每加入一种组分，搅拌 8～10min，待其完全溶解之后，加入下一组分，最后得到混合均匀的虾青素抗氧化精华液。

[原料介绍]　虾青素即 3,3'-二羟基-4,4'-二酮基-β,β'-胡萝卜素，为萜烯类不饱和化合物，分子结构中有两个 β-紫罗兰酮环、11 个共轭双键。虾青素广泛存在于自然界中，如大多数甲壳类动物和鲑科鱼类体内，植物的叶、花、果，以及火烈鸟的羽毛中等。虾青素具有多种生理功效，如在抗氧化性、抗肿瘤、预防癌症、增强免疫力、改善视力等方面都有一定的效果，本品中的虾青素微囊粉为市场中采购，在本品中虾青素提供清除自由基的作用，天然抗氧化剂虾青素会附着在自由基上，永远地终止自由基的破坏性连锁反应，并且本身也不会变成助氧化剂，没有任何副作用。

高山火绒草是一种多年生的丛生草本植物，高山火绒草提取物含有单宁和类黄酮，本品中高山火绒草提取物通过醇提法得到，具有很好的抗氧化、清除自由基和保护 DNA 特性，强化表皮细胞屏障，增强皮肤天然抵御力。

埃及蓝睡莲花是多年生水生草本，埃及蓝睡莲花提取物含 17 种氨基酸，还含有丰富的维生素 C、黄酮苷、微量元素锌，本品中埃及蓝睡莲花提取物通过醇提法得到，在本品中提供抗氧化性，并抑制自由基的形成，帮助减少皱纹，重回细胞自然更新合成的水平，促进细胞再生和全面紧致皮肤。

本品中的糖类同分异构体为锁水磁石，是一种萃取自甘蔗糖类综合体的天然保湿剂，类似于人体内的碳水化合物的复合体，亲肤性能佳。通过与角质层细胞中角蛋白上的赖氨酸的自由氨基酸基团结合，协助角质层细胞的角蛋白结合水分，以达到持久的保湿效果。

酵母提取物能够延缓皮肤老化，加速表皮细胞修复，抗氧化、清除自由基，促进胶原蛋白合成，消除皱纹；蚕丝胶蛋白，能迅速与细胞表面结合，及时将外界生长信号传递到细胞内，直接促进组织的增殖、重建与修复，并能通过丝胶蛋白质抗自由基的产生、抑制动物细胞的病理吞噬及保护皮肤等协同作用，使皮肤弹性与饱满度得到一定恢复，产生消除皮肤皱纹、增加弹性和抗皮肤衰老等作用。

透明质酸钠，以改善皮肤营养代谢，使皮肤柔嫩、光滑、去皱，增加皮肤弹性，防止皮肤衰老，在保湿的同时又是良好的透皮吸收促进剂。与其他营养成分配合使用，可以起到促进营养吸收的理想效果。

卡波姆为增稠剂，为精华液提供合适的稠度。

精氨酸，属于碱性氨基酸，在本精华液中起到中和卡波姆的作用，同时又可保持皮肤水分，柔滑肌肤，并减少皮屑的剥落。

［产品特性］ 本品各成分之间的兼容性好，在互相兼容的同时，协同发挥抗氧化效能，缓解皮肤老化，令皮肤保持年轻的健康状态。

配方 62　皮肤护理精华液

［原料配比］

原料	配比（质量份）		
	1#	2#	3#
胶原蛋白	0.5	1	0.6
乳酸	5	8	6
保湿剂丙三醇	8	5	6
羧甲基纤维素钠	1.2	1	1.1
NaOH	2	3	2.5
香精	0.001	0.005	0.002
干细胞裂解液	0.4	0.2	0.3
羟苯甲酯钠	0.1	0.05	0.08
去离子水	55	55	55

［制备方法］

（1）将乳酸与1/3量的水混合均匀，然后加入 pH 调节剂，升温至35～40℃搅拌均匀后，再加入防腐剂，得到第一混合物；

（2）将黏度调节剂、保湿剂、胶原蛋白和1/3量的水混合后，升温至40～

45℃搅拌均匀，得到第二混合物；

（3）将剩余的水、干细胞裂解液、香精与第一混合物和第二混合物搅拌均匀后，得到精华液。

［原料介绍］　保湿剂选自丙三醇。

所述的黏度调节剂是羧甲基纤维素钠。

所述的 pH 调节剂是 NaOH。

所述的香精选自乳香油、欧芹油、茴芹油、桉叶油、冬青油、肉桂油、薄荷醇油、绿薄荷油、薄荷油、柠檬油、芫荽油、橙子油、橘子油、酸橙油、薰衣草油或者月桂油。

所述的防腐剂选自羟苯甲酯钠或者羟苯丙酯钠。

［产品特性］　本品加入有干细胞裂解液，可以有效地提高皮肤的防老化效果；同时，为了提高干细胞裂解液中干细胞的体表作用效果，加入了乳酸和 pH 调节剂，使精华液处于较好的 pH 条件下，皮肤吸收好，提高了防老化效果；本品中还加入有胶原蛋白，进一步地提高了皮肤护理效果。

配方 63　虾青素精华液

［原料配比］

原料	配比（质量份）			
	1#	2#	3#	4#
丁二醇	3	3.5	4.5	5
EDTA 二钠	0.02	0.04	0.06	0.08
羟乙基纤维素	0.1	0.15	0.25	0.33
透明质酸钠	0.02	0.03	0.05	0.06
β-葡聚糖	0.5	0.7	1.3	1.5
神经酰胺 2	0.8	1	1.4	1.6
亮肽抗菌液	2.5	3	4	4.5
虾青素	0.003	0.0035	0.0045	0.05
抗氧化抑制剂	0.39	0.393	0.399	0.41
石蜡油	0.1	0.2	0.4	0.5
维生素 C	0.1	0.2	0.4	0.5
BHT	0.1	0.2	0.4	0.5
Na_2SO_3	0.1	0.2	0.4	0.5
去离子水	88.13	88.92	90.52	91.19

续表

原料		配比（质量份）			
		1#	2#	3#	4#
抗氧化抑制剂	甘油	1.6	1.6	1.8	1.8
	水	0.5	0.5	0.5	0.5
	聚甘油-10 油酸酯	0.2	0.2	0.4	0.4
	辛酸/癸酸甘油三酯	0.2	0.2	0.4	0.4
	雨生红球藻提取物	0.1	0.1	0.3	0.3
	聚甘油-10 硬脂酸酯	0.09	0.09	0.11	0.11
	溶血卵磷脂	0.09	0.09	0.11	0.11

[制备方法]

（1）将水、丁二醇、螯合剂 EDTA 二钠、羟乙基纤维素、透明质酸钠、石蜡油、BHT 进行混合，搅拌溶解，加热至 75～85℃，保温 30～40min；

（2）降温至 40～50℃，加入 β-葡聚糖、神经酰胺 2、亮肽抗菌液、虾青素、抗氧化抑制剂、维生素 C 和 Na_2SO_3 搅拌溶解均匀；

（3）检验。

[原料介绍] 虾青素是世界上最强的天然抗氧化剂之一，有效清除细胞内的氧自由基，增强细胞的再生能力，维持机体平衡和减少衰老细胞的堆积，由内而外保护细胞和 DNA 健康，从而保护皮肤健康，促进毛发生长，抗衰老，增加活力。

丁二醇作为保湿剂和溶剂，有助于透明质酸钠、神经酰胺、亮肽抗菌液、虾青素、抗氧化抑制剂等充分溶合；同时，丁二醇是小分子保湿成分，能够深入皮肤表层，起到超强保湿的效果，同时也不会对人体皮肤产生危害；此外丁二醇还具有一定的抑菌作用，减少细菌的产生。

螯合剂 EDTA 二钠的加入，不仅能够调节精华液的酸碱度，使硬水软化，还能够与金属离子螯合，减少金属离子对整个系统的氧化作用，提高虾青素的稳定性。

羟乙基纤维素具有良好的增稠、悬浮、分散、乳化、黏合、成膜、保护水分和提供保护胶体等特性，同时羟乙基纤维素能够保持精华液的特性，在冷热交替的季节也能够保持化妆品的原形，提高精华液的保湿特性。

神经酰胺具有一定的屏障作用、黏合作用、保湿作用、抗衰老的作用和补充细胞的功能。

亮肽抗菌液的加入，能够为虾青素精华液提供有效的防腐作用，提高虾青素精华液的使用周期。亮肽抗菌液是通过明串球菌发酵萝卜而制得的滤液。亮肽抗菌液由明串球菌发酵萝卜制得，能够有效提高亮肽抗菌液中微生物的活性，从而有效取代传统的化学防腐剂，提高虾青素精华液的防腐性能，以及虾青素精华液的使用周期，也间接提高虾青素精华液使用的稳定性。此外，明串球菌发酵萝卜制得的亮肤抗菌液具有滋润和紧实肌肤的作用。

抗氧化抑制剂的加入，能够有效减少虾青素的氧化，从而提高虾青素精华液使用的稳定性和水溶性。

石蜡油是一种良好的虾青素溶媒，既可以隔绝氧气以免氧化虾青素，同时也能使虾青素添加到精华液中时分散均匀，提高虾青素的稳定性。

维生素 C 本身具有很强的还原作用，可以还原油脂中的过氧化物，消除油脂中的氧，降低氧气浓度起到抗氧化的作用，同时还可通过捕捉自由基、阻断链反应而控制油脂氧化，从而延缓或削弱了其他物质被氧化，进一步提高虾青素精华液的稳定性。

BHT 与维生素 C、Na_2SO_3 的复配使用，能够有效提高虾青素精华液的稳定性，从而提高虾青素精华液的使用周期。

聚甘油-10 油酸酯具有乳化、分散、稳定、调理和控制黏度的作用，同时聚甘油-10 油酸酯对皮肤无刺激，且具有保水润滑滋润皮肤的优点。

辛酸/癸酸甘油三酯很容易被皮肤吸收，同时对精华液起到均匀细腻的作用，使皮肤润滑有光泽。

雨生红球藻提取物的活性成分中含有天然虾青素，同时也含有多种其他营养物质，能够修复细胞损伤，同时雨生红球藻提取物中含有强大的抗氧化系统，能够有效消除自由基，从而能够保护虾青素精华液的稳定性。

聚甘油-10 硬脂酸酯可以调整产品油水相的相容程度，可以改善皮肤暗沉无光泽的问题，使皮肤重现亮白。

溶血卵磷脂具有优良的乳化性、分散性，且溶血卵磷脂能够渗透到皮肤中，产生保湿和抗氧化作用。

丁二醇、螯合剂、羟乙基纤维素、透明质酸钠、BHT 为固体粉末状，需要大量溶剂水来进行溶解，因此，将固体粉末状的物质先加入，有助于固体粉末状的物质溶解，并分散均匀，然后在温度为 75～85℃时，保温 30～40min，能够进行杀菌，同时也不会破坏物质本身的性能。

[产品特性]

（1）雨生红球藻提取物与维生素 C、BHT、石蜡油、Na_2SO_3 的配合使用，能够有效清除精华液中的自由基，同时还可以隔绝氧气以免氧化虾青素，从而提高虾青素精华液的稳定性；同时天然雨生红球藻来源的虾青素，能抗氧化，抗衰老，抵御自然环境对肌肤的侵害；

（2）由于亮肤抗菌液的加入，无需在虾青素精华液中加入其它的防腐剂，有效延长虾青素精华液的保质期，从而间接提高虾青素精华液的稳定性；

（3）本品保湿滋润、提亮肤色，使肌肤更有光泽，维持肌肤健康状态。

配方 64　沉香精油精华液

[原料配比]

原料			配比（质量份）		
			1#	2#	3#
丁二醇			5	1	10
透明质酸钠			2	0.01	1
黄原胶			2	0.01	1
尿囊素			0.3	0.01	0.5
羟乙基脲			2	0.5	8
甜菜碱			4	0.5	8
甘油			6	1	8
海藻糖			1	0.2	2
凝血酸			1	0.1	2
烟酰胺			0.8	0.1	2
芽孢杆菌发酵产物	第一芽孢杆菌发酵产物	芽孢杆菌发酵产物	0.6	0.05	1
		糊精	0.6	0.05	1
	第二芽孢杆菌发酵产物	去离子水	0.4	0.25	0.5
		芽孢杆菌发酵产物	0.4	0.025	0.5
		丙二醇	0.4	0.025	0.5
		1,2-己二醇	0.4	0.025	0.5
1-甲基乙内酰脲-2-酰亚胺			1	0.1	2
寡肽-1			0.5	0.1	2
酵母菌发酵产物	酵母菌/锌发酵产物		0.3	0.02	0.4
	酵母菌/钙发酵产物		0.3	0.02	0.4
	酵母菌/镁发酵产物		0.3	0.02	0.4
	酵母菌/铁发酵产物		0.3	0.02	0.4
	酵母菌/硅发酵产物		0.3	0.02	0.4
抗氧化剂	富勒烯		0.6	0.025	1
	黄原胶		0.6	0.025	1
	丁二醇		0.6	0.025	1
	去离子水		0.6	0.025	1
玫瑰花水			2	0.5	5
甘油聚醚-26			1	0.1	5
沉香精油			1	0.01	2

原料			配比（质量份）		
			1#	2#	3#
PEG-40 氢化蓖麻油			3	0.02	4
抗菌剂	水		0.5	0.1	1
	丙二醇		0.5	0.1	1
	生物糖胶-1		0.5	0.1	1
	苯氧乙醇		0.5	0.1	1
	羟苯甲酯		0.5	0.1	1
植物提取物	北美金缕梅提取物	北美金缕梅提取物	0.2	0.02	0.4
		丁二醇	0.8	0.08	1.6
	刺云实提取物	水	0.3	0.03	0.5
		甘油	0.3	0.02	0.3
		刺云实胶	0.3	0.03	0.6
		苯氧乙醇	0.3	0.01	0.3
		山梨酸钾	0.3	0.01	0.3
	望春花提取物		0.7	0.5	1
	薄荷叶提取物		0.7	0.5	1
去离子水			加至100	加至100	加至100

[制备方法]

(1) 将总量95%的水、丁二醇、透明质酸钠、黄原胶加入乳化装置内，以30～40r/min搅拌，升温至82～85℃，至所有物质完全溶解后再保温5～15min；

(2) 缓慢降温至45～55℃，将尿囊素、羟乙基脲、甜菜碱、甘油、抗菌剂、海藻糖、北美金缕梅提取物、刺云实提取物与剩余总量5%的去离子水混合后加入，以30～40r/min搅拌均匀；

(3) 缓慢降温至35～45℃，加入其余原料，以30～40r/min搅拌均匀；

(4) 缓慢降温至30～35℃，过滤后出料。

[原料介绍] 所述抗菌剂为水、丙二醇、生物糖胶-1、苯氧乙醇、羟苯甲酯的混合物。

所述植物提取物为北美金缕梅提取物0.1%～2%、刺云实提取物0.1%～2%、望春花提取物或/和薄荷叶提取物0.1%～2%。采用几种植物提取物复配可以有效地提高精华液保湿滋润的效果。优选一定的植物提取物同沉香精油联用，可以有效地改善肤质，滋养皮肤，尤其是将几种提取物混合，可以产生相当的提升肤质的效果。

所述北美金缕梅提取物为丁二醇、北美金缕梅提取物的混合物，所述刺云实提取物为水、甘油、刺云实胶、苯氧乙醇、山梨酸钾的混合物，所述望春花提取物为望春花的花蕾或花的提取物。

所述芽孢杆菌发酵产物包括第一芽孢杆菌发酵产物 0.1%～2% 和第二芽孢杆菌发酵产物 0.1%～2%，所述第一芽孢杆菌发酵产物为芽孢杆菌发酵产物同糊精的混合物，所述第二芽孢杆菌发酵产物为水、丙二醇、芽孢杆菌发酵产物、1,2-己二醇的混合物。

所述酵母菌发酵产物为酵母菌/锌发酵产物、酵母菌/钙发酵产物、酵母菌/镁发酵产物、酵母菌/铁发酵产物、酵母菌/硅发酵产物中的一种或几种。几种发酵产物加入体系中，可以更进一步地同沉香产生协同效果，改善肤质。

所述抗氧化剂为富勒烯、黄原胶、丁二醇、水的混合物。

[产品特性] 本品可以有效滋润皮肤，缓解黄褐斑的症状，改善肤质。

配方 65　含莼菜提取物的精华液

[原料配比]

原料	配比（质量份）		
	1#	2#	3#
莼菜提取液	5	15	10
甘草提取物	5	5	3.5
积雪草提取物	1	2	1
姜黄提取物	0.3	0.1	0.2
丙二醇	5	1	3
丁二醇	1	5	3
十二醇硫酸钠	0.1	0.5	0.2
三乙醇胺	0.1	0.5	0.3
透明质酸	0.35	0.5	0.3
羟甲基纤维素	1	0.2	0.6
谷胱甘肽	1	0.2	0.6
卡波姆	0.05	0.3	0.15
尿囊素	0.05	0.3	0.15
香精	0.05	0.3	0.15
去离子水	80	69.1	76.85

[制备方法] 称取莼菜提取液、甘草提取物、积雪草提取物、姜黄提取物、丙二

醇、丁二醇、十二醇硫酸钠、三乙醇胺、透明质酸、羟甲基纤维素、谷胱甘肽、卡波姆、尿囊素、香精，然后与去离子水混合均匀即得。

[原料介绍] 莼菜，又名蹄草、湖菜、水葵或露葵，生长于池塘、湖泊和沼泽中，为睡莲科莼菜属多年生淡水水生草本植物，鲜美滑嫩，为珍贵蔬菜之一。

莼菜能抑制胶原蛋白酶的活性，随着年纪增长皮肤层内胶原蛋白酶增加，胶原蛋白生成量跟不上酶解速度，导致皮肤中胶原蛋白减少，从而导致皮肤衰老，失去活力。莼菜能够抑制胶原蛋白酶的活性，可减少胶原蛋白的衰减，从而延缓衰老。研究发现莼菜提取液可抑制胶原蛋白酶活性，抑制胶原蛋白水解，有效防止皮肤衰老和失去活力。

莼菜提取液具有抑制透明质酸酶的作用。透明质酸酶是透明质酸的特异性裂解酶，透明质酸具有良好的保湿作用，同时又是良好的透皮促进剂。因此，抑制透明质酸酶的活性，既能使透明质酸不被分解以维持其正常的生理功能，又能达到抗炎、抗过敏、抗肿瘤的作用，同时补充透明质酸，达到更佳的保湿保水效果。

莼菜提取液还具有抑制弹性蛋白酶活性的功效。弹性蛋白随着年龄增长不再产生，而体内弹性蛋白酶过度表达时，会促使弹性蛋白酶过度分解弹性蛋白，从而产生皱纹，皮肤逐渐失去弹性，加速肌肤老化。莼菜提取液能有效抑制弹性蛋白酶的活性，具有增加皮肤弹性、紧致肌肤、延缓衰老等功效。

莼菜嫩芽和幼叶叶柄外裹透明胶质，外形晶莹剔透，口感润滑。经现代临床药理检测莼菜提取液具有抑制酪氨酸酶、弹性蛋白酶、胶原蛋白酶和透明质酸酶等活性的作用，可生产制备高附加值的化妆品。

所述莼菜提取液制备方法：

（1）莼菜用冷水冲洗后浸泡 8～10h，之后再用 60～70℃的水浸泡 2～4h，然后粉碎后再用 65%～75%乙醇浸泡 6～8h，乙醇与莼菜和水的混合物的体积比为 1:1，得粗提取液；

（2）将步骤（1）的粗提取液以 10000r/min 的转速离心 10min，收集滤液，然后真空脱除滤液中的乙醇，即得。

谷胱甘肽是一种含 γ-酰胺键和巯基的三肽，含有活泼的巯基，能将人体细胞新陈代谢生成的 H_2O_2 还原成水，清除人体内的自由基，而自由基会损伤细胞膜，促进机体衰老，故谷胱甘肽对人体细胞具有防过氧化作用，能够改善皮肤的抗氧化能力，使皮肤产生光泽。

[产品特性] 本品能抑制纤维组织增生，促进皮肤生长，同时具有抑制胶原蛋白酶活性的功效，还能够进一步抑制酪氨酸酶和多巴色素互变酶（TRP-2）的活性进而阻碍 5,6-二羟基吲哚的聚合，以此来阻止黑色素的形成，进而达到皮肤美白、增加弹性、紧致肌肤和延缓皮肤衰老等功效。本品对皮肤的刺激性小，与皮肤亲和力好，且健康环保。

配方 66　舒缓修护精华液

[原料配比]

原料		配比（质量份）		
		1#	2#	3#
A相	去离子水	79.69	89.49	78.17
	EDTA二钠	0.01	0.01	0.02
	丁二醇	2	1	4
	甘油	3	2	1
	β-葡聚糖	1	0.5	0.01
B相	氢化卵磷脂	0.3	0.6	1
	神经酰胺3	0.2	0.4	0.5
	丹皮酚	1	0.5	0.1
	纤连蛋白	1.5	1	3
	保加利亚玫瑰花水	5	2	10
	1,2-己二醇	0.3	0.5	2
	马齿苋提取物	3	1	0.1
	芍药花根提取物	3	1	0.1

[制备方法]

（1）在真空密闭容器中加入上述质量份数的 A 相各组分，水浴加热至83～86℃，真空搅拌15～25min，直至 A 相各组分完全溶解，得到混合物 A；

（2）对混合物 A 停止加热，停止搅拌，静置一段时间，直至温度降至43～47℃；

（3）向步骤（2）得到的混合物 A 中加入上述质量份数的 B 相各组分，进行真空搅拌，直至 B 相中的各组分与混合物 A 充分混匀，得到半成品 B；

（4）对半成品 B 进行检验，出料，放到无菌环境下进行储存；

（5）对无菌环境下储存的半成品 B 进行真空灌装，包装入库，即得成品。

[原料介绍]　所述的花根提取物为芍药花、牡丹花、玫瑰花和月季花中的一种或者多种的根部提取物。

卵磷脂包裹的神经酰胺，是皮肤脂质的重要组成成分之一，能有效修护皮肤屏障，防止水分流失以及外界不良因素对皮肤的刺激，减缓应激反应。

所述的卵磷脂包裹的神经酰胺包括氢化卵磷脂和神经酰胺3。

丹皮酚有很好的镇痛、消炎、止痒的功效，即时缓解肌肤不适。

纤连蛋白广泛参与细胞迁移、黏附、增殖、止血及组织修复等过程，调动单核吞噬细胞系统清除损伤组织处有害物质，具有生长因子作用。

马齿苋提取物以及芍药花、牡丹花、玫瑰花和月季花根部提取物具有很好的杀菌、消炎、镇静等调肤功效。

[产品特性]

（1）本品充分考虑了各致敏因素，所选择的各组分均天然无刺激，同时根据各组分特性和比例进行配伍，使得各组分相辅相成，达到显著的协同增效功能，具有显著的舒缓、抗敏、修护的效果。

（2）本品通过卵磷脂包裹神经酰胺，形成与皮肤脂质成分类似的结构，有效促进活性成分的渗透和吸收；同时添加纤连蛋白、丹皮酚以及马齿苋等植物提取物的原料组合，能够起到消炎、止痒和修护功效，且作用温和，不产生刺激。

（3）本品提供的制备方法能够有效保护各组分的活性，使得原料间能够充分发挥协同增效的功能，以达到修护皮肤屏障和舒缓止痒功效的最大化。

配方67　即时紧致精华液

[原料配比]

原料	配比（质量份）			
	1#	2#	3#	4#
卡波姆	0.22	0.22	0.22	0.22
水解小核菌胶	0.1	0.1	0.1	0.1
胶原	0.05	0.05	0.05	0.05
糖原	—	0.1	0.1	0.1
红蝎毒素	2	—	2	2
泛醇	1	1	1	—
丁二醇	7	7	7	7
β-葡聚糖	0.01	0.01	0.01	—
意大利蜡菊花提取物	0.01	0.01	0.01	—
乙酰基六肽-8	0.01	0.01	0.01	—
EDTA二钠	0.03	0.03	0.03	—
氨甲基丙醇	0.13	0.13	0.13	0.11
去离子水	加至100	加至100	加至100	加至100

[制备方法]　将各组分混合均匀即可。

[原料介绍]　糖原是一种具有独特结构的高支链多糖，因其保湿性能和成膜性能而被广泛应用，作为皮肤细胞的重要能量来源，它有助于恢复皮肤活力，改善平

滑度，同时增加皮肤的紧致度和水分含量，在改善皮肤方面产生显著的效果。

红蝎毒素的主要成分是精氨酸/赖氨酸多肽，其作用机理与肉毒杆菌神经毒素不同的是：只通过参与竞争 SNAP-25 在融泡复合体的位点，从而影响复合体的形成，当融泡复合体稍有不稳定，囊泡便不能有效释放神经递质，使得肌肉收缩减弱，影响皮囊神经传导，以达到平抚动态纹、静态纹及细纹的效果，改善皮肤状态。

[产品特性] 使用本品之后能立刻感觉到皮肤有紧致感，连续使用可以让肌肤产生根本性的变化，让肌肤光泽饱满有弹性，抚平表情纹、静态纹，让假性皱纹明显减少甚至消失。

配方 68　香菇复合精华液

[原料配比]

原料		配比（质量份）		
		1#	2#	3#
香菇提取物		43	47	39
杏仁油		17	21	13
白茅根提取物		18	20	16
蔗糖硬脂酸酯		12	14	9
溶剂		适量	适量	适量
溶剂	去离子水	57	60	55
	甘油	43	40	45

[制备方法] 将香菇提取物、白茅根提取物和杏仁油混合后，加入料液比为 1：（2～3）的溶剂，加热至 40～55℃，当温度达到 35℃时缓慢加入蔗糖硬脂酸酯，持续搅拌至混合物呈透明偏黄的油状液体即可。

[原料介绍] 香菇又名花菇、冬菇，是世界上第二大食用菌。香菇营养丰富，富含维生素 B 群、维生素 D、铁、钾等元素，还具有十分高的药用价值，能够预防冠心病、肥胖症、软骨症等多种疾病。同时香菇中含有大量的香菇多糖，从香菇中提取得到的多糖具有无毒副作用、与皮肤亲和性好等特性。所述的香菇提取物，其制备方法为：

（1）提取：将新鲜香菇洗净切薄片，加入其质量 0.1%～0.3% 的硼砂溶液进行研磨，再加入料液比为 1：（4～7）的正己烷，回流 3～5h 后过滤，减压蒸馏回收有机溶剂；

（2）脱色：将滤液加入 4%～6% 的活性炭于 55～65℃ 水浴中脱色 2.5～3h，

得脱色液；

（3）沉淀：加入浓度为95％的乙醇溶液，静置24～32h，离心取沉淀物后进行真空干燥即得到香菇提取物。

所述的杏仁油，是将杏仁果仁切碎后加入其质量15％～23％的山茶油混合打碎成糊状，放置于纱布中，通过重物挤压使油分渗出，收集油分得到。

所述的白茅根提取物，其制备方法为：将白茅根切碎，用乙醇溶液浸泡13～18h后再用功率为700～900W的微波辐射60～75s，过滤后进行减压蒸馏得到。

所述的溶剂，由55％～60％的蒸馏水和40％～45％的甘油组成。

[产品特性] 本品可以广泛应用于制备保湿、美白的化妆品，使得所制备的化妆品绿色、无毒、易吸收，且具有良好的保湿效果。

配方 69　以蒜氨酸为基底的精华液

[原料配比]

原料	配比（质量份）			
	1#	2#	3#	4#
蒜氨酸溶液	80	82	84	90
植物提取精华素组合物	5	6	7	8
多肽蛋白组合物	2	2.4	2.5	3
植物蛋白组合物	2	2.3	2.5	3
透明质酸	1	1.3	1.4	2
增溶剂	1	1.2	1.5	2

[制备方法]

（1）将蒜氨酸溶液加入磁力密封反应釜中；

（2）把依兰油、荷荷巴油、橄榄油、薰衣草油、椰子油、茶籽、紫苏提取物、芦荟提取物、灵芝提取物、海藻提取物依次添加到磁力密封反应釜中，每添加一个品种搅拌10～15min，添加完毕后，搅拌3h，然后静置2～3h；

（3）把多肽蛋白组合物添加到磁力密封反应釜中，搅拌30min；然后静置2～3h；

（4）把植物蛋白组合物添加到磁力密封反应釜中，搅拌30min；然后静置1h；

（5）把透明质酸和增溶剂添加到磁力密封反应釜中，搅拌30min；

（6）无菌灌装至包装瓶中，包装即为成品。

[原料介绍] 蒜氨酸是一种从大蒜中发现并提取的物质，具有广泛的生物活性：对金黄色葡萄球菌、结核分枝杆菌、脑膜炎双球菌等常见致病菌有强大的杀灭作

用，对真菌感染、原虫病等微生物感染性疾病同样有显著疗效，此外在降血脂、提高人体免疫力、抗衰老、抗癌防癌等方面也有很好的效果。

本品采用蒜氨酸为基底，蒜氨酸无色无味，易溶于水，成分稳定，制作出来的化妆品不添加防腐剂保质期可以长达三年，而且没有了蒜素特有的蒜头味，更加方便添加其他气味的成分，化妆品效果更好。

所述蒜氨酸的浓度为 0.03%～1%。

植物提取精华素组合物以质量份计包括以下组分：依兰油 2～4 份、荷荷巴油 1～3 份、橄榄油 1～2 份、薰衣草油 1～2 份、椰子油 1～2 份、茶籽 1～3 份、紫苏提取物 1～3 份、芦荟提取物 2～3 份、灵芝提取物 1～2 份、海藻提取物 1～2 份。

多肽蛋白组合物包含六胜肽-8、蛇毒肽-3，其配比为六胜肽-8：蛇毒肽-3＝(1～3)：(1～3)。

增溶剂为 PEG-40 氢化蓖麻油、PEG-60 氢化蓖麻油、PPG-26-丁醇聚醚-26、聚山梨醇酯-20 中的任一种或至少两种的混合物。

所述植物蛋白组合物是大豆蛋白、燕麦蛋白和玉米蛋白的组合物，其配比为大豆蛋白：燕麦蛋白：玉米蛋白＝(5～7)：(1～2)：(2～3)。

[产品特性]　本品以蒜氨酸作为基底，能够使得精华液获得良好的抗氧化效果，进而起到抗氧化抗衰老的作用；蒜氨酸对人体皮肤有促进血液循环的功效，而且蒜氨酸有很强的渗透力，不需要再加化学渗透剂。

配方 70　修复敏感肌的全油型面部精华液

[原料配比]

原料			配比（质量份）			
			1#	2#	3#	4#
A相	硅油	聚二甲基硅氧烷	4	6	3	3.5
		聚二甲基硅氧烷醇	16	24	12	14
	挥发性硅油	环五聚二甲基硅氧烷	16	14	20	23.7
		环己硅氧烷	8	7	10	11.3
	硅弹性体	聚二甲基硅氧烷	22	16	16	16
		聚二甲基硅氧烷/乙烯基聚二甲基硅氧烷交联聚合物	5.5	4	4	4
	辛基聚甲基硅氧烷		13.65	10	20	10
B相	油菜甾醇类		0.8	1.6	0.4	0.6
	十六醇		0.2	0.4	0.1	0.15

原料		配比（质量份）			
		1#	2#	3#	4#
B相	聚二甲基硅氧烷	5	5	6.006	5.004
	油橄榄果油	0.4	0.08	0.2	0.32
	神经酰胺3	0.1	0.02	0.05	0.08
	异壬酸异壬酯	5	9.27	5	10
C相	生育酚乙酸酯	1	0.5	0.75	0.6
	红没药醇	0.5	0.3	0.4	0.1
	活性组分 角鲨烷	0.098	0.49	0.294	0.196
	富勒烯	0.001	0.005	0.03	0.02
	橄榄油	0.001	0.005	0.03	0.02
	甾醇润肤剂 植物甾醇	0.16	0.32	0.4	0.08
	辛基十二醇月桂酰谷氨酸酯	0.04	0.08	0.1	0.02
	香榧油	0.5	0.3	0.4	0.1
	水飞蓟籽油	0.5	0.3	0.4	0.1
	红花提取物	0.5	0.3	0.4	0.1
	茉莉花油	0.05	0.03	0.04	0.01

[制备方法]

（1）将B相的油菜甾醇类和十六醇、油橄榄果油和神经酰胺3加入B相的聚二甲基硅氧烷、异壬酸异壬酯中，加热到80～85℃，搅拌溶解完全，备用记为预制（1）；

（2）将A相中硅油的聚二甲基硅氧烷和聚二甲基硅氧烷醇、环五聚二甲基硅氧烷和环己硅氧烷、辛基聚甲基硅氧烷加入已洁净干燥、消毒的乳化锅中，以1000r/min低速均质，搅拌频率为20～25Hz，再缓慢投入硅弹性体中聚二甲基硅氧烷和聚二甲基硅氧烷/乙烯基聚二甲基硅氧烷交联聚合物，均质10～15min，直至料体均一无颗粒；

（3）以20～25Hz搅拌，将预制（1）加入乳化锅中，搅拌3～5min后继续加入C相组分，搅拌3～5min，以1000r/min低速均质，均质3min；

（4）取样送检，合格后过100目滤网出料。

[原料介绍] 本品使用了富勒烯、红没药醇、红花提取物、水飞蓟籽油、香榧油、神经酰胺、植物甾醇等作为抗敏、修复敏感肌的主要功效物。其中富勒烯超强的抗氧化能力，从源头上阻断了自由基对皮肤产生的各种损伤，天然来源的红没药醇具有较强的抗炎症功效，水飞蓟籽油和红花提取物对接触性皮炎、脂溢性皮炎、瘙痒症、神经性皮炎有较好的治疗作用，而香榧油能够强化皮肤屏障，提高皮肤

水合作用，促进Ⅰ型胶原蛋白的合成。这五种功效物通过一定比例组合在一起添加在精华油中可以从根本上解决敏感肌的炎症问题，而神经酰胺和植物甾醇为皮肤自身所含成分，具有很强的修复功效，能修复受损的角质层，进一步构建正常的肌肤屏障功能，通过以上几种成分合理搭配，其作用效果明显，可以短期见效。

[产品特性]

（1）本品采用硅油和硅弹性体相结合构建如精华液一般的稠度和外观，肤感更柔和，使用更方便。

（2）本品使用了硅油体系，区别于传统的植物油体系存在的黏腻感，其肤感丝滑、不黏腻。

配方 71 精华液组合物

[原料配比]

原料		配比（质量份）			
		1#	2#	3#	4#
A 相	去离子水	90	100	80	85
	甘油	4	6	1	2
	卡波姆	0.3	0.5	0.1	0.5
	EDTA 四钠	0.05	0.1	0.01	0.05
	EDTA 二钠	0.03	0.05	0.01	0.02
B 相	青刺果油	5	5	8	6
	茶叶油	2	3	1	2
	小万寿菊花油	2	3	1	2
	亚油酸	2	3	1	2
	二甲基硅油	4	5	3	4
	辅酶 Q10	2	3	1	2.5
	鲸蜡醇	3	4	2	3
	羊毛脂	3	4	1	1.5
	生育酚乙酸酯	0.3	0.5	0.1	0.25
	乙基己基甘油	0.5	1	0.1	0.5
C 相	香精	0.5	1	0.1	0.3
	对羟基苯甲酸甲酯	0.03	0.05	0.01	0.01
	对羟基苯甲酸乙酯	0.03	0.05	0.01	0.02

［制备方法］

（1）称取去离子水、甘油、卡波姆、EDTA 四钠和 EDTA 二钠，加热混匀，得 A 相；

（2）称取青刺果油、茶叶油、小万寿菊花油、亚油酸、二甲基硅油、辅酶 Q10、鲸蜡醇、羊毛脂、生育酚乙酸酯和乙基己基甘油，加热混匀，得 B 相；

（3）将所述 B 相加入至 A 相中，均质乳化，得乳化液；

（4）将所述乳化液的温度调节至 55～60℃，加入对羟基苯甲酸甲酯、对羟基苯甲酸乙酯，混匀，再冷却至 40～50℃，加入 C 相，混匀，冷却至 35℃ 以下，即得。

［原料介绍］ 青刺果油保留了纯天然的生物活性成分，其主要成分为多不饱和脂肪酸和单不饱和脂肪酸，与人体脂质非常接近，所以渗透皮肤的性能特别好，人体皮肤也非常容易吸收，能保持皮肤的水分、营养和弹性，是当今化妆品行业不可多得的纯天然护肤品的基质原料。

所述青刺果油的制备方法包括以下步骤：

（1）制备粗油：将青刺果磨碎，加水调成糊状，加入适量乙醇和稀盐酸，经石油醚反复振荡浸提，静置，取出石油醚层，然后把石油醚层中的溶剂蒸发完，得粗油；其中，乙醇的加入量为糊状物质量的 5％～10％，稀盐酸的加入量为糊状物质量的 0.01％～0.05％。加入适量乙醇和稀盐酸，可以更好地提取出青刺果中的活性成分，从而增加组合物的活性，提高其保湿、抗皱、防衰老、祛斑、抗炎的效果。

采用石油醚浸提的次数优选为 2 次、3 次、4 次。所采用的青刺果为新鲜青刺果，具体为当年采收的青刺果。

（2）精制：将上述粗油脱色、脱臭，得青刺果油。

［产品特性］ 本品具有显著的保湿、抗皱、防衰老、祛斑、抗炎的效果；还易被皮肤吸收，涂抹皮肤可使皮肤细腻光滑。

配方 72　浓缩型矿物质修护精华液

［原料配比］

原料	配比（质量份）		
	1#	2#	3#
透明质酸钠	0.1	0.2	0.3
碳酸氢钠	0.05	0.1	0.08

原料	配比（质量份）		
	1#	2#	3#
碳酸钾	0.05	0.3	0.1
碳酸钠	0.05	0.5	0.35
金	1	0.8	1.5
水解胶原	3	5	5
酵母菌/锌发酵产物	5	10	10
酵母菌/钙发酵产物	6	8	15
酵母菌/硅发酵产物	3	6	8
去离子水	加至 100	加至 100	加至 100

[制备方法] 将各组分混合均匀即可。

[原料介绍] 本品以多种天然矿物质为主要原料，能够产生高浓缩液态远红外碱性负离子活化能，能够针对人体在日常饮食当中无法摄取的矿物质和多种营养元素给予及时有效的补充，同时这种液态活化能进入人体后，释放大量的液态远红外线和碱性负离子，使人体生物酶活性提高 200%～400%。对年轻的肌肤，它有增强抗老化、清除自由基的能力；对老化肌肤，它具有修复与再生的能力。

[产品应用] 本品使用方法：用净水稀释，比例为 1∶40。稀释前先将原液摇匀，然后装入喷瓶中。距离皮肤 30cm 左右轻轻按压喷瓶泵头，喷射皮肤。每日 3～7 次。

[产品特性]

（1）轻轻喷在皮肤表面，其液态远红外线迅速渗透皮下 30～50mm，以惊人的速度修复断裂的皮肤胶原蛋白组织，提高胶原蛋白的密度，使皮肤在恢复弹性的同时如丝绸般光滑。

（2）淡化沉积的色素，快速代谢分解黑色素，使肌肤嫩白且细致有光泽。

（3）深入肌肤，补充皮肤所需的营养及矿物质成分。

（4）高效保湿，预防干燥纹的产生，让皮肤在滋润的状态下收紧毛孔。

（5）彻底阻断紫外线对皮肤的伤害，防止"光老化"。

（6）对术后的患者有快速修复及愈合的作用。

（7）能净化分解化妆品在皮肤中的有害沉淀物，恢复肌肤的饱和度，令肌肤健康、白皙、清新、通透，光滑如玉。

配方 73　多效修护精华

[原料配比]

原料	配比（质量份）						
	1#	2#	3#	4#	5#	6#	7#
水解透明质酸钠	0.01	0.01	0.02	0.03	0.03	0.01	0.05
透明质酸钠	1.1	1.0	0.9	0.7	0.6	0.5	0.4
皮肤调理剂 a 组	0.5	0.6	0.7	0.75	0.8	0.85	0.9
1,2-戊二醇	1.5	1.4	1.2	1.0	0.9	0.8	0.6
海藻糖	1	1.3	1.7	2	2.2	2.5	2.8
甜菜碱	0.5	0.75	1.0	1.25	1.5	1.75	1.9
羟丙基四氢呋喃三醇	0.5	0.4	0.4	0.3	0.2	0.2	0.1
小分子三肽	1	1.3	1.7	2	2.2	2.5	2.7
羧甲基 β-葡聚糖钠	0.1	0.15	0.25	0.3	0.35	0.4	0.45
丙二醇	5	6	7	7.5	8	8.5	9
甘油聚醚-26	1	3.5	3	2.5	2	2	1.5
羟乙基纤维素	0.2	0.22	0.24	0.25	0.26	0.27	0.28
皮肤调理剂 b 组	0.8	0.7	0.6	0.5	0.4	0.3	0.3
去离子水	83.79	82.67	81.29	80.92	80.56	79.39	79.02

[制备方法]

（1）取相应质量分数的去离子水、水解透明质酸钠、透明质酸钠、皮肤调理剂 a 组和 1,2-戊二醇，依序加入乳化锅中持续搅拌 5～10min 后，静置 8～10h，再搅拌 12～18min，搅拌速度为 30～50r/min，分散至均匀得 A 相；

（2）取相应质量分数的海藻糖、甜菜碱、羟丙基四氢呋喃三醇、小分子三肽、羧甲基 β-葡聚糖钠、丙二醇、甘油聚醚-26、羟乙基纤维素和皮肤调理剂 b 组，依次加入含有 A 相的乳化锅中，搅拌分散 8～10min，搅拌速度为 30～50r/min，分散至均匀，即可得到多效修护精华。

上述配方中，透明质酸钠由质量分数分别为 0.6% 的中分子透明质酸钠和 0.5% 的大分子透明质酸钠组成；皮肤调理剂 a 组包括质量分数为 0.1% 的 1,2-己二醇、0.3% 的辛酰羟肟酸和 0.1% 的丁二醇；皮肤调理剂 b 组包括质量分数为 0.2% 的芽孢杆菌/大豆发酵产物提取物、0.2% 的叶酸、0.1% 的丁二醇、0.2% 的 1,2-己二醇和 0.1% 的透明质酸钠，透明质酸钠选用小分子透明质酸钠。小分子三肽选用棕榈酰三肽-5。

[原料介绍]　胶原蛋白是真皮层连接组织细胞外基质的最主要成分，当皮肤受紫

外线照射时，胶原蛋白会被降解，在皮肤的表面形成细纹。小分子三肽拥有独特排序，能够模拟人体自身的机制通过 TGF-β 生成胶原蛋白，其不仅能够显著增加胶原蛋白，改善皮肤饱满度，还能保护胶原蛋白不被降解，减少各种类型皱纹，进而使多效修护精华能对皮肤起到良好的紧致、修护和抗衰作用。

羧甲基 β-葡聚糖钠具有良好的水溶性和生物活性，其能够刺激细胞内在的防御系统，从而修复在紫外线中受损的细胞，并能抑制炎症的发生，对皮肤起到良好的修护作用，且其还能发挥出良好的抗皱效果，增加皮肤的含水量，能够有效地细致皮肤。羟丙基四氢吡喃三醇能够作用于皮肤的每一个层面，调整细胞的生存环境，层层重建年轻肌肤的支撑结构，参与调节细胞的代谢、增殖、分化等各项生理功能，以起到抗衰老的作用。同时，羟丙基四氢吡喃三醇还能作用于真表皮连接部，并能够刺激胶原蛋白的生成，对皮肤起到良好的紧致、修护和抗衰老的作用。

羟丙基四氢吡喃三醇、小分子三肽和羧甲基 β-葡聚糖钠在混合使用时，能够起到良好的复配增效作用，能够大大增强表皮真皮的黏合度，促进表皮细胞新生分化，并帮助表皮再生与修复，且其还能直接作用于皮肤中的胶原蛋白，不仅能够抑制胶原蛋白在紫外线下的降解速度，还能刺激胶原蛋白的生成，进而使多效修护精华对皮肤起到良好的紧致、修护和抗衰老作用。同时，三种物质在复配使用时，也能够增强肌肤的保水能力，提高皮肤整体的活力，且能够被皮肤快速吸收并利用，进而使多效修护精华整体具有较高的品质。

所述透明质酸钠由质量分数分别为 0.1%～0.6% 的中分子透明质酸钠和 0.2%～0.5% 的大分子透明质酸钠组成。

大分子透明质酸钠具有优良的保湿和润滑性，且对皮肤具有良好的修复和防护作用，而中分子透明质酸钠具有优良的保持性，并能起到缓释、稳定乳化的作用。选择大分子透明质酸钠和中分子透明质酸钠复配使用，能够大大提高多效修护精华的防晒与皮肤损伤修复作用，且在皮肤表面可消除阳光中紫外线照射所产生的活性氧自由基，保护皮肤免受紫外线的伤害，同时也可通过促进表皮细胞的增殖和分化，促进受伤部位的皮肤再生，并对皮肤起到良好的紧致、修护和抗衰老作用。

所述皮肤调理剂 a 组包括 1,2-己二醇、辛酰羟肟酸和丁二醇。

1,2-己二醇具有优秀的高持久保湿力及抗氧化效果，且能提高多效修护精华的表面张力和黏度，有利于提高多效修护精华的应用效果；辛酰羟肟酸是一种良好的有机酸，其在中性条件下具有良好的抗菌和抑菌能力，且能起到良好的防腐效果，同时，辛酰羟肟酸还能起到增溶助溶作用，并具有良好的络合能力，有利于使各组分充分混合，提高了多效修护精华的整体品质；丁二醇是一种良好的保湿剂和溶剂，并具有一定的抑菌作用。而加入由 1,2-己二醇、辛酰羟肟酸和丁二醇组成的皮肤调理剂 a 组，能够大大提高多效修护精华的使用效果，对皮肤起到稳定的紧致、修护和抗衰老作用。

所述皮肤调理剂 b 组包括芽孢杆菌/大豆发酵产物提取物、叶酸、丁二醇、1，2-己二醇和透明质酸钠。

芽孢杆菌/大豆发酵产物提取物瞬间直达肌底，使肌肤内部形成一种复合水离子磁场，循环供应水分，持久有效补水，并能强化皮肤自我调节功能，提升肌肤湿润度，使皮肤更加紧致，且不易衰老。叶酸是人体在利用糖分和氨基酸时的必要物质，是机体细胞生长和繁殖所需的物质，其能够快速作用于受损皮肤的修复中，提高多效修护精华整体的修护能力。1，2-己二醇、丁二醇和透明质酸钠均具有良好的保湿能力，且有利于使各组分原料充分混合。而加入由芽孢杆菌/大豆发酵产物提取物、叶酸、丁二醇、1，2-己二醇和透明质酸钠组成的皮肤调理剂 b 组，有利于提高多效修护精华对皮肤的紧致、修护和抗衰老作用。

所述小分子三肽选用棕榈酰三肽-1、棕榈酰三肽-2、棕榈酰三肽-5、棕榈酰三肽-8、棕榈酰三肽-38、棕榈酰三肽-32、棕榈酰三肽-33 和棕榈酰三肽-40 中的任意一种。

小分子三肽是由三个氨基酸通过肽键彼此连接而成的小分子化合物，其分子量小，通常不超过 500，容易被皮肤吸收，能够促进真皮层中胶原蛋白和弹性蛋白的合成，有利于提升皮肤弹性，使皮肤恢复光滑紧致，并减少皮肤皱纹。同时，上述小分子三肽与其他各组分原料之间具有良好的相容性，能够保证多效修护精华整体功效的稳定性。

所述多效修护精华的组分中还加入有质量分数为 0.4%～0.6% 的功能助剂，功能助剂包括松萝酸钠和圣草酚，且松萝酸钠和圣草酚的质量比为 1:（3～5）。

松萝酸钠具有良好的防腐、抗炎和抗氧化能力，其能够快速作用于因紫外线损伤的皮肤部位，抑制胶原蛋白的降解速度，并加快受损组织细胞的分化生长，进而对受损皮肤起到良好快速的修护作用。圣草酚具有良好的抗炎和抗氧化能力，提高皮肤对紫外线的防护能力。同时，松萝酸钠和圣草酚混合作为功能助剂时，能够起到良好的复配增效作用，使皮肤受损部位的免疫调节反应大大增强，并促进胶原组织的构成，进而大大提高多效修护精华对皮肤的紧致、修护和抗衰老作用，使多效修护精华具有良好的应用效果。

所述多效修护精华的组分中还加入有质量分数为 0.1%～0.3% 的植物提取物，植物提取物选用光果甘草提取物、金盏花提取物、白花百合花提取物、虎杖根提取物、积雪草提取物、黄芩根提取物和茶叶提取物中的一种或多种。

光果甘草提取物对黑色素的形成具有良好的抑制作用；金盏花提取物能够预防色素沉积、增进皮肤光泽与弹性、减缓衰老、避免肌肤松弛生皱；白花百合花提取物能够起到美白的效果；虎杖根提取物、茶叶提取物具有良好的抗氧化、抗衰老的作用；积雪草提取物能够促进真皮层中胶原蛋白形成，使纤维蛋白再生，重新连接起来，从根本上消除"妈妈纹"，使肌肤达到紧致光滑的效果；黄芩根提取物能够促进人体面部皮肤的镇静舒缓；茶叶提取物能够抑制皮肤组织的氧化，维持皮肤的紧致。

[产品特性]

（1）加入羟丙基四氢呋喃三醇、小分子三肽和羧甲基 β-葡聚糖钠，能起到良好的复配增效作用，且能直接作用于皮肤中的胶原蛋白，不仅能够抑制胶原蛋白在紫外线下的降解速度，还能刺激胶原蛋白的生成，进而使多效修护精华对皮肤起到良好的紧致、修护和抗衰老作用；

（2）选择大分子透明质酸钠和中分子透明质酸钠复配使用，能够大大提高多效修护精华的防晒与皮肤损伤修复作用，且在皮肤表面可消除阳光中紫外线照射所产生的活性氧自由基，保护皮肤免受紫外线的伤害，同时也可通过促进表皮细胞的增殖和分化，促进受伤部位的皮肤再生，并对皮肤起到良好的紧致、修护和抗衰老作用；

（3）加入松萝酸钠和圣草酚组成的功能助剂，不仅使皮肤受损部位的免疫调节反应大大增强，起到快速的修护作用，还能促进胶原组织的构成，进而大大提高多效修护精华对皮肤的紧致、修护和抗衰老作用，使多效修护精华具有良好的应用效果。

配方 74 减缓皮肤糖化的修护精华

[原料配比]

原料	配比（质量份）		
	1#	2#	3#
甘油	3	1	5
丙二醇	3	5	1
透明质酸钠	0.1	0.3	0.05
聚谷氨酸钠	0.03	0.01	0.1
水解小核菌胶	0.1	0.4	0.05
甜菜碱	1	1	3
卡波姆	0.13	0.5	0.1
三乙醇胺	0.13	0.1	0.5
麦芽糖醇	2	5	1
β-葡聚糖	0.05	0.5	0.05
肌肽	0.02	0.01	0.05

原料		配比（质量份）		
		1#	2#	3#
植舒敏		0.3	0.5	0.1
超氧化物歧化酶（SOD）		3	1	5
酵母提取物		1	3	1
胶原		0.02	0.02	0.05
对羟基苯乙酮		0.2	0.4	0.1
双（羟甲基）咪唑烷基脲		0.3	0.2	0.4
香精		0.0002	0.0004	0.0002
CI 19140		0.00074	0.0005	0.001
去离子水		加至100	加至100	加至100
植舒敏	库拉索芦荟提取物	20	20	20
	金黄洋甘菊提取物	30	30	30
	马齿苋提取物	40	40	40
	香叶天竺葵提取物	8.8	8.8	8.8
	1,2-己二醇	0.6	0.6	0.6
	对羟基苯乙酮	0.6	0.6	0.6

［制备方法］

（1）将甘油、丙二醇、透明质酸钠、聚谷氨酸钠、水解小核菌胶、甜菜碱、卡波姆、去离子水投入主乳化锅中，加热至80～85℃，搅拌、开启均质溶解至透明状；

（2）搅拌降温至50℃，将三乙醇胺和麦芽糖醇分别加入主乳化锅中搅拌均匀；

（3）继续搅拌降温至40℃，加入 β-葡聚糖、肌肽、植舒敏、超氧化物歧化酶（SOD）、酵母提取物、胶原、对羟基苯乙酮、双（羟甲基）咪唑烷基脲、香精和CI 19140，搅拌均匀；

（4）半成品检验合格后，过滤出料；

（5）储存、灌装、包装、成品检验、入库。

［原料介绍］ 植舒敏是舒缓修护有效成分，包括一定质量分数的以下组分：库拉索芦荟提取物20％、金黄洋甘菊提取物30％、马齿苋提取物40％、香叶天竺葵提取物8.8％、1,2-己二醇0.6％、对羟基苯乙酮0.6％。

［产品特性］ 本品通过植舒敏和肌肽复合达到调理和修护肌肤糖基化问题，使肌肤弹润透亮。本品能有效抑制刺激性强的表面活性剂、溶剂带来的红斑，能有效减缓皮肤糖基化，修护肌肤，修复和减少鱼尾纹。

配方 75　死海泥修护精华

[原料配比]

原料	配比（质量份）	
	1#	2#
死海泥提取物	95.3	96
甘油	1	0.8
爱尔兰海藻提取物	0.6	0.5
聚山梨醇酯	0.5	0.6
母菊花提取物	0.5	0.4
黄瓜果提取物	0.5	0.5
香精	0.5	0.4
聚氨丙基双胍	0.3	0.3
尿素醛	0.3	0.2
海盐	0.3	0.2
库拉索芦荟提取物	0.1	0.05
生育酚	0.1	0.05

[制备方法]

（1）将油性物质边混合边加热至 75℃，具体为死海泥提取物、甘油、爱尔兰海藻提取物；

（2）将水性物质混合并加热至 75℃，具体为聚山梨醇酯、母菊花提取物、黄瓜果提取物、香精、聚氨丙基双胍、尿素醛、海盐、库拉索芦荟提取物、生育酚；

（3）将水性物质混合物慢慢倾入油性物质混合物中，并冷却至 45℃；

（4）冷却至室温，静置 24～48h 后进行罐装。

[原料介绍]　本品将死海海水里面的 120 多种盐分离并得到 17 种人体皮肤必需的矿物质，再通过冷凝和分子脱离技术让很多草药中的应急因子和矿物质完美结合，成为皮肤可以直接吸收的新物质。皮肤吸收后弹性增强，并锁住水分。

死海泥提取物的提取方法如下：

首先在晚上海水温度为 20℃左右时矿物质相对稳定的情况下，使用碳素设备从死海海底 140 米处抽取海水，这个深度的海水受到温度影响，矿物质的含量很高，取出后放在地下 10 米处的容器中稳定一周，之后缓慢加热容器四周的土壤，让土壤的温度带动容器的温度上升，根据矿物质的结晶温度从不同的温度区间物理提取矿物质，然后经过生物化学方法将提取的矿物质中对人体皮肤有用的成分分离。

[产品特性] 本品富含多种死海矿物质微量元素，能为肌肤源源不断地输送营养，让肌肤在丰盈的滋润下得到紧致；结合活性锁水因子，为肌肤注入水活能量，缔造亮泽光滑的肌肤纹理，令肌肤洁净清透，如焕新生。特别适合皮肤毛孔粗大、干燥、炎症等情况。

配方 76　无乳化剂精华

[原料配比]

	原料	配比（质量份）		
		1#	2#	3#
A 相	甘油	7.5	10	5
	丁二醇	7.5	10	5
	透明质酸钠	0.75	1	0.5
	酶切寡聚透明质酸钠	0.75	1	0.5
	海藻糖	0.075	0.1	0.05
	甜菜碱	0.35	0.5	0.2
	丙烯酰二甲基牛磺酸铵/VP 共聚物	3.5	6	1
	EDTA 二钠	0.02	0.03	0.01
	去离子水	85	90	80
B 相	1,2-戊二醇	7.5	10	5
	1,2-己二醇	7.5	10	5
	角鲨烷	2.5	3	2
	乳木果油	9	5	3
	β-葡聚糖	5	10	1
	山嵛醇复配剂	1.25	2	0.5
C 相	酵母发酵产物提取物	4	5	3
	乙酰壳糖胺	0.75	1	0.5
	黄原胶	0.25	3	2
D 相	香精	0.035	0.05	0.02

[制备方法]

（1）准确称取各相组分待用，制备 B 相组分中的山嵛醇复配剂待用；

（2）将 A 相组分依次加入主锅，同时将主锅加热至 80℃，以 600r/min 的速度进行搅拌，使得各组分溶解并搅拌均匀；

（3）将 B 相组分依次加入油锅中，同时将油锅加热至 80℃，以 600r/min 的速度进行搅拌，使得各组分溶解并搅拌均匀；

（4）将油锅内容物加入主锅中，以 600r/min 的速度进行搅拌，打开均质机，均质速度设置为 2000r/min，乳化均质 15min，其间温度保持在 80℃；

（5）降温至 38℃，依次加入 C 相组分，继续搅拌均质，其间温度保持在 38℃，均质速度为 2000r/min，搅拌速度为 600r/min，直至均一细腻；

（6）乳化结束后，加入 D 相组分，搅拌 15min，搅拌速度为 600r/min；

（7）搅拌的同时用 pH 调节剂将 pH 值调至 5～6，若符合要求，结束操作，若不符合，继续调节至达到要求；

（8）出料送检，各项指标检验合格后，与面膜布一同灌装至包装袋中。

［原料介绍］　所述 A 相组分中的去离子水为溶剂，甘油、丁二醇为保湿剂，透明质酸钠、酶切寡聚透明质酸钠为增稠剂，海藻糖、甜菜碱为保湿剂和皮肤调理剂，EDTA 二钠为螯合剂。

所述 B 相组分中的 1,2-戊二醇和 1,2 己二醇为溶剂，角鲨烷、乳木果油、β-葡聚糖为皮肤调理剂。角鲨烷具有保湿、滋润皮肤的效果，且安全、渗透性好；乳木果油具有抗衰老、抗过敏的功效；β-葡聚糖能有效提高皮肤的修复能力，增加皮肤弹性，对去除色斑和皱纹有积极作用。所述山嵛醇复配剂替代了乳化剂的作用，山嵛醇是一种固体润肤赋脂剂，滋润皮肤，会使肤质滑爽，可以作为黏度稳定剂使用，和其他醇类不同，它对皮肤没有刺激性。

所述 C 相组分中酵母发酵产物提取物、乙酰壳糖胺为皮肤护理剂，黄原胶为增稠剂。所述酵母发酵产物提取物是酵母经破壁后将其中蛋白质、核酸、维生素等抽提，再经生物酶解的富含小分子的氨基酸、肽、核苷酸、维生素等天然活性成分的淡黄色粉末，其中氨基酸含量在 30% 以上，总蛋白在 50% 以上，核苷酸在 10% 以上，在化妆品中具有保湿、赋活等功效；所述乙酰壳糖胺具有高效保湿性和极佳的透皮吸收性，能促进皮肤的水合能力，促进皮肤细胞的透明质酸合成，提高皮肤细胞内透明质酸含量，从而消除皮肤细纹，使皮肤更有弹性；所述黄原胶具有低浓度高黏度的特性，是一种高效的增稠剂。

所述 pH 调节剂为柠檬酸和柠檬酸钠混合溶液。

所述山嵛醇复配剂包括按质量分数计的如下组分：山嵛醇 65%、鲸蜡硬脂醇 20%、二棕榈酰羟脯氨酸 15%。

所述山嵛醇复配剂的制备包括如下步骤：

（1）依次称取山嵛醇、鲸蜡硬脂醇、二棕榈酰羟脯氨酸至油锅中；

（2）升温，在 60～70℃下，快速搅拌 10～15min；

（3）降温至 40℃，用分散机均质至均一膏状，倒出。

［产品特性］　本品利用山嵛醇复配剂替代乳化剂的作用，这样即使不含乳化剂也可维持乳化稳定性，且可以避免乳化剂引起的皮肤过敏，适合敏感皮肤使用；本品添加多种护肤成分，能够有效地补水保湿，去除皱纹和色斑，使皮肤更为健康紧致。

配方 77　植物源修护精华（1）

[原料配比]

原料		配比（质量份）			
		1#	2#	3#	4#
裸藻		5	10	9	7
α-氨基酸	亮氨酸	1	—	—	—
	苏氨酸	—	3	—	—
	异亮氨酸	—	—	3	—
	丙氨酸	—	—	—	2.5
水解酪蛋白		1	2	1.7	1.6
中药修复提取物		5	15	12	10
尿囊素		2	5	5	4
蓖麻油		2	7	6	5
茶多酚		1	3	3	2.5
精油	丁香油	1	—	—	—
	薄荷油	—	3	—	—
	紫苏精油	—	—	2	—
	香柠檬油	—	—	—	1.5
甘油		2.5	5	4	3
聚乙烯蜡		2	6	5	4
去离子水		100	120	115	110
中药修复提取物	积雪草	5	6	9	7
	香水茅	10	11	14	13
	甘蓝	2	3	4	3
	虞美人	5	6	9	7
	孔雀草	10	11	14	13
	绞股蓝	2	3	4	4
	茶叶	1	2	2	2
	香附子	5	6	9	7
	月见草	5	7	12	10

[制备方法]

（1）蛋白质的处理：在多功能流化床的塔内添加填充料，预热至 35℃，加入溶有水解酪蛋白和 α-氨基酸的水溶液，顶喷制粒，底部加入壁材，包衣，均质，得到蛋白微胶囊；所述壁材为麦芽糊精，所述水解酪蛋白和 α-氨基酸的水溶液中水的质量是水解酪蛋白和 α-氨基酸的 10 倍。

（2）裸藻的处理：将裸藻烘干后粉碎得到裸藻粉，加入 5 倍质量的去离子水后，沸水提取 5～15min，过滤，弃除滤渣，滤液中加入无水乙醇，得到沉淀，过滤，固体留用。

（3）植物源修复精华的制备：将水注入主反应锅中并加热至 40～45℃，搅拌下加入尿囊素、蓖麻油、甘油和聚乙烯蜡，搅拌至透明，移去热源后加入中药修复提取物和茶多酚，搅拌均匀，温度低于 35℃ 时，加入精油、步骤（1）制备的蛋白微胶囊和步骤（2）中制得的固体，搅拌均匀，制得植物源修护精华。

[原料介绍] 采用空气法制备蛋白微胶囊，其壁材为麦芽糊精，具有较好的保质作用，延长蛋白质的保质期，同时微胶囊化的蛋白质具有缓释放的作用，使用时通过揉捏、破坏壁材，芯材蛋白质溶出，接触皮肤，起到修护的效果。

尿囊素是天然的修护成分，能促进细胞活化生长、缓和与柔化肌肤；精油具有极好的抗氧化、抑菌杀菌和芬芳的效果；茶多酚是一种高效、天然抗氧化剂，有效保护面膜液中还原性营养成分；裸藻富含多糖类物质，具有天然保湿、抗敏、消炎等良好的皮肤保护作用。

中药修复提取物中采用的中药成分富含丰富的修复皮肤营养物质，激活底层细胞活力，从根源上改善肌肤问题，促进后续保养品的吸收，还拥有美白等多重功效，且安全、高效、富含植物黄酮、植物多酚等有效植物成分，更给皮肤带来三重平衡作用：营养平衡、pH 值平衡和代谢平衡，促进皮肤的健康。

中药修复提取物由以下方法制备而成：

（1）原料的处理：按比例称取各原料，洗净，烘干，烘干温度为 40℃，烘干时间为 5～7h，粉碎至 100 目以下，备用；

（2）超临界流体萃取：将步骤（1）中得到的粉末加入超临界流体萃取罐，加入溶剂，预热，搅拌均匀后，进行降压，压力降至低于 7MPa 时，将温度调至 30℃ 左右，把溶有萃取物的超临界流体压力降至 CO_2 的临界压力以下，由于 CO_2 溶解度极度下降，经分离器把萃取物和 CO_2 及萃取各组分进行分离，得到所需的中药修复提取物，同时 CO_2 用循环泵进行循环使用。

[产品特性] 本品能够补充皮肤所需的营养及矿物质成分，以修复断裂的皮肤胶原蛋白组织，提高胶原蛋白的密度，使皮肤在恢复弹性的同时恢复光滑细嫩；淡化沉淀的色素，快速代谢分解黑色素，使肌肤嫩白且细致有光泽；彻底阻断紫外线对皮肤的伤害，防止"光老化"；能净化分解化妆品在皮肤中的有害沉淀物，恢复肌肤的饱和度，令肌肤健康、白皙、清新、通透，光滑如玉；本精华能够有效使得肌肤变得触感细腻柔滑、肤色更为均匀、肤质显著得到改善和修护。

配方 78　焕肤熬夜精华

[原料配比]

原料		配比（质量份）			
		1#	2#	3#	4#
A 相	水解珍珠	3	4	5	7
	甘油	2	2.5	3	5
	丁二醇	15	10	8	7
	透明质酸钠	0.01	0.02	0.03	0.04
	尿囊素	0.3	0.2	0.15	0.12
	PEG-50 牛油树脂	0.5	0.8	1	0.2
	丙烯酸（酯）类/C_{10}～C_{30}烷醇丙烯酸酯交联聚合物	0.05	0.1	0.15	0.2
	美丽伊谷草提取物	0.01	0.03	0.04	0.06
	丙烯酸羟乙酯/丙烯酰二甲基牛磺酸钠共聚物	0.216	0.36	0.432	0.54
	角鲨烷	0.168	0.28	0.336	0.42
	聚山梨醇酯-60	0.024	0.04	0.048	0.06
	山梨坦异硬脂酸酯	0.009	0.015	0.018	0.0225
	丙烯酰二甲基牛磺酸铵/VP 共聚物	0.8	0.5	0.3	0.25
	对羟基苯乙酮	0.1	0.2	0.3	0.4
	EDTA 二钠	0.02	0.03	0.05	0.08
	氯苯甘醚	0.003	0.009	0.012	0.018
	丙二醇	0.0025	0.0075	0.01	0.015
	脱氢乙酸钠	0.001	0.003	0.004	0.006
	苯氧乙醇	0.0095	0.0285	0.038	0.057
	纯水	71.1309	69.0292	62.5028	52.4249
B 相	环五聚二甲基硅氧烷	1.0375	2.05	3.55	4.5875
	聚二甲基硅氧烷交联聚合物	0.0625	0.125	0.25	0.3125
	环己硅氧烷	0.4	0.8	1.2	1.6
C 相	月桂基聚二甲基硅氧烷/聚甘油-3 交联聚合物	0.05	0.1	0.15	0.2
	聚甲基硅倍半氧烷	0.05	0.1	0.15	0.2
	甘油	0.5	1	1.5	2

原料		配比（质量份）			
		1#	2#	3#	4#
C相	水	0.39	0.78	1.17	1.56
	苯氧乙醇	0.005	0.01	0.015	0.02
	氯苯甘醚	0.001	0.002	0.003	0.004
	辛甘醇	0.004	0.008	0.012	0.016
	三乙醇胺	0.05	0.1	0.15	0.18
D相	羟乙基脲	0.5	1	2	3
	烟酰胺	1	2	3	3.5
	柠檬酸三乙酯	0.1	0.13	0.16	0.18
	木糖醇基葡糖苷	0.2	0.32	0.4	0.6
	脱水木糖醇	0.14	0.224	0.25	0.42
	木糖醇	0.08	0.128	0.16	0.24
	丁二醇	0.048	0.096	0.144	0.192
	1,2-戊二醇	0.479	0.0955	0.1437	0.1916
	羟苯基丙酰胺苯甲酸	0.004	0.0008	0.0012	0.0016
	抗坏血酸棕榈酸酯	0.0001	0.0002	0.0003	0.0004
	香精	0.01	0.02	0.03	0.04
	生物糖胶-1	0.01	0.02	0.03	0.04
	苯氧乙醇	0.015	0.03	0.045	0.06
	糖类同分异构体	0.18	0.24	0.3	0.36
	水	1.092	2.106	3.12	4.134
	柠檬酸	0.0015	0.002	0.0025	0.003
	柠檬酸钠	0.0015	0.002	0.0025	0.003
	PEG/PPG-17/6 共聚物	0.2	0.3	0.5	0.8
	辛酰羟肟酸	0.003	0.005	0.01	0.015
E相	辛甘醇	0.0075	0.0125	0.025	0.0375
	乙基己基甘油	0.003	0.005	0.01	0.015
	丙二醇	0.0165	0.0275	0.055	0.0825
	CI 77266	0.005	0.008	0.01	0.015

[制备方法]

（1）将 A 相加入乳化锅中高速均质 3～5min，加热至 80～85℃，均质 2～5min。

（2）均质前 5min 将 B 相加入乳化锅中，高速均质 5～8min。

（3）冷却至 55～60℃，加入 C 相搅拌均匀。

（4）冷却至 40～45℃，加入 D 相和 E 相，搅拌均匀，理化指标检验合格后，出料得到焕肤熬夜精华。

[产品应用] 本品使用方法：夜间养护，用滴管滴取适量于手心，再涂于鼻尖、两颊、额头、下颌处，轻柔地均匀延展开，按摩至吸收。

[产品特性] 本品工艺简单，使用方便，采用珍珠精华融合牛油树脂提取物，协同烟酰胺和木糖醇等营养成分，在深夜静静滋养肌肤，净肌隔离，打造肌肤补水、锁水、储水通道，形成对肌肤的夜间防护膜，修护熬夜时手机或电脑屏幕对肌肤带来的光污染，用后皮肤明显透亮，皮肤暗沉、干燥状态得到极大的缓解，是一种修护熬夜肌肤的美容护肤佳品。

配方 79 植物源修护精华（2）

[原料配比]

原料	配比（质量份）			
	1#	2#	3#	4#
古柯	10	15	12	14
甜舌草	5	10	6	8
栀子花	2	7	3	6
甘蓝	1	5	2	4
葛仙米	2	5	2	4
枸杞	1	3	1	2
金盏花	3	7	4	6
甘草	2	7	3	6
紫花苜蓿	1	3	2	3
尿囊素	0.1	0.5	0.2	0.4
HTC 胶原蛋白	1	2	1.2	1.7
羊奶	10	15	12	14
安息香酸	0.2	0.5	0.3	0.5
丁二醇	2	4	2	3
酪梨油	1	3	1	2

续表

原料		配比（质量份）			
		1#	2#	3#	4#
精油	迷迭香油	1	—	—	—
	百里香油	—	3	—	—
	薰衣草油	—	—	1	—
	丁香油	—	—	—	2
去离子水		100	120	105	115

[制备方法]

（1）原料处理：将古柯、甜舌草、栀子花、甘蓝、葛仙米、枸杞、金盏花、甘草和紫花苜蓿分别洗净，40℃烘干至水分含量低于5%，粉碎，粒径为10～50μm，混合均匀，备用；

（2）冷萃提取：将步骤（1）中得到的粉末加至SPME固相萃取装置中，加入10～20倍的去离子水，微波加热，加热至温度不高于45℃。不断搅拌，萃取得到的挥发性气体沿冷凝管通入冰水中并冷凝至萃取瓶中，萃取5h，得到萃取液；

（3）植物源修护精华的制备：将水注入主反应锅中并加热至40～45℃，在500～700r/min的搅拌下加入尿囊素、安息香酸、丁二醇和酪梨油，搅拌至透明，移去热源后加入步骤（2）制得的萃取液，搅拌均匀，温度低于35℃时，加入精油，搅拌均匀，置于4℃环境下加入HTC胶原蛋白和羊奶，搅拌均匀制得植物源修护精华，包装，4℃保存。

[原料介绍] 甘草富含甘草黄酮，是一种天然的美白剂，能抑制酪氨酸酶的活性，又能抑制多巴色素互变和DHICA氧化酶的活性。

古柯中类黄酮化合物、甜舌草中的萜类和黄酮类化合物、栀子花中的总黄酮和甘蓝黄酮类化合物、金盏花中丰富的维生素和青蒿素，可预防色素沉淀，增进皮肤光泽与弹性，减缓衰老，避免肌肤松弛生皱，抗炎消敏，修护皮肤天然屏障，从而起到多重功效。

枸杞、金盏花、紫花苜蓿中的类黄酮素、类胡萝卜素、酚型酸是天然高效抗氧化剂，具有抗菌、抗炎、清除自由基、抗氧化等作用，能有效修护炎症引起的皮肤敏感；葛仙米富含多糖和蛋白质类物质，具有良好的保湿、愈合皮肤以及抗敏消炎的作用。

配方中不添加防腐剂和香精，具备更优的天然性。

[产品特性] 本品能够补充皮肤所需的营养及矿物质成分，以修复断裂的皮肤胶原蛋白组织，提高胶原蛋白的密度，使皮肤在恢复弹性的同时恢复光滑细嫩；淡化沉淀的色素，快速代谢分解黑色素，使肌肤嫩白且细致有光泽；彻底阻断紫外

线对皮肤的伤害，防止"光老化"；能净化分解化妆品在皮肤中的有害沉淀物，恢复肌肤的饱和度，令肌肤健康、白皙、清新、通透，光滑如玉；本精华能够有效使得肌肤变得触感细腻柔滑、肤色更为均匀、肤质显著得到改善和修护。

配方80　红血丝修护精华

[原料配比]

	原料	配比（质量份）
A相	矿脂	2
	聚二甲基硅氧烷	1
	甘油三（乙基己酸）酯	2
	牛油果树果脂	2
	辛酸/癸酸甘油三酯	2
B相	水	70.7
	甘油	3
	1,2-戊二醇	3
	透明质酸钠	0.2
	增稠剂	1.6
	乳化剂鲸蜡硬脂醇橄榄油酸酯	1.2
	乳化剂山梨坦橄榄油酸酯	1.0
C相	红没药醇	0.3
	姜根提取物	0.2
	七叶树皂苷	3
	豨莶草提取物	3
	β-葡聚糖	3
	积雪草提取物	2
D相	苯氧乙醇	0.5
	羟苯甲酯	0.1

[制备方法]

（1）将润肤剂投入油相锅中，加热至75～85℃，等所有组分溶解后保温，即得A相；

（2）将保湿剂、乳化剂、增稠剂和水投入乳化锅中，加热至75～85℃，保温至完全溶解，即得B相；

(3) 将 A 相投入乳化锅中与 B 相混合，在 -0.2~-0.8MPa 真空下搅拌并均质 10min，随后保温搅拌 15~30min，搅拌速度为 30~50r/min，均质速度为 3000~4000r/min；

(4) 将步骤（3）所得乳液冷却至 40~45℃，加入皮肤调理剂（C 相），搅拌均匀；

(5) 将防腐剂（D 相）加入步骤（5）所得乳液中，搅拌均匀，得到面部红血丝修护精华。

[原料介绍] 皮肤调理剂包括：红没药醇、姜根提取物、七叶树皂苷、豨莶草提取物、β-葡聚糖、积雪草提取物。

增稠剂为丙烯酸（酯）类/C_{10}~C_{30} 烷醇丙烯酸酯交联聚合物。

乳化剂为鲸蜡硬脂醇橄榄油酸酯和山梨坦橄榄油酸酯的混合物。

润肤剂为牛油果树果脂、辛酸/癸酸甘油三酯、甘油三（乙基己酸）酯、矿脂和聚二甲基硅氧烷的混合物。

保湿剂为甘油、1,2-戊二醇和透明质酸钠的混合物。

防腐剂为苯氧乙醇和羟苯甲酯的混合物。

[产品特性]

(1) 本品从修复皮肤屏障、抑制毛细血管刺激反应和炎症损伤、修复毛细血管，提高血管强度四方面出发，从而实现去除红血丝。

(2) 本品本身呈弱酸性，pH 值稳定在 5.6~5.9 之间，与正常皮肤的平均 pH 值一致，具有良好的皮肤亲和力，不刺激皮肤，使肌肤酸碱平衡，适合任何肤质并适合长期使用。

(3) 将乳化剂加入水相中，可以避免其在油相中溶解度低，产生絮凝，从而使料体均一。

(4) 本品在低温（-18℃左右）到高温（50℃）时保持极好的稳定性，无分层或析出。

配方 81　丝瓜精华去红血丝修复乳液

[原料配比]

原料	配比（质量份）			
	1#	2#	3#	4#
丝瓜提取物	20	30	25	28
蛋清	5	10	6	7
维生素 E	0.02	0.06	0.04	0.05

续表

原料	配比（质量份）			
	1#	2#	3#	4#
椰子油	2	6	4	5
甘油	2	4	3	3
白油	3	6	4	5
蜂胶	3	5	3	4
芦荟	5	10	6	7
可可油	1	3	1	2
乳化剂	8	12	8	9
保湿剂	5	10	6	7
防腐剂	0.01	0.05	0.02	0.03
去离子水	加至100	加至100	加至100	加至100

[制备方法]

（1）首先制作乳液，将维生素 E、椰子油、甘油、白油、可可油、乳化剂、保湿剂混合搅拌，加热到 80～85℃；

（2）将丝瓜提取物、蛋清、芦荟、蜂胶与水混合搅拌均匀后过滤杂质，得到混合液；

（3）待乳液形成冷却到 60℃以下，加入混合液和防腐剂，继续搅拌 30min 左右，得到成品。

[原料介绍] 丝瓜中含有多种维生素以及丰富的皂苷类物质，自古以来便是入药的良方，用于外敷更有消炎、消肿、清热、解毒、润肌、调血脉之功效。

蜂胶是高级的美容产品，它含有生物活性物质，具有抗菌、消炎、止痒、抗氧化的作用，可以提高肌肤的免疫能力。

所述的丝瓜提取物由丝瓜果肉提取，主要由丝瓜苷、丙二酸组成。

所述的椰子油为椰子肉榨取，主要由月桂酸、亚油酸组成。

所述的乳化剂为甘油酸酯。

所述的保湿剂为羊毛脂。

所述的防腐剂为苯甲醇。

[产品特性] 本品充分利用丝瓜润肌美容、疏通血脉的特性，改良以往的单一的配方，抑制红血丝的产生。

配方 82　化妆品用精华乳液

[原料配比]

<table>
<tr><th colspan="2" rowspan="2">原料</th><th colspan="3">配比（质量份）</th></tr>
<tr><th>1#</th><th>2#</th><th>3#</th></tr>
<tr><td rowspan="4">渗透液</td><td>葡萄籽</td><td>10</td><td>10</td><td>10</td></tr>
<tr><td>5％乙醇水溶液</td><td>500</td><td>—</td><td>—</td></tr>
<tr><td>10％乙醇水溶液</td><td>—</td><td>—</td><td>100</td></tr>
<tr><td>20％乙醇水溶液</td><td>—</td><td>50</td><td>—</td></tr>
<tr><td colspan="2">渗滤液</td><td>10</td><td>20</td><td>15</td></tr>
<tr><td colspan="2">聚甘油酯</td><td>2</td><td>4</td><td>3</td></tr>
<tr><td colspan="2">助溶剂</td><td>80</td><td>60</td><td>70</td></tr>
<tr><td colspan="2">红景天提取物</td><td>4</td><td>1</td><td>3</td></tr>
<tr><td colspan="2">天然维生素 E</td><td>8</td><td>10</td><td>8</td></tr>
<tr><td rowspan="2">助溶剂</td><td>甘油</td><td>3</td><td>6</td><td>5</td></tr>
<tr><td>山梨醇</td><td>1</td><td>1</td><td>1</td></tr>
</table>

[制备方法]

（1）取葡萄籽粉碎至 50～100 目，加入 5～50 倍质量的 5％～20％乙醇水溶液于 30～60℃下浸提 1～7h 得提取液，提取液用填充有 AB-8 大孔吸附树脂粉末的硅橡胶复合膜进行渗透汽化分离，收集渗透液；

（2）取聚甘油酯 2～4 份，溶解于 60～80 份助溶剂中，加入 10～20 份步骤（1）中的渗透液、1～4 份红景天提取物，搅拌至溶解均匀，制得连续相；

（3）在 4000～8000r/min 的转速下剪切步骤（2）中的连续相，并取天然维生素 E 8～10 份缓慢加入连续相中，继续剪切 3～5min 至乳状液平均粒径小于 2μm，即得化妆品用精华乳液产品。

[原料介绍]　所述的硅橡胶复合膜在分离层和支撑层均添加有大孔吸附树脂粉末，所述的大孔吸附树脂为苯乙烯型弱极性共聚体或苯乙烯型非极性共聚体。

所述的硅橡胶复合膜可以按照以下方法制备得到：

（1）制备树脂粉：将 AB-8 大孔吸附树脂机械粉碎，过 1000 目，置于 80℃真空烘箱中烘干得树脂粉末，备用。

（2）制备铸膜液：将聚二甲基硅氧烷溶于正己烷中，搅拌均匀后加入树脂粉末，超声分散，加入交联剂正硅酸乙酯混合搅拌 2h，再加入催化剂，补充加入正己烷至混合液中聚二甲基硅氧烷的浓度为 8％，室温搅拌 8h，脱泡制成铸膜液，所述树脂粉末与聚二甲基硅氧烷的质量比为 0.0011：1，所述交联剂与聚二甲基硅氧烷的质量比为 0.1：1，所述催化剂为二月桂酸二丁基锡，所述催化剂与聚二甲基硅氧烷的质量比为 0.001：1。

(3) 制备聚偏氟乙烯底膜：将干燥后的聚偏氟乙烯与树脂粉末按照质量比为 1：0.002 混合成混合体，将混合体加入溶剂二甲基乙酰胺中，配成 25% 的溶液，超声分散，并在 65℃ 条件下搅拌均匀，过滤，静置脱泡后，倒在聚酯无纺布上刮膜，水为凝胶浴，采用浸没沉淀相转化法得到改性的聚偏氟乙烯底膜，室温晾干。

(4) 制备复合硅橡胶膜：将铸膜液倒在聚偏氟乙烯底膜上刮膜，常温晾干，然后放入真空烘箱内在 100℃ 下真空干燥至完全交联，制得复合硅橡胶膜。

所述的聚甘油酯为 HLB 值为 12～15 的聚甘油酯。

所述的助溶剂为甘油与山梨醇按照 (3～6)：1 的质量比复配得到。

[产品应用] 本品可以作为化妆品成品使用，也可作为化妆品原料使用。当作为原料使用时，由于其是水溶性产品，可以直接添加至化妆品中，此外，作为原料使用时，还能促进化妆品产品体系稳定，尤其是对配方中添加有精油的化妆品，稳定性能提高 30% 以上。

[产品特性]

(1) 本品利用特殊的渗透汽化膜对葡萄籽进行渗透汽化提取，渗透液中活性成分纯度高，对防止皮肤氧化衰老效果显著。

(2) 本品制备方法工艺简单，在 4000～8000r/min 下剪切 3～5min 即可制成粒径小于 2μm 的乳液，而传统的精华乳液制备工艺需要利用膏霜机通过剪切和均质两道工序才能得到均一稳定的乳液，设备投入和能耗高。

(3) 本品精华乳液稳定，能在 0～50℃ 下储存 36 个月以上，状态为澄清透明状，外观表现优异。

配方 83　男士润泽修护精华乳

[原料配比]

原料	配比（质量份）			
	1#	2#	3#	4#
甘油	4	7	5	5
丙二醇	4	7	5	5
液体石蜡	4	7	4	4
环聚二甲基硅氧烷	2	3	2	2
棕榈酸乙基己酯	2	3	2.5	2.5
聚二甲基硅氧烷	2	3	2.5	2.5

原料		配比（质量份）			
		1#	2#	3#	4#
鲸蜡硬脂醇		1	2	1	1
海藻糖		0.5	1	0.6	0.6
羟乙基脲		0.3	0.7	0.5	0.5
$C_{20} \sim C_{22}$ 醇磷酸酯		0.1	0.4	0.2	0.2
$C_{20} \sim C_{22}$ 醇		0.1	0.4	0.2	0.2
三乙醇胺		0.1	0.3	0.2	0.2
卡波姆		0.1	0.4	0.2	0.2
丙烯酸钠/丙烯酰二甲基牛磺酸钠共聚物		0.05	0.2	0.1	0.1
异十六烷		0.05	0.2	0.1	0.1
芒果提取物		0.7	1.5	0.2	0.8
草莓提取物		0.4	1	1	0.6
椰子提取物		—	—	—	0.5
暗绿龙舌兰提取物		—	—	—	0.6
乳化剂		1.5	2.6	2	2
羟苯甲酯		0.005	0.2	0.25	0.25
羟苯丙酯		0.005	0.1	—	—
香精		0.01	0.12	0.03	0.03
去离子水		加至100	加至100	加至100	加至100
乳化剂	鲸蜡硬脂基葡糖苷	1	1	1	1
	PEG-20甲基葡糖倍半硬脂酸酯	0.6	1	0.7	0.7
	甲基葡糖倍半硬脂酸酯	0.3	0.5	0.4	0.4
	聚山梨醇酯-80	0.1	0.3	0.2	0.2

[制备方法]

（1）在油相锅中将配方量2/3的水和卡波姆混合均匀并浸泡12～14h，然后将液体石蜡、环聚二甲基硅氧烷、棕榈酸乙基己酯、聚二甲基硅氧烷、鲸蜡硬脂醇、$C_{20} \sim C_{22}$ 醇磷酸酯、$C_{20} \sim C_{22}$ 醇、三乙醇胺、丙烯酸钠/丙烯酰二甲基牛磺酸钠共聚物、异十六烷、乳化剂和防腐剂加入油相锅中，启动搅拌并加热至80～85℃，保温至溶解完全，得到物料一，备用；

（2）将配方量1/3的水、甘油、丙二醇、海藻糖、羟乙基脲加入主锅中，启动搅拌并加热至85～90℃，保温至溶解完全，然后启动真空阀将物料一抽入主锅中，均质5～8min，保温搅拌10min后开始降温；

（3）待降温至45℃，加入芒果提取物、草莓提取物、椰子提取物、暗绿龙舌兰提取物和香精，搅拌至均匀，抽样检测，合格后出料即得男士润泽修护精华乳。

[原料介绍] 本品以甘油、丙二醇、液体石蜡、环聚二甲基硅氧烷、棕榈酸乙基己酯、聚二甲基硅氧烷、鲸蜡硬脂醇、$C_{20} \sim C_{22}$ 醇磷酸酯、$C_{20} \sim C_{22}$ 醇和异十六烷的组合作为基质，加入海藻糖和羟乙基脲增强保湿效果，加入三乙醇胺、卡波姆和丙烯酸钠/丙烯酰二甲基牛磺酸钠共聚物以增稠并进一步增强保湿性，再结合由鲸蜡硬脂基葡糖苷、PEG-20 甲基葡糖倍半硬脂酸酯、甲基葡糖倍半硬脂酸酯和聚山梨醇酯-80 组成的乳化剂，得到的乳化体系稳定，亲和男士肌肤，易渗透吸收，肤感柔润清爽，保湿并抑制油光，使皮肤润泽；同时还含有芒果提取物和草莓提取物，滋润皮肤，减少脸部干纹、细纹、皱纹。为了提高本品的使用效果，本品还含有椰子提取物和暗绿龙舌兰提取物，椰子提取物和暗绿龙舌兰提取物的加入提高了精华乳的抗皱效果，有效修复皮肤干纹、细纹、皱纹，抑制皱纹再生，延缓皮肤衰老。

所述乳化剂由鲸蜡硬脂基葡糖苷、PEG-20 甲基葡糖倍半硬脂酸酯、甲基葡糖倍半硬脂酸酯和聚山梨醇酯-80 组成，质量比为 1：(0.6～1)：(0.3～0.5)：(0.1～0.3)。

所述防腐剂为羟苯甲酯和羟苯丙酯中的至少一种。

[产品特性]

（1）本品体系稳定，亲和男士肌肤，易渗透吸收，肤感柔润清爽，保湿并抑制油光，使皮肤润泽，含有芒果提取物、草莓提取物等多种天然植物活性成分，有效保湿，滋养修护肌肤，有效平复细纹，明显减少干纹和皱纹，抑制皱纹再生，延缓皮肤衰老。

（2）本品安全稳定，渗透性好，易吸收，肤感清爽不黏腻，且本品制备方法简单，条件可控，工艺稳定。

配方 84　含有黑果枸杞提取物的精华乳

[原料配比]

原料	配比（质量份）			
	1#	2#	3#	4#
甘油	4.0	8.0	6.0	5.0
卡波姆钠	0.5	0.2	0.4	1.0
甲基葡糖倍半硬脂酸酯	1.0	2.0	1.5	2.5
PEG-20 甲基葡糖倍半硬脂酸酯	2.5	1.80	1.5	1.0
鲸蜡硬脂醇	2.0	4.0	2.5	1.0

续表

原料	配比（质量份）			
	1#	2#	3#	4#
黑果枸杞提取物	10	2.0	8.0	6.0
β-葡聚糖	2.0	6.0	3.5	1.0
桑根提取物	8.0	4.0	5.0	2.0
对羟基苯乙酮	0.50	1.0	0.60	0.50
1,2-己二醇	0.80	0.50	0.60	1.0
去离子水	加至100	加至100	加至100	加至100

[制备方法] 先将防腐剂对羟基苯乙酮与1,2-己二醇加热至65℃，预先溶解；将油相（甲基葡糖倍半硬脂酸酯、PEG-20甲基葡糖倍半硬脂酸酯、鲸蜡硬脂醇）和水相（甘油、卡波姆钠、去离子水）分别搅拌加热至80～85℃并保温15min，将油相投入水相中进行均质，均质速度为2000r/min，时间为2min，搅拌15min后，降温至42～45℃加入黑果枸杞提取物、β-葡聚糖、桑根提取物及预先溶解好的防腐剂，搅拌均匀即可制备得精华乳。

[原料介绍] 黑果枸杞属于茄科枸杞属植物，分布于高山沙林、盐化沙地、河湖沿岸、干河床、荒漠河岸林中，是我国西北荒漠地区一种特有的植物资源。含有多种氨基酸、维生素、多糖、花青素，且是迄今为止世界上发现花青素含量最高的野生植物。富含的花青素是水溶性的，是人类最易吸收的天然活性物质，是一种天然的抗氧化剂，具有极强的清除自由基、抵御紫外线和加快新陈代谢的功效。具有可以使肌肤保持润滑、舒缓细纹、延缓衰老等美容护肤功效。

黑果枸杞提取物可以采用水提取的方式获得，经提取、过滤、浓缩等步骤获得。

β-葡聚糖是源于天然的原料，无毒性、无刺激性，能帮助更新和修复紧张的肌肤，有效减少皮肤皱纹，提高皮肤的保湿性和紧致光滑度，促进瘢痕的愈合和再生。同时还具有显著的消炎、抗过敏活性，并能有助于皮肤抵御外源性的各种机械和化学刺激。

β-葡聚糖可以采用酸碱法、酶法及氧化提取等方法获得。

桑根属于桑科植物，作为一种中医临床常用中药材，主要用于伏火郁肺症、见咳嗽痰多、色黄黏稠、咯吐不爽。其提取物具有良好的清除超氧阴离子自由基能力以及抑制酪氨酸酶能力，应用于化妆品中可以使皮肤光滑细嫩、亮泽白皙。

桑根提取物可以采用水提、传统醇提以及微波萃取-醇提等方法获得。

[产品特性] 本品的美白肌肤、抗衰老和保湿功效显著，且温和无刺激，不产生副作用。

配方 85　控油修复妆前精华乳

[原料配比]

原料			配比（质量份）			
			1#	2#	3#	4#
A 相		水	加至 100	加至 100	加至 100	加至 100
	保湿组分	甘油	2.0	2.0	2.0	2.0
		丁二醇	5.0	5.0	5.0	5.0
		透明质酸钠	0.1	0.1	0.1	0.1
		燕麦葡聚糖	2.0	2.0	2.0	2.0
	增稠剂	卡波姆	0.1	0.1	0.1	0.1
	防腐剂	羟苯甲酯	0.2	0.2	0.2	0.2
B 相	乳化剂	$C_{20} \sim C_{22}$ 烷基磷酸酯（和）$C_{20} \sim C_{22}$ 醇	2.0	2.0	2.0	2.0
		鲸蜡硬脂醇（和）椰油基葡糖苷	1.0	1.0	1.0	1.0
	润肤剂	碳酸二辛酯	2.5	2.5	2.5	2.5
		鲸蜡醇乙基己酯	3.5	3.5	3.5	3.5
		聚二甲基硅氧烷/聚二甲基硅氧烷交联聚合物	5.0	5.0	5.0	5.0
C 相	润肤剂	辛基十二醇	3	2	1	2
	控油成分	功能性复合粉体	3	3.5	1	2
D 相		水	2	2	2	2
	pH 调节剂	精氨酸	0.15	0.15	0.15	0.15
E 相	神经酰胺	神经酰胺 1	0.8	0.8	0.8	0.8
		神经酰胺 3	0.8	0.8	0.8	0.8
		神经酰胺 6-Ⅱ	0.4	0.4	0.4	0.4
	保湿组分	木糖醇基葡糖苷/脱水木糖醇/木糖醇	2.0	2.0	2.0	2.0
	香精	香精	0.1	0.1	0.1	0.1
	防腐剂	苯氧乙醇	0.6	0.6	0.6	0.6

[制备方法]

（1）将 A 相（部分保湿组分、增稠剂、羟苯甲酯）加入水相锅中，加热至 75～80℃，搅拌溶解完全，保温 10min，得到水相。

（2）将 C 相（控油成分和部分润肤剂）置于油相锅中先均质 10min，混合均匀，细腻无颗粒状后备用；然后将 B 相加入油相锅搅拌均匀后，升温至 75℃，保温 10min，得到油相。

（3）取 D 相（精氨酸和水）混合后，得到预溶物。

（4）往乳化锅中抽入 A 相，加入预溶物总质量的 1/2，搅拌均匀，抽入油相，保温在 75℃，搅拌下高速均质 5～10min，继续搅拌降温，50℃时加入剩余 D 相和 E 相（神经酰胺、剩余的保湿组分、香精、苯氧乙醇），搅拌均匀，控制降温速度，慢慢降温，持续 30min，35℃时停止搅拌，真空消泡，制备完成。

［原料介绍］ 乳化剂优选使用植物来源的乳化剂。本品所述乳化剂包括主乳化剂和助乳化剂，其中，主乳化剂包括 C_{20}～C_{22} 烷基磷酸酯（和） C_{20}～C_{22} 脂肪醇，助乳化剂包括鲸蜡硬脂醇（和）椰油基葡糖苷。

其中，C_{20}～C_{22} 烷基磷酸酯（和） C_{20}～C_{22} 脂肪醇是一种多功能阴离子乳化剂，是理想的护肤乳化剂，可以使皮肤具有哑光的天鹅绒般的肤感，舒适柔软，同时具有良好的抗水性能，在皮肤上能形成轻薄透气的防水薄膜。另外，C_{20}～ C_{22} 烷基磷酸酯（和） C_{20}～C_{22} 脂肪醇对颜料有卓越的分散能力。

鲸蜡硬脂醇（和）椰油基葡糖苷的乳化能力强、手感柔软滋润，可乳化多种类型高含量（例如：高达 50%）的油相并在－25℃以下保持稳定。另外，鲸蜡硬脂醇（和）椰油基葡糖苷与本品的其他成分的相容性好。

所述润肤剂可以包括碳酸二辛酯、鲸蜡醇乙基己酯、异壬酸异壬酯、辛基十二醇、二甲基硅油以及聚二甲基硅氧烷/聚二甲基硅氧烷交联聚合物中的一种或两种以上的组合。

使用润肤剂，可以使皮肤形成保护膜，并且光滑不油腻，留有丝滑触感，能滋润柔软肌肤。本品的润肤剂具有保湿、滋润、保护的作用，并且其铺展性强、易于乳化、肤感柔软。另外，本品的润肤剂还具有较好的粉底分散性，与妆前精华乳的其他组分具有很好的相容性。

所述保湿组分包括甘油、丁二醇、透明质酸钠、燕麦葡聚糖、甘油聚醚-26、木糖醇基葡糖苷/脱水木糖醇/木糖醇中的一种或两种以上的组合。

保湿组分能够将水分锁在皮肤中，并且修补细胞间质，使得皮肤表皮层及角质层具有吸湿性，且对皮肤酸碱性具有调节功能，亲肤性极佳，从而使皮肤达到水油平衡。

控油成分优选使用功能性复合粉体。所述功能性复合粉体包括羟基磷灰石和氧化锌，所述氧化锌为纳米级的氧化锌。功能性复合粉体对脂肪酸油脂具有高强度的选择性吸附功能，能够有效控制油脂的分泌，保持皮肤的水油平衡，从而可以显著提高底妆产品的持妆性以及颜色稳定性等特点。

功能性复合粉体的结构为片状结构，增强了在皮肤上的附着力，不易脱落，增强持妆性和贴肤性。功能性复合粉体中的羟基磷灰石可吸附皮肤表面的油脂，特别是针对夏天分泌的过多油脂，不吸附皮肤的水分，轻松解决夏天分泌油脂的问题；而氧化锌不仅可以起到控油的效果，还对敏感的肌肤起到一定的杀菌消炎的作用，防止皮肤出现瘙痒和刺痛的症状。

功能性复合粉体的制备方法包括以下步骤：

（1）制备干燥的羟基磷灰石、氧化锌

将羟基磷灰石、氧化锌分别在干燥器中于105℃干燥4h，其中，羟基磷灰石的加入量为60g，氧化锌的加入量为38g。

（2）羟基磷灰石与氧化锌形成复合物

将步骤（1）中制备的羟基磷灰石和氧化锌放入带搅拌器的容器中，在容器内一起被高速搅拌混合，由此制得羟基磷灰石和氧化锌组成的复合固体粉末。

（3）使用三乙氧基辛基硅烷包覆固体粉末

将三乙氧基辛基硅烷5g喷洒至步骤（2）获得的复合固体粉末上，之后进行混合并分散10min，得到功能性复合粉体。

由于长时间接触彩妆产品，经常性地卸妆等，会破坏皮肤的屏障功能，导致皮肤出现干燥、脱屑、瘙痒、红斑、刺痛等问题。健康肌肤屏障脂质中含有50%神经酰胺，起到抵御刺激物，防止水分流失的作用，肌肤屏障受损的重要原因为神经酰胺的不足。本品中添加神经酰胺，其与其他组分具有优异的相容性，从而能够修复皮肤的屏障功能，防止皮肤起皮屑和干燥，后续上妆会看起来服帖、持久。

神经酰胺可以包括神经酰胺1、神经酰胺3、神经酰胺6Ⅱ中的一种或两种以上的组合。其中，神经酰胺1和神经酰胺6Ⅱ通过脂质间的渗透、肌肤吸收，可补充体内缺失的神经酰胺；神经酰胺3则从根源上修护受损肌肤屏障，形成保护膜，阻断外界的伤害，起到修护肌肤屏障功能的效果。

增稠剂能够用于提高控油水凝乳的黏稠度或形成凝胶，保持水凝乳的稳定性，改善水凝乳的物理性状，赋予水凝乳黏润性并兼有乳化、稳定或使其呈悬浮状态的作用。本品中，增稠剂可以是卡波姆、丙烯酸（酯）类/C_{10}～C_{30}烷醇丙烯酸酯交联聚合物、丙烯酰二甲基牛磺酸铵/VP共聚物等中的一种或两种以上的组合。

pH调节剂是用以维持或调节水凝乳酸碱度的物质。pH调节剂能够改变和维持水凝乳的酸碱度，使妆前精华乳的pH接近人体皮肤pH值。所述pH调节剂为精氨酸，其无色无味，温和亲肤，为控油水凝乳的温和性提供保障。另外，精氨酸是一种对人体有益的氨基酸，呈碱性，不仅可以护肤，还可以调节妆前精华乳的pH值。

［产品特性］ 本品针对敏感皮肤的控油修复，能有效地吸附皮肤分泌的油脂，不吸附皮肤本身的水分，维持皮肤表面的水油平衡，持久定妆。控油修复妆前精华乳可以修复皮肤的屏障功能，防止皮肤起皮屑和干燥，后续上妆会看起来服帖、持久。

配方 86 唇部补水精华露

[原料配比]

原料		配比（质量份）		
		1#	2#	3#
甘草酸二钾		0.05	0.1	0.15
吡哆素 HCl		0.05	0.1	0.15
尿囊素		0.05	0.1	0.15
库拉索芦荟叶汁		3	4	5
神经酰胺 3		0.4	0.7	1
润肤油脂	氢化卵磷脂	0.05	0.1	0.15
	胆甾醇	0.4	0.8	1.2
	糖鞘脂类	0.1	0.2	0.3
	角鲨烷	1	2	3
	椰子油	0.5	1	1.5
	库拉索芦荟叶提取物	0.5	1	1.5
	乙酸异丁酸蔗糖酯	0.5	1	1.5
	皱波角叉菜	0.5	1	1.5
	聚甘油-10 硬脂酸酯	1	1.25	1.5
	生育酚乙酸酯	0.2	0.3	0.4
	C14～22 醇	0.2	0.3	0.4
	C12～20 烷基葡糖苷	0.2	0.3	0.4
	聚甘油-10 二十碳二酸酯/十四碳二酸酯类	0.2	0.4	0.6
	聚甘油-4 癸酸酯	0.1	0.2	0.3
	生育酚	0.01	0.05	0.1
保湿剂	山梨醇	6	8	10
	甘油	2	3	4
	透明质酸钠	0.02	0.03	0.04
	1,2-己二醇	0.4	0.5	0.6
	聚季铵盐-51	0.05	0.07	0.1
辅助添加剂	蔗糖	0.01	0.03	0.05
	黄原胶	0.1	0.2	0.3
	羟苯甲酯	0.1	0.15	0.2
	羟苯丙酯	0.05	0.07	0.1
	丙烯酸酯类	0.4	0.5	0.6

原料		配比（质量份）		
		1#	2#	3#
辅助添加剂	C_{10}～C_{30} 烷醇丙烯酸酯交联聚合物	0.4	0.5	0.6
	丙烯酰二甲基牛磺酸铵	0.05	0.1	0.15
	VP 共聚物	0.05	0.1	0.15
	精氨酸	0.2	0.3	0.1
	EDTA 二钠	0.05	0.07	0.1
	食用香精	0.05	0.1	0.15
去离子水		81.06	71.38	61.66

[制备方法]

（1）按质量分数称取各个组分；

（2）将步骤（1）称取的神经酰胺 3、氢化卵磷脂、胆甾醇、糖鞘脂类、角鲨烷、椰子油、库拉索芦荟叶提取物、乙酸异丁酸蔗糖酯、聚甘油-10 硬脂酸酯、生育酚乙酸酯、C_{14}～C_{22} 醇、C_{12}～C_{20} 烷基葡糖苷、生育酚、羟苯丙酯置于油相锅中，搅拌升温至 65～85℃，溶解完全后保温备用，得到油相；

（3）将步骤（1）称取的丙烯酸酯类、C_{10}～C_{30} 烷醇丙烯酸酯交联聚合物、EDTA 二钠、甘草酸二钾、吡哆素 HCl（维生素 B6）、尿囊素、库拉索芦荟叶汁、山梨糖醇、甘油、皱波角叉菜、透明质酸钠、黄原胶、蔗糖、聚甘油-10 二十碳二酸酯/十四碳二酸酯类、聚甘油-4 癸酸酯、1,2-己二醇、羟苯甲酯和水置于乳化锅中，加热至 65～85℃，保温搅拌至所有原料溶解完全，得到水相；

（4）在搅拌状态下，将步骤（2）制备的油相缓慢抽入到乳化锅中的水相中，均质 5～10min 后，保温搅拌 10～20min 至消泡完全，降温至 55℃，加入精氨酸、聚季铵盐-51、丙烯酰二甲基牛磺酸铵、VP 共聚物、食用香精，均质 3～5min，搅拌均匀后降温至 45℃以下出料，即得唇部补水精华露。

[原料介绍] 添加的甘草酸二钾成分，来源于甘草植物成分，甘草酸二钾为甘草酸的衍生物，具有抗炎、抗过敏、抗溃疡和促进上皮组织细胞再生等作用，也是一种天然甜味剂。

添加的尿囊素成分，可促进肌肤外层的吸水力，有助于提高角质蛋白分子的亲水力，可调理和润湿干燥、粗糙、长皱纹、衰老的肌肤，促进肌肤、毛发柔软，具有防干、防裂的效果，尿囊素具有刺激组织生长、促进上皮细胞的形成、使伤口快速愈合、软化角质层蛋白等生理功能，是皮肤创伤的良好愈合剂。

添加的芦荟叶汁成分，是一种常用的保湿剂，具有维持长效保湿度的作用，可减少刺激，如由皮肤干燥引起的炎症、红斑等。

添加的神经酰胺 3 成分，和构成皮肤角质层的物质结构相近，能很快渗透进皮肤，和角质层中的水结合，形成一种网状结构，锁住水分。神经酰胺不仅能高效保湿，还能有很好的修复作用。

神经酰胺 3/氢化卵磷脂/胆甾醇/生育酚乙酸酯/糖鞘脂类，是一种复合的润肤剂，其可形成液态晶体薄膜，帮助肌肤稳定脂质屏障防止水分流失，增加肌肤含水量，预防外在刺激侵害，提升肌肤修复、保湿与柔嫩度。

本品添加水溶性和油溶性的聚甘油类原料，利用聚甘油类原料极为温和及很好的渗透性特点，在保证产品不刺激的前提下促进有效成分的充分利用和吸收，使产品的修复功效大大增强。通过聚甘油类乳化剂和聚甘油类水溶性油脂配合，乳液呈半透明状而达到不泛白效果，使产品非常适合于唇部使用。

[产品特性] 本品以食品级原料配方为基础，复合添加甘草酸二钾、尿囊素、库拉索芦荟叶汁、神经酰胺 3 等保湿修复成分，既可以帮助唇部皮肤吸收保养成分，也可以帮助修复唇部有问题皮肤。配合植物神经酰胺保湿修复成分，能很好解决嘴唇干燥脱皮、唇纹增多和唇色加深等问题。本补水精华露实现产品使用上的良好质感、功效上的持久、性质上的温和、质量上的稳定等多项要求。

配方 87　用于皮肤护理的精华露

[原料配比]

原料		配比（质量份）		
		1#	2#	3#
皮肤护理组合物	富勒烯衍生物	5.5	10	1
	寡肽-1	7	12	2
	植物提取物	13	5	20
	角鲨烯	7.5	5	10
精华露	皮肤护理组合物	23	15	30
	保湿剂	15	20	10
	皮肤调理剂	6	10	2
	增稠剂	3	5	1
	去离子水	58	45	70

[制备方法] 按照相应配比将保湿剂、皮肤调理剂、增稠剂溶于蒸馏水中搅拌混合均匀后，向该混合物中加入制备好的皮肤护理组合物，混合搅拌 20~30min，搅拌完成后即得到所述精华露。

[原料介绍] 所述皮肤护理组合物的制备方法如下：分别按相应配比称取富勒烯衍生物、寡肽-1、植物提取物和角鲨烯，装入球磨罐中，加入锆珠，球磨 0.5~

1.5h，即得到所述组合物。

所述富勒烯衍生物的制备原料包括富勒烯和有机叠氮化合物，所述富勒烯衍生物由以下步骤制备而成：

（1）有机叠氮化合物的制备：将对醛基苯甲酸溶于有机溶剂中，转移到具有搅拌和加热功能的反应容器内，将反应体系温度保持在 20～30℃ 内，向反应容器内加入（1,1,1-三乙酰氧基）-1,1-二氢-1,2-苯碘酰-3（1H）-酮，搅拌均匀后，向反应体系内加入叠氮化钠，反应 3～6h 后，旋蒸出有机溶剂，再经过分离提纯即得到所述有机叠氮化合物；所述有机溶剂包括二氯甲烷、1,2-二氯乙烷和三氯甲烷中的一种或多种，所述对醛基苯甲酸与所述叠氮化钠和（1,1,1-三乙酰氧基）-1,1-二氢-1,2-苯碘酰-3（1H）-酮的摩尔比为（1～1.5）：（1.5～3）：（0.05～0.1）。

（2）富勒烯衍生物的制备：将富勒烯溶于有机溶剂中加入反应器，向其中加入溶解于有机溶剂的所述有机叠氮化合物，加热到 50～80℃，保温反应 60～72h 后再加入有机溶剂，加热至 100～110℃，保温反应 3～5h 后，旋蒸出有机溶剂，得到富勒烯衍生物和未参与反应的黑色固体富勒烯，再经硅胶柱层析分离纯化除去富勒烯，得到所述富勒烯衍生物。所述富勒烯为 C_{60} 和 C_{70} 富勒烯，且为按比例 C_{60}：C_{70} =（3～7）：（10～25）混合的混合物；所述有机溶剂包括甲苯、二甲苯和二苯醚中的一种或多种；所述富勒烯与所述有机叠氮化合物的摩尔比为 1：（3～10）。

制备得到的所述富勒烯衍生物具有较好的水溶性，在配方中能充分发挥其自由基清除能力，具有优异的抗氧化、抗皱、修复皮肤等功能。

所述植物提取物包括葵花籽提取物、月见草提取物和洋甘菊提取物中的一种或多种。

所述保湿剂包括甘油、乙基己基甘油、聚乙二醇、戊二醇、乳酸钠和透明质酸钠中的一种或多种。

所述增稠剂包括卡波姆、黄原胶和瓜尔胶中的一种或多种。

所述皮肤调理剂包括可溶性胶原、泛醇、碳酸二辛酯和蔗糖二硬脂酸酯中的多种，可以为可溶性胶原与泛醇按比例 1：1 混合的混合物，也可以为可溶性胶原、泛醇、碳酸二辛酯和蔗糖二硬脂酸酯按比例（3～7）：（1～2）：（2～5）：（1～2）复配得到的混合物，复配得到的皮肤调理剂可以有效辅助并与所述皮肤护理组合物协同发挥对人体肌肤的修复再生作用，在精华露的配方中是不可替代的成分。

[产品特性]

（1）本品中用于皮肤护理的组合物通过富勒烯衍生物、寡肽-1、植物提取物和角鲨烯协同生效，模拟皮肤屏障并修复受损的皮肤屏障功能，快速重建类似皮肤结构的双分子膜，提高皮肤抵御外界有害、刺激性物质和日光进入的能力，同时具有保湿及调节、抗炎作用，使皮肤表面的油水分泌达到平衡，活化皮肤细胞，恢复皮肤活力。

（2）本品中用于皮肤护理的组合物中，添加了富勒烯衍生物和寡肽-1，水溶性的富勒烯衍生物是在富勒烯分子上引入亲水基团得到的，解决了富勒烯在水溶液中的疏水性问题，而富勒烯衍生物与富勒烯一样具备优异的自由基清除能力，混于配方中，使制备的精华露具有超强的自由基清除能力，有效清除体内及体外在皮肤上的活性氧自由基，协同寡肽-1共同促进对皮肤的修复和护理作用，使肌肤年龄恢复到年轻状态。

配方 88　角质修护精华露

[原料配比]

原料	配比（质量份）		
	1#	2#	3#
角鲨烷	8	10	12
癸酸甘油三酯	6	8	10
辣木油	4	5	6
1,3-丙二醇	4	5	6
霍霍巴酯类	3	3.5	4
PEG-45 硬脂酸酯	1	2	3
丙烯酰二甲基牛磺酸钠共聚物	1	1.5	2
甘油硬脂酸酯 SE	1	1.5	2
抗坏血酸四异棕榈酸酯	0.5	1	1.5
聚二甲基硅氧烷	0.5	1	1.5
PEG-60 氢化蓖麻油	0.5	1	1.5
1,3-丁二醇	0.2	0.3	0.4
卡波姆	0.1	0.2	0.3
聚山梨醇酯-60	0.1	0.15	0.2
视黄醇棕榈酸酯	0.05	0.1	0.15
葡聚糖硫酸酯钠	0.05	0.1	0.15
精氨酸	0.05	0.1	0.15
橙皮苷	0.05	0.1	0.15
超氧化物歧化酶	0.05	0.1	0.15
CI75810	0.05	0.1	0.15

原料	配比（质量份）		
	1#	2#	3#
甘油辛酸酯	0.07	0.08	0.09
聚甘油-10月桂酸酯	0.02	0.03	0.04
喷替酸五钠	0.01	0.015	0.02
EDTA二钠	0.004	0.005	0.006
肌醇六磷酸	0.0015	0.0018	0.002
抗坏血酸磷酸酯钠	0.001	0.001	0.001
氧化银	0.0001	0.00015	0.0002
铂粉	0.00000002	0.00000002	0.00000002
茵陈蒿花提取物	0.05	0.08	0.1
温州蜜柑果皮提取物	0.001	0.002	0.003
香橙果提取物	0.001	0.001	0.001
丁香花提取物	0.001	0.001	0.001
梅果提取物	0.00001	0.00001	0.00001
去离子水①	41	50	60
去离子水②	6.4	8.2	9.8

[制备方法]

(1) 取去离子水①、1,3-丙二醇、卡波姆，加入水相锅，加热至70～75℃后，搅拌均匀，抽入真空乳化机中。

(2) 取角鲨烷、癸酸甘油三酯、辣木油、霍霍巴酯类、丙烯酰二甲基牛磺酸钠共聚物、聚山梨醇酯-60、PEG-45硬脂酸酯、甘油硬脂酸酯、PEG-60氢化蓖麻油、聚二甲基硅氧烷、抗坏血酸四异棕榈酸酯，加入油相锅，加热至70～75℃，搅拌均匀，抽入真空乳化机中。

(3) 开机搅拌混合均匀，以1000r/min搅拌30min后，停止搅拌，降温至40℃；加入丁香花提取物、茵陈蒿花提取物、甘油辛酸酯、聚甘油-10月桂酸酯、去离子水②、1,3-丁二醇、喷替酸五钠、肌醇六磷酸、氧化银、温州蜜柑果皮提取物、CI75810、精氨酸、橙皮苷、视黄醇棕榈酸酯、香橙果提取物、超氧化物歧化酶、葡聚糖硫酸酯钠、EDTA二钠、铂粉、抗坏血酸磷酸酯钠、梅果提取物，继续搅拌均匀，冷却至室温；灌装，即得。

[产品特性] 本品具有较好的角质修护作用。将茵陈蒿花提取物、温州蜜柑果皮提取物、香橙果提取物、丁香花提取物和梅果提取物加入精华露基质中，具有很好的补水保湿作用。

配方 89　混合精华油

[原料配比]

原料	配比（质量份）	
	1#	2#
异十六烷	96	94
角鲨烷	1.5	0.5
二甲基甲氧基苯并二氢吡喃醇	0.3	0.1
三山嵛精	2	1.6
神经酰胺 2	0.6	0.4
棕榈酰寡肽	1	0.6
红没药醇	0.15	0.05
姜提取物	0.15	0.05
玫瑰精油	0.2	0.1
橙花精油	0.2	0.1
维生素 E	0.3	0.1

[制备方法]

（1）配制混合精华油：在无菌室内，将异十六烷、角鲨烷、二甲基甲氧基苯并二氢吡喃醇、三山嵛精、神经酰胺 2、棕榈酰寡肽、红没药醇、姜提取物、玫瑰精油、橙花精油、维生素 E 原料依次加入玻璃器皿中，混合搅拌至原料全部溶解在混合液中，静置 25～35min，制得混合精油，备用；

（2）过滤：将混合精油通入精油过滤机中进行过滤处理，去除混合精油中的沉淀物，制得精华油；

（3）化验：将精华油静置 25～35min，然后进行取样化验，检测精华油中重金属含量和微生物含量；

（4）灌装喷码：将经检验合格后的精华油进行灌装、喷码。

[原料介绍]　所述的角鲨烷、三山嵛精、棕榈酰寡肽、红没药醇、姜提取物、玫瑰精油、橙花精油均采用二氧化碳超临界流体萃取技术制得。

[产品特性]　本品具有美白、祛斑的美容效果，且不添加防腐剂、抗生素等有害肌肤的物质。

配方90 美胸精华油组

[原料配比]

	原料	配比（质量份）
组合物 A	甜杏仁油	35
	霍霍巴油	25
	山茶油	20
	益母草	5
	当归	4
	薰衣草精华油	6
	维生素 E 醋酸酯	5
组合物 B	甜杏仁油	35
	橄榄油	25
	山茶油	20
	丹参根提取物	6
	三七提取物	4
	薰衣草精华油	8
	维生素 E 醋酸酯	2

[制备方法]

（1）将甜杏仁油、霍霍巴油放入洁净的搅拌锅中，中速搅拌混合，将山茶油、益母草加入所述搅拌锅中，中速搅拌 20min 进行混合，再将当归、薰衣草精华油加入搅拌锅中，中速搅拌 10min 进行混合，最后将维生素 E 醋酸酯加入搅拌锅，慢速搅拌 5min，搅拌至完全混合，过滤，滤液静置陈化 48h 后灌装得到组合物 A；

（2）将甜杏仁油、橄榄油放入洁净的搅拌锅中，中速搅拌混合，将山茶油、丹参根提取物加入所述搅拌锅中，中速搅拌 20min 进行混合，再将三七提取物、薰衣草精华油加入搅拌锅中，中速搅拌 10min 进行混合，最后将维生素 E 醋酸酯加入搅拌锅，慢速搅拌 5min，搅拌至完全混合，过滤，滤液静置陈化 48h 后灌装得到组合物 B。

[原料介绍]　甜杏仁油、霍霍巴油、山茶油和橄榄油都具有为皮肤补充营养、滋润皮肤的作用。

益母草所含的益母草碱、水苏碱、月桂酸及油酸等物质，能促进皮肤新陈代谢，使皮肤得到充分营养，变得洁白润泽，解决皮肤多皱、无光泽的问题。益母草能行血养血，行血而不伤新血，养血而不滞瘀血，色斑与血行不畅有关，故可活血祛瘀，血行则斑去，且令肌肤光白润泽。

当归具有活血化瘀、通经散结作用。

薰衣草精华油中的主要成分为萜类化合物和芳香族化合物，其中的芳樟醇和乙酸酯抗菌消炎作用显著，能抑制 17 种细菌和 10 种真菌的生长，可快速渗透毛囊消毒杀菌，促进细胞再生以及青春痘和小伤口的快速愈合，恢复皮肤结缔组织，预防瘢痕痘印遗留，同时还可平衡皮肤表层油脂分泌，舒缓敏感肌肤、收敛毛孔、补充肌肤水分、调理肌肤到水油平衡的最佳状态，持久保护肌肤不受青春痘粉刺的干扰，使皮肤更加细腻光滑。

维生素 E 醋酸酯具有抗氧化、消除自由基的作用。

丹参根提取物具有活血祛瘀、通经止痛、凉血消痈、改善微循环的作用。

三七提取物具有活血散瘀、促进血液细胞新陈代谢、抗血栓形成的作用。

[产品应用] 取 3～5 滴本精华油组的组合物 A 或将其加入至清水中，用指腹轻力按摩乳房 5～10min，再取 3～5 滴本精华油组的组合物 B 或将其加入至清水中，用指腹轻力按摩乳房 5～10min。

[产品特性] 本品通过组合物 A 对胸部肌肤有紧致作用，组合物 B 对乳腺增生有疏通作用，组合物 A 与组合物 B 同时配合使用对乳房保养效果好、美胸效果明显，而且不具有副作用。

配方 91 含紫草素的个人护理精华油

[原料配比]

原料	配比（质量份）	原料	配比（质量份）
辛酸/癸酸甘油三酯	30	滇紫草	12

[制备方法]

（1）将辛酸/癸酸甘油三酯放入多功能提取浓缩罐中，搅拌并加热至 90～100℃；

（2）添加滇紫草，所述滇紫草可经过前处理，如拣选，去除泥沙、异物等；

（3）对滇紫草进行搅拌（可以为超声或机械搅拌）并加热萃取，萃取温度为 100～110℃，萃取时间为 2h，以获得紫草萃取液；

（4）采用 200 目筛网对紫草萃取液进行常压过滤；

（5）室温静置获得上清液，静置时间不少于 12h；

（6）采用 300 目筛网对上清液进行常压过滤以获得紫草过滤液（即经过滤的紫草萃取液）；

（7）将紫草过滤液转入多功能提取浓缩罐进行高温灭菌，灭菌温度为 120～125℃，灭菌时间为 30min；

（8）静置冷却，冷却方式为室温冷却或水浴冷却，冷却至 40℃，静置时间为

12～24h；

（9）将灭菌后的紫草过滤液放入带搅拌的混合罐进行总混，总混为不少于30min 的搅拌，以获得含紫草素的个人护理精华油；

（10）对所述个人护理精华油进行分装，分装采用高密度聚乙烯桶；

（11）置于干燥处密闭保存。

［原料介绍］ 所述合成油脂选自白矿油、氢化聚癸烯和辛酸/癸酸甘油三酯中的一种或多种。

所述的含紫草素的个人护理精华油的制备方法中，紫草原料可以是紫草、滇紫草、矩叶滇紫草、沧怒滇紫草、密花滇紫草、昆明滇紫草、密蕊滇紫草、新疆紫草和内蒙古紫草等含有紫草素及紫草素衍生物的植物品种中的一种或多种。所述紫草原料可以是所述含有紫草素及紫草素衍生物的植物品种的根、根皮或根栓皮等。所述紫草原料可以在萃取前进行前处理，所述前处理包括拣选、去除泥沙和/或异物、粉碎等。

［产品特性］ 本品选择化妆品行业常用合成油脂作为萃取溶剂，有较好的光和热稳定性，且肤感较为轻薄。在保证有效萃取紫草素的同时，也解决了紫草油不稳定、易酸败问题。且制备工艺中能适当提高灭菌温度降低微生物滋生的风险，综合提高产品品质。

配方92 生物蛋白酶新生精华霜

［原料配比］

原料	配比（质量份）						
	1#	2#	3#	4#	5#	6#	7#
丙烯酸（酯）类共聚物钠	3	1	4	3.5	2.5	2	5
生育酚乙酸酯	3	2.5	4	3.5	2	1.5	1
积雪草苷	12	15	14	16	10	13	20
丁二醇	1	0.5	1.7	2.5	1.5	2.2	3
烟酰胺	1	0.5	1.5	2	1.7	2.5	3
卵磷脂	15	17	18	20	16	12	10
乳糖酸	3	1.5	4	3.5	2	1	5
氧化银	2	0.5	1.2	2.5	3	1	1.5
假交替单胞菌发酵产物提取物	20	17	10	15	25	30	22
牛油果树果脂	20	25	22	12	17	15	10
去离子水	加至100	加至100	加至100	加至100	加至100	加至100	加至100

[制备方法] 将各组分溶于水，混合均匀即可。

[原料介绍] 所述丙烯酸酯类共聚物钠是以丙烯酸酯类为主要原料经共聚反应生成的聚合物的总称，用于增稠、悬浮和稳定含有表面活性剂和皂基的个人清洁用品，广泛用于多种洗护产品，如：透明香波、沐浴露、含高分子硅油的调理产品、低 pH 值的面部和身体清洁产品等多种清洁产品之中，同时也用于护肤霜、防晒霜、粉底乳液及水性乳胶涂料中。

所述积雪草苷是伞形科植物积雪草的全草经加工制成的苷类，为淡黄色至淡棕黄色的粉末；无臭，味苦，稍具有引湿性。有促进创伤愈合的作用，用于治疗外伤、手术创伤、烧伤、瘢痕疙瘩及硬皮病。积雪草是伞形科植物积雪草的干燥全草。味苦、辛，性寒。归肝、脾、肾经。功能与主治：清热利湿，解毒消肿。用于治疗湿热黄疸、中暑腹泻、石淋血淋、痈肿疮毒、跌扑损伤。

所述牛油果树果脂是从生长在少雨干热的西部和中部非洲地区的一种木本油料植物——牛油树的果实中提炼的，是一种新型天然油脂原料。牛油果树果脂中的甘油酯成分主要是甘油油酸二硬脂酸酯、甘油二油酸硬脂酸酯、甘油油酸棕榈酸硬脂酸酯、甘油棕榈酸硬脂酸酯及甘油三油酸酯。牛油果树果脂的传统用途是：①作为一种食用植物油用于烹调。②沐浴后特别是在较干燥的季节，将牛油果树果脂涂在身体上按摩可用来放松肌肉，使皮肤柔软光滑。③用来治疗扭伤、跌打伤及冻疮，有助于伤口愈合。④过去也常用于男士刮脸后的补水，同时由于牛油果树果脂能使干燥易断的头发定型，因而也被用作发油。⑤在非洲西部一些地区，牛油果树果脂还被涂在新生婴儿的肚脐线上帮助伤口的愈合。⑥抹在圆鼓的鼓膜上，使鼓膜纤维柔软有弹性，防止鼓膜干裂；鼓膜纤维吸收了牛油果树果脂而具有防水功能，因此鼓膜发出的音律不容易受温度和湿度变化的影响，同时牛油果树果脂还可以防止鼓膜受到太阳暴晒引起的损害。牛油果树果脂作为一种天然油脂，除了具有上述传统用途外，现在还作为新型化妆品原料以其优良的熔化特性和润肤性能大量应用于膏霜、乳剂、唇用香脂、护肤品和发用制品等各类化妆品中，表现为：①牛油果树果脂被视为最有效的天然皮肤保湿剂和调理剂，应用于美容霜、乳液、无水膏霜以及其他修饰品中，以补充人体表皮细胞中所缺乏的油脂，提供维持皮肤生理平衡所需要的各种基本元素。②牛油果树果脂中含有肉桂酸酯，用于防晒化妆品中，可以防止紫外线照射对皮肤造成的伤害，而且牛油果树果脂中的天然乳胶还可以防止由阳光照射引起的皮肤过敏。③牛油果树果脂可促进细胞再生和毛细血管循环，用于护肤品可具有防止和延缓皮肤衰老的作用，可使化妆品具有防止或减少皮肤出现皱纹的功效的同时还可以提供长时间的保湿作用。④牛油果树果脂具有较强的锁水能力，对皮肤有良好的亲和力，因此可应用于香波等发用制品中，修复上皮和干燥易断的头发内部组织结构，使干燥、受损伤的头发恢复健康，并赋予头发润泽和光亮。⑤牛油果树果脂除作为优良的保湿剂和调理剂外，还是一种具有突出治疗功效的助剂，有着许多独特用处。牛油果树果脂中的维生素 A 对许多皮肤缺陷如皱褶、湿疹等的祛除都有重要的改进功效；优质的牛油果树果脂对医治皮肤过敏症、皮肤干裂、皮肤溃疡、各类皮肤炎症、虫咬以及皮肤烧伤等均有改善作用；能大大减小伤疤面积，能治疗风湿病和肌肉疼痛，还可以缓解鼻黏膜组织充血从而减轻感冒。

[产品特性] 本品具有很好的除痘、消印的作用，能够消炎止痛、去除黑头暗疮、平复瘢痕，并在清理毛孔的同时去除多余油脂和老化角质层，减少痤疮再生，促进肌肤细胞新生，使肌肤焕发生机和光泽，并可同时降低肌肤敏感度，避免肌肤不适。

配方 93   润畅活络精华霜

[原料配比]

原料		配比（质量份）				
		1#	2#	3#	4#	5#
A 相	鲸蜡醇聚醚-20	1	1.2	2.1	2.8	3
	水溶性维生素 E	0.5	0.8	1.1	1.8	2
	异壬酸异壬酯	1	2.3	3.1	3.8	4
	乳木果油	1	1.5	2.1	2.8	3
	山茶籽油	2	3.4	4.2	5.6	6
	药用大黄根粉	0.1	0.2	0.3	0.4	0.5
	卡波姆	0.1	0.2	0.3	0.4	0.6
	山茶花提取液	2	2.2	2.8	3.6	4
	精氨酸	0.2	0.3	0.5	0.8	0.9
B 相	去离子水	20	25	28	31	35
	甘油	2	2.8	3.9	5.5	6
	EDTA	0.01	0.03	0.05	0.08	0.09
	尿囊素	0.1	0.2	0.3	0.4	0.5
C 相	水	20	25	28	31	35
	丁二醇	1	2	3	4	5
	透明质酸钠	0.01	0.03	0.05	0.08	0.1
D 相	聚二甲基硅氧烷	1.5	1.8	2.1	2.7	3
	环五聚二甲基硅氧烷	1	2	2.5	3.5	4
E 相	1,2-己二醇	0.2	0.4	0.6	0.8	1
	依兰花提取物	1	1.2	1.6	2.2	2.5
	鼠尾草提取物	0.5	0.9	1.5	2.2	2.5

原料		配比（质量份）				
		1#	2#	3#	4#	5#
E相	秦椒果提取物	0.1	0.2	0.3	0.4	0.5
	须松萝提取物	0.1	0.2	0.3	0.4	0.5
	朝鲜白头翁提取物	0.2	0.3	0.4	0.5	0.6
	金纽扣花提取液	0.9	1.1	1.2	1.5	1.7
	薰衣草活性水	2	2.2	2.8	3.1	3.5
	马齿苋提取液	0.9	1.1	1.3	1.5	1.7

[制备方法]

（1）常压下，分别将 A 相与 B 相进行加热，A 相温度控制在 80～85℃，B 相温度控制在 85～90℃；

（2）将 C 相与 E 相进行分散预搅拌，备用；

（3）常压下，将 A 相、B 相进行均质乳化，并保持 3000～3500r/min 的转速持续均质乳化 6～8min；

（4）常压下，将温度控制在 70～80℃，然后保温静置 20～40min；

（5）温度在 60～65℃时加入 D 相并搅拌以进行消泡处理；

（6）继续降温，在 38～45℃时将 C 相与 E 相加入继续搅拌 15～30min；

（7）检验出料。

[原料介绍]　本品添加了由药用大黄根粉、依兰花提取物、鼠尾草提取物以及薰衣草活性水组成的，具有扩展微血管、改善微循环效用的植物活络剂，涂抹在皮肤上可活血通畅、逐瘀通经。依兰花提取物与薰衣草活性水还具有天然的香味，将精华霜涂抹在皮肤上时可散发出怡人的香气，特别适用于改善女性产后卧床休养造成的血流不畅、头昏脑晕、关节肿胀疼痛等状况。

皮肤调理剂选用山茶花提取液、朝鲜白头翁提取物、金纽扣花提取液以及马齿苋提取液，可调理皮肤、淡斑、保湿，增加皮肤舒适感，使皮肤的密度和紧实度迅速提升，降低皮肤的粗糙度，平滑肌肤，并且减少眼角鱼尾纹，此外还具有较为明显的抗皱、抗衰老作用。

乳化剂选用鲸蜡醇聚醚-20，鲸蜡醇聚醚-20 可改善精华霜中的各种构成相之间的表面张力，使之形成均匀稳定的分散体系。

所述润肤剂包括乳木果油、异壬酸异壬酯、山茶籽油。乳木果油与山茶籽油均为天然的植物制品，二者可以滋润皮肤，防止肌肤水分流失，再加入异壬酸异壬酯可以使精华霜变得顺滑且易涂抹。

本品添加透明质酸钠以及甘油、丁二醇、精氨酸中的至少两种，增强了精华霜的保湿性能。

顺滑剂为环五聚二甲基硅氧烷。环五聚二甲基硅氧烷使产品清爽好涂抹，并且提升丝滑触感，不黏腻，不具刺激性。

秦椒果提取物与须松萝提取物均是天然的植物抗菌剂，将其添加在精华霜中并涂抹在皮肤上时，可以有效抑制细菌在皮肤上滋生。

尿囊素具有抗炎、舒缓及帮助肌肤组织再生之功能；水溶性维生素 E 易溶于水并且在将精华霜涂抹在皮肤上后可提高皮肤的抗氧化性；聚二甲基硅氧烷是常用的消泡剂，添加在精华霜中可以有效地消除气泡。

[产品特性] 本品成分多为天然植物制品，使得精华霜更加天然、健康，在精华霜中添加天然的植物活络剂，涂抹在皮肤上可活血通畅、逐瘀通经，特别适用于改善女性产后卧床休养造成的血流不畅、关节肿胀等状况。

配方 94　含有嘉庆子天然抗氧化的深层保湿的 CC 霜

[原料配比]

原料	配比（质量份）		
	1#	2#	3#
嘉庆子提取物	8	3	6
虾青素	2.5	4	3
霍霍巴油	10	8	8
鳄梨油	5	15	7
银耳提取物	0.5	4	1
马齿苋提取物	1	2.5	1.5
环五聚二甲基硅氧烷	6	4	5.5
甲氧基肉桂酸乙基乙酯	3.5	6	4
水杨酸乙基乙酯	2.5	3	2
甘油	10	5	8
丙二醇	4	3.5	4
EDTA 二钠	1	1	1
苯氧乙醇	0.3	0.3	0.3
氯化钠	0.4	0.4	0.4
二氧化钛	6	4	8
CI77491	0.05	0.05	0.05
CI77492	0.1	0.1	0.1
CI77499	0.01	0.01	0.01
透明质酸钠	0.5	0.3	0.4

续表

原料	配比（质量份）		
	1#	2#	3#
复合氨基酸	0.8	0.5	1
戊二醇	2	4	3
香精	0.05	1.5	0.1
去离子水	加至100	加至100	加至100

[制备方法]

（1）将环五聚二甲基硅氧烷、甲氧基肉桂酸乙基己酯、水杨酸乙基己酯、二氧化钛、CI77491、CI77492、CI77499、鳄梨油、霍霍巴油加入夹层锅内进行加热并不断地搅拌，加热到70～85℃，充分溶解后，得到一号混合溶液备用；

（2）将甘油、丙二醇、氯化钠、透明质酸钠、EDTA二钠和去离子水分别加入夹层锅内，充分搅拌并加热到80～90℃进行灭菌，然后降温至70～80℃，得到二号混合溶液备用；

（3）将一号混合溶液慢慢注入乳化锅内，开启均质机，使一号混合溶液中的粉体更均匀地分散在液体中，然后开启乳化锅的搅拌装置，边搅拌边加入二号混合溶液，直至两种混合溶液完全融合在一起后降温至35～45℃，得到三号混合溶液备用；

（4）将香精、戊二醇、苯氧乙醇、嘉庆子提取物、虾青素、银耳提取物、马齿苋提取物、复合氨基酸加入三号混合溶液中，持续进行搅拌，直至形成稠状膏体；

（5）将步骤（4）制得的稠状膏体陈化24h后，经填充机填充并进行包装即可。

[原料介绍] 嘉庆子又名李实、布林、嘉应子，为蔷薇科植物，其中含有多种营养成分和多种氨基酸，尤其是它的抗氧化剂含量高得惊人，堪称抗衰老的"超级水果"，有养颜美容、润滑肌肤、提高皮肤免疫力、抗氧化、抗衰老的功效，使皮肤细腻红润自然美白，呈健康肤色。与虾青素的合理配比更使抗氧化性、抗皮肤衰老作用达到了更好的效果。

所述嘉庆子提取物的提取步骤如下：将嘉庆子碾碎成泥状后，按嘉庆子泥：95%酒精：水：山梨醇＝10：10：35：3的质量比依次将嘉庆子泥、95%酒精、水和山梨醇加入提取罐内，进行回流提取，回流时间为2.5h；将溶液经100目砂芯漏斗过滤后得到滤液，往滤液中加入2.5倍质量的水，搅拌均匀后在30℃恒温状态下静置12h；取上层清液浓缩至清液体积的1/10，得到嘉庆子提取物。30℃的恒温静置能够充分地将嘉庆子中的有效成分提取出来，且保持其有效成分的活性，使嘉庆子提取物具备更好的抗氧化效果。

银耳提取物和马齿苋提取物的制备方法可参照嘉庆子提取物。

虾青素作为一种天然的强效抗氧化剂，可以增强皮肤的免疫力，消除体内自由基，促进细胞的再生功能，维持机体平衡和减少细胞衰老，由内而外保护细胞和 DNA 健康，从而保护皮肤健康，抗衰老，使皮肤呈现自然年轻状态。

霍霍巴油对皮肤有非常显著的美容功效，可畅通毛孔，调节油性或混合性皮肤的油脂分泌，并改善发炎的皮肤，它对过敏性皮肤具有相当的疗效与舒缓作用，具有相当好的亲肤性，易被吸收，清爽不油腻，恢复皮肤 pH 值，抗衰老祛皱纹，同时也是最佳的皮肤保湿油。

鳄梨油可以软化和抚慰肌肤，其中的维生素 A、维生素 D 与维生素 E 能够有效舒缓肌肤，抗衰老，它是一款非常好的自然护肤品，可以起到保湿的作用，滋润、软化、抗皱，可预防提早衰老。

银耳提取物具有平滑肌肤纹理功效，能调理肌肤气色，肤感顺滑，具有超强补水功效，易于吸收，能全面营养肌肤，安全温和，嫩滑肌肤。

马齿苋提取物具有天然的抗刺激、抗发炎、抗过敏的活性成分，能有效降低表面活性剂刺激。

环五聚二甲基硅氧烷在化妆品中可以产生润滑和丝滑的感觉，具有柔润剂、增稠剂、溶剂的作用。

甲氧基肉桂酸乙基乙酯是 UVA 区的良好吸收剂，能有效阻止紫外线，并且吸收率高，对皮肤无刺激，安全性好，是一种理想的防晒剂。

水杨酸乙基乙酯是 UVB 吸收剂，拥有良好的功效和优秀的复配效果。

CI77491、CI77492、CI77499 是疏水性着色剂。

透明质酸钠是天然保湿剂、皮肤的天然保湿因子，能使皮肤滋润、细腻柔软、富有弹性，具有防皱、抗皱、美容保健和恢复皮肤功能的作用。

[产品特性]　本品质地轻薄透气，不堵塞毛孔，长期使用不起皮不干燥，抗氧化抗衰老。本品天然安全无副作用，改善和弥补皮肤的缺点，不易脱妆，使用后皮肤呈自然裸妆状态，肤色健康，遮瑕美白并且湿润细腻。

配方 95　含有溶解性蜂蜡的滋润保湿修护精华霜

[原料配比]

原料		配比（质量份）			
		1#	2#	3#	4#
A	聚谷氨酸	4	4.3	4.7	5
	甘油	4	4.3	4.7	5
	海藻糖	3	3.4	3.8	4

续表

原料		配比（质量份）			
		1#	2#	3#	4#
A	北美金缕梅提取物	3	3.4	3.8	4
	金黄洋甘菊提取物	3	3.4	3.8	4
	丙二醇	1	1.4	1.7	2
	尿囊素	1	1.4	1.7	2
	去离子水	64.7	58.1	51.5	46
B	溶解性蜂蜡	3	3.4	3.8	4
	氢化植物油	2	2.2	2.6	3
	低芥酸菜籽油	1.8	1.9	1.9	2
C	寡肽-1	2	2.8	3.5	4
	三肽-3	1	1.4	1.7	2
	精氨酸/赖氨酸多肽	1	1.4	1.7	2
	光果甘草提取物	0.5	0.6	0.8	1
D	积雪草提取物	1	1.4	1.7	2
	黄芩提取物	1	1.4	1.7	2
	茶叶提取物	1	1.4	1.7	2
	母菊提取物	0.5	0.6	0.8	1
	迷迭香提取物	0.5	0.6	0.8	1
	虎杖提取物	0.5	0.6	0.8	1
	1,3-丙二醇-辛酰羟肟酸	0.5	0.6	0.8	1
溶解性蜂蜡	蜂蜡	30	34	36	40
	环五聚二甲基硅氧烷	2	2.5	3	3.5
	二乙烯基聚二甲基硅氧烷	2	2.5	3	3.5
	苯基聚三甲基硅氧烷	2	2.2	2.6	3
	鲸蜡醇乙基乙酸酯	2	2.2	2.6	3
	硬脂酸	1.8	1.9	1.9	2
	去离子水	60.2	57.4	50.9	45

[制备方法]

（1）将去离子水、蜂蜡、环五聚二甲基硅氧烷、二乙烯基聚二甲基硅氧烷、苯基聚三甲基硅氧烷、鲸蜡醇乙基乙酸酯和硬脂酸以 20～25r/min 的速度搅拌加热至 85～90℃待所有原料溶解后自然冷却到 35～40℃，利用高均质搅拌技术将蜂蜡包裹于水中，转换成溶解性蜂蜡，85～90℃时蜂蜡颗粒可完全熔化。

（2）将去离子水、聚谷氨酸、甘油、海藻糖、北美金缕梅提取物、金黄洋甘菊提取物、丙二醇和尿囊素置于水锅中以 30～35r/min 的速度搅拌加热至 85～

90℃，保温 0.5h，得到水相，并抽入乳化锅中。

（3）将溶解性蜂蜡、氢化植物油和低芥酸菜籽油置于油锅中以 30～35r/min 的速度搅拌加热至 85～90℃，待其溶解后得油相（观察到溶解性蜂蜡完全熔化即可），并抽入乳化锅中。

（4）水相与油相先于乳化锅中以 25～30r/min 的速度搅拌 5～6min，维持温度在 80～85℃。

（5）待温度降至 55～60℃，将寡肽-1、三肽-3、精氨酸/赖氨酸多肽和光果甘草提取物分别加入乳化锅中，以 25～30r/min 的速度搅拌 5～6min。

（6）待温度升至 75～80℃，将乳化锅均质开启以 3300～3500r/min 的速度维持 5～6min 后关掉均质，以 25～30r/min 的速度搅拌直至锅内温度降至 35～40℃；高均质技术指的是通过恒温高压高速技术，将所有原料分解成微粒分子，这样有助于乳化剂将油脂或水分充分包裹形成较为细小的乳化颗粒，有助于产品的稳定性，另外在含有高分子聚合物的产品中，采用恒温高压高速技术萃取出来，将其有效分子再重新排列组合，将其功能发挥至极致，经高均质技术后的物体大小可达纳米大小。

（7）将积雪草提取物、黄芩提取物、茶叶提取物、母菊提取物、迷迭香提取物、虎杖提取物和 1,3-丙二醇-辛酰羟肟酸加入锅中以 25～30r/min 的速度搅拌 10～12min 后出料，静置，检验，罐装，包装即得精华霜。

［原料介绍］ 海藻糖能够在细胞表层形成一层特殊的保护膜，从膜上析出的黏液不仅滋润着皮肤细胞，还具有将外来的热量辐射出去的功能，从而保护皮肤不致受损；能有效地保护表皮细胞膜结构，活化细胞，调理肌肤，令肌肤健康自然、有弹性。

氢化植物油具有非常好的柔肤、保湿和隔离功能。

低芥酸菜籽油是油菜籽中油的芥酸含量≤5％的无害无污染的极品油，用作乳化剂。

寡肽-1为甘氨酸与组氨酸和赖氨酸组成的聚合物，能促进皮肤表皮细胞的新陈代谢，具有延缓肌肤衰老的作用，使皮肤各组成成分保持最佳生理状态。

三肽-3具有良好的保水能力，使得皮肤水润亮泽，散发健康光彩。

尿囊素能使皮肤保持水分滋润和柔软，具有保护组织、亲水、吸水和防止水分散发等作用。

精氨酸/赖氨酸多肽与皮肤的相容性佳，具有较好的防老、抗皱效果。

光果甘草提取物能深入皮肤内部并保持高活性，有效抑制黑色素生成过程中多种酶（如酪氨酸酶）的活性，同时还具有防止皮肤粗糙及抗炎、抗菌的功效。

北美金缕梅提取物由北美金缕梅经高温蒸馏而得，内含多种单宁质，可以调节皮脂分泌，具保湿及嫩白作用；促进淋巴血液循环，专门克服眼部浮肿和黑眼圈；可有效帮助肌肤夜间再生；去除眼袋，对于油性肌肤和过敏性肌肤都有很优异的舒缓、收敛、抗菌的效果，具有很强的收敛、镇定皮肤的作用。

金黄洋甘菊提取物具有抗菌抗炎作用，由于金黄洋甘菊富含黄酮类的活性成分，尤其适用于敏感皮肤，具有很好的舒敏、修护敏感肌肤、减少细红血丝、减少发红、调整肤色不均等作用；不仅能均衡油脂分泌、抑脂抗痘、防止粉刺、消除黑斑、美白肌肤，而且对某些皮肤致病性真菌具有抑制及杀灭作用。

积雪草提取物可以紧致表皮与真皮连接部分，能使皮肤变柔软，有助于解决皮肤松弛现象（尤其是产后妈妈），使皮肤光滑有弹性；帮助促进真皮层中胶原蛋白形成，使纤维蛋白再生，重新连接起来，使肌肤达到紧致光滑的效果。

黄芩提取物对多种皮肤致病性真菌，均有抑制作用，并有抗炎作用；对超氧自由基有明显的清除作用，保护皮肤细胞不受氧自由基过度氧化；吸收紫外线，具抗过敏作用，对于已晒伤的皮肤，有一定修复作用；结合其清除自由基的作用，提取物具有增加皮肤新陈代谢、增加皮肤弹性和抗皱的作用；另外，黄芩提取物还可用作抗炎剂、皮脂分泌抑制剂和保湿剂。

茶叶提取物中的生物天然活性物质——茶多酚，它可以从皮肤进入人体细胞，清退或减轻继发性色素沉淀、黄褐斑、老年斑、皱纹等，因而有减轻皮肤衰老现象的作用。

母菊提取物含丰富的甘菊蓝，具有防止皮肤发炎的功效，亦具有清洁、安定肌肤的效果，作皮肤调理剂使用。

迷迭香提取物是极强的天然抗氧化剂，稳定性好，应用在护肤品中延长了产品的使用寿命，而且可以替代很多人工抗氧化剂的作用，可以减少配方里防腐剂的含量。

虎杖提取物对弹性蛋白酶有抑制作用，适用于抗皱类护肤品。

环五聚二甲基硅氧烷具有良好的护肤功能、润滑性能、抗紫外线的作用，透气性好，具有明显的防尘功能，用来取代传统的油脂原料。

二乙烯基聚二甲基硅氧烷起乳化作用。

苯基聚三甲基硅氧烷能去泡、抗静电、柔润皮肤，降低表面张力，使产品清爽好涂抹，不黏腻。

鲸蜡醇乙基乙酸酯是皮肤柔润剂，增加肌肤的柔润性，使肤质细腻光滑。

1,3-丙二醇-辛酰羟肟酸具有保湿、润肤及防腐作用，抑制霉菌效果较好，可有效替代部分传统有机酸类防腐剂。对光、热表现稳定，可短时耐受90℃高温。

［产品特性］ 本品能够在细胞的表层形成一层特殊的保护膜，从膜上析出的精华不仅能滋润、保湿、修护皮肤，还具备有效的抗紫外线辐射作用，从而保护皮肤不致受损，长期使用能延缓皮肤氧化，对于干燥、受损、过敏肌肤有立即见效的功效。

配方 96　微修护精华霜

[原料配比]

	原料	配比（质量份）
A	霍霍巴籽油	3
	聚二甲基硅氧烷	1.5
	环甲基硅氧烷	2
	鲸蜡硬脂酸	1.5
	鲸蜡硬脂基葡糖苷	1.5
	$C_{14}\sim C_{22}$ 醇	3
	光果甘草根提取物	0.2
	元宝枫油	3
	突厥蔷薇油	0.1
B	水解胶原	2
	芦荟胶油	5
	糖蛋白	2
	透明质酸钠	0.15
	人造细胞膜 LIPIDURE PMB	5
	神经酰胺聚合物	2
	福斯高林	3
	去离子水	62.55
C	苯氧乙醇	0.3
	甘草酸二钾	0.2
	积雪草提取物	2

[制备方法]　先将 A、B 组分分别加热至 93～95℃，完全熔化好后，把 A 组分抽入 B 组分中乳化 3～5min，搅拌速度为 800～900r/min，乳化好后降温至 80℃左右，均质 3～5min，又开始慢慢降温至 40℃以下并加入 C 组分，搅拌均匀即得成品。

[原料介绍]　组分中人造细胞膜 LIPIDUREPMB，是一种模仿细胞膜来设计分子的聚合物，具有极佳的吸湿保湿性，能有效锁住皮肤的水分，给予长久的滋润，使追求"婴儿般的肌肤"的梦想渴求变得触手可及。

突厥蔷薇油具有非常小的分子结构，能够迅速渗透至皮肤中并参与血液循环及微循环，其中所富含的天然植物甾醇、黄酮、玫瑰萜烯类物质具有促进体内荷尔蒙平衡、天然抵御延缓衰老的效果，并且具有促进新陈代谢的作用，将滞留在身体内的二氧化碳及沉积的物质代谢出来，使皮肤显现细腻红润，具有莹润质感，并促进皮肤细胞修复与再生，减少皱纹，增加皮肤弹性。

霍霍巴籽油，它是乳木果中经过物理冷压榨法直接获取的油脂成分，避免了高温带来的营养成分损失。

水解胶原，为采用生化科技手段合成的较小分子量胶原蛋白，同人体自身合成胶原蛋白具有类似结构。是目前经过验证唯一能够渗透皮肤、具有优良皮肤相容性的胶原蛋白，能够补充人体流失、老化的胶原蛋白组织，提高皮肤保湿度及弹性，从而使皮肤恢复细腻及光泽。

甘草酸二钾，它可以防止皮肤受外界刺激产生轻微炎症。在与化妆品有密切关系的皮肤科领域中，用于局部外用药。国内外都可以看到很多临床报告，对于急性和慢性皮肤炎的抗刺激性具有显著的效果。

积雪草，又称"老虎草"，千百年来都作为生肌、促进创伤愈合的良药，俗称"植物胶原蛋白"。积雪草提取物是从积雪草中获得的标准提取物，SABINSA 公司根据市场需求开发出水溶性规格的积雪草提取物，保留其中活性最强的成分，更好地发挥淡痘印痘痕、修护、抗衰老的作用。积雪草提取物可以有效促进纤维细胞生长和皮肤胶原蛋白的合成，加速损伤修护进程的同时提高损伤修护的质量。

积雪草提取物和甘草酸二钾组合有更好的抗过敏以及修护肌肤的能力，经常使用能使肌肤更健康美丽。

神经酰胺聚合物为独创地模仿神经酰胺的结构设计而成的功效性素材，对肌肤具有良好的亲和性，在皮肤表面形成神经酰胺的网状结构，赋予肌肤柔软性、弹性和屏障功能。特别是对眼部皱纹有明显改善。

甘草，千百年前就被誉为"国老""众药之王"，全球知名的"美白黄金"便是从中孕育而生，光果甘草是甘草中美白功效最佳的活性成分。

从精选天然无污染甘草中高度浓缩提取的天然美白剂，它能抑制酪氨酸酶的活性，又能抑制多巴色素互变和 DHICA 氧化酶的活性，对弹力蛋白酶和胶原蛋白酶等破坏酶的抑制效果也是迄今为止所有植物美白成分中功效最强的，对美白淡斑和抗衰老有着非常优秀的作用。是一种快速、高效、绿色的美白祛斑化妆品添加剂，具有与 SOD（过氧化歧化酶）相似的清除氧自由基的能力，它能深入皮肤并保持高活性，有效抑制黑色素生成过程中多种酶的活性，同时还具有防止皮肤粗糙和抗炎、抗菌的功效。由于其要求的严苛及生产量的稀少，这一珍贵的植物价格甚至远高于同等质量的黄金。具有明显的降低刺激、防皮肤氧化、抗衰老作用，并强力减少黑色素而获取高效的美白作用。

［产品特性］ 本品含有精选活性物质的浓缩精华，这些物质能够更全面地修护肌肤，使其基因活性显著提升，将修护的功能恢复至最佳水平。配方中的各种活性物质能够重新激发活性，从而促进微修护的效果。使用本品能唤醒肌肤修护活力，舒缓呵护娇嫩肌肤；修补肌肤保湿屏障，抵御外界环境压力，延缓衰老；滴滴沁

透，牢牢锁水，深层润养，重现润泽美白肌肤。

配方 97　皮肤角质层修复精华素微胶囊

[原料配比]

原料		配比（质量份）		
		1#	2#	3#
精华素	神经酰胺	11	22	28
	胆固醇	8	15	19
	卵磷脂	5	14	18
	维生素 A	3	4	7
	维生素 E	1	5	8
	组氨酸	1	2	3
	赖氨酸	1	2	3
	精氨酸	1	2	3
	玻尿酸	3	5	9
	甜杏仁油	3	7	11
	霍霍巴油	2	6	9
精华素		100	100	100
含 220mmol/L 金属离子的丝胶蛋白溶液		100	—	—
含 240mmol/L 金属离子的丝胶蛋白溶液		—	200	—
含 260mmol/L 金属离子的丝胶蛋白溶液		—	—	300

[制备方法]

（1）配制含金属离子的丝胶蛋白溶液，调节 pH 至 6～7，持续搅拌后置于 30～37℃的恒温箱中反应；

（2）将步骤（1）反应后的溶液离心分离沉淀，用去离子水洗涤除去多余的金属离子，然后加入精华素囊芯组分，持续搅拌后置于 30～37℃的恒温箱中反应 6～12h；

（3）采用去离子水洗涤步骤（2）反应后的产物，置于真空干燥箱中干燥，即可制得。

[原料介绍]　微胶囊为核壳结构的透明球形软胶囊，其中，囊壁为丝胶蛋白壳膜，囊芯为皮肤角质层修复精华素，囊壁与囊芯的质量比为（1～3）：1，微胶囊的直径为 1～5mm。

所述金属离子为钙离子、镁离子、铜离子、锌离子中的任意一种。

所述丝胶蛋白溶液的质量分数为 4%～8%。

所述丝胶蛋白的分子量为 10000~80000。

[产品特性]

（1）本品各组分间协同发挥作用，促进神经酰胺、胆固醇等原料的吸收率；

（2）本品能够很好地融入细胞间隙，加速皮肤受损角质层恢复其屏障功能，从而改善皮肤状态。

配方 98　皮肤修复精华素微胶囊

[原料配比]

原料		配比（质量份）		
		1#	2#	3#
精华素	透明质酸钠	9	13	22
	聚谷氨酸钠	7	9	15
	甘露糖醇	3	7	12
	沙棘精华油	1	3	5
	维生素 A	2	3	7
	维生素 E	2	4	8
	蜂胶	3	5	9
	海藻糖	1	3	5
	丁二醇	3	6	8
	生物糖胶	1	3	6
精华素		100	100	100
含 220mmol/L 金属离子的丝胶蛋白溶液		100	—	—
含 240mmol/L 金属离子的丝胶蛋白溶液		—	200	—
含 260mmol/L 金属离子的丝胶蛋白溶液		—	—	200

[制备方法]

（1）配制含 220~260mmol/L 金属离子的丝胶蛋白溶液，调节 pH 至 6~8，持续搅拌后置于 28~37℃的恒温箱中反应；

（2）将步骤（1）反应后的溶液离心分离沉淀，用去离子水洗涤除去多余的金属离子，然后加入囊芯的各组分，持续搅拌后置于 28~37℃的恒温箱中反应 3~12h；

（3）采用去离子水洗涤步骤（2）反应后的产物，置于真空干燥箱中干燥，即可制得。

[原料介绍]　微胶囊为核壳结构的透明球形软胶囊，其中，囊壁为丝胶蛋白壳膜，囊

芯为皮肤修复精华素，囊壁与囊芯的质量比为（1～2）：1，微胶囊的直径为1～5mm。

所述金属离子为钙离子、镁离子、铜离子、锌离子中的任意一种。

所述丝胶蛋白溶液的质量分数为3%～8%。

所述丝胶蛋白的分子量为10000～80000。

［产品特性］

（1）本品能够提升皮肤整体耐受力，修复受损细胞，加速老化细胞的代谢，改善皮肤微循环，预防色素沉积导致的色斑出现；

（2）本品提高了皮肤角质层的含水率和弹性，降低了皮肤色素值和皱纹值。

配方 99   抗炎精华素微胶囊

［原料配比］

原料		配比（质量份）		
		1#	2#	3#
精华素	白桦茸发酵提取物	15	26	38
	白术提取物	12	21	28
	桑枝提取物	12	18	21
	白茶提取物	8	14	19
	蜂胶	3	8	13
	霍霍巴油	1	5	8
	甘油	2	3	5
	透明质酸钠	1	5	7
精华素		100	100	100
含230mmol/L金属离子的丝胶蛋白溶液		100	—	—
含250mmol/L金属离子的丝胶蛋白溶液		—	200	—
含270mmol/L金属离子的丝胶蛋白溶液		—	—	300

［制备方法］

（1）配制含230～270mmol/L金属离子的丝胶蛋白溶液，调节pH至6～8，持续搅拌后置于28～37℃的恒温箱中反应；

（2）将步骤（1）反应后的溶液离心分离沉淀，用去离子水洗涤除去多余的金属离子，然后加入囊芯的各组分，持续搅拌后置于28～37℃的恒温箱中反应5～12h；

（3）采用去离子水洗涤步骤（2）反应后的产物，置于真空干燥箱中干燥，即可制得。

[原料介绍] 微胶囊为核壳结构的透明球形软胶囊，其中，囊壁为丝胶蛋白壳膜，囊芯为抗炎精华素，囊壁与囊芯的质量比为（1～3）∶1，微胶囊的直径为 2～6mm。

所述金属离子为钙离子、镁离子、铜离子、锌离子中的任意一种。

所述丝胶蛋白溶液的质量分数为 3％～8％。

所述丝胶蛋白的分子量为 10000～80000。

[产品特性]

（1）本品以白桦茸发酵提取物为主要成分，同时配伍多种功能性成分，协同作用；

（2）本品具有皱纹改善、抗氧化、抗炎的效果。

配方100　抗过敏精华素微胶囊

[原料配比]

原料		配比（质量份）		
		1#	2#	3#
精华素	燕麦蛋白肽	3	12	19
	角鲨烷	2	9	18
	大马士革玫瑰精油	4	13	19
	洋甘菊精油	4	8	15
	薰衣草精油	3	12	18
	人参提取物	4	7	11
	薄荷醇	2	5	8
	尿囊素	3	5	7
	透明质酸	2	4	6
	牛磺酸	1	2	3
精华素		100	100	100
含 240mmol/L 金属离子的丝胶蛋白溶液		100	—	—
含 250mmol/L 金属离子的丝胶蛋白溶液		—	200	—
含 260mmol/L 金属离子的丝胶蛋白溶液		—	—	300

[制备方法]

（1）配制含 240～260mmol/L 金属离子的丝胶蛋白溶液，调节 pH 至 6～7，持续搅拌后置于 30～37℃的恒温箱中反应；

（2）将步骤（1）反应后的溶液离心分离沉淀，用去离子水洗涤除去多余的金属离子，然后加入囊芯的各组分，持续搅拌后置于 28～37℃的恒温箱中反应 5～12h；

（3）采用去离子水洗涤步骤（2）反应后的产物，置于真空干燥箱中干燥，即可制得。

[原料介绍] 微胶囊为核壳结构的透明球形软胶囊，其中，囊壁为丝胶蛋白壳膜，囊芯为抗过敏精华素，囊壁与囊芯的质量比为（1～3）∶1，微胶囊的直径为2～6mm。

所述金属离子为钙离子、镁离子、铜离子、锌离子中的任意一种。

所述丝胶蛋白溶液的质量分数为 3%～8%。

所述丝胶蛋白的分子量为 10000～80000。

[产品特性]

（1）本品能够从根本上改善、缓解脸部皮肤的过敏症状，且不产生依赖性的激素成分；

（2）本品性质温和，在抗过敏的同时具有润肤、保湿的功效。

2 补水保湿精华

配方1　保湿精华液（1）

［原料配比］

原料		配比（质量份）		
		1#	2#	3#
A组分	卡波姆	0.1	0.15	0.12
	去离子水	加至100	加至100	加至100
B组分	温泉水	45	50	50
	EDTA二钠	0.02	0.05	0.03
	聚乙二醇-400	5	8	6
	对羟基苯乙酮	0.3	0.5	0.4
	天冬氨酸镁	1	—	—
	葡糖酸锌	—	3	—
	葡糖酸铜	—	—	2
	芦芭油	4	6	5
	赤藓醇	2	4	3
C组分	氢氧化钾（95%）	0.02	0.03	0.025
	去离子水	1	1	1
D组分	丙二醇	5	7	6
	透明质酸钠	0.1	0.2	0.15
E组分	马齿苋提取物	0.5	1	0.7
	岩藻糖	0.3	0.8	0.5
	乙基己基甘油	0.3	0.5	0.4
	浮游生物提取物	3	6	4.5

[制备方法]

(1) 将 C 组分中的氢氧化钾和去离子水按配方用量预先混合溶解，备用；

(2) 按配方用量称取 A 组分，加入去离子水，搅拌均匀，按配方用量加入 B 组分的温泉水、EDTA 二钠、聚乙二醇-400、对羟基苯乙酮、天冬氨酸镁、葡糖酸锌、葡糖酸铜、芦荟油和赤藓醇，加热至 80℃，待其完全溶解后，保温 30min；

(3) 按配方用量加入步骤 (1) 得到的 C 组分，控制 pH 值在 6.5（在 C 组分中，先将 pH 值调节剂氢氧化钾投入去离子水中溶解）；

(4) 待温度降至 45℃，按配方用量加入 D 组分的丙二醇和透明质酸钠，搅拌均匀；

(5) 待温度降至 42℃，按配方用量加入 E 组分的马齿苋提取物、岩藻糖、乙基己基甘油和浮游生物提取物，搅拌均匀；

(6) 待温度降至 36℃，过 400 目筛出料。

[原料介绍] 所述马齿苋提取物是采用低温方法从马齿苋的茎和叶中萃取获得具有生物活性的提取物，并溶解在一定浓度的丁二醇溶液中。马齿苋提取物抗过敏效能与"春黄菊提取物"和"10％甘草酸二钾粉末"相近，同时其又具有在冬季防干燥老化、增加皮肤舒适度以及清除自由基等综合性能，而这些综合性能是"春黄菊提取物"和"甘草酸二钾粉末"所不具备的。

所述浮游生物提取物为来自法国布列塔尼北海岸的海洋浮游生物分泌的胞外多糖（EPS），该胞外多糖（EPS）由半乳糖、半乳糖醛酸、葡萄糖、葡糖醛酸和甘露糖等组成，其分子量高于 140 万，富含 D-葡糖醛酸、D-半乳糖醛酸、D-甘露糖醛酸，提供抗衰、保湿、控油等护肤功效。

所述浮游生物提取物的制备过程为：将海洋浮游生物置于发酵培养基，让海洋浮游生物在培养基中生产并释放胞外多糖（EPS），然后从培养基中去除海洋浮游生物，采用膜分离技术分离、纯化胞外多糖（EPS），干燥胞外多糖（EPS），再取 1 质量份的胞外多糖（EPS）溶于 98 质量份的水，加 1 质量份的苯氧乙醇。

温泉水是地下水在长期运动过程中吸收地壳的热能而形成的一种 20℃以上水源。其中含有大量的钙、铁、铝以及镁元素，具有抗氧化作用，清除自由基，使皮肤免受脂质过氧化损伤，改善皮肤老化现象，具有使皮肤柔软、滑润、消除皱纹等护肤功效。

[产品特性] 本品组分配方温和无刺激，具有协同增效，对皮肤的渗透性好，能够最快速地有效地滋润皮肤、保湿锁水快速且持续性久，可以具有明显柔软皮肤、延缓衰老作用。

配方2 保湿精华液（2）

[原料配比]

原料	配比（质量份）			
	1#	2#	3#	4#
甘油	10	8	10	9
丙二醇	6	4	6	5
透明质酸	0.15	0.08	0.15	0.1
尿囊素	0.35	0.2	0.4	0.3
卡波姆	0.14	0.1	0.15	0.13
三乙醇胺	0.14	0.1	0.15	0.13
水解 β-葡聚糖	3.5	2	4	3
双（羟甲基）咪唑烷基脲	0.135	0.1	0.15	0.13
乙基己基甘油	0.32	0.2	0.4	0.3
苯氧乙醇	0.25	0.18	0.28	0.2
甜菜碱	3.5	2	4	3
乳酸	0.33	0.2	0.4	0.3
乳酸钠	2.5	1	3	2
鹿骨胶原蛋白	1.2	0.5	2	1
去离子水	73	70	75	72

[制备方法]

（1）准备称取配方中的各种物料，用洁净并消毒好的器皿盛装；

（2）在水相锅中，加入水、甘油、丙二醇、透明质酸、尿囊素、卡波姆，并加热至80～85℃；

（3）将步骤（2）得到的水相原料搅拌保温20～30min；

（4）将步骤（3）得到的产品冷却至40～45℃时，加入水解β-葡聚糖、三乙醇胺、双（羟甲基）咪唑烷基脲、乙基己基甘油、苯氧乙醇、甜菜碱、乳酸、乳酸钠、鹿骨胶原蛋白搅拌20min至完全溶解；

（5）取样检测，合格后出料。

[原料介绍] 本品添加了尿囊素，使最终产品具有避光、杀菌防腐、止痛、抗氧化作用，能使皮肤保持水分，具有滋润和柔软的效果。添加了鹿骨胶原蛋白，由于胶原是动物结缔组织中的主要成分，是动物体内含量最多、分布最广的蛋白质，与人的生长、衰老以及健康、疾病有着密切的关系，鹿骨是鹿的骨骼，含有大量胶原蛋白、磷脂质、磷蛋白、软骨素、多种维生素，还含有多种矿物质元素如钙、镁、铁、锌、钾、铜。另外鹿骨软骨中富含大量的酸性黏多糖及其衍生物，这类

物质具有重要的生理功能和多种药理活性。骨胶原和钙组成了独特的补钙途径，能够增加骨密度，强化骨骼韧性，达到预防和改善骨质疏松的作用。

[产品特性] 本品保湿效果好，对皮肤有很好的补充蛋白质、多种皮肤所需维生素的作用，且使用更加安全。

配方3 保湿精华液（3）

[原料配比]

原料		配比（质量份）		
		1#	2#	3#
水相	丁二醇	5	6.3	7.2
	PEG/PPG-17/6 共聚物	1.5	1	1.6
	PEG-75 牛油树脂甘油酯类	0.03	0.07	0.05
	丙烯酰二甲基牛磺酸铵/VP 共聚物	0.5	0.2	0.3
	PEG-40 氢化蓖麻油	0.04	0.01	0.05
	甲基异噻唑啉酮	0.06	0.06	0.06
	黄原胶	0.09	0.01	0.05
	氢氧化钠	0.02	0.01	0.018
	香精	0.05	0.01	0.008
	去离子水	加至100	加至100	加至100
油相	甘油	4	5.5	4.5
	甘油聚醚-26	1.2	1	2
	甜菜碱	1	1.5	1.8
	β-葡聚糖	1	1.2	1.5
	透明质酸钠	0.06	0.03	0.05
	沙棘提取物	0.04	0.02	0.05
	丙二醇	0.04	0.01	0.05
	尿囊素	0.08	0.05	0.1
	泛醇	0.1	0.3	0.2
	羟苯甲酯	0.1	0.2	0.15
	双-PEG-15 甲基醚聚二甲基硅氧烷	0.01	0.03	0.02
	聚谷氨酸	0.02	0.04	0.05

[制备方法]

（1）将上述组分中的丁二醇、PEG/PPG-17/6 共聚物、PEG-75 牛油树脂甘油酯类、丙烯酰二甲基牛磺酸铵/VP 共聚物、PEG-40 氢化蓖麻油、甲基异噻唑啉酮、黄原胶、氢氧化钠、香精和去离子水分别按照质量比加入水锅中，升温至 75～85℃搅拌均匀，保温 20min 备用；

（2）将甘油、甘油聚醚-26、甜菜碱、β-葡聚糖和去离子水、透明质酸钠、沙棘提取物、丙二醇、尿囊素、泛醇、羟苯甲酯、双-PEG-15 甲基醚聚二甲基硅氧烷加入油锅中，升温至 75～85℃搅拌均匀，保温备用；

（3）将步骤（1）中备用的组分抽入乳化锅，再将步骤（2）中备用的组分抽入乳化锅中，启动乳化锅均质 3～5min，保温搅拌 20min 后降温至 45℃；

（4）加入预溶解的聚谷氨酸搅拌均匀，然后取样检验，合格出料，即得半成品；

（5）将半成品放置静置间，待检验，检验合格后灌装，抽检合格后，成品入库。

［原料介绍］　本品配方中富含从沙漠植物沙棘中提取的活性精华及透明质酸钠、聚谷氨酸等高效保湿因子，其中沙棘提取物中含有丰富的营养物质和生物活性物质，深层补水滋养，有效舒缓肌肤干涩暗沉，增强肌肤自我防御能力，保湿醒肤补充能量；透明质酸钠有很强的吸湿性，可迅速补充肌肤角质层水分，维持肌肤水润嫩滑，改善肌肤疲倦暗沉，由内而外促进肌肤微循环，补水锁水，深层修护，有效成分直达肌底；聚谷氨酸（γ-PGA）具有极强的保湿能力，能有效地增加皮肤的保湿能力，促进皮肤健康。因此该保湿精华液特有的轻薄水感质地，使肌肤有效吸收不黏腻，透现光彩水漾，绽放弹润美肌。

［产品特性］　本品无酒精添加、无激素、无重金属超标、无色素、无动物衍生物，其中富含的植物萃取的天然活性成分和高效保湿因子，能够深入渗透肌肤底层，补水锁水瞬间到位，同时舒缓、净化肌肤，搭建肌肤天然保湿屏障，调节水油平衡，提升肌肤光泽，给肌肤带来精心水嫩呵护。同时，该保湿精华液吸湿性、储水性、封闭性、渗透性多效联合，达到了高效保湿的效果，使肌肤形成天然补水锁水屏障，营养成分可以深入到真皮层，不断促进肌肤新陈代谢，打破肌肤"干涸态"，重现"水漾美"。

配方 4　保湿精华液（4）

［原料配比］

原料	配比（质量份）	原料	配比（质量份）
尿囊素	0.3～0.5	山金车提取液	1～1.6
透明质酸	0.2～0.4	七叶树提取液	1～1.2
洋甘菊提取液	1.3～1.7	甘草提取液	0.7～1.1
芦荟提取液	0.6～1	海藻提取液	0.9～1.2

续表

原料	配比（质量份）	原料	配比（质量份）
连翘提取液	1.2～1.6	雪莲提取液	1.2～1.5
葡聚糖水溶液	1.2～1.4	川芎提取液	1～1.3
蜂胶提取液	1.3～2	春黄菊提取液	0.2～0.3
玫瑰纯露	1.4～1.8	积雪草提取液	0.8～1.1
土茯苓提取液	1.1～1.5	当归提取液	0.7～1
金缕梅提取液	1～1.5	百合提取液	0.6～1
绞股蓝提取液	1.7～2	矢车菊提取液	0.9～1.3
五味子提取液	1～1.6	乳化蜡	1.5～1.9
丁香提取液	1～1.4	香精	1.5～2
珍珠水解液	1.6～1.8	去离子水	63.3～71.3

[制备方法] 将尿囊素、透明质酸置于去离子水中，恒温至 42～48℃，搅拌 30min，等完全溶解且搅拌均匀后，再加入洋甘菊提取液、芦荟提取液、山金车提取液、七叶树提取液、甘草提取液、海藻提取液、连翘提取液、葡聚糖水溶液、蜂胶提取液、玫瑰纯露、土茯苓提取液、金缕梅提取液、绞股蓝提取液、五味子提取液、丁香提取液、珍珠水解液、雪莲提取液、川芎提取液、春黄菊提取液、积雪草提取液、当归提取液、百合提取液、矢车菊提取液、乳化蜡，待完全搅拌均匀后，再加入香精高速搅拌 35min，静置 28h 即为成品。

[产品特性] 本品可进入皮肤内部进行深层保湿，具有极强的保湿能力，能有效地增加皮肤的保湿能力，促进皮肤健康，强效保湿，提高肌肤细胞的滋润度，令皮肤光泽细腻富有弹性，肌肤立感滑爽；本品瞬间潜入皮肤，立时锁水，皮肤明显水润光滑，触摸即感细嫩，细纹淡化，坑坑包包逐渐平整，肌肤充满弹性，皮肤紧致，老化角质一扫而光，皮肤靓白开始蜕变。

配方5 保湿精华液（5）

[原料配比]

原料		配比（质量份）		
		1#	2#	3#
A	丁二醇	4	3	5
	EDTA 二钠	0.1	0.1	0.2
	羟苯甲酯	0.12	0.1	0.2

续表

原料		配比（质量份）		
		1#	2#	3#
A	1,2-己二醇	0.6	0.5	1
	对羟基苯乙酮	0.2	0.3	0.1
	透明质酸钠	0.02	0.03	0.01
	海藻糖	0.5	0.7	0.3
B	二苯基聚二甲基硅氧烷	10	12	8
	芳香型护肤用香	0.02	0.03	0.01
去离子水		84.44	83.24	85.18

[制备方法]

（1）将 A 组成分加入主锅中，加入去离子水，搅拌加热至 85℃，保温 20min 后，降温备用；

（2）将芳香型护肤用香和二苯基聚二甲基硅氧烷混合搅拌均匀后再加入主锅，混合均匀即可。

[产品特性]　本品解决了传统技术中保湿精华黏感强和高稠度的问题，添加了二苯基聚二甲基硅氧烷，基于其特殊的结构和高折射率，摇散的精华液的滋润度和光亮度大大提升，增强了外观闪亮度。

配方 6　保湿精华液（6）

[原料配比]

原料		配比（质量份）					
		1#	2#	3#	4#	5#	6#
A 相	透明质酸钠混合物	中分子量透明质酸钠	0.4	0.1	0.2	0.35	0.5	0.6
		大分子量透明质酸钠	0.35	0.2	0.3	0.35	0.4	0.5
		水解透明质酸钠	0.03	0.01	0.02	0.03	0.04	0.05
		乙酰化透明质酸钠	0.005	0.002	0.0025	0.004	0.0065	0.008
		透明质酸钠交联聚合物	0.005	0.002	0.0025	0.004	0.0065	0.008
	皮肤调理剂一	1,2-己二醇	0.22	0.2	0.21	0.23	0.24	0.25
		辛酰羟肟酸	0.21	0.2	0.21	0.23	0.24	0.25
		丁二醇	0.22	0.1	0.2	0.3	0.4	0.5
	保湿剂	1,2-戊二醇	1	0.5	0.75	1	1.25	1.5
	溶剂	去离子水	90.12	90.486	86.38	81.852	77.542	74.334

原料			配比（质量份）					
			1#	2#	3#	4#	5#	6#
B相	植物提取液	三色堇提取物	0.5	0.1	0.325	0.55	0.775	1
		芦荟提取物	0.45	0.1	0.325	0.55	0.775	1
	保湿剂	丙二醇	0.7	5	6.25	7.5	8.75	10
		甘油聚醚-26	2	1	1.75	2.5	3.25	4
	增稠剂	羟乙基纤维素	0.24	0.2	0.225	0.25	0.275	0.3
	皮肤调理剂二	糖类同分异构体	1.75	1	1.5	2	2.5	3
		甜菜碱	1	0.5	0.875	1.25	1.625	2
		PEG-6 辛酸/癸酸甘油酯类	0.4	0.1	0.325	0.55	0.775	1
		芽孢杆菌/大豆发酵产物提取物、叶酸、丁二醇、1,2-己二醇、透明质酸钠	0.4	0.2	0.35	0.5	0.65	0.8

[制备方法]

（1）将 A 相组分依序加入乳化锅中持续搅拌 3～8min 后静置 5～10h，在 25～35r/min 的转速下，搅拌 10～20min 直至分散均匀；此时透明质酸钠混合物中的各组分能够溶解在水中，此时中分子量透明质酸钠、水解透明质酸钠和乙酰化透明质酸钠能够分散填充在大分子量透明质酸钠之间的间隙内，此时透明质酸钠混合物的分散效果最佳。

（2）将 B 相组分依次投入步骤（1）中所述的乳化锅内，并与 A 相组分混合搅拌均匀，在 25～35r/min 的转速下，搅拌 6～10min 直至 B 相组分分散均匀，即完成操作。

[原料介绍]　透明质酸钠混合物至少包括有大分子量透明质酸钠、中分子量透明质酸钠以及小分子量透明质酸钠中的两种以任意比混合。其中，透明质酸钠是指透明质酸以一种钠盐的形式存在于护肤品中。同时它由（1-β-4）D-葡糖醛酸和（1-β-3）N-乙酰基-D-氨基葡糖双糖单位重复连接而成，广泛存在于胎盘、羊水、晶状体、关节软骨以及皮肤真皮层等组织。器官中它分布在细胞质以及细胞间质中，对其中所含的细胞和细胞器本身能够起到润滑与滋养作用。因而上述透明质酸钠混合物不仅具有更好的保湿效果，而且还具有润滑与滋养皮肤的作用。

植物提取液是以植物（植物全部或者某一部分）为原料提取或加工而成的物质，其主要为苷、酸、多酚、多糖、萜类、黄酮、生物碱等，它不仅具有良好的抗氧化、清除自由基的作用，而且还能滋养嫩化皮肤，提高皮肤的清洁度。

加入皮肤调理剂一、皮肤调理剂二，以及保湿剂（例如，甘油、丙二醇、山梨醇等水溶性油脂）对皮肤进行进一步的调理。不仅能够减少水分的散失，而且从全方面考虑对皮肤的保湿影响，提高了皮肤的含水量，进一步提升皮肤的长效保湿、修护，以及营养能力。

中分子量透明质酸钠的分子量为130万～150万，中分子量透明质酸钠可使得皮肤中水分含量保持相对稳定，细胞间和细胞内水分维持在适当的水平。而小分子量透明质酸钠的分子量为4000～6000，其分子量极小，可透过皮肤被吸收，进入皮肤内部进行深层保湿。由此采用不同分子量的透明质酸钠进行复配使用，可表现出极高的保湿性能。

水解透明质酸钠的分子量更小，由此皮肤对其吸收效果更佳，因此水解透明质酸钠能够进入皮肤深层进行保湿，由此能够增加皮肤弹性，抚平皱纹，同时还能从根源上改善皮肤干燥问题。

乙酰化透明质酸钠（AcHA）是由天然保湿因子透明质酸钠（HA）经乙酰化反应得到的。乙酰基的引入可使透明质酸钠兼具亲水性和亲脂性，可发挥双倍保护、修复角质层屏障（即可达到锁水的功能）、提高皮肤弹性（即恢复健康皮肤状态）等生物活性，从而有助于改善皮肤干燥、粗糙状态，令皮肤柔软有弹力。

透明质酸钠交联聚合物是指将透明质酸钠经由交联剂进行交联后所生成的双重或多重交联透明质酸衍生物。其中交联的方式可以是通过交联HA的羟基进行交联，或者使用二乙烯基砜作为交联剂与其他亲水聚合物混合。此时交联上HA的聚合物也包括无毒和生物相容的生物聚合物和水溶性的合成聚合物。

生物聚合物包括多肽、纤维素和它的衍生物，如羟乙基纤维素和羧甲基纤维素、藻酸盐、脱乙酰壳多糖、类脂、葡聚糖、淀粉、结冷胶及其他多糖等。

合成聚合物包括聚乙烯醇（PVA）、聚氧化乙烯（PEO）和聚氧化丙烯（PPO），以及任何前述聚合物的共聚物，聚丙烯酸、聚丙烯酰胺及其他羟基、羧基和亲水性合成聚合物。由此上述透明质酸钠交联聚合物相比于普通的透明质酸钠不仅具有良好的生物稳定性，而且仅有交联处理后的聚合物具有高效的补水保湿、提高皮肤弹性以及改善皮肤干燥的作用。

三色堇提取物是从植物三色堇中提取的，它具有良好的杀菌、散瘀、去疮除疤，以及治疗皮肤上青春痘等功效和作用。

芦荟提取物则是一种无色透明褐色的略带黏性的液体，干燥后为黄色精细粉末。它的主要活性成分为叶含芦荟苷、异芦荟苷、β-芦荟苷、芦荟大黄素及芦荟糖苷A、芦荟糖苷B等。同时它还具有使皮肤收敛、柔软化、保湿、消炎、美白的性能。还有解除硬化、角化及改善伤痕的作用，不仅能防止小皱纹、眼袋、皮肤松弛，还能保持皮肤湿润、娇嫩，同时还可以治疗皮肤炎症，对粉刺、雀斑、痤疮以及烫伤、刀伤、虫咬等亦有很好的疗效。

采用上述两种植物提取液中的任意一种与透明质酸钠混合物进行配合使用，不仅能够提高对皮肤的保湿锁水作用，而且还能去除肌肤污垢、油脂，彻底清洁肌肤，加强肌肤保湿功能，防止皮肤干燥紧绷，使肌肤明亮光洁，舒缓、安抚肌肤不适，温和不刺激。

糖类同分异构体是一种很好的保水剂和柔润剂。其中，甲醛、乙酸也符合 $C_n(H_2O)_m$ 结构式即为糖类的同分异构体。上述糖类同分异构体均经由生物化学技术制造成异构化 D-葡聚糖，具有和人体角质层相近的组成结构，使用在皮肤上能与 ε-氨基酸官能团结合，从而能够具有修复表皮层细胞，以及提升肌肤补水的能力。

甜菜碱是一种碱性物质，它具有强烈的吸湿性能，所以在制作工艺中经常会使用抗结块剂处理，不仅具有良好的杀菌消炎作用，而且渗透性好，能够对皮肤起到较好的清洁作用。

PEG-6 辛酸/癸酸甘油酯类包括辛酸甘油酯、癸酸甘油酯、辛癸酸甘油酯及其混合物，其中辛酸甘油酯即辛酸的三酰甘油，奶油和椰子油的脂质成分。癸酸甘油酯即癸酸的三酰甘油，奶油的成分之一。同时辛癸酸甘油酯是以椰子油或棕榈仁油、山苍子油等油脂为原料，经水解、分馏、切割，得到辛酸、癸酸与甘油酯化，然后脱酸、脱水、脱色制得，可作为护肤品、香精中的基材、溶解剂、吸湿剂或者稳定剂使用，具有普通水溶性油脂的共同优点。

芽孢杆菌是能形成芽孢（内生孢子）的杆菌或球菌。其包括芽孢杆菌属、芽孢乳杆菌属、梭菌属、脱硫肠状菌属和芽孢八叠球菌属等。它们对外界有害因子抵抗力强，分布广，存在于土壤、水、空气以及动物肠道等处。

大豆发酵产物提取物的活性成分主要是乳酸杆菌，它会随着胶原蛋白进入皮肤组织后，能够增加皮肤的自洁能力，进而会改善皮肤毛孔粗大以及粉刺增生的不良状况。

［产品特性］

（1）本品不仅能够减少水分的散失，而且从全方面考虑皮肤的保湿影响，提高了皮肤的含水量，进一步提升皮肤的长效保湿、修护，以及营养能力；

（2）本品通过透明质酸钠混合物、植物提取液以及皮肤调理剂一和皮肤调理剂二相互复配，促进了保湿精华液中各组分之间的相互作用，提高了其保湿锁水、清洁肌肤以及嫩化肌肤的性能。

配方7　海洋冰川净化醒肤补水精华液

［原料配比］

原料	配比（质量份）			
	1#	2#	3#	4#
冰川海泥提取物	1	10	8	9

续表

原料	配比（质量份）			
	1#	2#	3#	4#
神经酰胺 3	0.01	0.1	0.04	0.05
雨生红球藻提取的虾青素	1.1×10^{-5}	5×10^{-5}	5×10^{-5}	5×10^{-5}
酵母菌溶胞物提取物	0.01	0.03	0.04	0.05
甘油	1	6	1	6
丁二醇	10	0.5	5	2
羟乙基脲	1	6	1	1
甜菜碱	0.5	4	2	0.5
乳酸钠	3	0.2	2	1
PCA 钠	2	1	1.5	0.5
黄原胶	0.1	0.1	0.1	0.1
乳酸	0.001	0.001	0.001	0.001
羟苯甲酯	0.1	0.1	0.1	0.1
苯氧乙醇	0.6	0.6	0.6	0.6
PEG-40 氢化蓖麻油	0.05	0.05	0.05	0.05
香精	0.005	0.005	0.005	0.005
去离子水	加至 100	加至 100	加至 100	加至 100

[制备方法] 先将羟苯甲酯在 80℃溶解完全后，降温至 45℃，向其中加入已预混合均匀的 PEG-40 氢化蓖麻油与香精，搅拌至透明后，依次加入余下组分——冰川海泥提取物、神经酰胺 3、雨生红球藻提取的虾青素、酵母菌溶胞物提取物、甘油、丁二醇、羟乙基脲、甜菜碱、乳酸钠、PCA 钠、黄原胶、乳酸、苯氧乙醇，每加一个组分搅拌至完全溶解后，再加下一个组分，加完后搅拌至完全透明均一即可。

[原料介绍] 冰川海泥提取物的细胞能量补充能力，酵母菌溶胞物提取物强大的增强细胞活性、促进细胞呼吸即活氧功效，神经酰胺 3 强大的角质层修复能力、恢复皮肤屏障功能、提高皮肤锁水能力与雨生红球藻提取的虾青素强大的抗氧化作用完美结合，改善精神压力、疲劳、空气污染、紫外线伤害、不健康的饮食和作息习惯等原因对皮肤造成的伤害，如皮肤干燥、粗糙、没弹性、肤色暗哑、满脸倦容等问题。

[产品应用] 本品是一种可以直接涂抹和浸泡湿巾贴膜的多用途产品，可单独直

接涂抹和浸泡湿巾敷贴于皮肤使用。

[产品特性]　本品可帮助肌肤提高水润度、恢复弹性、再生、活化、细腻、美白、抗衰老、抗氧化等全方位的功效。

配方8　天然长效保湿精华液

[原料配比]

原料	配比（质量份）		
	1#	2#	3#
海藻糖	2	0.1	10
赤藓糖醇	3	10	0.1
黄原胶	0.5	10	0.1
甘油	5	5	5
酵母提取物	5	50	0.1
芙蓉花提取物	3	10	0.1
甘草酸二钾	0.2	10	0.1
防腐剂	0.3	0.3	0.3
10%柠檬酸	适量	适量	适量
去离子水	81	100	30

[制备方法]

（1）将海藻糖、赤藓糖醇、黄原胶、甘油同时加入去离子水中；

（2）加热到80℃后搅拌溶解，降温到40℃加入酵母提取物、芙蓉花提取物、甘草酸二钾，搅拌均匀；

（3）用柠檬酸调节pH到5～6，加入防腐剂搅拌均匀即可。

[原料介绍]　防腐剂采用己内酰脲、尼泊金酯类、金刚烷氯化物或异噻唑啉酮等常规防腐剂。

[产品特性]　不含有任何化工添加剂，所有的成分都是天然来源，符合有机化妆品对成分的要求，依据这些成分的合理组合配比，水合度高，长期使用，保湿、补水效果更明显，实现了最佳的皮肤保湿效果，适合各种人群护肤保湿。

配方 9　天然靓肤保湿微乳化精华液

[原料配比]

原料			配比（质量份）		
			1#	2#	3#
半成品 I	A 相	氢化卵磷脂	2	2.5	3
		辛酸/癸酸甘油三酯	1	2	3
		环五聚二甲基硅氧烷	1	2	3
	B 相	甘油	5	10	15
		二醇	5	10	15
		麦芽寡糖葡糖苷（即麦芽寡糖葡萄糖苷）	0.5	0.75	1
		海藻糖	0.5	0.75	1
		透明质酸钠	0.3	0.4	0.5
		尿囊素	0.2	0.3	0.4
		丙烯酸（酯）类/C_{10}～C_{30} 烷醇丙烯酸酯交联聚合物	0.2	0.3	0.4
		丙烯酰二甲基牛磺酸铵/VP 共聚物	0.2	0.3	0.4
		EDTA 二钠	0.1	0.15	0.
		去离子水	83.2	69.35	55.5
	C 相	四羟丙基乙二胺	0.2	0.3	0.4
		1,2-戊二醇	0.2	0.3	0.4
		1,2-己二醇	0.2	0.3	0.4
		辛甘醇	0.2	0.3	0.4
半成品 II	A 相	双甘油	3.0	4.0	5
		泛醇	3.0	4.0	5
		羟乙基纤维素	0.5	0.75	1
		烟酰胺	0.5	0.75	1
		甘草酸二钾	0.3	0.4	0.5
		EDTA 二钠	0.1	0.15	0.2
		去离子水	90.7	87.3	83.9
	B 相	β-葡聚糖	0.5	0.75	1
		库拉索芦荟叶提取物	0.3	0.4	0.5
		母菊花提取物	0.3	0.4	5
		黄龙胆根提取物	0.3	0.4	5
		莲子提取物	0.3	0.4	5
		1,2-戊二醇	0.2	0.3	0.4
产品		半成品 I	10	15	20
		半成品 II	90	85	80

[制备方法] 半成品Ⅰ制备方法：将 A 相组分加热至 65℃完全溶解作为 A 相备用，并将 B 相组分加热至 75℃完全溶解作为 B 相备用；

将加工的 A 相备用与 B 相备用倒入固定式真空均质搅拌锅内并启动机器，搅拌速度为 500r/min，均质速度为 1000r/min，抽真空至小于 0.04MPa，均质搅拌 10min，再继续抽真空搅拌，降温至 43℃，泄真空压力后，将 C 相组分加入，搅拌速度为 500r/min，均质速度为 1000r/min，均质搅拌 3min 后，继续抽真空至小于 0.04MPa，搅拌降温至 33℃，最后半成品Ⅰ出料过滤并装桶备用。

半成品Ⅱ制备方法：将 A 相组分加热至 75℃完全溶解作为 A 相备用。

将加工的 A 相备用倒入固定式真空均质搅拌锅内并启动机器，搅拌速度为 500r/min，均质速度为 1000r/min，抽真空至小于 0.04MPa，均质搅拌 10min 后，再继续抽真空搅拌，降温至 43℃，泄真空压力后，将 B 相组分加入，搅拌速度为 500r/min，均质速度为 1000r/min，均质搅拌 3min 后，继续抽真空至小于 0.04MPa，搅拌降温至 33℃，最后半成品Ⅱ出料过滤装桶备用。

产品制备方法：将半成品Ⅰ、半成品Ⅱ通过蠕动泵定量加入高压均质机入料口内，开启压力控制阀与温控内循环机，料体分 3 次加入入料口（压力控制范围为 1.3～11.0MPa），料体内循环控温于 3℃，防止料体过热，待料体外观完全半透明状，黏度控制在 80cps（1cps＝1mPa·s）以下时完成。然后通过外循环转子泵输送，过滤出料，即可得一种天然靓肤保湿微乳化精华液。

[产品特性] 本品不使用含有 EO 的乳化剂，并选择合适的氢化卵磷脂乳化剂与多种靓肤保湿活性成分组合物配比，得到了稳定的纳米级活性微乳化体（平均粒径 120.8nm），能够使配方中的靓肤保湿活性成分有效渗入角质层之中，发挥自身成分的最大功效；由于乳化粒径的优势，配比中活性成分的添加也可比传统配比更有效降低比例，达到经济与效率的统一；在一段时间的连续使用下能够使暗沉蜡黄的肤色展现明亮光彩，并恢复皮脂正常保湿功能，使肌肤恢复健康充满活力且保湿效果明显。

配方 10　具有保湿功效的双层精华液

[原料配比]

原料		配比（质量份）		
		1#	2#	3#
油相	EG-20 甲基葡糖倍半硬脂酸酯	0.3	0.75	1.2
	蔗糖多硬脂酸酯	0.3	1.2	2.4
	辛基聚甲基硅氧烷	6	12	18
	辛酸/癸酸甘油三酯	9	15	24
	霍霍巴油	9	12	18

续表

原料		配比（质量份）		
		1#	2#	3#
水相	甘油	15	30	45
	ACYEASTBETA-GLUCAN	0.06	0.15	0.3
	ActiveDMPG-V	6	15	18
	去离子水	245.34	201.9	158.1
亮肽抗菌液		3	3	3
AquasenseCHI		6	9	12

[制备方法]

（1）将 PEG-20 甲基葡糖倍半硬脂酸酯、蔗糖多硬脂酸酯、辛基聚甲基硅氧烷、辛酸/癸酸甘油三酯、霍霍巴油置于容器中，以 800～1000r/min 搅拌升温至 75～85℃，保温 10～15min 备用，得到油相原料。

（2）将甘油、ACYEASTBETA-GLUCAN、ActiveDMPG-V 以及水置于容器中，以 800～1000r/min 搅拌升温至 80～90℃，保温 15～20min 备用，得到水相原料。

（3）将水相原料加入乳化均质装置内，开启搅拌，搅拌转速为 300～900r/min，在 80～85℃的条件下，将油相原料缓慢吸入乳化均质装置中，得到混合液；随后将混合液进行高速均质，高速均质的速度为 1000～4000r/min，所述均质时间为 5～30s。

（4）均质完成后，保持搅拌速度不变，冷却至 35～40℃；随后加入亮肽抗菌液、AquasenseCHI，搅拌 15～20min，出料，得到双层精华液。

所述的精华液初始外观为白色乳液，静置后变为下部分透明液体、上部分白色乳液，摇匀后仍可自然沉降为双层稳定体系；pH 为 6.5～7.5，黏度≤200mPa·s，45℃时耐热 24h，恢复室温后仍为双层稳定体系，轻摇匀后即转变为稳定白色乳液，-18℃时耐寒 24h，恢复室温后仍为白色均一稳定体系。

[原料介绍] 所述 ActiveDMPG-V 为植物来源的丙二醇；所述 ACYEASTBETA-GLUCAN 为面包酵母来源的 β-葡聚糖；所述 AquasenseCHI，其主要成分为水、丁二醇和半乳糖阿拉伯糖。

本品是以介于 W/O 和 O/W 之间 HLB 为 8.0 的蔗糖多硬脂酸酯为主乳化成分，同时以少量高 HLB 值（15.3）的 PEG-20 甲基葡糖倍半硬脂酸酯为助乳化成分，使得本品精华液具有比较独特的双层体系，而且蔗糖多硬脂酸酯能使乳化体形成层状液晶结构，具有长效保湿能力；再以辛基聚甲基硅氧烷、辛酸/癸酸甘油三酯以及霍霍巴油为保湿润肤成分，三种成分的铺展性依次降低、滋润度依次增加，并且通过将这三种不同成分进行相互搭配本品精华液在保持较好的铺展性时可使肌肤变得柔软、毛孔畅通，同时还具有较好的保湿功效；再以甘油、ActiveDMPG-V、ACYEASTBETA-GLUCAN（促进细胞的再生和生长，具有细胞修复的作用）、AquasenseCHI 为保湿修复成分，其中 AquasenseCHI 通过促进水通道蛋白的合成，增加表皮层天然保湿因子的数量和甘油含量，具有即时和长效的保湿效果，并且对细胞外基质也有较好的修复效果，维护良好的皮肤屏障功能，全面改善肌肤状态。

[产品特性]

（1）本品具有良好的、长久的保湿效果。

（2）本品为新型超低黏双层体系（上端为白色乳液状，下层为透明相），具有新颖的视觉效果，使用时轻摇几下即可均匀，方便使用。

（3）配方结构优化，无香精、无防腐剂等潜在的刺激过敏原，配方非常温和无刺激。

配方 11　锁水保湿功效的精华液

[原料配比]

原料	配比（质量份）			
	1#	2#	3#	4#
纯化水	58.80	50.77	46.63	42.80
丁二醇	8.00	7.00	6.00	5.00
黄原胶	0.10	0.08	0.07	0.05
甘草酸二钾	0.60	0.70	0.80	0.50
锁水保湿功效组合物	31.00	40.00	45.00	50.00
苯氧乙醇	0.40	0.45	0.40	0.45
1,2-己二醇	0.50	0.50	0.60	0.60
甜橙花水	0.60	0.50	0.50	0.60
D-泛醇	0.30	0.35	0.40	0.50

[制备方法]

（1）预先用丁二醇分散润湿黄原胶至均匀备用，将纯化水加入主配制锅中，开启搅拌（35r/min）并打开加热，投入黄原胶预混料，再投入甘草酸二钾，加热至 80～85℃ 后，保温搅拌 30min，随后打开冷却水降温；

（2）当降温至 45℃ 后，依次加入锁水保湿功效组合物、苯氧乙醇、1,2-己二醇、甜橙花水、D-泛醇，打开均质（1000～1500r/min），均质 5min 至均匀，搅拌（35r/min）20min，混合均匀后检测料体的 pH 值，pH 值在 5.0～7.0 范围内，过 200 目筛网出料。

[原料介绍]　所述锁水保湿功效组合物由下列质量份的功效原料组成：甜菜碱 4～8 份、海藻糖 2～4 份、野大豆籽提取物 1～2 份、母菊花提取物 5～10 份、尿素 5～10 份、尿囊素 0.5～1 份、透明质酸 0.1～0.5 份、透明质酸钠 0.2～0.5 份、水解小核菌胶 0.2～0.5 份、出芽短梗酶多糖 0.2～0.5 份、卡波姆 0.1～0.5 份、甘油 20～30 份、水 40～70 份。

所述锁水保湿功效组合物的制备包括下列步骤：预先将透明质酸钠、水解小核菌胶、出芽短梗酶多糖与甘油分散润湿完全得预混料，在预配制锅中加入水，将卡波姆在水中润湿 5min，开启搅拌（35r/min），依次加入预混料、透明质酸，加热至 40～45℃后，再依次加入甜菜碱、海藻糖、尿囊素、尿素、母菊花提取物、野大豆籽提取物，保温搅拌 30min，溶解完全待用。

所选用的锁水保湿功效组合物，具有三重立体水动力体系：

第一重为瞬间补水动力体系，主要由甜菜碱、海藻糖、尿素、甘油组成，它们均属于小分子保湿剂，很容易被缺水皮肤吸收，且它们吸水性都很强，很容易做到瞬间给皮肤补水。其中甜菜碱又名三甲基甘氨酸，吸湿性强且与皮肤相容性好；海藻糖，植物来源，具有稳定细胞膜和蛋白质结构及抗干燥的作用；尿素和甘油均是皮肤表皮层天然保湿因子活性成分，具有很好的瞬间补水作用。

第二重为锁水动力体系，主要有透明质酸、三种分子量的透明质酸钠、卡波姆，透明质酸钠作为明星补水活性成分，其吸水锁水能力为自身质量的 500～1000 倍，作用在皮肤时可以形成"锁水墙"，减少水分流失。透明质酸为小分子补水活性物，是大分子透明质酸钠的前体，由于分子量很小，可以被皮肤角质层慢慢吸收，嵌入到皮肤表皮层。卡波姆为高分子聚合物，有着强大的悬浮和稳定体系的属性，当它和多种透明质酸钠水合在一起的时候，它能和透明质酸钠形成一个空间结构，这个空间结构里面充满了吸饱水的透明质酸钠和透明质酸，是一个锁水宝库，当作用于皮肤时，它们能持久地形成一个"锁水墙"。

第三重为保湿动力体系，主要由水解小核菌胶、出芽短梗酶多糖组成，它们均为成膜性极好的高分子保湿剂，特别是出芽短梗酶多糖，常用名称为普鲁兰多糖，能在皮肤表面形成一层透气的保护膜，当它和水解小核菌胶一起使用的时候，能形成一层交错且紧密的保湿性透气膜，既能阻止水分从皮肤挥发走，又能阻隔外来细菌、灰尘的侵入。

[产品应用]　本品使用方法为：每天洁面后，导出一元硬币面积大小的精华液均匀涂抹于面部肌肤上，按摩至吸收完全即可。

[产品特性]　本品制备方法简便，且安全有效，有着很好的体验感觉和使用效果。

配方 12　保湿紧致基础精华液

[原料配比]

原料	配比（质量份）			
	1#	2#	3#	4#
透明质酸	0.17	0.22	0.27	0.32
生物糖胶-1	0.32	0.27	0.22	0.17
EDTA-2Na	0.08	0.01	0.05	0.1
甘油	2	1	3	5
黄原胶	0.29	0.1	0.15	0.3
尿囊素	0.08	0.01	0.05	0.1
苯氧乙醇	0.3	0.1	0.5	0.4
蒸馏水	加至100	加至100	加至100	加至100

[制备方法]

（1）将透明质酸粉末加入蒸馏水，搅拌直至完全溶解，获得透明的凝胶状溶液；

（2）将生物糖胶-1加入蒸馏水，搅拌直至完全分散均匀，获得透明溶液；

（3）将步骤（1）获得的凝胶状溶液和步骤（2）获得的透明溶液混合，分散均匀，得到透明质酸/生物糖胶-1的组合物；

（4）将EDTA-2Na、甘油、黄原胶、尿囊素和苯氧乙醇按顺序依次加入蒸馏水中，搅拌溶解均匀，获得基础精华液；

（5）将步骤（3）获得的透明质酸/生物糖胶-1的组合物加入步骤（4）获得的基础精华液中，搅拌直至完全分散均匀，即获得产品。

[原料介绍]　透明质酸是一种酸性黏多糖，透明质酸以其独特的分子结构和理化性质在机体内显示出多种重要的生理功能，尤为重要的是，透明质酸具有特殊的保水作用，被称为理想的天然保湿因子，它可以改善皮肤营养代谢，使皮肤柔嫩、光滑、去皱、增加弹性、防止衰老，在保湿的同时又是良好的透皮吸收促进剂，与其他营养成分配合使用，可以起到促进营养吸收的理想效果。选用的透明质酸分子量为40万～80万，低分子量的透明质酸易透皮吸收，能渗透到真皮层，促进血液微循环，调节皮肤代谢，改善皮肤营养，起到抗皱美容保健、防止皮肤老化、维持胶原蛋白的功能。

生物糖胶-1为提取自墨角藻、泡叶藻、裙带菜、羊栖菜、海蕴、厚叶解曼藻或海带中的多糖，因其分子中存在大量的岩藻糖，通常称为岩藻聚糖，岩藻聚糖具有抗凝血、降血脂、抗慢性肾衰、抗肿瘤、抗病毒、促进组织再生、抑制胃溃疡、增强机体免疫功能等多种生理活性，是化妆品行业中一种新型的保湿剂、祛皱剂、肌肤修复剂和肤感调节剂。

[产品特性] 本品能够渗透到皮肤的基底层，吸收留住皮肤水分，在皮肤表面形成保护膜，减缓皮肤水分散失，同时有收紧皮肤的作用。

配方13 以羊胎素为主的保湿焕颜精华液

[原料配比]

原料	配比（质量份）			
	1#	2#	3#	4#
羊胎素冻干粉	5	6.5	8	3
白术根提取物	5	6.5	8	10
库拉索芦荟提取物	6	7	9	3
鳕鱼胶原蛋白	1.5	4	5	1.5
甘油	40	60	75	40
丁二醇	—	—	5	—
PEG-40 氢化蓖麻油	5	6	8	5
尿囊素	1	2	2	1
环戊硅氧烷	—	—	1	—
维生素 C	1	2	—	1
维生素 E	—	—	3	—
苯氧乙醇	1	1.5	2	1
透明质酸钠	0.3	0.9	0.7	0.3
玫瑰精油	0.4	—	—	0.4
茉莉精油	—	0.6	—	—
栀子花精油	—	—	0.7	—
去离子水①	850.8	747	614.6	850.8
海藻酸钠	2	4	5	2
羟丙甲基纤维素	1	2	3	1
去离子水②	80	150	250	80

[制备方法]

（1）将羊胎素冻干粉、白术根提取物、库拉索芦荟提取物、鳕鱼胶原蛋白、甘油、丁二醇、PEG-40 氢化蓖麻油、环戊硅氧烷、尿囊素、维生素、苯氧乙醇、透明质酸钠和精油溶解于去离子水①中，混合均匀；

（2）将海藻酸钠、羟丙甲基纤维素与去离子水②混合均匀；

(3) 将步骤 (1) 得到的混合物与步骤 (2) 得到的混合物混合均匀。

[原料介绍] 羊胎素富含于怀孕羊母体内约 3 个月的小羊胚胎和胚胎胎盘中，是多种活性物质的复合物，小分子羊胎素内含有促细胞生长因子、低分子肽、氨基酸、蛋白质、矿物质、脂肪酸、糖类、核酸等有效成分，通过对老化细胞的再生和活化作用，能够改善皮肤的质量，使人的容颜得到改善，修复损伤的细胞，使衰退的器官功能得到改善，增强细胞活力，改善皮肤状况，消除皱纹，延缓衰老，驻颜回春，恢复肌肤弹性，缩小皮肤毛孔，恢复肌肤光泽。同时，羊胎素具有良好的调节生理平衡的作用，防御疾病，是一种能促进身体健康、补血补气、养颜美容、保持生命活力、提高人体免疫力和抗病能力的天然物质。

白术根提取物不仅具有较好的药用功效，而且具有很好的美容功效，能够使黑色素变浅、延缓皮肤衰老、保持肌肤水分。

芦荟提取物能够使皮肤收敛、柔软化、解除硬化和角化、改善伤痕，具有滋润、美容、抗衰老、保湿、消炎等作用。

[产品特性] 本品可通过对老化细胞的再生和活化作用，改善皮肤质量，使容颜得到改善，修复损伤的细胞，保湿，改善皮肤状况，消除皱纹，延缓衰老，恢复肌肤弹性，焕发婴儿般肌肤。本品对皮肤无任何刺激，且保湿及延缓肌肤衰老效果显著。

配方 14　金花葵保湿精华液

[原料配比]

原料	配比（质量份）		
	1#	2#	3#
金花葵提取物	6	7	8
桂花提取物	1	3	2
法地榄仁果提取物	1	0.5	1
丁二醇	4	8	6
卡波姆	0.3	0.1	0.1
丙二醇	4	1	2
透明质酸钠	0.1	0.2	0.1
木糖醇	1	2	2
牛奶蛋白	2	1	1
三乙醇胺	0.1	0.3	0.1
苯氧乙醇	0.3	0.5	0.4
去离子水	80.2	76.4	77.3

[制备方法]

（1）称取配方量的丁二醇、卡波姆、丙二醇、透明质酸钠和水，混合，边搅拌边加热至 40～45℃，保温 10min，得到混合物；

（2）往所述混合物中加入配方量的木糖醇、金花葵提取物、桂花提取物、法地榄仁果提取物、牛奶蛋白、苯氧乙醇和三乙醇胺，搅拌均匀，即可出料，制得金花葵保湿精华液。

[原料介绍] 金花葵，又名菜芙蓉，也称野芙蓉，是一年生草本锦葵科秋葵属植物。金花葵花药食兼用，《本草纲目》记载黄蜀葵的药用价值，能清热、凉血、解毒，其花无毒，具有清利湿热、消炎镇痛之功效，内服主治五淋、水肿，外用治疗汤水烫伤。现代医学研究表明，金花葵的总黄酮有镇痛、抗脑缺血和治疗口腔溃疡等作用，其所含全价蛋白质、高聚糖胶、膳食纤维、微量元素硒、锌、多种不皂化物等，具有显著调节人体内分泌、免疫力，增加人体抵抗力，改善心脑血管及微循环功能，增强机体抗氧化能力、抗心脑缺血、缺氧，抗炎、镇痛，抗疲劳、抗衰老、抗癌、防癌、降血脂功效。

金花葵提取物的制备方法为：取干燥的金花葵，加入其质量 4～6 倍量的水，加热回流提取 2～3h，过滤，滤液在真空减压下浓缩至 60℃下相对密度为 1.10～1.25 的浸膏，得到金花葵提取物。

桂花提取物的制备方法为：取干燥的桂花，加入其质量 4～6 倍量的水，加热回流提取 2～3h，过滤，滤液在真空减压下浓缩至 60℃下相对密度为 1.10～1.25 的浸膏，得到桂花提取物。

[产品特性] 本品可快速被肌肤全面吸收，深入肌肤底层补充水分同时锁水，明显改善干燥粗糙的肤况，补水保湿效果明显，使肌肤水嫩光滑，富有弹力。

配方 15 芦荟保湿精华液（1）

[原料配比]

原料	配比（质量份）		
	1#	2#	3#
芦荟汁液	8	11	14
丙三醇	4	5	6
积雪草	4	4.5	5
透明质酸	6	7	8
胶原蛋白	7	8	10
维生素 E	6	8	9

原料	配比（质量份）		
	1#	2#	3#
柑橘提取液	3	4	5
薄荷油	3	5	6
巴西棕榈蜡	2	3	4
橄榄油精华	7	8	9
蜂蜜	6	7	8
去离子水	15	17	18

[制备方法] 将各组分溶于水，混合均匀即可。

[产品特性] 本品温和无刺激，保湿效果好，兼具抗皱抗衰老作用，增强细胞活力与弹性。

配方 16　仿生胶原蛋白保湿精华液

[原料配比]

原料	配比（质量份）	原料	配比（质量份）
仿生磷脂	2～5	透明质酸钠	0.2～0.5
甘油	1～3	水解胶原	0.2～0.5
丙二醇	1～3	咪唑烷基脲	1～2
甜菜碱	1～2	香精	0.1
胶原提取物	0.5～1	去离子水	84.7～93.9

[制备方法]

（1）将去离子水、仿生磷脂、甘油、丙二醇、甜菜碱、胶原提取物、透明质酸钠、水解胶原倒入反应釜中加热至温度为 80～85℃，搅拌保温 10min。

（2）然后缓慢冷却至温度为 30℃时加入咪唑烷基脲、香精，搅拌均匀后出料，即得保湿精华液。

[原料介绍] 所述仿生磷脂、胶原提取物、透明质酸钠、水解胶原为肌肤提供丰富营养、多种抗氧化活性成分，显著减少肌肤皱纹的数量、降低皱纹深度、提高皮肤弹性，同时具有美白保湿效果。

所述甘油、丙二醇、甜菜碱能吸收紫外线，保护皮肤免受伤害。丙二醇能给精华液提供高效保湿效果同时又无黏腻手感。

[产品特性] 本品肤感柔润、易吸收、铺展性好、抗衰老和防晒效果好、冷热稳

定性优异。同时，本品具有多种营养成分和抗氧化的活性成分，使本品具有抗衰老的功能，并且具有改善皮肤弹性以及保湿效果。

配方 17 含胶原蛋白的保湿美白精华液

[原料配比]

原料	配比（质量份）		
	1#	2#	3#
藤梨根提取物	4	3	6
薰衣草提取物	5	6	5
黄芪提取物	1	2	3
玫瑰提取物	1	2	2
虎杖提取物	5	6	6
胶原蛋白	4	3	3
透明质酸	0.1	0.2	0.3
芦荟提取物	5	6	7
甘油	3	3	3
去离子水	50	45	50

[制备方法] 将各组分混合均匀即可。
[产品特性] 本品具有抗衰老、保湿、美白、改善肤色等作用。

配方 18 抗皱保湿锁水精华液

[原料配比]

原料	配比（质量份）	
	1#	2#
银耳提取物	6	6
丝素多肽	6	6
海藻提取物	5	5
透明质酸钠	1	1
云芝提取物	2	2
纳豆提取物	2	2
薰衣草提取物	1	1

原料		配比（质量份）	
		1#	2#
麝香草提取物		1	1
蜡菊提取物		1	1
壳聚糖-纳米银胶溶液		0.5	0.5
稳定剂		0.2	0.2
去离子水		加至 100	加至 100
稳定剂	芡欧鼠尾草籽提取物	1	1
	聚二烯丙基二甲基氯化铵	5	5
丝素多肽	木瓜蛋白酶丝素多肽	1	—
	胃蛋白酶丝素多肽	1	1
	碱性蛋白酶丝素多肽	—	1

［制备方法］　按配方称取原料，在 10～30℃、200～500r/min 下将各原料搅拌均匀即得。

［原料介绍］　所述丝素多肽为胃蛋白酶丝素多肽、木瓜蛋白酶丝素多肽、碱性蛋白酶丝素多肽中的至少一种。

所述胃蛋白酶丝素多肽的制备方法如下：

（1）脱胶：将蚕丝按 1g:（30～50）mL 的比例投入质量分数为 0.5%～1.5% 的碳酸钠水溶液中煮沸脱胶 30～50min，捞出蚕丝用水冲洗，烘干，得到丝素；

（2）溶解除杂：将烘干后的丝素按 1g:（8～15）mL 的比例加入 40%～50% 的氯化钙水溶液中，煮沸至丝素完全溶解，冷却至室温，真空抽滤，得到的滤液装入透析袋用蒸馏水透析 2～3 天，得到丝素蛋白溶液，旋转蒸发浓缩至原滤液体积，得到丝素蛋白溶液；

（3）按 100:（1～3）mL/g 将胃蛋白酶加入丝素蛋白溶液中，在温度为 30～60℃、pH 为 1.5～5.0 的条件下酶解 3～5h，接着加热至 80～100℃灭酶 10～20min，然后用冰水冷却至室温，调 pH 至 7.0，离心取上清液，即得胃蛋白酶丝素多肽。

所述木瓜蛋白酶丝素多肽的制备方法如下：

（1）脱胶：将蚕丝按 1g:（30～50）mL 的比例投入质量分数为 0.5%～1.5% 的碳酸钠水溶液中煮沸脱胶 30～50min，捞出蚕丝用水冲洗，烘干，得到丝素；

（2）溶解除杂：将烘干后的丝素按浴比 1:（8～15）g/mL 加入 40%～50% 的氯化钙水溶液中，煮沸至丝素完全溶解，冷却至室温，真空抽滤，得到的滤液装入透析袋用蒸馏水透析 2～3 天，得到丝素蛋白溶液，减压旋转蒸发浓缩至原滤液体积，得到丝素蛋白溶液；

（3）按 100：（1～3）mL/g 将木瓜蛋白酶加入丝素蛋白溶液中，在温度为 55～65℃、pH 为 6～7 的条件下酶解 3～5h，接着加热至 80～100℃ 灭酶 10～20min，然后用冰水冷却至 25℃，调 pH 至 7.0，离心取上清液，即得木瓜蛋白酶丝素多肽。

所述碱性蛋白酶丝素多肽的制备方法如下：

（1）脱胶：将蚕丝按 1g：（30～50）mL 的比例投入质量分数为 0.5%～1.5% 的碳酸钠水溶液中煮沸脱胶 30～50min，捞出蚕丝用水冲洗，烘干，得到丝素；

（2）溶解除杂：将烘干后的丝素按浴比 1：（8～15）g/mL 加入 40%～50% 的氯化钙水溶液中，煮沸至丝素完全溶解，冷却至室温，真空抽滤，得到的滤液装入透析袋用蒸馏水透析 2～3 天，得到丝素蛋白溶液，减压旋转蒸发浓缩至原滤液体积，得到丝素蛋白溶液；

（3）按 100：（1～3）mL/g 将碱性蛋白酶加入丝素蛋白溶液中，在温度为 10～50℃、pH 为 9～11 的条件下酶解 3～5h，接着加热至 80～100℃ 灭酶 10～20min，然后用冰水冷却至 25℃，调 pH 至 7.0，离心取上清液，即得碱性蛋白酶丝素多肽。

所述壳聚糖-纳米银胶溶液的制备方法如下：按质量比为（1～3）：100 将壳聚糖加入水中煮沸 15～22min，过滤，得到滤液；将浓度为 0.8～1.2mmol/L 的硝酸银水溶液煮沸，以 0.05～0.1g/s 的速度滴加上述滤液，滴加完毕后，移除热源，冷却至室温得到壳聚糖-纳米银胶溶液。所述的滤液与硝酸银水溶液的体积比为（8～15）：50。

芡欧鼠尾草籽提取物的制备方法为：将芡欧鼠尾草籽用粉碎机粉碎至 100 目，称取 10g 芡欧鼠尾草籽粉末加入 100mL 质量分数为 60% 的乙醇水溶液，在 25℃ 下超声 40min，超声频率为 20kHz，超声功率为 150W；超声完毕后将混合物在 2500r/min 的条件下离心 10min，收集上清液，即得到芡欧鼠尾草籽提取物。

[产品特性]　本品采用小分子物质，如丝绸般的精华液，可于十秒内穿透皮肤角质层，迅速为肌肤吸收利用，在脸上形成薄而重叠的层次，呈现丝般的光彩，赋予皮肤弹性紧致，抚平小细纹，延缓皮肤老化，促进细胞再生，让肌肤呈现明亮与光泽。

配方 19　含亲水性角蛋白的保湿精华液

[原料配比]

原料		配比（质量份）		
		1#	2#	3#
溶剂	水	67.55	64.70	67.80
	甘油	25.00	24.00	24.00

原料		配比（质量份）		
		1#	2#	3#
保湿剂	透明质酸钠	0.50	0.70	0.80
	吡咯烷酮羧酸钠	0.50	0.80	0.30
	尿素	2.00	2.50	3.00
	海藻糖	1.50	2.00	1.70
促渗剂	PEG/PPG-14/7 二甲基醚	0.50	0.50	0.80
防腐剂	苯氧乙醇	0.80	1.00	0.50
	乙基己基甘油	0.10	0.05	0.08
皮肤调理剂	泛酸钙	0.50	0.70	0.50
	亲水性角蛋白溶液	1.00	3.00	0.50
螯合剂	EDTA 二钠	0.05	0.05	0.02

[制备方法]

（1）按上述质量份将透明质酸钠、尿素、海藻糖、泛酸钙、EDTA 二钠加入水中在 70℃下搅拌溶解，得溶液Ⅰ；

（2）按上述质量份将甘油、吡咯烷酮羧酸钠、PEG/PPG-14/7 二甲基醚、苯氧乙醇、乙基己基甘油加入溶液Ⅰ中，在 70℃下搅拌溶解，得溶液Ⅱ；

（3）待步骤（2）中的溶液Ⅱ搅拌制成澄清、均一的啫喱状溶液且温度降到 40℃以下时，加入亲水性角蛋白溶液并搅拌均匀，即得含亲水性角蛋白的保湿精华液。

透明质酸钠、尿素、海藻糖、泛酸钙、EDTA 二钠均为固体物料，需加水溶解。透明质酸钠分子量越大溶解越缓慢，所制得的溶液越黏稠，可在 70℃水浴中加快溶解速度。甘油、吡咯烷酮羧酸钠、PEG/PPG-14/7 二甲基醚、苯氧乙醇、乙基己基甘油均为液体物料，可在溶液Ⅰ溶解完全的基础上加入。

[原料介绍]　透明质酸钠在化妆品中通常作为保湿剂使用，在现有的很多化妆品中采用高分子透明质酸钠作为保湿的原料。

吡咯烷酮羧酸钠是皮肤中天然存在的物质，是氨基酸衍生物，本身溶于水和乙醇，却不溶于油，具有比较强的吸湿性，也可以从空气中吸收水分，作为保湿剂，它的保湿能力比甘油、丙二醇、山梨醇这些传统保湿剂都要强一些。

海藻糖具有保持细胞活性和生物大分子活性的特性，能够在细胞表层形成一层特殊的保护膜，从膜上析出的黏液不仅滋润着皮肤细胞，还具有将外来的热量辐射出去的功能，从而保护皮肤不致受损。

泛酸钙能加强正常皮肤水合功能，有改善干燥、粗糙、脱屑、止痒以及治疗多种皮肤病相关红斑的效果。

亲水性角蛋白能保湿和促进皮肤屏障功能的自我修复。其能够保持皮肤角质层的含水量在适宜范围内和促进皮肤表面损伤的自我修复。所述亲水性角蛋白溶液中亲水性角蛋白的质量分数为1%。

[产品特性] 本品将亲水性角蛋白用在保湿精华液中，保湿精华液中亲水性角蛋白在皮肤表面形成的稳定屏障还能减少其他营养成分的挥发并进一步促进人体对其吸收，与其他营养成分协同发挥促进新陈代谢进而促进皮肤表层的自我修复、维持角质层的正常含水量，促进皮肤屏障功能的自我修复、增加皮肤光泽。

配方20 啤酒保湿补水精华液

[原料配比]

原料	配比（质量份）		
	1#	2#	3#
啤酒	5	3	4
玫瑰花瓣	300	300	200
茉莉花瓣	300	200	300
薰衣草	300	200	200
德国洋甘菊花瓣	300	200	200
海藻精华液	3	2	3
EGF冻干粉	1	0.5	0.5
水母胶原蛋白	1	0.5	0.5
去离子水	5	2	3

[制备方法]

(1) 制取纯露：按质量份称取新鲜玫瑰花瓣，洗净放入纯露机中，加入纯净水，纯净水与花瓣的质量比例为1∶1，接通电源，纯露机蒸馏0.5h后，得玫瑰纯露，按质量份称取茉莉花瓣和薰衣草，同样方法分别制取茉莉纯露和薰衣草纯露；

(2) 制取德国洋甘菊精油：按质量份称取德国洋甘菊花瓣，洗净切碎放入蒸馏器中隔水蒸馏，大火加热2～3h，产生混合气体，混合气体沿着导管进入冷凝管中，冷凝成混合原液，将混合原液倒入分液漏斗中，油水分离除去水分得德国洋甘菊精油；

(3) 将玫瑰纯露、茉莉纯露、薰衣草纯露和德国洋甘菊精油混合，按质量份加入啤酒、海藻精华液和水母胶原蛋白，搅拌均匀，得混合原液；

(4) 用注射器抽取去离子水，注入装有EGF冻干粉的密封安瓿瓶中，轻轻摇晃，使EGF冻干粉完全溶于去离子水中，再将步骤（3）中的混合原液注入安瓿瓶中，混合均匀，得啤酒保湿补水精华液，将安瓿瓶放入冰箱中冷藏保存，控温2～5℃，保质期为5～7天。

［原料介绍］　海藻精华液、EGF 冻干粉和水母胶原蛋白为市售成品。

［产品应用］　本品使用时，温水洗净面部，用注射器抽取该精华液 0.5～1mL，滴在掌心，均匀涂在面部，按摩至完全吸收为止，每天早晚各涂抹一次。

［产品特性］　本品制作工艺简单，原料天然易得，无添加剂，功效佳无副作用，具有良好的保湿补水的功效。

配方 21　活能补水水光精华液

［原料配比］

原料		配比（质量份）						
		1#	2#	3#	4#	5#	6#	7#
丙烯酸（酯）类共聚物钠		5	1	3	4	6	2	10
丁二醇		5	2	6	4	10	8	1
甘油聚丙烯酸酯		5	1	3	4	6	8	2
烟酰胺		1.5	2.2	1	3	2	0.5	2.5
卵磷脂		17	25	15	20	10	12	22
甘油		5	6	2	4	10	8	1
丙二醇		5	6	2	4	10	8	1
山梨（糖）醇		3	2.5	1	2	4.5	3.5	5
泛醇		3	1	4.5	2	3.5	2.5	5
透明质酸钠		5	2	6	10	4	8	3
氧化银		3	1	1.5	2.5	3.5	4	2
中药提取物		22	30	35	20	10	15	25
中药提取物	龙头竹笋提取物	0.3	1	0.5	1	0.7	0.3	—
	莲花提取物	0.3	1	0.5	—	0.2	0.7	
	白睡莲根提取物	0.5	1	0.5	0.3	0.7	0.2	
	冬瓜果提取物	0.7	1	0.5	1	1	1	1
	薏苡仁提取物	0.5	—	0.5	0.3	0.4	0.6	0.5
	龙胆根提取物	0.5	—	—	0.3	0.4	0.6	0.5

［制备方法］　将各组分溶于水，混合均匀即可。

［原料介绍］　所述龙头竹笋提取物为龙头竹的竹笋用热浸法提取的水溶性浸出物，水溶性浸出物的量不少于 15%。

所述莲花提取物为莲花用热浸法提取的水溶性浸出物，水溶性浸出物的量不少于 10%。

所述白睡莲根提取物为白睡莲的根用热浸法提取的水溶性浸出物，水溶性浸出物的量不少于 20%。

所述冬瓜果提取物为冬瓜果肉、冬瓜皮、冬瓜瓤和冬瓜子中的一种或几种的粉碎混合物经压榨提取的汁液，至少含有冬瓜果肉粉碎物压榨提取的汁液。

所述薏苡仁提取物为薏苡仁用热浸法提取的醇溶性浸出物的干燥粉末，含甘油三油酸酯 $C_{57}H_{104}O_6$ 的量不少于 2.0%。

所述龙胆根提取物为龙胆的根用热浸法提取的水溶性浸出物的干燥粉末，含龙胆苦苷 $C_{16}H_{20}O_9$ 的量不少于 12%。

[产品特性]　本品能够深层、充分补水，并能有效锁住肌肤水分、长效保湿、润养肌肤、改善微循环、增强肌肤湿润度、保持肌肤水润光泽，还能抑油控油、维持肌肤油水平衡、紧致毛孔、淡化瘢痕、美白嫩肤，使肌肤清爽不油腻、更加富有弹性和活力，有效减少细纹和皱纹的出现，增加肌肤的舒适度，延缓皮肤老化。

配方 22　即时清凉的凝胶剂保湿精华液

[原料配比]

原料	配比（质量份）	
	1#	2#
棕榈酰三肽-5	3	2
柑橘提取液	1	3
生育酚乙酸酯	3	3
柠檬酸	4	4
防腐剂	3	3
聚二甲基硅氧烷	3	2
神经酰胺	0.43	0.59
保湿剂	4	4
四氢姜黄素	0.05	0.05
水溶维生素 E	4	4
聚谷氨酸钠	12	12
泛醇	0.4	0.7
精油	8	5
氢化卵磷脂	0.9	0.9
葡聚糖	4	4
透明质酸	0.08	0.08

原料	配比（质量份）	
	1#	2#
樱桃提取物	2.4	4.5
水溶月桂氮草酮	4	4
去离子水	42.74	43.18

[制备方法] 将各组分溶于水，混合均匀即可。

[原料介绍] 所述保湿剂为氨基酸、PCA、乳酸钠以及尿素中的一种。

所述防腐剂为ε-聚赖氨酸或乳酸链球菌素。

所述柠檬酸为一种纯品柠檬酸。

樱桃提取物制备方法如下：取红艳或早红或先锋或大紫拉宾斯品种的樱桃果实，将樱桃果实洗净自然干燥后，放入匀浆机内搅拌得樱桃果浆，将所述的樱桃果浆放入离心机内，在6℃、7000r/min的条件下，经离心处理20min，然后取出上清液，并将所述的上清液进行真空抽滤，去除所述的上清液中的残余果渣，得到樱桃提取物。

[产品特性] 本品低刺激，使用时具有温润的清凉感，防止热老化，采用棕榈酰三肽-5可以帮助用户减少皱纹，同时增加弹性，可以有效抑制黑色素生成，净化肌肤，令肌肤焕发生气、滋润和紧致。

配方 23　锁水保湿红酒精华液

[原料配比]

原料	配比（质量份）		
	1#	2#	3#
红酒	25	30	35
薰衣草精油	5	6	7
玫瑰花提取液	2	3	4
三色堇花提取物	1	2	3
月见草油	4	5	6
香精	0.2	0.3	0.4
杏仁粉	10	15	20
蜂蜜	5	8	10
酸奶	10	12	15

原料	配比（质量份）		
	1#	2#	3#
胶原蛋白	0.5	0.6	0.7
黄原胶	0.8	0.9	1
羟乙基纤维素	0.3	0.4	0.5
透明质酸钠	1	2	3
甘油	5	6	7
去离子水	50	60	70

[制备方法]

（1）把黄原胶、甘油、去离子水放入真空乳化锅中，搅拌加热至80～85℃，均质3～7min，保温20～30min；

（2）在降温至45～55℃后，边搅拌边加入香精、胶原蛋白、羟乙基纤维素、透明质酸钠，真空均质5～9min；

（3）加入红酒、杏仁粉、蜂蜜、酸奶、薰衣草精油、玫瑰花提取液、三色堇花提取物、月见草油，真空搅拌均匀，冷却后杀菌、装瓶、密封即得精华液。

[产品应用]　本产品精华液可在每天早晚洁面后，涂抹于面部和颈部，且本品在晚上10点前使用，效果更佳。

[产品特性]　本品能在数秒中被皮肤快速吸收，使肌肤透明、亮丽，紧致肌肤，令肌肤形成保水屏障，平滑提拉肌肤，刺激成纤维细胞增殖，活化肌肤使肌肤恢复弹性保持年轻，保持皮肤健康，注入活力。其原料全部是从纯天然植物中提取的精华液，无任何毒副作用，且制作简单，效果良好。

配方 24　抗敏保湿修复精华液（1）

[原料配比]

原料	配比（质量份）		
	1#	2#	3#
海藻糖	5	10	10
芦荟胶	5	10	10
迷迭香蒸馏液	160	350	350
破壁松花粉	10	20	—
破壁富硒酵母粉	3	5	—

原料	配比（质量份）		
	1#	2#	3#
甘油	5	10	10
乙酸	1～5	1～5	1～5
纯化水	加至1000	加至1000	加至1000

[制备方法]

（1）制备迷迭香蒸馏液：将新鲜迷迭香茎叶经蒸馏后取前20min的蒸馏原液于1～4℃冷藏备用；

（2）制备芦荟胶与迷迭香混合液：将新鲜芦荟叶片洗净去皮，将叶片中间的胶块物用清水冲洗两遍，然后放入搅拌机，加入10倍质量的经步骤（1）所得迷迭香蒸馏液，搅拌均匀后过滤去渣，1～4℃冷藏备用；

（3）制备破壁松花粉与迷迭香混合液：通过低温气流超微粉碎法将松花粉破壁粉碎至粒径为1～2μm，加入10倍质量的经步骤（1）所得迷迭香蒸馏液，搅拌均匀后以5000r/min低速离心10min，取上清液于1～4℃冷藏备用；

（4）制备破壁富硒酵母粉与迷迭香混合液：通过低温气流超微粉碎法将富硒酵母粉破壁粉碎至粒径为1～2μm，加入10倍质量的经步骤（1）所得迷迭香蒸馏液，搅拌均匀后以5000r/min低速离心10min，取上清液于1～4℃冷藏备用；

（5）将海藻糖加入纯化水熔化后，依次加入称量好的步骤（3）所得破壁松花粉与迷迭香混合液、步骤（4）所得破壁富硒酵母粉与迷迭香混合液、步骤（2）所得芦荟胶与迷迭香混合液，滴加乙酸调节pH值至5.5～6.5，再添加甘油和余量纯化水，加速搅拌，搅拌均匀后紫外线消毒30min，然后进行分装即可获得抗敏保湿修复精华液。

[原料介绍] 本品多种植物组分混合减少过敏原，基本没有过敏反应；本品以芦荟胶为主要的保湿护肤成分，通过松花粉、硒、迷迭香蒸馏液和海藻糖的配合作用，最大限度地减少芦荟的刺激性；迷迭香蒸馏液富含小分子活性物质，效力温和，是可以喝的护肤品，具有保湿、抗氧化、深层渗透的功效；破壁富硒酵母粉富含有机硒，不但不容易发生过敏，而且能帮助皮肤细胞清除自由基，增加皮肤细胞对抗外界刺激的能力。本品将破壁松花粉、破壁富硒酵母粉、迷迭香蒸馏液与芦荟胶混合后，这些植物小分子活性物质相互发生很多化学反应，形成一些稳定的物质，再加上海藻糖的稳定作用，不仅能营养皮肤，清除皮肤细胞内自由基，而且解决了单纯使用芦荟胶容易发生过敏反应的问题。

迷迭香茎叶中含有的迷迭香酸是一类强效的纯天然抗氧化物质，迷迭香精油里就含有大量的迷迭香酸，具有抗菌、美容、生发、提神等功效。

海藻糖广泛存在于生物体内，对生物体具有神奇的保护作用，在高温、高寒、高渗透压及干燥失水等恶劣环境条件下在细胞表面能形成独特的保护膜，有效地保护蛋白质分子不变性失活，从而维持生命体的生命过程和生物特征。目前海藻糖已经作为保湿剂、稳定剂和改良剂应用于护肤品和化妆品中。

硒是人体内最重要的过氧化物酶——谷胱甘肽过氧化物酶的活性中心，是人体细胞抗氧化功能的关键元素。

[产品特性] 本品通过多种植物组分混合减少过敏原，基本没有过敏反应，可以解决单纯使用芦荟胶容易发生过敏反应的问题，虽然富含抗氧化剂但产品性质稳定，质量可控，原料来源广泛，加工工艺简单、生产成本低廉、使用效果良好。

配方 25 酵素保湿精华液

[原料配比]

原料	配比（质量份）					
	1#	2#	3#	4#	5#	6#
尿囊素	0.2	0.3	0.7	0.6	0.5	0.7
透明质酸	0.8	0.7	0.2	0.3	0.6	0.5
洋甘菊提取液	1.1	1.2	1.7	1.6	1.3	1.5
芦荟提取液	1.3	1.5	1.9	1.8	1.6	1.7
山金车提取液	0.7	0.6	0.1	0.2	0.5	0.3
七叶树提取液	0.8	0.7	0.2	0.3	0.6	0.5
甘草提取液	1.2	1.3	1.8	1.7	1.5	1.6
海藻提取液	1.3	1.5	1.9	1.8	1.6	1.7
连翘提取液	0.9	0.8	0.3	0.5	0.7	0.6
氰钴胺	—	—	—	1.3	—	—
核黄素	—	—	—	—	1.6	—
盐酸吡哆醇	—	—	—	—	—	1.5
维生素 D_3	—	1.7	—	—	—	—
维生素 D_2	—	—	1.2	—	—	—
脂肪酶	—	1.8	—	—	—	—
淀粉酶	—	—	1.3	—	—	—
纤维素酶	—	—	—	1.5	—	—
葡萄糖氧化酶	—	—	—	—	1.7	—
β-葡聚糖酶	—	—	—	—	—	1.6
乳酸肠球菌	—	—	1.2	—	—	—

原料	配比（质量份）					
	1#	2#	3#	4#	5#	6#
植物乳杆菌	—	1.7	—	—	—	—
嗜酸乳杆菌	—	—	—	1.3	—	—
德式乳杆菌乳酸亚种	—	—	—	—	1.6	—
亚硫酸氢钠甲萘醌	1.8	—	—	—	—	—
麦芽糖酶	1.9	—	—	—	—	—
乳酸片球菌	1.6	—	—	—	—	—
干酪乳杆菌	—	—	—	—	—	1.5
土茯苓提取液	1	0.9	0.5	0.6	0.8	0.7
金缕梅提取液	0.9	0.8	0.3	0.5	0.7	0.6
绞股蓝提取液	1.1	1.2	1.7	1.6	1.3	1.5
五味子提取液	1	1.1	1.6	1.5	1.2	1.3
丁香提取液	0.7	0.6	0.1	0.2	0.5	0.3
珍珠水解液	0.8	0.7	0.2	0.3	0.6	0.5
雪莲提取液	1.2	1.3	1.8	1.7	1.5	1.6
川芎提取液	1.1	1.5	1.9	1.8	1.6	1.7
春黄菊提取液	0.8	0.7	0.2	0.3	0.5	0.6
积雪草提取液	0.5	0.3	0.1	0.2	0.3	0.2
当归提取液	1.2	1.3	1.8	1.7	1.5	1.6
百合提取液	0.9	1	1.5	1.3	1.1	1.2
矢车菊提取液	0.9	0.8	1.9	0.5	0.7	0.6
乳化蜡	1	0.9	0.5	0.6	0.8	0.7
香精	1.9	1.9	1.5	1.6	1.8	1.7
去离子水	71.2	71.2	73.4	72.5	71.1	71.5

[制备方法] 将尿囊素、透明质酸置于适量去离子水中，加热至56～58℃，搅拌115min，全溶透明后，于44～46℃时加入余下去离子水搅拌均匀，再加入洋甘菊提取液、芦荟提取液、山金车提取液、七叶树提取液、甘草提取液、海藻提取液、连翘提取液、亚硫酸氢钠甲萘醌、氰钴胺、盐酸吡哆醇、维生素 D_3、维生素 D_2、核黄素、葡萄糖氧化酶、淀粉酶、脂肪酶、纤维素酶、β-葡聚糖酶、麦芽糖酶、嗜酸乳杆菌、乳酸肠球菌、植物乳杆菌、干酪乳杆菌、乳酸片球菌、德式乳杆菌乳酸亚种、土茯苓提取液、金缕梅提取液均质搅拌110～120min，再加入绞股蓝提取液、五味子提取液、丁香提取液、珍珠水解液、雪莲提取液、川芎提取液、春黄菊提取液、积雪草提取液、当归提取液、百合提取液、矢车菊提取液、乳化

蜡在恒温 33～35℃下搅拌 110～120min，再加入香精充分搅拌均匀，在恒温 33～35℃下厌氧发酵 62～66h 即为成品。

[产品特性] 本品具有透皮吸收性，可进入皮肤内部进行深层保湿，有极强的保湿能力，促进皮肤健康，强效保湿，提高肌肤细胞的滋润度，令皮肤光泽细腻富有弹性，肌肤立感滑爽；瞬间潜入皮肤，立时锁水，皮肤明显水润光滑，触摸即感细嫩，细纹淡化，坑坑包包逐渐平整，肌肤充满弹性，皮肤紧致，老化角质一扫而光，皮肤靓白开始蜕变。

配方 26 防雾霾保湿精华液

[原料配比]

原料		配比（质量份）			
		1#	2#	3#	4#
A	甘油	6	4	5	4
	1,3-丁二醇	2	5	3.5	5
	透明质酸	0.11	0.08	0.09	0.08
	聚谷氨酸	0.07	0.04	0.06	0.04
	黄原胶	0.08	0.05	0.06	0.05
B	尿囊素	0.02	0.01	0.015	0.01
	甜菜碱	3	2	2.5	2
	洋甘菊提取液	2	5	3.5	—
	去离子水	81	85	80.5	85
C	对羟基苯乙酮	0.6	0.6	0.6	0.6
	1,2-戊二醇	5	5	5	5

[制备方法]

（1）向尿囊素、甜菜碱和洋甘菊提取液中加入去离子水，搅拌至溶解，得成分 B 原料混合液，备用；

（2）将甘油和 1,3-丁二醇混合，加热至 40～45℃，然后加入透明质酸、聚谷氨酸和黄原胶，搅拌均匀，得成分 A 原料混合液，备用；

（3）将所述成分 A 原料混合液加入所述成分 B 原料混合液，混合，搅拌至溶解，得成分 AB 原料混合液，备用；

（4）取 1,2-戊二醇，加热至 57～63℃，并向其中加入对羟基苯乙酮，搅拌均匀，得成分 C 原料混合液，备用；

（5）向所述成分 C 原料混合液中加入所述成分 AB 原料混合液，搅拌至溶解，冷却至 18～25℃，即得防雾霾保湿精华液。

[原料介绍] 洋甘菊提取液为白色透明液体，具有舒敏、修护敏感肌肤、减少细红血丝、减少发红、调整肤色不均等作用，可以缓解雾霾中的颗粒物造成的皮肤过敏、红肿等现象。

透明质酸为白色、无臭粉末，具有极好的保湿作用，可以使皮肤柔嫩、光滑，增加皮肤弹性、延缓皮肤老化，在保湿的同时又是良好的透皮吸收促进剂。大分子透明质酸可在皮肤表面形成一层透气的薄膜，阻隔外来细菌、灰尘、紫外线的侵入，保护皮肤免受侵害。

聚谷氨酸为白色粉末、无臭，具有极强的保湿能力，能有效地增加皮肤的保湿能力，也可作为增白剂，具有长期持久的抗褶皱的性能。

黄原胶为浅黄色至白色可流动粉末，稍带臭味。易溶于冷、热水中，不溶于乙醇。遇水分散、乳化变成稳定的亲水性黏稠胶体，在本品中作为增稠剂。

尿囊素为白色无味晶体，对皮肤无刺激性、无过敏性，能溶于热水、热醇和稀氢氧化钠溶液，微溶于常温的水和醇，难溶于乙醚和氯仿等有机溶剂，能使皮肤保持水分、滋润和柔软。

对羟基苯乙酮常温下为白色针状结晶，可燃，易溶于热水、甲醇、乙醇、乙醚、丙酮、苯，难溶于石油醚。与 1,2-戊二醇配伍具有较好的抑菌作用，在本品中作为防腐增效剂。

[产品特性] 本品采用水溶性原料，配制方法简单，易操作实施，使皮肤保持透气，使用舒适。原料不含油脂和固态颗粒物，保湿效果好；同时，透明质酸和洋甘菊提取液两种组分在雾霾天气下的保湿效果具有协同增效作用。

配方 27　具有保湿抗氧化功能的精华液

[原料配比]

原料	配比（质量份）		
	1#	2#	3#
板栗皮提取液	35	40	30
洋甘菊提取液	8	7	9
葡萄籽油	12	8	15
甘油	2	3	1
丁二醇	3	2	4
透明质酸	0.1	0.05	0.15
卡波	0.03	0.01	0.03

原料	配比（质量份）		
	1#	2#	3#
尿囊素	0.3	0.6	0.3
泛醇	0.8	0.4	0.8
去离子水	加至 100	加至 100	加至 100

［制备方法］ 将各组分溶于水，混合均匀即可。

［原料介绍］ 所述板栗皮提取液的制备方法如下。

（1）取板栗皮原料粉碎，按料液比为 1：（8～9）加入提取溶剂（所述提取溶剂为纯化水、甲醇、乙醇、丙醇或丁醇中的任意一种或至少两种的组合），60～70℃下浸提 2～4 次，每次 2～3h，提取滤液经减压回收溶剂，真空浓缩，得到浓缩浸膏；

（2）向所述浸膏中加入浸膏质量 3～4.5 倍的碱性溶液进行水解（所述碱性溶液为质量分数为 10%～50% 的氢氧化钠、氢氧化钾、碳酸钠、碳酸氢钠或磷酸氢二钠水溶液），水解温度为 45～52℃，时间为 8～11h，获得水解液；

（3）将所述水解液进行大孔树脂柱分离（所述树脂柱采用 D201、LAS-21、D301、D315、S-8 或 AB-8 型大孔树脂柱中的一种），水洗树脂柱至流出液无色，然后用体积比为 （3～8）：1 的甲醇-水或乙醇-水混合溶剂洗脱，收集洗脱液，减压浓缩，干燥，得板栗皮粗提物；

（4）将板栗皮粗提物用醇溶解，上硅胶或氧化铝柱，用洗脱溶剂洗脱［所述洗脱溶剂为以下溶剂中的一种：体积比为 （3～6）：1 的乙酸乙酯-石油醚，体积比为 （1～4）：1 的乙酸乙酯-甲醇，体积比为 （1～4）：1 的丙酮-石油醚，体积比为 （8～20）：1 的甲醇-水，体积比为 （8～20）：1 的乙醇-水］，通过薄层色谱检测，分段收集，合并，即得所述板栗皮提取液。

所述洋甘菊提取液的制备方法如下：将洋甘菊原料置于提取罐中，以质量比为 1：10～1：20 的比例，加入去离子水，于 60～80℃，提取 1～3h，过滤获得所述洋甘菊提取液。

所述葡萄籽油是从葡萄籽中通过冷榨法提炼的一种天然成分。

［产品特性］ 本品通过将板栗皮提取液、洋甘菊提取液和葡萄籽油进行复配，获得抗氧化性能较佳的护肤精华液；所述板栗皮提取液中含有提取获得的神经酰胺类物质，原料易得、绿色环保，制备工艺简单、易控，产品质量稳定，生产成本低，所得提取液中神经酰胺含量可达 92%，与洋甘菊提取液和葡萄籽油协同作用，改善皮肤屏障功能、抗氧化性，提高肌肤保湿功能，增强皮肤弹性，延缓皮肤衰老。

配方 28 具有保湿功效的精华液（1）

[原料配比]

原料		配比（质量份）			
		1#	2#	3#	4#
A 物质		5	12	10	8
B 物质		95	88	89	90
辅助物质		—	—	1	2
A 物质	透明质酸	1	3	1	—
	尿素	3	—	—	—
	芦荟萃取液	—	1	—	—
	1%玻尿酸水溶液	—	—	2	1
	吡咯烷酮羧酸钠	—	—	—	1
B 物质	去离子水	1	—	1	1
	甘油	—	19	—	—
	薰衣草纯露	19	—	—	—
	天竺葵纯露	—	1	—	5
	茶树纯露	—	—	1	—
辅助物质	明胶	—	—	1	1
	苯甲酸	—	—	1	1
	黄原胶	—	—	1	1

[制备方法]

（1）取 4～12 份 A 物质加入含有 85～95 份的 B 物质中，在 20～50℃的条件下搅拌均匀，制得基础物质；

（2）取 1～3 份辅助物质加入步骤（1）得到的基础物质中，在 20～45℃的条件下搅拌均匀，制得精华液原液；

（3）将步骤（2）得到的精华液原液倒进盛装容器中，在 20～35℃的条件下，密封静置 12～48h，得到精华液。

[原料介绍] 所述辅助物质为补水剂、防腐剂和增稠剂。所述补水剂为明胶，所述防腐剂为尼泊金乙酯、苯甲酸或者尼泊金甲酯，所述增稠剂为阿拉伯胶或黄原胶。

[产品特性] 本品 A 物质中各物质主要作为活性成分，起主要保湿功效；B 物质中各物质主要作为溶剂，主要起溶解活性物质的作用。两者之间根据选用物质种类和具体配比的不同会产生协同增强作用，滋润皮肤并防止肌肤蒸发，改善微循

环，增强肌肤湿润度。

配方 29　具有保湿功效的精华液（2）

[原料配比]

原料		配比（质量份）					
		1#	2#	3#	4#	5#	6#
增稠剂	透明质酸钠	0.2	0.1	1.5	0.1	5	2.5
多元醇	1,2-戊二醇	0.5	—	5	—	—	—
	1,3-丁二醇	—	5	5	—	—	—
	甘油	2	4	—	—	—	7
	丙二醇	—	4	—	—	15	—
	甲基丙二醇	2	—	5	2	—	7
活性成分	海藻提取物	—	10	5	—	—	—
	酵母提取物	10	—	15	1	—	—
	卤虫提取物	—	10	—	1	—	—
	马齿苋提取物	—	—	8	—	—	15
	甘草酸二钾	1	—	—	—	30	—
	聚谷氨酸	—	10	—	—	30	15
	银耳提取物	10	—	—	—	—	15
防腐剂	银杏叶提取物	—	—	—	0.1	—	—
	辣椒提取物	—	—	—	0.1	—	—
	甘氨酸	0.5	—	—	0.1	2	—
	姜提取物	—	—	—	—	2	—
	肉桂提取物	—	0.6	—	—	2	—
	丁香提取物	—	—	—	—	—	1
	甘椒提取物	—	—	—	—	—	1
	氨基葡萄糖盐酸盐	—	—	0.8	—	—	1
EDTA 二钠		0.04	0.08	0.15	0.02	0.2	0.1
去离子水		加至100	加至100	加至100	加至100	加至100	加至100

[制备方法]　将各组分溶于水，混合均匀即可。

[原料介绍]　本品采用透明质酸钠作为增稠剂，所述透明质酸钠为从鸡冠中提取的物质，也可通过乳酸球菌发酵制得，为白色或类白色颗粒或粉末，无臭味，干燥时，氮含量为 2.8%～4.0%，葡糖醛酸含量为 37.0%～51.0%。透明质酸钠本

身是人体皮肤的构成之一，是人体内分布最广的一种酸性黏糖，存在于结缔组织的基质中，具有良好的保湿作用。

所述活性成分由以下两种或两种以上的成分组成：酵母提取物、海藻提取物、甘草酸二钾、卤虫提取物、聚谷氨酸、银耳提取物、马齿苋提取物。本品中的活性成分为纯天然提取成分，接近或本身就是人体成分，能够与表皮脂膜层相互作用，补充细胞营养成分，达到长久保湿和紧致皮肤的效果。天然活性成分可作为理想的天然保湿因子，而且其低分子量的组分能渗透到真皮层，可调节皮肤代谢，促进血液微循环。

所述多元醇由以下一种或一种以上成分组成：丙二醇、甘油、甲基丙二醇、1,2-戊二醇、1,3-丁二醇。所述多元醇的主要作用是：防止表皮角质层水分的流失，同时吸收空气中的水分，达到促进皮肤保湿的效果。

所述防腐剂由以下两种或两种以上成分组成：姜提取物、银杏叶提取物、肉桂提取物、丁香提取物、迷迭香提取物、红曲提取物、甘椒提取物、辣椒提取物、甘氨酸、氨基葡萄糖盐酸盐。天然食品防腐剂是从生物体内提取加工而成的物质，其来源天然，或本身即为食品的组分，具有安全、高效的防腐特性。在实际应用中，单一防腐剂往往不能够抑制保湿产品中可能出现的各种腐败微生物，而某些不同的天然防腐剂之间具有协同增效的作用，复合应用可扩大抑菌范围、提高防腐效果。

[产品特性] 本品具有保湿功效的精华液配方安全合理，具有优异的使用感受，有效成分可快速深入皮肤表层，为肌肤提供即时的补水效果同时带来持久保湿的作用，展现出莹润通透的水漾美肌。

配方 30　消炎保湿精华液

[原料配比]

原料	配比（质量份）		
	1#	2#	3#
柚子皮汁	12（体积份）	15（体积份）	14（体积份）
黄瓜汁	14（体积份）	18（体积份）	16（体积份）
葡萄籽超微粉	8	13	12
白及凝胶	20	25	21
八角莲提取液	5（体积份）	10（体积份）	8（体积份）
地胆草浸提液	9（体积份）	16（体积份）	15（体积份）
去离子水	加至100	加至100	加至100

[制备方法] 将各组分溶于水，混合均匀即可。

[原料介绍] 柚子皮中含有多种活性成分，如柚皮苷、果胶、香精油、色素、维生素B、维生素C以及有机酸和高级醇等，具有较高的保健和药用价值，是杀菌、消炎和美容护肤的好原料。葡萄籽中含有多种多酚类化合物、黄酮、花青素、维生素C等一系列具有抗衰老作用、清除自由基生理活性、抗氧化作用等天然活性物质，葡萄籽经过超微粉碎处理后，所得葡萄籽粉末细腻，其活性成分更容易与其他精华液成分融合。白及凝胶具有抗真菌、消炎止血等作用，可有效抗过敏，凝胶中含有保湿成分，兼具补水保湿功效，此外，八角莲和地胆草均具有清热解毒、消炎抗敏的功效。

所述的柚子皮汁制备方法如下：取新鲜柚子皮洗净切块，将2/3柚子皮榨汁，得鲜柚子皮汁；然后将剩余柚子皮加1.5～2倍水，煎煮1.5～2h，过滤；将鲜柚子皮汁与柚子皮滤液混合，用300筛绢过滤后得到所述柚子皮汁。

所述的葡萄籽超微粉的制备方法如下：将葡萄籽取出，用质量分数为2%～2.5%的盐水清洗后，于100～105℃烘干机中烘干，再将葡萄籽放入超微粉碎机中进行粉碎。

所述的八角莲提取液的制备方法如下：将八角莲置于去离子水中浸泡50～60min，再于60～70℃煎煮1～1.5h，捞出杂物，汁液用300筛绢过滤得八角莲提取液。

所述的地胆草浸提液的制备方法如下：往地胆草中加入1～3倍水浸泡2～3h，在温度为50～60℃时煎煮30～60min，过滤得滤液，药渣加1～2倍水，在温度为80～100℃时煎煮20～40min，过滤得滤液，重复2～3次，合并滤液，滤液经吸附脱色后浓缩至100mL，得到地胆草浸提液。

[产品特性] 本品不含任何化学成分，天然无毒不刺激，利用天然植物中的活性物质，使所得精华液具有消炎、补水保湿、美白等功效，特别适用于敏感肌肤。

配方31 长效保湿护肤精华液

[原料配比]

原料	配比（质量份）				
	1#	2#	3#	4#	5#
透明质酸钠	1.4	4.7	3	1.6	4.5
多元醇	2	11	5	4	9
活性成分	39	51	45	41	48
防腐剂	0.08	0.3	0.19	0.1	0.26

原料		配比（质量份）				
		1#	2#	3#	4#	5#
磷酸聚六亚甲基胍		0.05	0.25	0.15	0.08	0.21
活性成分	羊胎盘抗氧化肽	39	2	7	—	48
	虾青素	—	5	5	41	—
多元醇	1,2-戊二醇	5	—	5	—	—
	1,3-丁二醇	7	—	7	—	—
	丙二醇	—	5	—	5	—
	甘油	—	7	—	—	5
	甲基丙二醇	—	—	—	7	7
防腐剂	红曲提取物	5	—	—	5	—
	甘氨酸	7	—	—	7	7
	丁香提取物	—	5	5	—	—
	迷迭香提取物	—	7	—	—	5
	氨基葡萄糖盐盐酸盐	—	—	7	—	—

[制备方法] 将各组分混合均匀即可。

[原料介绍] 所述增稠剂为透明质酸钠。透明质酸钠为从鸡冠中提取的物质，也可通过乳酸球菌发酵制得，为白色或类白色颗粒或粉末，无臭味，干燥时，氮含量为 2.8%～4.0%，葡糖醛酸含量为 37.0%～51.0%。透明质酸钠本身是人体皮肤的构成之一，是人体内分布最广的一种酸性黏糖，存在于结缔组织的基质中，具有良好的保湿作用。

磷酸聚六亚甲基胍作为一种重要螯合剂，广泛应用于洗涤剂、染色助剂、纤维处理剂、化妆品添加剂、食品添加剂、农业微肥及海水养殖等。

所述活性成分由以下一种或两种的成分组成：虾青素，羊胎盘抗氧化肽。本品中的活性成分为纯天然提取成分，能够与表皮脂膜层相互作用，补充细胞营养成分，达到长久保湿和紧致皮肤的效果。天然活性成分可作为理想的天然保湿因子，而且其低分子量的组分能渗透到真皮层，可调节皮肤代谢，促进血液微循环。

本品采用的虾青素，是从虾蟹外壳、鲑鱼、牡蛎及藻类、真菌中发现的一种β-胡萝卜素。由于天然虾青素无论生物活性还是安全性均优于化学合成的虾青素，所以在食品、医药、保健品、化妆品和养殖业等行业，人们更趋向于使用天然虾青素。天然虾青素的分子结构决定了其能有效猝灭单线态氧和清除自由基，具有极强的抗氧化活性，被誉为"超级抗氧化剂"。天然虾青素是类胡萝卜素中唯一一种可以通过血脑屏障的物质，其抗氧化能力是所有类胡萝卜素中最强的，其超强的抗氧化能力使得天然虾青素对人类的身体健康起着重要作用，它可以有效防止人体各组织器官、细胞、DNA 等被氧化造成的损伤和衰老。

胎盘是传统中药，现代生物学和医学研究证明其具有延缓衰老、护肤、免疫调节等作用。与其他动物胎盘相比，羊胎盘与人胎盘的结构和成分最为相似，羊胎盘中含有大量的表皮细胞生长因子、透明质酸刺激因子等生物活性因子，多种促进和改善组织新陈代谢的酶，17 种氨基酸和 14 种矿物元素，有良好的营养价值。而利用科学方法从羊胎盘中提取、分离的羊胎盘肽，具有抗氧化、免疫调节、延缓衰老、抗癌等作用，广泛应用于医疗保健、食品、化妆品等领域。

羊胎盘抗氧化肽的制备方法为：准确称取一定质量的羊胎盘下脚料粉末，加入去离子水配成 33g/L 的底物溶液，迅速升温至 90℃，恒温 15min 后，降温至 55℃，调节 pH＝6.4，加入木瓜蛋白酶酶解 120min，加酶量为 4900U/g，水解结束后升温至 90℃，保持 20min 进行灭酶处理，冷却至室温，调节 pH 至中性，在 4℃、8000r/min 的条件下低温离心 20min，收集上清液，冷冻干燥，得到羊胎盘抗氧化肽。

胶原蛋白和弹性蛋白是支撑和维持皮肤弹性的最重要的成分，如橡皮筋一样让皮肤具有伸展和褶合的能力，在真皮层中形成规律而紧密的空间网状结构，具有抵御外界环境刺激、修护损伤和促进再生的作用。随着光老化及内部老化的积累，肌肤中的胶原蛋白和弹性蛋白成分减少，维持紧致肌肤所需的网状结构塌陷，导致皮肤紧实度降低，肌肤变得松弛，轮廓下塌而变得模糊。若护肤品中含有胶原蛋白和弹性蛋白或含有能促进其合成的功效成分，则能更好地保持皮肤的年轻、细腻和弹性。

羊胎盘抗氧化肽能提高皮肤含水量，降低水分流失率（TEWL），具有较好的保湿效果。而羊胎盘抗氧化肽因其分子量小、亲水基团更多的优点，保湿能力更强。单一的虾青素、羊胎盘抗氧化肽或者虾青素与羊胎盘抗氧化肽的协效复配，能够显著提高皮肤的保水保湿能力，能够更加长效地锁水保水。

所述多元醇由以下一种或一种以上成分组成：丙二醇，甘油，甲基丙二醇，1,2-戊二醇，1,3-丁二醇。所述多元醇的主要作用是：防止表皮角质层水分的流失，同时吸收空气中的水分，达到促进皮肤保湿的效果。

所述防腐剂由以下两种或两种以上成分组成：姜提取物、银杏叶提取物、肉桂提取物、丁香提取物、迷迭香提取物、红曲提取物、甘椒提取物、辣椒提取物、甘氨酸、氨基葡萄糖盐酸盐。天然食品防腐剂是从生物体内提取加工而成的物质，其来源天然，或本身即为食品的组分，具有安全、高效的防腐特性。在实际应用中，单一防腐剂往往不能够抑制保湿产品中可能出现的各种腐败微生物，而某些不同的天然防腐剂之间具有协同增效的作用，复合应用可扩大抑菌范围、提高防腐效果。

［产品特性］　本品配方安全合理，具有优异的使用感受，有效成分可快速深入皮肤表层，为肌肤提供即时的补水效果同时带来持久保湿的作用，展现出莹润通透

的水漾美肌。

配方 32　水蛭素润颜保湿修护精华液

[原料配比]

原料		配比（质量份）			
		1#	2#	3#	4#
皮肤调理剂	积雪草提取物	0.5	0.5	0.5	0.5
	胶原	0.5	0.2	0.2	0.2
	马齿苋提取物	3	2	5	3
	薄荷叶提取物	—	0.5	0.1	1
	香叶天竺葵提取物	0.8	0.5	—	0.1
	苦参根提取物	0.5	1	0.2	—
	金黄洋甘菊提取物	—	0.5	0.5	1
	库拉索芦荟叶提取物	1	—	1.5	0.5
	甘草酸二钾	0.5	0.2	0.2	0.2
	尿囊素	0.5	0.2	0.2	0.2
	羟苯基丙酰胺苯甲酸	0.1	—	—	—
	神经酰胺3	0.1	0.1	0.1	0.05
	酵母菌溶胞物	2	1	1.5	1.5
保湿剂	1,2-己二醇	—	—	2	—
	1,3-丙二醇	4.5	5.5	—	5
	丁二醇	1	5	—	3
	羟乙基脲	3	—	4	—
	DL-吡咯烷酮羧酸钠（PCA-Na）	2	4	2	2
	甜菜碱	—	3	1.8	2
	透明质酸钠	0.3	0.4	0.2	0.4
	丝氨酸	0.8	1.5	0.5	0.5
润肤剂	1,2-己二醇	0.5	1	0.5	0.5
	1,2-戊二醇	—	—	—	0.8
	1,3-丙二醇	—	—	1	—
	丁二醇	—	1	—	—
	PEG/PPG/聚丁二醇 8/5/3 甘油	2	1.5	1	2
	PEG/PPG-14/7 二甲基醚	1	2.5	2	1.5
	神经酰胺3	0.05	—	—	—

续表

原料		配比（质量份）			
		1#	2#	3#	4#
抗氧剂	对羟基苯乙酮	0.4	0.3	0.2	0.1
螯合剂	EDTA二钠	0.2	0.2	0.2	0.2
水蛭素	蛭提取物	5	2	4	3
防腐剂	羟苯甲酯	0.15	0.3	—	0.25
	苯氧乙醇	0.05	—	0.1	0.03

[制备方法] 将搅拌锅清洗干净，然后将原料中的块状固体成分添加进搅拌锅，保持温度在90℃，搅拌速度控制在100r/min搅拌保温25min，然后开冷却水使温度降低至70℃以下，然后加入透明质酸钠等粉剂原料搅拌溶解至透明、无颗粒状，再开冷却水降温至45℃，加入天然植物提取成分，搅拌均匀。温度降至35～38℃时过滤出料，静置24h后进行检测，然后在8～10℃下静置48h，产品稳定后进行灌装即可得到水蛭素润颜保湿修护精华液。

[原料介绍] 水蛭素具有以下几个特点。

(1) 自主直接渗透、透皮吸收：水蛭素的分子量仅为7000，能自主直接迅速渗透到皮肤深层，易被皮肤细胞吸收利用。

(2) 改善血液循环：天然水蛭素只需外用就可自主渗入血液微循环从而降低血液黏度，加快血液流动速度，疏通毛细血管，改善血液微循环，使皮肤腺体和毛孔保持通畅，促进皮肤新陈代谢，为皮肤提供必需的营养成分，减少水分损失，维持皮肤的正常生理功能，使细胞得到充足的养分，促进细胞的自我修复，使皮肤细腻、收缩粗大的毛孔，尤其是对粉刺、痤疮、红肿、面部色素沉积、皮肤凹痕修复有独特效果。因而从根本上解决各类皮肤问题，达到血液美容的目的，使肌肤细胞变得健康、洁净、充盈饱满、富有生机活力从而呈现健康之美。

(3) 营养肌肤：水蛭素为多肽类物质。多肽是由氨基酸构成但又不同于蛋白质的中间物质，它具有蛋白质的特性，但比蛋白质简单，分子量小，易被机体吸收，且水蛭素活性高，使用微量就能发挥其独特的生理作用。

(4) 助渗、携带：水蛭素分子量为7000，它不但本身能自主直接迅速渗透到皮肤深层，易被皮肤细胞吸收，还可帮助不易渗透的营养物质渗入皮肤深层，从而发挥化妆品应有的美容护肤功效。促进皮肤血液循环，加速新陈代谢，坚持使用一段时间皮肤会光滑、白嫩。使用到皮肤上以后，能迅速形成一层透明、透气的弹性生物膜，提高皮肤的亮泽度，使肌肤光滑细腻、柔韧。同时能够抑制脂质过氧化，有效清除体内自由基，营养肌肤，淡化细纹。

PCA-Na是皮肤中的天然保湿剂，是一种天然保湿因子。有优良的吸湿性，给予肌肤舒适感及水润感，增加柔软性及弹性。即使在高浓度下，对皮肤及眼黏膜的刺激也很少，无色无味，稳定存在于低温及高温，可迅速生物降解。

［产品特性］　本品能促进活性成分有效快速吸收，为肌肤细胞提供多种营养成分，提高皮肤的亮泽度，使肌肤光滑细腻，有效清除体内自由基，营养亮泽肌肤，淡化细纹，具有保湿抗衰老修复皮肤的功效。

配方 33　天然成分保湿护肤精华液

［原料配比］

原料		配比（质量份）			
		1#	2#	3#	4#
透明质酸钠		1.2	5.5	3.35	1.4
多元醇		2	11	5	3
活性成分		32	49	40	34
防腐剂		0.08	0.3	0.19	0.12
葡萄糖酸聚六亚甲基胍		0.05	0.25	0.15	0.09
活性成分	羧甲基果聚糖胶原肽	32	4	—	34
	虾青素	—	3	—	—
多元醇	丙二醇	1	—	—	—
	甲基丙二醇	—	1	1	—
	1,2-戊二醇	4	4	—	1
	1,3-丁二醇	—	—	4	4
防腐剂	甘氨酸	1	—	—	—
	银杏叶提取物	—	1	—	—
	氨基葡萄糖盐酸盐	4	4	—	4
	丁香提取物	—	—	1	—
	红曲提取物	—	—	4	—
	甘椒提取物	—	—	—	1

［制备方法］　将各组分混合均匀即可。

［原料介绍］　所述活性成分由以下一种或两种的成分组成：虾青素，羧甲基果聚糖胶原肽。本品中的活性成分为纯天然提取成分，其接近或本身就是人体成分，能够与表皮脂膜层相互作用，补充细胞营养成分，达到长久保湿和紧致皮肤的效果。天然活性成分可作为理想的天然保湿因子，而且其低分子量的组分能渗透到真皮层，可调节皮肤代谢，促进血液微循环。

葡萄糖酸聚六亚甲基胍作为一种重要螯合剂。

本品中采用羧甲基果聚糖胶原肽，由于多糖的活性直接或间接地受其分子结构影响，而化学官能团在糖链上的引入，对多糖的生物活性与理化功能提升具有积极作用，因此，化学修饰是多糖构效关系研究和多糖类药物研制的重要手段。其中，羧甲基化修饰不仅能有效改善多糖的水溶性、乳化性、抗氧化性和抗肿瘤能力等理化性质，还具有成本低、操作简单及生成物毒性小等优点，在多糖的化学修饰中得到广泛应用。

本品以解淀粉芽孢杆菌 PB6 高产胞外果聚糖为原料，通过现有技术的羧基化修饰在果聚糖骨架上引入羧基后，进一步借助羧基与氨基的交联反应，制备胶原肽修饰的羧甲基果聚糖胶原肽。制备方法为：取 2g 果聚糖溶于 80mL 异丙醇中，逐步滴入 30mL 的 20%NaOH 溶液，常温搅拌 1h 后加入 4g 氯乙酸，60℃下搅拌 4h，调 pH 至中性，将混合物转移至 8000～10000Da 的透析袋中，用去离子水透析 4d 后，收集透析液，冷冻干燥后得到白色固体，即为羧甲基果聚糖。取 1.2g 羧甲基果聚糖溶于 0.2mol/L 的 MES 缓冲液（100mL，pH 6.5）中，加入 0.76g 的 EDC 试剂和 0.24g 的 NHS 试剂，常温搅拌 20h 后，迅速加入 0.9g 胶原肽，继续搅拌 10min，调节体系 pH 到 6，透析 72h，浓缩冷冻干燥。得到的白色固体即为胶原肽修饰的羧甲基果聚糖胶原肽。

［产品特性］ 本品配方安全合理，具有优异的使用感受，有效成分可快速深入皮肤表层，为肌肤提供即时的补水效果同时带来持久保湿的作用，展现出莹润通透的水漾美肌。

配方 34　胶原蛋白保湿精华液

［原料配比］

原料	配比（质量份）	
	1#	2#
甘油	4	5
丁二醇	3	5
透明质酸	0.3	0.1
尿囊素	0.1	0.4
黄原胶	0.3	0.2
甘草提取物	0.15	0.2
胶原蛋白	2	3.5
双（羟甲基）咪唑烷基脲	0.1	0.14

原料	配比（质量份）	
	1#	2#
水溶维生素 E	0.2	0.35
苯氧乙醇	0.2	0.28
水解胶原蛋白	4	3
黄细心提取物	0.4	0.1
海藻提取物	3	2
去离子水	82	79

[制备方法]

（1）准备称取配方中的各种物料，用洁净并消毒好的器皿盛装；

（2）在水相锅中，加入水、甘油、丁二醇、透明质酸、尿囊素、黄原胶，并加热至 80～85℃；

（3）将步骤（2）得到的水相原料搅拌保温 20～30min；

（4）将步骤（3）得到的产品冷却至 40～45℃时，加入甘草提取物、胶原蛋白、双（羟甲基）咪唑烷基脲、水溶维生素 E、苯氧乙醇、水解胶原蛋白、黄细心提取物、海藻提取物，搅拌 20min 至完全溶解；

（5）取样检测，合格后出料。

[产品特性] 本品保湿效果好，对皮肤有很好的补充蛋白质、多种皮肤所需维生素的作用，且使用安全。

配方 35 补水修护精华液

[原料配比]

原料	配比（质量份）		
	1#	2#	3#
芦荟萃取液	10	30	50
透明质酸	10	25	40
烟酰胺	1	2	3
D-泛酸钙	1	2	3
玫瑰纯露	50	65	80
AVC	0.1	1	2
去离子水	50	65	80

[制备方法] 将上述原料搅拌混合后，注入三层蚕丝蛋白面膜中即可。

[原料介绍] 玫瑰纯露又称玫瑰水精油，是将新采摘的玫瑰鲜花，用盐搅拌封住香味后放进蒸馏罐，进行油水分离后制成。玫瑰纯露溶解于水，具有补充水分、保湿、快速消炎、抗过敏、止痒、延缓衰老等作用。

AVC 主要用于增稠。

[产品特性] 本品具有补水、修复作用，针对微创性皮肤治疗有迅速消炎、褪红的效果。

配方 36 芦荟保湿精华液（2）

[原料配比]

原料	配比（质量份）		
	1#	2#	3#
芦荟汁液	8	11	14
丙三醇	4	5	6
积雪草	4	4.5	5
透明质酸	6	7	8
胶原蛋白	7	8	10
维生素 E	6	8	9
柑橘提取液	3	4	5
薄荷油	3	5	6
巴西棕榈蜡	2	3	4
橄榄油精华	7	8	9
蜂蜜	6	7	8
去离子水	15	17	18

[制备方法] 将各组分混合均匀即可。

[产品特性] 本品温和无刺激，保湿效果好，兼具抗皱抗衰老，增强细胞活力与弹性。

配方 37　具有长效保湿功效的精华液

[原料配比]

原料			配比（质量份）			
			1#	2#	3#	4#
A 项	溶剂	去离子水	加至 100	加至 100	加至 100	加至 100
		甘油	3	3	3	3
		丁二醇	5	5	5	5
		山梨糖醇	2	2	2	2
	增稠剂	卡波姆	0.15	0.15	0.15	0.15
		黄原胶	0.1	0.1	0.1	0.1
	防腐剂	羟苯甲酯	0.2	0.2	0.2	0.2
		苯氧乙醇	0.4	0.4	0.4	0.4
B 项	pH 调节剂	三乙醇胺	0.15	0.15	0.15	0.15
		柠檬酸	0.02	0.02	0.02	0.02
		柠檬酸钠	0.08	0.08	0.08	0.08
C 项	长效保湿复合剂	蜂蜜提取物	1.08	1.44	1.8	2.16
		糖槭提取物	1.8	2.4	3	3.6
		酵母菌/大米发酵产物滤液	1.32	1.76	2.2	2.64
		精氨酸 HCl	0.06	0.08	0.1	0.12
		赖氨酸 HCl	0.06	0.08	0.1	0.12
		鸟氨酸 HCl	0.06	0.08	0.1	0.12
		神经酰胺 3	0.24	0.32	0.4	0.48
		神经酰胺 6II	0.12	0.16	0.2	0.24
		神经酰胺 1	0.12	0.16	0.2	0.24
		月桂酰乳酰乳酸钠	0.9	1.2	1.5	1.8
		植物鞘氨醇	0.12	0.16	0.2	0.24
		胆甾醇	0.12	0.16	0.2	0.24
	皮肤调理剂	氢化卵磷脂	0.5	0.5	0.5	0.5
		棕榈酰三肽-1	0.1	0.1	0.1	0.1
		棕榈酰四肽-7	0.1	0.1	0.1	0.1
	芳香剂	香精 GGC-49412	0.06	0.06	0.06	0.06

[制备方法]

(1) 称取 A 项组分——溶剂 [水、甘油、丁二醇、山梨 (糖) 醇]、增稠剂 (卡波姆、黄原胶)、防腐剂 (羟苯甲酯、苯氧乙醇),搅拌混合均匀;

(2) 称取 B 项组分——pH 调节剂 (三乙醇胺、柠檬酸、柠檬酸钠),待用;

(3) 称取 C 项组分——长效保湿复合剂 (蜂蜜提取物、糖槭提取物、酵母菌/大米发酵产物滤液、精氨酸 HCl、赖氨酸 HCl、鸟氨酸 HCl、神经酰胺 3、神经酰胺 6II、神经酰胺 1、月桂酰乳酰乳酸钠、植物鞘氨醇、胆甾醇)、皮肤调理剂 (氢化卵磷脂、棕榈酰三肽-1、棕榈酰四肽-7)、芳香剂 (香精 GGC-49412),搅拌混合均匀至透明,待用;

(4) 将 A 项组分加热到 80~85℃,保温搅拌 30min;

(5) 将 A 项组分降温到 45℃ 时,加入 B 项组分、C 项组分,搅拌至均匀透明即可。

[原料介绍]　蜂蜜提取物 (MelhydranLS9876/BASF):主要在皮肤角质层起到长效保湿作用。蜂蜜提取物与人体的天然保湿因子 NMF 的组分非常接近,富含氨基酸、寡糖、有机酸、维生素、钙、镁、钠、钾等矿物质,为皮肤提供营养。其中富含丰富的有机酸,可迅速软化干燥硬化的角质,恢复皮肤的弹性和柔软性。寡糖具有长效保湿效果,可锁定水分,提高皮肤水合率,减少皮肤中水分流失。

糖槭提取物取自加拿大魁北克省部分地区糖枫树树干的原汁 (树龄 40 年以上,树径 20cm 以上),富含多糖、Ca、K、Mg、Mn、苹果酸,促进成纤维母细胞增殖,从而改善细胞含水量、皮肤经皮失水问题,提高角质层含水量,在皮肤的最外层——角质层的水源性方面增强皮肤屏障功能。

酵母菌/大米发酵产物滤液 (发酵滤液 FCO1/安琪酵母股份有限公司) 精选产自北纬 30° 长寿之乡钟祥有机糯米,经天然酵母发酵而成,含丰富的寡糖、有机酸 (果酸)、氨基酸、小分子肽类等,能快速通过角质层间隙进入真皮层,促进成纤维细胞的活性及胶原蛋白、弹力纤维和透明质酸产生,激活细胞膜水通道蛋白,内源性增加皮肤的含水量。

神经酰胺又称神经鞘脂类,是存在于皮肤的一种脂类,在皮肤表面形成一层防水的屏障。当皮肤出现干燥、脱屑、开裂现象,其屏障功能明显降低时,皮肤补充神经酰胺可迅速恢复保湿和屏障功能。本品所用的神经酰胺源自零陵香豆,经酵母菌发酵的生物技术生产,与人皮肤内天然存在的神经酰胺的双层立体化学结构一致,从而在脂源性方面增强皮肤屏障功能。

[产品特性]　本品由于含有长效保湿复合剂,结合了植物保湿活性物、氨基酸保湿成分、神经酰胺类皮肤修复成分,从水源性和脂源性双方面角度,能快速提升皮肤角质层的水合含量 (CAP),显著降低皮肤角质层水分流失率 (TEWL),维持皮肤的水油平衡。单次使用长达 4~8h 后,仍具有良好的保湿效果。

配方 38 保湿补水精华液

[原料配比]

原料	配比（质量份）		
	1#	2#	3#
橄榄	10	20	15
芦荟	8	14	12
青刺果	2	4	3
石榴籽	1	3	2
50％乙醇	30	40	33
马齿苋	9	13	11
绿茶	4	10	6
深层海洋水	80	110	100
蘑菇葡聚糖	2	4	3
透明质酸钠	1	3	2
角鲨烷	0.5	1.5	1
维生素C	0.8	1.4	1
去离子水	10	20	15
透明质酸	1	2	1.5
玻尿酸	0.5	1.2	0.8
尼泊金酯	0.1	0.5	0.3

[制备方法]

（1）取橄榄、芦荟、青刺果和石榴籽混合后放入榨汁机中打浆破碎，然后加入50％乙醇溶液浸泡1h，然后在20kHz的频率下超声分散20min，然后减压蒸出乙醇提取物，备用。

（2）称取马齿苋和绿茶放入研磨机中研磨粉碎至过80目筛，然后加入深层海洋水，在75℃水浴中加热1h，然后冷却至室温后过滤，将滤出液备用。

（3）取蘑菇葡聚糖、透明质酸钠、角鲨烷和维生素C加入去离子水中搅拌均匀。

（4）将步骤（3）搅拌均匀的混合液放入步骤（2）制备的滤出液中，然后加入透明质酸、玻尿酸和步骤（1）处理后的乙醇提取物，在30kHz的频率下超声分散20min。

（5）向超声分散后的混合液中加入尼泊金酯，混合均匀后灭菌，然后密封包装，最终制得所述保湿补水精华液。

[产品特性] 本品补水效果和保湿性能都比较好，补充并促进皮肤自主合成屏障储

水，快速舒缓皮肤受到的刺激，提供直接有效的抗炎效果，逐步增强皮肤的耐受性。

配方 39　植物抗皱舒缓保湿精华液

[原料配比]

原料	配比（质量份）		
	1#	2#	3#
去离子水	135	120	150
葡糖氨基葡聚糖	2.5	2.4	2.8
硫酸软骨素	1.1	1	1.2
透明质酸	0.55	0.5	0.6
羧甲基壳聚糖	2.2	2	2.4
辛烯基琥珀酸淀粉钠	5.6	5	6
荔枝籽油	5.2	5	6
番茄籽油	5.8	5	6
石榴皮提取物	3.6	3	4
胆甾醇	1.6	1.5	2
血红铆钉菇提取物	3.6	3.2	3.8
红没药醇	1.5	1.4	1.6
β-环糊精	5.6	5	6
沙果皮提取物	3.5	3	3.6
无水乙醇	适量	适量	适量
十三烷醇偏苯三酸酯	2.8	2.5	3
葡庚糖酸内酯	2.4	2	2.5

[制备方法]

（1）将所述质量份数的去离子水、葡糖氨基葡聚糖、硫酸软骨素、透明质酸、羧甲基壳聚糖，加入搅拌机中，在 52～58℃的条件下，搅拌 20～30min。

（2）将所述质量份数的辛烯基琥珀酸淀粉钠、荔枝籽油、番茄籽油、石榴皮提取物、胆甾醇、血红铆钉菇提取物、红没药醇，加入到搅拌机中，在 65～70℃的条件下，搅拌 30～40min。

（3）将所述质量份数的 β-环糊精加入到 30 倍质量的纯净水中搅拌均匀得混合液 A；将所述质量份数的沙果皮提取物，加入到 20 倍质量的无水乙醇中搅拌均匀得混合液 B；将混合液 B 缓慢加入到混合液 A 中，在 65～70℃的条件下，搅拌 120～150min；冷却、过滤，冷冻干燥。

（4）将步骤（3）中的混合物缓慢加入到步骤（1）中的混合物中，在 50～55℃的条件下，搅拌 10～20min；然后加入步骤（2）中的混合物和所述质量份数的十三烷醇偏苯三酸酯、葡庚糖酸内酯，在80～85℃的条件下，搅拌20～30min，冷却后即成。

[原料介绍] 本品采用硫酸软骨素、透明质酸、羧甲基壳聚糖三种不同分子量的保湿成分组合，能够在皮肤表面形成一层立体保湿膜，达到锁水、保水、深层保湿的突出功效。采用血红铆钉菇提取物、红没药醇复合组成舒敏修复组合具有突出的协同舒敏效果，可以改善皮肤的炎症及过敏反应，消退红肿，修复皮肤。采用β-环糊精包覆沙果皮提取物加入精华液中，具有突出的抗衰老抗皱功效。荔枝籽油和番茄籽油复合可以对抗紫外线损伤，滋养皮肤，具有卓越的抗肌肤氧化能力和完美修护及调节皮肤。

葡糖氨基葡聚糖具有优良的乳化、分散、增稠、成膜能力。

辛烯基琥珀酸淀粉钠作吸附剂、增稠剂、乳化剂使用。

胆甾醇又称胆固醇，人皮肤的分泌物中含有一定数量的胆甾醇及其衍生物，有柔滑和保湿作用，作为柔润剂、乳化剂。

十三烷醇偏苯三酸酯可以起润肤作用与乳化作用。

葡庚糖酸内酯作为皮肤调理剂使用。

血红铆钉菇提取物为乙醇提取物，可以采用以下步骤获得：取血红铆钉菇在40℃烘干粉碎后，按照1∶10料液比加入65%乙醇，加热搅拌，以频率为40kHz、功率为250W的超声波，在60℃提取1h，过滤，加入质量分数为0.5%的活性炭，在60℃脱色0.5h，离心过滤，得到提取液，浓缩，冷冻干燥即得。

沙果皮提取物，为乙醇提取物，可以采用以下步骤获得：取沙果皮烘干后粉碎，按照1∶20料液比加入95%乙醇，加热搅拌，在80～85℃提取2h，离心过滤，得到提取液，浓缩，冷冻干燥即得。

石榴皮提取物对黑色素细胞活性显示强烈的抑制作用，是化妆品美白添加剂。

[产品特性] 本品具有突出的舒缓和抗皱功效，以及优异的保湿和修护效果、良好的美白能力。

配方40 具有协同EGF修复且保湿并保护EGF的精华液

[原料配比]

原料	配比（质量份）		
	1#	2#	3#
寡肽-1（EGF）	0.0005	0.0005	0.0005
水解胶原	1	3	5
透明质酸钠	0.1	0.3	0.5

原料	配比（质量份）		
	1#	2#	3#
甘露糖醇	5	6.5	8
水解透明质酸钠	0.1	0.3	0.5
海藻糖	1	2	3
燕麦 β-葡聚糖	1	2	3
光果甘草根提取物	0.2	3.6	1
甘草酸二钾	0.1	0.2	0.3
卵磷脂	1	2	3
甘油	4	6	8
1,2-戊二醇	2	3	4
氨丁三醇	0.5	1.75	3
1,2-己二醇	0.5	0.75	1
乙基己基甘油	2	3.5	5
尿囊素	0.5	1	1.5
PVM/MA 癸二烯交联聚合物	0.2	1.1	2
去离子水	加至 100	加至 100	加至 100

[制备方法]

（1）基料配制，常温下将水、甘草酸二钾、尿囊素、PVM/MA 癸二烯交联聚合物按照配比放入反应釜中，抽真空并以 30r/min 的速率搅拌，升温至 75～80℃，保温 30min，开启均质机以 2000r/min 的速率搅拌 2min 直至充分混合。

在常温的条件下进行配制，能够尽可能地不破坏其中的活性成分，而且还能够在搅拌的过程中达到凝胶的状态，以便后续使用。

（2）中温真空融合，将透明质酸钠、水解透明质酸钠、海藻糖、卵磷脂、甘油、1,2-戊二醇、1,2-己二醇按照配比混合均匀后，在 75～80℃ 的温度下加入到反应釜中，调整温度并抽真空，以 30r/min 速率搅拌 10min 后降温。

由于各个成分的活性比较强，而且在高温下不稳定，因此首先通过降温来达到抑制活性的作用，而且，还可以通过抽真空防止被氧化，从而达到保护其成分的目的。对反应釜抽真空和调整温度的具体步骤为：

① 升高反应釜的温度至 75～80℃，并且在将原材料放入之后维持温度稳定在 75～80℃；

② 在反应釜的出气端连接真空泵，以 15～20cm^3/min 的速率抽真空，并且在真空度降至 0.1MPa 时降低反应釜的温度至 45～48℃，并且维持该温度，波动不超过 0.5℃；

③ 逐次加入水，并且以 2500～3000r/min 的转速高速搅拌直至成为胶体状。

PVM/MA 癸二烯交联聚合物在遇见氨丁三醇后，体系会变稠，但能流动，但是提前加入水才能变稠。在上述步骤（2）中，具体的温度调整为保持温度在生物活性范围之内，以使得其在保证最佳的生物活性范围之内还能够以较佳的效果达到混合的目的。

在经过上述步骤成为胶体之后，通过 400～500 目的过滤膜进行过滤，并且对不能通过过滤膜的残渣再次过滤，剔除过滤三次仍然残留的杂质。过滤的目的在于两个方面，一方面就是通过过滤，其中的成分粒径保持在一个相近的范围之内，另一方面则是对于主要成分中没有溶解的部分再次进行溶解，以达到最佳的溶解效果。

（3）低温融合，降温到 45℃ 时，依次加入乙基己基甘油、甘露糖醇、光果甘草根提取物、氨丁三醇，在真空下以 20r/min 的速率搅拌，调试 pH 值，直至体系凝胶化，再在真空下以 2000r/min 的速率均质搅拌 2min。

在步骤（3）中，用氨丁三醇调试 pH 值至 6.5～7.0。将 pH 值控制在 6.5～7.0 之间，能够最大限度保护 EGF 活性。

（4）调试出料，充入低温氮气，按配比加入燕麦 β-葡聚糖、水解胶原、寡肽-1，搅拌均匀后通过 300～400 目的过滤膜进行正压过滤，剔除过滤仍然残留的杂质，制成本品。

低温氮气的作用在于提供保护气，而且通过低温氮气的注入，保持内部环境处于低温的保护中，防止空气进入对反应较为活跃的成分进行氧化等，提高内部成分的纯度。因此，通入低温氮气一方面降温，另一方面保护 EGF 活性，通入氮气后加入寡肽-1（EGF）。

在步骤（4）中，充入氮气后低温搅拌的具体步骤为：

① 降低反应釜的温度至 45℃，并且在按照配比将原材料放入之后快速进行降温，平均降温速率为 5～6℃/min；

② 在反应釜的出气端和进气端分别连接真空泵和低温氮气瓶，通过真空泵抽取反应釜的压力，进而吸取低温氮气，并且所述低温氮气的温度为 0～4℃；

③ 在放掉真空后，以 5～10cm³/min 的速率持续充入低温氮气作为保护气；

④ 逐次加入水，并且以 2500～3000r/min 的转速高速搅拌直至成为胶体状。

［原料介绍］ 能协同 EGF（寡肽-1）起到修复作用的原料有：水解胶原、水解透明质酸钠、燕麦 β-葡聚糖、光果甘草根提取物、甘草酸二钾、尿囊素；

能保护 EGF 的原料有：透明质酸钠、甘露糖醇、海藻糖、燕麦 β-葡聚糖、水解胶原、卵磷脂、PVM/MA 癸二烯交联聚合物；

能起到保湿作用的原料有：透明质酸钠、水解透明质酸钠、甘露糖醇、海藻糖、1,2-戊二醇、1,2-己二醇、乙基己基甘油。另外，1,2-戊二醇、1,2-己二醇、乙基己基甘油能够起到一定的防腐作用。

胶原蛋白补充皮肤的胶原成分，使得肌肤柔嫩，还能够改善痘坑、毛孔粗大等问题，是天然保湿的补水成分，呵护角质层；

寡肽-1促进肌底修护，有效提升肌肤自身的修护力；

甘露糖醇是营养填充成分，保持寡肽-1的活性，起到对活性肽的辅助作用；

海藻糖俗称生命之糖，还原肌肤活力；

甘草能够改善皮肤环境，舒缓不适；

卵磷脂能够达到修复肌肤的目的，增强代谢能力；

透明质酸钠锁住水分，在皮肤的表面形成一层保湿膜。

在本品中不需要添加防腐剂和香精，利用多元醇等起到相应的防腐作用，小分子的透明质酸钠吸收率较高，能够修复受损细胞，和燕麦β-葡聚糖一起对EGF起到了协同增效修复的作用，小分子透明质酸钠透过皮肤起到了深层保湿的功效。大分子透明质酸钠在皮肤表面形成锁水透气保护膜，可以组织皮肤内部的水分蒸发，从而起到了表层保湿的作用，大分子透明质酸钠和燕麦β-葡聚糖一起起到了保护EGF活性的作用。

[产品特性] 本品巧妙地将各活性组分结合起来，一方面，有效地帮助及促进活性成分的吸收，补充肌肤丢失的主要活性成分；另一方面，使其具有保湿、滋润肌肤、抗老化、抗敏感等多功能，在帮助营养成分更好地渗入皮肤的同时，还能够防止活性成分析出影响其本质上的效果，可以更好地发挥功效。

配方41 保湿亮肤精华液

[原料配比]

原料	配比（质量份）			
	1#	2#	3#	4#
丁二醇	2	4	3	5
甘油	2	3.5	3.5	4
烟酰胺	1.5	2	0.5	1
黑蜗牛分泌滤液	2.5	4	1	2
洋甘菊花水	1	2.5	2	4
D-泛醇	0.5	1	1	2
玉米蛋白氨基酸类	0.5	1.5	1	2
黑松茸提取物	0.5	2.5	0.5	2
橘皮糖苷	0.2	2	0.5	1.5
海藻提取物	0.5	1.5	1	2
银耳多糖	0.5	1	1	1.5
透明质酸钠	0.03	0.05	0.05	0.08
三乙醇胺	0.1	0.1	0.1	0.1

原料	配比（质量份）			
	1#	2#	3#	4#
尿囊素	0.2	0.2	0.2	0.2
小核菌胶	0.05	0.05	0.05	0.05
甘油辛酸酯	0.25	0.25	0.25	0.25
辛酰羟肟酸	0.15	0.15	0.15	0.15
对羟基苯乙酮	0.1	0.1	0.1	0.1
香精	0.005	0.005	0.005	0.005
去离子水	加至100	加至100	加至100	加至100

[制备方法]

（1）先把水、尿囊素、小核菌胶、透明质酸钠放入搅拌锅内，将搅拌锅加热至80～85℃，并均质3min；

（2）再将搅拌锅降温至45℃后加入三乙醇胺，并搅拌均匀；

（3）在搅拌锅内依次加入丁二醇、甘油、烟酰胺、黑蜗牛分泌滤液、洋甘菊花水、D-泛醇、玉米蛋白氨基酸类、黑松茸提取物、橘皮糖苷、海藻提取物、银耳多糖、甘油辛酸酯、辛酰羟肟酸、对羟基苯乙酮、香精，每加入一个组分后应充分搅拌至溶解完全，再加下一组分，全部组分加完后搅均匀即可。

[原料介绍]　烟酰胺有极强的锁水、保湿功效，能修复受损的角质层脂质屏障，提高皮肤抵抗力。黑蜗牛分泌滤液具有高效补水锁水能力，能为肌肤及时提供大量水分，增加肌肤再生能力。黑松茸提取物能明显地减少黑色素的生成，对肌肤有很好的亮白作用。橘皮糖苷能活化肌肤、加速皮肤毛细血管血液循环，从而起到提亮肤色的作用。

[产品特性]　本品有效补充皮肤水分，美白保湿，提亮肤色。不含有任何有毒物质，成分天然温和，可直接用于面部。

配方42　含有茶树精油的保湿精华液

[原料配比]

原料	配比（质量份）		
	1#	2#	3#
茶树精油	4	5	6
透明质酸钠	2	3.5	5
甘油	5	7.5	10

续表

原料	配比（质量份）		
	1#	2#	3#
维生素 E	0.1	2.5	5
去离子水	20	40	60

[制备方法] 取茶树精油、透明质酸钠、甘油、维生素 E、去离子水加入带搅拌功能的不锈钢容器中，搅拌混合均匀即可。

[原料介绍] 茶树精油是由桃金娘科白千层属灌木树种互叶白千层的新鲜枝叶经水蒸气蒸馏得到的芳香精油，具有较高的安全性。茶树精油的主要化学成分为松萜或蒎烯、桧烯、月桂（香叶）烯、水芹烯、松油精或萜品烯、柠檬油精、桉树脑、异丙基甲苯或百里香素、萜品油烯或异松油烯、芳樟醇、松油烯；具有杀菌消炎，收敛毛孔，治疗伤风感冒、咳嗽、鼻炎、哮喘，改善痛经、月经不调及生殖器感染等功效；适用于油性及粉刺皮肤，治疗化脓伤口及灼伤、晒伤。使头脑清醒，恢复活力，抗沮丧。

[产品特性] 本品采用天然的茶树精油，能抗菌、收敛肌肤，有效地补水并锁住水分，缓解皮肤老化。

配方 43   锁水保湿精华液

[原料配比]

原料		配比（质量份）			
		1#	2#	3#	4#
透明质酸钠		4.3	9.1	6.7	4.5
多元醇	甲基丙二醇	2	—	—	—
	1,2-戊二醇	—	11	—	—
	1,3-丁二醇	—	—	5	—
	甘油	—	—	—	3
活性成分		39	68	54	41
防腐剂	银杏叶提取物、肉桂提取物	0.08	—	—	—
	丁香提取物、迷迭香提取物	—	0.3	—	—
	红曲提取物、甘椒提取物	—	—	0.19	—
	辣椒提取物、甘氨酸	—	—	—	0.09
活性成分	磷酸聚六亚甲基胍	0.05	0.25	0.15	0.07
	羊胎盘抗氧化肽	39	2	3	2
	海地瓜胶原蛋白肽		3	2	3

[制备方法] 将各组分混合均匀即可。

[原料介绍] 所述活性成分由以下一种或两种的成分组成：羊胎盘抗氧化肽，海地瓜胶原蛋白肽。本品中的活性成分为纯天然提取成分，活性成分接近或本身就是人体成分，能够与表皮脂膜层相互作用，补充细胞营养成分，达到长久保湿和紧致皮肤的效果。天然活性成分可作为理想的天然保湿因子，而且其低分子量的组分能渗透到真皮层，可调节皮肤代谢，促进血液微循环。

本品中采用的羊胎盘抗氧化肽，胎盘是传统中药，现代生物学和医学研究证明其具有延缓衰老、护肤、免疫调节等作用。与其他动物胎盘相比，羊胎盘与人胎盘的结构和成分最为相似，羊胎盘中含有大量的表皮细胞生长因子、透明质酸刺激因子等生物活性因子，多种促进和改善组织新陈代谢的酶，17 种氨基酸和 14 种矿物元素，有良好的营养价值。而利用科学方法从羊胎盘中提取、分离的羊胎盘肽，具有抗氧化、免疫调节、延缓衰老、抗癌等作用，广泛应用于医疗保健、食品、化妆品等领域。

羊胎盘抗氧化肽的制备方法为：准确称取一定质量的羊胎盘下脚料粉末，加入去离子水配成 33g/L 的底物溶液，迅速升温至 90℃，恒温 15min 后，降温至 55℃，调节 pH=6.4，加入木瓜蛋白酶酶解 120min，加酶量为 4900U/g，水解结束后升温至 90℃，保持 20min 进行灭酶处理，冷却至室温，调节 pH 至中性，在 4℃、8000r/min 的条件下低温离心 20min，收集上清液，冷冻干燥，得到羊胎盘抗氧化肽。

羊胎盘抗氧化肽能提高皮肤含水量，降低 TEWL，具有较好的保湿效果。而羊胎盘抗氧化肽因其分子量小、亲水基团更多的优点，保湿能力更强。

海地瓜隶属于海参纲芋海参科，又称茄参、海茄子，因其外观较差，价格非常低廉。在中国福建、山东、浙江、海南等省海域均有分布，资源非常丰富，其营养价值不亚于刺参，含有皂苷、多糖、胶原蛋白、矿物质元素等多种营养物质，尤其是富含胶原蛋白，是提取胶原蛋白多肽很好的来源。胶原蛋白多肽的肽链中含有多个氨基、羧基和羟基等亲水基团，能与水分子结合，防止水分蒸发，是很好的保湿剂；而且由于其分子量小，与肌肤有很好的相容性，可进入角质层，不但具有维持肌肤吸水的能力，保持角质层正常含水量，起到深层保湿作用，还具有组织修复功能，能使皮肤光滑亮泽、减少皱纹。皮肤中正常的水分含量是维持健康皮肤的基础，一旦缺少水分，皮肤就会出现干燥、粗糙、色斑、皱纹等一系列皮肤问题。海地瓜含有丰富的胶原蛋白，是十分理想的化妆品原料。本品采用现有技术的酶解法，在温度为 40℃、风味蛋白酶加酶量为 3000U/g、pH 7.5、时间为 3h 时，提取出分子量在 5000 以下的海地瓜胶原蛋白多肽，具有优异的吸湿及保温性。

所述防腐剂由以下两种或两种以上成分组成：姜提取物、银杏叶提取物、肉桂提取物、丁香提取物、边迭香提取物、红曲提取物、甘椒提取物、辣椒提取物、甘氨酸、氨基葡萄糖盐酸盐。天然食品防腐剂是从生物体内提取加工而成的物质，其来源天然，或本身即为食品的组分，具有安全、高效的防腐特性。在实际应用中，单一防腐剂往往不能够抑制保湿产品中可能出现的各种腐败微生物，而某些不同的天然防腐剂之间具有协同增效的作用，复合应用可扩大抑菌范围、提高防腐效果。

[产品特性] 　本品具有优异的使用感受，有效成分可快速深入皮肤表层，为肌肤提供即时的补水效果同时带来持久保湿的作用，展现出莹润通透的水漾美肌。

配方 44　抗敏保湿修复精华液（2）

[原料配比]

原料	配比（质量份）			
	1#	2#	3#	4#
角鲨烷	0.8	0.4	0.8	0.6
佛手柑提取液	0.5	1.2	0.5	1
玫瑰提取液	2	1	2	1.2
薄荷提取液	2	1	2	1.6
卡姆果提取液	1	0.5	1	0.8
水解绿豆蛋白液	1	0.5	1	0.8
甘油	10	7	14	11
丁二醇	10	2	6	6
乙二胺四乙酸二钠	0.05	0.01	0.05	0.03
透明质酸钠	1	0.5	1	0.7
海藻糖	1	0.5	1	0.6
尿囊素	0.4	0.3	0.4	0.3
去离子水	加至100	加至100	加至100	加至100

[制备方法]

（1）在去离子水中加入螯合剂溶解，加热至 70～80℃，再加入配方量 50%～70% 的保湿剂混匀，在温度为 70～80℃ 的条件下保温搅拌 5～15min，加入尿囊素溶解混匀，降温至 40～50℃，再加入佛手柑提取液、玫瑰提取液、薄荷提取液、卡姆果提取液、水解绿豆蛋白液，得到混合物 A；

（2）在温度为 40～50℃ 的条件下，向混合物 A 中依次加入透明质酸钠、海藻糖，混匀后得到混合物 B；

(3) 将角鲨烷加入剩余配方量的保湿剂中,混匀后得到混合物 C;

(4) 在温度为 40~50℃的条件下,向混合物 B 中加入混合物 C,混匀后得到抗敏保湿修复精华液。

[原料介绍] 所述保湿剂选自丁二醇、氨基酸、甘油、丙二醇、聚丙二醇和山梨醇中的一种或多种。

所述螯合剂为乙二胺四乙酸二钠。

[产品特性]

(1) 本品具有明显的保湿作用,对皮肤无任何刺激作用。

(2) 本品通过佛手柑提取液、玫瑰提取液、薄荷提取液、卡姆果提取液、水解绿豆蛋白液配合角鲨烷,对于过敏皮肤及损伤皮肤有协同增效的功效,快速达到抗过敏及抗刺激的效果,具有持续镇静清凉作用;卡姆果提取液配合水解绿豆蛋白液能够与皮肤产生良好的相容作用,有利于其他有效成分(如佛手柑提取液、玫瑰提取液及薄荷提取液所含的有效成分)渗透入皮肤角质层,使抗菌消炎成分更容易被皮肤吸收,并在皮肤表面形成保护膜;本品对紫外线损伤皮肤部位有清凉、镇痛效果,起到快速消退红肿和刺痛的效果。

配方 45 保湿美容精华液

[原料配比]

原料	配比（质量份）			
	1#	2#	3#	4#
负载有富勒烯的复含水凝胶粉末	6	5	10	8
玫瑰提取液	1	0.5	10	6
莳萝提取液	3.5	0.5	5	2
烟酰胺	0.3	0.1	0.5	0.4
维生素 E	0.5	0.1	1	0.6
氨基酸	2	2	1	2
甘油	4	4	2	4
丙二醇	2	4	2	2
凡士林	6	10	5	6
防腐剂	0.2	0.1	0.5	0.3
去离子水	74.5	73.7	63.0	68.7

[制备方法]

(1) 将玫瑰提取液、莳萝提取液、保湿剂、润湿剂混合后,加入配方量

20%～40%的去离子水，均质后得到混合物 A；

（2）将烟酰胺、维生素 E 加入混合物 A 中，搅拌均匀得到混合物 B；

（3）将剩余配方量的水与负载有富勒烯的复合水凝胶粉末混合后，加入到混合物 B 中，搅拌均匀得到混合物 C；

（4）向混合物 C 中加入防腐剂，搅拌均匀，得到保湿美容精华液。

[原料介绍]　富勒烯对于自由基的高度亲和，使得富勒烯具有极强的抗氧化性，由于富勒烯在水溶液中具有斥水性，其抗氧化能力在水溶液中受限制，本品通过琼脂及海藻酸复合水凝胶负载富勒烯纳米粒子，琼脂及海藻酸复合水凝胶具有极强的亲水性和生物相容性，将负载有富勒烯纳米粒子的复合水凝胶添加到精华液配方中，与玫瑰提取液、莳萝提取液等功效成分均匀分散制成精华液。所制得的精华液在肌肤表面形成轻薄透气的保护膜，可防止水分流失，起到镇定保湿的作用，同时使富勒烯、玫瑰提取液及莳萝提取液等功效成分缓慢释放并渗透到皮肤角质层，充分发挥各组分的功效，富勒烯、玫瑰提取液及莳萝提取液具有非常强的抗氧化能力和清除自由基的能力，三者协同作用帮助本品提供的精华液发挥最大的抗氧化作用。

所述负载有富勒烯的复合水凝胶粉末采用下述方法制得：将去离子水加热至70～90℃后，加入琼脂、海藻酸钠、富勒烯纳米粒子，保温搅拌直至琼脂完全溶解，得到富勒烯悬浮液，再向富勒烯悬浮液中加入葡萄糖酸钙溶液，在 20～40℃下搅拌 10～60min，经冷冻干燥得到负载有富勒烯的复合水凝胶粉末。其中，去离子水、琼脂、海藻酸钠、富勒烯纳米粒子、葡萄糖酸钙的质量比为：8：0.75：1：0.2：1.5，所述葡萄糖酸钙溶液中葡萄糖酸钙的质量分数为 25%。

所述保湿剂选自氨基酸、甘油、丙二醇、聚丙二醇和山梨醇中的一种或多种。

所述润湿剂为凡士林。

[产品特性]　本品能有效清除皮肤的活性氧自由基，活化皮肤细胞，恢复皮肤活力；同时还能有效抑制真菌、寄生虫，有利于保持皮肤毛孔畅通。

配方 46　海藻保湿精华液

[原料配比]

原料	配比（质量份）			
	1#	2#	3#	4#
海藻提取物	50	20	35	2
甘油	4	1	1	3
山梨醇	0.5	2	1	1

原料	配比（质量份）			
	1#	2#	3#	4#
1,3-丙二醇	0.5	2	1	1
甘草酸二钾	—	—	0.3	—
尿囊素	0.05	0.5	—	0.05
海藻酸钠	—	1	0.2	—
明胶	—	0.05	—	—
黄原胶	—	—	0.2	—
纤维素	—	—	0.2	—
水解胶原	—	0.05	0.05	—
U21	0.2	—	—	0.21
透明质酸钠	0.1	0.25	0.1	0.12
烟酰胺	1	0.1	1	0.5
芦芭油	0.5	0.25	0.1	0.3
GransilPQX	0.3	0.1	3	0.5
燕麦 β-葡聚糖	0.5	0.1	2	1
积雪草提取液	1	0.1	2	0.5
syn-coll	0.5	0.1	1.5	1.5
防腐剂 9010	0.6	—	—	0.6
苯氧乙醇	—	0.2	0.4	—
乙基己基甘油	—	0.5	0.3	—
氨甲基丙醇（调节 pH）	—	适量	—	—
氢氧化钠（调节 pH）	—	—	适量	—
去离子水	加至 100	加至 100	加至 100	加至 100

[制备方法]

（1）将增稠剂、保湿剂分散于甘油中，同时添加 1,3-丙二醇、山梨醇、抗敏剂、烟酰胺、皮肤调理剂，然后添加去离子水，搅拌混合均匀后加热至 80～89℃；

（2）混合物全部溶解后，开始降温；

（3）降温至 45℃以下后，加入海藻提取物、syn-coll、防腐剂 9010、燕麦 β-葡聚糖、积雪草提取液、乙基己基甘油和苯氧乙醇，搅拌均匀，调节体系 pH 至5.5～6.5，温度降至 35℃以下后出料，即得保湿精华液。

[原料介绍] 海藻提取物是多种海藻的发酵混合物，能有效补水锁水，平衡油脂，令肌肤光滑柔嫩，富含的海藻多糖能有效抵抗外界有害物质的侵袭；同时还添加小分子量护肤成分，迅速被肌肤吸收，令肌肤由内到外的光滑细腻。

海藻提取物为褐藻提取物和巨藻提取物的混合物；

多元醇为甘油、1,3-丙二醇和山梨醇的混合物；

syn-coll 为水、甘油和棕榈酰三肽-5 的混合物；

保湿剂为透明质酸钠和/或芦芭油（甘油聚甲基丙烯酸酯、丙二醇、PVM/MA 共聚物的混合物）；

皮肤调理剂为 GransilPQX（聚二甲基硅氧烷、聚甲基硅倍半氧烷、异十六烷、鲸蜡硬脂基聚甲基硅氧烷、PEG-40 硬脂酸酯、硬脂醇聚醚-2 和硬脂醇聚醚-21 的混合物）；

增稠剂为 AVC、明胶、水解胶原、U21、纤维素、黄原胶和/或海藻酸钠；

所述的 U21 是指丙烯酸（酯）类/$C_{10} \sim C_{30}$ 烷醇丙烯酸酯交联聚合物；

抗敏剂为尿囊素或甘草酸二钾；

pH 调节剂为氢氧化钠、三乙醇胺或氨甲基丙醇。

其中，syn-coll、芦芭油、GransilPQX、U21 均为市售产品。

[产品特性]

（1）本品尊崇天然环保的理念，用天然的植物性原料代替化学合成的、强刺激性的保湿剂，更温和、更环保；

（2）保湿效果非常明显；

（3）工艺简单，可操作性强。

配方 47　纤体瘦身保湿精华液

[原料配比]

原料	配比（质量份）		
	1#	2#	3#
甘油	5	6	5
肉碱	3	4	5
卡波姆	0.25	0.3	0.45
氯苯甘醚	0.15	0.2	0.25
尿囊素	0.1	0.2	3
羟苯甲酯	0.1	0.2	0.3
丁二醇	5	7	8
透明质酸钠	0.09	0.095	0.1
1,2-己二醇	1	1.5	2
薄荷提取物	0.85	0.9	1

原料	配比（质量份）		
	1#	2#	3#
苦参提取物	0.85	0.8	1
马齿苋提取物	0.9	1	1
燕麦仁提取物	0.75	0.8	0.85
三乙醇胺	0.2	0.25	0.3
去离子水	加至100	加至100	加至100

[制备方法]

（1）将甘油、肉碱、卡波姆、氯苯甘醚、尿囊素、羟苯甲酯和53.45%～71.96%的水混合，加热到85～90℃；

（2）将步骤（1）中加热后的混合溶液抽入乳化锅，开启抽真空、搅拌，均质5～10min，85～90℃下保温20～30min，降温至40～50℃；

（3）将透明质酸钠分散于丁二醇中，加入10%～20%的水搅拌至充分溶解；

（4）向步骤（2）中降温后的溶液中，依次加入步骤（3）中充分溶解后的溶液、1,2-己二醇、薄荷提取物、苦参提取物、马齿苋提取物、燕麦仁提取物、三乙醇胺，搅拌20～30min，出料。

[产品特性] 本品巧妙设计甘油、透明质酸钠的用量，以及燕麦仁提取物用量，使得瘦身保湿精华液起到瘦身效果的同时保持皮肤水润有弹性。而薄荷提取物、苦参提取物和马齿苋提取物这三者协同消脂，加快脂肪燃烧，增加消脂瘦身效果。

配方48 蒜素保湿精华水液

[原料配比]

原料	配比（质量份）			
	1#	2#	3#	4#
蒜素	78	78	78	78
柠檬液	2	2	2	2
芦荟凝胶	2	2	2	1
橄榄提取物	2	2	2	2
积雪草提取物	7	6	4	7
巴拉杰茶多酚	1	1	3	1
海藻活性提取物	2	2	3	3

续表

原料	配比（质量份）			
	1#	2#	3#	4#
鳕鱼蛋白提取物	1	1	1	1
鲑鱼蛋白提取物	2	2	2	2
乙酰基六肽-8	1	1	1	1
二肽-2	1	1	1	1
棕榈酰四肽-7	1	1	1	1
丁二醇	0.4	0.4	0.4	0.4
丙二醇	0.4	0.4	0.4	0.4
透明质酸钠	0.2	0.2	0.2	0.2
丙烯酸酯类	0.2	0.2	0.2	0.2
EDTA 二钠	0.1	0.1	0.1	0.1
羟苯甲酯	0.2	0.2	0.2	0.2

[制备方法]

（1）蒜素制备：将新鲜大蒜捣碎为蒜泥，向其中加入催化酶并在 30～60℃的温度下恒温酶解 30～150min，得到酶解液；将酶解液进行过滤得到过滤液，再将过滤液放入离心机中进行离心分离，得到蒜素溶液；对蒜素溶液进行减压浓缩，然后使用控制旋转蒸发仪进行提取，转速为 100r/s，蒸馏温度为 60℃，压力为 0.01MPa，即得到蒜素备用。

（2）主成分混合：按照配伍要求，将蒜素、柠檬液、芦荟凝胶、橄榄提取物、积雪草提取物、巴拉杰茶多酚、海藻活性提取物置于低温高速混合容器中持续旋转混合，混合参数为转速 8000～10000r/min，时间 60～120min，温度 4～8℃，然后超声分散 45min；接着添加鳕鱼蛋白提取物、鲑鱼蛋白提取物和二肽-2、棕榈酰四肽-7，继续旋转混合，得到主成分混合液，混合参数为转速 6000～8000r/min，时间 40～80min，温度 4～8℃。

（3）成分稳定：将丁二醇、丙二醇、透明质酸钠、丙烯酸酯类、EDTA 二钠、羟苯甲酯置于主成分混合液中，持续低温搅拌 30min，然后静置 90min，即为保湿水粗品。

（4）杀菌包装：对保湿水粗品进行杀菌处理，封灌 150mL 至包装瓶中包装即为成品。

[原料介绍]　蒜素为三硫代烯丙醚类化合物，天然存在于百合科植物大蒜的鳞茎中。蒜素具有较强的抗菌消炎作用，还具有除头皮屑、抗瘙痒、防止神经痛、治疗汞中毒、抗辐射、抗氧化抗衰老、保护生物膜、防治蚊虫叮咬、抗感冒等医疗保健作用，是抗氧化抗衰老剂。

蒜素本身是无味透明液体，外用可促进皮肤血液循环，去除皮肤的老化角质，软化皮肤并增强其弹性，还可防晒，防止黑色素沉积，祛色斑增白。大蒜素还富含硒，有强大的抗癌效应，硒以谷胱甘肽氧化酶的形式发挥抗氧化的作用，从而起到保护膜的作用。大蒜素中含有17种氨基酸，含有丰富的矿物质元素，以磷为最高，其次是镁、钙、铁、硅、铝和锌等。使用蒜素代替蒸馏水改变了传统化妆品的配方，80％～90％蒜素液可成为天然防护剂，增加了护肤功效。

海藻活性提取物的制备方法为将海藻粉末置于模拟胃液中进行消化提取，消化提取45min后，使用超滤膜分离出活性提取物。

积雪草提取物的制备方法为：将积雪草干草粉末加入75％乙醇水混合溶液中浸泡36h，得到的提取液过滤后，减压浓缩去除乙醇，将浓缩液加水稀释，离心过滤后，使用洗涤柱多次洗脱得到洗脱液，将洗脱液浓缩干燥即得积雪草提取物。

[产品特性] 本品具备强效抗氧化抗衰老、保湿修护、杀菌镇静肌肤的功能，加入积雪草提取物、巴拉杰茶多酚等成分，保湿效果加倍，能够有效改善肤质。

配方49 铁皮石斛保湿精华液

[原料配比]

原料	配比（质量份）	原料	配比（质量份）
铁皮石斛	40	金银花	8
透明质胶	10	珍珠	8
胶原蛋白	10	PEG-100 硬脂酸酯	适量
熊果苷	10	去离子水	少许
双饱蘑菇	10		

[制备方法]

(1) 将铁皮石斛、熊果苷、双饱蘑菇、金银花、珍珠洗净、沥干、榨汁，采用蒸馏法，提取原液，待用；

(2) 将透明质胶、胶原蛋白充分混合，搅拌，配成油脂状待用；

(3) 将步骤（1）、（2）得到的溶液混合，搅拌均匀，加入PEG-100硬脂酸酯和少许蒸馏水，加热至30～45℃，恒温20min，冷却，静置，即可制成。

[产品特性] 本品成本低廉，工艺简单，所有的成分都是天然来源，充分发挥铁皮石斛的营养功效，长期使用会从根本上解决肌肤问题，是一种理想的护肤产品。

配方 50　透明质酸钠和泛醇组合的保湿精华液

[原料配比]

原料		配比（质量份）			
		1#	2#	3#	4#
A 相	丁二醇	5	8	8	10
	甘油	7	5	4	3
	HA	0.02	0.06	0.9	0.2
	纳诺 HA	0.3	0.1	0.2	0.05
	卡波姆	0.05	0.2	0.2	0.4
	EDTA-2Na	0.02	0.06	0.05	0.2
	去离子水	80	65	70	50
B 相	甘油聚甲基丙烯酸酯	1	1.5	1.3	2
	PVM/MA 共聚物	2	1.5	1.6	1
	丙二醇	8	12	14	16
	去离子水	0.65	0.39	0.4	0.13
	甘油	0.02	0.06	0.1	0.1
	聚丙烯酸酯-10	0.1	0.06	0.1	0.02
	丙烯酸/MA 共聚物钠	0.05	0.03	0.02	0.01
	1,6-己二醇	0.01	0.03	0.01	0.05
	辛甘醇	0.05	0.03	0.05	0.01
	β-葡聚糖	4	1	2	0.5
	甘油/甘油聚丙烯酸酯	0.5	1	3	5
	泛醇	5	3	3	1
C 相	三乙醇胺	0.05	1.4	3	3
	辛酰羟肟酸	0.015	0.05	0.09	0.1
	1,2-戊二醇	0.6	0.3	0.4	0.09
	丙二醇	0.195	0.75	0.7	1.3

[制备方法]

（1）将 HA、纳诺 HA 和丁二醇进行预溶处理，将 A 相组分混合并升温到 80～90℃，搅拌均匀，保温 18～22min，搅拌速度为 800～1000r/min。

（2）降温至 60～65℃时，加入 B 相组分，搅拌均匀，直至完全溶解，搅拌速度为 1000～1200r/min。

（3）降温至 40～45℃时，加入 C 相组分，搅拌均匀，直至完全溶解，搅拌速度为 1500～2000r/min。

（4）过滤即可得产品。

[原料介绍] 纳诺 HA 可渗透到皮肤的真皮层，促进毛细血管扩展，增加血液循环，促进皮肤代谢；纳诺 HA 可修复受损细胞，提高细胞活性，从而减少外在环境对肌肤细胞的伤害；纳诺 HA 可有效消除紫外线照射诱导的活性氧自由基（ROS），增强细胞抗氧化能力，提升肌肤对紫外线的防御力；纳诺 HA 可透皮吸收，深层保湿，提高皮肤水分含量；可提高皮肤弹性，改善皮肤屏障功能，淡化皱纹，达到抗衰老功效。与大分子 HA 配合使用，可协同增效，获得更好的保湿效果。

泛醇是一种维生素 B_5 衍生物，通常被称为"前维生素 B_5"，是一种具有良好渗透性的润湿剂，人体吸收后，会转化为 D-泛酸-辅酶 A 合成的前体，呈现维生素的生物活性，保持皮肤的柔嫩、光滑，刺激上皮细胞的生长，促进伤口愈合，起消炎作用。

[产品特性] 本品温和无刺激、保湿效果好、增强肌肤活性。

配方 51 保湿精华水（1）

[原料配比]

原料		配比（质量份）			
		1#	2#	3#	4#
大分子透明质酸钠		0.1	1	—	1
中分子透明质酸钠		0.05	—	—	—
小分子透明质酸钠		0.5	—	10	20
乙酰化透明质酸钠		0.5	0.05	0.0001	2.1
水解透明质酸		0.5	0.05	0.0001	2.1
增稠剂	C_{10}～C_{30} 烷醇丙烯酸酯交联聚合物	0.06	—	—	—
	卡波姆钠	0.1	—	—	—
	藻酸钠	—	0.45	0.45	0.05
	纤维素	—	0.3	0.3	0.08
	纤维素胶	—	0.25	0.25	—
保湿剂	甘油	8	—	8	—
	聚甘油-6	1	—	1	—
	聚甘油-10	—	0.5	—	7
	甘油聚醚-26	2	0.5	2	—
	1,2-丙二醇	—	0.5	—	—

续表

原料		配比（质量份）			
		1#	2#	3#	4#
皮肤功效剂	β-葡聚糖	5	—	5	—
	甜菜碱	4	—	4	10
	海藻糖	2	—	—	3
	生物糖胶-1	2	—	2	—
	赤藓醇	8	0.5	8	—
	马齿苋提取物	2	20	—	—
	水仙鳞茎提取物	2	—	—	—
	糖鞘脂类	2	—	—	15
	稻米发酵产物滤液	2	—	—	—
防腐助剂	1,2-己二醇	0.5	—	0.5	—
	1,3-丙二醇	8	1	8	5
	辛酰羟肟酸	0.5	—	0.5	—
	对羟基苯乙酮	—	0.05	—	—
增溶剂	吐温-20	0.2	—	0.5	—
	丁醇聚醚-26	—	—	0.5	—
香精		0.001	0.0008	0.0001	—
去离子水		加至 100	加至 100	加至 100	加至 100

[制备方法]

（1）先按质量配比称取各物料，然后将防腐助剂加热至 70~80℃，搅拌至溶解完全得溶液 1，待用；

（2）将增稠剂和增溶剂加入去离子水中，搅拌下加入透明质酸钠、乙酰化透明质酸钠和水解透明质酸，搅拌升温至 80~90℃，保温 10~30min；

（3）加入保湿剂，降温至 70~80℃时加入步骤（1）所得溶液 1；

（4）降温至 40~55℃时加入皮肤功效剂和香精；

（5）降温至 30~40℃时经品控初步检测合格后 200 目过滤出料。

[原料介绍] 透明质酸钠根据分子量大小可分为大分子透明质酸钠、中分子透明质酸钠和小分子透明质酸钠，其中，大分子透明质酸钠是指透明质酸钠分子量大于 1.8×10^{6}，中分子透明质酸钠是指透明质酸钠分子量介于 $1 \times 10^{6} \sim 1.8 \times 10^{6}$，小分子透明质酸钠是指透明质酸钠分子量小于 1×10^{5}。所述小分子透明质酸钠优选为分子量小于 7000 的。

所述增稠剂选自卡波姆或其钠盐、$C_{10} \sim C_{30}$ 烷醇丙烯酸酯交联聚合物、黄原胶、阿拉伯胶、藻酸钠、纤维素和纤维素胶中的一种或多种。

所述纤维素胶为羟乙基纤维素或羧甲基纤维素钠。

所述保湿剂选自甘油、聚甘油、甘油聚醚、丙二醇和赤藓醇中的一种或多种。

所述聚甘油为聚甘油-6 或聚甘油-10；

所述甘油聚醚为甘油聚醚-26；

所述皮肤功效剂选自 β-葡聚糖、甜菜碱、海藻糖、生物多糖胶、赤藓醇、马齿苋提取物、水仙鳞茎提取物、糖鞘脂类和稻米发酵产物滤液中的一种或多种。

所述生物多糖胶为生物糖胶-1、生物糖胶-2、生物糖胶-3 和生物糖胶-4 中的一种或多种，更进一步优选为生物糖胶-1。

所述皮肤功效剂，可以通过刺激皮肤关键细胞来提高细胞的新陈代谢速度和防御性能或抑制关键性酶的活性，进而起到提高新细胞占比、改善皮肤弹性、消除皱纹或促进受损肌肤恢复的功能。

所述的皮肤功效剂中的 β-葡聚糖可以改变皮肤中巨噬细胞的活性，巨噬细胞产生表皮生长因子，进而促进胶原蛋白和弹性蛋白的产生，从而提高角质层的再生速率，促进吞噬细胞清除外界抗原、炎症产物，促进炎症恢复。

甜菜碱是一种吸收快活性高的天然氨基酸保湿剂，能为皮肤提供大量水分。对于蛋白质的形成、DNA 的修复、酶的活性具有重要作用。

海藻糖是一种天然多糖，其分子量小，易于被皮肤吸收，进入细胞内发挥其独特的水替代应激因子作用和保护细胞膜的功能，提高细胞的抗干燥、抗冷冻能力，从而提高皮肤适应环境的能力。具有优异的吸湿性，可与透明质酸、甜菜碱联合增效，兼具生物保鲜和智能保湿作用。由于可降低水相的凝固点，与其它成分配伍使用时还可以起到"稳定剂"的作用。

糖鞘脂类，是从米糠壳中提取的，通过神经酰胺糖基化而使其变得水溶，它可以增加皮肤角质的黏附能力，帮助补充皮肤缺少的神经酰胺，调节皮肤水分流失，修复干燥的角质层及皮肤保护屏障，恢复皮肤的天然屏障。在皮肤上涂用后，增加皮肤的保水能力，使皮肤变得柔软、光滑，恢复弹性。

生物糖胶-1 是由发酵等工艺从天然植物中获得的，可在皮肤表面形成强力保护作用的 3D 膜，从而起到保湿、改善肤感的作用；还可以与角质细胞受体相互作用调节炎症与过敏，促进角质细胞的分化。

马齿苋提取物是从马齿苋提取得到的水溶性物质。它可以提高组织细胞的活性，以及抗炎性和抗刺激性。所用马齿苋提取物在使用时以马齿苋提取液的形式加入，具体地，马齿苋提取液中各组分的质量分数为：马齿苋提取物 5%、聚赖氨酸 0.05%、苯甲酸钠 0.03%、乙二胺四乙酸二钠 0.02%、1,2-己二醇 0.5%、水 94.4%。

水仙鳞茎提取物是从休眠期水仙鳞茎中提取得到的水溶性物质。该提取物可以减缓角质细胞、黑色素细胞、毛囊细胞的分化，从而可以起到抗皱、美白、抑制毛发生长的作用。所用水仙鳞茎提取物在使用时以水仙鳞茎提取液的形式加入，具体地，水仙鳞茎提取液中各组分的质量分数为：水仙鳞茎提取物 0.7%～1.1%，水 98.51%～99.11%，苯氧乙醇 0.40%～0.60%，山梨酸钾 0.22%～0.38%，氯苯甘醚 0.12%～0.28%。

稻米发酵产物滤液是经稻米发酵后过滤得到的水溶性物质。它可以促进表皮细胞中的天然保湿因子丝聚合蛋白，在生物活性酶作用下分解形成天然保湿因子 NMF（NMF 是一类皮肤自身存在且具有吸水特性的小分子复合物，能够有效吸收并锁住水分，配合防护墙结构，强化锁水屏障）。所用稻米发酵产物滤液中含有质量分数为 30% 的丁二醇，70% 的稻米发酵产物滤液。

所述防腐助剂为辛酰羟肟酸或对羟基苯乙酮、1,2-己二醇和 1,3-丙二醇的组合，此组合形式下，1,3-丙二醇和 1,2-己二醇本身可作保湿剂，可与其他保湿剂、皮肤功效剂协同保湿、美白；还可以起到增溶助溶的作用，减少增溶剂的用量。

所述增溶剂为化妆品用氢化蓖麻油、吐温类和丁醇聚醚中的一种或多种；香精为化妆品常用香精，优选为天然香精中的植物香精，具体为花香型香精，如玫瑰味香精。

[产品特性] 本品可从本质上调节皮肤细胞活性，起到美白、抗皱、抗皮肤衰老的作用，尤其对于炎症性皮肤问题如粉刺、痤疮等，可以抑制皮肤表面细菌活性，减轻炎症。

配方 52　润透保湿精华水

[原料配比]

原料		配比（质量份）		
		1#	2#	3#
A组分	丁二醇	6	8	7
	甘油	6	10	8
	芦荟胶油	3	5	6
	羟乙基脲	5	8	7
	EDTA二钠	0.02	0.05	0.04
	羟苯甲酯	0.08	0.1	0.09
	温泉水	5	10	8
	乙基己基甘油	0.4	0.6	0.5
	双-PEG-18甲基醚二甲基硅烷	0.1	0.3	0.2
	去离子水	加至100	加至100	加至100
B组分	小分子透明质酸	0.1	0.2	0.2
	丙二醇	3	5	4
	银耳提取物	0.1	0.15	0.1

续表

原料		配比（质量份）		
		1#	2#	3#
C组分	PEG-40氢化蓖麻油	0.08	0.088	0.08
	香精	0.01	0.01	0.01
	乙醇	2	4	3
D组分	马齿苋提取物	0.5	1	0.8
	甘草酸二钾	0.05	0.1	0.08
	烟酰胺	0.5	1	0.7
	海茴香提取物	0.01	0.02	0.015
	透明颤菌发酵产物	1	2	1.5
	燕麦β-葡聚糖	3	5	4
	浮游生物提取物	1	3	2

[制备方法]

（1）按配方用量称取B组分中的小分子透明质酸、丙二醇和银耳提取物，预先混合溶解，备用。

（2）按配方用量称取C组分中的PEG-40氢化蓖麻油、香精和乙醇，预先混合溶解，备用；

（3）按配方用量称取A组分中的温泉水和去离子水，加热到85℃，保温30min；

（4）按配方用量加入A组分中的丁二醇、甘油、芦荟胶油、羟乙基脲、EDTA二钠、羟苯甲酯、乙基己基甘油和双-PEG-18甲基醚二甲基硅烷，搅拌均匀至完全溶解，加热到80℃，保温20min；

（5）待温度降至45℃，加入步骤（1）得到的B组分和步骤（2）得到的C组分，搅拌均匀，再按配方用量依次加入马齿苋提取物、甘草酸二钾、烟酰胺、海茴香提取物、透明颤菌发酵产物、燕麦β-葡聚糖和浮游生物提取物，搅拌均匀至完全溶解；

（6）待温度降至36℃，用400目滤布过滤出料。

[原料介绍] 温泉水是地下水在长期运动过程中吸收地壳的热能而形成的一种20℃以上水源。其中含有大量的钙、铁、铝以及镁元素，具有抗氧化作用，清除自由基，使皮肤免受脂质过氧化损伤，改善皮肤老化现象，使皮肤柔软、滑润、消除皱纹等护肤功效。

芦荟胶油的主要成分为聚甲基丙烯酸甘油酯，兼具水溶皮肤柔润剂和油润皮肤柔润剂的长处，锁水能力强，结合水较难释放，易于被皮肤吸收，改善微循环，促进细胞代谢，调整皮肤 pH 值，有效调节油脂分泌，收缩毛孔。

羟乙基脲是一种不发黏和不油腻的保湿剂，能够渗透进入角质层中，增加皮肤含水量，增加皮肤弹性，柔软皮肤，提供滋润的舒适感和滑爽的涂敷感觉。

小分子透明质酸是人体内一种固有的葡聚糖醛酸，对细胞和细胞器官本身起润滑与滋养作用，同时提供细胞代谢的微环境，促进表皮细胞的增殖和分化。清除氧自由基，预防和修复皮肤损伤。其渗透性强，能够渗透到皮肤角质层，对皮肤角质层直接产生营养修复作用，能够和皮肤细胞结合，不易于清洗掉。

银耳提取物是一种优良的化妆品添加剂，其有效成分为银耳多糖，具有保湿作用和抗氧化的活性，富含天然特性胶质，长期使用有很好的润肤功效。

马齿苋提取物用于抗过敏、抗炎消炎、抗外界对皮肤的各种刺激和祛痘。它是采用低温方法从马齿苋的茎和叶中萃取获得具有生物活性的提取物，并溶解在一定浓度的丁二醇溶液中。马齿苋提取物抗过敏效能与"春黄菊提取物"和"10%甘草酸二钾粉末"相近，同时其又具有在冬季防干燥老化、增加皮肤舒适度以及清除自由基等的综合性能，而这些综合性能是"春黄菊提取物"和"甘草酸二钾粉末"所不具备的。

海茴香提取物，具有强烈的适应能力和抗氧化能力，可以深入肌肤，防止皮肤内水分流失，脂肽成分使皮肤更湿润，滋润干涩肌肤，平滑皱纹，并诱导多种人体生长因子的生成，活化表皮母细胞及纤维母细胞，改善皮肤老化问题。

透明颤菌发酵产物是一种常用的化妆品添加剂，可增加皮肤对氧气的利用，促进细胞生长和产物合成，从而让皮肤更年轻。

浮游生物提取物为来自法国布列塔尼北海岸的海洋浮游生物分泌的胞外多糖（EPS），该胞外多糖（EPS）由半乳糖、半乳糖醛酸、葡萄糖、葡萄糖醛酸和甘露糖等组成，其分子量高于 1.4×10^6，富含 D-葡萄糖醛酸、D-半乳糖醛酸、D-甘露糖醛酸，提供抗衰老、保湿、控油等护肤功效。

浮游生物提取物的制备过程为：将海洋浮游生物置于发酵培养基，让海洋浮游生物在培养基中生产并释放胞外多糖（EPS），然后从培养基中去除海洋浮游生物，采用膜分离技术分离、纯化胞外多糖（EPS），干燥胞外多糖（EPS），再取 1 份胞外多糖（EPS）溶于 98 份的水，加 1 份苯氧乙醇。

燕麦 β-葡聚糖能够抚平细小皱纹，提高皮肤弹性，改善皮肤纹理度；具有良好的透皮吸收性能，可以促进成纤维细胞合成胶原蛋白，促进伤口愈合，修复受损肌肤，给予皮肤如丝绸般滋润光滑的触感。

［产品特性］　本品组分配方温和无刺激，具有协同增效作用，对皮肤的渗透性好，能够最快速地有效地滋润皮肤，保湿锁水快速且持续性强，可以具有明显柔软皮肤、延缓衰老作用。

配方 53　保湿精华水（2）

[原料配比]

原料	配比（质量份）		
	1#	2#	3#
西瓜皮提取液	7	5	10
玫瑰花纯露	8	5	10
金缕梅提取液	1	1	3
透明质酸	2	1	3
胶原蛋白	3	1	3
聚谷氨酸	2	1	3
荷花提取液	2	1	3
卡波姆	2	1	3
去离子水	15	10	20

[制备方法]

（1）将西瓜皮提取液、玫瑰花纯露、荷花提取液、金缕梅提取液置入去离子水中，然后搅拌均匀；

（2）将透明质酸、胶原蛋白、聚谷氨酸、卡波姆放置到步骤（2）制得的混合液中，然后充分搅拌均匀得到精华水成品。

[原料介绍]　透明质酸具有特殊的保水作用，可以改善皮肤营养代谢，使皮肤柔嫩、光滑、去皱、增加弹性、防止衰老。

西瓜皮提取液中含有极多的维生素 A、维生素 B 和维生素 C，长期使用可使肌肤细腻、白净、富有光泽。

玫瑰花纯露具有综合性平衡效果，对于中性皮肤，可增强皮肤光泽；对油性皮肤，可平衡油脂分泌；对干燥皮肤，可迅速补充水分；对敏感性皮肤，可消除红血丝，降低敏感度；对灰黄暗淡皮肤，可增强皮肤活力。

金缕梅提取液具有收敛毛孔、补湿的作用。

[产品特性]　本品富含各种有效物质，达到很好的对面部肌肤补水美白的功效，同时不刺激面部皮肤。所述的制造方法简单，适合大量生产，节约成本。

配方 54　强效补水精华水

[原料配比]

原料	配比（质量份）			
	1#	2#	3#	4#
丙二醇	7	5	9	7
甲基异噻唑啉酮	2	2	1	2
积雪草提取物	4	4	5	5
视黄醇	1	2	1	2
维生素 B	2	1	2	1
维生素 C	1	2	1	1
过氧化苯甲酰	3	2	3	3
乳酸	2	3	2	2
甘油	14	10	15	13
玻尿酸	5	5	4	5
去离子水	56	40	60	52

[制备方法]

（1）将甘油与去离子水按照 1∶4 的比例进行调配，将视黄醇、维生素 B、维生素 C 和过氧化苯甲酰加入其中进行搅拌，搅拌速率为 460～600r/min，得混合物 A；

（2）将甲基异噻唑啉酮和积雪草提取物加入丙二醇中进行溶解，再加入乳酸和玻尿酸进行超声处理，超声频率设为 2100～2300Hz，温度设为 35～40℃，10～15min 后得混合物 B；

（3）将混合物 B 加入混合物 A 中进行搅拌，然后进行超临界萃取，温度设为 200～240℃，压力为 1.4～1.6MPa，萃取出纯液得产物。

[产品特性]　本品能软化角质，去除死皮，有效直达肌肤底层，清洁肌肤内部，强效保湿，吸收快，促进肌肤细胞再生，具有一定的美白效果，抗菌抗氧化，稳定性强。

配方 55 长效保湿护肤精华水

[原料配比]

原料	配比（质量份）				
	1#	2#	3#	4#	5#
奇亚籽凝胶	0.1	0.1	0.1	0.1	0.1
壳聚糖	2	2	2	2	2
亚麻油	5	5	5	5	5
甘油	8	8	8	8	8
浒苔多糖	0.2	—	—	—	—
条斑紫菜多糖	—	0.2	—	—	—
坛紫菜多糖	—	—	0.2	—	—
铜藻多糖	—	—	—	0.35	—
羊栖菜岩藻多糖	—	—	—	—	0.2
青刺果油	4	—	4	4	—
美藤果油	—	2	—	—	2
玫瑰花精油	0.35	0.35	0.35	0.35	0.35
金盏花精油	0.35	0.35	0.35	0.35	0.35
洋甘菊精油	0.21	0.21	0.21	0.21	0.21
青梅花精油	0.14	0.14	0.14	0.14	0.14
山茶花精油	0.07	0.07	0.07	0.07	0.07
泛酰醇	0.5	0.5	0.5	0.5	0.5
防腐剂	0.2	0.2	0.2	0.2	0.2
去离子水	60	60	60	60	60

[制备方法]

（1）将植物精油、植物果油、亚麻油投入至反应釜中，在68℃、500r/min下搅拌混合20min，获得第一混合物；

（2）将海藻多糖、壳聚糖、奇亚籽凝胶和甘油加入至第一混合物中，在900r/min下搅拌混合30min，出料，获得第二混合物；

（3）将防腐剂、泛酰醇和第二混合物合并，放入超声波处理器中，超声处理45min，出料，获得第三混合物；

（4）在第三混合物中加入水，在80℃下均质处理9min，出料，得到护肤精华水。

[原料介绍] 所述海藻多糖为浒苔多糖、条斑紫菜多糖、坛紫菜多糖、铜藻多糖、羊栖菜岩藻多糖中的任意一种或多种。

所述植物果油为青刺果油或美藤果油。

所述植物精油包括玫瑰花精油、金盏花精油、洋甘菊精油、青梅花精油、山茶花精油。

所述防腐剂由山梨酸钾、乳酸链球菌素、对羟基苯甲酸酯组成。所述防腐剂中山梨酸钾、乳酸链球菌素和对羟基苯甲酸酯的质量比为1∶0.5∶2。

所述美藤果油的分子结构均以小分子团的形式存在，分子团里面包埋着天然抗氧化物质维生素E，对于肌肤具有较好的亲和性、渗透性、抗氧性、成膜性和抗炎性。

奇亚籽凝胶的制备通过以下方法：将清洗干净的奇亚籽加去离子水并加热搅拌，使其充分膨胀，出现黏液，静置2～5h，得到奇亚籽黏液，离心分离出黏液，冷冻干燥后，依次用乙醇、丙酮和乙醚洗涤，再加去离子水水合1h后，搅拌15～20min后离心，得到上层清液，冷冻干燥后得到奇亚籽凝胶。

所述海藻多糖可采用热水浸提法、超声提取法、微波提取法、超临界流体萃取法、酶解法制备。

[产品特性]

(1) 本品采用奇亚籽凝胶的物理层保湿、海藻多糖和壳聚糖的吸水保湿同步进行，其保湿效果良好、保湿持续时间长，48h后表皮水分含量依然能保持在63%以上。

(2) 本品亲水性好，能迅速突破皮肤屏障渗入皮下组织，滋润保水防燥、活化皮下微循环；同时还能在肌肤上形成一层天然的保护膜，防止水分和营养物质的流失。

配方 56 聚水保湿精华水

[原料配比]

原料		配比（质量份）			
		1#	2#	3#	4#
A相	去离子水	77.8	63.3	72.3	76.9
	甘油（药用级）	5	8	10	2
	羟乙基纤维素HEC	0.1	0.3	0.1	0.3
	尼泊金甲酯（羟苯甲酯）	0.1	0.08	0.2	0.1

原料		配比（质量份）			
		1#	2#	3#	4#
B相	β-葡聚糖	2.2	5	1	5
	馨历时	1.5	4	4	1
	AQUAXYL	2	1	3	5
	LIPOMOIST2036	2	4	1	1
	辣木子	1	0.5	2	2
	裂蹄木层孔菌提取物	0.5	2	0.5	1
	七叶树提取物	1	2	2	0.5
	水解蚕丝	0.2	0.1	0.5	0.3
	SUCUS	2	3	1	1.5
C相	对羟基苯乙酮	0.2	0.5	0.1	0.3
	1,3-丁二醇	4	6	2	3
	EuxylPE9010	0.4	0.2	0.3	0.1

[制备方法]

（1）预先搅拌分散C相组分，获得C相混合溶液；

（2）将A相原料增稠剂羟乙基纤维素HEC用甘油（药用级）分散后，与尼泊金甲酯（羟苯甲酯）一同投入盛装有去离子水的乳化锅内，加热升温至85℃，使得增稠剂分散溶解均匀，保温10min；

（3）对乳化锅抽真空，真空度为-0.07MPa，然后开均质，均质的速度为3000r/min，均质3min，保温30min；

（4）降温至60℃，将B相组分和经步骤（1）得到的C相混合溶液加入乳化锅，搅拌均匀。

[原料介绍]　AQUAXYL起皮肤调理剂作用，AQUAXYL是一种新型的从植物中提取出来的多糖型保湿剂，其主要成分是木糖醇葡萄糖苷、木糖醇、脱水木糖醇，具有改善皮肤粗糙的功能，而且使用时不发黏，赋予产品水润嫩滑的肤感，令人备感清爽。使聚水保湿精华水适合于油性皮肤人群使用，且具有改善皮肤粗糙的护肤美肤功效。

LIPOMOIST2036起皮肤调理剂作用，含有杂多糖和植物衍生肽。除了有助于保湿外，它还能为皮肤提供紧致效果。

辣木子起皮肤调理剂作用。软化表皮细胞，使皮肤平滑、柔润，营养皮肤，补充人体氨基酸，去除黑色素，抑制酪氨酸酶生成，有杀菌、清洁皮肤功效，可祛痘、祛斑，改善皮肤暗黄，滋润，保湿，瘦身等功效，可以释放植物活性肽和抗氧化物，温和净化肌肤内的有害浊物。使聚水保湿精华水具有杀菌、清洁皮肤功效，可祛痘、祛斑的护肤美肤功效。

七叶树提取物起皮肤调理剂作用，富含皂苷类化合物，有去除油脂的功效，温和且有生物活性，渗透能力好，是化妆品中理想的皂苷原料；有抗皮炎性，结合对超氧自由基强烈的消除作用，能缓解皮肤过敏，可预防和治疗如皮肤红斑、水肿、发炎和过敏等现象；其对组织蛋白酶的活化显示，可增强皮肤新陈代谢，有抗衰老作用。使聚水保湿精华水适合于过敏、敏感性皮肤人群使用，且具有抗衰老的护肤美肤功效。

水解蚕丝起皮肤调理剂作用，蚕丝含有极多的胶原蛋白和弹力纤维、氨基酸、核糖、核酸等营养成分，它与人体胶原蛋白完全相同，能被肌肤完全吸收，促进细胞再生，紧致细胞间隙，提升肌肤柔韧度和紧致度，使肌肤清爽、白皙、富有弹性，从而达到安全、有效、持久除皱。使聚水保湿精华水适合于薄型皮肤人群使用，且具有提升肌肤柔韧度和紧致度的护肤美肤功效。

EuxylPE9010起防腐剂作用，是苯氧乙醇和乙基己基甘油复配的化妆品用液体防腐剂，乙基己基甘油影响了微生物细胞膜上的表面张力，从而提高苯氧乙醇的防腐能力。

[产品应用] 本品使用方法为：取适量聚水保湿精华水于手掌上，轻拍均匀于面部，使肌肤充分吸收，并加以按摩至吸收完全即可。

[产品特性] 本品能有效为基底补水，促进新细胞产生，有效抑制黑色素细胞产生色斑，达到美肤护肤效果。各组分之间具有协同增效作用，能够深入毛孔、深层补水、长效锁水保湿、滋润肌肤，有效改善肌肤因季节、年龄、肤质等问题带来的干燥现象，使用后无紧绷感，给人清新舒爽的感觉。本品黏稠度适中，用后皮肤会有细腻感，清爽，性质温和，可以滋润、细腻皮肤，防止皮肤衰老，平衡油脂分泌；具有保湿、提亮肤色、抗氧化、护肤、美肤效果。

配方57 能紧致肌肤、滋润、靓丽、深层补水的妙龄精华水

[原料配比]

原料	配比（质量份）					
	1#	2#	3#	4#	5#	6#
牛油果脂	3	1	5	4	2	4
黄芪皂苷	1	2	4	3	5	5
生育酚乙酸酯	10	10	15	11	15	10
玉竹提取物	5	8	10	8	8	9
鹿茸提取物	0.01	0.05	0.2	0.16	0.15	1
龟甲提取物	0.15	0.03	0.1	0.2	0.18	1

原料	配比（质量份）					
	1#	2#	3#	4#	5#	6#
苯氧乙醇	1	1	2	1.5	0.18	1.5
保湿剂	18	18	20	12	12	15
芽苗菜根萃取液	—	—	—	—	10	15
去离子水	50	50	40	48	55	55

[制备方法] 将保湿剂、生育酚乙酸酯和水混合搅拌加热至70～80℃使其完全溶解；降温至55～60℃后，加入牛油果脂、龟甲提取物、芽苗菜根萃取液和鹿茸提取物，搅拌至完全溶解后，加入其他成分，搅拌混匀，出料。

[原料介绍] 牛油果脂是丰富的滋润剂，易于吸收，富含不饱和脂肪酸，能加强皮肤的保湿能力，对干性及角质受损的肌肤能加以滋润。相对于其他植物油，含有最高比例脂肪伴随物，特别是生长必要的养分三萜烯醇及维生素E、维生素A、尿囊素等，营养丰富，能够防止肌肤水分流失、帮助愈合伤口、增加肌肤防御能力及柔顺度，是难得的护肤天然成分。

龟甲提取物中含有大量的龟甲胶原多肽，其分子量更小，具有更好的消化吸收特性及更有效的降血压、降胆固醇、免疫调节、抗氧化、抗衰老等生理功能。随着人们对天然营养健康食品需求的增加，龟甲胶原多肽以其良好的生物活性和稳定性越来越受到市场的青睐。

鹿茸提取物对NADPH-维生素C和Fe^{2+}-半胱氨酸系统诱发的微粒体脂质过氧化反应（MDA形成）的影响，及对黄嘌呤-黄嘌呤氧化酶系统超氧阴离子自由基（O_2^-·）产生（还原性细胞色素C形成）的影响，结果为：鹿茸提取物在体外能明显抑制NADPH-维生素C和Fe^{2+}-半胱氨酸系统诱发的大鼠脑、肝、肾微粒体脂质过氧化反应（MDA形成），及黄嘌呤-黄嘌呤氧化酶系统O_2^-*的产生（还原性细胞色素C形成）。结论为：鹿茸提取物具有抗氧化作用。

黄芪皂苷可增强心肌收缩力，改善心功，增强机体免疫，降低血脂，抗肿瘤，保肝护肝；黄芪皂苷可以通过其抗氧化作用抑制自由基产生，并且能够将体内过剩的自由基清除，减轻脂质过氧化，进而延长细胞寿命。

生育酚乙酸酯有较强的还原性，可作为抗氧化剂。作为体内抗氧化剂，消除体内自由基，减少紫外线对人体的伤害，在人体新陈代谢过程中有抗氧化进而防止衰老的作用，能保持生殖器官的正常功能。

玉竹提取物对纤维芽细胞的活性有很好的促进作用，有活肤作用，可用于抗衰老化妆品，对黑色素细胞的增殖有抑制作用，同时也抑制黑色素的生成。此外，玉竹有抗衰老及润肤美容的作用，在古代宫廷是女人美容非常常用的，玉竹多糖补而不腻，不寒不燥，故有清热润肺、养阴熄风、补益五脏、滋养气血、平补而润、兼除风热之功效，作用于脾胃，久服不伤脾胃；玉竹中含有较多的维生素 A 和维生素 C，具有强效的抗氧化作用，能有效地消除机体内部的自由基，对皮肤的衰老有很好的延缓效果，起到一定的美容养颜效果。

芽苗菜是普遍食用的保健型蔬菜，芦丁富集培养的芽苗菜根部萃取物中含有大量的保健成分，研究人员通过比较 5 种芽苗菜提取液对超氧阴离子自由基（$O_2^- \cdot$）和羟基自由基（—OH）的清除率来研究芽苗菜的抗氧化活性，结果表明芽苗菜不同浓度和不同部位取材的提取液对超氧阴离子自由基（$O_2^- \cdot$）和羟基自由基（—OH）的清除率比较结果一致。芦丁属维生素类药，有降低毛细血管通透性和脆性的作用，保持及恢复毛细血管的正常弹性，用于防治高血压脑出血、糖尿病视网膜出血和出血性紫癜等，也用作食品抗氧化剂和色素。芦丁还是合成曲克芦丁的主要原料，曲克芦丁为心脑血管用药，能有效抑制血小板的聚集，有防止血栓形成的作用。

所述芽苗菜根萃取液为经过芦丁富集培养的小麦芽苗菜、枸杞芽苗菜、大麦芽苗菜、紫苏芽苗菜、蒲公英芽苗菜或野菊花芽苗菜中的一种或多种芽苗菜根部的混合萃取液。

所述芽苗菜根萃取液的制备方法为：

（1）干燥粉碎：将从完整芽苗菜上切割的芽苗菜根部清洗干净晾晒，置烘箱内烘干，用植物粉碎机进行粉碎，得到芽苗菜根粉末；

（2）浸提：将步骤（1）得到的芽苗菜根粉末和 60%～80%的乙醇混合后，在 40～60℃的温度以下回流提取 1～10h，反复提取 1～5 次；

（3）絮凝沉淀：向步骤（2）所得提取液加入天然植物提取液澄清剂 KBT-ZTC；

（4）第一次离心：将步骤（3）得到的混合溶液离心，得到液相；

（5）冷却静置：将步骤（4）的液相冷却至室温以下，静置使部分大分子量物质析出；

（6）第二次离心：将步骤（5）得到的混合溶液离心，得到液相；

（7）浓缩：常温状态下对步骤（6）的液相进行浓缩，浓缩至其中芦丁含量为 5～10mg/L，至此，制备完成。

所述龟甲提取物中龟甲胶原多肽的质量分数为 65%～90%；所述玉竹提取物中玉竹多糖的质量分数为 80%～95%。

所述保湿剂包括天然甲基甘氨基酸脯氨酸、甘油和透明质酸，三者的质量比为 1:（0.5～3）:（1～5）。

［产品特性］

（1）本品配方设计合理，其中的牛油果脂配合天然甲基甘氨基酸脯氨酸、甘油和透明质酸可协同作用，可有效锁住水分，达到面部保湿目的，产生极佳的深层补水效果。

（2）龟甲提取物中含有大量的胶原多肽，鹿茸提取物抗氧化效果明显，两者组合在抗衰去皱方面具有不可比拟的优势；玉竹中含有较多的维生素 A 和维生素 C，具有强效的抗氧化作用，能有效地消除机体内部的自由基，对皮肤的衰老有很好的延缓效果，起到一定的美容养颜效果。

（3）芽苗菜根部萃取液中含有大量的 VC、类黄酮和可溶性多糖活性物质，具有杀菌剂和抗氧化剂的功效，同时芽苗菜根部作为废弃成分被再次利用，符合绿色生产要求。

（4）芽苗菜根萃取液提取过程中加入天然植物提取液澄清剂，具有用量少、使用成本低、絮团形成快、杂质去除彻底、安全性高、无有害残留物的特点，使芽苗菜根萃取液的颗粒状态符合洁面慕斯对组分的要求。

配方 58 保湿精华乳（1）

[原料配比]

原料	配比（质量份）		
	1#	2#	3#
β-葡聚糖	10	15	20
果酸	10	15	20
鞣花酸	2	5	8
烟酰胺	1	3	5
山茶籽油	2	6	10
丙二醇	2	6	10
氧化锌	0.5	2	3
聚乙二醇	0.5	2	3
苯甲酸钠	0.1	0.2	0.3
去离子水	加至 100	加至 100	加至 100

[制备方法]

（1）将称量好的 β-葡聚糖、果酸、烟酰胺加入纯水中，加热至 70～80℃ 时待用；

（2）将称好的丙二醇、聚乙二醇、氧化锌放入烧杯中，在水浴中加热至 80～90℃ 熔融；

（3）将步骤（2）所得溶液不断搅拌，把步骤（1）所得溶液徐徐加入搅匀；

（4）将山茶籽油加热至 50～60℃；

（5）当步骤（3）所得溶液冷却至约 60℃ 时，维持 20min 灭菌后，加入步骤

（4）所得溶液，在不断搅拌下再加入苯甲酸钠，继续搅拌降温至 45℃时加入适量鞣花酸，再继续搅拌至室温，停止搅拌；

（6）将步骤(5)中所得的混合体系于 0～4℃下保藏，即得。

［产品特性］　本品涂用在皮肤表面可起到保湿、锁水的效果，且本保湿精华乳对皮肤无刺激性、滋润性较好，制备过程无任何有害的添加剂，十分安全。

配方 59　保湿精华乳（2）

［原料配比］

原料	配比（质量份）
去离子水	74.97
甘油	15
聚二甲基硅氧烷	5
丙烯酸钠/丙烯酰二甲基牛磺酸钠共聚物	0.7
异十六烷与聚山梨醇酯-8	0.6
PEG-10 失水山梨醇月桂酸酯	2
藻提取物	0.8
出芽短梗酶多糖	0.47
双（羟甲基）咪唑烷基脲	0.15
碘丙炔醇丁基氨甲酸酯	0.15
黄原胶	0.12
香精	0.04

［制备方法］

（1）将水、甘油、丙烯酸钠/丙烯酰二甲基牛磺酸钠共聚物、异十六烷、聚山梨醇酯-8 和黄原胶加入器皿中搅拌混合，得到第一预料；

（2）将聚二甲基硅氧烷倒入器皿中搅拌，得到第二预料；

（3）将 PEG-10 失水山梨醇月桂酸酯、香精、双（羟甲基）咪唑烷基脲、碘丙炔醇丁基氨甲酸酯、藻提取物、出芽短梗酶多糖倒入器皿中并搅拌混合，得到第三预料；

（4）分别将第一预料与第二预料加热至 85℃并搅拌，将第一预料倒入乳化锅内，对乳化锅进行搅拌，在搅拌的过程中缓慢加入第二预料，并且将乳化锅真空均质 2min；

（5）将步骤（4）中的乳化锅搅拌冷却至 40℃时，再在乳化锅中加入第三预料；

（6）将步骤（5）中的乳化锅搅拌 30min 之后，降温至 38℃并进行取样检测，待检测合格后，灌装并保存。

[产品特性]　本品添加香精让产品具有香气，更让使用者接受，在所使用的原料中，卫生化学指标、微生物指标均低于国家规定指标，并且本品的制作方法简单，易操作。

配方60　保湿精华乳（3）

[原料配比]

原料		配比（质量份）		
		1#	2#	3#
A 相	甘油	2.5	5	4
	1,3-丁二醇	1	2	2
	1,2-戊二醇	1.5	2	1
	海藻糖	2	—	—
	甜菜碱	—	1.5	2
	LECIGEL™	0.1	0.15	0.1
	黄原胶	0.15	0.1	0.18
	卡波姆	0.2	—	0.18
	丙烯酸（酯）类/C_{10}～C_{30}烷醇丙烯酸酯交联聚合物	—	0.1	—
	甘草酸二钾	0.1	0.06	0.05
	去离子水	加至100	加至100	加至100
B 相	碳酸二辛酯	1.5	2.5	1
	角鲨烷	0.5	2	1.5
	聚二甲基硅氧烷	3	6.6	5
	辛基十二醇	0.5	1	0.43
	Tween-60	0.8	1.27	0.85
	BSEV	0.6	—	1
	甘油硬脂酸酯	—	1.1	—
	PS306	0.5	0.3	0.6
	SF600B	0.3	—	—
	鲸蜡硬酯醇	—	0.8	0.5
	甘油辛酸酯	0.3	0.25	0.2
C 相	精氨酸	0.18	0.08	0.15

续表

原料		配比（质量份）		
		1#	2#	3#
D相	银耳多糖	0.04	0.05	0.04
	香橙果提取物	0.8	—	—
	马齿苋提取物	—	1	—
	交替单胞菌发酵产物提取物	—	—	0.5
	AGS 3000	0.2	0.2	0.1
	吡哆素	—	—	0.05
	辛酰羟肟酸	—	—	0.45
	香精	适量	适量	适量
E相	SIMULGEL® NS	0.49	0.74	0.5

[制备方法]

（1）将称量好的增稠剂黄原胶、卡波姆、丙烯酸（酯）类/C₁₀～C₃₀烷醇丙烯酸酯交联聚合物预处理备用；

（2）将步骤（1）所得物料加入称好的水相物料（A相）中一起加热至70～80℃，搅拌混合均匀备用；

（3）将称好的油相物料（B相）加热至70～80℃，搅拌混合均匀备用；

（4）将步骤（2）所得水相不断搅拌，把步骤（3）所得油相缓缓加入，搅拌均匀后均质；

（5）将步骤（4）所得物料不断搅拌，加入中和剂（C相），搅匀后降温至40～50℃；

（6）将剩余物料D相、E相加入步骤（5）所得物料，搅拌均匀；

（7）对步骤（6）所得物料取样，微检合格，出样，即得。

[原料介绍]　所述增稠剂为黄原胶、卡波姆、丙烯酸（酯）类/C₁₀～C₃₀烷醇丙烯酸酯交联聚合物、丙烯酸（酯）类共聚物钠/卵磷脂（LECIGEL™）、SIMULGEL® NS中的至少一种。

所述多元醇保湿剂选自甘油、1,3-丁二醇、1,2-己二醇、1,2-戊二醇中的至少一种。

所述保湿润肤剂选自甜菜碱、海藻糖、双-PEG-18甲基醚二甲基硅烷、角鲨烷、鲸蜡醇乙基己酸酯、碳酸二辛酯、聚二甲基硅氧烷、辛基十二醇、鲸蜡硬脂醇、甘油辛酸酯、聚二甲基硅氧烷/乙烯基聚二甲基硅氧烷交联聚合物（SF600B）中的至少一种。

所述乳化剂选自甘油硬脂酸酯、氢化卵磷脂、蔗糖硬脂酸酯、PEG-45硬脂酸酯、聚甘油-2二异硬脂酸酯、聚甘油-2倍半辛酸酯、聚甘油-5油酸酯、PEG-8甘油异硬脂酸酯、甘油硬脂酸酯 SE（BSEV）、聚山梨醇酯-60（Tween-60）、山梨坦异硬脂酸酯中的至少一种。

所述中和剂选自精氨酸、氢氧化钠、三乙醇胺、氨丁三醇中的至少一种。

所述防腐剂选自甘油辛酸酯、辛酰羟肟酸、AGS3000、辛甘醇、1,2-己二醇、1,2-戊二醇、植物防腐剂中的至少一种。

所述功效成分为抗敏舒缓成分甘草酸二钾、水解蜂王浆、马齿苋提取物，保湿成分海藻糖、银耳多糖、除皱抗衰成分糖海带提取物、棕榈酰寡肽，控油成分芦荟、吡哆素中的至少一种。

[产品特性]

(1) 本品使用肤感佳，质地轻薄不油腻，肤感清新水润，用后肌肤滋润，温和无刺激。

(2) 本品无防腐剂添加，避免了传统防腐剂对皮肤的刺激以及对皮肤屏障的损害。

配方 61　聚水保湿精华乳

[原料配比]

原料		配比（质量份）			
		1#	2#	3#	4#
A相	去离子水	70	71.8	76.3	75.78
	甘油	5	6	4	2
	透明质酸钠（HA）	0.03	0.05	0.04	0.04
	泛醇	0.5	1	0.02	0.02
	二丙二醇	4	6	3	2
	氨基酸保湿剂（三甲基甘氨酸）	2	4	1	4
	尿囊素	0.2	0.1	0.4	0.4
	对羟基苯乙酮	0.2	0.4	0.1	0.4
	ZEN 耐离子增稠剂	0.2	0.1	0.1	0.3
	乙二胺四乙酸二钠	0.02	0.03	0.04	0.02
	尼泊金甲酯	—	—	—	0.3
B相	鳄梨油	4	4	2	2
	α-红没药醇	0.2	0.1	0.5	0.5
	异壬酸异壬酯	4	4	4	2
	植物甾醇油酸酯	0.2	0.1	0.1	0.1
	鲸蜡醇磷酸酯钾	0.1	0.1	0.15	0.3

续表

原料		配比（质量份）			
		1#	2#	3#	4#
B相	乳化剂 HP	2	1	3	1
	十六/十八醇	0.5	1	0.2	1
	氢化卵磷脂 S10	0.2	0.5	0.5	0.3
	VE 醋酸酯	0.5	0.2	0.6	0.2
C相	β-葡聚糖	2	4	4	1
	watering	0.1	0.5	0.1	0.5
	密罗木提取物	3	0.1	0.15	0.5
	裂蹄木层孔菌提取物	0.8	0.5	0.5	0.5
	Tridermol Hydrant	0.1	0.1	0.3	0.5
	德敏舒	0.3	0.1	0.1	0.5
	SUCUS	2	2	2	3
	辛酰羟肟酸	0.6	0.4	0.4	0.4
	香精	—	—	—	0.04

[制备方法]

（1）将 A 相组分投入乳化锅，加热升温至 85℃，搅拌至完全溶解，保温 10min，作为 A 相备用；

（2）将 B 相组分投入油相锅，加热升温至 85℃，搅拌至完全溶解，保温 10min，作为 B 相备用；

（3）将 A 相与 B 相抽入真空均质搅拌锅内并启动机器，搅拌速度为 500r/min，均质速度为 3000r/min，抽真空至−0.07MPa，均质搅拌 3min，保温 30min；

（4）再继续抽真空搅拌降温至 45℃，泄真空压力后，将 C 相组分加入，搅拌速度为 500r/min，均质速度为 3000r/min，均质搅拌 3min 后，继续抽真空至−0.07MPa，搅拌降温至 33℃，添加防腐剂和/或香精，最后出料过滤得到聚水保湿精华乳。

[原料介绍]　ZEN 耐离子增稠剂的主要功能是增加体系稠度，使体系保持一定的流变性。

鳄梨油是润肤剂，主要起到将体系中的油相和水相两相乳化的作用。鳄梨油富含维生素，它非常细腻，能很好地渗入皮肤，因而对敏感性皮肤或小面积皮肤的效果是非常理想的。它可软化、水合、滋养和保护皮肤。

α-红没药醇是皮肤调理剂，红没药醇是春黄菊花的一种提取物，主要用来制作化妆品，有很好的抗炎作用，能够抑制细菌滋生，对保养皮肤有不错的效果。另外红没药醇可以长期保存，氧化性很小。红没药醇与皮肤有很好的契合性，能够很好地作用于皮肤，起到美容和抗菌等作用。

异壬酸异壬酯俗称 LANOL99，是润肤剂、皮肤柔润剂，增加肌肤的柔润性，肤质细腻光滑。

植物甾醇油酸酯是皮肤调理剂，天然植物来源；具有良好的控水特性，起到保湿滋润作用；改善屏障功能，具有很好的皮肤护理特性和愉悦的用后肤感；熔点接近体温，是出色的润肤剂，具有出色的皮肤滋润性，应用于皮肤护理产品中，赋予滋润与柔软肌肤。

鲸蜡醇磷酸酯钾是阴离子型 O/W 乳化剂，与皮肤脂质具有良好的亲和性，对乳化体系具有稳定、增稠作用。

氢化卵磷脂 S10 与天然卵磷脂相比，其热稳定性和氧化稳定性更强；它可以促进吸收，减少皮肤刺激，可作为保湿剂和脂质体辅料使用。

VE 醋酸酯，有抗氧化作用，能增强皮肤毛细血管抵抗力，并维持正常通透性。

德敏舒是皮肤调理剂，为德玛母婴用品国际有限公司所生产，其含有抗组胺、抗刺激天然成分；作为皮肤调理剂，与其他组分配伍良好，能够有效抑制组胺引起的皮肤的红斑、水肿、瘙痒。

[产品应用] 本品使用方法为：取适量聚水保湿精华乳分别在额头、鼻尖、脸颊、下巴点涂，轻拍均匀，并加以按摩至吸收即可。

[产品特性] 本品具有较好的补水效果和保湿效果，有效解决肌肤因季节、年龄、肤质等 问题带来的干燥问题，涂抹在脸上不会感到油腻感，渗透进深层毛孔，能够在皮肤表面形成 两层优质的皮肤屏障，具有能长效维持肌肤的水磁场能力，达到锁水聚水效果。

配方 62　纤体瘦身保湿精华乳

[原料配比]

原料	配比（质量份）		
	1#	2#	3#
甘油	2	3	4
肉碱	2	3	4
卡波姆	0.2	0.25	0.3
氯苯甘醚	0.1	0.15	0.2
尿囊素	0.1	0.1	0.2
羟苯甲酯	0.1	0.1	0.2
异壬酸异壬酯	2	2.5	3

续表

原料	配比（质量份）		
	1#	2#	3#
辛酸/癸酸甘油三酯	1	2	3
PEG-75 丙二醇硬脂酸酯	1	1.8	2
牛油果树果脂油	0.4	0.5	0.6
PEG-10 植物甾醇	0.4	0.45	0.6
丁二醇	4	5	6
透明质酸钠	0.05	0.07	0.08
1,2-己二醇	0.8	1	1.2
薄荷提取物	0.9	1	0.95
苦参提取物	0.8	1	0.9
马齿苋提取物	0.8	1	0.85
燕麦仁提取物	0.4	0.5	0.6
三乙醇胺	0.2	0.25	0.3
香兰基丁基醚	0.06	0.07	0.08
去离子水	加至 100	加至 100	加至 100

[制备方法]

（1）将甘油 2%～4%、肉碱 2%～4%、卡波姆 0.2%～0.3%、氯苯甘醚 0.1%～0.2%、尿囊素 0.1%～0.2%、羟苯甲酯 0.1%～0.2% 和水 60.64%～62.79% 混合，加热至 85～90℃；

（2）将异壬酸异壬酯 2%～3%、辛酸/癸酸甘油三酯 1%～3%、PEG-75 丙二醇硬脂酸酯 1%～2%、牛油果树果脂油 0.4%～0.6% 和 PEG-10 植物甾醇 0.4%～0.6% 混合，加热至 85～90℃；

（3）将步骤（1）中加热后的混合溶液与步骤（2）中加热后的混合溶液混合，在真空和搅拌下均质 4～8min，然后在 85～90℃保温 25～35min，降温至 40～45℃；

（4）将透明质酸钠 0.05%～0.08% 分散于 4%～6% 丁二醇中，加入 10%～20% 水稀释；

（5）向步骤（3）中降温后的混合溶液中依次加入步骤（4）中稀释后的溶液、1,2-己二醇 0.8%～1.2%、薄荷提取物 0.8%～1.0%、苦参提取物 0.8%～1.0%、马齿苋提取物 0.8%～1.0%、燕麦仁提取物 0.4%～0.6%、三乙醇胺 0.2%～0.3%、香兰基丁基醚 0.06%～0.08%，搅拌 20～30min，出料。

[产品特性]　本品利用一定量的薄荷提取物、苦参提取物和马齿苋提取物进行协同消脂，加快脂肪燃烧，增加消脂效果，而燕麦仁提取物等的加入可以使肌肤更加紧致有弹性，辛酸/癸酸甘油三酯和牛油果树果脂油的加入可以增加精华乳的保湿滋润效果。

配方63 舒缓修护保湿精华乳

[原料配比]

原料		配比（质量份）			
		1#	2#	3#	4#
活性组分	甘草根提取物	1.5	2.0	1.8	2.5
	马齿苋提取物	3.0	2.5	2.0	1.0
	北美金缕梅提取物	1.5	1.0	3.0	2.5
	β-葡聚糖	3.5	4.0	3.2	3.0
	甜菜碱	3.0	2.5	1.0	2.0
水相	尿囊素	0.05	0.1	0.15	0.2
	大分子透明质酸钠	0.001	0.02	0.04	0.05
	增稠剂	0.6	0.8	1.0	0.7
	保湿剂	8.0	7.0	4.0	6.0
	水	67.14	68.78	70.91	68.05
油相	乳木果油	2.0	2.5	3.0	4.0
	生育酚乙酸酯	0.9	0.8	1.2	1.0
	甲基葡糖倍半硬脂酸酯	1.0	2.0	1.5	2.5
	PEG-20甲基葡糖倍半硬脂酸酯	2.5	1.8	1.5	1.0
	米胚芽油	1.0	1.5	2.5	2.0
	辛酸/癸酸甘油三酯	2.0	1.0	1.5	1.2
	鲸蜡硬脂醇	1.0	0.2	0.5	0.8
防腐剂	对羟基苯乙酮	0.50	1.0	0.60	0.50
	1,2-己二醇	0.80	0.50	0.60	1.00

[制备方法]

（1）首先将防腐剂对羟基苯乙酮与1,2-己二醇加热至65℃，预先溶解备用；

（2）将油相和水相分别搅拌加热至80～85℃并保温15min；

（3）将油相抽入到水相中进行均质，均质速度为2000r/min，时间为90s，搅拌15min；

（4）降温至42～45℃加入活性组分及预先溶解好的防腐剂，搅拌均匀即可制备得精华乳。

[原料介绍] 甘草根提取物以"药王"甘草为原料，经过现代工艺提取精制而成，含有大量的功效成分如甘草多糖、甘草酸、黄酮类以及三萜类物质，具有良好的增强皮肤免疫和抗氧化功效，对减少黑色素沉积、美白肌肤及缓解皮肤过敏症状

有显著效果。甘草中特有的三萜类物质甘草甜素对毒物有吸附作用并能与毒物结合，可解除或降低化妆品中某些物质对皮肤的毒副作用。同时甘草根提取物对细菌具有较强的抑制作用，是良好的抗菌消炎剂。

马齿苋提取物含有大量的马齿苋多糖、脂肪酸和维生素 E 等有效成分，具有良好的抗过敏和抗刺激的特殊功效，可有效地去除和预防皮肤表面泛红现象。另外，马齿苋有很好的抑菌抗炎作用，可有效对抗外界对皮肤的各种刺激。

北美金缕梅源自北美东部地区的灌木，金缕梅中特有的舒敏因子，具有优异的镇静、安抚效果，能温和舒缓敏感肌肤，平衡代谢，缓和受刺激的皮肤，可有效帮助肌肤再生，愈合伤口。具有抗炎、防敏舒缓和收敛的作用，同时还有良好的持水能力。

β-葡聚糖是源于天然的原料。无毒性、无刺激性，能帮助更新和修复紧张的肌肤，有效减少皮肤皱纹，提高皮肤的保湿性和紧致光滑度，促进瘢痕的愈合和再生。同时还具有显著的消炎、抗过敏活性，并能有助于皮肤抵御外源性的各种机械和化学刺激。

所述增稠剂为丙烯酰二甲基牛磺酸铵/VP 共聚物、黄原胶、卡波姆钠、聚丙烯酸钠中的一种或者多种组合。

所述保湿剂为丁二醇、丙二醇、二丙二醇、聚乙二醇、山梨醇中的一种或多种组合。

[产品特性]

（1）本品配方中不使用传统的防腐剂、香精，采用天然等同防腐剂对羟基苯乙酮代替，具有温和无刺激等优点。

（2）本品不添加抗生素、激素等成分，但对过敏性肌肤及敏感肌肤仍起到很好的抗炎抗敏舒缓作用，同时具有良好的保湿性能，并能有助于皮肤抵御外源性的各种机械和化学刺激。

（3）本品质地轻薄易吸收，不会对皮肤造成负担。

配方 64　保湿精华露

[原料配比]

原料		配比（质量份）			
		1#	2#	3#	4#
水相	甘油	8	10	13	15
	月桂醇硫酸酯钠	1	2	2.5	4
	尿囊素	1	1	1.5	3
	去离子水	190	192	200	205

原料		配比（质量份）			
		1#	2#	3#	4#
油相	聚二甲基硅氧烷	1	2	2.5	4
	水解蚕丝	0.8	1	0.9	1.5
	矿油	10	15	15.5	16
	硬脂醇	20	25	25.5	26
	羟苯甲酯	0.1	0.25	0.45	1
	羟苯丙酯	0.1	0.25	0.55	1
	甘油硬脂酸酯	1	2	2.5	3
表面活性剂		0.5	1	0.5	1

[制备方法]

（1）水相处理：将上述原料中的水、甘油、月桂醇硫酸酯钠、尿囊素投入水相锅中，加热至90℃，物料完全熔化，并以360～480r/min恒温搅拌9～11min；

（2）油相处理：将上述原料中的聚二甲基硅氧烷、水解蚕丝、矿油、硬脂醇、羟苯甲酯、羟苯丙酯、甘油硬脂酸酯投入油相锅，加热至90℃，物料完全熔化，并以360～480r/min恒温搅拌9～11min；

（3）冷却，将所述步骤（1）中水相处理后的原料混合物和步骤（2）中油相处理后的原料混合物抽至反应罐中，以100～2500r/min的转速搅拌至水相与油相混合均匀后，均质2～3min，再以360～480r/min的转速匀速搅拌22～28min；

（4）出料：在所述步骤（3）处理后的原料混合物以360～480r/min转速搅拌的同时，开启冷却水进行冷却，冷却至50℃后添加表面活性剂，边搅拌边冷却至38℃后出料。

[原料介绍] 水解蚕丝，即水解蚕丝蛋白，水解蚕丝中含大量胶原蛋白和弹力纤维、氨基酸、核糖、核酸等营养成分，它与人体胶原蛋白完全相同，能被肌肤完全吸收，促进细胞再生，紧致细胞间隙，提升肌肤柔韧度和紧致度；

矿油，不仅具有优良的渗透促进效果，能够帮助水解蚕丝的各活性成分更容易地渗入皮肤，而且具有乳化剂的作用；

尿囊素，可促进组织生长、细胞新陈代谢，软化角质层蛋白，使皮肤、嘴唇柔软且富有弹性，并有美丽的光泽。

[产品特性] 该精华露配方合理，制作方法简单，使用后，吸收快，无刺激，可有效保证脸部肌肤水分，保湿效果持久。

配方 65 保湿舒缓精华露（1）

[原料配比]

原料		配比（质量份）			
		1#	2#	3#	4#
保湿剂		20	5	30	10
舒缓剂		15	10	5	25
增稠剂	汉生胶	0.5	1	0.1	0.8
pH 调节剂	三乙醇胺	0.25	0.1	0.05	0.5
去离子水		加至 100	加至 100	加至 100	加至 100
保湿剂	月季干细胞	3	1	1	4
	白池花籽油	17	15	20	15
舒缓剂	安息香提取物	5	4	4	6
	洋甘菊提取物	8	7	9	7

[制备方法]

（1）在锅中加入去离子水，然后在低速搅拌下缓慢加入汉生胶，均质至完全分散，然后升温至 70～75℃，再加入白池花籽油，搅拌分散；

（2）对上述组分进行降温至 45～47℃，加入预先破壁处理好的月季干细胞、洋甘菊提取物和安息香提取物，搅拌均匀；

（3）加入三乙醇胺，调节 pH 至 6.0，得到精华露。

[原料介绍] 本品采用月季干细胞和白池花籽油作为精华露的保湿剂，其中，月季干细胞温和、亲肤性好，而且将其破壁后，其中的营养成分能渗入皮肤深层，对皮肤起到很好的滋养和保湿作用。而白池花籽油对皮肤也具有很好的滋润效果，且还能在皮肤表面形成一层封闭薄膜，减缓皮肤水分流失。月季干细胞和白池花籽油在保湿作用上相辅相成，对皮肤起到深层、持久的保湿作用。

本品采用洋甘菊提取物和安息香提取物作为精华露的舒缓剂，其中，安息香提取物具有良好的抗炎解热作用，洋甘菊提取物则对皮肤具有良好的镇定和舒缓作用，而将洋甘菊提取物和安息香提取物结合使用所产生的舒缓作用会得到增强。

月季干细胞的制备方法为：取月季的新生枝条，表面灭菌，剥离木质部，将获得含有形成层、韧皮部、皮质和表皮的组织在分离培养基上培养 30d 后，新生的形成层干细胞与脱分化的愈伤组织分离，将获得的形成层干细胞转移到生长培养基上培养，获得月季干细胞。

[产品特性] 本品对肌肤具有很好的舒缓作用，能渗入皮肤进行深层补水，保湿效果持久，温和无刺激，保质期长、产品稳定性好。

配方66 保湿舒缓精华露（2）

[原料配比]

原料	配比（质量份）			
	1#	2#	3#	4#
羟乙基纤维素	0.2	0.4	0.25	0.3
聚丙烯酸接枝淀粉	0.1	0.2	0.12	0.15
甘油	2	4	2.5	3
1,3-丁二醇	5	8	5.5	6.5
甜菜碱	0.4	0.6	0.45	0.5
异戊二醇	1.5	2.5	1.6	2
1,2-己二醇	0.4	0.6	0.45	0.5
EDTA 二钠	0.04	0.06	0.05	0.05
PEG-40 氢化蓖麻油	0.25	0.35	0.28	0.3
橄榄油 PEG-7 酯类	0.25	0.35	0.28	0.3
生育酚	0.08	0.12	0.09	0.1
辛基十二醇	0.08	0.12	0.09	0.1
银耳提取物	0.001	0.001	0.001	0.001
马齿苋提取物	15	20	18	17.5
海藻糖	0.08	0.12	0.09	0.1
透明质酸钠	0.004	0.006	0.005	0.005
甘草酸二钾	0.04	0.06	0.045	0.05
β-葡聚糖	0.3	0.3	0.3	0.3
银	0.2	0.2	0.2	0.2
去离子水	65	70	66	67

[制备方法]

（1）取水、甘油、异戊二醇、1,3-丁二醇、甜菜碱、1,2-己二醇、羟乙基纤维素、聚丙烯酸接枝淀粉、EDTA 二钠、海藻糖，加入水相锅，加热至 80～85℃后，搅拌均匀，抽入搅拌锅中；

（2）以 1000r/min 搅拌 30min 至混合均匀，停止搅拌，降温至 40℃；加入 PEG-40 氢化蓖麻油、橄榄油 PEG-7 酯类、生育酚、辛基十二醇、银耳提取物、马齿苋提取物、透明质酸钠、甘草酸二钾、β-葡聚糖、银，继续搅拌均匀，冷却至室温，即得精华露。

[产品特性] 本品能够显著抵御干燥对表皮细胞的损伤，减少干燥对细胞活力的

影响，具有很好的保湿作用。

配方 67　聚水保湿精华露

［原料配比］

原料		配比（质量份）			
		1#	2#	3#	4#
A 相	去离子水	76.09	75.46	70.76	68.37
	二丙二醇	4	2	7	7
	透明质酸钠（HA）	0.03	0.06	0.02	0.03
	NANO 透明质酸钠	0.1	0.15	0.15	0.1
	保湿剂 PEG/PPG-17/6 共聚物	4	6	2	6
	氨基酸保湿剂（三甲基甘氨酸）	1	1	0.5	2
	鲸蜡硬脂基葡糖苷	1	1	2	1
	丙烯酸（酯）类/异癸酸乙烯酯交联聚合物	0.15	0.3	0.1	0.3
	丙烯酰二甲基牛磺酸铵/VP 共聚物	0.2	0.1	0.4	0.4
	乙二胺四乙酸二钠	0.02	0.01	0.03	0.01
B 相	三乙醇胺（TEA）	0.12	0.1	0.2	0.05
C 相	泛醇	0.5	0.3	0.3	1
	CH 胶原蛋白交联体	3	2	5	1
	β-葡聚糖	2	4	5	3
	馨历时	4	6	2	6
	SUCUS	2	1	3	3
	TridermolHydrant	0.2	0.5	0.3	0.1
	Waterin	0.05	0.1	0.02	0.02
	裂蹄木层孔菌提取物	0.8	0.05	0.05	0.05
	CalmYang	0.1	0.15	0.15	0.15
	辛酰羟肟酸	0.6	0.7	1	0.4
	香精	0.02	0.02	0.02	0.02

［制备方法］

（1）将丙烯酸（酯）类/异癸酸乙烯酯交联聚合物、丙烯酰二甲基牛磺酸铵/VP 共聚物加入盛装有去离子水的乳化锅中，搅拌下加入透明质酸钠（HA）、NANO 透明质酸钠，搅拌升温至 85℃，保温 10min，获得溶液 A；

（2）在溶液 A 中加入二丙二醇、PEG/PPG-17/6 共聚物、氨基酸保湿剂（三

甲基甘氨酸）、鲸蜡硬脂基葡糖苷、乙二胺四乙酸二钠，抽真空，真空度为
－0.07MPa，开均质，均质的速度为 3000r/min，均质 3min，保温 30min，获得
A 相；

（3）降温至 60℃，将三乙醇胺（TEA）加入乳化锅，搅拌均匀；

（4）降温至 45℃，将 C 相组分加入乳化锅，搅拌均匀，获得聚水保湿精
华露。

[原料介绍] 透明质酸钠（HA）为保湿剂，HA 属于高分子聚合物，具有很强的
润滑感和成膜感，能改善皮肤生理条件，为真皮胶原蛋白和弹性纤维的合成提供
优越的外部环境，加强营养物质的供给，起到护肤养颜的效果。透明质酸可以阻
止细胞中一些酶的产生，减少自由基的形成，在防止自由基破坏细胞结构、产生
脂质过氧化和引起肌体衰老等方面起着重要作用；低分子量透明质酸具有抗炎、
抑制病菌产生、保持皮肤光洁的作用；为细胞增殖与分化提供合适的场所，直接
促进细胞生长、分化、重建与修复等。

NANO 透明质酸钠为保湿剂，小分子透明质酸可快速渗透皮肤，直达肌肤真
皮层，补充内源 HA，深层锁水、补水，并具有轻微扩张毛细血管、增加血液循
环、改善中间代谢、促进皮肤营养吸收的作用，具有较强的消皱功能，可增加皮
肤弹性，延缓皮肤衰老。透明质酸还能促进表皮细胞的增殖和分化、清除氧自由
基，可预防和修复皮肤损伤。

PEG/PPG-17/6 共聚物为保湿剂，增加清爽感，改善使用后的肤感，气味很
小，熔点低，选自韩国 Starchem 的 Starlub-7。

氨基酸保湿剂作为保湿剂，化学名称为三甲基甘氨酸，是一种天然物质两性
离子型保湿成分，在个人护理产品的应用中，能迅速改善肌肤和头发的水分保持
力、激发细胞活力，具有保持肌肤滋润、光滑，防止干燥和发暗的效果。

鲸蜡硬脂基葡糖苷为保湿剂，型号为 TDC-ERT37，为植物来源的 O/W 型液
晶型乳化剂，不含 EO，可完全生物降解，能形成层状液晶结构，高度水合、长效
保湿。

丙烯酸（酯）类/异癸酸乙烯酯交联聚合物为增稠剂。

丙烯酰二甲基牛磺酸铵/VP 共聚物为增稠剂，又叫丙烯酰二甲基牛磺酸铵/乙
烯基吡咯烷酮共聚物，是一种高分子表面活性剂-丙烯酸类聚合物，可溶于水，具
有优良的乳化、分散、增稠、成膜能力。

泛醇为保湿剂，亦称原维生素 B_5，原维生素 B_5 可定量转化为泛酸，在生物
体内，辅酶 A 由泛酸作为前体合成，辅酶 A 在生物体内很多化学过程中起着关键
的作用，皮肤需要较高浓度的辅酶 A，局部取用有助于肌体的治愈和复原，它有
助于舒缓瘙痒，治愈皮肤损伤，如湿疹、日光晒伤，并可缓解其他添加剂的刺激
作用。

CH 胶原蛋白交联体为皮肤调理剂。

β-葡聚糖为皮肤调理剂，β-葡聚糖是优良的免疫激活剂，能够提高皮肤自身的免疫力，有清除自由基的功效，协助受损组织加速恢复产生细胞素，在敏感肌肤修复方面有独特的生物活性。β-1,3-葡聚糖在化妆品中增强肌肤免疫力，β-葡聚糖在老龄皮肤和皱纹皮肤上增加表皮生长因子（EGF），将促进皮肤中胶原蛋白和弹性蛋白增加，从而改善皮肤外观和祛除皱纹。

馨历时为皮肤调理剂。

SUCUS 为皮肤调理剂，SUCUS 包含水垂盆草提取物、仙桃仙人掌茎提取物、屋顶长生草提取物等，水垂盆草提取物对血管紧张素转化酶的活性有抑制作用，血管紧张素转化酶的偏高将使血压增高而导致出血，因此对此酶的抑制可防治红血丝等疾患，提取物尚可用于皮肤美白、抗炎、抗菌；仙人掌提取物具有抗菌性，结合仙人掌提取物对雄性激素受体活性的抑制对雄性激素偏高引起的粉刺有防治效果；仙人掌提取物能促进皮肤生长因子的生成，具有活肤的作用，可用于抗衰老化妆品中；屋顶长生草提取物能加强肌肤自然修护能力，持续修护肌肤日积月累因紫外线、环境污染、生活压力等因素造成的各项问题，持续使用会预防衰老，预防细纹和皱纹。

TridermolHydrant 为皮肤调理剂，由水、皱波角叉菜提取物、透明质酸钠、苯氧乙醇、葡糖酸内酯、苯甲酸钠组成，具有保湿、滋润、调理、润滑、调节黏度功效。

Waterin 为皮肤调理剂、糖类同分异构体，具有修复表皮层细胞、提升肌肤补水能力，经由生物化学技术制造的异构化 D-葡聚糖，具有和人体角质层相近的组成结构，使用在皮肤上能与 ε-氨基酸官能团结合，就像磁石般牢牢结合，能长效维持肌肤的水磁场能力。

裂蹄木层孔菌提取物为皮肤调理剂，对皮肤损伤具有修复和加速愈合的作用，能促进真皮层纤维的合成，使皮肤的弹性增强。

CalmYang 为皮肤调理剂，CalmYang 包含丁二醇、积雪草提取物、虎杖根提取物、黄芩根提取物、茶叶提取物、光果甘草根提取物、母菊花提取物、迷迭香叶提取物，能深入皮肤内部并保持高活性，具有清除氧自由基的能力，同时还具有防止皮肤粗糙及抗炎、抗菌的功效。可以有效刺激细胞更新，加速细胞的新陈代谢，具有显著抗氧化、清除多余的自由基离子、分解黑色素、美白淡斑的功效。

辛酰羟肟酸为螯合剂，是一种酸性到中性全程都保持不电离状态的有机酸，是最佳抑菌有机酸，在中性 pH 值下具有优异的抗菌、抑菌性能，有高效螯合作用，抑制霉菌需要的元素活性，限制了微生物生长所需的环境。辛酰羟戊酸和绝大多数原料都有兼容性，不受体系中表面活性剂、蛋白质等原料的影响，可以和醇类、二醇类等防腐剂复配，可以在常温和高温环境下添加。

[产品应用]　本品使用方法为：取适量聚水保湿精华露，均匀涂抹于全脸和颈部，

按摩直至吸收，可不用清洗。

[产品特性] 本品各组分之间具有协同增效作用，温和不刺激，能够深入毛孔、深层补水，能够长效锁水保湿，滋润肌肤，可以在一定程度上激活特定细胞，提高皮肤的抗炎、抗刺激性，长期使用可从本质上调节皮肤细胞活性，起到美白、抗皱、抗皮肤衰老的作用，尤其对于炎症性皮肤如粉刺、痤疮等，可以抑制皮肤表面细菌活性，减轻炎症。

配方 68 抗氧化保湿精华露

[原料配比]

原料		配比（质量份）			
		1#	2#	3#	4#
水		80	85	82	82
保湿剂	1,3-丙二醇	15	—	—	2
	甘油	—	6	—	2
	甘油聚醚-26	—	—	10	2
海葡萄提取物		4	10	7	8
乙二胺四乙酸二钠		0.5	0.1	0.3	0.4
生育酚乙酸酯		0.1	1	0.5	0.8
保湿舒缓剂	脱乙酰壳多糖甘醇酸盐	10	—	1	3
	赤藓醇	—	10	5	3
悬浮剂	丙烯酸酯交联聚合物	0.1	0.5	0.3	0.2
润肤剂	氢化橄榄油不皂化物	3	0.3	—	0.7
	深海两节荠籽油	—	—	2	0.7
防腐剂	苯氧乙醇	0.1	0.3	0.2	0.2
	氯苯甘醚	0.08	0.05	0.6	0.07
	乙基己基甘油	0.05	0.1	0.08	0.07
香精		0.01	0.001	0.005	0.008
卷柏提取物		0.1	1	0.5	0.6
烟酰胺		1	0.1	0.6	0.9
蜂蜜		0.1	1	0.7	1

[制备方法] 将水、保湿剂、乙二胺四乙酸二钠、保湿舒缓剂和悬浮剂混合均匀，在80～88℃下保温20～30min溶解，搅拌均匀，然后在350～380MPa下均质，降温至40～50℃，将海葡萄提取物、香精、防腐剂、卷柏提取物、烟酰胺和生育酚

乙酸酯加入，搅拌 5～8min，过滤脱泡之后，最后加入润肤剂和蜂蜜，搅拌 0.5～1min，将油珠粒径控制在 1～2mm 即可得到透明水剂内悬浮有 1～2mm 直径的油珠的抗氧化保湿精华露。

[原料介绍] 本品将水和油分通过合理的配比混合在一起，采用的天然的海葡萄提取物起到天然的补水效果，pH 调节剂根据皮肤弱酸性的特质调节护肤品的 pH 值。生育酚乙酸酯提供强抗氧化功能，防止肌肤受到外界污染物的损害。保湿舒缓剂配合保湿剂起到良好的补水效果。卷柏提取物里面的穗花杉双黄酮或阿曼托双黄酮具有强抗氧化功能，结合蜂蜜的作用，起到消炎抗菌的作用，并且降低黑色素的沉积，有效清除自由基。烟酰胺通过小分子快速深入肌肤真皮层，使补水和抗氧化因子渗入肌肤内层，从内到外抵抗自由基的产生，进而抑制黑色素的产生。润肤剂的辅助使保湿剂和保湿舒缓剂的保湿效果发挥得更好，润肤剂使肌肤具有丝滑感，油水的混合能够实现迅速补水和锁水功能，达到长效补水的效果。

所述悬浮剂为丙烯酸酯交联聚合物，俗称卡波姆，常应用于护肤品中，丙烯酸酯交联聚合物是一种优秀的增稠剂和乳化剂，可以给凝胶体系提供流动性和透明。本品利用丙烯酸酯交联聚合物与水分油分混合，使得两者达到共混共溶的效果，水体系中包含了油颗粒分子，使用时水分和油分同时到达肌肤，起到良好的补水和锁水效果，而油分的存在可以在皮肤表面形成一层保护膜，防止外界的污染，减缓皮肤的老化过程，起到良好的抗老化效果。

所述保湿剂为 1,3-丙二醇、甘油和甘油聚醚-26 中一种或几种的组合。1,3-丙二醇、甘油是常用的保湿剂，甘油聚醚-26 由甘油和环氧乙烷聚合而得，属于非离子表面活性剂-多元醇聚氧乙烯醚，作为化妆品的保湿剂、散播剂。

本品所使用的海葡萄提取物也叫 U-ACTIVE SG，是从海葡萄中提取出的黏液和多糖，具有突出的协同保湿效果；含从深海中获得的多种矿物质、维生素和营养成分和纤维，具有保湿、增加皮肤弹性、提亮肤色的作用。

所述保湿舒缓剂为脱乙酰壳多糖甘醇酸盐或赤藓醇中任一种或两者的组合。

脱乙酰壳多糖（CS）是自然界中唯一的阳离子生物多糖，具有良好的生物相容性、黏附性、降解性、抑菌性和可塑性，可促进伤口愈合和组织再生。脱乙酰壳多糖甘醇酸盐可改善过度角化、粗糙暗沉；刺激玻尿酸、酸性黏液多糖、胶原蛋白及弹力纤维的增生及重新排列，皮肤变得紧实有弹性和水润；可以调节渗透压，缓解应激，具有抗刺激、抗过敏的效果；改善肤感，减少配方的黏滞感，提高配方的铺展性。

赤藓醇由藻类、地衣和草中分离而得，亦可由赤藓糖还原制取，给皮肤带来清凉感，保湿效果好，不黏腻。

所述润肤剂为氢化橄榄油不皂化物、氢化橄榄油酸乙基己酯和深海两节茅籽油中的一种或几种的组合。氢化橄榄油不皂化物、氢化橄榄油酸乙基己酯均是橄榄来源的天然油脂，给皮肤带来轻盈的干爽肤感，增加肌肤弹性、保湿度、柔软性。

所述防腐剂由苯氧乙醇、氯苯甘醚和乙基己基甘油组合而成。防腐剂是化妆品当中难以或缺的成分，但是防腐剂对人体的皮肤会有一定的伤害，因此防腐剂的含量不能过高，但防腐剂的含量过低，化妆品容易滋生细菌和霉菌，变质后的化妆品对皮肤的损伤很大。因此防腐剂的添加需要考虑降低对皮肤的伤害的同时有效防止细菌滋生。

[产品特性] 本品通过将各种剂型合理分步混合，得到水乳交融的保湿微晶露，不但外观好看，并且改善了之前油水不相溶的状态，方便使用者在使用时能够将水分和油分同时作用在皮肤上，提高补水和锁水的效果，抗氧化因子活性高，渗透力好，工艺简单易操作，稳定性高。

配方 69　雪蛤胶原蛋白肽保湿精华霜

[原料配比]

原料		配比（质量份）		
		1#	2#	3#
油相	单硬脂酸甘油酯	4	4	4
	十八醇	6	6	6
	甘油	10	10	10
	液体石蜡	4	4	4
水相	人参皂苷粉	3.39	5	3
	林蛙油	0.5	1	0.8
	雪蛤胶原蛋白肽	1	3	2
	去离子水	70	66.67	68.98
乳化剂 HR-SL（烷基磷酸酯钾盐）		1	1	1
凯松		0.01	0.03	0.02
香料		0.10	0.3	0.2

[制备方法] 人参皂苷粉、林蛙油、雪蛤胶原蛋白肽和去离子水为水相，单硬脂酸甘油酯、十八醇、甘油和液体石蜡为油相，将水、油两相同时加热，乳化前油相加热至95℃，维持20min灭菌，保持在90～105℃，油相依靠加热锅的高位重力经过滤器流入保温的乳化搅拌锅，乳化搅拌锅内具有乳化剂 HR-SL、凯松；水相在另一不锈钢夹套水蒸气加热锅内加热至90～100℃，维持20min灭菌，接近油相规定的温度时放入油相进行乳化，同时均质搅拌；1h后通冷却水冷却5～

10min，50min后冷却第二次；40～42℃时加入香料，待温度降至30℃时出料静置，24h后检验。

[原料介绍] 人参皂苷粉具有增加白细胞数量、提高人体免疫力、促进物质代谢、抗疲劳、抗衰老等作用。

雪蛤胶原蛋白肽含有甘氨酸、脯氨酸、谷氨酸、亮氨酸、赖氨酸等特殊氨基酸，可起到补充体内的水分和锁住水分、增加弹性的作用。由于雪蛤胶原蛋白肽分子量均在3500以下，可有效地浸透皮肤深层，补充胶原蛋白，可以减少和缓解皱纹的生成。

[产品特性] 本品的雪蛤胶原蛋白肽易被皮肤吸收，本品具有抗老化功能和保湿功能，能提高人体免疫力、促进物质代谢。

配方70 保湿抗炎精华霜

[原料配比]

原料	配比（质量份）		
	1#	2#	3#
海藻酸丙二醇酯	3.3	3	4
半乳甘露聚糖	4.5	4	5
聚乙烯吡咯烷酮	16	15	20
聚二甲基二烯丙基氯化铵	2.3	2	3
竹荪多糖	6.4	6	8
橙花醇	1.2	1	2
獾油	15	14	18
红没药醇	4.5	4	5
南瓜子油	21	18	22
萝卜硫素	2.2	2	3
翼核果提取物	2.8	2	3
裸藻提取物	3.6	3	4
去离子水	18	15	20

[制备方法]

（1）将去离子水、聚乙烯吡咯烷酮、聚二甲基二烯丙基氯化铵、竹荪多糖，加入到搅拌机中，在42～50℃的条件下，以1000r/min的转速搅拌20min；

（2）将橙花醇、獾油、红没药醇、南瓜子油，加入到搅拌机中，在70～80℃

的条件下，以 1000r/min 的转速搅拌 20min；

（3）将海藻酸丙二醇酯、半乳甘露聚糖和步骤（2）中的混合物，加入到步骤（1）中的混合物中，在 52～60℃的条件下，以 1000r/min 的转速搅拌 20min；

（4）将萝卜硫素、翼核果提取物、裸藻提取物，加入到步骤（3）中的混合物中，在 47～53℃的条件下，加入到超声波分散机处理 150min。

［原料介绍］ 本品中海藻酸丙二醇酯由天然海藻中提取的海藻酸深加工制成，外观为白色或淡黄色粉末，水溶后成黏稠状胶体，常作为饮料产品的增稠、稳定、乳化剂使用。

半乳甘露聚糖有很低的热量，具有多种生理功能，可促进小肠内双歧杆菌增殖，预防便秘、结肠癌、心血管病和降血糖。

聚乙烯吡咯烷酮为一种合成水溶性高分子化合物，具有水溶性高分子化合物的一般性质，如胶体保护作用、成膜性、黏结性、吸湿性、增溶或凝聚作用。

聚二甲基二烯丙基氯化铵用作调节剂、抗静电剂、增湿剂、洗发剂和护肤用的润肤剂等。

竹荪多糖具有明显的机体调节功能和防病作用，因而日益受到人们的重视。

橙花醇是一种具有玫瑰花香的香精原料，在食品、日化高档香精的调配中被广泛使用。

獾油，清热解毒，消肿止痛；用于轻度水、火烫伤，皮肤肿痛。

红没药醇是存在于春黄菊花中的一种成分，不仅具有抗炎性能，还被证明有抑菌活性。

南瓜子油含有丰富的不饱和脂肪酸，如亚麻酸、亚油酸等，此外，南瓜子油还含有植物甾醇、氨基酸、维生素、矿物质等多种生物活性物质，尤其是锌、镁、钙、磷含量极高。

萝卜硫素对关节炎有很好的消肿止痛作用。这种天然化合物能快速启动人体的自愈系统、排毒系统，调理五脏平衡，修复受损器官，有很好的防治痛风的作用。

翼核果有补气血、舒筋活络的功效，对气血亏损、月经不调、风湿疼痛、四肢麻木、跌打损伤有一定疗效。

裸藻光合作用强，含有丰富的营养成分——维生素、矿物质营养物、氨基酸、不饱和脂肪酸、叶绿素、黄体素、玉米黄质、GABA 等 59 种人体每天必需的营养元素，均是维持健康所不可缺少的营养素。

［产品特性］ 本品通过独特的配方和特殊的工艺制成，多种天然植物提取物的加入，使配方不同组分协同效应尤其突出，达到了单一组分完全达不到的效果，具有十分突出的保湿、抗炎效果。

配方 71　具有长效保湿功能的 BB 霜

[原料配比]

原料		配比（质量份）		
		1#	2#	3#
A组分	氧化铁黄/硬脂酰谷氨酸二钠/氢氧化铝	0.05	0.1	0.1
	氧化铁红/硬脂酰谷氨酸二钠/氢氧化铝	0.1	0.15	0.15
	氧化铁黑/硬脂酰谷氨酸二钠/氢氧化铝	0.25	0.23	0.4
	纳米硅处理钛白粉	3	3	3
	超细硅处理钛白粉	3	3	
	异十三醇异壬酸酯	3	3	3
B组分	PEG-9 聚二甲基硅氧乙基聚二甲基硅氧烷	2	1.5	2
	PEG-10 聚二甲基硅氧烷	1	1.5	1
	二甲基甲硅烷基化硅石	0.2	0.3	0.2
	甲基丙烯酸甲酯交联聚合物	2	2	1
	环五聚二甲基硅氧烷（和）聚二甲基硅氧烷/乙烯基聚二甲硅氧烷交联聚合物（和）聚二甲基硅氧烷	3	2	5
	环五聚二甲基硅氧烷/二硬脂二甲铵锂蒙脱石/碳酸丙二醇酯	3	5	3
	环五聚二甲基硅氧烷/丙烯酸（酯）类/聚二甲基硅氧烷共聚物	1	0.5	2
	苯基聚三甲基硅氧烷	2	2	2
	聚二甲基硅氧烷	2	3	2
	环五聚二甲基硅氧烷	8.5	10	12
	二聚季戊四醇三-聚羟基硬脂酸酯	4	3	2
	O-伞花烃-5-醇	0.1	0.1	0.1
C组分	丙二醇	7	5	7
	甘油	5	7	.5
	氯化钠	1	1	1
	去离子水	加至100	加至100	加至100
D组分	香精	0.03	0.02	0.05
	水/可溶性胶原	1	1	2
	苯氧乙醇/乙基己基甘油	0.3	0.3	0.4

[制备方法]

（1）将 A 组分过三辊机研磨 2 遍；

（2）将 A 组分加入 B 组分混合均匀，并升温至 70℃；

（3）将 C 组分混合均匀并升温至 70℃；

（4）在中速（600～900r/min）搅拌状态下，将 C 组分均匀加入 A、B 混合组分中，并均质；

（5）搅拌降温至 45℃以下时，加入 D 组分，均质并搅拌均匀；

（6）检验合格，出料灌装。

［产品特性］ 肤感细腻、轻薄透气，保湿效果长达 8h，能够显著增加肌肤角质层含水量，实现长时间保湿不浮妆。

配方 72　保湿滋润精华霜

［原料配比］

原料		配比（质量份）				
		1#	2#	3#	4#	5#
油溶复合物	甘油硬脂酸酯柠檬酸酯	1	2	3	1	2
	蔗糖硬脂酸酯	0.5	0.6	1	0.7	0.8
	聚甘油-3 椰油酸酯	0.5	0.8	1	0.7	0.6
	乳油木果油	1	3	4	2	2
	异壬酸异壬酯	1	3	5	4	2
	山茶籽油	1	2	5	3	4
第一水溶复合物	水	45	50	48	53	55
	甘油	1	4	3	2	5
	乙二胺四乙酸二钠	0.01	0.08	0.05	0.03	0.1
	尿囊素	0.1	0.3	0.2	0.4	0.5
第二水溶复合物	水	5	8	15	12	10
	丁二醇	1	3	5	4	2
	透明质酸钠	0.01	0.04	0.1	0.06	0.08
功能复合物	醋酸盐维生素 E	0.5	0.8	1	1.5	1.3
	金黄洋甘菊提取物	1	2	2	3	2
	大叶藻提取物	0.5	1	0.7	1.5	1.3
	野大豆胚芽提取物	0.1	0.4	0.6	1	0.8
	石榴籽提取物	1	2	2	3	2
	长柔毛薯蓣根提取物	1	2	2	3	2
	脂溶性维生素 E	0.5	0.8	1	1.5	0.7
	卡波姆	0.1	0.4	0.3	0.5	0.2
	库拉索芦荟叶粉	3	6	5	8	4
	精氨酸	0.3	0.5	0.6	0.8	0.7

原料		配比（质量份）				
		1#	2#	3#	4#	5#
有机硅复合物	PCA 聚二甲基硅氧烷	3	2	1	3	2
	环五聚二甲基硅氧烷	5	4	1	2	1
提取复合物	1,2-己二醇	1.5	1	0.8	1.3	0.5
	秦椒果提取物	0.5	0.2	0.4	0.3	0.1
	须松萝提取物	0.5	0.2	0.3	0.4	0.1
	朝鲜白头翁提取物	0.5	0.3	0.4	0.2	0.1
	金纽扣花提取液	3	2	2	3	1
	马齿苋提取液	3	1	2	3	1

[制备方法]

（1）按照质量份，称取甘油硬脂酸酯柠檬酸酯 1～3 份、蔗糖硬脂酸酯 0.5～1 份、聚甘油-3 椰油酸酯 0.5～1 份、乳油木果油 1～4 份、异壬酸异壬酯 1～5 份、山茶籽油 1～5 份，混合均匀，得到油溶复合物；

按照质量份，称取水 45～55 份、甘油 1～5 份、乙二胺四乙酸二钠 0.01～0.1 份、尿囊素 0.1～0.5 份，混合均匀，得到第一水溶复合物；

按照质量份，称取水 5～15 份、丁二醇 1～5 份、透明质酸钠 0.01～0.1 份，混合均匀，得到第二水溶复合物；

按照质量份，称取醋酸盐维生素 E0.5～1.5 份、金黄洋甘菊提取物 1～3 份、大叶藻提取物 0.5～1.5 份、野大豆胚芽提取物 0.1～1 份、石榴籽提取物 1～3 份、长柔毛薯蓣根提取物 1～3 份、脂溶性维生素 E0.5～1.5 份、卡波姆 0.1～0.5 份、库拉索芦荟叶粉 3～8 份、精氨酸 0.3～0.8 份，混合均匀，得到功能复合物；

按照质量份，称取 PCA 聚二甲基硅氧烷 1～3 份和环五聚二甲基硅氧烷 1～5 份，混合均匀，得到有机硅复合物；

按照质量份，称取 1,2-己二醇 0.5～1.5 份、秦椒果提取物 0.1～0.5 份、须松萝提取物 0.1～0.5 份、朝鲜白头翁提取物 0.1～0.5 份、金纽扣花提取液 1～3 份、马齿苋提取液 1～3 份，混合均匀，得到提取复合物。

（2）分别加热油溶复合物和第一水溶复合物，其中，油溶复合物加热至 80～85℃，第一水溶复合物加热至 85～90℃。

（3）将油溶复合物和第一水溶复合物混合均质乳化，转速为 3000～3500r/min，均质乳化 6～8min。

（4）控制搅拌转速为 25r/min，保温 30min 后开始降温，降至 65℃ 时加入提取复合物。

（5）继续降温至 42℃ 后加入第二水溶复合物、功能复合物、有机硅复合物，继续搅拌 20min 即可。

通过采用上述技术方案，先将油溶复合物和第一水溶复合物在高温下进行均质乳化，加快油溶复合物和第一水溶复合物的混合，然后加入提取复合物，单独进行提取复合物的溶解，最后将第二水溶复合物、功能复合物和有机硅复合物加入，实现各组分充分混合。

[原料介绍] 甘油硬脂酸酯柠檬酸酯是一种非离子型乳化剂，具有乳化、分散、螯合、抗氧化增效、抗淀粉老化及控制脂肪凝集等作用。

蔗糖硬脂酸酯为无色或微黄色黏稠液体或粉末，无味，微溶于水，溶于乙醇，可作乳化剂、润湿剂、分散剂、增溶剂和润肤剂。

聚甘油-3 椰油酸酯有较多的亲水性羟基，具有亲水、亲油双重特性，具有良好的乳化、分散、湿润、稳定和起泡等多重性能。

乳油木果油与人体皮脂分泌油脂的各项指标较为接近，蕴含丰富的非皂化成分，易于人体吸收，能防止干燥开裂，进一步恢复并保持肌肤的自然弹性，同时还能起到消炎作用。

异壬酸异壬酯具有多甲基支链结构，对硅油相溶性佳，是硅油类的稳定剂和偶联剂，对色料有很好的分散能力，黏度低。

山茶籽油可作柔润剂和肌肤调理剂。

尿囊素作为肌肤调理剂、肌肤防护剂，自紫草中提取而成，具有抗炎、舒缓及帮助肌肤组织再生之功能。

醋酸盐维生素 E 具有良好的水溶性。金黄洋甘菊提取物具有抗菌抗炎作用。

大叶藻提取物可以作为肌肤调理剂。

野大豆胚芽提取物可以作为柔软剂和肌肤调理剂。

石榴籽提取物可以作为肌肤调理剂。

长柔毛薯蓣根提取物可以作为肌肤调理剂。

脂溶性维生素 E 能够延缓细胞老化现象，避免脂质过氧化，并保护细胞膜。

卡波姆为亲水性稠化剂、乳化安定剂、悬浮剂、凝胶剂，具有良好的透明度，需维持中至弱碱性才有稠度。

库拉索芦荟叶粉为肌肤调理剂。

精氨酸为抗静电剂、肌肤调理剂，能够强化角质及循环功能，使肌肤自身具有保湿能力。

PCA 聚二甲基硅氧烷可以作为肌肤及头发调理剂。

环五聚二甲基硅氧烷是无色无味透明的挥发性硅油，作为载体，帮助其他物质进入肌肤，并能降低表面张力，使产品清爽易涂抹，提升丝滑触感，不黏腻，不具刺激性。

秦椒果提取物可以作为肌肤调理剂。

须松萝提取物可以作为除臭剂。

朝鲜白头翁提取物可以作为肌肤调理剂。

金纽扣花提取液可以作为肌肤调理剂。

马齿苋提取液具有在冬季防干燥老化、增加皮肤舒适度以及清除自由基等综合性能。

第一水溶复合物和第二水溶复合物中富含水分，能够起到滋润肌肤的作用。

[产品特性] 本品将油溶复合物、第一水溶复合物、第二水溶复合物、功能复合物、有机硅复合物和提取复合物进行复合，从而促进各组分的功能的发挥，使产品具有良好的保湿滋润性能。

配方73 多效保湿活肤精华霜

[原料配比]

原料	配比（质量份）		
	1#	2#	3#
去离子水	135	120	150
烟酰胺	1	1	1.2
抗坏血酸磷酸酯镁	0.8	0.8	1
绿茶提取物	0.3	0.2	0.4
柿子发酵提取物	3.2	3	3.5
纳米二氧化钛	2.2	2	2.4
鲸蜡醇磷酸酯钾	1.9	1.8	2
辣椒籽油	2.1	2	2.4
沙棘籽油	3.6	3.5	4
木蹄层孔菌提取物	2.8	2.6	3
山嵛醇	1.3	1.2	1.5
异十六烷	3.6	3.5	4
鲸蜡硬脂基葡糖苷	2.2	2	2.4
乙二胺四乙酸二钠	1	1	1.2
棕榈酰寡肽	0.1	0.1	0.12

[制备方法]

（1）将去离子水、烟酰胺、抗坏血酸磷酸酯镁、绿茶提取物、柿子发酵提取物混合，在65～75℃的条件下，以800r/min的转速搅拌5～10min，然后加入纳米二氧化钛、鲸蜡醇磷酸酯钾，用功率450W超声波处理50min；

（2）将辣椒籽油、沙棘籽油、木蹄层孔菌提取物、山嵛醇、异十六烷、鲸蜡硬脂基葡糖苷混合，在45～50℃的条件下，以1500r/min的转速搅拌5～10min；

（3）将步骤（1）的混合物加入到步骤（2）的混合物中，在65～70℃的条件下，以1000r/min的转速搅拌10～12min，然后加入乙二胺四乙酸二钠、棕榈酰寡肽，在35～40℃的条件下，以1000r/min的转速搅拌10～12min，即成。

[原料介绍] 绿茶提取物是从绿茶叶片中提取的活性成分，主要包括茶多酚（儿茶素）、咖啡碱、芳香油、水分、矿物质、色素、碳水化合物、蛋白质、氨基酸、维生素等。茶多酚具有抗氧化、清除自由基等作用。

烟酰胺能保持皮肤能量平衡，同时能恢复细胞能量，加速胶原质合成，从而避免肌肤因油脂含量低、角质层变薄而导致的黑色素过度沉着，添加到化妆品中具有美白功效。

抗坏血酸磷酸酯镁简称MAP，是维生素C衍生物中最稳定和最受欢迎的一种。由于它的亲油性，它很容易被皮肤吸收，可以作为美白祛斑剂、抗氧化剂。

二氧化钛，主要用于物理防晒剂、粉底等系列产品中。作为物理防晒剂，通过反射、散射紫外线的方式达到防晒效果，二氧化钛防护波段大约在290～400nm之间，属于广谱防护。

异十六烷作为柔润剂和溶剂使用。

鲸蜡硬脂基葡糖苷在化妆品中作乳化剂使用。

棕榈酰寡肽在化妆品中作皮肤调理剂和清洁剂使用。

木蹄层孔菌提取物为乙醇提取物，可以采用以下方法获取：将木蹄层孔菌粉碎后，加入无水乙醇，按料液比为1∶35，在90℃下浸提30min后，过滤，浓缩；再经低温干燥，即得。

柿子发酵提取物，为柿子戊糖片球菌发酵物。可以采用以下方法获得：

（1）将柿子烘干后粉碎，过40目筛，按照料液比为1∶20加入蒸馏水，灭菌，得混合培养液。

（2）取1000亿/g戊糖片球菌冻干粉活化培养，得到菌液；菌种活化培养条件为33～37℃、160～180r/min振荡培养，培养时间为12～24h。

（3）将活化菌液接种到混合培养液中，接种量为1.5%～2.5%；接种后的发酵培养条件同活化培养条件，培养时间为12～24h，得发酵液。

（4）将发酵液过滤后，超声提取3次，频率为60kHz，功率为330W，每次30～60min；然后以8000r/min离心10min，取上清液，减压浓缩，干燥后获得。

[产品特性] 本品具有美白肌肤、保湿、控油、活肤等多种功能；加入了抗皱成分柿子发酵提取物，具有了优异的抗皱和提高皮肤弹性的活肤效果，尤其是可以同抗氧化、清除自由基的绿茶提取物协同，发挥功效更突出。此外还加入了保湿成分木蹄层孔菌提取物，保证了本品的突出保湿功效，另外营养丰富的辣椒籽油和沙棘籽油协同具有强大的渗透能力，能协同促进有效成分快速透皮吸收，直达表皮和真皮层。

配方 74　具有高保湿性能的液晶结构精华霜

[原料配比]

原料	配比（质量份）			
	1#	2#	3#	4#
鲸蜡醇磷酸酯钾	1	2	2	2
鲸蜡硬脂醇	1	3	3	3
聚甘油-6 二硬脂酸酯	0.5	2	2	2
植物甾醇异硬脂酸酯	1	1	1	2
鲟鱼子酱提取物	0.1	5	2.5	2.5
皱波角叉菜提取物	5	0.1	2.5	2.5
海月水母提取物	0.1	5	2.5	2.5
丙烯酸（酯）类/C_{10}～C_{30} 烷醇丙烯酸酯交联聚合物	0.1	0.1	0.1	0.1
三乙醇胺	0.1	0.1	0.1	0.1
SEPINOVEMT10	0.8	0.8	0.8	0.8
海藻糖	0.1	0.1	0.1	0.1
甘油	8	8	8	8
水解透明质酸钠	0.03	0.03	0.03	0.03
棕榈酸乙基己酯	3	3	3	3
氢化聚异丁烯	3	3	3	3
异硬脂醇异硬脂酸酯	3	3	3	3
聚二甲基硅氧烷	2	2	2	2
去离子水	加至 100	加至 100	加至 100	加至 100

[制备方法]　将各组分溶于水，混合均匀即可。

[原料介绍]　所述的鲟鱼子酱提取物由鲟鱼子（鲟鱼卵）加工而成。鲟鱼子富含高蛋白，其蛋白质含量高达 29%，且含有丰富的微量元素和维生素，在护肤界和饮食界都属于价值不菲的产品，有"黑色黄金"之称。

所述的皱波角叉菜提取物的主要分子结构是线型长链半乳糖聚合物，这些长链半乳糖衍生物盘卷成螺旋状，构造出可以锁住水分的立体空间，施加于皮肤表面后可以对水分子进行收放而实现长效保湿。

所述的海月水母提取物是从海月水母中提取得到的活性物，具有综合性地诱导表皮细胞分化的同时又能提高丝聚蛋白合成量的功效。

所述的 SEPINOVEMT10 是法国赛比克（SEPPIC）公司的增稠剂，其组分为：丙烯酸羟乙酯/丙烯酰二甲基牛磺酸钠共聚物、山梨坦异硬脂酸酯、聚山梨醇酯-60、水。

[产品特性]

(1) 本品主要含有鲸蜡醇磷酸酯钾、鲸蜡硬脂醇、聚甘油-6 二硬脂酸酯、植物甾醇异硬脂酸酯，形成的液晶结构更有保湿缓释效果，促进活性成分渗透，与其他成分配伍，能有效滋润营养肌肤，锁水保湿。

(2) 本品复配了鲟鱼子酱提取物、皱波角叉菜提取物、海月水母提取物，可以为肌肤提供充足的营养物质，并促进渗透吸收，增大皮肤中天然保湿因子 NMF 的含量，提高皮肤水润度，增强皮肤屏障功能，减少水分散失。

配方 75　苹果干细胞保湿滋润精华霜

[原料配比]

原料	配比（质量份）		
	1#	2#	3#
甘油	5	5.5	4
尿囊素	0.15	0.2	0.1
甜菜碱	3	2.5	1.5
卡波姆	0.45	0.5	0.4
去离子水	71.45	64	78
丁二醇	3	4	2
胶原	1	1.2	0.8
透明质酸钠	0.1	0.15	0.05
鲸蜡醇聚醚-20	2	2	1.95
异壬酸异壬酯	3	4	2
牛油果树果脂油	1.5	2	1
月见草油	1	1.5	0.8
苹果果实细胞培养物提取物	1.5	2	1
燕麦葡聚糖	0.35	0.4	0.3
六肽-1	0.25	0.3	0.2
稻糠提取物	1	2	1
山药提取物	1.5	2	1
墨角藻提取物	1.25	1.75	1
香橙果提取物	1	1.2	0.8
三乙醇胺	0.45	0.5	0.4
1,2-己二醇	1	1.1	0.8

续表

原料	配比（质量份）		
	1#	2#	3#
朝鲜白头翁提取物	0.35	0.4	0.3
秦椒果提取物	0.35	0.4	0.3
须松萝提取物	0.35	0.4	0.3

[制备方法]

(1) 将甘油4%～6%、尿囊素0.1%～0.2%、甜菜碱1.5%～3%、卡波姆0.4%～0.5%和水50%～60%混合后预热到85～90℃；

(2) 将透明质酸钠0.05%～0.15%和胶原0.8%～1.2%分散于2%～4%丁二醇中，加入14%～18%水稀释；

(3) 将鲸蜡醇聚醚-20 1%～3%、异壬酸异壬酯2%～4%、牛油果树果脂油1%～2%和月见草油0.8%～1.5%混合后预热到85～90℃；

(4) 将步骤（3）中预热后的混合物加入到步骤（1）中预热后的混合物，均质乳化6～10min，85～90℃下搅拌保温20～40min；

(5) 将步骤（4）中得到的混合物降温至40～50℃，依次加入步骤（2）中稀释后的溶液、苹果果实细胞培养物提取物1%～2%、燕麦葡聚糖0.3%～0.4%、六肽-1 0.2%～0.3%、稻糠提取物1%～2%、山药提取物1%～2%、墨角藻提取物1%～1.75%、香橙果提取物0.8%～1.2%、三乙醇胺0.4%～0.5%、1,2-己二醇0.8%～1.2%、朝鲜白头翁提取物0.3%～0.4%、秦椒果提取物0.3%～0.4%、须松萝提取物0.3%～0.4%，搅拌15～25min后出料。

[原料介绍] 苹果果实细胞培养物提取物可以延缓肌肤细胞老化，消除深层皱纹，同时具有保湿效果。香橙果提取物可以提高皮肤的含水能力，保护皮肤。山药提取物具有抗氧化、良好的保持水分和美白作用。墨角藻提取物具有较好的锁水功能，同时可以增加皮肤的含水量。

[产品特性] 本品不仅具有很好的保湿滋润效果，还具有较好的抗衰老、美白功效。

配方76 含仙人掌精华具有深度补水保湿功效的护肤品

[原料配比]

原料	配比（质量份）		
	1#	2#	3#
壮干仙人掌叶汁	30	35	40

原料	配比（质量份）		
	1#	2#	3#
透明质酸	2	4	7
三肽-3	5	8	12
库拉索芦荟提取物	4	6	9
玫瑰花提取物	1	3	5
北美金缕梅提取物	3	5	10
神经酰胺	5	6	7
大豆多肽	2	3	4
茶提取物	10	13	15
薰衣草油	1	4	6
红景天提取物	8	13	17
五肽-5	4	10	15
六肽-11	6	8	10

［制备方法］　将各组分混合均匀即可。

［原料介绍］　将壮干仙人掌叶汁加入到护肤品中，既补水，又能高效锁水，双重修复缺水肌肤，专业补水、持久滋润、舒缓敏感、修复损伤、提亮肤色、水油平衡。可滋润抚平面部细纹，令面部肌肤如丝般嫩滑、白皙，达到理想的护肤效果，充分发挥仙人掌的美肤、滋养功效，是一种理想的面部护理产品。仙人掌超强的水库能够及时给肌肤补充能量，迅速拯救晒后、熬夜后等肌肤问题，令肌肤莹润有活力。

壮干仙人掌叶汁不仅高营养、高纯度、高活性，并且具有消除自由基、延缓衰老、深度补水、抗氧化和防辐射作用。仙人掌是 10 多种氨基酸的储备库和水源集中地，仙人掌纤维颗粒作用于肌肤，能够吸附皮肤表面和毛孔中的污垢及多余油脂，打通吸收通道，从而保证后续营养和水分快速无阻抵达肌肤。

［产品应用］　每天早、晚洗脸后均匀涂抹拍打在面部即可，长期坚持使用可使皮肤细腻光滑，皱纹明显减少，起到深度补水保湿的功效。

［产品特性］

（1）本品能够迅速改善面部肌肤，滋润效果持久，保湿效果好，能够有效减退细纹及皱纹，除皱效果明显，紧致面部的柔嫩肌肤。

（2）本品无激素、无重金属、无矿物油、无酒精、无化学防腐剂，配方成分天然安全，配合其他天然成分共同作用于肌肤，护肤效果更为显著，是最专业的补水产品之一。能有效改善肌肤干燥缺水，深度滋养肌肤，迅速补充肌肤水分及营养，改善肌肤紧绷等不适感，恢复肌肤滋润光泽，重新打造面部水循环。

配方 77　补水保湿精华素

[原料配比]

原料	配比（质量份）	原料	配比（质量份）
透明质酸钠	1	茶叶提取液	25
甘油	50	1,3-丁二醇	50
红玫瑰、红参提取液	100	丙二醇	50
银耳、百合提取液	150	去离子水	50
迷迭香提取液	25		

[制备方法]

（1）将透明质酸钠加入甘油中充分搅拌，分散均匀，静置 30min，得到澄清透明黏稠液，备用；

（2）将红玫瑰、红参提取液，银耳、百合提取液，迷迭香提取液，茶叶提取液混合，加入 1,3-丁二醇、丙二醇和水，充分搅拌混合均匀后，再加入到步骤（1）得到的澄清透明黏稠液中，充分搅拌混合均匀，得到澄清透明、深黄色黏稠液，静置 24h，即得本精华素。

[原料介绍]　玫瑰是蔷薇科蔷薇属落叶丛生灌木，品种繁多，其花色、香、形俱美，有极高的经济价值。玫瑰花气味芳香，除富有观赏价值外，还是美白祛斑、养颜保湿的圣品；它含有黄酮和多酚等抗氧化成分，能有效清除自由基，与多种花卉相比，玫瑰花抗氧化活性最强；玫瑰花含丰富的维生素以及单宁酸，能改善内分泌失调，促进血液循环，它在改善皮肤干枯、养颜美白、防皱防冻伤等方面有着很好的效果。从玫瑰花中分离鉴定出 3,5,7,3,4-五羟基黄酮（槲皮素）和 3,4,5-三羟基苯甲酸（没食子酸）2 种抗氧化活性成分，这是从玫瑰花中首次分离得到槲皮素，它们都具有抗溶血和抗过氧化活性。

红参的主要化学成分包括人参皂苷 Rg1、Re 和 Rb1，红参具有大补元气、益血、养心安神的作用。红参能调节神经、心血管及内分泌系统，促进机体物质代谢及蛋白质和 RNA、DNA 的合成。红参能提高脑、体力活动能力和免疫功能，具有抗疲劳、抗肿瘤、抗衰老、抗辐射、益心复脉、安神生津、补肺健脾的作用。

银耳富含天然植物性胶质，有润肤、去除脸部黄褐斑、雀斑的功效，银耳胶质亦能改善本品的状态，使基质易涂散均匀，锁水保湿，并增强皮肤对本品的吸收能力。

百合中固有的水解蛋白含有易被皮肤吸收的 8 种氨基酸，而该蛋白质的亲水基团又具有保水保湿性能，同时，由于该蛋白质和皮肤结构的相似性，能被皮肤吸收。百合多糖是一种天然保湿因子。由于亲肤性好，能提高 SD 活力，能阻断活性氧和自由基的生成。皮肤会吸收其氨基酸并将其转化为自身物质，维持释放其羟基上的活泼氢，捕获自由基，提升皮肤生理机能。百合胡萝卜素，能防止皮肤起鳞，不仅能提高皮肤的呼吸性能，而且可以防止因使用清洗剂而引起的脱脂。百合中的维生素 C 可以抑制皮肤上异常色素生成、保湿、防晒、增加皮肤弹性、延缓衰老、修复色素的沉着，以及抑制酪氨酸-酪氨酸酶的反应而起到抗损伤等作用的同时，更在很大程度上提升了化妆品酶化作用。

迷迭香叶、茶叶香味清新淡雅，茶叶更具提神清心的功效，茶多酚是水溶性物质，能清除面部的油腻，收敛毛孔，具有消毒、灭菌、抗皮肤老化、减少日光中的紫外线辐射对皮肤的损伤等功效。

红玫瑰、红参提取液制备方法为：取红玫瑰干花 200 份、红参 100 份，加水 1000 份，加丙二醇 1000 份，加丁二醇 1000 份，室温浸泡 5～7 天，200 目过滤，备用。

银耳、百合提取液制备方法为：取银耳 1500 份、百合 750 份，加水 90000 份，浸泡 24h，微沸煮提 2～4h，趁热用 200 目滤布过滤，再加水 90000 份，微沸煮提 2～4h，趁热用 200 目滤布过滤，合并两次滤液，浓缩至 25℃时相对密度为 1.25～1.28，冷却至室温，备用。

迷迭香提取液制备方法为：取迷迭香叶 50 份，加 70%～95% 乙醇回流提取 2 次，每次 1～2h，第一次加 7 倍质量提取，第二次加 5 倍质量提取，200 目过滤，合并两次滤液，回收乙醇至无醇味，加入 250 份丙二醇，300 目过滤，得深棕色液体，备用。

茶叶提取液制备方法为：取茶叶 50 份，加 70%～95% 乙醇回流提取 2 次，每次 1～2h，第一次加 7 倍质量提取，第二次加 5 倍质量提取，200 目过滤，合并两次滤液，回收乙醇至无醇味，加入 250 份丙二醇，300 目过滤，得深棕色液体，备用。

[产品特性]　本品为植物配方组合，制备工艺能较好地不破坏植物有效成分并保存植物天然香味，制备工艺绿色、环保、经济。该产品配方独特，均为植物天然成分发挥功效，温和不刺激皮肤，质地均匀温和，香味自然清新易被接受，使用感较好，可以补水保湿，滋养肌肤，具备补水滋润、亮丽肌肤的功效。该产品保存了植物天然原始味道，香味自然清新，其含天然改善皮肤干枯、美白祛斑的成分，对人体无伤害。

配方 78　含有白刺籽油的精华素

[原料配比]

原料	配比（质量份）	原料	配比（质量份）
乙二胺四乙酸钠	0.05	三乙醇胺	0.16
尿囊素	0.05	氢化蓖麻油	0.3
1,3-戊二醇	3.0	蜂蜜提取物	0.5
1,3-丁二醇	3.0	白刺籽油	1.0
透明质酸钠	0.05	防腐剂	0.2
尼泊金甲酯	0.1	香精	0.03
卡波 941	15.0	去离子水	加至 100

[制备方法]

（1）准确称量乙二胺四乙酸钠、尿囊素、透明质酸钠、1,3-戊二醇，将其充分混合，使乙二胺四乙酸钠、尿囊素、透明质酸钠分散均匀，加热至 80℃，搅拌均匀；

（2）向上述溶液中准确加入三乙醇胺、氢化蓖麻油，维持温度在 80℃，搅拌均匀；

（3）准确称量尼泊金甲酯和 1,3-丁二醇后稍加热，使其完全溶解，加入到步骤（2）得到的混合液中；

（4）准确加入卡波 941，补加剩余量的水，搅拌均匀；

（5）降温至 40℃，准确加入白刺籽油、蜂蜜提取物、防腐剂、香精，继续搅拌；

（6）继续降至室温，出料，分装。

[原料介绍]　白刺籽油中不饱和脂肪酸的含量极高，主要含有亚麻酸和亚油酸，它们能够调节皮肤中水分的代谢，还能够保护皮肤不受 X 射线的损伤，其作用机理可能是由于新生组织的生长需要，受损组织的修复过程也需要不饱和脂肪酸。白刺籽油中还含有维生素 E、维生素 A、植物甾醇等生物活性物质，它们对人体有着极为重要的生理作用，如抗辐射、抗氧化、消炎作用等。另外，不饱和脂肪酸还可以进一步与其他活性成分如氨基酸、多糖等营养成分发挥协同作用，起到营养皮肤、保护皮肤的功能作用。

白刺籽油可以通过购买市售产品获得，也可以通过超临界二氧化碳萃取技术制备，其萃取条件举例如下：萃取温度为 45℃，萃取压力为 20MPa，CO_2 流量为 35～40kg/h，萃取时间为 120min。

[产品特性]　本品能够使肌肤长效保湿，补充氨基酸，充分修护干燥暗哑的亚健

康皮肤状态，激发肌肤水活力，为皮肤打开了渗透通道，渗透营养物质，加速皮肤的自我修复，强化肌肤更新能力，使肌肤恢复水嫩、紧致、红润有光泽、弹性。特别是白刺籽油还具有祛斑美白、抗氧化、防衰老的功效。本品不添加人工色素，以天然生物提取物作为活性物质，发挥其特定功效，长期使用效果明显，而且制作工艺简单，品质优良，安全无副作用。

配方 79　葛仙米保湿精华素

[原料配比]

原料	配比（质量份）	原料	配比（质量份）
鲸蜡硬脂醇	2	EDTA 二钠	0.1
二甲基硅油	1	葛仙米提取物	15
角鲨烷	5	尿囊素	0.1
维生素 E	1	香精	适量
单硬脂酸甘油酯	6	防腐剂	适量
1,3-丁二醇	5	去离子水	加至 100
汉生胶	0.3		

[制备方法]

（1）将鲸蜡硬脂醇、二甲基硅油、角鲨烷、维生素 E 等置于容器中，加热至 80℃，混合搅拌均匀；

（2）将单硬脂酸甘油酯、1,3-丁二醇、汉生胶、EDTA 二钠、葛仙米提取物、尿囊素等置于另一容器中，混合加热至 80℃，搅拌溶解均匀；

（3）将步骤（1）所得物加入步骤（2）所得物中，自然冷却至 40℃加入香精和防腐剂，以 100r/min 搅拌 10min 混合均匀，自然冷却至室温即可得成品，装瓶，储存。

[原料介绍]　葛仙米提取物为来自葛仙米（一种念珠藻科）的提取物。味淡，性寒。功效作用有：清神解热，痰火能疗；解热，清膈，利肠胃；清热收敛，益气明目。治烫伤、夜盲症，治目赤红肿，对 HCT-116 细胞的增殖具有较好的抑制作用，抗癌功效突出。

[产品特性]　本品对皮肤无刺激性，使用后明显感到舒适、柔软，无油腻感，具有明显的保湿效果，对皮肤具有良好的补水消炎、美白滋养的效果。

配方 80　天然植物精油高倍保湿精华素

[原料配比]

原料	配比（质量份）		
	1#	2#	3#
甘油	3	5	7
丁二醇	1	2	3
葡糖氨基葡聚糖	1	3	5
透明质酸	0.1	0.2	0.4
咪唑烷基脲	0.1	0.3	0.6
燕麦多肽	1	2	4
乙二胺四乙酸二钠	0.1	0.1	0.3
水溶性霍霍巴油	0.1	0.3	0.6
杰马 B	0.2	0.4	0.6
天然植物精油	1	1.6	3
去离子水	加至 100	加至 100	加至 100

[制备方法]　将各组分溶于水，混合均匀即可。

[原料介绍]　葡糖氨基葡聚糖是皮肤必需的营养物质，具有收敛作用，能使皮肤坚实细致，预防皮肤松弛，有效锁住水分，安全无毒副作用，耐受性高，用于润肤。

生物燕麦多肽由燕麦麸皮经生物发酵酶解提取后而获得，燕麦多肽具有多种功能，可以改善面部泛红、减少细纹、保湿等，广泛应用于医药和保健食品领域。

天然植物精油的质量分数大于 90%，所述天然植物精油采用天然玫瑰、薰衣草、芽柏、荆条、茶树、迷迭香、茉莉、金盏花、洋甘菊、柠檬、薄荷、鼠尾草中的至少一种植物提取精华油，能够起到细胞再生、加快新陈代谢、自然美白、保持肌肤活力、收紧皮肤、杀菌、镇定、增强免疫功能等特殊功效，并可选择自己喜欢的香型进行配制。

[产品特性]　本品的精油皂香气浓郁、自然、留香持久，产品具有抑菌杀菌的功效，可有效抑制皮肤表面细菌的形成，治疗皮肤炎症，同时对皮肤温和、无刺激，长期使用可改善皮肤状态、高倍保湿、增强肌肤弹性。

配方 81 保湿护肤精华素

[原料配比]

原料		配比（质量份）		
		1#	2#	3#
水相	去离子水	70	70	70
	1,2-戊二醇	6	6	6
	甘油	4	4	4
	黄原胶	3	3	3
	山梨醇	2	2	2
	卡波姆	0.5	0.5	0.5
油相	辛酸/癸酸甘油三酯	3	3	3
	乙醇	4	4	4
	苯氧乙醇	0.6	0.6	0.6
	柠檬酸	0.03	0.03	0.03
保湿剂	胶原蛋白	3	4.5	4.5
	蚕丝蛋白	3	4.5	—
	蜗牛黏液提取物	3	—	4.5
抗氧化剂	云芝提取物	3	3	3
	侧柏叶提取物	3	3	3
	麦角硫因	3	3	3

[制备方法]

（1）按质量份称量各原料组分；

（2）将水、1,2-戊二醇、甘油、黄原胶、山梨醇、卡波姆混合，在70～90℃的温度下以600～1200r/min的转速搅拌5～15min，混合均匀后得到水相料；

（3）将辛酸/癸酸甘油三酯、乙醇置于70～90℃、600～1200r/min的条件下搅拌10～25min，得到油相料；

（4）将油相料加入水相料中，在70～90℃的温度下以600～1200r/min的转速搅拌5～15min，待物料冷却至35～50℃，加入苯氧乙醇、柠檬酸、保湿剂、抗氧化剂，以300～600r/min的转速继续搅拌10～25min；

（5）冷却至25～35℃，静置18～36h，出料、检验、灌装包装，即得本保湿护肤精华素。

[原料介绍] 所述蜗牛黏液提取物的制备方法为：

（1）选取健康蜗牛，静养一段时间，使其排出体内的粪便与泥土；

（2）在 20～30℃的温度下，收集蜗牛分泌物，将所得分泌物置于 0～5℃下速冻 5～8h，得到蜗牛黏液；

（3）将上述蜗牛黏液置于 20～30℃、1800～3200r/min 的条件下研磨 10～30min，低温过滤，得到滤液 A；

（4）向上述滤液 A 中加入滤液 A 质量 0.8～1.2 倍的酶，在 20～40℃、200～400r/min 的条件下搅拌 0.5～1.5h，低温条件下超声处理，得到提取液；

（5）在 -6～-2℃的温度下，以 8000～10000r/min 的转速离心分离上述提取液，离心时间为 10～30min，静置、分液后得到上清液；

（6）将上述上清液过滤 3 次，得到滤液 B；

（7）冷冻干燥滤液 B，获得所述蜗牛黏液提取物。

所述云芝提取物的制备方法为：将云芝子实体切片后自然晾干，粉碎至 30～60 目，向所得云芝粉末中加入 8～14 倍质量的提取剂，微沸提取 1.5～3h，过滤，收集滤液，滤渣同等条件下再次提取，合并两次滤液，得到云芝提取液，干燥提取液后得到所述云芝提取物。所述提取剂为 1%～3% 的乙醇水溶液、1%～3% 的氨水中的一种或多种。

所述侧柏叶提取物的制备方法为：将侧柏叶原料洗净晒干后加入水中煎煮 1～4 次，每次煎煮时间为 1～2.5h，每次煎煮加水的质量为侧柏叶原料质量的 9～10 倍，合并煎煮水，最终所得煎煮液经过减压浓缩、干燥得到侧柏叶提取物。

［产品应用］　洁面后，取适量在脸上轻轻按摩至吸收，一天使用两次。也可以将精华素滴入角质修护基础乳内，效果更佳。

［产品特性］　本品具有持久保湿的作用，能有效防止皮肤光衰老，促进胶原蛋白等美肌成分的生成，达到补水保湿、增加皮肤弹性和提高肌肤活力等效果，可广泛用于各种肌肤类型，长期使用可使肌肤柔嫩饱满、充满弹力与光泽，减少皱纹。

配方 82　含有深海鲟鱼籽的保湿精华素

［原料配比］

原料	配比（质量份）		
	1#	2#	3#
甘油	3	1	8
PEG/PPG-17/6 共聚物	1.5	0.5	3
甲基醚二甲基硅烷	0.5	0.1	0.8
聚甘油-10	3	1	6
1,3-丙二醇	5	2	8

原料	配比（质量份）		
	1#	2#	3#
透明汉生胶	0.15	0.05	0.4
透明质酸	0.06	0.01	0.10
聚丙烯酸酯交联聚合物-6	0.35	0.1	0.6
EDTA-2Na	0.12	0.1	0.3
BSASM	0.2	0.1	0.6
欧舒敏	0.3	0.1	0.7
赤藓糖醇	1.0	0.5	2.5
海藻肽	1.0	0.5	2.5
1,2-己二醇	0.45	0.2	0.8
铁皮石斛提取物	1.0	0.5	2
深海鲟鱼籽	20	15	25
1,3-丁二醇	3	1	6
对羟基苯乙酮	0.5	0.2	1.0
D-泛醇	0.5	0.2	0.8
去离子水	60	55	65

[制备方法]

(1) 将水和透明质酸、透明汉生胶、聚丙烯酸酯交联聚合物-6 混合搅拌浸泡30min，得混合物 1；

(2) 将混合物 1 搅拌 5～15min，溶解均匀后升温至 80～90℃；

(3) 将步骤（2）所得混合物 1 保温 30min，加入甘油、PEG/PPG-17/6 共聚物、甲基醚二甲基硅烷、赤藓糖醇、聚甘油-10，搅拌均匀，得到混合物 2；

(4) 将混合物 2 降温到 75～83℃，加入 EDTA-2Na，搅拌 5～15min，搅拌速度为 3000～4000r/min，得到混合物 3；

(5) 将混合物 3 继续降温到 43～58℃，加入海藻肽、BSASM、欧舒敏、D-泛醇、1,3-丙二醇，搅拌均匀，得到混合物 4；

(6) 将对羟基苯乙酮和 1,3-丁二醇混合溶解均匀，得到混合物 5；

(7) 将混合物 4 降温到 38～42℃，加入混合物 5，搅拌均匀，得到混合物 6；

(8) 向混合物 6 中加入铁皮石斛提取物、1,2-己二醇、深海鲟鱼籽搅拌均匀，室温出料。

[原料介绍] 深海鲟鱼籽含有皮肤所需的微量元素、矿物盐、蛋白质、氨基酸和重组基本脂肪酸，最重要的是它含有极其丰富的胶原蛋白。不仅能够有效地滋润营养皮肤，更有使皮肤细腻和光洁的作用，促进肌肤再生的功能，所以当肌肤出

现衰老现象，缺乏弹性及光泽（如眼角及嘴角出现皱纹），或皮肤不易上妆时，可使用本产品增加皮肤之弹性及光泽，使肤质更加紧致。全面舒展皱纹，深度滋润，延缓细胞衰老，祛除真性皱纹，长效抗皱保湿，深海鲟鱼籽能够显著淡化肌肤色斑，均匀肤色，使肌肤明亮而有光泽。同时，它还含有活细胞精华、鱼子精华、多肽复合物、火绒草精华等多重珍贵成分，能有效促进细胞的新陈代谢，平滑细纹、皱纹，并提升肌肤的保湿能力和弹性，使其焕然一新。

海藻中的肽具有显著的生物活性和药理作用，海藻肽类化合物主要有二肽、环肽、脂肽，这类肽类化合物具有抗肿瘤、降血压、降血脂、抗凝血、促进神经细胞分化、抗氧化、抗菌和抗病毒等生物活性。

BSASM 由丁二醇、水、母菊花提取物、积雪草提取物、茶叶提取物、光果甘草根提取物、迷迭香叶提取物、虎杖根提取物、黄芩根提取物，多种植物精粹提炼而成，具有防护、舒缓、保湿、修复等功效。

欧舒敏由水、甘油、母菊花提取物、欧锦葵花提取物、芍药根提取物、忍冬花提取物、欧蒲公英根茎/根提取物、紫花地丁提取物、库拉索芦荟叶汁、苯氧乙醇、乙基己基甘油，多种植物复配而成，具有很好的舒缓、保湿、抗敏效果。

铁皮石斛提取物，可增加毛细血管的血流量，可用于毛发、抗衰老等需要活血的化妆品中；对多种自由基有消除的作用，可用作抗氧化剂；在低湿度下有吸水的功能，具有保湿效果。

[产品特性]　本品使用肤感佳，质地轻薄不油腻，肤感清新水润，用后肌肤滋润，温和无刺激，无黏腻感，基本具有优异的使用感受，有效成分可快速渗入表皮，为肌肤提供即时的补水效果的同时带来持久的保湿效果。

配方 83　含有保湿因子和草本植物精华的精华素

[原料配比]

原料	配比（质量份）	
	1#	2#
去离子水	80.8	81.8
卡波姆	0.2	0.15
黄原胶	0.05	0.05
甜菜碱	1.5	1.5
EDTA 二钠	0.05	0.02
透明质酸钠	0.05	0.05

原料		配比（质量份）	
		1#	2#
丁二醇		3	3
异戊二醇		3	3
芦荟胶		2	2
尿囊素		0.1	0.1
氯苯甘醚		0.15	0.15
泛醇		0.3	0.3
LB-10		0.1	0.1
EPI		1	1
氨甲基丙醇		0.08	0.05
pHL		0.7	0.7
1,2-戊二醇		0.435	0.25
甘油聚醚-26		0.98	0.98
CALMYANG		0.5	0.5
AAP		0.5	0.5
ORIGELOIL		1.8	1.8
水溶神经酰胺		1	0.6
软毛松藻提取物		0.5	0.2
MOIST-24pH		1	1
SOLUCLEART-1		0.2	0.195
香精		0.005	0.005
芦荟胶	去离子水	80	80
	丙二醇	5	5
	库拉索芦荟叶提取物	15	15
LB-10	去离子水	80	80
	丁二醇	10	10
	二（月桂酰胺谷氨酰胺）赖氨酸钠	10	10
EPI	丁二醇	3.1	45.8
	甘油	11.08	8.4
	丝氨酸	1.1	1.1
	甘氨酸	0.1	7.8
	丙氨酸	0.1	6.6
	精氨酸	10.3	0.4
	天冬氨酸	6.3	0.13

续表

原料		配比（质量份）	
		1#	2#
EPI	缬氨酸	5.4	0.2
	异亮氨酸	8.55	0.2
	亮氨酸	6.65	0.05
	谷氨酸	8.87	0.03
	脯氨酸	8.45	0.05
	去离子水	30	29.24
pHL	1,3-丙二醇	65	65
	1,2-己二醇	30	30
	辛酰羟肟酸	5	5
CALMYANG	丁二醇	50	50
	去离子水	38	38
	积雪草提取物	5	5
	虎杖根提取物	2	2
	黄芩根提取物	2	2
	茶叶提取物	1	1
	光果甘草根提取物	1	1
	母菊花提取物	0.5	0.5
	迷迭香叶提取物	0.5	0.5
APP	去离子水	82	82
	1,3-丙二醇	15	15
	牡丹根皮提取物	1.5	1.5
	芍药根提取物	1.5	1.5
ORIGELOIL	去离子水	48	58
	甘油聚甲基丙烯酸酯	50	40
	PVM/MA共聚物	1	0.5
	丙二醇	1	1.5
水溶神经酰胺	丁二醇	80	80
	糖鞘脂类	20	20
软毛松藻提取物	去离子水	47	51
	丙二醇	52	48
	软毛松藻提取物	1	1
MOIST-24pH	白茅根提取物	40	40
	去离子水	32	32
	甘油	22	22

原料		配比（质量份）	
		1#	2#
MOIST-24pH	聚乙二醇-8	5	5
	卡波姆	1	1
SOLUCLEART-1	PEG-40 蓖麻油	62.5	62.5
	乙氧基二甘醇	31.25	31.25
	PPG-28-丁醇聚醚-35	6.25	6.25

[制备方法] 称取水、卡波姆、黄原胶、甜菜碱、EDTA 二钠、透明质酸钠、丁二醇、异戊二醇、芦荟胶、尿囊素、氯苯甘醚、泛醇、LB-10、EPI 投入乳化锅，搅拌并加热到 80～82℃，开启均质 3～5min，使料体均匀，保温 15～20min，开启冷却水，冷却到 60℃，投入氨甲基丙醇，继续搅拌，冷却到 48℃，投入剩余的组分，搅拌均匀，检查料体，合格出料。

[原料介绍] EPI 为多种氨基酸的混合物，具有优异的保湿作用，防止肌肤粗糙，促进肌肤新陈代谢；

CALMYANG 由积雪草提取物、虎杖根提取物、黄芩根提取物、茶叶提取物、光果甘草根提取物、母菊花提取物、迷迭香叶提取物组成，具有舒缓镇痛、缓解及治疗皮肤炎症的作用；

水溶神经酰胺重建皮肤屏障，保湿修复以及恢复皮肤弹性；

软毛松藻提取物给肌肤带来即时和长效的保湿和舒缓效果，是天然的渗透剂；

MOIST-24pH 长效保湿滋润，为肌肤补充矿物质钾，防止细胞水分流失，锁住水分。

[产品特性] 本品具有防皱、抗皱、美容保健和恢复皮肤生理功能的作用，令肌肤滋润光滑、细腻柔嫩富有弹性。

配方 84　酵素补水精华素

[原料配比]

原料	配比（质量份）			
	1#	2#	3#	4#
透明质酸钠	10	20	15	12
醇类混合物	20	5	12	12
植物提取物	15	5	10	10

续表

原料		配比（质量份）			
		1#	2#	3#	4#
植物酶素		1	5	3	3
氨基酸混合物		9	3	6	6
蓝铜胜肽		1	6	3	6
去离子水		80	100	90	90
醇类混合物	丙二醇	10	—	—	10
	丁二醇	10	—	—	10
	异戊二醇	10	—	30	10
	氨甲基丙醇	—	30	20	10
	1,2-戊二醇	—	10	10	10
植物提取物	红景天提取物	15	—	20	—
	虎杖根提取物	—	10	—	—
	白及提取物	—	10	—	—
	茶叶提取物	—	—	40	—
	迷迭香叶提取物	—	—	30	10
氨基酸混合物	丝氨酸	10	—	10	—
	甘氨酸	20	—	—	—
	丙氨酸	10	—	—	—
	精氨酸	10	10	10	—
	天冬氨酸	—	20	10	—
	缬氨酸	—	20	—	—
	异亮氨酸	—	10	10	—
	亮氨酸	—	20	—	—
	谷氨酸	—	10	10	30
	脯氨酸	—	10	—	10

[制备方法] 按质量配比称取透明质酸钠、植物提取物和植物酶素，投入乳化锅；搅拌并加热至 80～82℃，持续 5min 后，使料体均匀；保温 20min 后，冷却至 50～60℃，投入醇类混合物；继续搅拌，冷却至 40～50℃，投入剩余的组分，搅拌均匀后无菌灌装，得到所述酶素补水精华素。

1# 配方中，植物酶素为芦荟添加发酵菌采用植物酶素的常规制备方法得到的发酵液。

2# 配方中，植物酶素为凤梨添加发酵菌采用植物酶素的常规制备方法得到的发酵液。

3# 配方中，植物酶素为木瓜添加发酵菌采用植物酶素的常规制备方法得到的发酵液。

4# 配方中，植物酶素为仙人掌添加发酵菌采用植物酶素的常规制备方法得到的发酵液。

[原料介绍] 植物提取物为以植物为原料，按照对提取的最终产品的用途的需要，经过物理化学提取分离过程，定向获取和浓集植物中的某一种或多种有效成分，而不改变其有效成分结构而形成的产品，具有舒缓镇痛、缓解及治疗皮肤炎症的作用。

所述植物提取物包括红景天提取物、虎杖根提取物、白及提取物、茶叶提取物或迷迭香叶提取物中的任意一种或多种。

植物酵素为以植物为主要原料，添加或不添加辅料，经微生物发酵制得的含有特定生物活性成分的酵素产品的总称。酵素成分包含植物原料和微生物所提供的各种营养素和天然植物中的植物类功能性化学成分，以及发酵生成的一些生理活性物质。植物酵素含多种矿物质和微量元素，能有效提升肌肤补水保湿能力，配合透明质酸钠，深度补水，紧致肌肤，有助于预防皱纹，同时软化角质，促进吸收养分，令肌肤舒活水润。

氨基酸混合物是由多种氨基酸混合得到的，通过多种氨基酸舒缓肌肤不适，形成保护膜，温和养护肌肤，配合透明质酸钠，帮助肌肤保湿，提高使用后皮肤的水润度。

所述氨基酸混合物包括丝氨酸、甘氨酸、丙氨酸、精氨酸、天冬氨酸、缬氨酸、异亮氨酸、亮氨酸、谷氨酸或脯氨酸中的至少两种。

蓝铜胜肽是一种具有卓越的护肤功效的物质，能够深层补水醒肤，激发肌肤生机，缓解因压力、缺水、环境污染导致的肤质机能降低，赋予肌肤再生能量，还原肌肤天然水嫩、润滑，持续使用，肌肤更加明亮耀眼，充满弹性，由内而外散发光感活力。

所述醇类混合物包括丙二醇、丁二醇、异戊二醇、氨甲基丙醇或1,2-戊二醇中的至少两种。

[产品特性] 本品能够及时渗入肌肤并提供给皮肤所需营养，促进血液循环功能，平滑衰老细纹，亮化晦暗肌肤，起到保湿、舒缓的作用；多种皮肤营养因子协同作用，最大限度发挥润颜修护效果；利用各组分的特性，相互混合，配合辅料产生协同作用，避免对人体皮肤带来刺激性，充分满足肌肤补水需求。

配方 85　超强保湿精华素

[原料配比]

原料	配比（质量份）				
	1#	2#	3#	4#	5#
去离子水	72.5	72.5	72.5	70	75
甲壳素	0.15	0.15	0.15	0.13	0.17

续表

原料	配比（质量份）				
	1#	2#	3#	4#	5#
甜菜碱	1	1	1	0.8	1.2
乙酰化透明质酸	0.005	0.005	0.005	0.004	0.006
甘油葡糖苷	3	3	3	2.8	3.2
植物丙二醇	5	5	5	4.5	5.5
水解小核菌胶	2	2	2	1.6	2.4
芦巴油	0.5	0.5	0.5	0.3	0.7
汉生胶	0.1	0.1	0.1	0.08	0.12
EDTA 二钠	0.02	0.02	0.02	0.01	0.03
卡波姆 980	0.2	0.2	0.2	0.1	0.3
羟乙基纤维素	0.1	0.1	0.1	0.08	0.12
海藻糖	0.5	0.5	0.5	2.6	3.0
甘草酸二钾	0.1	0.1	0.1	0.1	0.6
精氨酸	0.1	0.1	0.1	0.08	0.12
olivem-1000	0.5	0.5	0.5	0.6	0.7
澳洲坚果油	0.2	0.2	0.2	0.1	0.3
山茶花籽油	1	1	1	0.8	1
椿花油	0.8	0.8	0.8	0.7	0.9
向日葵油	0.3	0.3	0.3	0.4	0.5
草绿盐角草	0.5	0.5	0.5	0.4	0.6
植物复方祛痘提取液	8	8	8	7.5	8.5
苯氧乙醇	0.3	0.3	0.3	0.2	0.4
PCA-Na	0.3	0.3	0.3	0.2	0.4
苦参根提取物	1	1	1	0.8	1.2
茶多酚	0.5	0.5	0.5	0.3	0.7
墨藻胶	2	2	2	1.6	2.4

[制备方法]

(1) 预混料混合：将相应质量份数的精氨酸置于一容器中，加入 25～35 倍量的去离子水溶解完全，得到预混料 A，放置备用；再将相应质量份数的 PCA-Na 置于另一容器中，加入 8～12 倍量去离子水溶解完全，得到预混料 B，放置备用；最后将相应质量份数的油脂料加热至 85～90℃，备用。

(2) 制备混合料 a：将相应质量份数的植物抗菌剂和剩余质量份数的去离子水水浴加热混合，水浴温度为 80～90℃，搅拌速度为 200～500r/min，搅拌 3～

5min，搅拌均匀后，得到混合料 a，进行保温。

（3）配制基料：在混合料 a 中加入相应质量份数的甜菜碱、乙酰化透明质酸、甘油葡糖苷、植物丙二醇、水解小核菌胶、芦巴油、汉生胶、EDTA 二钠、卡波姆 980、增稠剂、海藻糖和甘草酸二钾，搅拌速度为 500～1000r/min，搅拌 10～20min，搅拌均匀后，得到基料。

（4）制备混合料 b：将步骤（3）中得到的基料放入均质搅拌器中进行均质，均质转速为 2800～3200r/min，均质 2～4min，均质完毕后再加入步骤（1）中加热后的油脂料，继续均质 2～4min，均质完全后，取出后加入预混料 A，并进行保温搅拌，温度为 60～80℃，搅拌速度为 400～800r/min，时间为 4～6min，得到混合料 b。

（5）成品入库：将步骤（4）中得到的混合料 b 降温至 50～60℃，然后加入预混料 B，继续搅拌，搅拌速度为 300～500r/min，时间为 3～5min，搅拌均匀后再加入草绿盐角草、植物复方祛痘提取液、苯氧乙醇、植物舒敏剂、植物防腐剂和墨藻胶，继续搅拌，搅拌速度为 500～900r/min，时间为 5～10min，检测合格后，进行灌装入库存储。

［原料介绍］ 甜菜碱是一种生物碱，具有强烈的吸湿性能，保湿性强，且具有优良的去污杀菌作用。

乙酰化透明质酸增强了新型超强保湿精华素整体的保水能力，帮助肌肤保持水分。

甘油葡糖苷保护细胞膜和细胞结构不变形、不损坏，并具有优异的锁水能力。

植物丙二醇作为促渗透剂使用，使产品中的功效成分能更好地透皮吸收。

芦巴油是一种多功能的保湿基质，可增加肤感和润滑性，是一种润湿平衡剂，并具有稳定乳液和增黏的作用。

EDTA 二钠和卡波姆 980 对人类的皮肤有一定的亲和力，可以保护肌肤，而且能减少刺激性物质对人类皮肤和皮肤黏膜的刺激与伤害，能防止多种过敏症状发生，同时，其还能增强人类皮肤对紫外线的抵抗能力，可以减少紫外线对人体皮肤的伤害。

海藻糖能够保持细胞活性，并促进有益菌的生长。

甘草酸二钾可以中和或减低化妆品中的有毒物质，也可以防止发生超强保湿精华素的过敏反应。

草绿盐角草能促进表皮细胞分化还能强化角质层屏障功能，防止肌肤粗糙，并保持肌肤水分。

苯氧乙醇是一种良好的防腐剂。

PCA-Na 可提高超强保湿精华素整体的保湿能力。

墨藻胶可增强皮肤水合活性，改善皮肤屏障。

植物复方祛痘提取液对多种致病菌、病毒有杀灭或抑制活性的作用，具有良好的祛痘、消炎和清热解毒的作用。

水解小核菌胶是一种凝胶状的物质，不仅具有舒缓和光滑皮肤的天然功效，还可以帮助超强保湿精华素保持稳定，且在受到较大外界温度变化影响时，能够使超强保湿精华素保持良好的理化性能。

汉生胶是一种良好的增稠剂和稳定剂，使超强保湿精华素不会随温度的变化而发生很大的变化。同时，汉生胶和水解小核菌胶之间能够起到良好的复配增效作用，使超强保湿精华素具有良好的耐温性，且其中有效成分的活性不易因外界剧烈的温度变化而降低，整体应用效果好。

所述植物抗菌剂选用甲壳素、芥末和山葵中的任意一种。

所述油脂料由 olivem-1000、澳洲坚果油、山茶花籽油、椿花油和向日葵油按任意比例混合而得。

所述植物舒敏剂选用苦参根提取物、光果甘草根提取物和黄芩根提取物中的任意一种。

所述植物防腐剂选用蜂胶、壳聚糖、茶多酚、香精油和大蒜素中的任意一种。

所述增稠剂选用羟乙基纤维素、羧甲基纤维素和羟丙基甲基纤维素中的任意一种。

[产品特性]　本品具有良好的耐温性，其中有效成分的活性不易因外界剧烈的温度变化而降低，整体应用效果好。

配方 86　具有皮肤营养保湿作用的植物萃取精华

[原料配比]

	原料	配比（质量份）
A 相	羟乙基纤维素	0.3
	丙二醇	5.5
	甘油	5.0
	氨基酸保湿剂	0.7
	卡波姆	0.15
	尼泊金甲酯	0.1
	透明质酸钠	0.05
	三乙醇胺	0.15
B 相	植物萃取精华组合物浓缩液 （银耳萃取精华与不死草萃取精华 1:1）	2.0
	去离子水	85.05

[制备方法]

（1）按照比例取银耳萃取精华、不死草萃取精华混合得 B 相植物萃取浓缩液，按照比例取 A 相的羟乙基纤维素、丙二醇、甘油、氨基酸保湿剂、卡波姆、尼泊金甲酯、透明质酸钠、三乙醇胺混合均匀；

（2）在搅拌条件下，将 A 相和 B 相分别加热至 80℃至全部溶解混合均匀，然后在 80℃的条件下将 B 相加入 A 相中，并加入余量的去离子水至总质量分数为 100%，搅拌均匀，冷却至室温，即得具有皮肤营养保湿作用的植物萃取精华。

[原料介绍] 银耳萃取精华、不死草萃取精华制备方法如下。

（1）取银耳、不死草，分别置于体积分数为 20%～80% 的乙醇中浸泡 2～48h，过滤得银耳浸泡液、不死草浸泡液，浸泡用的乙醇用量为各个原料质量的 10～200 倍；

（2）将步骤（1）得到的银耳浸泡液、不死草浸泡液分别浓缩至原质量的 2%～5%，得银耳浓缩液、不死草浓缩液；

（3）将步骤（2）得到的银耳浓缩液、不死草浓缩液分别通过大孔树脂吸附，再用体积分数为 5%～95% 的乙醇多次洗脱，收集合并洗脱液，即为银耳萃取精华、不死草萃取精华。

[产品特性] 本品所涉及的成分具有效果明确、安全性好、无任何副作用和化妆品配方中稳定性好的特点。

配方 87　保湿精华（1）

[原料配比]

原料		配比（质量份）		
		1#	2#	3#
多元醇保湿剂	甘油	3	2	0.5
	1,3-丙二醇	—	3	—
	1,3-丁二醇	4	—	2
	1,2-戊二醇	1	0.5	1.5
增稠剂	丙烯酸酯类共聚物	0.5	0.8	1.5
	丙烯酰二甲基牛磺酸铵/VP 共聚物	0.4	0.6	0.5
保湿润肤剂	聚乙二醇-32	1.6	0.8	1.3
	海藻糖	0.5	0.3	0.8
	双-PEG-18 甲基醚二甲基硅烷	2	1	3.6
	聚乙二醇-8	2.5	3	4.8

续表

原料		配比（质量份）		
		1#	2#	3#
油凝胶组合物		0.5	1.5	3
葡聚糖 MC-Glucan NP（EF）		6	3	1
马齿苋提取物		10	15	20
甘草酸二钾		0.2	0.15	0.1
香精		0.3	0.15	0.05
防腐剂		0.1	0.3	0.15
去离子水		加至100	加至100	加至100
油凝胶组合物	去离子水	10	13	10
	甘油	30	—	28
	双甘油	—	29	—
	甘油三（乙基己酸）酯	40	39	—
	辛酸/癸酸甘油三酯	—	—	45
	PEG-60 氢化蓖麻油	20	19	—
	聚甘油-10 异硬脂酸酯	—	—	17

[制备方法]

（1）将称量好的多元醇保湿剂、增稠剂、保湿润肤剂加入去离子水中，加热至 50～60℃，搅拌或低速均质至固体物料全部分散均一；

（2）将称好的油凝胶组合物、香精混合均匀备用；

（3）将步骤（1）得到的混合物降温至 45℃左右，依次加入功效成分和防腐剂；

（4）将步骤（3）所得混合体系不断搅拌，把步骤（2）所得混合体系缓缓加入，然后用适量去离子水将容器刷洗干净并将洗液倒入步骤（3）所得混合体系；

（5）将步骤（4）所得混合体系搅拌均匀后，停止搅拌；

（6）将步骤（5）所得混合物取样，微检合格，出料。

[原料介绍] 所述油凝胶组合物，按质量分数计，包含如下组分：非离子表面活性剂 2%～30%、油脂 20%～60%、多元醇 20%～40%、水余量。其中，所述的非离子表面活性剂为多元醇型表面活性剂，优选为 PEG-60 氢化蓖麻油、PEG-20 甘油异硬脂酸酯、聚甘油-10 异硬脂酸酯或聚甘油-10 二油酸酯中的一种或几种的混合；所述多元醇为甘油、1,3-丁二醇、1,2-丙二醇、1,3-丙二醇或双甘油中的一种或几种的混合，优选为甘油或双甘油；所述油脂为合成油、矿物油、硅油、烃油或植物来源的油中的一种或几种的混合，优选非极性、相对密度接近 1 的油脂，例如甘油三（乙基己酸）酯或辛酸/癸酸甘油三酯中的一种或几种的混合。

所述油凝胶组合物的制备方法，包括如下步骤。

（1）将非离子表面活性剂、多元醇、水按比例微热溶解混合均匀，记为 A，其中非离子表面活性剂∶多元醇∶水＝（1～2）∶（1～2）∶（0～4），所述微热为不高于 45℃的温度；

（2）在 A 搅拌的条件下，将油脂缓缓加入，记为 B；

（3）在 B 搅拌的条件下，将剩余的多元醇和水预混后缓缓加入，搅匀即得。

所述多元醇保湿剂为甘油、1,3-丁二醇、1,2-丙二醇、1,3-丙二醇、双甘油、双丙甘醇、1,2-己二醇或 1,2-戊二醇中的一种或几种的混合。

所述增稠剂为丙烯酰二甲基牛磺酸铵/VP 共聚物、丙烯酸（酯）类/C_{10}～C_{30} 烷醇丙烯酸酯交联聚合物、羟乙基纤维素、卡波姆、聚丙烯酸、小核菌胶、聚丙烯酸钠接枝淀粉、丙烯酸（酯）类共聚物钠、丙烯酸钠/丙烯酰二甲基牛磺酸钠共聚物中的一种或几种的混合。

所述保湿润肤剂为聚乙二醇-32、聚乙二醇-8、甜菜碱、海藻糖、双-PEG-18 甲基醚二甲基硅烷、角鲨烷、水溶性橄榄油、全缘叶澳洲坚果籽油生育酚、牛油果树果脂、油橄榄果壳油、植物甾醇低芥酸菜籽油甘油酯类、白池花籽油、甘油三（乙基己酸）酯或鲸蜡醇乙基己酸酯中的一种或几种的混合，优选为聚乙二醇-32、聚乙二醇-8、海藻糖或双-PEG-18 甲基醚二甲基硅烷中的一种或几种的混合。

可根据实际需求适当添加功效成分，添加的量为本行业内的常规用量，所述功效成分为抗敏舒缓类、美白类、保湿类、除皱抗衰类或平衡油脂类功效成分中的至少一类。

抗敏舒缓类功效成分包括比如甘草酸二钾、红没药醇、马齿苋提取物、尿囊素、菜蓟叶提取物、茯苓提取物、北美金缕梅提取物、洋甘菊提取物中的至少一种但不限于所列种类。

美白类功效成分包括比如熊果苷、烟酰胺、野山楂果提取物、欧洲越橘果提取物、紫松果菊提取物中的至少一种但不限于所列种类。

保湿类功效成分包括比如透明质酸、银耳提取物、葡聚糖［如葡聚糖 MC-GlucanNP（EF）］中的至少一种但不限于所列种类。

除皱抗衰类功效成分包括比如腺苷、糖海带提取物、棕榈酰寡肽、棕榈酰五肽-4、乙酰基六肽-8 中的至少一种但不限于所列种类。

平衡油脂类功效成分包括比如果酸、葡糖酸锌、芦荟叶提取物中的至少一种但不限于所列种类。

［产品特性］

（1）本品采用非传统乳化法，通过简单添加油凝胶组合物即可制得乳化型精华，肤感清爽使用感佳，同时油凝胶组合物还可增溶香精，从而避免了增溶剂在配方中的使用；

（2）本品所得保湿精华使用肤感佳，最终产品无任何有害的添加剂，不会给皮肤带来负担。

配方 88 保湿精华（2）

[原料配比]

原料	配比（质量份）	
	1#	2#
卡波姆	0.22	—
丙烯酸（酯）类/C_{10}～C_{30} 烷醇丙烯酸酯交联聚合物	—	0.35
甘油	—	10
1,2-丙二醇	3	3
1,3-丁二醇	9	—
透明质酸钠	0.5	1
EDTA 二钠	0.05	0.05
辛酸/癸酸甘油三酯	—	0.35
复合氨基酸	0.5	0.8
香精	0.05	0.1
牡丹根提取物	0.1	0.2
Seamollient	0.2	0.5
AQUAXYL 木糖醇	0.5	0.8
Fucosorb	0.2	0.5
苯基异丙基聚二甲基硅氧烷	3.5	2.05
二聚季戊四醇六辛酸酯/六癸酸酯	0.5	—
GERMABEN Ⅱ	0.7	0.7
三乙醇胺	0.2	0.35
CibasfastHLiquid	0.1	—
色素	适量	—
去离子水	加至 100	加至 100

[制备方法]

（1）预处理：预先用一个桶将卡波姆、丙烯酸（酯）类/C_{10}～C_{30} 烷醇丙烯酸酯交联聚合物按质量分数配成 2％的溶液，搅拌溶解均匀。

（2）水相制备：将去离子水加入制备水相的夹层锅中，将 1,2-丙二醇、1,3-丁二醇、甘油、牡丹根提取物、EDTA 二钠、透明质酸钠、Seamollient、AQUAXYL 木糖醇、复合氨基酸、Fucosorb、GERMABEN Ⅱ、色素、CibasfastHLiquid 依次加入到水相的夹层锅中，搅拌均匀。

（3）关闭乳化锅底阀，将步骤（1）制成的溶液直接加入乳化锅中，再将步骤

（2）制成的水相用抽料泵抽至乳化锅中，以 2500r/min 的速度抽真空至－0.06MPa，均质 10min，从乳化锅底部抽料检查是否还有颗粒未溶解，若未完全溶解应继续抽真空均质，直至完全分散均匀，且体系中几乎没有泡沫。

（4）将 1/10 三乙醇胺加入到乳化锅中，缓慢搅拌均匀。保证此步操作后，乳化锅中泡沫消失完全。

（5）将油相原料二聚季戊四醇六辛酸酯/六癸酸酯、苯基异丙基聚二甲基硅氧烷、辛酸/癸酸甘油三酯和香精混合均匀，缓慢加入乳化锅中，启动搅拌，直至搅拌均匀。

（6）将余下的三乙醇胺缓慢地加入乳化锅中，缓慢搅拌，当产品有稠度且油滴均匀地分布在啫喱中后，停止搅拌。

（7）陈化 12h 后用无压力灌装机灌装。

[原料介绍]　复合氨基酸补充角质层中的 15 种氨基酸，具有多种功效：一是保湿作用，在皮肤上形成保湿的保护膜；二是促进细胞增殖作用，为每个细胞提供养分；三是抗衰老作用，促进胶原蛋白和弹性蛋白的合成。

Seamollient 是一种纯天然的产品，它主要包含海藻的多糖质及其它成分，它可以刺激成纤维细胞去制造更多的胶质、弹性硬蛋白及黏多糖等，使表皮细胞生长加快，加快皮肤的新陈代谢，使用肤感柔滑、清新、滑润及不黏。

AQUAXYL 木糖醇为天然保湿剂，由木糖醇基葡糖苷、脱水木糖醇、木糖醇三种成分组成。

Fucosorb 是抗过敏、抗刺激的天然保护剂，它由海藻提取物和山梨醇两种成分组成，富含岩藻聚糖硫酸酯、葡聚糖、多酚、SOD 歧化酶、多种微量元素（如硒、锌、铁等）、维生素 A/B/F 以及氨基酸。Fucosorb 所含的岩藻聚糖硫酸酯可与皮肤角质蛋白以离子键的形式结合，形成保护膜，加强皮肤抵御外界刺激的能力，隔离/减少不同来源的化学物质的接触，增加皮肤和头皮天然保护修复的能力，滋润和软化肌肤。

[产品特性]　本品无乳化剂，油脂稳定均匀悬浮在精华啫喱中的保湿精华，全面修复皮肤，使皮肤保持健康状态。

配方 89　具有保湿亮肤淡纹功效的双层喷雾精华

[原料配比]

原料		配比（质量份）		
		1#	2#	3#
水相	水	47.2	55.7	59.8
	PCA 钠	5	1	10

原料		配比（质量份）		
		1#	2#	3#
水相	天然保湿因子	5	5	1
	甘油	5	5	1
	氯化钠	1	1	1.5
	玫瑰花提取物	10	5	1
	绿豆籽提取物	0.5	1	0.1
	苯甲酸钠	0.4	0.5	0.15
	癸基葡糖苷	0.5	0.2	0.05
	山梨酸钾	0.4	0.6	0.4
油相	玫瑰果油	15	10	20
	异十二烷	8	10	1
	金盏花油	0.6	3	3
	生育酚乙酸酯	0.5	1	0.1
	迷迭香叶提取物	0.5	0.1	0.5
	玫瑰精油	0.4	0.9	0.4

[制备方法] 首先将水相包括水、PCA 钠、天然保湿因子、甘油、氯化钠放入反应锅，升温搅拌至 85℃，该温度下保温 20min 后降温至 50℃加入玫瑰花提取物、绿豆籽提取物、苯甲酸钠、癸基葡糖苷和山梨酸钾，搅拌均匀后出料备用；其次将油相包括玫瑰果油、异十二烷、金盏花油、生育酚乙酸酯、迷迭香叶提取物和玫瑰精油混合搅拌均匀后出料备用；最后将水相和油相混合，即可得双层喷雾精华。

[原料介绍] 本品同时含有玫瑰果油、玫瑰花提取物和玫瑰精油，三者的协同作用可达到非常好的保湿亮肤效果。

[产品特性]

（1）本品是一种剂型新颖，使用方便的富含天然保湿因子和植萃精华的双层喷雾精华；

（2）本品不添加任何的香精、色素，所使用的防腐剂为食品类防腐剂，使整体配方更安全；

（3）本配方体系为弱酸性，与皮肤正常的 pH 值范围相匹配，富含的皮肤保湿因子不仅能从肌底全面补充和调节肌肤的水分和养分，有效增加肌肤的滋润度和润滑性，而且含有的植萃精华能有效清除自由基，抗糖基化，从而提亮肤色、紧致肌肤、淡化皱纹、令肌肤平滑、富有弹性，恢复皮肤自然光彩。

配方 90　芬润保湿精华

[原料配比]

原料		配比（质量份）			
		1#	2#	3#	4#
A	氢氧化钠	0.01	0.05	0.1	0.1
	甘油	1	2	3	6
	PCA 钠	1	2	3	5
	透明质酸钠	0.1	0.2	0.3	0.5
	神经酰胺	0.1	0.2	0.4	0.8
	丙二醇	1	2	3	6
	鱼鳞胶原蛋白肽	0.1	0.2	0.3	0.5
	卡波 940	0.1	0.2	0.3	0.6
	乙基己基甘油	0.1	0.2	0.3	0.6
	EDTA 二钠	0.1	0.2	0.5	0.9
	玫瑰水	加至 100	加至 100	加至 100	加至 100
B	GTCC	0.1	0.2	0.4	0.8
	澳洲坚果油	0.1	0.2	0.3	0.6
	霍霍巴油	0.1	0.2	0.3	0.6
	沙棘果油	0.1	0.2	0.3	0.6
	壬基酚聚醚-40	1	0.1	1	2
	EG	1	2	3	6
	生育酚	0.1	0.2	0.5	0.9
C	植物精油	1	2	1	2
	苯氧乙醇	0.1	0.2	0.3	0.6
	EURO-NApre	0.1	0.2	0.5	0.9

[制备方法]

（1）量取 B 相原料，投入油锅升温至熔融；

（2）称取 A 相原料投入水锅开温溶解，加入适量 NaOH，调节 pH 值至 5～7；

（3）将 A 相原料与 B 相原料混合并搅拌均匀，在 65～70℃时投入乳化锅乳化 5～10min；

（4）脱气同时冷却，降温至 40～50℃加入 C 相原料；

（5）搅拌分散均匀后冷却至 30℃出料。

[原料介绍]　所述的植物精油为金黄洋甘菊提取物、贯叶连翘油、乳香油、蜡菊

花提取物、川芎油的混合物。

所述的 EURO-NApre 为秦椒果提取物、朝鲜白头翁提取物、须松萝提取物的混合物。

[产品应用] 本品可早晚使用。

[产品特性] 本品高效保湿，吸收快，使肌肤焕然一新、轻盈温和，减少肌肤刺激并保湿细嫩，产品含有精心调制的植物精油成分，适用于中性、干性肌肤，且不含香精、人工色素。

配方 91　复方高渗透保湿精华

[原料配比]

原料	配比（质量份）		
	1#	2#	3#
1,3-丁二醇	2	4	5
丙二醇	2	4	5
生物糖胶-1	4	6	7
石斛提取物	3	5	6
四氢胡椒碱	0.5	1	1.5
羟癸基泛醌	0.5	1	1.5
水溶性氮酮	0.5	1	1.5
二甲基亚砜	0.3	0.5	0.8
水溶性冰片	0.5	1.5	3
乙酰基氨糖	1	1	1
紫苜蓿提取液	1	2	3
透明质酸钠	0.2	0.4	0.5
生育酚	0.5	1	1.5
香蜂叶提取液	0.5	1	1.5
绿藻提取物	3	5	6
PEG-40 氢化蓖麻油	0.5	1	1.5
对羟基苯乙酮	0.5	0.3	0.3
1,2-己二醇	0.3	0.3	0.3
去离子水	79.85	63.95	52.55

[制备方法]

（1）将二分之一总量的去离子水升温至 80～100℃并保温 30min，冷却去离子水至 40～60℃时，分别按比例将原料四氢胡椒碱、水溶性氮酮、二甲基亚砜、水溶性冰片、乙酰基氨糖、PEG-40 氢化蓖麻油投入罐中；

（2）将上述混合物采用快速搅拌（60r/min）保持搅拌 20～30min，过滤，即得预配液，待用；

（3）将余下的去离子水和丙二醇、生物糖胶-1、1,3-丁二醇、绿藻提取物、生育酚、透明质酸钠、石斛提取物依次投入搅拌锅 A 中并搅拌，使生育酚、透明质酸钠均匀溶解在去离子水中并加热至 80～100℃，保温 30min；

（4）将步骤（3）所得混合液在搅拌状态下冷却至 50～70℃；

（5）将步骤（2）所得预配液和紫苜蓿提取液、香蜂叶提取液、羟癸基泛醌依次投入到搅拌锅 A 中并搅拌，随后降温至 40～50℃时，加入对羟基苯乙酮、1,2-己二醇并使混合物的 pH 值为 6.2～6.8，且混合物的黏度为 1500～3500mPa·s 时，即得成品。

[原料介绍]　四氢胡椒碱是目前唯一从植物提取出来具有强效促渗透作用的安全、高效天然的成分。四氢胡椒碱的促渗机理：增加药物分子/营养物质和细胞膜的亲和能力。

四氢胡椒碱不仅可以促进药物分子的经皮吸收，而且在化妆品外用配方中可促进维生素类、多酚类、生物碱类、黄酮类等的吸收。四氢胡椒碱不仅适用于面部产品，在身体产品尤其是减肥、丰胸产品，同样，在护发功能性产品中也可以作为促渗剂使用。

本品中的水溶性氮酮系油溶性氮酮经改性成为的高效水溶性产品，对亲油、亲水性药物和活性成分均有明显的透皮助渗作用，使皮肤角质层与脂质相互作用，降低了有效物质向角质层间隙中脂质的相转移温度，增加了流动性，使药物或活性添加剂在角质层中的扩散阻力减少，故起到很强的促渗作用。

二甲基亚砜有消炎止痛作用，对皮肤有强渗透力，因而可溶解某些药物，使这类药物向人体渗透从而达到治疗目的。二甲基亚砜是使用最早的经皮渗透促进剂之一，促渗性质可能与其溶剂性有关。二甲基亚砜能使皮肤角质细胞内蛋白质变性；可破坏角质层细胞间脂质的有序排列；可脱去角质层脂质、脂蛋白，增强药物的渗透作用。

水溶性冰片具有抗菌、抗炎、镇痛作用，能明显抑制醋酸引起的小鼠腹腔毛细血管通透性增高，具有抗炎作用；能明显延长热刺激引起的小鼠舔足反应时间，具有镇痛作用；体外直接抗病毒试验显示具有抑制流感病毒的作用。冰片能增加肉芽组织结构和促进表皮细胞再生，修复皮肤附属器官而具有较强的创伤愈合作用。

本品添加了乙酰基氨糖，氨糖是亲水性极强的蛋白多糖的重要组成部分，它能合成人体中的胶原蛋白，修复受损软骨；并能强烈刺激滑膜细胞再生，催生和补充关节滑液，不断润滑关节软骨层面，减少摩擦作用，使关节部位灵活自如；

氨糖不仅控制着人体骨关节的健康，还控制着关节软骨和滑膜的代谢平衡。

[产品特性] 本品采用四氢胡椒碱、水溶性氮酮、二甲基亚砜、水溶性冰片、乙酰基氨糖、PEG-40 氢化蓖麻油作为原料，制备出复方高渗透保湿精华，显著提升产品的渗透功能，避免对人体皮肤带来刺激性，缓解脸部皮肤的缺水，令脸部皮肤保持水润透亮白皙，同时满足肌肤补水需求，促进身体皮肤年轻化并减少老化。

配方 92　高渗透保湿精华

[原料配比]

原料	配比（质量份）		
	1#	2#	3#
丁二醇	2	4	5
丙二醇	2	4	5
生物糖胶-1	4	6	7
石斛提取物	3	5	6
四氢胡椒碱	0.5	1	1.5
羟癸基泛醇	0.5	1	1.5
水溶性氮酮	0.5	1	1.5
水溶性冰片	0.5	1.5	3
乙酰基氨糖	1	1	1
紫苜蓿提取液	1	2	3
透明质酸钠	0.2	0.4	0.5
生育酚	0.5	1	1.5
香蜂叶提取液	0.5	1	1.5
绿藻提取物	3	5	6
PFG-40 氢化蓖麻油	0.5	1	1.5
对羟基苯乙酮	0.3	0.3	0.3
1,2-己二醇	0.3	0.3	0.3
去离子水	加至 100	加至 100	加至 100

[制备方法]

（1）将 20～30 份去离子水升温至 80～100℃并保温 30min，冷却去离子水至 40～60℃时，分别按比例将原料四氢胡椒碱、水溶性氮酮、水溶性冰片、乙酰基氨糖、PEG-40 氢化蓖麻油投入罐中，搅拌速度为 60r/min，搅拌 30min；

（2）将步骤（1）中溶解后的物料投入不锈钢锅，采用快速搅拌（60r/min）

保持搅拌 20～30min，经高速离心机处理后，再经 800 目的过滤网过滤，即得预配液，待用；

（3）将余下去离子水和丙二醇、生物糖胶-1、丁二醇、绿藻提取物、生育酚、透明质酸钠、石斛提取物依次投入搅拌锅 A 中并搅拌，使生育酚、透明质酸钠均匀溶解在去离子水中并加热至 80～100℃，保温 30min；

（4）将步骤（3）得到的混合液在搅拌状态下冷却至 50～70℃，搅拌速度为 35r/min；

（5）将步骤（2）得到的预配液和紫苕蓿提取液、香蜂叶提取液、羟癸基泛醌依次投入搅拌锅 A 中并搅拌，搅拌转速为 20～30r/min，随后降温至 40～50℃时，加入对羟基苯乙酮、1,2-己二醇并使混合物的 pH 值为 6.2～6.8，且混合物的黏度为 1500～3500mPa·s 时，即得成品。

[原料介绍] 四氢胡椒碱是目前唯一从植物提取出来具有强效促渗透作用的安全、高效天然的成分。四氢胡椒碱的促渗机理：增加药物分子/营养物质和细胞膜的亲和能力。

四氢胡椒碱不仅可以促进药物分子的经皮吸收，而且在化妆品外用配方中可促进维生素类、多酚类、生物碱类、黄酮类等的吸收。四氢胡椒碱不仅适用于面部产品，在身体产品尤其是减肥、丰胸产品，同样，在护发功能性产品中也可以作为促渗剂使用。

本品中的水溶性氮酮系油溶性氮酮经改性成为的高效水溶性产品，对亲油、亲水性药物和活性成分均有明显的透皮助渗作用，使皮肤角质层与脂质相互作用，降低了有效物质向角质层间隙中脂质的相转移温度，增加了流动性，使药物或活性添加剂在角质层中的扩散阻力减少，故起到很强的促渗作用。本品在常温下为浑浊液体，用前请加热摇匀。本品在医药和化妆品行业中是渗透作用极好的皮肤渗透促进剂，在农药行业中是增效显著的高渗增效剂，也可在印刷、印染和石油勘探行业中应用。本品经亚急性毒性、皮肤及破损皮肤刺激性、致敏、致畸等试验证明无毒、无副作用、无刺激性。

水溶性冰片具有抗菌、抗炎、镇痛作用，能明显抑制醋酸引起的小鼠腹腔毛细血管通透性增高，具有抗炎作用；能明显延长热刺激引起的小鼠痛反应时间，具有镇痛作用；体外直接抗病毒试验显示具有抑制流感病毒的作用。冰片能增加肉芽组织结构和促进表皮细胞再生，修复皮肤附属器官而具有较强的创伤愈合作用。

本品添加乙酰基氨糖，氨糖是亲水性极强的蛋白多糖的重要组成部分，它能合成人体中的胶原蛋白，修复受损软骨；并能强烈刺激滑膜细胞再生，催生和补充关节滑液，不断润滑关节软骨层面，减少摩擦作用，使关节部位灵活自如；氨糖不仅控制着人体骨关节的健康，还控制着关节软骨和滑膜的代谢平衡。

[产品特性] 本品采用四氢胡椒碱、水溶性氮酮、水溶性冰片、乙酰基氨糖、

PEG-40 氢化蓖麻油作为原料，采用这些渗透性良好的组分，制备出高渗透保湿精华，显著提升产品的渗透功能，将各营养保湿成分更好地渗透进入皮肤中，促进胶原纤维和蛋白多糖的合成，缓解脸部皮肤的缺水，令脸部皮肤保持水润透亮白皙，同时满足肌肤补水需求，促进身体皮肤年轻化并减少老化。

配方 93　保湿滋润的橄榄精华油

[原料配比]

原料	配比（质量份）				
	1#	2#	3#	4#	5#
橄榄油精华	10	15	11	13	13
蜂蜜	2	3	3	2	2
绿茶提取物	10	15	14	13	13
胡萝卜提取物	5	8	7	6	6
丙二醇	8	12	11	10	10
石斛提取物	5	8	7	7	7
透明质酸	10	13	12	12	12
丹参提取物	—	—	8	6	6
薄荷提取物	—	—	2	5	5
芦荟提取物	—	—	—	6	10

[制备方法]　将各组分混合均匀即可。

[产品特性]　通过加入橄榄油精华，能显著提高配方的滋润保湿效果，能够对皮肤进行深层滋养；通过加入绿茶提取物，能够提高皮肤的抗氧化功能，同时还具有美白的效果；通过加入石斛提取物能够对皮肤进行修护，提高皮肤的抗氧化功能。

配方 94　保湿修护精华膜

[原料配比]

原料	配比（质量份）			
	1#	2#	3#	4#
甘油	8	6.9	5.5	3
卡波姆	0.3	0.3	0.2	0.1

原料	配比（质量份）			
	1#	2#	3#	4#
1,3-丙二醇	8	6.9	5.5	3
小核菌胶	0.1	0.1	0.06	0.1
尿囊素	0.2	0.2	0.15	0.1
对羟基苯乙酮	0.8	0.7	0.65	0.6
1,2-己二醇	0.6	0.6	0.45	0.4
透明质酸钠	0.1	0.1	0.075	0.1
甘油丙烯酸酯/丙烯酸共聚物	1	0.8	0.75	0.4
PVM/MA 共聚物	1	0.7	0.75	0.6
三乙醇胺	0.3	0.3	0.2	0.1
落地生根叶提取物	0.8	0.6	0.55	0.4
辛酸/癸酸甘油三酯	0.5	0.5	0.3	0.2
脱氧植烷三醇基棕榈酰胺 MEA	0.2	0.2	0.15	0.1
氢化卵磷脂	0.5	0.5	0.3	0.2
神经酰胺 3	0.3	0.3	0.175	0.1
胆甾醇	0.3	0.3	0.175	0.1
去离子水	77	80	84.065	90.2

[制备方法]

(1) 准备乳化锅，并将乳化锅主锅、油锅清洗干净，对乳化锅主锅和油锅进行消毒，消毒方式采用高温高压蒸汽消毒和紫外线辐射消毒配合进行消毒；

(2) 进行落地生根叶提取物的制备，并按质量分数准备各组分材料；

(3) 将水、甘油、1,3-丙二醇和尿囊素加入主锅，对主锅进行加热，加热至80～85℃后，开始搅拌均质，搅拌速度具体为 25r/min，均质过程中加入卡波姆和小核菌胶，将加入的物料均质至物料分散均匀无颗粒结团现象为止；

(4) 均质完成后，将主锅保温 20min，保温结束后用冷却水降温；

(5) 降温至 60℃时，往主锅内加入对羟基苯乙酮、1,2-己二醇，搅拌溶解后往主锅内加入三乙醇胺，继续进行搅拌均质，在搅拌转速 25r/min 下搅拌 10min，使物料分散均匀，均质结束后进行保温抽真空消泡，消泡完成后继续用冷却水降温；

(6) 降温至 45℃时，往主锅内加入透明质酸钠、甘油丙烯酸酯/丙烯酸共聚物、PVM/MA 共聚物、落地生根叶提取物、辛酸/癸酸甘油三酯、脱氧植烷三醇基棕榈酰胺 MEA、氢化卵磷脂、神经酰胺 3，继续进行搅拌均质，在搅拌速度 25r/min 下搅拌 5min 使物料分散均匀，均质结束后继续进行降温；

(7) 降温至 42℃时，关闭冷却水，停止降温，往主锅内加入胆甾醇，继续进行搅拌均质；搅拌时间具体为 10min，搅拌速度为 25r/min；

（8）静置冷却至室温，取样检测，检测合格后出料，得到目标产物半成品；

（9）包装喷码得到成品，入库储藏。

［原料介绍］ 落地生根叶提取物的制备方法为：取适量落地生根药材粉碎、过筛，得到粉体，加入浓度为 0.2mol/L 的 NaOH 水溶液，按固液比为 1∶10 混合，在 80℃下热浸提取 2h，重复 2 次，过滤，滤液中加入质量分数为 3% 的盐酸调 pH 值至 7，在 4000r/min 的转速下离心分离，去上清液得沉淀物，即为落地生根提取物。

［产品特性］ 本品配方温和无刺激，具有协同增效作用，对皮肤的渗透性好，能够最快速地有效地滋润皮肤，保湿锁水快速且持续性久，可以具有明显柔软皮肤、延缓衰老作用。

3 美容面膜精华

配方 1　阿胶精华保湿面膜

[原料配比]

原料	配比（质量份）		
	1#	2#	3#
阿胶精华	2	1	3
黄瓜萃取物	1	0.6	1.8
石榴提取物	1	0.5	1.8
海藻提取物	2	1	3
美洲蒲葵提取液	2	1	3
甘草酸二钾	0.5	0.4	0.7
芦荟胶油	5	3	6
甘油	15	12	18
1,3-丁二醇	10	7	13
尿囊素	2	1	3
透明质酸钠	20	10	28
卡波姆	0.1	0.08	0.15
三乙醇胺	0.05	0.03	0.07

[制备方法]

（1）将卡波姆溶解于纯净水中，以三乙醇胺调节 pH 至 5.0～7.5，然后加入阿胶精华、黄瓜萃取物、石榴提取物、海藻提取物、美洲蒲葵提取液、甘草酸二钾、甘油、1,3-丁二醇、透明质酸钠，混合均匀后加入尿囊素和芦荟胶油，搅拌均匀成稠膏，加入纯净水在 20℃ 的条件下调节稠膏的相对密度为 1.05～1.10；

（2）将步骤（1）所得的稠膏采用紫外线灭菌 60min，分装，即得。

[原料介绍]　所述的阿胶精华的制备方法为：

取质量分数为 20% 的阿胶胶汁为酶解原料，按阿胶胶汁与复合蛋白酶的质量比为 100∶1 加入复合蛋白酶，其中复合蛋白酶中木瓜蛋白酶与脯氨酸蛋白酶的质量比为 2∶1，酶解 2h，酶解液经膜过滤制得阿胶精华溶液，经喷雾干燥制得阿胶精华。

阿胶精华可补充皮肤胶原蛋白；透明质酸钠被公认具有很强的保湿作用，且具有一定的去皱和增加皮肤弹性作用；黄瓜萃取物、石榴提取物、海藻提取物、美洲蒲葵提取液具有显著保湿作用；甘油、1,3-丁二醇、甘草酸二钾、芦荟胶油、尿囊素、透明质酸钠以最佳比例配比，呈现最佳油水比例；卡波姆经润胀溶解后，以三乙醇胺调节黏度和 pH 值，使面膜液的酸碱度和油水比例与皮肤相应比例接近，以达到最佳的护肤效果。

[产品特性] 本品可保湿去皱，增加皮肤弹性，使皮肤细腻、光滑、有光泽，无任何副作用，安全可靠，可作为面膜类护肤产品长期使用。

配方 2 玻尿酸保湿面膜精华液

[原料配比]

原料	配比（质量份）		
	1#	2#	3#
普通玻尿酸	0.05	0.03	0.01
低分子玻尿酸	0.05	0.02	0.1
寡聚玻尿酸	0.05	0.1	0.05
丙烯酰二甲基牛磺酸铵/VP 共聚物	0.2	0.5	0.5
聚谷氨酸钠	2.0	2.0	2.0
皱波角叉菜提取物	0.5	0.5	0.5
银耳多糖	1.0	1.0	1.0
芦荟胶油	3.0	4.0	4.0
丁二醇	9.0	8.0	7.0
卡波姆	0.2	0.18	0.2
氨甲基丙醇	0.15	0.15	0.1
羟苯甲酯	0.2	0.2	0.2
防腐剂 MicrocareMTI	0.18	0.1	0.1
甘草酸二钾	0.3	0.3	0.3
EDTA 二钠	0.1	0.1	0.1
去离子水	加至 100	加至 100	加至 100

[制备方法]

(1) 称取去离子水到乳化锅中，依次投入称量好的 EDTA 二钠、丁二醇、甘草酸二钾和羟苯甲酯，开启搅拌溶解均匀后，依次投入普通玻尿酸、低分子玻尿酸、寡聚玻尿酸、卡波姆和丙烯酰二甲基牛磺酸铵/VP 共聚物，开启均质器，升温至 80℃，并保持在 80℃搅拌 20min，使乳化锅中的组分彻底分散均匀；

(2) 开启冷却水，将乳化锅内的温度降至 60℃后，将氨甲基丙醇用少量去离子水稀释后投入乳化锅内，并搅拌均匀；

(3) 继续冷却，当乳化锅内的温度降至 50℃以下时，投入芦芭胶油、聚谷氨酸钠、皱波角叉菜提取物和银耳多糖，并充分搅拌均匀；

(4) 继续搅拌和冷却，当乳化锅内的温度降至 45℃时，投入防腐剂 Micro-careMTI，搅拌均匀；

(5) 继续冷却，当乳化锅内的温度降至 35℃时，检验后出料即可。

[原料介绍] 本品添加了三种分子量的玻尿酸，普通玻尿酸的分子量$\geq 10^6$，具有优良的保湿性、润滑性、成膜性和稳定作用，并可阻隔外来灰尘、紫外线的侵入，保护皮肤免受侵害；低分子玻尿酸的分子量在 $10^4 \sim 10^6$ 之间，营养肌肤，持久保湿；寡聚玻尿酸的分子量$< 10^4$，能够透皮吸收，深层保湿，晒后修复，改善新陈代谢，促进皮肤营养吸收作用，增加皮肤弹性，延缓皮肤衰老。

所述 MicrocareMTI 为甲基异噻唑啉酮和碘丙炔醇丁基氨甲酸酯的复配物。

[产品特性] 本品不仅解决肌肤表面缺水干燥问题，形成透气膜，更能快速渗透，从肌底改善自身补水和锁水能力，促进表皮细胞的增殖和分化，减少缺水引起的干纹、细纹，并可预防和修复皮肤损伤，恢复光泽弹性，更能根据外界环境湿度变化智能调节肌肤所需适当水分。

配方 3　具有保湿美白功能的酵素面膜精华液

[原料配比]

原料		配比（质量份）
酵素原液	黄瓜	20
	柠檬	30
	红火龙果	10
	紫葡萄	10
	冰糖	30
酵素原液		5
海藻灵		5

续表

原料		配比（质量份）
黏多糖		5
甘油		4
乳化剂	甲基葡萄糖苷倍半硬脂酸酯	1
	甲基葡萄糖苷倍半硬脂酸酯-EO-20	1.5
	单硬脂酸甘油酯	1
熊果苷		3
香菇葡聚糖		3
透明质酸		2
胶原蛋白肽粉		2
丙二醇		5
增稠剂	羟乙基纤维素	0.5
	羧甲基纤维素钠	0.5
甘草酸二钾		0.6
防腐剂	咪唑烷基脲	0.1
	对羟基苯甲酸酯	0.1
天然维生素 E		1
香精		0.05
去离子水		59.65

[制备方法] 称取离子水、海藻灵、黏多糖、甘油、乳化剂、熊果苷、香菇葡聚糖、透明质酸、胶原蛋白肽粉、丙二醇、增稠剂、甘草酸二钾、防腐剂，倒入搅拌锅，65～85℃下搅拌 1h；冷却至 40～50℃后加入酵素原液、天然维生素 E 和香精，用均质机均质三次（5000r/min），每次 5min；静置冷却即得本品面膜精华液；用本品精华液充分浸润蚕丝、无纺布、聚果酰等面膜材料，用铝箔袋包装后即可制成具有保湿美白功能的面膜成品。

[原料介绍] 所述的酵素原液由以下工艺制作：①水果预处理：把黄瓜、柠檬、紫葡萄洗净并晾干，红火龙果去皮，水果均切碎备用；②水果发酵：把水果与 25～35 份冰糖混匀，放入发酵罐，37℃恒温发酵 50 日，发酵过程中每 5 日打开盖子稍作搅拌以减少酒精的产生；③灌装：发酵结束后过滤去除果渣即得酵素原液，无菌灌装备用。

本品主要有效成分为胶原蛋白肽粉、透明质酸、熊果苷、海藻灵和天然维生素 E。胶原蛋白由皮肤主要胶原蛋白组成，分子量小于 1000 的胶原多肽，能直接渗透皮肤，补充皮肤流失的胶原蛋白，使皮肤充盈水嫩；透明质酸又名玻尿酸、糖醛酸，是人体真皮组织的成分之一，外敷透明质酸，可以让皮肤白嫩透亮；丙二醇可吸附水分子，超强保湿，让皮肤清爽无黏腻感；熊果苷萃取自熊果的叶子，能够加速黑色素的分解与排出，从而减少皮肤色素沉积，祛除色斑和雀斑，同时还有杀菌、消炎的作用；海藻灵是一种从叫"ANHFELTICCOCCINA"的热带海藻中提炼出来的珍贵润肤成分，作为优质保湿剂，能令肌肤更平滑和年轻；天然维生素 E 是优质的天然抗氧化剂。

[产品特性] 本品组方科学、工艺合理、功能全面，不含有害化学物，能有效去除色斑、黑色素、角质层等，可以起到显著的保湿美白效果。

配方4　金银花面膜精华液

[原料配比]

原料	配比（质量份）	原料	配比（质量份）
金银花水提液	10～50	尿囊素	0.1～1
复配增稠剂	0.1～1	维生素 C	5～13
胶原蛋白	1～5	维生素 E	0.5～3
玻尿酸	0.1～1	复配防腐剂	0.01～0.1
甘油	1～10	去离子水	加至 100
复配增溶剂	1～5		

[制备方法]

（1）按各组分配比称重，复配增稠剂放置于烧杯，加入去离子水静置过夜；

（2）将步骤（1）所得液体于 80℃ 水浴锅中边搅拌边加热，直至溶液呈黏稠状，静置冷却备用；

（3）按配方量配制维生素 C 溶液备用；

（4）向所得维生素 C 溶液中，在水浴 50℃ 加热下，加入金银花水提液、胶原蛋白、玻尿酸、甘油、复配增溶剂、尿囊素、维生素 E、去离子水和步骤（2）所得物质；

（5）将步骤（4）所得溶液冷却至室温后加入复配防腐剂，匀浆机上混匀；

（6）将溶液进行灭菌，装于面膜精华液袋中即得。

[原料介绍]　所述复配增稠剂为黄原胶、卡拉胶、海藻胶、羧甲基纤维素钠、PEG5-160、卡波姆中的一种或多种；

所述复配增溶剂为吐温-20、吐温-80 和泊洛沙姆 188 中的一种或多种；

所述复配防腐剂为咪唑烷基脲、己内酰脲、异噻唑啉酮、尼泊金酯类防腐剂、季铵盐防腐剂、苯甲酸、苯甲酸钠、山梨酸钾、布罗波尔（Bronopol）、三氯新（Triclosan）中的一种或多种。

所述金银花水提液制备方法为,将料液比为 1:20 的金银花鲜花或干花粉末和水,于 70℃ 恒温加热器中加热 2h,重复提取 2 次,达到提取液中绿原酸含量不低于 1μg/mL 的标准,即得。

[产品特性]

(1) 所选原料中的金银花是一种富含天然黄酮类成分的药食同源植物,具有抗氧化(抗衰老)的功效。

(2) 本品具有抗衰老、保湿、补水、美白皮肤的作用。

配方 5 芦荟油保湿面膜精华液

[原料配比]

原料	配比(质量份)		
	1#	2#	3#
芦荟油	25	25	15
甘油	10	15	10
墨角藻提取物	2	2.5	1.5
丁二醇	2.5	3.5	4.5
玻尿酸	1.5	2.5	3.5
卡波姆	0.5	1.5	1.5
辛二醇	0.2	0.15	0.5
去离子水	加至 100	加至 100	加至 100

[制备方法] 将各组分溶于水,混合均匀即可。

[原料介绍] 芦荟油由优质库拉索芦荟凝胶经独特的工艺精制而成,具有如下特性:纯油性芦荟凝胶,保护并滋润经日晒、烫伤后损伤的肌肤;迅速修复皮肤受损细胞,促进细胞重生;所含抗氧化成分能够阻断自由基的产生,抑制脂质过氧化作用。

[产品特性] 本品含天然保湿因子,能快速被皮肤吸收,解决皮肤干燥的问题。内含的天然胶性物质,保水木质素(lignin),具有强渗透作用,能帮助营养素渗透进入肌肤,具有强力清洁、抗菌作用,具有消炎、消肿、抑制细菌生长、止痒、止痛等效果。还具有滋润保湿、美白祛斑、防过敏等直接美容效果,同时抑制皮肤表面致病性微生物和细菌,杀死对人体皮肤有害的螨虫,防止体表微生物的繁殖,预防皮肤病的发生。

配方6 红酒精华保湿营养抗衰面膜

[原料配比]

原料	配比（质量份）			
	1#	2#	3#	4#
红酒提取物	15	40	0.01	5.0
高分子量的透明质酸或/和透明质酸盐	0.1	0.01	5.0	0.5
中分子量的透明质酸或/和透明质酸盐	0.5	0.01	8.0	0.5
低分子量的透明质酸或/和透明质酸盐	1.0	10.0	0.01	0.5
胶原蛋白	2.0	0.01	10.0	1.0
胶原蛋白肽	2.0	8.0	0.01	2.0
维生素C	0.01	5.0	1.0	0.5
维生素E	0.1	0.01	5.0	1.0
维生素B5	0.5	0.01	8.0	1.0
烟酰胺	1.0	5.0	0.01	0.5
牛磺酸	1.0	0.01	5.0	1.0
精氨酸	2.0	0.01	5.0	0.8
赖氨酸	3.0	5.0	0.01	1.0
谷氨酸	1.0	0.01	5.0	0.2
乳酸盐	2.0	0.01	5.0	1.0
柠檬酸	0.5	0.01	5.0	0.6
辅酶Q10	0.01	5.0	0.2	0.1
高分子量的聚谷氨酸或/和聚谷氨酸盐	0.01	4.0	0.01	0.1
中分子量的聚谷氨酸或/和聚谷氨酸盐	2.0	6.0	0.01	0.4
低分子量的聚谷氨酸或/和聚谷氨酸盐	1.0	0.01	12.0	0.8
海藻糖	3.0	0.01	9.0	1.0
苹果酸	0.8	8.0	0.01	0.4
酒石酸	0.5	0.01	8.0	0.8
甘油	2.0	0.0001	10.0	0.5
黄原胶	2.0	0.01	8.0	0.5
海藻酸钠	3.0	6.0	0.01	0.8
山梨酸钾	0.2	0.01	2.0	0.1
去离子水	加至100	加至100	加至100	加至100

[制备方法]

（1）分别称取各组分，将其分为 3 组，红酒提取物为Ⅰ组，黄原胶和海藻酸钠为Ⅲ组，其余为Ⅱ组，备用；

（2）将称取的Ⅱ组化合物置于反应釜中，然后加入部分配方量的溶剂，常温或低温下搅拌溶解混匀，得混合物 A；

（3）将称取的Ⅲ组化合物置于反应釜中，然后加入部分配方量的溶剂，常温或低温下搅拌溶解混匀，得混合物 B；

（4）将混合物 B 缓慢加入到混合物 A 中，再把剩余溶剂加入其中，常温或低温下搅拌均匀，最后把Ⅰ组组分加入其中，常温或低温下继续搅拌均匀，即得所述面膜。

面膜包括泥膏型、冻胶型、湿纸巾型三种，在实际应用时，可以根据需要以及使用的方便舒适性，以所述面膜为基料，再配上本面膜可接受的安全的载体或辅料，采用相应制备技术制成方便使用的各种类型。

[原料介绍]　葡萄的营养价值很高，而以葡萄为原料经生物转化而成的葡萄酒成分则更为复杂，产生了大量葡萄中不存在的化合物（如乳酸、乙酸、琥珀酸、部分氨基酸、醇、酯类、多酚类等），因而使葡萄酒的营养价值更高，并且还具有明显的保健或治疗功能。葡萄酒中含有的多种氨基酸、矿物质和维生素都是人体必需补充和吸收的营养素。单宁酸、白藜芦醇、多酚（抗菌抗炎）和其他抗氧化（抗衰老）物质都是具有保健治疗作用的化学物质。葡萄酒的营养保健价值已经得到了广泛的认可。

所述的红酒提取物由下述工艺方法制得：

（1）葡萄原料筛选检验：葡萄品种采用赤霞珠、美露辄、蛇龙珠各 1/3，葡萄原料为无病害、干净无腐烂且穗形典型完整整齐的，果粒成熟均匀；

（2）除梗破碎：葡萄原料采用先除梗后破碎的方法以尽可能地除净果梗；

（3）发酵：将破碎后的葡萄果浆直接用泵打入发酵罐，然后，接种发酵，发酵温度为 15～32℃，发酵时间为 15～60 天，在糖度（以葡萄糖计）小于 4g/L 时，或者当总糖度与总酸度（以酒石酸计）的差值小于 2g/L，含糖量低于 9g/L 时，结束发酵；

（4）皮渣分离与压榨：让清液自然流入罐外的密闭容器中，清液与皮渣分离后，将皮渣压榨，压榨出的醪液与分离出的清液混合在一起；

（5）自然沉降法收集固态红酒提取物：将全部醪液置于沉降罐中沉降 7～21 天后进行固液分离，收集固态红酒提取物；

（6）差速离心法收集红酒精华：将步骤（5）固液分离后的上清液采用差速离心法进行再次沉降分离；

（7）上清液冷处理：将差速离心分离后得到的清液泵入冷冻罐，于葡萄酒冰点以上 1～7℃冷冻处理 1～7 天；

（8）管式/碟式离心：将冷冻处理后的葡萄酒采用管式/碟式离心技术进行固液分离以进一步收集红酒精华；

（9）纳滤与反渗透：将管式/碟式离心后的清液再进行纳滤与反渗透以进一步提取红酒精华；

（10）均质：将步骤（9）所得混合物进行均质化处理以获得均一的制品；

（11）检验：将步骤（10）所得混合物进行理化及卫生等指标的检验；

（12）装瓶：将检验合格的红酒提取物装瓶备用。

[产品特性]　本品温和无刺激，集营养、补水保湿、美白、祛皱、润肤、消炎、抑菌、洁肤等多种功能于一体，敷于面部30min后即有皮肤紧致之感，长期使用可让人皮肤紧致、面色红润、容光焕发。

配方7　含海萝藻精华液的海藻面膜

[原料配比]

	原料	配比（质量份）
水相	甘油	10
	丙二醇	4
	蚕丝蛋白	1
	三乙醇胺	0.4
	去离子水	78
油相	海萝藻提取物	2
	甲基硅油	2
	单硬脂酸甘油酯	3
	聚氧乙烯去水山梨醇单月桂酸酯	1.2
	汉生胶	0.4

[制备方法]

（1）按质量份数计，将10份甘油、4份丙二醇、1份蚕丝蛋白、0.4份三乙醇胺加入到78份去离子水中，80℃加热搅拌直至溶解，制成水相液；

（2）按质量份数计，将2份海萝藻提取物、2份甲基硅油、3份单硬脂酸甘油酯、1.2份聚氧乙烯去水山梨醇单月桂酸酯、0.4份汉生胶，在80℃的条件下搅拌均匀，制成油相液；

（3）在不断搅拌的条件下，将制得的油相液缓慢地加入到水相液中，使用高速分散器搅拌15min，冷却出料，即得精华液；

（4）将面膜基布杀菌辐照后，经检验合格按照版型裁切折叠后，装入铝箔袋输送到包装生产线，灌装机注入精华液后，封口机封口。

［原料介绍］ 面膜基布制备方法为：以海藻酸钠为原料，溶解于去离子水后，制备质量分数为15%的海藻酸钠水溶液，通过喷丝孔挤入到氯化钙水溶液形成丝条，经过牵伸、水洗、干燥后得到海藻酸钙纤维；海藻酸钙纤维通过水刺法制备$50g/m^2$的网孔水刺无纺布面膜基布。

海萝藻提取物制备方法为：将海萝藻洗净泥沙杂质，于常温下晾晒干燥，并于-55℃真空冷冻干燥机中干燥24h；粉碎，过60目筛，得海萝藻粉；取1g海萝藻粉加入到40mL质量分数为20%的甲醇溶液中，100W超声提取2h，以8000r/min离心处理20min，收集上清液，取1g沉淀再重复上述步骤1次，合并两次上清液，并加入4倍体积的无水乙醇，-20℃下冷冻醇沉2h，以4℃、10000r/min离心处理20min，取上清液，于40℃的条件下旋转蒸发浓缩至原体积的1/6，得海萝藻提取物。

［产品特性］ 海萝藻具有保湿、抗氧化、延缓衰老的功效。蚕丝蛋白具有修复皮肤组织细胞的功效。本面膜天然成分高、易吸收，且制备方法简单。

配方8　含灵芝精华液的泥膏面膜

［原料配比］

原料		配比（质量份）
水相	甘油	10
	丙二醇	4
	蚕丝蛋白	1
	三乙醇胺	0.4
	去离子水	78
油相	灵芝提取物	2
	甲基硅油	2
	单硬脂酸甘油酯	3
	聚氧乙烯去水山梨醇单月桂酸酯	1.2
	汉生胶	0.4

［制备方法］

（1）按质量份数计，将10份甘油、4份丙二醇、1份蚕丝蛋白、0.4份三乙醇胺加入到78份去离子水中，加热至80℃搅拌直至溶解，制成水相液；

（2）按质量份数计，将2份灵芝提取物、2份甲基硅油、3份单硬脂酸甘油酯、1.2份聚氧乙烯去水山梨醇单月桂酸酯、0.4份汉生胶，在80℃的条件下搅拌均匀，制成油相液；

（3）在不断搅拌的条件下，将制得的油相液缓慢地加入到水相液中，使用高速分散器以 5000r/min 搅拌 15min，冷却出料，即得精华液；

（4）将黏土溶液与精华液按质量比 4∶6 混合均匀，制得面膜。

［原料介绍］ 黏土溶液制备方法为：将 50g 绿黏土、120g 轻质高岭土、10g 膨润土、4g 椰油两性甘氨酸盐及 100g 去离子水混合均匀得黏土溶液。

灵芝提取物制备方法如下。

（1）将灵芝切成片状，放入粉碎机中粉碎，过 80 目筛，得灵芝粉；

（2）称取灵芝粉 100g，加入到 3000mL 蒸馏水中，并放入 80℃恒温水浴锅中加热搅拌 2h 进行提取；

（3）提取后抽滤，滤渣再进行第二次提取，滤液用三层纱布过滤，将两次滤液合并后置于旋转蒸发器中浓缩，温度为 75℃，浓缩至体积为 400mL，得灵芝提取物。

［产品特性］ 灵芝含有酸性蛋白酶、真菌溶菌酶，其水提取物中还含有水溶性蛋白质、氨基酸、多肽等物质。本品提取灵芝中的有效成分，将灵芝提取物用于精华液中，不刺激皮肤，有效保留皮肤水分，使皮肤增加光泽、免生皱纹和增进美白，且具有保湿作用。蚕丝蛋白具有修复皮肤组织细胞的功效。本面膜天然成分高、易吸收，且制备方法简单。

配方 9　葛根美容养颜的面膜精华素

［原料配比］

原料	配比（质量份）	
	1#	2#
玻尿酸	5	3
玫瑰花水	15	15
辅酶	3	3
抗菌剂	5	5
葛根	15	12
玫瑰精油	15	15
龙眼肉	20	20
花粉	20	20
芦荟胶	5	5
莲子	10	10
凝固剂	10	5

续表

原料	配比（质量份）	
	1#	2#
蜂蜜	20	15
蒸馏水	15	15

[制备方法]

（1）将上述原料按照质量份数称取；

（2）将葛根放置在 50～70℃ 的条件下，干燥 12～24h；

（3）待葛根干燥后取出放入到粉碎机内，进行粉碎加工，粉碎转速为 2800r/min；

（4）待葛根粉碎成粉末后，依次加入玻尿酸、玫瑰花水、辅酶、抗菌剂、玫瑰精油、龙眼肉、花粉、芦荟胶、莲子、凝固剂、蒸馏水和蜂蜜进行搅拌，时间为 15min，温度为 10～15℃；

（5）将混匀后的物料取出后置于模具中冷却，冷却温度为 10～20℃；

（6）将搅拌混匀的材料于 0～5℃ 冷藏室中冷藏 3～5h，使得模具中的溶液凝结。

[原料介绍] 玻尿酸、玫瑰花水、辅酶和抗菌剂之间的相互配合使用不仅能够锁定水分，对组织具有保湿润滑的作用，还能够抑制有害细菌的滋生。

葛根、玫瑰精油、龙眼肉和花粉相互配合使用对脸部进行美白祛斑，并对脸部的细胞进行滋养，增强细胞的活性。

芦荟胶、莲子、凝固剂、蒸馏水和蜂蜜相互配合使用能够激活细胞的活力，促进细胞再生和提高渗透吸收能力，延缓皮肤衰老，收敛、调和皮肤，滋养皮肤和保护皮肤。

[产品特性] 本品抗氧化性较好，能够有效地改善皮肤的光泽，使得皮肤细胞始终处于饱和状态，从而保护皮肤免受阳光中紫外线辐射的伤害，进而减少皮肤疾病的发生，而且使用葛根作为面膜精华素的主要成分，葛根既能食用也能作为绿色面膜的主要成分，进而减少化学物质的使用，使得用葛根制成的面膜绿色无污染，对皮肤没有刺激性。

配方 10　丝胶蛋白面膜精华液

[原料配比]

原料	配比（质量份）	
	1#	2#
蚕丝胶蛋白	5	10

原料	配比（质量份）	
	1#	2#
甘油	5	8
玫瑰花水	5	10
2,6-环氧己烯甘油醚	1	3
海藻糖	1	3
卡波姆	0.1	0.3
尿囊素	0.05	1
透明质酸钠	0.1	0.3
EDTA 二钠	0.05	0.1
甘油辛酸酯	1	3
马齿苋提取物	0.1	1
积雪草提取物	0.1	1
光果甘草提取物	0.1	1
玉竹提取物	0.1	1
银杏提取物	0.1	1
高山火绒草提取物	0.1	1
小叶海藻提取物	0.1	1
桑果提取物	0.1	1
去离子水	30	55

［制备方法］　将甘油、卡波姆、尿囊素、透明质酸钠、EDTA 二钠、海藻糖和水加热升温至 80～85℃，然后以 2600～3000r/min 的转速搅拌溶解均匀，溶解均匀后依次加入玫瑰花水、2,6-环氧己烯甘油醚、马齿苋提取物、积雪草提取物、光果甘草提取物、玉竹提取物、银杏提取物、高山火绒草提取物、小叶海藻提取物和桑果提取物混合均匀构成水相，待水相温度降低至 50～60℃时将蚕丝胶蛋白和甘油辛酸酯加入搅拌均匀即可得到丝胶蛋白面膜精华液。

［原料介绍］　蚕丝胶蛋白制备方法为：选取优质的全天然无丝素全丝胶蚕茧，摘除表面的杂质后在 50～60℃的恒温鼓风机中烘 10min，再粉碎成全丝胶粉末；将全丝胶粉末加入到 100 倍质量的质量分数为 0.4%～1%的碳酸氢钠溶液中，在65℃以下的恒温水浴中水解 0.5～2h；将水解所得的丝胶液过 200～400 目的滤纱除去杂质，将过滤得到的全丝胶原液渗析 4h 脱盐，即制得蚕丝胶蛋白。

　　所述的马齿苋提取物、积雪草提取物、光果甘草提取物、玉竹提取物、银杏提取物、高山火绒草提取物、小叶海藻提取物和桑果提取物都是采用常规的压榨法、水蒸馏法、有机溶剂浸提法或者超临界萃取法制得的。

所述的玫瑰花水采用的是保加利亚玫瑰经蒸馏得到的玫瑰纯露。

[产品特性] 本品具有凝露状的水润质感，其配方体系中融入了蚕丝胶蛋白和其他高效保湿成分，使其具有良好的滋养、修护、控油功能。

配方 11　舒敏修护滋养面膜精华

[原料配比]

原料		配比（质量份）			
		1#	2#	3#	4#
基料组分	根瘤菌胶	0.1	0.05	0.2	0.3
	甘油	3	2	4	1
	微晶纤维素	0.3	0.2	0.4	0.5
	泛醇	0.2	0.1	0.3	0.4
	丁二醇	3	2	4	5
	黄原胶	0.1	0.05	0.2	0.15
	EDTA 二钠	0.1	0.05	0.2	0.25
	透明质酸钠	0.05	0.02	0.07	0.06
舒敏修护组分	维生素 B$_6$	0.1	0.15	0.3	0.5
	高山火绒草提取物	0.2	0.3	0.6	1
	蜂蜜提取物	0.2	0.3	0.8	1
	马齿苋提取物	0.2	0.3	1	2
	牡丹皮提取物	0.2	0.5	0.8	2
	积雪草提取物	0.2	1	3	5
抑菌防腐组分	对羟基苯乙酮	0.5	0.3	0.4	0.6
	乙二醇	0.5	0.6	0.4	0.3
	丁二醇	2	1	1.5	3
	辛酰羟肟酸	0.6	0.5	0.4	0.7
芳香组分	腺苷	0.1	0.2	0.3	0.4
	视黄醇	0.1	0.2	0.3	0.4
	羟丙基环糊精	0.1	0.2	0.3	0.4
	玫瑰花精油	0.05	0.1	0.15	0.2
pH 调节剂	精氨酸	0.05	0.1	0.15	0.25
	水	1	1	1	1
水		87.05	88.78	79.23	73.59

[制备方法]

(1) 在反应釜中加入水和基料组分，搅拌分散，加热至 80～85℃，保温搅拌 15～30min，待固相物全部溶解分散好后开始降温；

(2) 温度降至 50℃时加入舒敏修护组分，继续搅拌分散均匀；

(3) 温度降至 45℃时加入抑菌防腐组分，并搅拌分散均匀；

(4) 温度降至 43℃时加入芳香组分，搅拌 10～20min，令其分散均匀，继续冷却降温；

(5) 取 pH 调节剂与少量水混合均匀，温度降至 40℃时加入 pH 调节剂组分，搅拌 10～20min，令其分散均匀，继续冷却降温；

(6) 最后补齐蒸发的水，搅拌均匀，质检取样检测合格方可过滤出料，即得。

[原料介绍] D-泛醇具有优越的深层保湿性能，刺激上皮细胞生长，加速表皮伤口愈合，修复组织创伤。

维生素 B_6（盐酸吡哆素），有效解决皮肤出现的炎症、粗糙、瘙痒问题，对头发保护有积极作用。

马齿苋提取物对血管有显著的收缩作用，亦能促进上皮细胞生长，有利于受损肌肤愈合，同时还具有杀菌消炎作用，素有"天然抗生素"之称。

高山火绒草提取物清热凉血，对肌肤有舒缓、镇静、滋养作用，去除表皮油脂及毛孔内脏物质。

牡丹皮提取物可抑菌、抗炎舒缓、美白祛斑。

蜂蜜提取物快速补充能量，帮助疲劳恢复，清除血管内的废物，促进血液循环。

积雪草提取物主要活性成分积雪草苷和羟基积雪草苷，广泛用于去除瘢痕、伤口愈合等。

精氨酸为温和安全弱碱，调节产品 pH 值。

己二醇对细菌、酵母菌有良好的抑制作用。

对羟基苯乙酮具有抗氧化作用、广谱抗菌活性，有效对抗细菌、酵母菌、霉菌，对防腐起促进作用。

辛酰羟肟酸具有螯合效应，对 Fe^{2+} 和 Fe^{3+} 有高效选择性螯合作用，在铁离子受限的环境中霉菌的生长受限。

丁二醇在基料组分中的主要作用为保湿，在抑菌防腐组分中的主要作用为防腐增效。

[产品特性] 本品能有效滋养舒缓面部过敏肌肤，解决肌肤因乱用激素化妆品造成的不适状况，为面部肌肤提供丰富的修护营养组分，深层补水保湿，滋养修护受损肌肤，舒缓防敏肌肤，减少皱纹细纹，增强皮肤弹性，令肌肤光滑水嫩充满活力。

配方 12　银耳多糖高保湿面膜精华液

[原料配比]

原料	配比（质量份）		
	1#	2#	3#
银耳多糖	1	0.5	2
茶叶提取物	0.5	0.3	0.5
库拉索芦荟叶提取物	2	4	3
北美金缕梅提取物	1	1	2
甘油	4	3	6
丙二醇	4	5	6
山梨醇聚醚-30	2	4	4
对羟基苯乙酮	0.1	0.1	0.1
1,2-己二醇	0.6	0.6	0.6
黄原胶	2	2	2
卡波姆	3	3	3
羟乙基纤维素	1	1.7	2.5
三乙醇胺	0.45	0.45	0.45
PEG-40 氢化蓖麻油	2	2	2
香精	0.35	0.35	0.3
去离子水	加至 100	加至 100	加至 100

[制备方法]

（1）称取卡波姆、黄原胶、羟乙基纤维素，加入水，搅拌溶解均匀；

（2）加入甘油、丙二醇、山梨醇聚醚-30、PEG-40 氢化蓖麻油，加热至 40～60℃，待完全溶解后，冷却至 30～40℃，保温 10～30min；

（3）将步骤（1）得到的溶液与步骤（2）得到的溶液混合均匀后，加入三乙醇胺，控制 pH 值在 5～7；

（4）将步骤（3）得到的溶液保温为 30～40℃，加入银耳多糖、茶叶提取物、库拉索芦荟叶提取物、北美金缕梅提取物，搅拌均匀；

（5）将步骤（4）得到的溶液保温为 30～40℃，加入对羟基苯乙酮、1,2-己二醇及香精，搅拌均匀；

（6）待温度降至常温，优选过 400 目筛过滤。

[原料介绍]　银耳多糖（WSK）是从银耳中提取的水溶性天然生物大分子，其平均分子量超过 100 万，具有良好的保水能力，银耳多糖能结合水分并在皮肤表面

能形成一层保护膜，具有很好的保湿锁水功效。同时银耳多糖能提高细胞的免疫能力和自我修复能力，促进细胞生长，恢复皮肤健康光泽，保护细胞不易受到氧化损伤，具有很好的滋养护肤功效。

　　库拉索芦荟叶中含有丰富的多糖、氨基酸、有机酸等活性物质，构成天然保湿因子能直接被皮肤吸收，具有良好的保湿、护肤功效；北美金缕梅中含有多种单宁质，可以调节皮脂分泌，改善皮肤屏障，具有保湿及嫩白作用。茶叶中含有茶多酚等活性物质，能有效清除皮肤产生的过多的自由基，具有良好的抗氧化作用。

[产品特性]　本品具有补水、保水、锁水功效，改善皮肤屏障，有效清除皮肤中产生的过剩的自由基，发挥保湿、护肤及抗衰老作用。本品不添加化学防腐剂，减少或杜绝过敏等刺激皮肤的副作用，配方安全无刺激，适合所有肤质人群使用。

配方 13　含灵芝发酵滤液的面部精华液

[原料配比]

原料		配比（质量份）			
		1#	2#	3#	4#
灵芝发酵滤液		1	1.2	1.5	1.8
保湿剂		3	4	5	6
紧致抗衰成分		2	2.5	2.5	3
高山植物提取物		0.5	1	1.5	2
增稠剂		0.2	0.25	0.3	0.4
EDTA 钠盐		0.01	0.05	0.05	0.05
防腐剂		0.1	0.2	0.3	0.4
香精		0.005	0.03	0.05	0.05
去离子水		加至 100	加至 100	加至 100	加至 100
保湿剂	甘油	3	1	—	1
	甘油聚醚-26	—	—	1	1
	丁二醇	—	1	1	1
紧致抗衰成分	角鲨烷脂质体	15	15	15	—
	积雪草苷	1	—	1	1
	辅酶 Q10	1	—	1	1
	酵母提取物	—	1.2	20	30
	生育酚	—	0.2	—	5
	葡聚糖	—	—	—	5

续表

原料		配比（质量份）			
		1#	2#	3#	4#
高山植物提取物	石斛茎提取物	2	—	2	1
	当归根提取物	3	1	1	1
	马鞭草提取物	1	1	3	2
	三七根提取物	—	2	1	1
	野牡丹提取物	—	1	2	2
	芍药根提取物	—	3	3	3
增稠剂	卡波姆	0.2	0.25	2	1
	丙烯酰二甲基牛磺酸铵/山嵛醇聚醚-25甲基丙烯酸酯交联聚合物			1	1.5
防腐剂	乙基己基甘油	0.1	1		1
	苯氧乙醇	—	1		1
	辛酰羟肟酸	—	—	0.3	—

[制备方法]

（1）称取配方量的各组分，将保湿剂、增稠剂、EDTA钠盐溶于去离子水中，升温至75～80℃，分散好作为A相备用；

（2）将灵芝发酵滤液、紧致抗衰成分、高山植物提取物、防腐剂、香精作为B相备用；

（3）开启搅拌器搅拌A相，搅拌速度为100～300r/min，温度控制在75～80℃，均质速度为3000r/min，保持2min，再持续搅拌15min，开始冷却，冷却速度控制在0.5～2℃/min，降温到45℃时将B相加入A相中，继续搅拌冷却，冷却到40℃时，停止搅拌，即可出料。

[原料介绍]　灵芝中发酵滤液是通过以下步骤制得的：灵芝中加上天然酿酒酵母菌种，利用酵母菌发酵技术，分解灵芝子实体成分，极大提升灵芝多糖和三萜类的溶出量，并生产多种小分子肽和氨基酸，使活性成分能更好地被肌肤吸收，具有极佳的活肤、抗衰老的功效。

紧致抗衰成分中的角鲨烷脂质体，是一种大豆磷脂包裹植物角鲨烷的脂质体，由于磷脂本身是皮肤天然保湿因子的基本成分，具有良好的保湿性能，在皮肤表面形成闭锁效应，大大提高了产品的保湿性，脂质体微囊将植物来源的角鲨烷包裹在内，使营养成分更容易渗透表皮肌肤，进入角质层深处发挥作用。积雪草苷能促进胶原蛋白的合成，提高皮肤的紧致光滑度。生育酚能够滋润肌肤，修复皮肤屏障，减少水分散失。辅酶Q10具有非常好的抗氧化能力，延缓衰老，增强人体活力。所用的酵母提取物是从植物表面采集的酵母菌种经过提取得到其中的氨基酸、核酸、多肽类等营养成分，有抗氧化、促进胶原蛋白合成、消除细小皱纹的功效。

[产品特性]

（1）本品在皮肤上容易涂抹，也容易被皮肤吸收，使用后皮肤柔软、光滑润泽，坚持长期使用，可使面部肌肤变得紧致有弹性，细纹和皱纹得到明显改善。

（2）本品具有良好的抗氧化活性，并能有效改善肌肤干燥粗糙的症状，帮助提升肌肤含水量、增强弹性及光泽。

配方 14　美白保湿嫩肤面膜精华液

[原料配比]

原料	配比（质量份）	
	1#	2#
羊胎素提取液	9	6
白藜芦醇	19	17
玻尿酸	1	1.2
小分子透明质酸	20	23
山梨酸钾	4	6
维生素 B_5	10	8
丙二醇	4	2
去离子水	28	23

[制备方法]　将羊胎素提取液、白藜芦醇，以及去离子水、玻尿酸、小分子透明质酸、山梨酸钾、维生素 B_5、丙二醇，依次加入乳化机中，搅拌均匀，将乳化机的温度控制为 30～35℃，保温 8～15min，搅拌 10～15min 后，在常温下静置 15～30h，取上层清液，得面膜精华液。

[原料介绍]　羊胎素含有免疫球蛋白和延缓衰老因子，它们是具有很高应用价值的酶和干扰素。同时蛋白质的含量在 80％以上，氨基酸含量丰富，种类齐全，配比合理。免疫球蛋白和丰富的营养物质可以让人体肌肤获得重生般的二次发育。这是羊胎素以补为主导的对抗皮肤问题的作用机理。

白藜芦醇能够有效清除人体多余自由基以及能提高胶原蛋白的合成和代谢从而有效地改善皮肤。白藜芦醇还能通过下调 MCR1 的表达，降低 KIT、TYR、SLC45A2、MREG 等基因的表达从多种信号途径抑制酪氨酸酶的活性，阻断黑色素的生成与转运，提亮肤色。

羊胎素提取液的制备工艺为：选用新鲜的羊胎盘，除杂后采用清水清洗、绞肉机粉碎后放入反应釜内，加入蒸馏水，调节 pH 为 7.8～8.2，在 40～50℃下加入 0.3％～0.6％的胰蛋白酶，酶解 4～6h，升温至 78～82℃再冷却保温至 55～

65℃，调节 pH 为 6.8～7.5，加入中性链霉蛋白酶，酶解 6～8h，升温到 105℃灭菌，得羊胎素提取液。

白藜芦醇的制备方法为：通过加入酒酵母、糖化酶、黑曲酶对虎杖粉进行恒温发酵、逆流加压低温渗漏，制备得到白藜芦醇。

(1) 酶转化：加水浸润虎杖粉（干燥，并粉碎到 90％以上能通过 20 目筛），将浸润后的虎杖粉置于温度控制在 28～50℃的容器内，用专用酶恒温发酵 6～24h，使白藜芦醇的类似物转化成白藜芦醇，专用酶为酒酵母、糖化酶、黑曲酶，专用酶与所述虎杖粉的投料比为 1：(99～101)，虎杖粉与所述水的投料比为 10：(2～3)；

(2) 逆流加压低温渗漏：将发酵好的虎杖粉均匀装入渗漏柱，径高比为 1：(4～5)，总共加入虎杖粉质量 3～5 倍的乙酸乙酯和石油醚混合试剂，慢慢通过虎杖层，得渗漏液，将虎杖渗漏液浓缩至无试剂，得浸膏；

(3) 溶解除杂：采用 60％～80％乙醇常温溶解浸膏，过滤，得滤液；

(4) 层析：将滤液加入氧化铝层析柱，待全部液体进入氧化铝柱以后，再用 80％～95％乙醇洗脱，至检测没有白藜芦醇时为止；

(5) 结晶与重结晶；

(6) 将结晶低温真空干燥得成品，白藜芦醇≥99％。

［产品特性］ 本品可改善面部缺水、暗黄的问题，该面膜精华液不含激素，消炎抗菌效果好，促进细胞再生，改善毛孔粗大问题，加快细胞的再生能力，修复皮肤，使肌肤光滑细嫩，美白肌肤。

配方 15　具有深层补水和屏障修复的面膜精华液

［原料配比］

原料	配比（质量份）		
	1#	2#	3#
二裂酵母发酵产物滤液	10	50	88
纯化水	81.6	42.35	—
尿囊素	0.1	0.15	0.2
丁二醇	2	5	8
双甘油	0.5	1	2
EDTA 二钠	0.02	0.05	0.1
馨鲜酮	0.3	0.4	0.6
1,2-己二醇	0.6	0.5	0.3
卡波姆	0.1	0.15	0.2

原料	配比（质量份）		
	1#	2#	3#
精氨酸	0.1	0.15	0.2
透明质酸钠	0.01	0.05	0.1
羟乙基纤维素	0.01	0.05	0.1
羟基化卵磷脂	0.1	0.15	0.2

[制备方法]

（1）将卡波姆、透明质酸钠、羟乙基纤维素、馨鲜酮、EDTA 二钠、尿囊素加入到甘油（或丁二醇）中，搅拌均匀；

（2）将纯化水和二裂酵母发酵产物滤液加入到步骤（1）的混合物中，搅拌至无颗粒状态；

（3）把精氨酸搅拌至黏稠液体状态；

（4）加入双甘油（或聚甘油-10）、1,2-己二醇和羟基化卵磷脂，搅拌均匀，出料。

[产品特性] 本面膜精华液可达到深度长效补水的效果。

配方 16 含有玫瑰茄提取物的美白保湿面膜精华液

[原料配比]

原料		配比（质量份）	
		1#	2#
A	玫瑰茄花萼超微粉	0.50	2.5
	50%乙醇溶液	适量	适量
	柠檬酸亚锡二钠	0.022	0.08
B	红景天提取物（红景天苷含量≥5%）	0.15	0.75
	黄芪提取物（黄芪多糖含量≥10%）	0.15	0.75
	海藻酸钠	0.10	0.5
	黄原胶	1	5
	去离子水	28	140
C	丁二醇	5	25
	丙二醇	5	25
	甘油	5	25
	去离子水	15	75

原料		配比（质量份）	
		1#	2#
D	海藻糖	1	5
	维生素 C	0.60	3
	50％维生素 E 干粉	0.50	2.5
	甜菜碱	0.50	2.5
	透明质酸钠	0.10	0.5
	去离子水	27	135
乳酸		适量	适量
去离子水		加至 100	加至 500

[制备方法]

（1）称取一定量平均粒径≤25μm 的玫瑰茄花萼超微粉，按照料液比 1∶10 加入 50％乙醇溶液，室温下浸提两次，每次提取 6～8h，再利用 200 目筛网过滤，合并两次滤液，50℃下减压旋转蒸发浓缩至无乙醇，用大孔树脂柱吸附，待吸附结束，用 80％乙醇溶液将树脂柱上吸附的花色苷类物质洗脱下来，收集洗脱液于 50℃下旋转蒸发至无乙醇得到玫瑰茄提取物溶液，按照料液比 1∶100 加入柠檬酸亚锡二钠，搅拌溶解，为原料液 A；

（2）准确称取红景天苷含量≥5％的红景天提取物、黄芪多糖含量≥10％的黄芪提取物、海藻酸钠和黄原胶，按照料液比 1∶20 加水，60～80℃下搅拌至粉体完全溶解，均质乳化 10～15min 得到均质混合液，为原料液 B；

（3）称取丁二醇、丙二醇和甘油，加入等体积水，搅拌均匀，为原料液 C；

（4）称取海藻糖、维生素 C、50％维生素 E 干粉、甜菜碱和透明质酸钠，按照料液比 1∶10 加水，搅拌至粉体完全溶解，为原料液 D；

（5）将 A、B、C、D 四种原料液混合均匀，用水补足至规定量，加入乳酸调节 pH 至 4.0～4.2，制得含有玫瑰茄提取物的美白保湿面膜精华液。

[原料介绍]　玫瑰茄提取物和红景天提取物具有较强自由基清除能力，可以保护细胞免受辐射和脂质过氧化损伤；玫瑰茄提取物赋予精华液鲜艳的酒红色，色泽漂亮。柠檬酸亚锡二钠和乳酸分别创造厌氧和酸性环境，保持色泽稳定，同时发挥抗菌作用，避免使用防腐剂。

[产品特性]　本品采用优化的营养素、嫩肤和保湿因子组合，可以促进死皮脱落，加速组织细胞更新、修复损伤皮肤，促进皮肤锁水，使皮肤紧致并可淡化细纹。

配方 17　保湿补水修复面膜精华液

[原料配比]

原料		配比（质量份）			
		1#	2#	3#	4#
A组分	水	73.56	75.79	72.64	68.62
	甘油	14	12	16	18
	对羟基苯乙酮	0.2	0.2	0.2	0.2
	尿囊素	0.1	0.2	0.1	0.2
	纤维素	0.14	0.15	0.1	0.16
	卡波姆	0.06	0.05	0.03	0.045
	黄原胶	0.15	0.2	0.1	0.18
B组分	三乙醇胺	0.06	0.05	0.03	0.045
C组分	PVM/MA 共聚物	0.3	0.5	0.2	0.4
	甘油丙烯酸酯/丙烯酸共聚物	0.2	02	03	0，2
	苯氧乙醇	0.1	0.3	0.1	0.1
	水	0.2	0.4	0.2	0.2
	甘油	0.2	0.3	0.2	0.3
	植物提取复合液	0J	0.125	0.081	0.14
	透明质酸钠（分子量为130～150万）	0.09	0.09	0.05	0.06
	燕麦 β-葡聚糖	0.2	02	0.3	0.15
	大豆发酵复合液	0.09	0.11	0.06	0.14
	四氢甲基嘧啶羧酸	0.02	0.02	0.01	0.02
	可溶性蛋白多糖溶液	0.02	0.04	0.015	0.03
	糖类同分异构体	0.8	0.8	0.6	0.5
D组分	增溶剂	PEG-35 蓖麻油	0.001	0.001	0	0.002
		PEG-50 氢化蓖麻油	0.001	—	0.001	0.002
		壬基酚聚醚 -12	0.001	0.001	0.001	0.002
		丙二醇	0.001	0.002	0.001	0.003
	香精		0.001	0.001	0.001	0.001
E组分	助剂	辛酰羟肟酸	0.2	0.2	0.2	0.2
		甘油辛酸酯	0.05	0.05	0.05	0.05
		丙二醇	0.145	0.15	0.15	0.15
	丙二醇		9	9	8	8.5

[制备方法]

（1）将 A 组分加入搅拌机中，在 10～60r/min 的转速下升温至 75～85℃，继续保温搅拌至完全混合；

（2）降温至不高于 45℃后，向搅拌机中加入 B 组分，继续搅拌；

（3）向搅拌机中加入 C 组分，搅拌均匀；

（4）向搅拌机中加入 D 组分和 E 组分，搅拌均匀，经检验、储存、灌装、包装得到保湿补水修复面膜精华液成品。

[原料介绍]　所含的两种高低分子透明质酸钠、可溶性蛋白多糖溶液、糖类同分异构体，可作用于皮肤表皮，形成保水屏障，同时还可渗透进入真皮层，促进透明质酸钠的合成，最终达到保湿补水双重效果；该面膜精华液还含有植物提取复合液、大豆发酵复合液、燕麦 β-葡聚糖、四氢甲基嘧啶羧酸，这些功效原料可以聚拢细胞周围的水分子，在细胞膜外形成具有保护滋养稳定细胞作用的"水化壳"，防止细胞损伤，能够激活自动免疫系统反应，合成胶原蛋白，增强细胞的免疫力，减少引起炎症的肥大细胞与白细胞组胺的释放量，从而全面起到保护修复肌肤屏障的作用。

所述 C 组分中，植物提取复合液由植物提取物、溶剂混合制成，质量份配比为：积雪草提取物 5、虎杖根提取物 2、黄芩根提取物 2、茶叶提取物 1、光果甘草根提取物 1、母菊花提取物 0.5、迷迭香叶提取物 0.5、水 38 和丁二醇 50。

所述 C 组分中，大豆发酵复合液按质量份的组成为：乳酸杆菌/大豆发酵产物提取物 2、叶酸 2、透明质酸钠 0.8、丁二醇 5、1,2-己二醇 2、水 88.2。

所述 C 组分中，第三保湿剂包括 PVM/MA 共聚物、甘油丙烯酸酯/丙烯酸共聚物和第三溶解剂，其中，第三溶解剂由水和多元醇混合而成，所述第三溶解剂中的多元醇选自丁二醇、丙二醇、甘油、1,2-己二醇中的至少一种。

所述 C 组分中，可溶性蛋白多糖溶液的组成为：可溶性蛋白多糖 1、丁二醇 29.7、水 69.3。

所述 C 组分中，糖类同分异构体为阿洛酮糖、葡萄糖、甘露糖、果糖、半乳糖中的至少一种。

[产品特性]　本品各功效成分之间协同作用，从多方面多层次实现良好的保湿补水、修复功效；具有更佳的使用感和护肤功效，本产品采用的是天然、安全、温和的功效原料，不会有任何刺激性。

配方 18　含小分子肽的精华液护肤保湿面膜

[原料配比]

原料		配比（质量份）	
		1#	2#
A	小分子肽浓缩液	3	8
	芦荟提取物	5	8

原料		配比（质量份）	
		1#	2#
A	黄瓜提取物	5	4
	透明质酸	1	1
	羟乙基纤维素	0.3	0.3
	维生素 E	0.03	0.03
	葡萄籽提取物	0.1	0.1
	甘草酸二钾	0.03	0.03
	苦参提取物	3	2
	海藻提取物	2	5
	去离子水	25	25
B	聚山梨醇	0.1	0.1
	茶树精油	0.1	0.1
	薄荷醇	0.1	0.2
	甘油	0.3	0.3
	牡丹精油	0.2	0.2
	柠檬精油	0.2	0.2
	角鲨烷	0.05	0.05

[制备方法]

（1）将 A 组分小分子肽浓缩液、芦荟提取物、黄瓜提取物、透明质酸、羟乙基纤维素、维生素 E、葡萄籽提取物、甘草酸二钾、苦参提取物、海藻提取物、去离子水，以 100～2000r/min 的高转速搅拌 10～30min，混合均匀；

（2）将 B 组分甘油、牡丹精油、薄荷醇、茶树精油、聚山梨醇、柠檬精油、角鲨烷，25～65℃水浴加热，并以 500～3000r/min 的转速搅拌 10～60min，使得各组分混合均匀；

（3）将 B 组分缓慢滴加到 A 组分中，并在 100～2000r/min 的转速下搅拌分散 10～60min，然后冷却至 5～20℃，以 300～1000W 的功率超声分散 1～20min，最后经过 100～1000 目滤布过滤，即可获得含小分子肽的精华液，并取一定质量的该精华液与面膜混合并封装，以供使用。

[原料介绍] 所述小分子肽浓缩液为胶原蛋白小分子肽，浓度为 0.5%～20% 的胶原蛋白原液。

[产品特性] 本品以小分子肽作为皮肤新陈代谢的营养液，其中采用的胶原蛋白小分子肽对皮肤的渗透性好、亲和力高，可以有效透过皮肤的上皮细胞，并参与皮肤细胞的新陈代谢活动，为肌肤的新陈代谢提供营养，达到修复皮肤、滋润皮

肤、延缓皮肤衰老的目的。并且本品中采用多种天然的植物提取物和精油，不添加防腐剂，对皮肤损伤小、刺激性小，使得本护肤保湿面膜不仅具有保湿性强、皮肤修复性好的优点，同时还具有美白去皱、镇静消炎、缩小毛孔等多种功效。

配方 19　面膜精华液

[原料配比]

原料	配比（质量份）		
	1#	2#	3#
酵母菌发酵产物滤液	1	30	10
黄原胶	0.01	—	—
聚丙烯酸钠	—	—	0.01
卡拉胶	—	1	—
甘油	1	—	—
甜菜碱	—	1	—
山梨糖醇	—	—	10
水解胶原蛋白	—	1	2
苯甲酸钠	1	—	—
去离子水	34	96.99	60

[制备方法]　将各组分和水混合后在 400r/min 下搅拌 20min，得到精华液；采用常规制备面膜的方法将 3mL 上述精华液和 1 张生物纤维面膜布，制备成一个包装的面膜。

[原料介绍]　酵母菌发酵产物滤液包括蛋白质、氨基酸、多肽和多糖，市售商品，型号为 BLDSPS-002。

[产品特性]　本品能够提高脸部皮肤的补水和去油效果。

配方 20　快速修复术后皮肤的补水面膜精华

[原料配比]

	原料	配比（质量份）			
		1#	2#	3#	4#
A 相	PEG-100 硬脂酸酯	0.2	0.22	0.3	0.25
	聚二甲基硅氧烷	0.4	0.5	0.7	0.6
	油醇醚-5	0.2	0.25	0.4	0.3

原料		配比（质量份）			
		1#	2#	3#	4#
B相	生育酚磷酸酯钠	0.3	0.4	0.6	0.5
	双-PEG-18甲基醚二甲基硅烷	4	5	8	7
	聚丙烯酸酯交联聚合物-6	0.15	0.2	0.3	0.25
	阿拉伯胶树胶	0.03	0.04	0.07	0.05
	丁二醇	4	5	7	6
	甘油	1	1	2.5	2.2
	透明质酸钠	0.1	0.15	0.2	0.17
	去离子水	77.62	70.24	57.93	63.48
玉竹提取物		2	2.5	3.5	3
银耳提取物		2.5	3	4	3.5
节盲环毛蚓提取物		1.5	2	2.5	2.2
菊叶薯蓣根提取物		2.5	3	3.5	3.3
海州骨碎补		0.5	1	2	1.7
海草硫酸化寡糖类		2	2.5	3.5	3
棕榈酰赖氨酸酰氨基戊酰基赖氨酸		1	2	3	2.5

[制备方法]

（1）在油相锅中加入 PEG-100 硬脂酸酯、聚二甲基硅氧烷、油醇醚-5，升温至 80℃，转速为 60r/min，搅拌至各原料完全溶解后再搅拌 3min，形成 A 相混合物，待用。

（2）在乳化锅中加入生育酚磷酸酯钠、双-PEG-18 甲基醚二甲基硅烷、聚丙烯酸酯交联聚合物-6、阿拉伯胶树胶、丁二醇、甘油、透明质酸钠以及去离子水，升温至 80℃，转速为 60r/min，搅拌 10min，以 15r/min 保温搅拌 32min，形成 B 相混合物，待用。

（3）将 A 相混合物全部加入乳化锅中，转速为 60r/min，搅拌 5min，将 A 相混合物与 B 相混合物搅拌均匀以形成预混物。

（4）转速为 15r/min，持续搅拌并自然降温，降温至 30℃后，在乳化锅中加入玉竹提取物、银耳提取物、节盲环毛蚓提取物、菊叶薯蓣根提取物、海州骨碎补、海草硫酸化寡糖类、棕榈酰赖氨酸酰氨基戊酰基赖氨酸，转速为 55r/min，搅拌 8min，搅拌混合均匀，得到快速修复术后皮肤的补水面膜精华。

[原料介绍]　通过加入节盲环毛蚓提取物、菊叶薯蓣根提取物以及海州骨碎补以特定的比例组合，快速修复术后皮肤的补水面膜精华具有较好的消除自由基的效果。快速修复术后皮肤的补水面膜精华渗透至人体皮肤中后，消除皮肤中的自由

基，以减少促进皮肤衰老的根源，实现延缓皮肤衰老的效果，进而保持了皮肤细胞持续具有较好吸水能力的效果，以使得皮肤持续保持湿润，不易过敏红肿，使得术后肌肤修复效率更高；

通过加入海草硫酸化寡糖类，促进细胞生长发育，配合节盲环毛蚓提取物、菊叶薯蓣根提取物以及海州骨碎补延缓衰老的效果，使得抗衰老的效果更佳；

通过加入棕榈酰赖氨酰氨基戊酰基赖氨酸能有效抗皱，使用后皮肤皱纹减少，延缓衰老的效果较佳。

[产品特性] 本品具有较好的消除自由基的效果，以减少促进皮肤衰老的根源，实现延缓皮肤衰老的效果。

配方 21 白及多糖面膜精华液

[原料配比]

原料	配比（质量份）			
	1#	2#	3#	4#
白及多糖纳米乳	10	15	12	14
薏苡仁提取物	10	15	12	11
天然防腐剂	1	2	1.5	1.5
辅助剂	5	8	7	5
维生素 B₆	0.5	1	0.8	0.5
去离子水	加至 100	加至 100	加至 100	加至 100

[制备方法] 白及多糖纳米乳与薏苡仁提取物混合后加入水中，并依次加入辅助剂、维生素 B_6 粉末和天然防腐剂，快速搅拌 20～30min 至均匀，超声 10～15min，调节此溶液 pH 至 5.5～6.5。

[原料介绍] 本产品的主要抗氧化功效来自白及多糖，本品将白及多糖原料改进为 W/O 型纳米乳，通过控制微粒粒径和包裹油性外壳，白及多糖纳米乳与皮肤有良好的相容性，且具有良好的透皮吸收特性，白及多糖得以更多地进入皮肤发挥作用。另外添加了有效成分薏苡仁提取物和芦荟苷，薏苡仁提取物具有抗炎、抗氧化的功效，芦荟苷具有舒缓补水的功效，三者共同配伍对发挥药效具有协同作用。维生素 B_6 是一种水溶性维生素，在临床上用于治疗冻疮、干燥皲裂、脂溢性皮炎等疾病，在本品中具有抗炎的作用，但由于可能引起的皮肤耐受问题添加量极少，且与白及多糖、薏苡仁提取物及芦荟苷的联合应用减轻了皮肤的不耐受反应。在白及多糖与薏苡仁提取物的混合物中，加入了低浓度的白及多糖溶液，一方面是因为白及多糖溶于水中形成的白及多糖胶为天然亲水性高分子材料，具有

辅助乳化剂的作用，有助于 W/O 型纳米乳溶解于薏苡仁提取物中；另一方面，白及多糖因具有抗氧化作用有助于保护精华液不被氧化。

所述白及多糖纳米乳的组成质量配比为：表面活性剂：混合油脂：溶剂：白及多糖＝（3～6）：（2～3）：（1～2）：（2～4）。

所述白及多糖纳米乳的制备方法为：将表面活性剂与混合油脂按比例混合，不断搅拌，此为油相；将白及多糖与溶剂按比例混合均匀，此为水相；先将 1/6～1/4 油相缓慢倒入水相中搅拌均匀，再将此混合液体全部倒入剩余油相中，不断搅拌，直至形成半透明的黄色分散体。

所述混合油脂为橄榄油与紫苏油的质量比＝（4～5）：1 的混合物；

所述溶剂为三乙醇胺与水的质量比＝1：（5～7）的混合物。

所述薏苡仁提取物的制备方法为：将薏苡仁加入 3～5 倍质量的水，在碱性水溶液中 45～55℃回流提取 2～3h，过滤，取续滤液调节 pH 至中性，加入 0.3～0.5g/g 蛋白酶、0.4～0.7g/g 淀粉酶，在 55～65℃下酶解 3～4h，加入 2～3 倍体积、质量分数为 50%～70% 的乙醇溶液静置 2～3h 后，加入吸附剂以 60～80r/min 搅拌 30～50min 后过滤，挥干乙醇即可；吸附剂为鸡蛋壳先后在 4～6 倍体积的 0.1mol/L 磷酸和 0.1mol/L 氯化铵溶液中各浸泡 3h 后，经 60～80℃烘干研磨而成的粉末。

所述天然防腐剂为由质量分数 40%～50% 苯乙醇、10%～15% 芦荟苷、12%～15% 单辛酸甘油酯、5%～10% 甘氨酸钠、10%～20% 水组成的 W/O 乳剂。

所述天然防腐剂的制备方法为：将配方量的甘氨酸钠溶于水中，另将配方量的苯乙醇、芦荟苷、单辛酸甘油酯混合均匀，此为油相，再将甘氨酸钠的水溶液缓慢注入油相中，以同一方向 80～120r/min 搅拌 30～40min 即得。

所述辅助剂为含量 5% 白及多糖溶液。

所述表面活性剂为吐温-80 与吐温-60 质量比＝3：1 的混合物；

［产品特性］ 本品具有抗氧化、抗炎、舒缓的效果。

4 美白嫩肤精华

配方 1 美白瘦脸保湿精华乳

[原料配比]

原料	配比（质量份）		
	1#	2#	3#
冬瓜皮	30	30	20
荷叶	45	40	50
黄瓜	14	14	10
冬青	15	13	18
葡萄籽	7	5	7
甲壳素	4	2	5
汉生胶	0.05	0.05	0.1
丙二醇	0.01	0.01	0.02
芦荟液	15	13	16
新型氨基酸美白剂	2.5	2	3
透明质酸	3	2	5
胶原蛋白	5	3	8
去离子水	适量	适量	适量

[制备方法]

（1）将冬瓜皮、荷叶、冬青、葡萄籽清洗干净、烘干，粉碎成200～400目粉状，加入适量水搅拌均匀，浸泡2～5天，过滤、去渣，取汁液；

（2）将黄瓜洗净、切块，放入榨汁机中进行榨汁，过滤，去除残渣，得黄瓜汁液；

（3）把芦荟清洗干净，去刺，搅碎，榨汁，得芦荟液；

（4）先将步骤（1）、（2）、（3）制得的汁液混合，再加入甲壳素、汉生胶、丙二醇、新型氨基酸美白剂、透明质酸和胶原蛋白，均质乳化；

（5）在 8～18℃的条件下浓缩成膏状；

（6）灭菌、包装。

［原料介绍］　在芦荟液当中特有成分 29 种之多的有机酸和脂肪酸类以及 22 种的氨基酸和蛋白质等的共同作用下，加之芦荟多糖、芦荟缓激肽酶的协调作用，特别是芦荟当中的过氧化氢酶和 SOD 酶，综合上起到了养颜、护肤、滋润皮肤和毛发、保水、总体上养护细胞、防止细胞老化、皮肤增白、改善皮肤光洁度之功效。芦荟当中的缓激肽酶、碱性磷酸酯酶、植物凝血素等多种微量元素以及芦荟酸和芦荟皂苷Ⅰ、Ⅱ等针对湿疹、皮炎、皮肤瘙痒等有明显功效。

透明质酸是一种多功能基质，透明质酸（玻璃酸）HA 广泛分布于人体各部位。其中皮肤也含有大量的透明质酸。人类皮肤成熟和老化过程也随着透明质酸的含量和新陈代谢而变化，它可以改善皮肤营养代谢，使皮肤柔嫩、光滑、去皱、增加弹性、防止衰老，在保湿的同时又是良好的透皮吸收促进剂。与其他营养成分配合使用，可以起到促进营养吸收的更理想效果。

新型氨基酸美白剂，能疏通血液微循环，减缓黑色素转移至皮肤表皮层，不使整个皮肤呈现褐色，维持皮肤细胞良性代谢，而表现出独特美白的生物活性，被国外化妆品专家称为"黑色素搬运工"。

黄瓜中所含的丙醇二酸，可抑制脂肪的合成，起到瘦脸效果。

荷叶的化学成分主要有荷叶碱、柠檬酸、苹果酸、葡萄糖酸、草酸、琥珀酸及其他抗有丝分裂作用的碱性成分。药理研究发现，荷叶具有解热、抑菌、解痉作用。冬瓜皮具有消除水肿、防止皮肤色素沉着、美容养颜的作用。

冬青具有保护滋养面部皮肤、抑制及分解黑色素、抵御紫外线照射的功能作用，增强面部皮肤的抵抗力，可促进血液循环，全面调理皮肤营养和水分，保持面部皮肤的弹性，使面部皮肤光泽、白嫩、细腻，减少或去除皱纹及色素沉积。

葡萄籽对皮肤起双重作用：一方面它可促进胶原蛋白形成适度交联；另一方面，它作为一种有效的自由基清除剂，可预防皮肤"过度交联"这种反常生理状况的发生，从而也就阻止了皮肤皱纹和囊泡的出现，保持皮肤的柔顺光滑。硬弹性蛋白可被自由基或硬弹性蛋白酶所降解，缺乏硬弹性蛋白的皮肤松弛无力。

胶原蛋白被称为"肤中之肤，骨中之骨"，对皮肤的作用非常重要，它能使皮肤保持结实而有弹性。

［产品特性］　本品能够全面调理皮肤营养和水分，保持面部皮肤的弹性，使面部皮肤光泽、白嫩、细腻，分解皮下脂肪，塑造脸部轮廓，减少或去除皱纹及色素沉积。

配方2 具有嫩白保湿抗皱功效的大花红景天精华液

[原料配比]

原料	配比（质量份）		
	1#	2#	3#
大花红景天根提取液	50	40	60
红茶提取液	5	4	6
蓝莓果提取液	5	4	6
忍冬花提取液	5	4	6
1,2-己二醇	5	4	6
卡波姆	1	1	2
丙二醇	60	60	80
透明质酸钠	0.5	0.4	0.6
丁二醇	120	100	150
β-葡聚糖	20	10	30
三乙醇胺	1	1	2
去离子水	1000	800	1200

[制备方法] 将上述配方量的卡波姆、丙二醇、透明质酸钠、丁二醇以及水置于容器中加热到85℃，溶解至透明保温10min，加入三乙醇胺中和，逐步冷却至45℃再加入大花红景天根提取液、红茶提取液、蓝莓果提取液、忍冬花提取液以及β-葡聚糖和1,2-己二醇搅拌均匀即可出料，得精华液。

[原料介绍] 所述大花红景天根提取液的制备工艺为：取大花红景天根，除去粗皮，加入6～8倍量60%～70%乙醇回流提取三次，第一、二次提取3h，第三次提取2h，过滤，合并滤液，回收乙醇至无醇味，浓缩至相对密度为1.25～1.45的稠膏；然后加3～5倍量的水，水沉两次，每次48h，取上清液，过滤，将滤液浓缩至相对密度为1.03～1.10的浓缩液即得。

所述红茶提取液的制备工艺为：取山茶科植物红茶的干燥芽叶，加入10倍量90℃水，浸泡15～20min，超声波提取2次，每次10～15min，过滤，合并滤液，将滤液浓缩至相对密度为1.03～1.10的浓缩液即得。

所述蓝莓果提取液的制备工艺为：取蓝莓果打浆，得蓝莓浆液，加入10倍量60%～75%乙醇，超声波提取三次，每次30min，抽滤，离心，减压回收乙醇，将滤液浓缩至相对密度为1.03～1.10的浓缩液即得。

所述忍冬花提取液的制备工艺为：取忍冬科植物淡红忍冬干燥花蕾加入6～8倍水煎煮两次，第一次2h，第二次1h，过滤，合并滤液，浓缩至相对密度为

1.03～1.10的浓缩液即得。

[产品特性]　本品能增强皮肤活性，促进新陈代谢，清除氧自由基，提升肌肤弹性，使肌肤更紧实柔滑，具有较好的深层保湿效果，减少皱纹生成。

配方3　孕妇适用的润白精华素

[原料配比]

原料	配比（质量份）	
	1#	2#
γ-谷维素	15	10
稻糠甾醇	10	10
原花青素	11	11
银杏提取物	11	11
甘草提取物	13	13
橄榄油	10	9
霍霍巴油	8	6
芦荟胶	15	10
海藻糖	8	7
去离子水	55	50

[制备方法]

（1）取70%的去离子水，加入银杏提取物和甘草提取物，置于30～35℃的室温下浸泡1h，再在常压下煮沸，沸腾后改用文火继续保持微沸状态2h，静置冷却至30～35℃，过滤得滤液A；

（2）取30%的去离子水，加入γ-谷维素、稻糠甾醇、橄榄油、霍霍巴油和海藻糖，加热至100～110℃，再进行均质乳化，搅拌转速为2700r/min，保持10min，真空脱泡，得乳化物B；

（3）待乳化物B冷却至75℃，加入滤液A、原花青素和芦荟胶，进行第二次均质，搅拌转速为1200r/min，保持2min，真空脱泡，冷却后即可。

[原料介绍]　所采用的材料主要来自大米的提取物，其中：

γ-谷维素被称为"美容素"，是植物型的黑色素抑制剂，性质温和，无副作用，能减低黑色素细胞活性，抑制黑色素的形成、运转和扩散，缓解色素沉着，淡化蝴蝶斑，净肤色。同时，还能降低毛细血管脆性，提高肌肤末梢血管循环机能作用，进而防止肌肤皲裂和改善肌肤色泽，使肌肤绽放自然润白亮泽。

稻糠甾醇对肌肤具有很高的渗透性，能维持细胞的柔软和湿润，有效保持肌肤表面水分，由于本身含有充足的水分，因此能在短时间里让角质水分充盈，使弹力纤维及胶原蛋白处在充满水分的环境中，肌肤也就更滋润更具弹性了。稻糠甾醇还能促进肌肤新陈代谢，抑制肌肤发炎，可防日晒红斑、肌肤老化。

原花青素是国际上公认的清除自由基最有效的天然抗氧化剂，欧洲人称花青素为青春营养品、肌肤维生素。它能恢复胶原蛋白活力，使肌肤平滑而有弹性。花青素不仅帮助胶原蛋白纤维形成交联结构，预防胶原纤维及弹性纤维的退化，使肌肤保持应有的弹性及张力，避免肌肤下垂及皱纹产生，还可帮助防止因受伤和自由基所引起的肌肤起皱纹和过早老化，使肌肤更具弹性和活力，充满青春风采。

银杏提取物中含有银杏内酯和银杏叶酯的成分，具有强效的抗氧化作用，能有效地清除损害组织和细胞的自由基，同时也清除了由自由基产生的肌肤毒素；甘草提取物含有多种维生素，可活化肌肤、促进修复、深度紧致肌肤细胞，增强肌肤的抗氧化能力；霍霍巴油主要成分是不饱和高级醇和脂肪酸，有良好的稳定性，极易与皮肤融合，具有超凡的抗氧化性，其含有丰富的维生素，具有滋养软化肌肤的功效；橄榄油和芦荟胶也是孕妇护肤的良品，能保持水分并滋养肌肤，使皮肤光泽细腻而富有弹性；海藻糖在高温、高寒、高渗透压及干燥失水等恶劣环境条件下在细胞表面能形成独特的保护膜，有效地保护蛋白质分子不变性失活，从而维持生命体的生命过程和生物特征。

[产品特性] 本品用天然植物萃取物提炼的成分研制而成，不含酒精、不含重金属、不含激素，安全，温和无刺激，各种功效成分均有很好的皮肤补水锁水效果，该组合物辅料配比合理，临床使用安全有效，质量稳定可控，其生产加工过程要求合乎绿色环保健康原则。

配方4　含卵磷脂的美白保湿天丝面膜液

[原料配比]

原料		配比（质量份）		
		1#	2#	3#
A相	去离子水	77.66	68.41	85.43
	卵磷脂/C_{12}~C_{16}醇/棕榈酸复合物	1	1.2	0.8
	EDTA-2Na	0.02	0.05	0.01
B相	甘油	6	8	4
	1,3-丙二醇	6	8	4
	小分子透明质酸	0.05	0.08	0.02
	大分子透明质酸	0.02	0.05	0.01

原料		配比（质量份）		
		1#	2#	3#
B相	羟乙基纤维素	0.08	0.1	0.05
	1,2-戊二醇	1	1.2	0.8
	1,2-己二醇	0.05	0.6	0.4
	羟苯甲酯	0.1	0.12	0.08
C相	C_{14}～C_{22}醇/C_{12}～C_{20}烷基糖苷复合物	0.35	0.4	0.3
	红没药醇/姜根提取物复合物	0.1	0.2	0.08
	蚕丝油（异壬酸异壬酯）	0.5	0.8	0.4
	辛基聚甲基硅氧烷	0.5	0.8	0.4
	生育酚乙酸酯	0.05	0.06	0.01
D相	海藻糖	1	2	0.5
	烟酰胺	1	2	0.5
	豌豆提取物	0.5	1	0.2
	白睡莲花提取物	2	3	1
	硅复合乳液	0.8	1	0.5
	苯氧乙醇	0.15	0.18	0.1
	香精	0.2	0.05	0.01
E相	卵磷脂/丙烯酸（酯）类共聚物钠复合物	0.6	0.7	0.4

[制备方法]

(1) 先将 A 相中的纯化水加入水相缸中，开启搅拌，设定温度为 75℃；在搅拌状态下，加入 EDTA-2Na，使其充分溶解；再加入卵磷脂/C_{12}～C_{16}醇/棕榈酸复合物，搅拌水合 25～30min 至无颗粒状态。

(2) 设定乳化缸温度为 80℃；当水相缸原料水合完毕时，将其抽入乳化缸中；预先在容器内将大分子透明质酸和小分子透明质酸用甘油分散，羟乙基纤维素用 1,3-丙二醇分散均匀，加入乳化缸分散均匀后，加入 1,2-戊二醇、1,2-己二醇和羟苯甲酯，溶解完全后，保温 5～10min。

(3) 设定油相缸温度为 70～75℃，加入 C 相原料，溶解完全制成油相混合物；将油相混合物加入乳化缸中，开启均质 5～7min，以 1500～2500r/min 高速均质，直至形成微黄色均匀乳液状态，保温 5～10min 后，开启冷却水降温。

(4) 当温度降低到 40℃时，加入 D 相原料，继续搅拌 10～15min，直至溶解完全。

(5) 最后阶段加入 E 相，调整配方黏度，继续搅拌至均匀无颗粒状态；检验产品的理化指标，合格后出料。

(6) 出料送检，各项指标合格后灌装至天丝面膜布贴中。

[原料介绍] 卵磷脂是磷脂与油脂的混合物。磷脂具有以下优点：与皮肤角质层高度亲和，修护受损皮肤的皮脂屏障；在皮肤表面形成薄膜，使其免受刺激损伤；具有极强的水合能力，1分子磷脂可连接23个水分子，增强皮肤表面以及深层的锁水能力；具有舒缓镇静、高度皮肤相容性与低致敏性；可以更快捷地传递活性；具有独特的肤感，比如凉爽感、顺滑感、不黏腻感、柔软感。

[产品特性] 本品以卵磷脂与特定类型的脂肪酸和脂肪醇复配作为乳化剂，提升了磷脂乳化特性并形成层状结构。涂抹于皮肤时，层状结构能够形成一层薄膜，这层薄膜能够阻止水分流失，保存水分以及生物活性因子，使它们可以缓慢地释放进入角质层。另外配方中加入生育酚乙酸酯、硅复合乳液、蚕丝油、大小分子透明质酸、白睡莲花提取物、豌豆提取物、烟酰胺等，通过卵磷脂的传导能量体系，进入角质层，并协同增加使用后皮肤的柔润感和丝滑感。面膜布选用天丝（TENCEL）布，天丝布为原木纤维来源，绿色天然环保。将美白保湿面膜液储存在天丝面膜布中，面膜液配合面膜布柔软服贴性、透气性和舒适性，使美白保湿效果达到更佳。

配方5 美白保湿精华液（1）

[原料配比]

原料	配比（质量份）	
	1#	2#
十字花科美白素	4.914	6.006
尿囊素	0.491	0.601
丙二醇	15.328	21.022
1,3-丁二醇	15.328	21.022
三肽	8.191	10.011
六肽	8.191	10.011
透明质酸	0.098	0.12
熊果苷	6.553	8.009
传明酸	2.457	3.003
小黄瓜提取液	9.03	12.812
双咪唑烷基脲	0.327	0.4
去离子水	110	90

[制备方法]

（1）将双咪唑烷基脲放入丙二醇中，搅拌溶解均匀；

（2）将去离子水放入水锅中，打开搅拌，将透明质酸倒入其中，加热，温度控制在（85±2）℃，待透明质酸完全溶解，加入尿囊素和传明酸，溶解均匀，得到澄清透明溶液；

（3）降温到50℃，加入熊果苷，完全溶解之后，温度降到45℃，加入1,3-丁二醇、小黄瓜提取液，搅拌均匀；

（4）温度降到40℃，加入十字花科美白素、三肽和六肽，搅拌10min，溶液完全透明澄清；

（5）取样，分析，合格之后出锅。

［产品特性］ 本品水合度高，长期使用效果明显。

配方6　含天然成分提取物的美白保湿精华液

［原料配比］

原料	配比（质量份）		
	1#	2#	3#
芦荟油	0.5	1.5	0.5
榛果油	0.5	1	1
小麦胚芽油	1	1.5	1.5
葡萄籽油	1.5	0.5	1.5
玫瑰果油	1.5	0.5	1.5
自乳化复合型乳化剂 AC-402	1.1	1	1
全能冷配乳化剂 G57	1.4	2	2
红景天水提液	1.2（体积份）	1.5（体积份）	0.5（体积份）
积雪草水提液	1.2（体积份）	1.5（体积份）	0.5（体积份）
樱桃汁	0.5（体积份）	1（体积份）	0.5（体积份）
丝瓜水提液	0.5（体积份）	1（体积份）	0.5（体积份）
蜂王浆	0.15	0.15	0.05
维生素C	0.25	0.2	0.15
蚕丝蛋白粉	0.15	0.15	0.15
尼泊金乙酯	0.5	1	0.5
75%乙醇	0.5（体积份）	1（体积份）	2（体积份）
甘油	1（体积份）	0.5（体积份）	2（体积份）
去离子水	30	40	20

［制备方法］

（1）称取芦荟油、榛果油、小麦胚芽油、葡萄籽油、玫瑰果油、自乳化复合型乳化剂 AC-402、全能冷配乳化剂 G57 于 60～90℃水浴加热，边加热边搅拌使其混合均匀，作为油相，备用；

（2）量取蒸馏水，于 60～90℃水浴加热，作为水相，备用；

（3）分别量取红景天水提液、积雪草水提液、樱桃汁、丝瓜水提液，称取蜂王浆、维生素 C、蚕丝蛋白粉，将其搅拌溶解，混合均匀作为精华液的主要功效成分；

（4）将尼泊金乙酯溶于 75％乙醇中，再把甘油加入其中，形成溶液 1；

（5）将水相呈细流状沿烧杯壁缓慢加入到油中，边加热边沿同一方向搅拌，即得到乳剂基质；

（6）将步骤（3）所得主要功效成分和步骤（4）所得溶液 1 加入到步骤（5）所得乳剂基质中，即得到含天然成分提取物的美白保湿精华液。

［原料介绍］ 丝瓜水提液的制备方法为：称取丝瓜 50g，浸泡 0.7h，加热煎煮提取 3 次，第 1 次加 10 倍量水，提取 1h，第 2 次加 10 倍量水，提取 1h，第 3 次加 8 倍量水，提取 0.5h，每次过滤，合并滤液，将滤液浓缩至丝瓜质量的 5 倍，过滤即得。

红景天水提液的制备方法为：称取红景天 30g，浸泡 0.8h，加热煎煮提取 3 次，第 1 次加 15 倍量水，提取 2h，第 2 次加 10 倍量水，提取 0.5h，第 3 次加 9 倍量水，提取 1.5h，每次过滤，合并滤液，将滤液浓缩至红景天质量的 6 倍，过滤即得。

积雪草水提液的制备方法为：称取积雪草 50g，浸泡 0.7h，加热煎煮提取 3 次，第 1 次加 10 倍量水，提取 1h，第 2 次加 10 倍量水，提取 1h，第 3 次加 10 倍量水，提取 0.5h，每次过滤，合并滤液，将滤液浓缩至积雪草质量的 5 倍，过滤即得。

樱桃汁的制备方法为：称取新鲜的樱桃 100g，用蒸馏水洗净，分次榨汁，每次加入 6 倍量蒸馏水进行榨取，合并分次榨取的樱桃汁，用洁净的双层纱布过滤 4 次，以去除汁液中的残渣，即得到所需要的樱桃汁。

所述红景天水提液、积雪草水提液、丝瓜水提液、樱桃汁的制备方法中，每次加水量均为各原材料质量的倍数。

［产品应用］ 本品美白保湿精华液可用于制备美白保湿面膜，将面膜纸放入精华液中，待精华液充分浸入面膜纸，即得到含天然成分的美白保湿面膜。

［产品特性］ 本品不含任何激素及有害化学物质，对皮肤无损伤、无刺激，贴于面部温和不刺激。另外，该款面膜精选富含多种肌肤营养素的天然中药和植物油，促进死皮脱落，防止黑色素沉着；促进组织细胞生长代谢，促进皮肤锁水与修复晒伤皮肤，延缓皮肤老化并可以淡化细纹。

配方7 美白保湿精华液（2）

[原料配比]

原料	配比（质量份）		
	1#	2#	3#
羟乙基纤维素	0.2	0.5	0.3
甘油	1	5	3
山梨醇	2	7	4
中药提取物	14	20	22
蜂蜜	1	2	2
珍珠粉	0.3	2	1
香精	0.1	0.3	0.2
防腐剂	0.2	1	0.5
水	40	70	50

[制备方法]

（1）将羟乙基纤维素、甘油和山梨醇加入油相锅中，加热至70℃，搅拌至完全溶解，得到物料A；

（2）将水、蜂蜜和珍珠粉加入水相锅中，加热至70℃，搅拌至完全溶解，得到物料B；

（3）将物料A和物料B抽入乳化锅中，开启均质，均质3min，保温搅拌15min；

（4）降温至40℃，加入所述中药提取物、防腐剂和香精，搅拌均匀，即可出料，制得美白保湿精华液。

[原料介绍] 所述中药提取物由以下步骤制得：

（1）取杜仲6～8份、天门冬4～6份和薏米4～8份，干燥粉碎，加入药材总质量8～12倍量的水浸泡40～60min，回流提取2～3次，每次4～7h，过滤并保留滤渣，合并滤液，得水提液；

（2）往步骤（1）中的滤渣中加入药材总质量6～10倍量体积分数为75%～90%的乙醇，回流提取2～3次，每次3～8h，过滤，合并滤液，得醇提液；

（3）合并水提液和醇提液，搅拌均匀后，静置12～24h，离心10～15min，取上清液，进行超滤处理，温度为20～40℃，料液pH为6～8，进液口压力为0.3MPa，出液口压力比进液口压力低0.35kPa，周期性压力波动差为0.10～0.25MPa，当料液原液减少1/9～1/4时，再加水超滤1～2次，合并超滤液；

（4）将超滤液真空减压浓缩至60℃下相对密度为1.10～1.25的浸膏A，

备用；

（5）取蓝莓果 4～8 份打浆，得蓝莓浆液，加入 6～12 倍量 60%～75% 乙醇，超声波提取 2～3 次，每次 25～40min，抽滤，离心，减压回收乙醇，将滤液浓缩至 60℃ 下相对密度为 1.10～1.25 的浸膏 B，备用；

（6）合并浸膏 A 和浸膏 B，即得所述中药提取物。

[产品特性]

（1）本品含有杜仲、天门冬、薏米以及蓝莓果四种植物成分，可达到高效美白、保湿的效果，促进肌肤新陈代谢，改善肌肤暗沉，提高肌肤亮泽度，使皮肤水润光滑、富有弹性，提升肌肤年轻度。

（2）本品安全稳定，渗透性好，易吸收，使用后脸部清爽不黏腻；且本品制备方法简单，条件可控，工艺稳定。

配方 8　具有美白、保湿和防脱妆功能的 BB 霜

[原料配比]

原料	配比（质量份）				
	1#	2#	3#	4#	5#
甘油	3	2.5	2	1	5
环五聚二甲基硅氧烷	5	4	3	1	2
二氧化钛	8	6	10	4	I
鲸蜡醇乙基己酸酯	3	5	1	2	4
鲸蜡基 PEG/PPG-10/1 聚二甲基硅氧烷	3	1	4	4	2
双丙甘醇	5	2	1	3	4
烟酰胺	3	2.5	2	1.5	1
辛酸/癸酸甘油三酯	2	4	1	3	5
棕榈酸乙基己酯	3	1	4	5	2
PEG-75 白池花籽油	5	3	1	2	4
氢化聚癸烯	5	2	3	4	1
氯化钠	1	1	1	1	I
季铵盐-18 膨润土	0.6	0.1	1	0.8	0.4
白蜂蜡	0.3	0.1	2	0.6	1.2
刺阿干树仁油	5	3	1	2	4
生育酚	1.2	1	1.5	1.4	1.3
CI77492	0.3	0.3	0.3	0.3	0.3

原料	配比（质量份）				
	1#	2#	3#	4#	5#
泛醇	3	2	I	4	5
CI77491	0.3	0.3	0.3	0.3	0.3
CI77499	0.2	0.2	0.2	0.3	0.3
苯氧乙醇	0.3	0.3	0.3	0.3	0.3
尿囊素	0.2	0.15	0.1	0.12	0.14
羟苯甲酯	0.1	0.13	0.15	0.14	0.13
羟苯丙酯	0.1	0.13	0.15	0.14	0.13
透明质酸钠	0.1	0.5	0.3	0.4	0.2
香精	0.1	0.2	0.3	0.3	0.2
EDTA 二钠	0.1	0.05	0.03	0.02	0.04
丁羟甲苯	0.1	0.03	0.05	0.04	0.02
腺苷	2	1.5	1	3	2.5
去离子水	加至 100	加至 100	加至 100	加至 100	加至 100

［制备方法］

（1）将环五聚二甲基硅氧烷、二氧化钛、鲸蜡醇乙基己酸酯、鲸蜡基 PEG/PPG-10/1 聚二甲基硅氧烷、季铵盐-18 膨润土、CI77492、CI77491、CI77499 和棕榈酸乙基己酯按预设质量分数混合后，研磨 25～40min；研磨的次数为至少 3 次（每次 30min）。研磨通常采用三辊研磨机进行，如此能将色粉进行精细分散，使 BB 霜产品质地轻薄，粉质细腻，具有隔离紫外线功效。

（2）将步骤（1）中研磨完成的物料置入主乳化锅中，并按预设质量分数加入辛酸/癸酸甘油三酯、PEG-75 白池花籽油、氢化聚癸烯、白蜂蜡、刺阿干树仁油、生育酚、羟苯丙酯和丁羟甲苯，混合均匀后边搅拌边加热，使主乳化锅内的物料温度升至 80℃。

（3）将去离子水、甘油、双丙甘醇、烟酰胺、氯化钠、泛醇、尿囊素、羟苯甲酯、透明质酸钠和 EDTA 二钠按预设质量分数加入水相锅中，混合均匀后加热，使水相锅内的物料温度升至 80℃。

（4）将主乳化锅内的搅拌速度调至 60r/min，并将水相锅内的物料抽入到主乳化锅中，均质 8～15min。

（5）均质完成后将主乳化锅内的搅拌速度调至 20r/min，并停止加热，待主乳化锅内的物料温度降至 40℃以下时，按预设质量分数向主乳化锅内加入苯氧乙醇、香精和腺苷，搅拌均匀后出料，获得所述具有美白、保湿和防脱妆功能的 BB 霜。

[原料介绍] 白池花籽油和刺阿干树仁油在美白、保湿和防脱妆效果中均产生了良好的协同作用，与单独添加白池花籽油或刺阿干树仁油的 BB 霜相比，同时添加白池花籽油和刺阿干树仁油的 BB 霜具有更佳的美白、保湿和防脱妆效果。

[产品应用] BB 霜是 blemishbalm 的简称，是为了保护、安定和舒缓肌肤而研发的新型纯天然粉底。其作用主要是调整肤色、防晒、细致毛孔，实现粉底、隔离、遮瑕、护肤等多重功效，不易堵塞毛孔，具有很好的修饰肤色的功效，能打造出裸妆效果的感觉。

[产品特性]

（1）本品配方中添加具有修护和保持肌肤水分功能的白池花籽油、腺苷、刺阿干树仁油和泛醇，并添加了具有美白功能的烟酰胺，这些组分有效地扩展了新配方 BB 霜的产品功能，使得所述 BB 霜具有更佳的补水性能和保湿性能、防脱妆性能、美白性能。

（2）本品肤感丝滑，瞬时贴肤，持久防水。

配方 9 具有保湿美白功能的沙棘玫瑰精油面膜精华液

[原料配比]

原料	配比（质量份）		
	1#	2#	3#
丙二醇	3	5	3
甘油	4	5	3
脱乙酰壳多糖甘醇酸盐	3	5	3
甜菜碱	3	4	1
葡聚糖	2	3	1
尿囊素	0.2	1	0.1
透明质酸钠	0.2	1	0.1
胶原	0.2	1	0.1
聚谷氨酸	0.2	1	0.1
黄原胶	0.2	0.5	—
卡波姆	0.2	0.5	—
羟乙基纤维素	—	—	0.1
羧甲基纤维素钠	—	—	0.05
三乙醇胺	0.1	—	—
单硬脂酸甘油酯（GMS-165）	—	0.3	—

续表

原料	配比（质量份）		
	1#	2#	3#
甲基葡萄糖苷倍半硬脂酸酯（SS）	—	—	0.05
羟苯甲酯	0.1	—	—
咪唑烷基脲	—	0.15	0.05
异噻唑啉酮	—	0.15	—
对羟基苯甲酸酯	—	—	0.05
DMDM乙内酰脲	0.1	—	—
生育酚（维生素E）	0.5	1	0.1
泛醌	0.2	1	0.1
甘草提取物	0.2	1	0.1
忍冬花提取物	0.2	1	0.1
菊花提取物	0.2	1	0.1
茶提取物	0.2	1	0.1
石榴皮提取物	0.2	1	0.1
虎杖根提取物	0.2	1	0.1
玫瑰精油	0.2	1	0.1
沙棘精油	0.2	1	0.1
去离子水	81.2	62.4	87.3

［制备方法］ 按配方要求称取去离子水、丙二醇、甘油、脱乙酰壳多糖甘醇酸盐、甜菜碱、葡聚糖、尿囊素、透明质酸钠、胶原、聚谷氨酸、增稠剂、乳化剂、防腐剂，倒入搅拌锅，65～85℃下搅拌1h；冷却至40～50℃后加入生育酚（维生素E）、泛醌、甘草提取物、忍冬花提取物、菊花提取物、茶提取物、石榴皮提取物、虎杖根提取物、玫瑰花油（即玫瑰精油）、沙棘籽油（即沙棘精油），用均质机均质三次，每次5min；静置冷却即得本面膜精华液。

用本精华液充分浸润蚕丝、无纺布等面膜材料，用铝箔袋包装后即可制成具有保湿美白功能的面膜成品。

［原料介绍］ 所述的玫瑰精油和沙棘精油可以采用任何品种任何产地的玫瑰花和沙棘果生产，生产工艺可以采用压榨法、水蒸馏法、有机溶剂浸提法、超临界萃取法等。

所述的乳化剂为三乙醇胺、甲基葡萄糖苷倍半硬脂酸酯（SS）、甲基葡萄糖苷倍半硬脂酸酯-EO-20（SSE-20）、单硬脂酸甘油酯（GMS-165）中的一种或几种；所述的透明质酸钠为中分子透明质酸钠（分子量范围在1000000～1800000）；所述的胶原为分子量小于1000的鱼胶原蛋白肽粉；所述的防腐剂为羟苯甲酯、DMDM

乙内酰脲、咪唑烷基脲、异噻唑啉酮、对羟基苯甲酸酯中的一种或几种；所述增稠剂为卡波姆、羟乙基纤维素、羧甲基纤维素钠、黄原胶、卡拉胶中的一种或几种。

[产品特性] 本品把沙棘精油和玫瑰精油同时应用到面膜精华液配方中，组方科学、工艺合理、功能全面、不含有害化学物，能有效去除色斑、黑色素、角质层等，可以起到显著的保湿美白效果。

配方 10 具有保湿美白抗衰老功效的多重精华液

[原料配比]

原料		配比（质量份）				
		1#	2#	3#	4#	5#
天然提取物	蜂蜡	10	15	24	10	10
	甘草提取物	10	20	30	20	10
乳化剂	失水山梨糖醇脂肪酸酯 Span-80	0.3	0.75	1.2	0.3	0.3
	PEG-20 甲基葡糖倍半硬脂酸酯 SSE-20	0.3	0.9	1.2	0.3	0.3
	蔗糖多硬脂酸酯	0.3	1.2	2.4	0.15	0.2
硅油	MDT 型苯甲基硅油	6	12	18	7	8
油脂	辛酸/癸酸甘油三酯 318RC	9	15	24	10	10
	乳木果油	9	12	15	9	10
	霍霍巴油	9	12	15	10	9
醇类	甘油	15	15	45	16	15
	1,3-丁二醇	10	15	20	10	10
	红没药醇	5	5	10	5	5
其他添加剂	乙二胺四乙酸二钠	0.1	0.2	0.5	0.3	0.2
	亮肽抗菌液	3	3	3	3	3
去离子水		245	210	180	250	245

[制备方法]

（1）将总用量 20%～30% 的蜂蜡和 20%～30% 的甘草提取物、Span-80、MDT 型苯甲基硅油、辛酸/癸酸甘油三酯、乳木果油、霍霍巴油置于容器中，以 800～1000r/min 搅拌升温至 75～85℃，保温 5～15min，得到 W/O 型油相原料备用；

（2）将剩余的蜂蜡和甘草提取物、甘油、1,3-丁二醇、红没药醇、乙二胺四乙酸二钠和去离子水置于容器中，以 800～1000r/min 搅拌升温至 80～90℃，保温 15～20min，得到水相原料备用；

（3）将水相原料和蔗糖多硬脂酸酯加入乳化均质装置内，开启搅拌，在 300～900r/min、80～85℃ 的条件下，将 W/O 型油相原料缓慢加入乳化装置中，10～20s 加完，得到 W/O/W 型混合液，随后将混合液在 1000～4000r/min 的速度下均质 5～30s；

（4）均质完成后，保持搅拌速度不变，冷却至 35～40℃，随后加入亮肽抗菌液及其他添加物，保持搅拌速度不变，搅拌 15～20min，出料，得到 W/O/W 型多重精华液，即所述的具有保湿美白抗衰老功效的多重精华液。

外观为白色乳液，pH 为 6.5～7.5，黏度为 200mPa·s。

[原料介绍] MDT 型苯甲基硅油制备方法包括如下步骤：

（1）在室温下，以甲基封头剂六甲基二硅氧烷 40～60 份为 M 链节，苯基三甲氧基硅烷 50～60 份为 T 链节，甲基环己烷 30～100 份为溶剂，加入固体酸催化剂，固体酸催化剂的量为六甲基二硅氧烷、苯基三甲氧基硅烷和甲基环己烷的总质量的 2%～5%；滴加去离子水，然后升温至 65～70℃，反应 3～5h 以熟化；将反应液静置分层，有机层为含羟基的 MT 型苯基硅树脂预聚物溶液，其含量为反应液总量的 45%～75%。

（2）将上述含羟基的 MT 型苯基硅树脂预聚物溶液与羟基硅油混合（质量比为（8～30）:1），加入固体酸催化剂，固体酸催化剂的量为含羟基的 MT 型苯基硅树脂预聚物溶液与羟基硅油总质量的 2%～5%，加热至 100～110℃ 回流，蒸出缩合产生的水，搅拌反应 3～5h 后停止加热，冷却至室温；然后过滤出固体酸催化剂，抽真空至 -0.090～-0.099MPa，150～200℃ 下脱出溶剂和低分子化合物，得到无色无味透明的 MDT 型苯甲基硅油。

采用 MDT 型苯甲基硅油作化妆品防水型添加剂，该硅油黏度为 500～2000mPa·s，不油腻、成膜性好，光泽度高、无色无味、透光率高、澄清透明，与醇类、酯类、矿物油等化妆品原料相容性好。

[产品特性]

（1）本品可消除 O/W 型和 W/O 型的各自缺点，既具有 O/W 型产品较好的肤感、容易涂抹、清爽不油腻的优点，也具有 W/O 型产品在滋润、保湿及防水性能方面的优势。W/O/W 型乳液的多重结构使内相添加的有效成分或活性物，要通过两相界面才能释放出来，可延缓有效成分的释放速度，延长有效成分的作用时间，达到控制释放和延时释放的效果。

（2）本品所用功能性原材料均为天然产物，美白成分为蜂蜡和甘草提取物，抗衰老成分为乳木果油和霍霍巴油，与人体具有极好的相容性。

配方 11　胚芽汁美白保湿精华面膜液

[原料配比]

原料	配比（质量份）		
	1#	2#	3#
胚芽汁	42	50	46
香橙果提取液	8	15	12
红景天提取物	9	12	10
聚乙烯醇	6	3	7
1,3-丁二醇	9	11	10
甘油	10	15	13
金银花	8	10	9
柠檬	5	9	8
薰衣草	4	7	5
水解胶原蛋白	3	8	6
透明质酸	10	12	11
甲基纤维素	5	10	7
分散剂	4	6	5
防腐剂	3	7	6
去离子水	适量	适量	适量

[制备方法]

（1）称取胚芽汁、香橙果提取液、红景天提取物于 60～90℃ 水浴加热，边加热边搅拌使其混合均匀，备用；

（2）将聚乙烯醇、1,3-丁二醇、甘油混合均匀，加热至 40～60℃，均质乳化 10～15min 得到均质液；

（3）将金银花、柠檬、薰衣草用清水淋洗，清洗后烘干置于高速粉碎机中粉碎成 30～60 目的粉末，将粉碎得到的粉末与水混合，高速旋转制成混悬浆液，将混悬浆液压入离心喷雾干燥机中进行干燥，制备成混合粉；

（4）将上述步骤（2）的均质液和步骤（3）的混合粉加入步骤（1）得到的混合提取液中，再依次加入水解胶原蛋白、透明质酸、甲基纤维素、分散剂、防腐剂，在室温下搅拌均匀，均质 5～10min，得到胚芽汁美白保湿精华面膜液。

[原料介绍]　所述香橙果提取液的制备方法是：将香橙果加入纯水中，加热至 50～90℃，搅拌提取；将得到的提取液进行离心，收集上层清液，沉淀物再进行重复提取，然后离心，合并上层清液；在上层清液中加入预处理好的聚酰胺填料，静态吸附，然后依次用纱布、滤纸、滤膜过滤，将滤液浓缩至香橙果质量的 2～6

倍即得香橙果提取液。

所述红景天提取物是通过以下方法制备得到的：称取红景天适量，水中浸泡32～40min，加热煎煮提取 3 次，第 1 次加 10～15 倍量水，提取 40min，第 2 次加 8～12 倍量水，提取 30min，第 3 次加 6～10 倍量水，提取 20min，每次过滤，合并滤液，将滤液浓缩至红景天质量的 3～6 倍，过滤即得。

所述分散剂选择丙二醇、丙三醇、羟乙基纤维素中的任意两种混合而成。

所述防腐剂选择 5-氯-2-甲基-异噻唑啉、DMDM 乙内酰脲、羟苯甲酯中的一种或两种。

[产品特性]　本品原料来源广泛，价廉易得，对皮肤无损伤、无刺激，精选富含多种肌肤营养素的天然中药和植物，促进死皮脱落，防止黑色素沉着，促进组织细胞生长代谢，促进皮肤锁水与修复晒伤皮肤，延缓皮肤老化并可淡化细纹；同时面膜液制作工艺简单、应用方便、质量稳定，具有天然杀菌、抑菌作用，能有效改善肌肤、美容护肤，适合各种肤质使用。

配方 12　补水美白精华液

[原料配比]

原料	配比（质量份）		
	1#	2#	3#
淘米水	40	37	35
透明质酸	13	11	10
藏红花提取物	2	2	1
牛油果提取物	7	7	5
芦荟提取物	7	6	5
绞股蓝醇提物	5	5	3
葡萄籽提取物	11	9	8
水解珍珠	11	11	6
玫瑰花提取物	12	13	11
柠檬提取物	9	9	7
薰衣草提取物	3	3	2
百合提取物	7	7	6
桑叶提取物	6	8	4
黄芪提取物	12	13	11
丁二醇	8	7	6
胶原蛋白	12	8	7
玉米须提取物	9	7	5

原料	配比（质量份）		
	1#	2#	3#
蜂蜜	3	3	1
帝王花提取物	11	11	5

[制备方法]

（1）收集量取淘米水，对淘米水进行灭菌杀毒；

（2）将藏红花提取物、牛油果提取物、芦荟提取物、绞股蓝醇提物、葡萄籽提取物、玫瑰花提取物、柠檬提取物、薰衣草提取物、百合提取物、桑叶提取物、黄芪提取物、丁二醇、胶原蛋白、玉米须提取物和帝王花提取物置入淘米水中，然后搅拌均匀；

（3）将透明质酸、水解珍珠和蜂蜜放置于淘米水中，然后充分搅拌均匀得到补水美白精华液。

[原料介绍] 透明质酸是一种酸性黏多糖，透明质酸以其独特的分子结构和理化性质在机体内显示出多种重要的生理功能，如润滑关节，调节血管壁的通透性，调节蛋白质、水、电解质扩散及运转，促进创伤愈合等。尤为重要的是，透明质酸具有特殊的保水作用，可以改善皮肤营养代谢，使皮肤柔嫩、光滑、去皱、增加弹性、防止衰老。

水解珍珠具有美白、延缓皮肤衰老的作用。

帝王花能使皮肤柔软，促进血液循环，在精华液中添加帝王花提取物可加快皮肤吸收精华液中的各种营养成分。

[产品特性] 本品采用了淘米水作为溶剂，淘米水中溶解了一些淀粉、蛋白质、维生素等养分，可以分解脸上的油污、淡化色素和防止出现脂肪粒等。在精华液中添加强效补水美白的营养物质，达到很好的对面部肌肤补水美白的功效，同时不刺激面部皮肤，消除了使用者的后顾之忧。所述的制造方法简单，适合大量生产，节约成本。

配方 13　嫩白保湿精华液

[原料配比]

原料	配比（质量份）		
	1#	2#	3#
丁二醇	15	20	25
甜菜碱	2	3	5

原料	配比（质量份）		
	1#	2#	3#
抗坏血酸磷酸酯镁	0.5	0.8	1.5
中草药提取物	3	5	8
卡波姆	2	4	6
甘草酸二钾	1	2	3
透明质酸钠	1	2	3
三磷酸腺苷	0.5	1.2	2
EDTA二钠	0.2	0.6	0.8
羟基甲酯	0.8	1.5	2.5
增溶剂	2	3	5
维生素E	0.005	0.008	0.01
去离子水	60	70	80

[制备方法] 将各组分溶于水，混合均匀即可。

[原料介绍] 所述中草药提取物包括母菊提取物、银杏提取物、海藻提取物和芍药提取物，所述母菊提取物、银杏提取物、海藻提取物和芍药提取物的质量比为2∶（1～2）∶（0.5～1）∶（0.5～1）。

所述增溶剂为聚乙二醇-400。

[产品特性] 通过改善肌肤缺水的状况，具有优异的嫩白保湿效果，同时，水润柔和，能娇嫩肌肤，修护肌肤弹性及紧致度，易吸收，而且所用原材料安全无毒、无刺激，对人体和皮肤不会产生危害。

配方 14　美白、保湿精华液

[原料配比]

原料	配比（质量份）		
	1#	2#	3#
植物提取液A	50	40	60
甘油	2	1	3
丁二醇	3	2	4
透明质酸	0.1	0.05	0.15
卡波	0.02	0.01	0.03
尿囊素	0.4	0.3	0.6

续表

原料		配比（质量份）		
		1#	2#	3#
泛醇		0.6	0.4	0.8
去离子水		加至100	加至100	加至100
植物提取液A	玫瑰花	38	30	45
	火棘果	25	26	20
	百合	10	13	11
	樱花	4	5	5
	红景天	5	6	4
	积雪草	5	6	4
	薰衣草	7	7	5
	洋甘菊	6	7	6
	去离子水	适量	适量	适量

[制备方法]　将植物提取液A升温至45～60℃，加入甘油、丁二醇、透明质酸、卡波、尿囊素、泛醇及水，搅拌4～8h，降温至常温，即获得所述美白、保湿精华液。

[原料介绍]　植物提取液A的提取方法如下。将各组分置于提取罐中，以质量比1∶10～1∶20的比例，加入去离子水，于60～80℃，提取1～3h，经过滤获得植物提取液A。

[产品特性]

（1）本品将玫瑰花、火棘果、百合、樱花、红景天、积雪草、薰衣草、洋甘菊多种中药提取物的有效成分进行组方优化配比，可达到高效美白、保湿效果，促进肌肤新陈代谢，改善肌肤暗沉，提高肌肤亮泽度，使皮肤水润光滑、富有弹性，提升肌肤年轻度。

（2）本品不含香精、色素、酒精和表面活性剂，安全稳定，渗透性好，易吸收，使用后脸部清爽不黏腻；本品制备方法简单，条件可控，工艺稳定。

配方15　补水美白舒缓精华水

[原料配比]

原料		配比（质量份）		
		1#	2#	3#
洋甘菊提取物		5	3	8
黄芪提取物		6	8	4

原料	配比（质量份）		
	1#	2#	3#
火山泥精华水	40	50	30
透明质酸	0.8	1	0.5
人参提取物	4	2	6
红石榴果提取物	5	4	8
熊果苷	2	3	1
烟酰胺	2	1	3
珍珠粉	2	1	3
黑枸杞提取物	1.5	2	0.5
山茶籽油	0.7	1	0.5
防腐剂苯氧乙醇	适量	适量	适量

[制备方法]

(1) 制备火山泥精华水。

(2) 将火山泥精华水与洋甘菊提取物、黄芪提取物、透明质酸、人参提取物、红石榴果提取物、熊果苷、烟酰胺、珍珠粉、黑枸杞提取物、山茶籽油混合，在温度为 60～70℃ 的条件下搅拌 60～120min，待温度冷却至 45～55℃，再添加防腐剂，搅拌 20～30min，得到补水美白舒缓精华水。

[原料介绍] 所述火山泥精华水的制备方法，包括以下步骤。

(1) 将火山泥研磨成粉末状，加入 8～18 倍量的巴马活泉水与火山泥粉末混合，对火山泥粉末进行水洗，然后将混合物静置后分层，去除底部的泥和杂质，保留中部含悬浮泥浆的浑浊液体；

(2) 将浑浊液体在温度为 10～30℃ 的条件下沉淀 40～60 天，分离上层的水相，得到精华水；

(3) 将精华水在温度为 10～30℃ 的条件下陈化 20 天以上，得到火山泥精华水。

巴马活泉水属于小分子团水，小分子团水的"分散性"，使血细胞分散，血液黏度降低，改善了微循环，疏通了小动脉。改善了人体细胞的内外环境，有利于营养物质的交换，改善了蛋白质的空间结构，增强了许多酶的活性。

[产品特性] 本品能吸附肌肤多余的油脂，调理肌肤水油平衡。精华水中添加洋甘菊提取物等有效成分，能对肌肤起到舒缓镇定作用；同时添加人参提取物、红石榴果提取物、烟酰胺、黑枸杞提取物等有效成分，能对肌肤进行深层补水保湿，起到淡斑、提亮肤色、美白的作用；通过配方组分间的协同作用，对肌肤进行深层补水，起到镇定舒缓、补水保湿、淡斑美白、提亮肤色作用。

配方 16 补水美白祛印精华液

[原料配比]

原料	配比（质量份）	原料	配比（质量份）
1,3-丙二醇	0.5	透明质酸	1.5
丁二醇	1	透明质酸钠	1.5
抗坏血酸	3	尿囊素	1.5
熊果苷	3	去离子水	5

[制备方法] 将各组分溶于水，混合均匀即可。

[原料介绍] 透明质酸钠属于皮肤调理剂、保湿剂。

透明质酸属于肌肤调理剂、保湿剂。

1,3-丙二醇属于保湿剂、增稠剂、溶剂。

丁二醇属于保湿剂、抗菌剂、溶剂。

尿囊素属于抗炎剂、收敛剂、皮肤调理剂。

抗坏血酸属于抗氧化剂、气味抑制剂。

熊果苷是活性成分、抗氧化剂、皮肤调理剂。

[产品特性] 本品温和不刺激，对抑制黑色素具有针对性，可以达到保湿补水、缩小毛孔、提亮肤色、祛印美白、改善肤质的效果。

配方 17 美白补水专效精华液

[原料配比]

原料	配比（质量份）			
	1#	2#	3#	4#
丁二醇	56	50	60	54
甘油	6	10	5	8
北非雪松树皮提取物	7	6	8	8
人参提取物	8	9	5	7
银杏提取物	5	4	6	5
玻尿酸	12	13	8	10
胶原蛋白	9	7	10	8
甜菜碱	3	3	2	3

原料	配比（质量份）			
	1#	2#	3#	4#
积雪草提取物	5	4	5	5
虎杖根提取物	5	5	4	4
光果甘草根提取物	4	3	5	3
黄芪根提取物	3	2	2	3
VP共聚物	4	5	5	4
雪莲花提取物	5	4	4	5
蓝莓果肉提取物	3	4	4	3
透明质酸钠	2	2	2	2
甘草酸二钾	4	5	5	4
羟乙基纤维素	3	2	2	3
黄原胶	4	4	4	3
EDTA	4	3	3	4
肌肽	5	6	6	5
羟苯甲酯	4	3	3	6
氯苯甘醚	5	4	4	3
蓖麻油	5	4	4	6
去离子水	60	100	50	80

[制备方法]

(1) 常温常压下，将甘油与去离子水按照1:10的比例进行调配，加入蓖麻油和玻尿酸进行混合，搅拌速率为520～640r/min，搅拌均匀后得混合物A；

(2) 将北非雪松树皮提取物、银杏提取物、积雪草提取物、虎杖根提取物和光果甘草根提取物加入丁二醇中混合，搅拌速率为460～580r/min，依次加入人参提取物、胶原蛋白、甜菜碱、黄芪根提取物、雪莲花提取物和蓝莓果肉提取物，得混合物B；

(3) 向混合物A中依次加入VP共聚物、透明质酸钠、甘草酸二钾、羟乙基纤维素、黄原胶、EDTA、肌肽、羟苯甲酯和氯苯甘醚，搅拌均匀后加入混合物B进行离心处理，频率设为8500～9000Hz，提取出精华，得产物。

[产品特性] 本品材料易得，大多采用天然材料提取制得，安全无毒、环保健康，抗氧化效果良好，有助于肌肤吸附水分子，牢牢锁水，超强保湿，滋润效果好，清爽不油腻，深层补水，焕活肌肤造水功能，提亮肤色，美白湿润，延迟衰老，无刺激感，适合各种肤质，使用寿命长。

配方 18　高效美白保湿精华液

[原料配比]

原料	配比（质量份）		
	1#	2#	3#
甘油	30	20	25
PEG	5	7	6
聚二甲基硅氧烷	4	6	5
甘油聚甲基丙烯酸酯	5	3	4
丙二醇	5	2	4
泛醇	2	4	3
PEG-10 油菜籽甾醇	3	5	4
花生醇葡糖苷	4	2	3
牛油果树果脂	6	4	5
当归提取物	3	4	4
麝香提取物	3	5	4
黄芪提取物	3	2	3
玫瑰提取物	3	2	2
莲花提取物	2	3	2
茶多酚	1	2	2
叶酸	2	1	2
核黄素	4	3	3
维生素 E	2	3	3
珍珠提取物	2	3	3
水解大豆蛋白	2	1	1
卵磷脂	3	2	2
去离子水	150	100	125

[制备方法]

（1）将甘油与去离子水按照 1∶5 的比例进行混合，采用超声波处理，频率设为 1900～2100Hz，5～8min 后加入 PEG、聚二甲基硅氧烷和甘油聚甲基丙烯酸酯，得混合物 A；

（2）将丙二醇、泛醇和 PEG-10 油菜籽甾醇混合搅拌，搅拌速率为 450～500r/min，搅拌均匀后加入花生醇葡糖苷、牛油果树果脂、当归提取物、麝香提取物、黄芪提取物、玫瑰提取物、莲花提取物和珍珠提取物进行混合，搅拌均匀后，得混合物 B；

（3）将混合物 B 加入混合物 A 中搅拌均匀，依次加入核黄素、水解大豆蛋白、卵磷脂、叶酸、维生素 E 和茶多酚，采用超声波处理，频率设为 2100～2300Hz，温度设为 40～45℃，10～20min 后得产物。

［产品特性］　本品材料易得，制备方法简单，滋润度高，长效保湿，添加植物提取物从根本上去黄美白，产品安全度高，无毒无害，无副作用，易吸收，抗氧化能力强，适用范围广，使用时间长。

配方 19　美白保湿精华液（3）

［原料配比］

原料	配比（质量份）			
	1#	2#	3#	4#
当归	10	10	14	12
白芍	20	18	16	15
白兰	7	10	13	12
白鼓	15	15	13	12
茯苓	10	13	16	15
麦冬	25	22	19	20
百合	10	10	14	12
白术	20	15	13	12
僵蚕	5	7	9	10
防风	15	12	9	10
白莲蕊	5	8	11	10
黄酒	适量	适量	适量	适量
淡盐水	适量	适量	适量	适量
炼蜜	适量	适量	适量	适量
活性炭	适量	适量	适量	适量
防腐剂	适量	适量	适量	适量
去离子水	适量	适量	适量	适量

［制备方法］

（1）原料预处理：取当归原药材，除去杂质，洗净，用淡盐水润透，分为当归身和当归尾，分别切片，干燥；

取白芍原药材，除去杂质，洗净，加入黄酒拌匀闷润，将麸皮撒于热锅内，等有烟冒出时，再将经闷润过的白芍加入，不断翻炒，至白芍表面呈淡黄色，筛去麸皮，放凉；

取百合原药材，除去杂质，洗净灰屑，干燥，然后用米汤润透，置于热锅中，文火加热，炒至颜色加深时，加入用适量开水稀释过的炼蜜，迅速翻炒均匀，并继续用文火炒至微黄色，不粘手时，取出晾凉；

取僵蚕原药材，除去杂质及残丝，洗净，晒干，得净僵蚕，取麸皮撒在热锅中，武火加热，待冒烟时，加入净僵蚕，炒至表面呈黄色，筛去麸皮，放凉。

（2）粉碎：将步骤（1）预处理后的当归、白芍、百合、僵蚕，以及白兰、白鼓、茯苓、麦冬、白术、防风、白莲蕊，进行粉碎处理，混合，得混合粉料。

（3）水提：将混合粉料用水浸泡，然后武火烧开，文火煎煮，过滤，得提取液。

（4）浓缩：将提取液进行减压浓缩，得浓缩液。

（5）脱色：向浓缩液中加入活性炭，搅拌，静置处理，过滤，得脱色液。

（6）精华液制备：向脱色液中加入防腐剂，即得美白保湿精华液。

［产品应用］　本品使用方法：用于爽肤水之后，护肤霜之前，均匀涂抹于面部肌肤。

［产品特性］　本品为纯中药制剂，配方合理，采用多种中药进行复配，协同增效，促进血液循环，改善肌肤新陈代谢，清除自由基，修复受损细胞，扩张皮肤毛孔，补充细胞营养成分，且该精华液渗透性好，功效成分能够深入皮肤内部，提高细胞免疫能力，美白保湿、淡化细纹，改善肌肤亮泽度，使得皮肤柔嫩、光滑、去皱，长期使用，皮肤白细嫩，富有弹性。

配方 20　凝润嫩肤保湿精华液

［原料配比］

原料			配比（质量份）
A 相	溶剂	水	59.846
	保湿剂	甘油	8
		丁二醇	5
		β-葡聚糖	5
		透明质酸钠	0.1
B 相	皮肤调理剂	小叶海藻提取物	10
		库拉索芦荟提取物	5
		母菊花提取物	5
		光果甘草提取物	2

原料			配比（质量份）
C相	防腐剂	甲基异噻唑啉酮	0.05
D相	赋香	香精	0.001
	增溶剂	PEG-40氢化蓖麻油	0.003

[制备方法]

（1）将A相原料用冷水分散并搅拌升温到85℃，搅拌至完全溶解；

（2）保温15min，确保物料完全溶解后，开始降温；

（3）降温到48℃，加入B相原料，搅拌均匀；

（4）降温到45℃以下，依次加入C相、D相原料，搅拌均匀，降温到38℃以下，送检合格后过滤出料。

[产品特性] 本品能持续补充肌肤所需水分，减少细纹和干纹出现，舒缓缺水干燥肌肤。帮助皮肤保持滋润，维持皮肤理想水分平衡，令肌肤柔嫩光滑。经常使用有助于皮肤保持健康润泽。

配方21 美白保湿精华液（4）

[原料配比]

原料	配比（质量份）			
	1#	2#	3#	4#
白芷提取液	30	31	33	34
白藜藜提取液	23	24	25	26
维生素C乙基醚	3	5	5	4
十一碳烯酰基苯丙氨酸	2	4	3	3
海藻糖	1	1.3	1.4	1.7
四氢姜黄素	0.5	0.6	0.7	0.9
尼泊金酯	0.3	0.4	0.5	0.5
光甘草定	0.8	1.1	1	0.9
透明质酸	1	1.8	1.6	1.2
卵磷脂	1	1.7	1.3	1.1
尿囊素	0.2	0.3	0.4	0.4
聚氧乙烯月桂醇	2	2.3	2.5	2.7
去离子水	75	79	78	76

[制备方法]

(1) 量取白芷提取液、白藜藜提取液、十一碳烯酰基苯丙氨酸和海藻糖，投入磁力搅拌机中，磁力搅拌混合 25～30min，获得第一混合物；

(2) 称取四氢姜黄素、透明质酸和卵磷脂，加入至第一混合物中，继续磁力搅拌 50～55min，出料，获得第二混合物；

(3) 量取去离子水，将去离子水和第二混合物一起加入至乳化锅中，在 60～70℃下均质处理 10～15min，获得第三混合物；

(4) 保持步骤（3）中乳化锅的温度，将维生素 C 乙基醚、尼泊金酯、光甘草定、尿囊素和聚氧乙烯月桂醇投入至第三混合物中，均质处理 20～25min，获得第四混合物；

(5) 对第四混合物进行理化性质检测，合格后，出料，即可。

[原料介绍] 所述白芷提取液由以下方法制得：取白芷，洗净后，烘干，切碎，将 4～8℃的低温水和切碎后的白芷一起投入超微粉碎机中，低温水的用量为白芷质量的 6～8 倍，进行超微粉碎处理，控制出料细度为 100～200μm，获得白芷分散液；对白芷分散液进行超声波处理 50～60min，过滤，获得超微提取液和超微残渣；向超微残渣中加入 8～10 倍质量的 50%乙醇水溶液，加热回流提取 1～2h，过滤，获得回流提取液和回流提取残渣；将超微提取液和回流提取液合并，减压蒸发浓缩为原体积的 10%～15%，即得白芷提取液。

所述白藜藜提取液的制备方法与白芷提取液的制备方法相同。

[产品特性] 本品能够杀菌、控油，改善因使用激素药品而造成的激素依赖性皮炎，改善色素沉着，且具有良好的保湿能力，滋润肌肤，使肌肤美白红润、富有弹性。

配方22　含石榴精华美白保湿面膜

[原料配比]

原料	配比（质量份）			
	1#	2#	3#	4#
霍霍巴油	7	5	8	4
烟酰胺	0.9	1	0.6	0.8
壬二酸氨基酸钾盐	6	4	5	3
甜菜碱	1.9	1.5	1.98	2
氯苯甘醚	0.1	0.2	0.1	0.3
辛基聚甲基硅氧烷	8	6	4	5

续表

原料	配比（质量份）			
	1#	2#	3#	4#
甘油	7	10	5	7
2-甲基-1,3-丙二醇	9	8	7	5
水溶性神经酰胺	3	4	5	4
透明质酸钠	0.3	0.2	0.2	0.3
苯氧乙醇	0.15	0.1	0.2	0.3
三乙醇胺	0.06	0.07	0.1	0.05
红没药醇	0.1	0.08	0.05	0.07
卡波姆	0.07	0.1	0.05	0.07
天然植物精华提取物	11	12	10	9
去离子水	47	90	83	90

[制备方法]

(1) 将去离子水、霍霍巴油、烟酰胺、壬二酸氨基酸钾盐、甜菜碱、氯苯甘醚、辛基聚甲基硅氧烷放入搅拌器中，在800～1500r/min、60～80℃下搅拌20～30min，得到混合物A。

(2) 将甘油、2-甲基-1,3-丙二醇、水溶性神经酰胺、透明质酸钠、苯氧乙醇、三乙醇胺、红没药醇放入搅拌器中，在800～1500r/min、60～80℃下搅拌20～30min，得到混合物B。

(3) 将混合物B加入乳化均质装置中，再慢慢加入混合物A，用2000～3000r/min的速度，均质10～20s，冷却后，加入卡波姆、天然植物精华提取物，用200～300r/min的速度，常温下搅拌10～20min，得到乳化物C。

(4) 用纳米级超高压均质机纳米化乳化物C，压力控制在150～200MPa，均质3次，最终得到精华液。

(5) 将生物纤维面膜基材及配套珠光膜进行杀菌辐照后，贴合折叠装入铝箔袋输送到包装生产线，灌装机注入精华液后再次进行杀菌辐照，封口机封口。

[原料介绍] 所述天然植物精华提取物为石榴精华提取物。制备方法为：

(1) 筛选及脱壳：选择充分成熟的、饱满的石榴果实，去除霉烂、变质、损坏等坏果，用3倍以上体积的清水冲洗，阴处吹干，使用石榴去皮机进行脱壳去皮。

(2) 破碎：将石榴果肉和石榴籽用破碎机破碎，破碎机转速设置成100～150r/min，选取过滤网直径为1～3mm，果肉充分破碎后，将石榴果肉残渣和石榴汁分开收集待用。

(3) 超声：将石榴皮在30～40℃下烘干，用粉碎机粉碎，将石榴皮与之前的果肉残渣混合，按质量比1:10加入蒸馏水，混匀搅拌20min，将所得混合物放入超声波细胞破碎仪，在 0～10℃ 的条件下，超声频率为 22kHz，超声时间为 40～60min，用 10 微米孔径过滤器过滤超声产物，收集滤液，将滤液与步骤（2）中的石榴汁充分混合，按质量比 1：（0.01～0.05）加入乙二胺四乙酸三钠，以 40r/min 搅拌 20～30min，得到混合液。

（4）发酵液制备：在步骤（3）的混合液中按质量比 1：（0.01～0.03）加入谷氨酰胺，加入葡萄糖将含糖量调节至 16%～20%，按质量比 1：0.2 加入柠檬酸钠将 pH 调节至 5.0～5.5，得到发酵液。

（5）发酵：将发酵液倒入彻底灭菌的发酵罐中，按质量比 1：0.01 添加酵母菌，在 26～28℃ 的条件下进行恒温发酵，搅拌速度为 100～150r/min，发酵时间为 8 天。

（6）澄清：将发酵后的溶液用 100 目过滤网过滤，去除杂质，然后用低速离心机，以 500～800r/min 离心，去除沉淀，得到澄清液。

（7）浓缩：用冷冻浓缩机，浓缩澄清液，浓缩循环为先将温度降低到 0～ −4℃，20～30h，去除冰晶，−4～−10℃，10～20h，去除冰晶，得到浓缩液。

（8）超滤除菌：用 0.45μm 除菌过滤膜将步骤（7）的浓缩液除菌过滤，得到石榴精华提取物。

[产品特性]

（1）本品含有多种安全有效的美白保湿营养成分，特别添加特制天然植物石榴精华提取物，营养成分更加丰富、天然，易吸收、无副作用。对面膜精华液进行了充分的乳化和纳米处理，使精华分子达到纳米级，从而产生了超渗透的效果，能大大提高肌肤表面的吸收率，避免了大量营养成分堆积而导致的肌肤问题，面膜使用效果显著提升。

（2）使用由木醋杆菌自然发酵制成的生物纤维作为面膜基材，其超强的亲肤性和能贴入皱纹与皮肤深处的包覆能力较一般布织面膜更能提升敷面效果，可紧贴肌肤不脱落，大大提高了面膜精华液的吸收率，达到了最佳的使用效果。

配方 23　超渗透美白保湿精华液

[原料配比]

原料	配比（质量份）			
	1#	2#	3#	4#
霍霍巴油	7	5	7	9
熊果苷	2	2	1	3
壬二酸氨基酸钾盐	4	3	4	6

续表

原料	配比（质量份）			
	1#	2#	3#	4#
羟苯甲酯	0.1	0.1	0.3	0.2
辛基聚甲基硅氧烷	7	5	4	10
甘油	8	8	5	7
丙二醇	9	8	6	8
水溶性神经酰胺	3	4	5	4
透明质酸钠	0.3	0.2	0.1	0.3
苯氧乙醇	0.2	0.3	0.3	0.2
三乙醇胺	0.1	0.07	0.05	0.05
卡波姆	0.07	0.1	0.05	0.06
天然植物精华提取物	10	10	9	12
去离子水	88	90	85	88

[制备方法]

（1）将去离子水、霍霍巴油、熊果苷、壬二酸氨基酸钾盐、羟苯甲酯、辛基聚甲基硅氧烷放入搅拌器中，在 800～1500r/min、60～80℃下搅拌 20～30min，得到混合物 A；

（2）将甘油、丙二醇、水溶性神经酰胺、透明质酸钠、苯氧乙醇、三乙醇胺放入搅拌器中，在 800～1500r/min、60～80℃下搅拌 20～30min，得到混合物 B；

（3）将混合物 B 加入乳化均质装置中，再慢慢加入混合物 A，用 2000～3000r/min 的速度，均质 10～20 秒，冷却后，加入卡波姆、天然植物精华提取物，用 200～300r/min 的速度，常温下搅拌 10～20min，得到乳化物 C；

（4）用纳米级超高压均质机纳米化乳化物 C，压力控制在 150～200MPa，均质 3 次，最终得到精华液。

[原料介绍] 所述天然植物精华提取物为石榴精华提取物。制备方法为：

（1）筛选及脱壳：选择充分成熟的、饱满的石榴果实，去除霉烂、变质、损坏等坏果，用 3 倍以上体积的清水冲洗，阴处吹干。使用石榴去皮机进行脱壳去皮。

（2）破碎：将石榴果肉和石榴籽用破碎机破碎，破碎机转速设置成 100～150r/min，选取过滤网直径为 1～3mm。果肉充分破碎后，将石榴果肉残渣和石榴汁分开收集待用。

（3）超声：将石榴皮在 30～40℃下烘干，用粉碎机粉碎。将石榴皮与之前的果肉残渣混合，按质量比 1∶10 加入蒸馏水，混匀搅拌 20min。将所得混合物放入超声波细胞破碎仪，在 0～10℃的条件下，超声频率为 22kHz，超声时间为

40～60min。用 10 微米孔径过滤器过滤超声产物，收集滤液。将滤液与步骤（2）中的石榴汁充分混合，按质量比 1：（0.01～0.05）加入乙二胺四乙酸三钠，以 40r/min 搅拌 20～30min，得到混合液。

（4）发酵液制备：在步骤（3）的混合液中按质量比 1：（0.01～0.03）加入谷氨酰胺，加入葡萄糖将含糖量调节至 16%～20%，按质量比 1：0.2 加入柠檬酸钠将 pH 调节至 5.0～5.5，得到发酵液。

（5）发酵：将在发酵液倒入彻底灭菌的发酵罐中，按质量比 1：0.01 添加酵母菌，在 26～28℃ 的条件下进行恒温发酵，搅拌速度为 100～150r/min，发酵时间为 8 天。

（6）澄清：将发酵后的溶液用 100 目过滤网过滤，去除杂质。然后用低速离心机，以 500～800r/min 离心，去除沉淀，得到澄清液。

（7）浓缩：用冷冻浓缩机，浓缩澄清液，浓缩循环为先将温度降低到 0～-4℃，20～30h，去除冰晶，-4～-10℃，10～20h，去除冰晶，得到浓缩液。

（8）超滤除菌：用 0.45μm 除菌过滤膜将步骤（7）的浓缩液除菌过滤，得到石榴精华提取物。

［产品特性］

（1）本品含有多种安全有效的美白保湿营养成分，特别添加特制天然植物石榴精华提取物，营养成分更加丰富、天然，易吸收、无副作用。

（2）对精华液进行了充分的乳化和纳米处理，使精华分子达到纳米级，从而产生了超渗透的效果，能大大提高肌肤表面的吸收率，避免了大量营养成分堆积而导致的肌肤问题，精华液使用效果显著提升。

配方 24　美白保湿山茶籽精华乳

［原料配比］

原料	配比（质量份）		
	1#	2#	3#
山茶籽精油	40	60	50
海藻提取物	25	35	30
白茶提取物	20	30	25
透骨草提取物	15	25	20
马樱丹提取物	10	15	20

［制备方法］

（1）将山茶籽精油与海藻提取物混合，水浴加热至 40～45℃，搅拌均匀，制得基质 A；

（2）将白茶提取物、透骨草提取物、马樱丹提取物混合后加入活性炭搅拌脱色除异味，浓缩，制得精华液 B；

（3）将步骤（2）中制得的精华液 B 与基质 A 混合（精华液 B 与基质 A 的混合比为 1∶5），搅拌均匀，浓缩即得。

［原料介绍］　海藻提取物为海藻经超临界 CO_2 萃取，再经分子蒸馏纯化得到的；海藻提取物分子蒸馏纯化条件为真空度达到 $7 \times 10^{-7} \sim 8 \times 10^{-6} Pa$，蒸馏温度为 $100 \sim 105℃$。

马樱丹提取物为马缨丹花加入乙醇溶剂蒸馏提取得到的，乙醇溶剂质量分数为 70%～75%。

海藻提取物在真空下进行分子蒸馏纯化后，能有效将海藻蛋白、海藻多糖等高分子物质降解，分离纯化得到无机盐、微量元素、甘露醇等低分子物质。与山茶籽精油混合制成基质能够提高美白保湿山茶籽精华乳的渗透性，促进肌肤快速吸收，此外山茶籽精油富含不饱和脂肪酸，海藻提取物富含无机盐、微量元素，能滋养肌肤。白茶提取物、透骨草提取物、马樱丹提取物等成分还具有抑菌、活血化瘀功效，能进一步改善肌肤微循环，促进肌肤排毒，起到祛斑祛痘的效果。山茶籽精油还能平衡肌肤水油，长效保湿。

［产品特性］　本品为天然纯植物提取，无任何化学物质添加剂，温和无刺激，有效避免化学物质残留的问题。

配方 25　复合植物美白保湿精华素

［原料配比］

原料	配比（质量份）		
	1#	2#	3#
1,3-丁二醇	4	5	6
甜菜碱	1	2	3
乳酸钠	0.5	1	1.5
生物糖胶-1	2	3	5
石斛提取液	3	4	5
汉生胶	0.1	0.3	0.5
透明质酸钠	0.2	0.3	0.5
蓝酮肽	0.3	0.5	0.7
白藜芦醇	0.1	0.3	0.5

续表

原料	配比（质量份）		
	1#	2#	3#
水溶性艾地苯	0.5	1	1.5
PEG-40 氢化蓖麻油	0.3	0.5	0.8
白及提取液	6	8	10
白术提取液	7	8	10
无患子提取液	8	9	10
对羟基苯乙酮	0.3	0.4	0.3
1,2-己二醇	0.3	0.4	0.3
去离子水	加至 100	加至 100	加至 100

[制备方法]

（1）将设定质量的白及、白术、无患子果分别用去离子水进行冲洗；

（2）将清洗后的原料和设定量的去离子水分别依次投入提取罐中，给夹层热源，罐内沸腾后减少供给热源，保持罐内沸腾即可，采用密闭提取时通过冷却水进行冷却，使蒸汽冷却后回到提取罐内，保持循环和温度，维持加热时间为 100～120min，所述去离子水为 20～30 份（按质量份计），经高速离心机处理后，离心转速为 6000r/min，再经 800 目的过滤网过滤，即得各中药提取液，待用；

（3）按配比将所述各中药提取液和去离子水依次投入搅拌锅 A 中搅拌，获得预配液；

（4）将去离子水和汉生胶、水溶性艾地苯、甜菜碱、生物糖胶-1、1,3-丁二醇、乳酸钠、透明质酸钠、石斛提取液依次投入搅拌锅 B 中搅拌，并将混合液加热至 80～100℃保温 30min；

（5）搅拌上述搅拌锅 B 中的混合液，并冷却至 60℃；

（6）将步骤（3）的预配液与按设定配比的蓝酮肽、白藜芦醇、PEG-40 氢化蓖麻油相混合，并与搅拌锅 B 中的混合液相混合并搅拌；

（7）将步骤（6）所得混合液降温至 45℃，加入对羟基苯乙酮、1,2-己二醇，调节混合液的 pH 值为 6.3～6.5，混合物的黏度为 3500～5500mPa·s 时，即得成品。

[原料介绍] 生物糖胶-1，是化妆品行业中一种新型的保湿剂、祛皱剂、肌肤修复剂和肤感调节剂。

蓝酮肽，深层补水醒肤，激发肌肤生机，缓解因压力、缺水、环境污染导致的肌肤质机能降低，赋予肌肤再生能量，还原肌肤天然水嫩、润滑、持续使用，肌肤更加明亮耀眼，充满弹性，由内而外散发光感活力；对各种原因导致的缺水肌肤注入此美肌能量精华，密集活化、舒缓肌肤、激活肌肤自身机能，瞬间再现水嫩质感。

水溶性艾地苯，作为抗氧化剂，能有效地吞噬导致肌肤机体衰老的自由基，防护外来因素对肌肤所造成的伤害，延缓肌肤胶原蛋白流失，并提供肌肤新陈代谢所需的能量，让肌肤紧致、平滑。

PEG-40 氢化蓖麻油，作为增溶剂。

［产品特性］ 本品采用白及、白术、无患子果等中药植物制成中药提取液，利用各组分的特性，相互混合，配合辅料产生协同作用，避免对人体皮肤带来刺激性，对面部及身体皮肤保湿美白护理，抑制黑色素的合成，令脸部及身体皮肤保持年轻、通透白皙；肌肤柔滑而富有弹性，同时满足肌肤补水需求。

配方 26　具有美白保湿功效的精华乳液

［原料配比］

原料	配比（质量份）		
	1#	2#	3#
玫瑰提取液	8	10	12
三色堇提取物	5	6	7
人参精华	6	7	8
红石榴精华	3	4	5
柠檬精油	2	3	4
橄榄油	2	3	4
积雪草	7	8	9
皂角	3	4	5
杜仲	3	4	5
硫黄	1	2	3
珍珠粉	5	6	7
香精	1	1.5	2
黄原胶	0.8	0.9	1
天然维生素 E	0.2	0.3	0.4
蜂胶液	0.3	0.4	0.5
水解玉米蛋白	1	1.5	2
山梨醇	1	1.5	2
羊奶	10	15	20
去离子水	50	60	70

[制备方法]

(1) 将积雪草、皂角和杜仲混合均匀，粉碎成过 200～300 目筛的中药粉，备用；

(2) 将柠檬精油、橄榄油、黄原胶、蜂胶液、山梨醇加入油相锅内，开启蒸汽加热，搅拌加热至 70～80℃，保温 15～25min，使其充分熔化均匀，得油相物备用；

(3) 将玫瑰提取液、三色堇提取液、人参精华、红石榴精华、香精、羊奶、去离子水加入水相锅内，开启蒸汽加热，搅拌加热至 80～90℃ 保温，维持 20～30min 灭菌，得水相物；

(4) 将步骤 (1) 的中药粉、步骤 (2) 的油相物、步骤 (3) 的水相物、硫黄、珍珠粉、水解玉米蛋白一起加入乳化锅内，温度控制在 75～85℃ 之间，搅拌 20～30min，冷却至 40～50℃ 后，加入天然维生素 E，再搅拌 8～12min，冷却后杀菌、装瓶、密封，即得乳液。

[产品应用]   可在每天早晚洁面后，涂抹于面部和颈部，且本品在晚上 10 点前使用，效果更佳。

[产品特性]   本品能在很短时间内被皮肤快速吸收，使肌肤透亮、紧致，有美白保湿的功效；令肌肤形成保水屏障，平滑提拉肌肤，刺激成纤维细胞增殖，活化肌肤使皮肤恢复弹性保持年轻，保持皮肤健康，注入活力。其原料全部是从纯天然植物中提取的精华液，无任何毒副作用，且制作简单，效果良好。

配方 27   莲花美白保湿抗衰老精华液

[原料配比]

原料	配比（质量份）	原料	配比（质量份）
莲花提取物	1～5	水解 β-葡聚糖	0.1～0.5
丁二醇	1～3	尿囊素	0.1～0.2
戊二醇	1～2	羟苯甲酯	0.1
甜菜碱	1～2	咪唑烷基脲	0.1～0.2
海藻糖	0.1～1	香精	0.1
透明质酸	0.1～0.3	去离子水	85～100

[制备方法]

(1) 将水、莲花提取物、丁二醇、戊二醇、甜菜碱、海藻糖、透明质酸、水解 β-葡聚糖、尿囊素、羟苯甲酯倒入反应釜中加热到温度为 82℃，即为 A 相。

(2) 将咪唑烷基脲、香精倒入另一反应釜中加热到温度为 82℃，即得到

B相。

（3）将 A 相混合均匀，均质 10min 后冷却，在温度为 30℃时加入 B 相，搅拌均匀后出料，即可得到莲花美白保湿抗衰老精华液。

[产品特性] 本品不仅肤感柔润、易吸收、铺展性好、抗衰老、改善皮肤弹性效果好，而且产品冷热稳定性和一致性较好。

配方 28 保湿美白、紧致提升的精华液组合物

[原料配比]

原料		配比（质量份）			
		1#	2#	3#	4#
丙二醇		4	3	8	5
甘油		3	5	2	4
银耳异聚多糖		0.09	0.06	0.05	0.1
生物糖胶-1		3	4	5	2
长角豆籽提取物		0.5	0.1	0.3	0.2
紫苏提取物		2	4	5	3
PCA-Na		3	2	4	5
西瓜果提取物		4	3	5	2
忍冬提取物		0.3	0.5	0.4	0.2
木糖醇		2.5	3	4	2
α-熊果苷		0.07	1	0.05	0.08
天女木兰提取物		3.5	3	2	4
兵豆果提取物		0.6	0.9	0.5	1
助剂		0.7	0.8	1	0.5
苹果提取物		1.5	1	1.2	2
PPG-10 甲基葡糖醚		2	1	0.5	3
双-PEG-18 甲基醚二甲基硅烷		1.5	2	0.5	1
透明质酸钠		0.05	0.01	0.1	0.08
地果提取物		0.8	0.5	0.9	1
去离子水		加至 100	加至 100	加至 100	加至 100
冻干粉	EGF、KGF、BFGF	5000IU	8000IU	1000IU	10000IU
	甘露醇	10%	15%	20%	2%
精华液（mL）：冻干粉（g）		15：1	20：1	5：1	10：1

[制备方法]

（1）按配方称取各组分，将丙二醇、甘油、银耳异聚多糖、透明质酸钠、地果提取物混合，搅拌至完全分散后加入水中，加热至 60℃后搅拌至完全溶解，加入双-PEG-18 甲基醚二甲基硅烷和 PPG-10 甲基葡糖醚，冷却至 40℃以下；

（2）依次加入生物糖胶-1、长角豆籽提取物、紫苏提取物、PCA-Na、西瓜果提取物、木糖醇、α-熊果苷、天女木兰提取物、兵豆果提取物、助剂、苹果提取物，搅拌至完全溶解；

（3）加入忍冬提取物，边加入边搅拌直到搅拌均匀为止，得到精华液；

（4）将 EGF、KGF、BFGF、甘露醇混合后用水溶解，冷冻干燥后得到冻干粉；

（5）将精华液以及冻干粉分别灌装，使用时混合均匀即可。

[原料介绍]　所述紫苏提取物的制备步骤为：将紫苏用粉碎机粉碎得到紫苏粉，将紫苏粉加入氯化钠水溶液中，加热回流 1～2h，降温至 60～80℃后进行一次蒸馏，取蒸馏液 A；升温至 90～100℃进行二次蒸馏，取蒸馏液 B；将蒸馏液 A 冷却分层后得到上层液体和下层液体，将上层液体与丁二醇混合均匀得到 C 液，将 C 液与蒸馏液 B 混合均匀得到紫苏提取液，将紫苏提取液抽滤后得到滤液，将滤液旋转蒸发后得到紫苏提取物。

所述紫苏粉与氯化钠水溶液的体积比为 1:（8～10），氯化钠水溶液的质量分数为 2%～4%，上层液体与丁二醇的体积比为 1:（60～70），C 液与蒸馏液 B 的体积比为 1:（1～1.2）。

所述果提取物的制备步骤为：将地果去皮后烘干，用粉碎机粉碎后得到地果粉，将地果粉加入纤维素酶溶液中，加热至 38℃后酶解 2h，灭酶后得到酶解物，将酶解物放入微波炉中微波萃取得到萃取物，将萃取物减压抽滤后得到滤液，将滤液用无水乙醇醇沉得到沉淀物，将沉淀物在 4℃下静置过夜后离心，去除上清液后冷冻干燥得到地果提取物。

所述果粉与纤维素酶溶液的质量体积比为 1g:2mL，纤维素酶溶液的浓度为 1000U/mL，微波萃取的时间为 1min，微波功率为 500W，滤液与无水乙醇的体积比为 1:1.5。

所述助剂为甘油辛酸酯、辛酰羟肟酸中的一种或两种。

保湿美白、紧致提升的精华液组合物由精华液和冻干粉组成，所述冻干粉中 EGF、KGF、BFGF 的总用量为 1000～10000IU，甘露醇的质量分数为 2%～20%。

[产品特性]　采用不同植物提取物相互作用，并复配生长因子，具有很好的保湿美白、紧致提升、平衡面部水油、抗氧化衰老等多重功效，而且不含防腐剂。

配方 29 具有保湿美白功效的精华液

[原料配比]

原料		配比（质量份）			
		1#	2#	3#	4#
A 相	聚谷氨酸	0.05	0.05	0.05	0.05
	透明质酸钠交联聚合物	—	—	0.05	0.05
	L-乳酸	2	2	2	2
	去离子水	40	40	40	40
B 相	金钗石斛茎提取物	2	7	7	5
	苦参根提取物	1	6	6	6
	库拉索芦荟叶提取物	1.5	5	5	5
	当归根提取物	1	6	6	4
	宁夏枸杞果提取物	—	—	—	3
	紫松果菊提取物	—	—	—	4
	甘草根提取物	—	—	—	3
	芦苇根提取物	—	—	—	3
辛酰羟肟酸		0.3	0.3	0.3	0.3
1,3-丙二醇		0.2	0.2	0.2	0.2

[制备方法] 首先将聚谷氨酸、透明质酸钠交联聚合物、L-乳酸与去离子水共同加入搅拌锅中并在 60～65r/min 下，搅拌 30～40min，得到 A 相，然后将 B 相提取物加入 A 相中，在 60r/min 下，搅拌 50～60min 分散均匀，得到混合物，再加入辛酰羟肟酸、1,3-丙二醇，继续在 60～65r/min 下搅拌 50～60min，停止搅拌，静置 30～40min，最后经 500 目滤网过滤后保留滤液，即得精华液。

[产品特性] 该精华液具有良好的保湿美白功效。

配方 30 美白补水精华面膜

[原料配比]

原料	配比（质量份）	
	1#	2#
糯米粉	3	4

续表

原料	配比（质量份）	
	1#	2#
红花	3	4
蜂蜜	3	3
去离子水	10	28
甘油	13	18
单硬脂酸甘油酯	5	6
深海鱼皮胶原蛋白	3	3
水解燕麦蛋白	2	3
绿茶微粉	3	2
珍珠粉	5	8
白及	15	18
益母草	12	11
蚕丝蛋白	10	14
红景天提取物	9	8
葡萄籽提取物	5	7
维生素 C	3	2
牛奶	12	13

[制备方法]

（1）将配方量的去离子水、甘油、单硬脂酸甘油酯、牛奶按比例称取后，加入带有搅拌的不锈钢釜中，在转速为 60～70r/min 的搅拌下加热溶解完全，并在 85℃的温度下恒温消毒 30min，搅拌均匀，得到第一混合物，待用；

（2）将配方量的糯米粉、红花、绿茶微粉、珍珠粉、白及、益母草按比例称取后，加入到乳化锅中，搅拌加热至 70～80℃，之后通过滤网抽到不锈钢均质釜中，在 50～60r/min 的搅拌下，继续加热到 80～90℃，并恒温消毒 20～30min，得到第二混合物，待用；

（3）将蜂蜜、深海鱼皮胶原蛋白、水解燕麦蛋白、蚕丝蛋白、红景天提取物、葡萄籽提取物、维生素 C 添加到第二混合物中进行搅拌 10～20min 后保温 20～30min，得到第三混合物；

（4）将第一混合物倒入第三混合物中进行搅拌 15～30min，保温 40～50min 后倒入真空罐中，即得所述的美白补水面膜液。

[原料介绍]　水解燕麦蛋白中含有大量的小分子量的蛋白质和大分子量的蛋白质，其中，小分子量的蛋白质易于渗透，有利于皮肤吸收利用，促进皮肤新陈代谢，而大分子量的蛋白质成膜性好，可改善皮肤触感，具有显著的营养滋润和保湿功效，并且，水解燕麦蛋白中氨基酸丰富，可阻止酪氨酸氧化，阻止黑色素的释放，

从而达到美白的作用。

深海鱼皮胶原蛋白为源自太平洋海域的深海的鱼类鱼皮胶原蛋白，内含肌肤大量需求的胶原蛋白，其与水有非常好的亲和性，极易被肌肤吸收，能保持肌肤水分，并且能阻止皮肤中黑色素的形成，从而达到美白的作用。

［产品应用］　使用方法：将制成的美白面膜直接涂敷在脸上，40min 后揭下或洗掉即可。

［产品特性］　本品组分简单合理，制作方便，原材料无毒无害，具有抗菌、美白、除皱、滋养皮肤的作用，可促进皮肤恢复良好的屏障功能，有效减少透皮水分流失，锁住水分，发挥保湿锁水的功能，并可使皮肤柔嫩白皙，提高胶原蛋白和弹力纤维的合成，供应多种细胞生长因子，从而达到美白皮肤的作用。保湿效果佳，且安全无刺激。

配方 31　美白保湿精华液（5）

［原料配比］

原料		配比（质量份）			
		1#	2#	3#	4#
美白保湿精华液	天然植物萃取液	8	10	12	15
	甘油	8	6	5	8
	透明质酸钠	3	4	5	5
	烟酰胺	5	6	7	7
	羟乙基纤维素	2	3	4	4
	对羟基苯乙酮	0.6	0.4	0.6	0.6
	聚丙烯酸	1	0.5	0.8	1
	柠檬酸	0.1	0.05	0.1	0.1
	氢化蓖麻油	0.5	0.3	0.4	0.5
	去离子水	71.8	69.75	65.1	58.8
天然植物萃取液	雪莲花	30	25	20	40
	积雪草	30	25	20	30
	夏枯草叶	20	30	30	10
	银耳子	20	10	20	10
	突厥蔷薇	10	10	10	10
	乙醇/丁二醇	适量	适量	适量	适量

［制备方法］ 在 60～75℃ 的恒温条件下采用均质搅拌机搅拌，将天然植物萃取液、甘油、透明质酸钠、烟酰胺、羟乙基纤维素、聚丙烯酸、氢化蓖麻油和对羟基苯乙酮按照设定的质量比依次缓缓加入去离子水中搅拌 2～3h，然后加入柠檬酸，再继续搅拌，转速为 3000～5000r/min。保温静置 1～1.5h，最后将混合液降至室温得到美白保湿精华液。

［原料介绍］ 天然植物萃取液的制备方法如下。将雪莲花、积雪草、夏枯草叶、银耳子和突厥蔷薇按比例混合，紫外杀菌后清洗干净烘干，研磨粉碎并混合均匀后放入超临界萃取反应器中进行萃取，以乙醇与丁二醇的质量比＝3∶(3～7) 的混合溶剂为萃取剂，萃取温度为 45～75℃，萃取压力为 30～40MPa，在二氧化碳气体的保护下循环萃取 3～4h，萃取分离后过滤，然后将滤液减压蒸馏浓缩，温度控制在 60～70℃，压力为 1～1.5kPa，最后制得天然植物萃取液。

夏枯草是一种多年生草本药用植物，富含夏枯草苷、B 族维生素、尼克酸及维生素 C 等有效美肤成分，能够促进肌肤血液微循环，加快肌肤细胞新生，充分舒张肌肤毛孔，在排出肌肤毒素和油脂方面有着良好的效果。银耳子实体富含多糖，具有很强的保湿锁水功能，能够提高角质层水分含量，使皮肤更加柔软有弹性。突厥蔷薇又名大马士革玫瑰，同样富含玫瑰多糖、多种微量元素，能够抑制黑色素产生过程中酪氨酸酶的作用，从而起到辅助美白的作用。积雪草是一种清热利湿、消肿解毒的药用草本植物，能够促进肌肤胶原蛋白再生，加速血液微循环，在改善痤疮性皮肤、紧致肌肤、延缓肌肤衰老和修复晒后受损肌肤方面都有显著效果。

烟酰胺是维生素 B3 的衍生物，在 pH 值为 6 的溶液中，稳定性最佳。由于它的分子量极小，所以可以迅速穿过角质层渗透进肌肤的深处，减少已经生成、沉积的黑色素，阻隔其向表层细胞转移，加速细胞新陈代谢，加快黑色素角质细胞脱落等。

［产品特性］

(1) 采用超临界萃取的方式萃取多种天然植物（雪莲花、银耳子、夏枯草叶、突厥蔷薇和积雪草），具有有效成分萃取率高、纯度高等优点，天然植物精华除了本身的保湿美白作用之外，还能够舒缓烟酰胺浓度高后不耐受的问题。

(2) 合理选择搭配多种安全保湿成分［如小分子透明质酸钠（玻尿酸）］和配合多种天然植物萃取液制备的美白保湿精华液，安全，对肌肤无刺激性，不仅具有美白保湿的作用，长期使用还能够有效促进皮肤新陈代谢，增加皮肤弹性，有延缓衰老的作用。

配方 32 抗皱美白保湿精华液

[原料配比]

原料		配比（质量份）
A 相	羟乙基纤维素	0.1
	EDTA 二钠	0.05
	小核菌胶	0.1
	卡波姆	0.1
	透明质酸钠	0.05
	葡聚糖	1
	芦荟油	2
	丙二醇	8
	1,3-丁二醇	3
	甘草酸二钾	0.05
	对羟基苯乙酮	0.2
	传明酸	0.5
	糖类同分异构体	1
	烟酰胺	3
	去离子水	76.39
B 相	三乙醇胺	0.06
C 相	乙酰基六肽-8	3
	防腐剂	0.4
	二裂酵母提取液	1

[制备方法]

（1）将 A 相原料与水加入乳化锅搅拌并升温至 85℃，均质两次各 5min，使原料完全溶解，并保温 15min；

（2）降温至 60℃加入分散好的 B 相原料，搅拌均匀；

（3）降温至 40℃后，加入 C 相原料，搅拌均匀，过滤出料。

[原料介绍] 所述防腐剂为辛酰羟肟酸、1,2-戊二醇和甘油辛酸酯的混合物。

透明质酸钠是细胞和细胞间质的主要成分，可以形成大分子网状结构，起到机械屏障和空间阻隔作用，其润滑特性能够避免创伤愈合过程中的摩擦，抑制毛细血管出血，减少形成永久性粘连骨架的血块数量，抑制血浆纤维蛋白的沉积；

对羟基苯乙酮是目前医药界最安全的高温辅助活性稳定剂，经常作为防腐剂存在于化妆品之中，对人体皮肤没有任何害处；

小核菌胶兼具保湿、修护、消炎、抗氧化等作用，性质稳定，水溶性好，长效保湿；

芦荟油兼具水溶皮肤柔润剂和油润皮肤柔润剂的长处，为多功能的保湿基质，改善肤感和润滑性，提高保湿性，具有锁水能力；

传明酸能抑制蛋白酶对肽键水解的催化作用，从而抑制了如发炎性蛋白酶等酶的活性，进而抑制了黑斑部位的表皮细胞机能的混乱，并且抑制黑色素增强因子群，再彻底断绝因为紫外线照射而形成的黑色素产生的途径，即让黑斑不再变浓、扩大及增加，从而能有效地防止和改善皮肤的色素沉积；

糖类同分异构体是一种萃取自天然植物糖类综合体的天然保湿剂，类似于人体内的碳水化合物的复合体，亲肤性能佳；

二裂酵母提取液通过调节皮肤水油平衡，修复受损肌肤，加快角质层代谢，对抗各种皮肤问题，使皮肤代谢更快，皮肤看上去更健康更年轻，焕发迷人光彩。

[产品特性]　能够起到美白抗衰老的作用，且让肌肤持久保持舒适的状态，避免刺激皮肤，大大降低了过敏的可能性。

配方33　保湿美白精华液

[原料配比]

原料	配比（质量份）	原料	配比（质量份）
传明酸	10	螯合剂	适量
甘油	5	pH调节剂	适量
黄瓜提取物	7	去离子水	适量

[制备方法]

（1）将传明酸、甘油和黄瓜提取物加入到搅拌器中，对搅拌器中的混合溶液搅拌，同时加入少许的去离子水和螯合剂，得到一次精华液；

（2）将一次精华液加入到调节器中，而后向调节器中加入pH调节剂，调节精华液的pH值在7.1～7.3之间，进行最终的搅拌，搅拌完成之后静置2min，得到最终的精华液；

（3）将制作完成的精华液缓慢转移到密封瓶中，密封瓶采用避光材质，最后将密封瓶放置在避光条件下储藏。

[原料介绍]　黄瓜提取物的制作方法为：取黄瓜两根，将黄瓜切成块状，而后将黄瓜块放入到榨汁机中榨成黄瓜汁，过滤去除其中的黄瓜块，剩余的黄瓜汁收集备用；将过滤完成的黄瓜汁加入少量清水进行搅拌，搅拌完成之后，将溶液加入到蒸馏罐中，对蒸馏罐加热5min后，冷却至室温，最终得到黄瓜提取物。

所述的螯合剂为乙二胺四乙酸二钠。pH 调节剂为柠檬酸钠。

[产品特性]　本品美白效果持久，且效果明显，并且由于传明酸有断绝紫外线照射的优点，所以美白效果不怕光照，不用避光。

配方 34　补水美白祛斑精华液

[原料配比]

原料		配比（质量份）				
		1#	2#	3#	4#	5#
双丙甘醇		2	2	3	2	2
1,2-己二醇		2	3	1	2	3
甘油		3	2	3	I	2
二棕榈酰羟脯氨酸		0.8	0.5	1	0.6	0.5
小分子活性肽	乙酰基六肽-37	0.0375	0.025	0.05	0.044	0.0375
	二氨基丙酰基三肽-33	0.015	0.0125	0.02	0.02	0.015
	五肽-18	0.0075	0.0025	0.01	0.006	0.0075
植物提取物	海甘蓝提取物	3.5	2	3.5	3	4
	刺海门冬提取物	2	3	2	1.5	2
	葫芦巴籽提取物	1.5	1	1	1.5	2
羧甲基 β-葡聚糖钠		0.8	1	0.5	0.6	0.7
甜菜碱		2.5	2	3	1.5	1
丙烯酸羟乙酯/丙烯酰二甲基牛磺酸钠共聚物		0.7	1	0.5	0.6	0.8
EDTA 二钠		0.04	0.05	0.03	0.03	0.02
防腐剂	苯氧乙醇	0.25	0.2	0.15	0.2	0.1
	羟苯乙酯	0.25	0.2	0.15	0.1	0.1
去离子水		75	75	80	70	65

[制备方法]　将配方量的双丙甘醇、1,2-己二醇、甘油、羧甲基 β-葡聚糖钠、甜菜碱、丙烯酸羟乙酯/丙烯酰二甲基牛磺酸钠共聚物和去离子水混合，加热至70℃，搅拌，使其完全溶解，降温至 40℃，加入二棕榈酰羟脯氨酸、小分子活性肽、植物提取物、EDTA 二钠和防腐剂，混合均匀，出料即得。

[原料介绍]　所述的植物提取物为海甘蓝提取物、刺海门冬提取物和葫芦巴籽提取物以 3.5：2：1.5 的质量比组成。

所述的小分子活性肽为乙酰基六肽-37、二氨基丙酰基三肽-33 和五肽-18 以

2.5：1：0.5 的质量比组成。

所述的防腐剂选自羟乙基脲、苯氧乙醇、乙基己基甘油、甲基异噻唑啉酮、氯苯甘醚、羟苯甲酯或羟苯乙酯中的一种以上。

本品以二棕榈酰羟脯氨酸、小分子活性肽、海甘蓝提取物、刺海门冬提取物和葫芦巴籽提取物作为主要的功效成分，从多角度、全方位作用，协调发挥最佳的补水保湿、美白祛斑护肤功效，促进皮肤细胞的新陈代谢，促进重建皮肤结缔组织，保持皮肤的弹性和紧致性；刺激皮肤基底层细胞的更新，保护皮肤细胞免受紫外线的损害，减少紫外线引起的胶原蛋白和 GAG 的降解；通过预防真皮中的胶原蛋白和整联蛋白发生糖化，促进表皮角质形成细胞的分化，改善皮肤屏障功能；通过清除活性氧或自由基，阻止氧化反应发生，提高细胞存活能力；通过抑制酪氨酸酶的活性，抑制黑色素沉着，并补充肌肤必需的不饱和脂肪酸和天然抗氧化剂，细致毛孔，增加皮肤保湿度，强化真皮结构，使皮肤变得更加丰盈光滑。以上主要的功效成分相互协调，相互增益，具有显著的补水保湿、抗皱紧肤、美白祛斑功效，进一步添加甘油、羧甲基 β-葡聚糖钠、甜菜碱、丙烯酸羟乙酯/丙烯酰二甲基牛磺酸钠共聚物等辅助成分，使制得的精华液更具优异的肤感，易于被肌肤吸收。

[产品特性]

（1）本品各组分配比科学，协调效果突出，从多角度、全方位作用，协调发挥最佳的补水保湿、抗皱紧肤、美白祛斑护肤功效。

（2）本品性质温和、安全稳定，没有皮肤刺激性，长期使用不会引起任何不良反应，且制备工艺简单，质量可控。

配方 35　美白保湿雪融精华乳液

[原料配比]

原料	配比（质量份）	
	1#	2#
乳木果油	1	2
合成蜡	1	1
聚二甲基硅氧烷	4	4
氢化橄榄油酸乙基己酯/氢化橄榄油不皂化物	1	2
酰脯氨酸钠/白睡莲花提取物	0.5	1
氢氧化钾	0.05	0.08
苯氧乙醇	0.5	1
去离子水	63.64	82.72

原料	配比（质量份）	
	1#	2#
EDTA 二钠	0.05	0.1
甘油	5	8
烟酰胺	2	3
黄原胶	0.3	0.35
结冷胶	0.05	0.1
丙烯酸（酯）类/$C_{10} \sim C_{30}$ 烷醇丙烯酸酯交联聚合物	0.1	0.3
精氨酸	0.3	1
天然维生素 E	0.3	0.5
透明质酸钠	0.01	0.05
酵母提取物	1.5	2
水解大米蛋白	0.5	1
水解玉米蛋白	0.5	1
玫瑰花水	3	5
三色堇提取物	0.3	0.6
乙基己基甘油	0.1	0.2

[制备方法]

（1）油相制备：将乳木果油、合成蜡、聚二甲基硅氧烷、氢化橄榄油酸乙基己酯/氢化橄榄油不皂化物、酰脯氨酸钠/白睡莲花提取物加入制备油相的夹层锅内，开启蒸汽加热，在不断搅拌条件下加热至 75～80℃，保温 15～30min，使其充分熔化均匀，待用。

（2）水相的制备：首先将去离子水加入制备水相的夹层锅中；其次将透明质酸钠、黄原胶和结冷胶加入甘油中搅拌均匀，并投入到水相的夹层锅中；然后向夹层锅中依次投入 EDTA 二钠、丙烯酸（酯）类/$C_{10} \sim C_{30}$ 烷醇丙烯酸酯交联聚合物和烟酰胺，为防止结团，进行均质；最后向夹层锅的夹套中通入蒸汽，搅拌下加热至 80～85℃保温，维持 20min 灭菌。

（3）乳化和冷却：第一，将上述步骤（2）制成的水相原料通过过滤器加入乳化锅内，乳化锅内的温度控制在 80～85℃；第二，缓慢抽入保温熔化均匀的油相，在乳化锅内温度为 80～85℃的条件下，进行一定时间的搅拌，乳化后冷却到 45～50℃；第三，加入精氨酸、天然维生素 E、酵母提取物、三色堇提取物、水解大米蛋白、水解玉米蛋白、玫瑰花水、苯氧乙醇、氢氧化钾和乙基己基甘油，然后进行 5～10min 的搅拌和乳化。

（4）陈化和灌装：贮存 1 天或 2 天后用灌装机灌装，灌装前需对产品进行质量评定，质量合格后进行灌装。

[原料介绍] 酰脯氨酸钠/白睡莲花提取物是有抗过敏舒缓效果的美白剂。减少由于炎症（紫外线、刺激、粉刺）和衰老引起的色素沉着，帮助皮肤抵抗外界刺激，缓解热敏引起的疼痛，降低表皮温度，达到舒缓美白效果。

烟酰胺可以改善皮肤的屏障作用，降低经表皮失水率；抑制黑素小体从色素细胞转移到角质形成细胞，抑制黑色素输送途径，减少面部红斑、色素沉积；阻止蛋白质非酶糖化，改善面部发黄的状况；帮助皮肤清除毒素，延长老化细胞的寿命，减少皱纹，净白肤色。

酵母提取物提高了皮肤的亮度，提升皮肤的美白程度。

三色堇提取物可以改善真皮的水分流通和透明质酸合成酶的活性，增加表皮透明质酸的含量，添加的透明质酸钠具有较强保水润滑功效，使产品具有极强的保湿功效。

水解大米蛋白，能有助于减少损伤蛋白质的积累，是一项突破性抗衰老科技，帮助皮肤清除毒素，延长老化细胞的寿命，减少皱纹，净白肤色。

水解玉米蛋白，通过改善角质层的交联，增强角质层强度和结构，实现健康肌肤屏障，帮助提高角化包膜前体蛋白和转谷氨酰胺酶的活性表达，预防和修复角质层异常剥脱；能进一步修复并保持肌肤的自然弹性，帮助焕回简单而美好的健康肌肤。

[产品特性] 本品具有独特的雪融状悬浮外观，不含乳化剂，瞬间化水，快速吸收，带给人愉悦的肤感体验，具有高效美白舒缓作用。

配方 36　珍珠裸妆透白精华乳

[原料配比]

原料		配比（质量份）					
		1#	2#	3#	4#	5#	6#
A相	季戊四醇四（乙基己酸）酯	1	2	3	4	5	6
	新戊二醇二庚酸酯	1	2	3	4	5	6
	双-PEG/PPG-16/16PEG/PPG-16/16聚二甲基硅氧烷	1.275	1.7	2.125	2.38	2.55	2.975
	辛酸/癸酸甘油三酯	0.225	0.3	0.375	0.42	0.45	0.525
	环聚二甲基硅氧烷	0.8	1.2	1.6	2	2.4	2.8
	聚二甲基硅氧烷交联聚合物	0.2	0.3	0.4	0.5	0.6	0.4
	聚二甲基硅氧烷	1	1.5	2	2.5	3	4
	鲸蜡硬脂醇	2.5	2	1.2	1	0.8	0.5
	牛油果树果脂油	0.5	0.8	1	1.5	2	2.5

原料		配比（质量份）					
		1#	2#	3#	4#	5#	6#
A相	鲸蜡硬脂醇聚醚-25	1	0.8	0.5	0.4	0.3	0.2
	生育酚	0.2	0.3	0.5	0.8	1	1.5
	羟苯丙酯	0.01	0.03	0.05	0.06	0.08	0.1
B相	甘油	12	9	8	6	5	2
	丁二醇	2	3	5	6	7	8
	珍珠水解液脂质体	2	3	5	8	9	10
	甘油聚醚-26	0.5	1	2	3	4	5
	丙烯酸（酯）类/C_{10}～C_{30}烷醇丙烯酸酯交联聚合物	0.05	0.1	0.16	0.18	0.2	0.25
	羟苯甲酯	0.15	0.12	0.1	0.08	0.06	0.05
	黄原胶	0.02	0.05	0.08	0.1	0.15	0.2
	纯水	69.86	66.92	59.53	50.93	44.61	39.403
C_1相	三乙醇胺	0.05	0.1	0.14	0.16	0.18	0，2
C_2相	1-甲基乙内酰脲-2-酰亚胺	1	0.8	0.5	0.4	0.3	0.2
	3-O-乙基抗坏血酸	0.05	0.08	0.1	0.2	0.3	0.5
C_3相	甘油聚甲基丙烯酸酯	0.5	1	2	3	4	5
C_4相	甘草酸二钾	0.05	0.1	0.15	0.2	0.25	0.3
D相	透明质酸钠	0.01	0.02	0.03	0.04	0.05	0.06
	丙二醇	0.11	0.165	0.22	0.275	0.33	0.1925
	双（羟甲基）咪唑烷基脲	0.0785	0.11775	0.157	0.19625	0.2355	0.134375
	羟苯甲酯	0.01	0.015	0.02	0.025	0.03	0.0175
	碘丙炔醇丁基氨甲酸酯	0.0015	0.00225	0.003	0.00375	0.0045	0.002625
E相	香精	0.05	0.08	0.1	0.15	0.12	0.09
F相	微晶纤维素	0.72	0.56	0.384	0.6	0.4	0.36
	玉米（ZEAMAYS）淀粉	0.53	0.412	0.2816	0.443	0.2935	0.265
	甘露糖醇	0.324	0.252	00.1728	0.27	0.18	0.162
	云母（CI77019）	0.05	0.04	0.032	0.035	0.0325	0.025
	珍珠粉	0.045	0.035	0.024	0.0375	0.025	0.0225
	CI77891	0.0414	0.0322	0.02208	0.0345	0.023	0.0207
	氧化铁类（CI77492）	0.02	0.016	0.0128	0.014	0.013	0.01
	藻酸钙	0.018	0.014	0.0096	0.015	0.01	0.009
	氯氧化铋（CI77163）	0.0036	0.0028	0.00192	0.003	0.002	0.0018
	合成氟金云母	0.04	0.03	0.016	0.04	0.0175	0.02
	红30色淀（CI73360）	0.008	0.006	0.0032	0.008	0.0035	0.004

[制备方法]

（1）将 A 相原料加热到 80～85℃，搅拌均匀；

（2）将 B 相原料加入乳化锅，搅拌加热至 80～85℃，真空度为－0.03～－0.07MPa，低速均质 2min；

（3）将 A 相抽入乳化锅中，高速均质 8min，真空度为－0.03～－0.07MPa；

（4）温度降至 55～60℃加入 C_1、C_2、C_3、C_4 相搅拌均匀，真空度为－0.03～－0.07MPa；

（5）温度降至 50～55℃加入 D、E、F 相搅拌均匀，真空度为－0.03～－0.07MPa；

（6）理化指标检验合格后，出料。

[产品应用]　使用方法：洁肤和爽肤后，取本品适量均匀涂抹于脸部和颈部，轻轻按摩至完全吸收。

[产品特性]　本品通过添加营养丰富的珍珠水解液脂质体，协同包裹的珍珠粉，同时辅以透明质酸钠、牛油果树果脂油等保湿补水因子及 3-O-乙基抗坏血酸美白祛斑成分，改善黯沉泛黄肤色，令肌肤更显透亮、白润，展现柔滑细腻、白皙亮泽之肌肤。具有工艺简单、营养全面、美白效果明显等特点。

配方 37　全效美白补水祛皱祛斑祛痘精华

[原料配比]

原料	配比（质量份）	原料	配比（质量份）
甘油	7	芦芭油	3
丙二醇	7	雪莲花提取物	5
1,2-戊二醇	5	寡肽-1	4
对羟基苯乙酮	0.5	寡肽-3	4
透明质酸钠	0.3	β-葡聚糖	3
PCA-K	1.2	超纯水	75

[制备方法]

（1）将超纯水、甘油、丙二醇、1,2-戊二醇和对羟基苯乙酮加入搅拌锅，然后开启均质机，转速为 30～50r/min，慢慢加入寡肽-1 和寡肽-3；

（2）加热步骤（1）中的溶液，温度达到 60～65℃时加入透明质酸钠、PCA-K、芦芭油、雪莲花提取物和 β-葡聚糖，继续升温至 85℃，均质 10min；

（3）对步骤（2）的溶液进行检测，检测合格后，降温，出料。

[原料介绍]　PCA-K 为化妆品原料，具有以下功效：①保湿能力强，不受外界环

境中湿度、温度和风力影响；②增强皮肤柔性及弹性；③是皮肤中含有的成分，具有更好的皮肤相容性、更低的刺激性；④与其他原料有共存性，并有良好的渗透性；⑤无损于基质外观，涂在皮肤上有舒适感；⑥吸湿能力持久，吸湿能力有助于皮肤和制品的保湿性；⑦是低挥发性油；⑧凝固温度低。

芦芭油外观为无色透明油状液体，芦芭油因聚甲基丙烯酸甘油酯形成独特的笼形结构而兼具水溶皮肤柔润剂和油润皮肤柔润剂的长处，为多功能的保湿基质，改善肤感和润滑性，提高保湿性，具有锁水能力，是一种润湿平衡剂，能稳定乳液和增黏。独特的笼型结构，锁水能力强，结合水较难释放，是一种不干的保湿剂；安全性极佳，常用于眼部保湿护理产品；可作为手感修饰剂，改善产品的肤感和润滑性，无油水基配方中可提供类脂感；水溶性好，是透明的保湿基质，可作流变添加剂。

［产品特性］ 本品制作流程简单，易把控，易操作，生产过程中因为步骤减少也减少了染菌概率，有效提高产品的有益效果。

配方 38 美白保湿精华液（6）

［原料配比］

原料	配比（质量份）			
	1#	2#	3#	4#
卡卡杜李提取物	0.025	3.5	3.5	3.5
杏仁提取物	0.075	0.5	0.5	0.5
甘油	5	5	3	8
1,3-丁二醇	4	4	6	2
透明质酸钠	4	4	2	0.1
汉生胶	0.2	0.2	0.1	0.5
大分子玻尿酸	0.2	0.2	0.1	0.5
紫苏叶提取物	1	1	0.1	1
连翘提取物	1	1	0.1	1
甜菜碱	1	1	0.1	1
香精	0.0001	0.0001	0.0005	0.0002
去离子水	85	80	85	75

［制备方法］

（1）向搅拌锅中加入水、甘油，开启搅拌，在 80～90℃、搅拌速度 400～500r/min 下，边搅拌边缓慢依次加入 1,3-丁二醇、透明质酸钠，搅拌 30min，混合均匀；冷却至 45～60℃，加入汉生胶、大分子玻尿酸，以 1500～1800r/min 搅拌均匀，得混合物 A。

（2）向混合物 A 中依次加入卡卡杜李提取物、杏仁提取物，搅拌 30min，混合均匀，得混合物 B。

（3）待混合物 B 冷却至常温，加入香精，以 400～500r/min 搅拌 20min；依次加入紫苏叶提取物、连翘提取物、甜菜碱，以 400～500r/min 搅拌 30min，得美白保湿精华液。

[产品特性]

（1）本品既具有较好的保湿功能，又能够起到美白的作用。

（2）本品中选用的美白保湿功效成分卡卡杜李提取物和杏仁提取物，具有对皮肤温和、安全性高、刺激性小、稳定性高等优点。

5 去皱抗衰精华

配方 1　紧致抗皱精华化妆品

[原料配比]

原料		配比（质量份）			
		1#	2#	3#	4#
A相	水解胶原蛋白	1.5	0.1	0.5	1.0
	银耳提取物	0.1	0.01	0.05	0.05
	燕麦多肽	2.5	0.5	1.0	2.0
	透明质酸钠	0.1	0.01	0.05	0.1
B相	氢化卵磷脂	1	0.1	0.1	0.5
	环聚二甲基硅氧烷	3	1.0	2.0	2.5
	生育酚醚	2.5	0.2	0.5	1.5
C相	尿囊素	0.5	0.1	0.1	0.2
	丙二醇	5	1.0	2.0	3.0
	EDTA二钠	0.1	0.01	0.05	0.1
	丙烯酸钠/丙烯酰二甲基牛磺酸钠共聚物	0.4	0.1	0.2	0.3
	甜菜碱	5	1.0	2.0	3.0
	1,3-丁二醇	5	1.0	2.0	3.0
	卡波姆	0.3	0.1	0.15	0.2
	去离子水	72	94.37	88.9	81.95
D相	三乙醇胺	0.3	0.1	0.1	0.2
E相	助剂组分	0.7	0.4	0.4	0.6

[制备方法]

（1）将 C 相升温到 60～95℃，保温到 75～85℃，搅拌溶解完全；

（2）将 B 相升温到 60～80℃，搅拌溶解完全；

（3）先将 C 相抽入乳化锅，再缓缓抽入 B 相，均质 5～15min，保温搅拌 5～15min，抽真空降温；

（4）55～65℃时加入 D 相、A 相，均质 2～3min，搅拌均匀；

（5）35～45℃时加入 E 相，搅拌均匀，即可。

[原料介绍] 所述的生育酚醚为 PEG/PPG-70/30 生育酚醚。所述的助剂组分为香精、防腐剂中的一种或两种的混合物。

银耳提取物和水解胶原蛋白协同作用，由银耳提取物中的黏性多糖体与小分子的水解胶原蛋白（分子量约为 1000）组合成生化活性成分，水解胶原蛋白附着在植物黏性多糖分子上，到达表皮层的更深处，使皮肤得到更长久的保湿去皱效果。

银耳黏性多糖体与纳米化的水解胶原蛋白可在皮肤上形成一层透明的薄膜，而且在极短的时间内即可在皮肤上形成明显的紧肤作用。

燕麦多肽是一种源自燕麦的植物复合物，包括燕麦蛋白和燕麦 β-葡聚糖。它具有非常出色的保湿效果、即时的收紧及淡化细小皱纹的效果，增强对皮肤的保护，提高皮肤抵抗外界刺激的能力，还具有抗老化效果等。

[产品特性]

（1）对于老化及疲惫之肌肤，使用后可以明显地看出老化现象减缓，且皮肤表面之细纹也减少。防止皱纹产生，并使肌肤显得平滑、细嫩、柔软。

（2）可使损坏肌肤在短时间内变得更为平滑。

（3）在皮肤表面会形成一精细的薄膜，具有明显的紧肤作用，较其他产品，其作用更为迅速，约在 15～30min 即有明显的效果。使用 15min 后，皱纹深度减少 14%，30min 后，皱纹深度减少 20%。

配方 2　活性肽抗衰祛皱镇敏精华液

[原料配比]

原料	配比（质量份）			
	1#	2#	3#	4#
积雪草提取物	0.01	0.1	0.12	0.2
库拉索芦荟叶提取物	0.02	0.2	0.25	0.5
光果甘草提取物	0.01	0.05	0.08	0.1
水解藻提取物	0.05	0.09	0.1	1
乙酰基六肽-8	0.0006	0.0007	0.0007	0.0008

原料	配比（质量份）			
	1#	2#	3#	4#
苯氧乙醇	0.3	0.6	0.3	0.6
乙基己基甘油	0.1	0.3	0.1	0.3
甘油	3	3	3	3
丁二醇	3	3	3	3
甜菜碱	3	3	3	3
泛醇	0.2	0.5	0.2	0.5
甘油聚甲基丙烯酸酯	0.3	0.8	1	2
透明质酸钠	0.1	0.1	0.1	0.1
丙二醇	2	2	2	2
羟乙基脲	3	3	3	3
丝氨酸	0.01	0.2	0.25	0.3
辅助成分 （赋香剂、防腐剂、增溶剂、增稠剂）	0.6	0.7	0.8	0.9
去离子水	加至100	加至100	加至100	加至100

[制备方法]

（1）将水放入搅拌锅里，搅拌速度为 45r/min，加热到 90～95℃，在 90～95℃保温搅拌 20min；

（2）降温到 80℃，加入甜菜碱、泛醇、甘油聚甲基丙烯酸酯、增稠剂，搅拌到完全溶解；

（3）降温到 60℃，加入水解藻提取物、羟乙基脲，搅拌到完全溶解；

（4）降温到 45～50℃，加入透明质酸钠、光果甘草提取物、丙二醇、甘油、丁二醇、积雪草提取物、库拉索芦荟叶提取物、苯氧乙醇、乙基己基甘油、赋香剂、防腐剂、增溶剂，搅拌到完全溶解；

（5）降温到 38℃，加入乙酰基六肽-8、丝氨酸，搅拌到完全溶解。

[产品特性]

（1）具有改善肌肤细胞新陈代谢、调理肌肤微循环、调理面部气血、美容抗衰修护功效。

（2）能帮助肌肤提高水润度、恢复弹性、再生、活化，具有细腻、美白、祛皱、抗衰、抗氧等多重功效。

配方 3　抗皱敛纹精华素

[原料配比]

原料	配比（质量份）	原料	配比（质量份）
红景天、红参提取物	100	甘油	50
银耳、百合提取物	150	1,3-丁二醇	50
迷迭香叶提取物	25	丙二醇	50
茶叶提取物	25	去离子水	50
透明质酸钠	1		

[制备方法]

（1）将透明质酸钠 1 份加入甘油 50 份中充分搅拌，分散均匀，静置 30min，得到澄清透明黏稠液，备用；

（2）将红景天、红参提取物，银耳、百合提取物，迷迭香叶提取物，茶叶提取物混合，加入 1,3-丁二醇、丙二醇和水充分搅拌混合均匀后，再加入到步骤（1）得到的澄清透明黏稠液中，充分搅拌混合均匀，得到澄清透明、深黄色黏稠液，静置 24h，即得本精华素。

[原料介绍]　红景天、红参提取物制备方法为：取红景天 200 份、红参 100 份，将红景天、红参粉碎，加丙二醇 1000 份、水 1000 份、丁二醇 1000 份，于室温浸泡 5～7 天，200 目过滤制得，备用。

银耳、百合提取物制备方法为：取银耳 1500 份、百合 750 份，加水 90000 份，浸泡 24h，微沸煮提 2～4h，趁热用 200 目滤布过滤，再加水 90000 份，微沸煮提 2～4h，趁热用 200 目滤布过滤，合并两次滤液，浓缩至 25℃ 时相对密度为 1.25～1.28，冷却至室温，备用。

迷迭香叶提取物制备方法为：取迷迭香叶 50 份，加 70%～95% 乙醇回流提取 2 次，每次 1～2h，第一次加 7 倍质量提取，第二次加 5 倍质量提取，经 200 目过滤，合并两次滤液，回收乙醇至无醇味，加入 250 份丙二醇，经 300 目过滤，得深棕色液体，备用。

茶叶提取物制备方法为：取茶叶 50 份，加 70%～95% 乙醇回流提取 2 次，每次 1～2h，第一次加 7 倍质量提取，第二次加 5 倍质量提取，经 200 目过滤，合并两次滤液，回收乙醇至无醇味，加入 250 份丙二醇，经 300 目过滤，得深棕色液体，备用。

[产品特性]　本品为植物配方组合，制备工艺能较好地不破坏植物有效成分并保存植物天然香味，制备工艺绿色、环保、经济。该产品配方独特，均为植物天然成分发挥功效，温和不刺激皮肤，安全性高，美白护肤、抗皱敛纹效果较好。

配方 4　除皱精华素

[原料配比]

原料	配比（质量份）	原料	配比（质量份）
透明质酸钠	1	蓖麻油	2
辅酶 Q10	1	芦芭胶	1.5
血清白蛋白	0.5	D-泛醇	2
羊胎素提取液	2	甘油	4
1,3-丁二醇	4	去离子水	加至 100
极美-Ⅱ	0.01		

[制备方法]　将各组分溶于水，混合均匀即可。

[原料介绍]　辅酶 Q10 是一种脂溶性抗氧化剂，辅酶 Q10 是人类生命不可缺少的重要元素之一，能激活人体细胞和提供细胞能量的营养素，具有提高人体免疫力、增强抗氧化能力、延缓衰老和增强人体活力等功能，医学上广泛用于心血管系统疾病，国内外广泛将其用于营养保健品及食品添加剂。

血清白蛋白，即 serum albumin，常缩写为 ALB。血清白蛋白合成于肝脏，是脊椎动物血浆中含量最丰富的蛋白质。不同来源的血清白蛋白的氨基酸序列及其空间结构非常保守，它具有结合和运输内源性与外源性物质、维持血液胶体渗透压、清除自由基、抑制血小板聚集和抗凝血等生理功能，在生命过程中有着重要的意义。

羊胎素指一种从生长在海拔 4000 米以上的阿尔卑斯高山黑绵羊母体内约 5 个月的小羊胚胎中提取含有特别丰富活性物质的细胞产生的活性因子，分为两种：羊胎盘素和羊胚胎素。

芦芭胶主要成分为聚甲基丙烯酸甘油酯，是一种水溶性的不干润滑剂，保湿性能绝佳，广泛应用于凝胶化妆品特别是眼部护理化妆品。改善产品的肤感和润滑性，水溶性好，是透明的保湿基质。具有双重保湿功效，按摩时易于被皮肤吸收，改善微循环，促进细胞代谢，调整皮肤 pH 值，有效调节油脂分泌，收缩毛孔。

[产品特性]　本品能够有效促进皮肤胶原蛋白再生及抗衰老，使肌肤从底部开始产生胶原蛋白和弹性纤维，使细胞内部被"填满"，从而撑起外部凹下去的皱纹，达到延缓、消除皱纹的目的。

配方 5　以中草药为主的滋养防衰老精华液

[原料配比]

原料	配比（质量份）			
	1#	2#	3#	4#
铁皮石斛冻干粉	5	6.5	8	2
甘草提取物	5	6.5	8	4
角鲨烷	6	7	9	10
鳕鱼胶原蛋白	1.5	4	5	1.5
甘油	40	60	75	40
丁二醇	—	—	5	—
PEG-40 氢化蓖麻油	5	6	8	5
尿囊素	1	2	2	1
环戊硅氧烷	—	—	1	—
维生素 C	1	2		1
维生素 E	—	—	3	—
苯氧乙醇	1	1.5	2	1
超氧化物歧化酶	0.8	0.9	0.6	0.8
透明质酸钠	0.3	0.9	0.7	0.3
玫瑰精油	0.4	—	—	0.4
茉莉精油	—	0.6	—	—
栀子花精油	—	—	0.7	—
去离子水①	850	746.1	614	850
海藻酸钠	2	4	5	2
羟丙甲基纤维素	1	2	3	1
去离子水②	80	150	250	80

[制备方法]

（1）将铁皮石斛冻干粉、甘草提取物、角鲨烷、鳕鱼胶原蛋白、甘油、丁二醇、环戊硅氧烷、PEG-40 氢化蓖麻油、尿囊素、维生素 C、维生素 E、苯氧乙醇、超氧化物歧化酶、透明质酸钠和精油溶解于去离子水①中，混合均匀；

（2）将海藻酸钠、羟丙甲基纤维素与去离子水②混合均匀；

（3）将步骤（1）得到的混合物与步骤（2）得到的混合物混合均匀。

[产品特性]　本品具有明显的保湿、促进修复再生、延缓肌肤衰老、恢复肌肤弹性之作用，营养可有序、慢慢深入肌底，透彻滋补，奢养容颜，对皮肤无任何刺

激，且保湿及延缓肌肤衰老效果显著。

配方6 以海洋材料为主的莹润防衰老精华液

[原料配比]

原料	配比（质量份）	
	1#	2#
勃纳特螺旋藻提取物	5	6.5
布列塔尼墨角藻提取物	5	6.5
大叶藻提取物	6	7
鳕鱼胶原蛋白	1.5	4
甘油	40	60
PEG-40氢化蓖麻油	5	6
尿囊素	1	2
维生素C	1	2
苯氧乙醇	1	1.5
透明质酸钠	0.3	0.9
玫瑰精油	0.4	—
茉莉精油	—	0.6
去离子水①	850.8	747
海藻酸钠	2	4
羟丙甲基纤维素	1	1
去离子水②	80	150

[制备方法]

（1）将勃纳特螺旋藻提取物、布列塔尼墨角藻提取物、大叶藻提取物、鳕鱼胶原蛋白、甘油、PEG-40氢化蓖麻油、尿囊素、维生素C、苯氧乙醇、透明质酸钠和精油溶解于去离子水①中，混合均匀；

（2）将海藻酸钠、羟丙甲基纤维素与去离子水②混合均匀；

（3）将步骤（1）得到的混合物与步骤（2）得到的混合物混合均匀。

[原料介绍] 螺旋藻是一种丝状藻类，呈螺旋状，蓝绿色，属蓝藻门。螺旋藻中含有大量的超氧化物歧化酶（SOD），既能防辐射损伤，又能有效地清除体内自由基，促进人体机能正常化，增强细胞活力，促进人体新陈代谢，延缓机体的衰老过程。同时，由于螺旋藻含有较多的钾、钙、钠等碱性离子，因此能中和皮肤的酸性物质，促进新陈代谢。同时还具有抗氧化作用，可以捕获自由基，防止皮肤

过氧化反应的发生，从而延缓皱纹出现及皮肤衰老。另外，螺旋藻含有丰富的维生素 E 和维生素 C，具有抗氧化作用，也可延缓衰老。因此含有螺旋藻提取物的面膜不仅具有增加皮肤弹性、润肤保湿、除皱、促进皮肤新陈代谢、减少瘢痕的功效，还能够起到对皮肤表面进行深层营养及护理的作用，而且使用十分安全，对皮肤没有任何刺激和致敏作用。

墨角藻提取物（布列塔尼墨角藻提取物）含有岩藻黄质、墨角藻多糖、碘、墨角藻甾醇等有效成分，不仅具有润泽肌肤的功效，而且可使皮肤清爽细滑、光洁美丽、延缓衰老。

大叶藻提取物含有丰富的营养成分，包括多种微量元素和维生素等，具有滋润保湿、延缓衰老的作用。

[产品特性] 本品具有明显的抗菌消炎、抗氧化、抗衰老、修复肌肤损伤、滋润肌肤等功效，经常使用会增加肌肤弹性、光泽和水润度，改善油脂分泌、毛孔粗大、色素沉积、皱纹等肌肤问题，使肌肤保持自然水润透白、光滑有弹性，本品对皮肤无任何刺激，且保湿及延缓肌肤衰老效果显著。

配方7　兼具即时紧肤和长效抗皱及保湿的有机精华油组合物

[原料配比]

原料		配比（质量份）			
		1#	2#	3#	4#
A相	油橄榄果油	20	15	10	3
	沙棘果油	2	3	3	3
	椰油醇-辛酸酯/癸酸酯	7	5	5	—
	氢化橄榄油癸醇酯类	—	—	—	3
	辛基十二醇	5	5	3	3
	角鲨烷	1	2	3	3
B相	胶石花菜提取物	1	2.5	6.5	6.5
	药蜀葵根提取物	—	—	—	3.5
	积雪草提取物	2	—	—	—
	花椒油	—	1	1.5	—
C相	山梨坦辛酸酯	1	2	3	—
	甘油辛酸酯	—	—	—	5
	玫瑰花油	0.2	—	—	—
	薰衣草花油	—	0.3	—	—
	苦橙果皮油	—	—	0.3	—

续表

原料		配比（质量份）			
		1#	2#	3#	4#
C相	香橼果油	—	—	—	0.5
	辛酸/癸酸甘油三酯	加至100	加至100	加至100	—
	山嵛醇	—	—	—	加至100

[制备方法]

（1）按配方量称取油脂，常温搅拌混合至透明均匀，作为A相；

（2）按配方量称取皮肤调理剂，常温搅拌混合透明均匀，作为B相；

（3）常温下将A相加入B相中，搅拌混合至透明均匀，再依次按配方加入C相，搅拌至均匀透明。

[产品特性]　本品不含有人工色素、矿物油或其他石油类产品、香料和传统的抗氧化剂，相较于普通精华油而言，有相当明显的优异肤感，温和无刺激，具有即时紧肤、长效抗皱和保湿的效果。

配方8　防皱保湿的精华液

[原料配比]

原料		配比（质量份）		
		1#	2#	3#
A	桑叶精华	8	10	12
	甘油	10	11	12
	褐藻酸胶	4	4.5	5
	去离子水	100	100	100
B	丝瓜精华	6	7	8
	甘油硬脂酸酯	1.2	1.3	1.4
	汉生胶	2	3	4
	鼠尾草精油	0.6	0.7	0.8
	水溶月桂氮草酮	0.6	0.7	0.8
	泛醇	0.5	0.6	0.7
C	海洋生物活性物质	3	4	5
	水溶性维生素E	0.3	0.4	0.5
	角鲨烯	5	6	7
	咪唑烷基脲	3	4	5
柠檬酸（pH调节剂）		适量	适量	适量

[制备方法] 按照质量配比取 A 组分、B 组分和 C 组分，混合均匀，控制温度为 90℃，加热 15～20min，溶解均匀，用天然柠檬酸作 pH 调节剂，将混合溶液 pH 调至 6.4，冷却至室温。

[原料介绍] 所述海洋生物活性物质为鱿鱼皮胶原蛋白和海洋贝类活性肽按照质量比 3：5 组成的混合物。

桑叶精华制备方法为：按照质量比 1：15 取桑叶和浓度为 70％的乙醇，混合加热至 78℃，回流提取 1.5h，过滤取滤液，向滤液中添加 15％～18％的 α-蒎烯与 3％～5％的水溶胶催化剂，在反应温度为 40℃，氢气压力为 0.8MPa 的温和反应条件下，反应 2.5～3h，用旋转蒸发仪回收乙醇，浓缩至 2g/mL 的提取液。

水溶胶催化剂制备方法为：在不锈钢反应釜中，按照质量配比 3：5 取聚氧乙烯和聚氧丙烯混合，加入混合物质量 6％～8％的 $RuCl_3 \cdot 3H_2O$，充分搅拌后先用 N_2 将釜内空气置换 3 次，控制温度为 55～58℃，反应 1.2～1.5h。

丝瓜精华制备方法为：取丝瓜添加 15 倍量的水于电炉上煎煮 2 次，每次 1h，过滤合并滤液，向滤液中添加 6％～8％的四磷酸二鸟苷，加入 3 倍量 60％乙醇静置 24h，过滤取滤液，回收乙醇，浓缩至 1g/mL。

[产品特性]

(1) 本品将桑叶精华、丝瓜精华与海洋生物活性物质进行组合，海洋生物活性物质与天然植物精华协同作用，使每种有效成分的作用都达到最强，不会对肌肤造成伤害。

(2) 本品具有很好的保湿、抗衰防老的功效，能够抑制皮肤脂质的过氧化，有效地深入肌肤，促进细胞生长，活化肌肤细胞，使皮肤水润、紧致、有弹性。

配方 9 抗敏消炎保湿抗老的 BB 霜

[原料配比]

原料		配比（质量份）		
		1#	2#	3#
A 相	牛油果树果脂	1	2	1.5
	植物来源乳化剂	4	7	6
	植物油脂	12	14	11
	二氧化钛	10	12	10
	色粉	0.6	0.8	0.8
B 相	去离子水	65	68	70
	氯化钠	0.8	1.5	0.8

原料		配比（质量份）		
		1#	2#	3#
C相	白花春黄菊花水	5	7	6
	母菊花提取物	0.7	1.5	1
	酵母菌溶胞物提取物	0.7	1.5	1
	黄龙胆根提取物	0.7	1.5	1
	聚谷氨酸钠	0.05	0.08	0.8
D相	乳香油	0.15	0.2	0.8
	薰衣草油	0.15	0.2	0.8
	香叶天竺葵叶油	0.25	0.3	0.25

[制备方法]

（1）分别将 A 相和 B 相加热至 75～80℃，然后将 B 相缓慢加入 A 相中，完全加入后搅拌均匀，进行均质；

（2）将上述的 A、B 相混合物搅拌均匀并冷却至 50℃ 以下，然后加入 C 相，均质 10～20s；

（3）将步骤（2）中的 A、B、C 相混合物均匀搅拌并冷却至 45℃ 以下，加入 D 相，搅拌均匀。在 45℃ 以下加入 D 相是为了防止高温使原料失去活性。

[原料介绍]　所述的白花春黄菊花水俗称罗马洋甘菊纯露，是在提炼白花春黄菊精油过程中从新鲜的花瓣里分离出来的一种饱和纯露，成分天然纯净，香味清淡怡人，有较强的舒敏保湿功效；

所述的母菊花提取物具有较好的抗敏、消炎效果，且其亲近皮肤，对皮肤不产生伤害和残留；

所述的酵母菌溶胞物提取物俗称细胞呼吸因子，具有增强细胞呼吸、提高细胞代谢率、增强胶原蛋白和弹性蛋白合成的功效，长期使用能够改善皮肤质量；

所述的黄龙胆根提取物，具有较好的消炎作用，能够对抗皮肤的多种炎症；

所述的聚谷氨酸钠，是从纳豆发酵液中提取的氨基酸保湿剂，是目前使用最多的无毒害保湿剂，其由于保湿效果较好且无毒害、亲和性好而被使用在很多保湿护肤品中；

所述的乳香油，是由橄榄科植物乳香及其他乳香树属品种树干渗出的树胶树脂，经水蒸气蒸馏得到的，具有清甜膏香味淡的柠檬香，能够增加本品的香味且还具有修护皮肤、紧致提升的作用；

所述的薰衣草油，是由唇形科植物真实薰衣草的新鲜花序经水蒸气蒸馏而得的，具有促细胞再生、调节油脂分泌的作用；

所述的香叶天竺葵叶油，有调节油脂分泌、促进血液循环的作用；

所述的牛油果树果脂，对皮肤具有较好的滋润作用，防止皮肤干燥。

[产品特性] 本品具有良好的抗敏、消炎、保湿、平衡油脂分泌、抗衰老效果，且原料采用纯天然来源的植物原料，不添加任何对皮肤有害的物质，具有较好的亲肤效果，无任何毒副作用。

配方10 含有海藻精华的保湿抗皱美白护肤品

[原料配比]

原料	配比（质量份）			
	1#	2#	3#	4#
可溶性珍珠粉	10	20	12	18
海藻提取物	10	30	13	28
鳄鱼油	5	10	6	9
水蛭素	2	8	3	7
白细胞介素	1	6	2	5
藕蛋白	2	8	3	7
扶桑花萃取物	10	15	11	14
蓝藻	5	10	6	9
抗皱保湿因子	3	10	4	9
石榴果提取物	2	12	4	11
薰衣草油	5	15	6	14
甜杏仁油	5	10	6	9
茶籽油	4	12	5	11
皱波角叉菜提取物	2	10	3	9
水母胶原蛋白	1	5	2	4

[制备方法]

（1）将海藻提取物、鳄鱼油、水蛭素、白细胞介素、藕蛋白、扶桑花萃取物、蓝藻、石榴果提取物、皱波角叉菜提取物混合后加入搅拌釜中进行低速搅拌，搅拌速率为100～300r/min，搅拌时间为5～10min，得到混合物A；

（2）在混合物A中依次加入可溶性珍珠粉、抗皱保湿因子、薰衣草油、甜杏仁油、茶籽油，充分混合后加入加热容器中进行低温加热，加热温度为40℃，时间为5min，之后冷却至常温，得到混合物B；

（3）在混合物B中加入水母胶原蛋白，充分搅拌后，放入冷藏室冷藏5h，取出即得到美白护肤品。

［产品特性］ 本品具有高保湿、抗皱淡疤、延缓衰老的功效，长期使用，能够从根本上调理皮肤状况，修复肌肤的同时增强细胞免疫力。

配方 11　抗皱保湿精华液

［原料配比］

原料	配比（质量份）			
	1#	2#	3#	4#
虎杖苷	4.3	4	5	6
木芙蓉叶提取液	14	13	15	16
龙胆草提取液	20	21	19	22
半夏提取液	15	16	14	17
维生素 C 乙基醚	4	3	4	5
肉豆蔻异丙酯	1.5	1.3	1.7	2
海藻糖	2.4	2.2	2.8	3
四氢姜黄素	0.5	0.6	0.4	0.7
三烯生育醇	1.6	1.8	1.3	2
甘油	1.7	1.9	1.6	2
透明质酸	3.3	3.1	3.7	4
燕麦 β-葡聚糖	2.6	2.4	2.8	3
失水山梨醇单硬脂酸酯	2.4	2.5	2.2	3
去离子水	93	94	91	95

［制备方法］

（1）称取虎杖苷、木芙蓉叶提取液和肉豆蔻异丙酯，投入至磁力搅拌机中，磁力搅拌混合 30～35min，获得第一混合物；

（2）称取四氢姜黄素和三烯生育醇，加入至第一混合物中，继续磁力搅拌混合 40～50min，出料，获得第二混合物；

（3）称取龙胆草提取液、半夏提取液和维生素 C 乙基醚，投入至磁力搅拌机中，磁力搅拌混合 15～20min，获得第三混合物；

（4）称取海藻糖和燕麦 β-葡聚糖，加入至第三混合物中，继续磁力搅拌 35～40min，出料，获得第四混合物；

（5）将第二混合物和第四混合物合并，加入甘油和透明质酸，超声波处理 40～50min，获得第五混合物；

（6）将第五混合物、失水山梨醇单硬脂酸酯和去离子水送入乳化锅中，在

50～55℃下均质处理 15～20min，即可。

［原料介绍］ 所述木芙蓉叶提取液由以下方法制得：称取木芙蓉叶，切碎，送入渗漉器中，采用 12～15 倍质量的乙醇水溶液进行渗漉处理，获得渗漉提取液和渗漉残渣，在渗漉残渣中加入 8～10 倍质量的水，浸泡 1～2h，熬煮 1～2h，获得熬煮提取液和熬煮残渣，将渗漉提取液和熬煮提取液合并，蒸发浓缩为原体积的 18％～22％，获得木芙蓉叶提取液。

所述龙胆草提取液由以下方法制得：称取龙胆草，切碎，加入 8～10 倍质量的乙醇水溶液，浸泡 2～3h，加热回流提取 1～2h，获得一次回流提取液和一次回流提取残渣，向一次回流提取残渣中加入 6～7 倍质量的乙醇水溶液，浸泡 1～2h，加热回流提取 40～50min，获得二次回流提取液和二次回流提取残渣，将一次回流提取液和二次回流提取液合并，蒸发浓缩为原体积的 25％～30％，获得龙胆草提取液。

所述半夏提取液由以下方法制得：称取半夏，切碎，加入 5～6 倍质量的乙醇水溶液，浸泡 4～5h，超声提取 50～60min，获得超声提取液和超声提取残渣，将超声提取残渣送入高压釜中，加入 6～8 倍质量的水，在 0.18～0.20MPa、110～115℃下蒸煮 50～60min，获得蒸煮液和蒸煮残渣，将超声提取液和蒸煮液合并，蒸发浓缩为原体积的 20％～25％，获得半夏提取液。

上述乙醇水溶液的乙醇浓度为 50％。

［产品特性］ 本品能够滋润肌肤，减少肌肤皱纹，恢复肌肤弹性，对肌肤进行持续保湿，改善肌肤干燥粗糙状况，使用方便，效果明显。

配方 12 抗炎、抗氧化精华露

［原料配比］

原料	配比（质量份）		
	1#	2#	3#
橙皮蒸馏水	75	80	78
海藻酸钠	0.1	0.3	0.2
黄原胶	0.1	0.3	0.2
甘油	2	4	3
1,3-丁二醇	3	5	4
甜菜碱	1	2	3
异戊二醇	0.8	1.2	1
1,2-己二醇	0.04	0.06	0.05

续表

原料	配比（质量份）		
	1#	2#	3#
EDTA 二钠	0.04	0.06	0.05
银耳提取物	0.001	0.001	0.001
马齿苋提取物	8	12	10
1,2-戊二醇	0.05	0.2	0.15
β-葡聚糖	0.05	0.2	0.12
海藻糖	0.08	0.12	0.1
PEG-60 氢化蓖麻油	0.08	0.12	0.1
香橙精油	0.01	0.01	0.01
甘草酸二钾	0.04	0.06	0.05
银	0.2	0.2	0.2

[制备方法]

（1）取橙皮蒸馏水、海藻酸钠、黄原胶、甘油、1,3-丁二醇、甜菜碱、异戊二醇、1,2-己二醇、EDTA 二钠加入水相锅，加热至 80～85℃后，搅拌均匀，抽入搅拌锅中；

（2）以 1000r/min 搅拌混合 30min 后，停止搅拌，降温至 40℃，加入 PEG-60 氢化蓖麻油、香橙精油、银耳提取物、马齿苋提取物、1,2-戊二醇、β-葡聚糖、海藻糖、甘草酸二钾、银，继续搅拌均匀，冷却至室温，灌装，得到精华露。

[原料介绍]　该精华露的原料主要包括橙皮蒸馏水和马齿苋提取物，其中马齿苋提取物在精华露里含量较高，在保护皮肤屏障的基础上，具有很好的抗炎、抗氧化等作用。

[产品特性]　本品具有很好的抗氧化效果，能够去除自由基，从而能够防止色素形成。

配方 13　保湿抗衰老精华

[原料配比]

原料	配比（质量份）			
	1#	2#	3#	4#
啤酒花提取物	3	4	5	2
油菜花粉木瓜蛋白酶解液	4.5	3	6	4

续表

原料	配比（质量份）			
	1#	2#	3#	4#
五倍子没食子酸	3	1	5	2
活酵母细胞衍生物	0.5	0.2	0.5	0.1
甘油	2	1	3	1.5
丙二醇	2	1	3	1.5
甜菜碱	2	0.5	3	1.2
葡聚糖	1	1.5	5	1.2
海藻糖	2	1	3	1.5
透明质酸钠	0.02	0.03	0.03	0.01
卡波姆	0.15	0.1	0.2	0.15
三乙醇胺	0.02	0.01	0.02	0.01
乙基己基甘油	0.3	0.1	0.5	0.2
苯氧乙醇	0.3	0.1	0.3	0.2
EDTA-2Na	0.03	0.01	0.03	0.02
双-PEG/PPG-16/16PEG/PPG-16/16 聚二甲基硅氧烷	0.3	0.5	1	0.6
辛酸/癸酸甘油三酯	1	0.5	1.5	0.8
氢化聚异丁烯	0.5	0.5	2	0.8
环五聚二甲基硅氧烷	2	1	3	1.5
生育酚乙酸酯	0.12	0.15	0.2	0.12
香精	0.05	0.05	0.06	0.06
去离子水	加至100	加至100	加至100	加至100

[制备方法]

（1）准确称取 EDTA-2Na、甘油、丙二醇、甜菜碱、卡波姆、透明质酸钠、葡聚糖、啤酒花提取物、油菜花粉木瓜蛋白酶酶解液、海藻糖、活酵母细胞衍生物和去离子水，加入搅拌锅在室温 500～800r/min 的速度下混合搅拌 30min，分散均匀，制得 A 相；

（2）准确称取五倍子没食子酸、双-PEG/PPG-16/16PEG/PPG-16/16 聚二甲基硅氧烷、辛酸/癸酸甘油三酯、氢化聚异丁烯、环五聚二甲基硅氧烷、生育酚乙酸酯、香精混合搅拌均匀，制得 B 相；

（3）将 B 相加入 A 相，乳化均质 1～2min，制得 C 相；

（4）将三乙醇胺、乙基己基甘油、苯氧乙醇边搅拌边依次加入 C 相中，搅拌均匀，出料。

[原料介绍]　所述的啤酒花提取物,是啤酒花原料通过有机溶剂回流提取得到的提取液;所述的油菜花粉木瓜蛋白酶酶解液,是用木瓜蛋白酶处理油菜花粉得到的酶解液;所述的五倍子没食子酸,是通过碱水解提取五倍子并调酸碱度得到的提取液;所述的活酵母细胞衍生物,是通过破壁处理活酵母菌后离心提取得到的提取液。

本品中添加的活酵母细胞衍生物具有较强的保湿作用,还具有加速胶原蛋白和弹性蛋白生成的能力,使皮肤丰满,预防肌肤因缺水而导致衰老加速;五倍子没食子酸通过作为氢供体释放出氢与环境中的自由基结合,终止自由基引发的链反应,从而阻止氧化过程的继续传递和进行,因此发挥出超强的清除自由基功能,抑制脂质过氧化,有效抗衰老;油菜花粉木瓜蛋白酶酶解液对超氧阴离子自由基、羟基自由基、DPPH自由基有一定的清除作用,有效发挥抗氧化活性;啤酒花提取物具有镇静、滋养皮肤、柔软肌肤的功能,还具有明显的抗氧化活性。

[产品特性]　本品活性成分的复配使用,能发挥较强的清除超氧自由基、抑制脂质过氧化的作用,具有加速胶原蛋白和弹性蛋白生成的能力,保湿补水并维持肌肤水分,促进细胞更新,达到显著的保湿抗衰老效果。

配方14　蓝铜胜肽抗衰保湿精华霜

[原料配比]

原料	配比(质量份)	原料	配比(质量份)
玫瑰花提取液	6	薏苡仁油	3
甘油单硬脂酸酯	5	保湿因子	2
金花茶提取液	4	蓝铜胜肽	0.8
红花提取液	2	藻类活性肽	1
桃仁提取液	1	去离子水	加至100
谷物酵素液	5		

[制备方法]

(1) 将水在300~400r/min的搅拌条件下加热至50~70℃,然后加入甘油单硬脂酸酯,在300~400r/min的搅拌条件下将玫瑰花提取液、金花茶提取液、红花提取液、桃仁提取液加入其中,待搅拌30~40min后取出,得到水相;

(2) 将薏苡仁油加入水相中,以300~400r/min搅拌5~10min后,自然冷却至30~40℃,将谷物酵素液、保湿因子、蓝铜胜肽、藻类活性肽加入其中,继续沿同一方向以300~400r/min搅拌10~25min,得到混合体系;

(3) 将混合体系在20~30℃放置24~36h,得到所述蓝铜胜肽抗衰保湿精华霜。

［原料介绍］ 所述玫瑰花提取液通过以下方法得到：将玫瑰花粉碎过筛，和水以质量比 1∶（6～8）混匀，浸泡 1～2h 后，加热至 90～100℃，保温 3～5min；随后降温至 60～70℃，提取 20～30min，过滤，得到所述玫瑰花提取液。

所述金花茶提取液、红花提取液、桃仁提取液的制备方法与玫瑰花提取液的制备方法基本相同，仅需将玫瑰花替换为金花茶的叶子、红花、桃仁，即分别得到所述金花茶提取液、红花提取液、桃仁提取液。

所述谷物酵素液通过以下方法得到：

（1）谷物发芽：将谷物用 30～32℃的水浸泡 24～48h，沥干，于 30～35℃下发芽 16～24h，将发芽后的谷物烘干，粉碎过筛，得到发芽谷物粉。

（2）酵母发酵：按照以下原料组成配制发酵培养基，发芽谷物粉 500～600g、水 4000g、红糖 6～10g、蜂蜜 30～40g、麦芽提取物 3～5g、食盐 3～5g；将酵母粉与水以质量比 1∶（10～15）混合，于 28～35℃下活化 30～40min，得到酵母活化液；将发酵培养基质量 0.002～0.003 倍的酵母活化液加入到发酵培养基中，于 30～32℃、pH 3.8 的条件下有氧发酵 12～14h，得到发酵物 A。

（3）乳酸菌发酵：在发酵物 A 中添加发酵物 A 质量 0.01～0.02 倍的红糖，以 100～300r/min 搅拌至红糖完全溶解后，继续加入发酵物 A 质量 0.009～0.012 倍的乳酸菌，于 40～43℃下密封发酵 3～5h，得到发酵物 B。

（4）收集：将发酵物 B 于 60～70℃水浴中灭菌 20～30min 后，自然冷却至 20～30℃，采用 100～200 目滤布过滤，收集滤液；将滤液以 3000～4000r/min 离心 10～15min，取上清液，得到所述谷物酵素液。

所述谷物选自稻谷、糙米、黑米中的一种或几种。

所述藻类活性肽通过以下方法得到：

（1）水提：将藻类植物粉碎过筛，得到藻粉；将藻粉与水按照质量比 1∶（10～20）混合配制成悬浮液，以 100～300r/min 搅拌 1～2h，于 2～4℃下以 5000～8000r/min 离心 10～15min，收集上清液。

（2）盐析沉淀蛋白：向步骤（1）得到的上清液中加入硫酸铵，使得硫酸铵的饱和度达到 50%～70%，然后于 2～4℃下以 5000～8000r/min 离心 20～30min，收集沉淀，得到藻类蛋白。

（3）酶解：将藻类蛋白与水按照质量比 1∶（10～50）混合，采用 0.1～0.3mol/L 的氢氧化钠水溶液调节 pH 至 8.0，加入藻类蛋白质量 0.02～0.03 倍的胰蛋白酶，于 40～42℃下酶解 10～15h；酶解完成后，于 90～100℃水浴中灭酶 10～15min；将灭酶后的酶解液自然冷却至 20～30℃，于 2～4℃下以 8000～10000r/min 离心 20～30min，收集上清液。

（4）泡沫分离：将上清液采用 0.1～0.2mol/L 的氢氧化钠水溶液调节 pH 至 9.0～9.2 后，加入泡沫分离装置中，通入空气，空气流速为 100～150mL/min，待泡沫产生时开始计时，通气 15～30min 后关闭阀门，停止通气，收集泡沫提取液。

（5）超滤：将泡沫提取液于 20～30℃下静置 40～60min 后，依次用 10kDa 和 3kDa 的超滤膜组件进行超滤处理，用氮气加压，压力保持在 0.2～0.3MPa，获得藻类活性肽溶液；将藻类活性肽溶液于 -80～-70℃、真空度 0.06～0.07MPa 的条件下干燥 30～40h，得到所述藻类活性肽。

所述藻类植物选自小球藻、螺旋藻、雨生红球藻中的一种。

所述保湿因子为透明质酸和/或 L-吡咯烷酮羧酸钠。优选地，所述保湿因子为透明质酸和 L-吡咯烷酮羧酸钠以质量比 1：（2～3）组成的混合物。

[产品特性] 本品蕴含多种保湿因子，高效亲肤，吸收迅速，渗透力强，让水分深层滋养肤底，激发肌肤生机，缓解因压力、缺水、环境污染导致的肌肤机能降低，赋予肌肤再生能量，激活肌肤自身机能。

配方 15 含有猫须草提取物的祛皱精华液

[原料配比]

原料	配比（质量份）	原料	配比（质量份）
猫须草提取物	2～4	氨甲基丙醇	0.6～2
小分子胶原多肽提取液	2～4	丙二醇	3～6
蜂胶提取物	2～4	1,3-丁二醇	3～6
蛋白酶	0.5～1	PEG-40 氢化蓖麻油	0.5～1
氨基肽酶	0.5～1	艾纳香油	0.5～1
洋甘菊提取物	1～2	辛酸甘油酯	0.5～1
甘草提取物	1～2	羟苯甲酯	0.1～0.2
酵母多肽	1～3	尿囊素	0.1～0.2
齿缘墨角藻提取物	2～4	EDTA 二钠	0.02～0.1
寡肽-20	1～3	透明质酸钠	0.03～0.1
卡波姆	0.5～1	去离子水	70～100

[制备方法]

（1）取去离子水到水相锅里，再依次加入准确称量好的 EDTA 二钠、透明质酸钠、卡波姆，并边搅拌边加热混合，温度 60℃下充分搅拌溶解均匀，再依次加入丙二醇、1,3-丁二醇、羟苯甲酯、尿囊素，温度 60℃下，保温 30min；

（2）将水相锅中物料抽入真空均质乳化锅内，搅拌状态下依次加入猫须草提取物、小分子胶原多肽提取液、蜂胶提取物、蛋白酶、氨基肽酶、洋甘菊提取物、甘草提取物、酵母多肽、齿缘墨角藻提取物、寡肽-20，搅拌 30min，充分混合均匀；

（3）冷却降温，当温度降至 45℃时，加入 PEG-40 氢化蓖麻油、艾纳香油、辛酸甘油酯，并充分搅拌均匀；

（4）继续冷却，当温度降至 35℃时，加入氨甲基丙醇，并充分搅拌均匀，再冷却至常温，即得精华液。

[原料介绍] 猫须草提取物制备方法为：取猫须草切段，加入到 5～15 倍猫须草质量的蒸馏水中，浸泡提取 1～4h，过滤，将过滤后的药渣再加入上述质量的蒸馏水提取一次，合并滤液，将滤液蒸发浓缩得药液，加入药液体积 2 倍量的质量分数为 95％的乙醇搅拌，3～5℃下静置 22～26h，过滤、浓缩得猫须草提取物。

小分子胶原多肽提取液制备方法为：先用质量分数为 60％～80％的乙醇浸泡鱼皮骨 30s，再用清水仔细清洗，去除脂肪类杂质，之后用剪刀破碎组织，水淋洗 3 遍，再按鱼皮骨与水质量比为 1：5 浸泡鱼皮骨，调节 pH 值至 6.9～8.5，加热至 100℃，保温 1h，再冷却水温至 40～50℃，之后用 150～300 目抽滤 2～3 次，得到大分子胶原蛋白提取液，其中胶原蛋白含量为 0.05～1g/mL；将大分子胶原蛋白提取液用生物酶法进行 24h 酶解，所用的生物酶为胃蛋白酶，浓度为 0.0001～500mg/mL，放至 90℃ 水浴锅中破坏酶活性后冷却至室温，以 4500～10000r/min 离心分离 30～10min，最后取上清液，得到小分子胶原多肽提取液，其中胶原多肽含量为 0.05～1g/mL。

甘草提取物采用以下方法制备：将 5g 甘草药材粉碎、过筛，得到粉体，加入浓度为 0.2mol/L 的 NaOH 水溶液，按固液比为 1：10 混合，在 80℃下热浸提取 2h，重复 2 次，过滤，滤液中加入质量分数为 3％的盐酸调 pH 值至 1～2.5，在 4000r/min 的转速下离心分离，去上清液得沉淀物，即为甘草提取物。

洋甘菊提取物采用以下方法制备：将 5g 洋甘菊粉碎、过筛，得到粉体，加入浓度为 0.2mol/L 的 NaOH 水溶液，按固液比为 1：10 混合，在 80℃下热浸提取 2h，重复 2 次，过滤，滤液中加入质量分数为 3％的盐酸调 pH 值至 1～2.5，在 4000r/min 的转速下离心分离，去上清液得沉淀物，即为洋甘菊提取物。

齿缘墨角藻提取物采用以下方法制备：将齿缘墨角藻进行水洗，放置在通风干燥处进行风干，将风干后的齿缘墨角藻置于微波炉中，中火干燥 4min，将干燥后的齿缘墨角藻放入粉碎机中粉碎，将粉碎后的齿缘墨角藻过 60 目筛，得齿缘墨角藻粉，称取齿缘墨角藻粉 10g、去离子水 100g，加入容器中，于 90℃下煎煮提取 100min，将容器中的物质全部取出，降温至室温，用低温冷冻离心机离心，转速为 3000r/min，离心时间为 5min，收集上清液，得齿缘墨角藻提取物。

齿缘墨角藻能提供皮肤快速再生和细胞正常生长所需的天然养分，补充流失的营养，促进肌肤新陈代谢，增加肌肤能量素 ATP 合成，保护肌肤细胞线粒体和维持线粒体功能，促进皮肤新生，帮助肌肤恢复健康和活力。

所述的蜂胶提取物为纳米超临界蜂胶。

[产品特性] 本品采用纳米超临界蜂胶，很容易渗透和吸收，成功地解决了与其他成分的配伍性问题，纳米超临界蜂胶具有强力抗氧化、抑制酪氨酸酶活性的作用，美白祛斑效果显著。

配方 16 抗皱敛纹精华素微胶囊

[原料配比]

原料		配比（质量份）		
		1#	2#	3#
囊芯 （抗皱敛纹精华素）	红景天提取物	13	19	26
	红参提取物	11	16	22
	百合提取物	8	14	19
	金缕梅提取物	3	6	9
	芦荟提取物	2	9	13
	茶多酚	1	4	6
	透明质酸钠	2	3	6
	甘油	1	2	4
	维生素 C	2	4	6
	当归提取物	3	6	9
囊壁（丝胶蛋白壳膜）	囊壁与囊芯的质量比	1:1	2:1	3:1

[制备方法]

（1）配制含 220mmol/L 金属离子的丝胶蛋白溶液，调节 pH 至 6，持续搅拌后置于 28℃的恒温箱中反应；

（2）将步骤（1）反应后的溶液离心分离沉淀，用去离子水洗涤除去多余的金属离子，然后加入囊芯的各组分，持续搅拌后置于 28℃的恒温箱中反应 5h；

（3）采用去离子水洗涤步骤（2）反应后的产物，置于真空干燥箱中干燥，即可制得。

[原料介绍] 丝胶蛋白溶液的质量分数为 4%。

所述金属离子为钙离子、镁离子、铜离子、锌离子中的任意一种。

所述丝胶蛋白的分子量为 10000～80000。

[产品特性]

（1）本品以红景天为主要成分，合理搭配多种植物成分，以发挥各成分的协同作用；

（2）本品安全温和，无不良过敏反应。

配方 17　含有生姜提取物的祛皱精华液

[原料配比]

原料	配比（质量份）	原料	配比（质量份）
生姜提取物	2~4	氨甲基丙醇	0.6~2
小分子胶原多肽提取液	2~4	丙二醇	3~6
蜂胶提取物	2~4	1,3-丁二醇	3~6
蛋白酶	0.5~1	PEG-40 氢化蓖麻油	0.5~1
氨基肽酶	0.5~1	艾纳香油	0.5~1
洋甘菊提取物	1~2	辛酸甘油酯	0.5~1
甘草提取物	1~2	羟苯甲酯	0.1~0.2
酵母多肽	1~3	尿囊素	0.1~0.2
齿缘墨角藻提取物	2~4	EDTA 二钠	0.02~0.1
寡肽-20	1~3	透明质酸钠	0.03~0.1
卡波姆	0.5~1	去离子水	70~100

[制备方法]

（1）取去离子水到水相锅里，再依次加入准确称量好的 EDTA 二钠、透明质酸钠、卡波姆，并边搅拌边加热混合，温度 60℃ 下充分搅拌溶解均匀，再依次加入丙二醇、1,3-丁二醇、羟苯甲酯、尿囊素，温度 60℃ 下，保温 30min；

（2）将水相锅中物料抽入真空均质乳化锅内，搅拌状态下依次加入生姜提取物、小分子胶原多肽提取液、蜂胶提取物、蛋白酶、氨基肽酶、洋甘菊提取物、甘草提取物、酵母多肽、齿缘墨角藻提取物、寡肽-20，搅拌 30min，充分混合均匀；

（3）冷却降温，当温度降至 45℃ 时，加入 PEG-40 氢化蓖麻油、艾纳香油、辛酸甘油酯，并充分搅拌均匀；

（4）继续冷却，当温度降至 35℃ 时，加入氨甲基丙醇，并充分搅拌均匀，再冷却至常温，即得精华液。

[原料介绍]　生姜提取物制备方法为：取新鲜生姜洗净干燥，粉碎过筛，收集过筛后的颗粒加入丙酮，所述颗粒与丙酮的质量比为 1:8，经渗漉提取、浓缩、真空蒸馏，取蒸馏物进行干柱色谱，取第一段加入甲醇解析，所述第一段与甲醇的质量比为 2:5，得到粗提取物，将粗提取物用薄板层析，取薄板层析物加入甲醇解析，所述薄板层析物与甲醇的质量比为 1:6，得生姜提取物。

小分子胶原多肽提取液制备方法为：先用质量分数为 60%~80% 的乙醇浸泡鱼皮骨 30s，再用清水仔细清洗，去除脂肪类杂质，之后用剪刀破碎组织，水淋洗 3 遍，再按鱼皮骨与水质量比为 1:5 浸泡鱼皮骨，调节 pH 值至 6.9~8.5，加热至 100℃，保温 1h，再冷却水温至 40～50℃，之后用 150～300 目抽滤 2～3 次，得到大分子胶原蛋白提取液，其中胶原蛋白含量为 0.05～1g/mL；将大分子胶原蛋白提取液用生物酶法进行 24h 酶解，所用的生物酶为胃蛋白酶，浓度为 0.0001～500mg/mL，放至 90℃ 水浴锅中破坏酶活性后冷却至室温，以 4500～10000r/min 离心分离 30～10min，最后取上清液，得到小分子胶原多肽提取液，其中胶原多肽含量为 0.05～1g/mL。

所述的蜂胶提取物为纳米超临界蜂胶。

所述的甘草提取物采用以下方法制备：将 5g 甘草药材粉碎、过筛，得到粉体，加入浓度为 0.2mol/L 的 NaOH 水溶液，按固液比为 1∶10 混合，在 80℃ 下热浸提取 2h，重复 2 次，过滤，滤液中加入质量分数为 3% 的盐酸调 pH 值至 1～2.5，在 4000r/min 的转速下离心分离，去上清液得沉淀物，即为甘草提取物。

所述的洋甘菊提取物采用以下方法制备：将 5g 洋甘菊粉碎、过筛，得到粉体，加入浓度为 0.2mol/L 的 NaOH 水溶液，按固液比为 1∶10 混合，在 80℃ 下热浸提取 2h，重复 2 次，过滤，滤液中加入质量分数为 3% 的盐酸调 pH 值至 1～2.5，在 4000r/min 的转速下离心分离，去上清液得沉淀物，即为洋甘菊提取物。

所述的齿缘墨角藻提取物采用以下方法制备：将齿缘墨角藻进行水洗，放置在通风干燥处进行风干，将风干后的齿缘墨角藻置于微波炉中，中火干燥 4min，将干燥后的齿缘墨角藻放入粉碎机中粉碎，将粉碎后的齿缘墨角藻过 60 目筛，得齿缘墨角藻粉，称取齿缘墨角藻粉 10g，去离子水 100g，加入容器中，于 90℃ 下煎煮提取 100min，将容器中的物质全部取出，降温至室温，用低温冷冻离心机离心，转速为 3000r/min，离心时间为 5min，收集上清液，得齿缘墨角藻提取物。

[产品特性] 采用纳米超临界蜂胶，很容易渗透和吸收，成功地解决了与其他成分的配伍性问题，纳米超临界蜂胶具有强力抗氧化、抑制酪氨酸酶活性的作用，美白祛斑效果显著。

配方 18 抗衰老保湿精华液（1）

[原料配比]

原料	配比（质量份）	原料	配比（质量份）
羟乙基脲	0.5	三乙醇胺	0.1
甘油	1.5	β-葡聚糖	0.2
卡波姆 940	0.1	甜菜碱	0.5
1,3-丙二醇	6	抗氧化保湿组合物	20.6
1,2-己二醇	0.5	去离子水	80
透明质酸钠	0.05		

[制备方法] 将羟乙基脲、甘油、卡波姆 940、1,3-丙二醇、1,2-己二醇、透明质酸钠加入水中，在温度为 65～85℃、转速为 200～400r/min 的条件下搅拌 5～15min 混合均匀，冷却至 35～45℃后加入三乙醇胺，以转速为 200～400r/min 搅拌 2～5min 混合均匀，再加入 β-葡聚糖、甜菜碱、上述抗氧化保湿组合物以转速为 200～400r/min 搅拌 20～30min 混合均匀。

[原料介绍] 所述抗氧化保湿组合物由 20 质量份植物提取物和 0.6 质量份 N-马来酰化-O-羧甲基壳聚糖的混合物组成。

所述植物提取物的制备方法是：将马齿苋、山茶花分别粉碎至 16 目，得到马齿苋粉、山茶花粉；将马齿苋粉、山茶花粉、水按质量比为 1:0.5:15 混合，在 40℃的温度下置于双极性方波高压脉冲电场中提取，所述双极性方波高压脉冲电场的脉冲电场强度为 20kV/cm，电极距离为 25mm，频率为 300Hz，脉冲宽度为 60μs，处理时间为 30min，然后采用 300 目滤布过滤得到一次提取液和一次滤渣；将一次滤渣、柠檬酸、水按质量比为 1:0.02:10 混合后加入高压均质机中高压均质 3 次，所述高压均质的均质压力为 80MPa，每次均质时间为 5min，高压均质后采用 300 目滤布过滤后收集滤液，得到二次提取液；合并一次提取液和二次提取液，加入一次提取液质量 1% 的活性炭，以转速为 150r/min 搅拌 30min 后，以转速为 9000r/min 离心 30min 去除底部沉淀，上清液用 0.3μm 的陶瓷膜过滤，即得植物提取物。

[产品特性]

（1）本品中的植物提取物具备抗氧化作用、维持角质细胞稳定的水合作用、防止保湿因子丢失的作用，促进新陈代谢，清除氧自由基，从而延缓皮肤衰老。

（2）本品能够深层保养肌肤，有效补水、保湿、抗衰老、修复细纹，补充肌肤失去的营养成分，使肌肤水润光滑、有弹性，舒缓皱纹，改善皮肤，提高皮肤的光亮度和白皙度。

配方 19　抗衰精华液

[原料配比]

原料		配比（质量份）		
		1#	2#	3#
植物提取物	燕麦提取物	3	2	5
	铁皮石斛提取物	3	2	5
	薄荷提取物	3	2	5
	香叶天竺葵提取物	3	2	5

原料		配比（质量份）		
		1#	2#	3#
植物提取物	金黄洋甘菊提取物	3	2	5
	马齿苋花提取物	3	2	5
	库拉索芦荟花提取物	3	2	5
	苦参根提取物	3	2	5
	山茱萸提取物	3	2	5
	去离子水	15	10	20
A	甘油	3	2	5
	丁二醇	2	1	3
	五肽-3	1.5	1	2
	肌肽	2	1	3
	聚二甲基硅氧烷	1.5	1	2
	植物甾醇油酸酯	1.5	1	2
	角鲨烷	1.5	1	2
	生育酚乙酸酯	1.5	1	2
	胶原	1.5	1	2
	1-甲基乙内酰脲-2-酰亚胺	0.7	0.5	1
	烟酰胺	0.7	0.5	1
	去离子水	15	10	20
B	二肽二氨基丁酰苄基酰胺二乙酸盐	0.7	0.5	1
	细小裸藻多糖	0.6	0.3	1
	精氨酸阿魏酸盐	0.7	0.5	1
	去离子水	15	10	20
卡波姆		0.35	0.1	0.6
香精		0.35	0.1	0.6
去离子水		加至100	加至100	加至100

[制备方法]

（1）将燕麦提取物、铁皮石斛提取物、薄荷提取物、香叶天竺葵提取物、金黄洋甘菊提取物、马齿苋花提取物、库拉索芦荟花提取物、苦参根提取物和山茱萸提取物依次加入混合搅拌机内，并加入相应配比的水，以600r/min的转速搅拌2.5h，使各个提取物之间进行很好的混合；

（2）将甘油、丁二醇、五肽-3、肌肽、聚二甲基硅氧烷、植物甾醇油酸酯、角鲨烷、生育酚乙酸酯、胶原、1-甲基乙内酰脲-2-酰亚胺、烟酰胺和相应配比的水依次加入步骤（1）制得的提取物混合液中，并以转速为700r/min搅拌1.5h，使提取物混合液与加入的有机物进行完全溶解和黏合，即可得到精华液配比物 A；

（3）将二肽二氨基丁酰苄基酰胺二乙酸盐、细小裸藻多糖、精氨酸阿魏酸盐和相应配比的水加入到另一混合搅拌机内，以 450r/min 的转速搅拌 1.5h，即可得到精华液配比物 B；

（4）将得到的精华液配比物 B 加入到制得的精华液配比物 A 中，以转速为 350r/min 搅拌 45min，进行预混合，然后向搅拌机内加入卡波姆，再以 550r/min 搅拌 2.5h，将两种配比物进行乳化，即可得到精华液乳化物；

（5）向得到的精华液乳化物中加入香精和剩余的水，以 450r/min 搅拌 35min，再静置 25min，即可得到抗衰精华液，之后再通过灌装机进行包装。

[原料介绍] 五肽-3 为五肽和三肽按 2：1 的比例组合的药物，肌肽是由 β-丙氨酸和 L-组氨酸两种氨基酸组成的二肽结晶状固体，植物甾醇油酸酯为大豆油、菜籽油、玉米油、葵花籽油和塔罗油中的一种或多种的组合，胶原为 Ⅰ 型胶原、Ⅱ 型胶原和 Ⅲ 型胶原中的一种。

[产品特性] 本品通过多种植物提取物与多肽成分，滋润眼周肌肤，补充肌肤水分，令眼部肌肤水润饱满，给肌肤带来年轻活跃的状态。

配方 20 抗皱精华液（1）

[原料配比]

原料	配比（质量份）			
	1#	2#	3#	4#
氢化卵磷脂	0.5	3	0.5	2
辛酸甘油酯或癸酸甘油酯	0.5	10	1	8
生育酚	0.1	3	0.5	2
甘油	0.5	20	1	15
丁二醇	0.5	15	1	10
透明质酸钠	0.01	0.5	0.05	0.3
EDTA 二钠	0.01	0.1	0.01	0.08
羟苯甲酯	0.05	0.2	0.1	0.2
乳化剂	0.5	5	0.5	3
苯氧乙醇	0.1	1	0.2	0.8
乙基己基甘油	0.1	0.5	0.2	0.5
寡肽-1	0.1	10	1	8
酵母菌溶胞物提取物	0.2	3	1	3

续表

原料	配比（质量份）			
	1#	2#	3#	4#
水母胶原蛋白	3	5	3	5
黑柳树皮提取物	2	10	2	8
神经酰胺 3	1	10	3	10
去离子水	加至 100	加至 100	加至 100	加至 100

[制备方法]

（1）将所述辛酸甘油酯或癸酸甘油酯、氢化卵磷脂和生育酚投入无菌器皿中边搅拌边升温至 73～78℃后停止升温，继续搅拌直至完全溶解，得混合物 A；

（2）将所述甘油、丁二醇、透明质酸钠、EDTA 二钠、羟苯甲酯和水投入乳化锅中边搅拌边加热至 90～95℃后保温 25～40min，得混合物 B；

（3）将所述混合物 A 抽入所述乳化锅中与所述混合物 B 混合，在 90～95℃的保温条件下均质 5～8min，完毕后搅拌 10～15min，得混合物 C；

（4）将所述乳化剂抽入所述乳化锅中与所述混合物 C 混合，在 90～95℃的保温条件下同时进行均质操作和搅拌操作，持续 3～5min，完毕后继续保温 5～15min，再开始边搅拌边降温；

（5）当乳化锅温度降至 45～50℃时，依次边搅拌边加入苯氧乙醇、乙基己基甘油、寡肽-1、酵母菌溶胞物提取物、水母胶原蛋白、黑柳树皮提取物和神经酰胺 3，完毕后继续搅拌 20～30min，然后出料并自然降温，得所述抗皱精华液。

[原料介绍] 氢化卵磷脂本身具有保湿和抗氧化的功能，能起到一定的护肤效果。同时，由于氢化卵磷脂与细胞膜的结构类似，易于和细胞膜结合，氢化卵磷脂和寡肽-1、神经酰胺 3、水母胶原蛋白、生育酚、透明质酸钠等活性成分混合易对活性成分形成包覆，活性成分经氢化卵磷脂包覆后，更容易进入细胞膜内，为细胞膜提供营养，发挥其功效。

寡肽-1 可促进表皮细胞组织内多种细胞的生长分裂，使皮肤细胞变得饱满，还可以促使胶原蛋白生长，修复老化断裂的胶原弹性纤维，从而起到抗皱的作用。

黑柳树皮提取物具有快速去除角质的作用，可清除老化角质对新生细胞的生长阻碍，进而加快修复效果。同时也避免了修复过程中角质自然脱离所带来的发痒感，使皮肤变得光滑。

酵母菌溶胞物提取物能有效提升细胞的有氧呼吸，加快胶原蛋白和透明质酸的合成速度，使皮肤更紧致，从而起到抗皱效果。同时还具有镇静舒缓、修复伤口的功效。

神经酰胺 3 是人体皮肤随着年龄增大所逐渐减少的物质，其具有与皮肤角质层相似的结构，能很快渗透皮肤中，与角质层的水分结合，形成网状屏障，锁住皮肤水分。因此，补充神经酰胺 3 能有效起到恢复皮肤屏障功能的功效。

水母胶原蛋白能够充当皮肤保护层，防止水分的流失，抵御外界破坏。

生育酚具有抗氧化作用，能够阻止人体中的自由基从细胞和其他组织身上夺取氧原子，起到抗老化的作用。

所述乳化剂为简易乳化剂 SIMULGEL EG，简易乳化剂 SIMULGEL EG 具有手感清爽、流动性佳和无搓泥的优良特点，可以提高使用体验。

[产品特性]　本品通过氢化卵磷脂、寡肽-1、黑柳树皮提取物、酵母菌溶胞物提取物、神经酰胺 3 和水母胶原蛋白之间的协同作用起到修复皮肤屏障、抗老化和抗皱的功效。

配方 21　高效保湿抗衰老精华液

[原料配比]

原料	配比（质量份）	原料	配比（质量份）
玉竹提取物	3～5	双丙甘醇	20～30
卷柏提取物	1～3	长白山天池水	加至 100
榛提取物	1～2		

[制备方法]

（1）称取玉竹原料，粉碎，加入 10～15 倍溶剂，75～95℃下水浴 2～3h，用滤纸过滤，所得滤液即为玉竹提取物；

（2）称取卷柏原料，粉碎，加入 20～30 倍溶剂，40～60℃下超声提取 20～40min，用滤纸过滤，滤液即为卷柏提取物；

（3）称取榛原料，粉碎，加入 4～8 倍溶剂，40～50℃下微波提取 10～20min，用滤纸过滤，滤液即为榛提取物；

（4）按配方量取玉竹提取物、卷柏提取物、榛提取物、双丙甘醇与长白山天池水，溶解混匀后装入已消毒的瓶中即可。

[原料介绍]　玉竹为百合科多年生草本植物，根状茎含有丰富的玉竹黏多糖，对皮肤有保湿、润滑和防皱的作用。

卷柏富含的双黄酮类化合物属多酚类物质，是公认的具有较强的抗脂质过氧化和清除自由基作用的天然产物。

榛子中的维生素 E 含量高达 36%，具有延缓衰老、防治血管硬化、润泽肌肤的功效。榛子壳中含有大量的榛子壳棕色素，而榛子壳棕色素具有一定的抗氧化效果。

[产品特性]　本品以天然纯净无污染的优质长白山天池水为基础，以水浴法提取玉竹中活性成分玉竹黏多糖，配合卷柏、榛子中的活性成分，达到高效的保湿抗衰老复合作用，且质地温和，易吸收，无刺激，符合人们对化妆品安全有效性的要求。

配方 22　抗皱保湿精华霜

[原料配比]

原料		配比（质量份）		
		1#	2#	3#
A	缬草油	0.6	0.3	0.2
	甜杏仁油	1.8	2.5	2
	葡萄籽油	2.3	2	3
	牛油果油	0.5	0.3	0.5
	阿甘油	1.2	2.2	3
	琼崖海棠油	0.5	0.2	0.5
	猴面包树油	0.3	0.5	0.2
	紫苏油	1.1	0.5	0.3
	椰子油	0.2	0.5	0.3
	琉璃苣油	0.5	0.2	0.5
	沙棘果油	0.05	0.1	0.05
	橙花油	1.2	1	0.5
	角鲨烷	0.2	0.5	0.3
B	氮酮	2	1.8	2
	丙二醇	1.5	1.8	2
	椰油酰基乙基葡糖苷	7	6	8
	聚乙二醇	12	10	15
	β-葡聚糖	0.1	0.3	0.1
	透明质酸	1	1	2
	尿囊素	0.5	0.5	1
	丙三醇	4	4	2
	卵磷脂	0.2	0.3	0.5
	泛醇	0.05	0.2	0.1
	甜菜碱	3	1.5	0.5
	柠檬酸	0.1	0.05	0.2
	去离子水	加至100	加至100	加至100
提取物	洛神花纯露	2.5	2	2.5
	槲寄生提取物	0.6	0.5	1
	魔芋提取物	0.5	1	0.5
	路易波士提取物	0.3	0.2	0.5

原料		配比（质量份）		
		1#	2#	3#
提取物	覆盆子提取物	0.6	0.5	0.2
	山茱萸提取物	0.5	0.5	1
	桑黄蘑菇提取物	0.2	0.2	0.5
	人参提取物	0.1	0.1	0.2

[制备方法]

（1）将缬草油、甜杏仁油、葡萄籽油、牛油果油、阿甘油、琼崖海棠油、猴面包树油、紫苏油、椰子油、琉璃苣油、沙棘果油、橙花油、角鲨烷放入油相锅中，在70～80℃下搅拌至完全溶解，得到物料A；

（2）将氮酮、丙二醇、椰油酰基乙基葡糖苷、聚乙二醇、β-葡聚糖、透明质酸、尿囊素、丙三醇、卵磷脂、泛醇、甜菜碱、柠檬酸和水放入水相锅中，在70～80℃下搅拌至完全溶解，得到物料B；

（3）将物料A和物料B抽入乳化锅中，均质5～10min，在60～70℃下搅拌反应10～30min；

（4）待所得产物降温至35～50℃时，加入洛神花纯露、槲寄生提取物、魔芋提取物、路易波士提取物、覆盆子提取物、山茱萸提取物、桑黄蘑菇提取物、人参提取物，在真空度为0.03～0.06Pa、35～50℃、100～500r/min下，搅拌混合均匀，再经灭菌处理后，即得抗皱保湿精华霜。

[产品特性]　本品有效成分浓度高、相容性好，对皮肤刺激性小，在促渗剂的作用下，能深入皮肤，调节皮肤水油平衡，重建机体组织结构，提高抗氧化酶活性，促进皮肤静脉血液循环和细胞再生，使皮肤细腻、光滑、有弹性。精华霜中富含的黄酮和多酚类抗氧化剂对DPPH自由基具有明显的清除作用；精华霜中富含的维生素、矿物质、氨基酸、有机酸、无机酸，能营养、润泽、柔软肌肤，保持肌肤滋润，防止细胞老化。

配方 23　补水抗衰精华液

[原料配比]

原料		配比（质量份）		
		1#	2#	3#
A	丁二醇	8	6	3.5
	霍霍巴蜡 PEG-120 酯类	1	4	1.5

原料		配比（质量份）		
		1#	2#	3#
A	三甲基戊二醇/己二酸/甘油交联聚合物	0.2	1.5	0.3
	甜菜碱	2	4	0.6
	藻提取物	1	1	0.2
	丙烯酰二甲基牛磺酸铵/山嵛醇聚醚-25甲基丙烯酸酯交联聚合物	0.2	0.6	0.2
	透明质酸钠	0.1	0.1	0.02
	去离子水	70	80	90
B	茉莉花水	10	7	4
	糖鞘脂类	0.8	0.6	0.2
	海藻糖	1	0.5	0.2
	扭刺仙人掌茎提取物	1	0.5	0.2
	木薯淀粉	0.1	0.4	0.2
	寡肽-1	0.5	0.1	0.02
C	库拉索芦荟叶汁	3	1	2
	乙酰半胱氨酸	0.5	0.5	0.2
	丙氨酸	0.5	0.5	0.2
	乙酰酪氨酸	0.5	0.5	0.2
	凝血酸	0.5	0.5	0.6
	月桂酰精氨酸乙酯 HCl	0.1	0.6	0.2
	1,2-己二醇	0.4	0.6	0.2

[制备方法]

（1）将 A 组原料加入主锅，升温至 85℃，均质 5min，保温 20min 灭菌，搅拌至溶解均匀；

（2）将 C 组原料进行预先溶解；

（3）打开冷却水，对步骤（1）中的主锅进行冷却，冷却至 45℃时，加入 B 组原料，冷却至 40℃时，向主锅加入 C 组原料溶解物，搅拌均匀；

（4）继续冷却至 36℃时，取样检验；

（5）检验合格后，出料。

[原料介绍] 所述茉莉花水为生产茉莉精油过程中蒸馏制得的冷凝水溶液，所述库拉索芦荟叶汁由天然新鲜芦荟萃取制得。

本品中含有茉莉花水，茉莉花水中含有茉莉百分百的水溶性物质、少量精油成分和特有的矿物成分，其低浓度时易被皮肤吸收，能补水美白，滋养肌肤，平衡皮肤的油脂分泌，能有效收缩毛孔，帮助清洁肌肤，赶走油腻并具有去痘功效；

另外茉莉花水香气清淡幽雅，舒缓减压。

库拉索芦荟叶汁蕴含多种生物活性成分，主要成分是芦荟多糖和糖蛋白，促进胶原蛋白合成，清除自由基，对细胞衰老有明显的治疗效果，减少皱纹产生，能促进胆甾醇合成，有助于改变皮脂的组成，减少油光和增加皮肤的柔润程度；富含天然生理盐水，良好的渗透性能够直接到达皮肤深处，直接补充皮肤所需水分；芦荟中的天然蒽醌苷或蒽的衍生物，能吸收 UVA、UVB 段紫外线，防止红、褐斑生成；多种氨基酸和天然美白保湿因子，可直接被皮肤吸收，分解和转换色素沉积，达到自然保湿美白。

扭刺仙人掌茎提取物含有丰富的蛋白质、矿物质、纤维素黄酮类及多糖类等多种活性成分，能够滋养肌肤，补充皮肤所需的营养成分。扭刺仙人掌茎提取物中富含的营养素和抗氧化剂可以防止 DNA 受到伤害、促使伤口愈合、消炎抗菌，提升巨噬细胞活力，改善皮肤的组织和外表，尤其对敏感肌肤有极强的修护舒缓功效；富含丰富的天然维生素 C、SOD，能够促进皮肤成纤维细胞生长，清除和抑制自由基，减少皱纹产生，缓解细胞衰老。

藻提取物是一种纯天然的海洋生物产品，它含有藻胶酸、粗蛋白、多种维生素、酶和微量元素，具有十分优良的保湿补水功效，能刺激成纤维细胞生成胶原蛋白和弹性蛋白，促进皮肤的新陈代谢，能恢复皮肤弹性，复配透明质酸钠使用，能达到极佳的抗皱效果。

透明质酸具有高效保湿锁水功能，是目前发现的自然界中保湿性最好的物质，被称为理想的天然保湿因子，它能帮助肌肤汲取大量的水分，改善皮肤营养代谢，保持皮肤滋润光滑，增加弹性，去皱抗衰老，有助于恢复肌肤正常油水平衡，改善干燥及松弛皮肤。透明质酸也是肌肤中的一种重要成分，具有表皮组织修复的功能，可有助于修复紫外线造成的皮肤晒伤、发炎等问题。

［产品特性］　本品通过复配多种天然来源的植物精华和多重天然保湿剂成为具有超强补水抗衰能力的精华液，保湿抗皱效果明显，该精华液采用的活性物质多来自天然植物，组分天然，且该精华液采用保湿剂多元醇代替常规防腐剂，长期使用安全无刺激。

配方 24　抗皱嫩肤精华

［原料配比］

原料	配比（质量份）		
	1#	2#	3#
透明质酸钠	3	5	4

原料	配比（质量份）		
	1#	2#	3#
甘油	3	4	4
乳酸钠	3	5	4
吡咯烷酮羧酸钠	4	5	4
橄榄油	6	9	10
神经酰胺 3	3	5	4
角鲨烷	5	8	6
山泉水①	25	30	30
小米多肽粉	8	10	9
纳米珍珠粉	6	8	7
小球藻提取物	3	5	4
银耳多糖	3	5	4
山泉水②	30	35	30
聚山梨醇酯-20	2	2	3
还原性谷胱甘肽	5	—	—
维生素 E	—	6	—
辅酶 Q10	2	—	7
玫瑰花精油	5	—	—
荷荷巴精油	—	—	6
薰衣草精油	—	6	—
山泉水③	15	适量	25

[制备方法]

（1）将透明质酸钠、甘油、乳酸钠、吡咯烷酮羧酸钠在搅拌下慢慢加入到装有 60℃山泉水①的均质器中分散均匀，静置冷却至 40℃，加入橄榄油、神经酰胺 3、角鲨烷在均质器内搅拌 8min；

（2）将小米多肽粉、纳米珍珠粉、小球藻提取物、银耳多糖加入山泉水②中搅拌均匀；

（3）将聚山梨醇酯-20 加热到 70℃，用超声仪进行均质乳化 5min 后，静置冷却至 40℃，再将步骤（2）得到的物质加入，搅拌 5min 使其均匀；

（4）将步骤（1）、（3）得到的物质混合，加入还原性谷胱甘肽、维生素 E、辅酶 Q10、玫瑰花精油、荷荷巴精油、薰衣草精油、山泉水③，搅拌均匀后静置，得到所述精华乳。

[原料介绍]

小球藻提取物的制备方法为：以体积比为 1∶1 的量加入小球藻粉和水，在

60℃下超声匀化，得小球藻水溶液，以体积比为 1∶3 的量加入小球藻水溶液与乙醇溶液，搅拌均匀后静置 5h，萃取过滤，即得小球藻提取物。

小球藻提取物取自于富含蛋白质、脂类、碳水化合物、维生素、矿物质等多种营养物质的小球藻。小球藻隶属于小球藻属细胞绿藻纲，其所含有的生物学活性物质有加速细菌、动物和植物生长的作用。小球藻提取物的主要成分是小球藻生长因子，小球藻生长因子含有丰富的核酸和核蛋白，能修复人体细胞和具有抗衰老的作用，还有激活免疫细胞的作用，与毒素有很强的结合力并能将毒素排出体外。因此，小球藻生长因子对皮肤有很好的作用。

所使用的山泉水为经过喀斯特熔岩地层层层渗透过滤，富含多种矿物质和微量元素，pH 值呈弱碱性，易于人体吸收的天然纳米级小分子团水。纳米级小分子团水能迅速融合营养物质渗透至皮肤深层，能够穿透细胞中心孔，进入细胞核内，为细胞里源源不断输送水源，为人体细胞充分补水，且不流失，令皮肤瞬间水润饱满。所使用的山泉水在进入细胞内的同时，因人体活动的流汗等，将细胞内新陈代谢的垃圾带出体外。不仅作为营养物质的输送载体，而且是皮肤新陈代谢的推动力。

小米多肽粉具有较高的自由基清除功能，较强的抑菌能力和抗氧化、抗菌活性，对细胞免疫具有促进作用。小米多肽分子量小，活性强，具有减轻皱纹、色斑、色素沉着的功效。

本品在解决神经酰胺的渗透吸收问题过程中，发现神经酰胺 3 和橄榄油及角鲨烷三者复配使用时，具有协同作用，不仅优化了神经酰胺的渗透性和功效性，也解决了神经酰胺使用性的普遍性难题。

添加纳米珍珠粉，可天然美白防晒，从肌肤衰老防晒角度进行预防保养。

添加抗氧化剂维生素 E、还原性谷胱甘肽、辅酶 Q10 抵抗自由基损伤，防止皱纹产生。

[产品特性]　本品易吸收，保湿润肤，有效修复皮肤皱纹，抑制皱纹再生，延缓皮肤衰老，与皮肤生物切合度高。

配方 25　能持久保湿、水润光泽、淡化皱纹的妙龄精华液

[原料配比]

原料	配比（质量份）			
	1#	2#	3#	4#
猴面包树果肉提取物	12.3	10.1	14.2	15
棕榈酰三肽-1	10	8.6	4	4.5

续表

原料	配比（质量份）			
	1#	2#	3#	4#
桑葚提取物	2.5	2.1	4	4.8
铁皮石斛提取物	8.2	8.1	5	5.5
人参皂苷	10.3	10.5	10	5
玉竹提取物	15	30	35.5	5.1
黄芪提取物	5	14.8	15	5.8
羟基化富勒烯	0.5	1	0.8	0.1
丁癸草提取物	5.2	5.5	10.2	10.5
土香薷提取物	5.2	15	4.8	5
六肽-3	4.8	5	2	4
甜菜碱	15.2	15.4	10.8	12
燕麦 β-葡聚糖	5	5.5	2.3	2.5
烟酰胺	0.1	4.8	3.5	5
透明质酸钠	15.8	15	5.2	10.5
1,3-丁二醇	5	4.5	3.2	3.5
辛甘醇	0.5	—	—	—
苯氧乙醇	—	0.7	0.1	0.2
去离子水	80	90	60	70

[制备方法]

（1）将土香薷提取物、丁癸草提取物、猴面包树果肉提取物、铁皮石斛提取物、玉竹提取物、黄芪提取物、人参皂苷、甜菜碱和透明质酸钠和部分水置于70～80℃的水浴锅中搅拌，得到第一组分。

（2）将棕榈酰三肽-1、六肽-3、羟基化富勒烯、燕麦 β-葡聚糖、烟酰胺、1,3-丁二醇、防腐剂和剩余的水加入第一组分中，继续搅拌。

（3）将桑葚提取物溶解于乙醇中，然后加入步骤（2）所得混合物中，继续搅拌。

（4）温度降至 30～35℃时，停止搅拌，出料，得到妙龄精华液。

[原料介绍] 猴面包树果肉提取物中含有大量的多糖成分，通过多糖中的羟基、羧基和其他极性基团可以与水分子形成氢键而结合大量水分子，储水能力强，具有补水保湿抗皱功效。棕榈酰三肽-1 是一种信号肽，其作用于真皮层，能够

促进大量肌肤胶原蛋白生成，使面部肌肤饱满富有弹性，提高肌肤水含量和锁水能力。

桑葚提取物中的白藜芦醇是一种非黄酮类多酚化合物，多酚化合物具有显著的抗氧化、抗自由基作用。白藜芦醇对酪氨酸酶具有显著的抑制作用，能够防止黑色素生成，具有一定的美白功效。

铁皮石斛提取物中的最主要的活性成分为多糖类物质，能显著提高超氧化物歧化酶的活性水平，从而能够降低脂质过氧化。另外铁皮石斛提取物还能作为类似单胺氧化酶的抑制剂，从而起到抗衰老的作用。

人参皂苷是一种天然抗氧化成分，能够清理人体细胞内产生破坏的自由基，还能阻止自由基的生成。人参皂苷还具有一定的滋养作用，能增加皮肤弹性，减少皱纹的生成。

玉竹中的多糖、维生素 A 和烟酸能够延缓衰老，维生素 A 还能够改善干燥、粗糙的皮肤，具有较好的美肤效果。

黄芪提取物具有抗氧化、抗衰老的功效。

富勒烯具有完整的球体结构、低还原电位、高的亲和性，具有很好的抗氧化性能，可以清除自由基。其抗氧化能力是维生素 C 的 172 倍，抗自由基能力是辅酶 Q10 的 60 倍以上。而且富勒烯将自由基吸附后会代谢掉，不会消耗活性，也不会由于吸附到峰值后无法继续吸附，因此作用时间更长。本品组合了多种具有抗氧化作用的成分，相互之间具有协同增强作用，提高妙龄精华液的抗皱抗衰老功效。

丁葵草提取物能够促进皮肤细胞新陈代谢，清除皮肤毒素，修复受损细胞，提高皮肤免疫力，具有显著的修复和保护敏感皮肤的功效。

土香薷提取物能够促进皮肤细胞增殖，阻止皮肤氧化损伤，延缓皮肤衰老，具有显著的抗敏感、抗衰老功效。本品结合了丁葵草提取物和土香薷提取物这两种草本植物提取物用于提高抗敏感能力。

六肽-3 为含有六个氨基酸的美容多肽，可以增强真皮修复和再生能力。

黄芪提取物为采用超临界 CO_2 萃取得到的。所述黄芪提取物的萃取压力为 $30 \sim 45$MPa，萃取温度为 $40 \sim 60$℃，夹带剂为乙醇，CO_2 流量为 $3.5 \sim 5.0$L/h，萃取时间为 $120 \sim 180$min。

桑葚提取物为采用有机溶剂超声波提取得到的。采用的有机溶剂为石油醚和乙酸乙酯。

防腐剂选自苯氧乙醇、辛甘醇、羟苯丙酯、羟苯甲酯中的一种或者多种。

[产品特性] 本品能持久保湿、水润光泽、淡化皱纹，解决护肤品中抗氧化组分种类单一、功效单一、人工合成物质较多，对皮肤刺激较大的技术问题。

配方 26 抗衰修护双层双色精华素

[原料配比]

原料	配比（质量份）	原料	配比（质量份）
环五聚二甲基硅氧烷/环己硅氧烷	8.97	七重抗敏剂（CalmYang）	0.5
丙二醇	5	1,2-己二醇	0.5
聚二甲基硅氧烷	5	对羟基苯乙酮	0.5
林兰润露	2	氯化钠	0.5
铁皮石斛提取物	2	尿囊素	0.05
甜菜碱	2	EDTA 二钠	0.05
PEG-12 甘油月桂酸酯/聚乙二醇-400	2	精氨酸	0.04
		寡肽-1	0.01
棕榈酰三肽-5	2	霍霍巴油	0.01
β-胡萝卜素	1	山茶籽油	0.01
燕麦 β-葡聚糖	2	燕麦仁油	0.01
甘油	1	去离子水	加至 100

[制备方法]

（1）将环五聚二甲基硅氧烷/环己硅氧烷、聚二甲基硅氧烷、β-胡萝卜素、霍霍巴油、山茶籽油和燕麦仁油按比例混合，充分搅拌，形成混合液；

（2）向乳化锅中加入水、丙二醇、甘油、甜菜碱、对羟基苯乙酮、尿囊素、EDTA 二钠、氯化钠、精氨酸，加热，充分搅拌，形成混合液；

（3）将步骤（2）中的混合液继续加热，并且提高乳化锅的搅拌速度使其充分搅拌溶解，保温；

（4）将步骤（3）中的混合液降温，加入林兰润露、铁皮石斛提取物、PEG-12 甘油月桂酸酯/聚乙二醇-400、棕榈酰三肽-5、燕麦 β-葡聚糖、七重抗敏剂（CalmYang）、1,2-己二醇、寡肽-1，搅拌均匀后，降温；

（5）将步骤（1）和步骤（4）所得混合液按质量比为 3∶17 灌装，即得所述抗衰修护双层双色精华素。

[原料介绍] 七重抗敏剂（CalmYang）由七种植物迷迭香、母菊、茶叶、积雪草、甘草、虎杖、黄芩组成。

[产品特性] 本品在原料中添加利用植物提取技术获得的纯天然植物成分和中药成分，采用棕榈酰三肽-5、燕麦 β-葡聚糖相结合的方式，以达到更佳的抗衰修复、活血行气的效果，促进头皮血液循环、疏通堵塞的毛囊和激发毛囊再次生长，供给头发生长所需营养成分，从根源上解决头发生长困难及脱发问题，尤其对脂溢

性脱发具有显著效果。将棕榈酰三肽-5添加到化妆品中不仅能够从根本上改善并修复皮肤出现的各种问题，而且在补充肌肤营养、抗皱、抗衰老等方面的功效显著。

配方27 含有保湿抗衰组合物的精华露

[原料配比]

原料		配比（质量份）		
		1#	2#	3#
A相	甘油	5	1	3
	丙二醇	1	5	3
	丁二醇	5	1	3
	羟苯甲酯	0.2	0.1	0.1
	EDTA二钠	0.1	0.1	0.1
	去离子水	加至100	加至100	加至100
B相	β-葡聚糖	1	2	3
	1-甲基乙内酰脲-2-酰亚胺	0.1	3	2
	乙基己基甘油	0.05	0.05	0.05
	苯氧乙醇	0.45	0.45	0.45
C相	菊苣根提取物	1	10	5
	大分子透明质酸钠	0.02	0.1	0.01
	小分子水解透明质酸钠	0.05	0.1	0.01
D相	氨甲基丙醇	0.05	0.05	0.05

[制备方法]

（1）将A相加入真空釜，边搅拌边加热至85～95℃，完全溶解后保温15～25min；

（2）温度降至80～90℃时加入B相，搅拌5～15min；

（3）温度降至50～55℃时加入C相，搅拌25～35min至均匀；

（4）温度降至45℃时加入D相，搅拌15min至均匀，取样检测；

（5）检测合格后，30～40℃下过滤出料。

[原料介绍] 透明质酸，又名玻尿酸，是一种酸性黏多糖。它是肌肤水嫩的重要基础物质，大分子透明质酸的功效是防止脱水、组织细胞再生、紧致肌肤，小分子透明质酸的功效是快速与细胞发生水合作用、保持细胞的弹性。本品利用大、小分子透明质酸复配使用，利用小分子透明质酸进入皮肤深层，起到修复和保水

作用，然后利用大分子透明质酸在角质层逐渐形成一层富含水分的薄膜，起到保水的作用。大、小分子透明质酸的复配使用使得本品保湿精华露兼备了吸水能力和保湿功能，有效增强皮肤长时间的保水能力，建立肌肤保水屏障，能帮助弹力纤维以及胶原蛋白处在充满水分的环境中，让皮肤显得更有弹性。

菊苣根提取物作为保湿活性成分具有天然的良好保湿功能，同时可以有效调节皮肤水油平衡，改善皮肤内环境，抑制毛囊皮脂腺导管的过度角化，防止油脂阻塞毛孔导致痤疮的形成，同时又能在皮肤表面形成水化层，滋润皮肤的同时修复皮肤的功能屏障，减少皮肤损伤后瘢痕的形成。

［产品特性］ 本品采用菊苣根提取物复配大、小分子透明质酸，具有保湿功能，使用后皮肤变得紧致、柔嫩、滋润。

配方 28 羊胎素保湿抗衰老精华液

［原料配比］

原料			配比（质量份）		
			1#	2#	3#
A		去离子水	46.6	81.5	92.86
		甘油	3	6	10
		1,3-丙二醇	2	6	8
		1,2-己二醇	0.3	0.5	2
		甜菜碱	0.5	1	5
	保湿剂	水解透明质酸钠	0.02	0.1	0.25
		透明质酸钠	0.02	0.1	0.25
		EDTA 二钠	0.001	0.01	0.3
		甘草酸二钾	0.1	0.1	0.5
B		保湿剂	0.1	0.8	1
	保湿剂	甘油辛酸酯	15	17	20
		1,2-戊二醇	74	77	81.5
		辛酰羟肟酸	3.5	4.6	6
C		PEG-40 氢化蓖麻油	0.001	0.2	0.5
		甜橙油	0.001	0.002	0.3
D		抗衰老调理剂	0.1	1	10
		抗氧化调理剂	0.1	1	5
		修复调理剂	0.1	0.5	1
		栀子果提取物	0.001	0.02	0.3

续表

原料		配比（质量份）		
		1#	2#	3#
抗衰老调理剂	甘油聚甲基丙烯酸酯	20	22	25
	聚乙二醇-87	4.5	6.6	9.9
	棕榈酰六肽-12	0.1	0.3	0.5
抗氧化调理剂	去离子水	74	74.5	74.9
	丁二醇	25	25	25
	葡萄籽提取物	0.1	0.4	1
修复调理剂	羊胎素	0.2	0.25	0.3
	丙二醇	15	20	25
	1,2-己二醇	1	2	3
	辛二醇	0.11	0.15	0.19
	去离子水	76.6	77.6	78.6

[制备方法]

（1）将 A 组分加入容器内，搅拌升温至 80～90℃，保温 20～40min 后降温至 55～65℃；

（2）向步骤（1）得到的混合物中加入 B 组分，搅拌至完全溶解后降温到 15～20℃；

（3）将 C 组分预先混合均匀，然后加入步骤（2）得到的混合物中；

（4）将 D 组分加入步骤（3）得到的混合物中，并搅拌均匀得到精华液。

[原料介绍] 甘草酸二钾能够深入皮肤内部并保持高活性，能够有效抑制黑色素生成过程中多种酶的活性，同时还具有防止皮肤粗糙、抗炎和抗菌的效果，因此，在精华液中添加甘草酸二钾能够有效提高精华液的消炎作用，从而降低皮肤出现过敏的概率。

甘油辛酸酯具有保水、润滑皮肤的作用，使得油性成分保留在皮肤表层，从而达到滋润皮肤的作用。1,2-戊二醇对皮肤柔和自然，不含刺激性杂质，与其他溶剂相溶性好，具有保湿、抗菌效果，同时将 1,2-戊二醇加入精华液中，使得精华液体系比较稳定，不易出现积聚现象，从而使得精华液的铺展性好，此外，1,2-戊二醇具有很好的渗透力，从而有助于甜菜碱、甘草酸二钾活性成分进入皮肤的角质层，提高甜菜碱、甘草酸二钾活性成分的利用率。

辛酰羟肟酸具有优异的抗菌、抑菌性能，抑制霉菌需要元素的活性，限制了微生物生长所需的环境，同时辛酰羟肟酸不受精华液中其他成分的影响，与 1,2-戊二醇、1,2-己二醇配合使用，能够有效提高精华液的防腐性能。此外，辛酰羟肟酸与甜菜碱配合使用，有效防止精华液 pH 值过低而对皮肤造成刺激，因此，既能够有效减少对皮肤的刺激，又能够有效控制精华液中的 pH 值。

PEG-40 氢化蓖麻油可作乳化剂和表面活性剂，不会对皮肤产生刺激，同时 PEG-40 氢化蓖麻油具有增稠效果，此外，PEG-40 氢化蓖麻油有助于甜橙油与其他原料充分融合，使得精华液的质地更加细腻。

用甜橙油代替香精，能够减少对皮肤的刺激作用，相比于香精，甜橙油的稳定性更易控制，同时皮肤对甜橙油的耐受性能优于香精，甜橙油对保湿剂起到一定的抗氧化作用，此外，甜橙油还具有提亮肤色的作用。

栀子果提取物代替色素，能够有效减少色素添加剂对皮肤的刺激。

甘油聚甲基丙烯酸酯是一种透明、多功能性的保湿基质，能够增加皮肤的润滑性，提高保湿性能，同时甘油聚甲基丙烯酸酯还有助于控制精华液的黏度，防止精华液出现分层现象。聚乙二醇-8 作为湿润剂和溶剂使用，有助于各原料间的互溶。棕榈酰六肽-12 具有阻断神经与肌肉间的传导功能，避免肌肉过度收缩，从而防止细纹形成，能够减缓肌肉收缩的力量，减少动态纹的产生和消除细纹，同时棕榈酰六肽-12 还可以增加蛋白质的活性，使脸部线条放松、皱纹抚平，改善松弛。

羊胎素中含有免疫球蛋白和延缓衰老因子，羊胎素中的免疫球蛋白可以让肌肤获得二次发育和重生，起到抗衰老的作用。此外，羊胎素与水解透明质酸钠、透明质酸钠的结合，有效调节角质层中的水分、皮脂和保湿因子，使三者达到最佳平衡，改善干燥肌肤，祛除细纹。辛二醇与 1,2-己二醇的配合使用，起到良好的防腐效果，从而减少防腐剂对皮肤产生的刺激。

[产品特性]

（1）用栀子果提取物代替色素，能够有效减少色素添加剂对皮肤的刺激；用甜橙油代替香精，不仅能够减少对皮肤的刺激作用，而且甜橙油对保湿剂起到一定的抗氧化作用，此外，甜橙油还具有提亮肤色的作用。

（2）甘草酸二钾能够抑制皮炎，增强皮肤的抵抗力，降低过敏率。

（3）羊胎素使得肌肤能够获得二次发育和重生，起到抗衰老的作用，同时还有助于防止新皱纹的产生，起到良好的抗皱效果。

配方 29　具有保湿抗衰老效果的精华液

[原料配比]

原料	配比（质量份）		
	1#	2#	3#
乙醇	80	87	90
1,4-丁二醇	60	66	70

原料	配比（质量份）		
	1#	2#	3#
癸酰基脯氨酸钠	30	47	50
氯膦酸锌	25	31	40
血竭精华	25	31	35
芦荟精华	25	26	30
红景天精华	23	24	26
刺五加精华	21	23	24
胡萝卜精华	18	20	23
天仙藤精华	15	18	23
红芪精华	13	15	21
麻黄根精华	10	12	13
柠檬酸缓冲液	8	10	13
甘油	6	7	9
透明质酸	2	3	5
山梨酸钾	1	2	3
香精	1	2	3
去离子水	150	186	200

[制备方法] 将各组分溶于水，混合均匀即可。

[原料介绍] 本品采用血竭精华、芦荟精华、红景天精华、刺五加精华、胡萝卜精华、天仙藤精华、红芪精华、麻黄根精华等天然中草药中提取的保湿因子和促生因子，乙醇、1,4-丁二醇辅助溶解的同时帮助保湿，癸酰基脯氨酸钠在中药精华的帮助下促进细胞再生，氯膦酸锌帮助维持癸酰基脯氨酸钠稳定。

[产品特性] 本品能在人们的日常使用下，对皮肤进行长效的保湿并促进细胞再生，更替衰老细胞，使人面色红润、更显年轻。

配方 30　延缓皮肤老化的精华组合物

[原料配比]

原料	配比（质量份）			
	1#	2#	3#	4#
水	62.41	68.23	75.34	82.41
EDTA 二钠	—	—	—	0.02

原料	配比（质量份）			
	1#	2#	3#	4#
对羟基苯乙酮	0.2	0.33	0.5	0.75
神经酰胺3	0.005	0.011	0.02	0.033
神经酰胺6Ⅱ	0.0025	0.0073	0.011	0.018
神经酰胺1	0.000005	0.000008	0.00002	0.00003
植物鞘氨醇	0.0025	0.0051	0.012	0.018
卡波姆	0.0015	0.0021	0.0055	0.0087
黄原胶	0.0015	0.002	0.0058	0.009
乙基己基甘油	0.0015	0.0025	0.0061	0.0089
丁二醇	2.059	3.45	5.66	6.81
神经酰胺2	0.004	0.045	0.055	0.065
胆甾醇	0.0055	0.0085	0.025	0.047
生育酚	0.001	0.006	0.01	0.012
甘油	2.058	5.25	8.69	11.12
透明质酸钠	0.1	0.3	0.55	0.7
丙烯酸（酯）类/$C_{10} \sim C_{30}$烷醇丙烯酸酯交联聚合物	0.1	0.26	0.51	0.69
辛酸/癸酸甘油三酯	0.5	1.6	2.4	3.2
1,2-戊二醇	0.6199	0.89	1.6	2.7
4-叔基环己醇	0.025	0.065	0.1	0.16
己基癸醇	0.42	0.87	1.45	2.11
红没药醇	0.025	0.074	0.1	0.14
N-棕榈酰羟基脯氨酸鲸蜡酯	0.025	0.069	0.09	0.13
油菜甾醇类	0.005	0.013	0.017	0.025
聚丙烯酸	0.01	0.06	0.13	0.18
虾青素	0.01	0.018	0.022	0.031
水解胶原	0.05	0.095	0.22	0.31
肌肽	0.1	0.3	0.5	0.75
甘草酸二钾	0.05	0.1	0.21	0.3
β-葡聚糖	0.01	0.018	0.025	0.032
1,2-己二醇	0.305	0.345	0.416	0.736
辛甘醇	0.005	0.007	0.011	0.016
菊粉	—	—	—	0.09

续表

原料	配比（质量份）			
	1#	2#	3#	4#
褐藻提取物	—	—	—	0.01
羟苯基丙酰胺苯甲酸	0.005	0.011	0.024	0.033
腐植酸	0.004	0.0065	0.009	0.014
矿物质	0.01	0.015	0.02	0.025
乙酰基六肽-8	0.001	0.0026	0.005	0.007
姜根提取物	0.01	0.025	0.044	0.058

[制备方法]

(1) 将水加入水锅中，开启搅拌，依次将神经酰胺3、神经酰胺6Ⅱ、神经酰胺1、神经酰胺2、植物鞘氨醇、卡波姆、黄原胶、乙基己基甘油、丁二醇、ED-TA二钠、胆甾醇、对羟基苯乙酮、生育酚加入水锅，加热至75℃。

(2) 将甘油、透明质酸钠以及丙烯酸（酯）类/$C_{10} \sim C_{30}$烷醇丙烯酸酯交联聚合物预混分散后加入水锅，均质1min。

(3) 将辛酸/癸酸甘油三酯、1,2-戊二醇、4-叔丁基环己醇、己基癸醇、红没药醇、N-棕榈酰羟基脯氨酸鲸蜡酯、油菜甾醇类和聚丙烯酸依次加入油锅，加热至75℃，得到油锅混合料。

(4) 将步骤(3)中的油锅混合料加入水锅，均质2min，速率为5000r/min。

(5) 搅拌水锅降温至50℃时，依次加入虾青素、水解胶原、肌肽、甘草酸二钾、β-葡聚糖、1,2-己二醇、辛甘醇、菊粉、褐藻提取物、羟苯基丙酰胺苯甲酸、腐植酸、矿物质、乙酰基六肽-8以及姜根提取物，加入完成后均质4min。

(6) 继续搅拌，降温到35℃，检测出料。

[原料介绍] 胆甾醇、辛酸/癸酸甘油三酯、己基癸醇，以及油菜甾醇类，不仅能够起到保湿的作用，而且将胆甾醇等涂覆在人体肌肤上时，可以在人体肌肤上形成一层类似油膜的结构，此时形成的油膜与四种神经酰胺复配使用，能够起到良好的皮肤屏障作用。

添加的生育酚、对羟基苯乙酮、虾青素和姜根提取物提供了强效抗氧化性，有效延缓了皮肤衰老。添加的复配神经酰胺、类神经酰胺，以及保湿剂搭配使用，提高了皮肤的充盈度，增加了角质层水分含量。同时，添加的多种多肽和水解胶原，有效对抗和补充了胶原蛋白的流失，具有良好的抗老化作用。

[产品特性] 本品能够延缓皮肤老化，促进胶原蛋白生成，提高了皮肤的充盈度，增加了角质层水分含量，具有良好的抗老化作用。

配方 31 含有重组胶原蛋白的祛皱精华液

[原料配比]

原料	配比（质量份）	原料	配比（质量份）
重组胶原蛋白	0.8	乙酰基六肽-8	0.05
甘油	30	弹性蛋白	0.06
1,2-己二醇	2.5	纤连蛋白	0.03
透明质酸钠	0.5	去离子水	加至100
聚谷氨酸	0.5		

[制备方法] 按比例，在甘油中依次加入透明质酸钠、聚谷氨酸、重组胶原蛋白、弹性蛋白、乙酰基六肽-8 和纤连蛋白，搅拌混合均匀，然后加入 1,2-己二醇，加水至 100 质量份，搅拌均匀至完全溶解，得到含有重组胶原蛋白的祛皱精华液。

[原料介绍] 甘油和 1,2-己二醇作为保湿剂，重组胶原蛋白作为皮肤调理剂，透明质酸钠、聚谷氨酸、乙酰基六肽-8、弹性蛋白和纤连蛋白作为保湿剂。

[产品特性] 本品采用的微生物发酵来源的重组胶原蛋白分子量确定，为单一成分胶原蛋白，无异味。其水溶性好，最大溶解度可达 20%，透皮性好，易于被人体吸收。此外，重组胶原蛋白源于微生物发酵，和其他原料复配性能较好，不会发生沉淀、变色、析出等问题。本品祛皱精华液将重组胶原蛋白与透明质酸钠、聚谷氨酸等复配使用，可以在保湿锁水的同时，更好地发挥重组胶原蛋白紧致祛皱的功效。

配方 32 抗炎抗氧化抗皱稻糟精华液

[原料配比]

原料	配比（质量份）	原料	配比（质量份）
稻糟提取物	50	聚谷氨酸	1
甘油	2	140万分子量透明质酸钠	0.1
丁二醇	5	10万分子量透明质酸钠	0.1
辛甘醇	2	去离子水	39.8

[制备方法]

（1）取发酵后的稻糟原料，于 40～50℃烘箱烘干至含水量为 0.5%～5%；

（2）取烘干后的稻糟原料，按固液比为 1∶（15～20）的比例用去离子水于 60℃超声提取 30min，超声频率为 40kHz；

（3）超声后依次用 1μm 滤纸板、0.45μm 滤膜过滤，即得稻糟提取物；

（4）将各组分按质量比加入后，40～50℃下搅拌至透明均一溶液，冷却至室温，将成品密封保存。

[产品特性] 本品应用超声波提取法提取稻糟，能够有效提取稻糟中的阿魏酸、多糖以及各种氨基酸类物质，活性成分损失小，提取效率高。

稻糟精华液的清除 DPPH 自由基测试也表明本精华液具有良好的抗氧化效果。稻糟提取物中含有的植物多糖以及精华液中的 γ-聚谷氨酸，结合大小分子量的透明质酸钠，使本精华液具有良好的保湿抗皱功效。且质地温和，易吸收，无刺激，符合人们对化妆品安全有效性的要求。

配方 33　具有减少皮肤皱纹和改善面色作用的精华液

[原料配比]

原料	配比（质量份）		
	1#	2#	3#
西红花提取液	0.5	1	0.75
浙贝母提取液	0.5	1	0.75
透明质酸钠	0.1	0.3	0.2
鱼胶原蛋白	0.5	1	0.75
酵母提取液	1	3	2
丁二醇	5	10	7
甘油	5	10	7
环五聚二甲基硅氧烷	2.2	5	4
环己硅氧烷	2.5	5	4
麦芽寡糖葡糖苷	2.5	5	4
角鲨烷	1	3	2
聚二甲基硅氧烷	0.5	3	2
氢化聚癸烯	1	3	2
十三烷醇聚醚	0.5	3	2
裸藻多糖	0.5	3	2
聚二甲基硅氧烷醇	0.5	3	2
橄榄油	0.5	1	0.8
卵磷脂	0.5	1	0.8

原料	配比（质量份）		
	1#	2#	3#
黄原胶	0.5	1	0.8
泛醌	0.5	1	0.8
柠檬酸	0.1	0.5	0.3
脱氢乙酸钠	0.1	0.5	0.3
乳酸	0.1	0.5	0.3
乳糖	0.5	0.5	0.6
精氨酸	0.5	1	0.6
聚丙烯酸	0.5	1	0.6
EDTA 二钠	0.5	1	0.7
丙二醇	0.5	1	0.7
去离子水	71.1	30.2	50.25

[制备方法]

（1）将配方量的去离子水、甘油、EDTA 二钠、浙贝母提取液、西红花提取液混合，加热至 85℃，搅拌均匀，得混合物 1。

（2）将配方量的麦芽寡糖葡糖苷、角鲨烷、聚二甲基硅氧烷醇、橄榄油、卵磷脂、黄原胶、泛醌、柠檬酸混合，加热至 85℃，搅拌均匀，得混合物 2。

（3）将混合物 1 加入混合物 2 中，均质 10min，降温至 45℃，得混合物 3。

（4）将配方量的透明质酸钠、鱼胶原蛋白、酵母提取液、丁二醇、环五聚二甲基硅氧烷、环己硅氧烷、聚二甲基硅氧烷、氢化聚癸烯、十三烷醇聚醚、裸藻多糖、脱氢乙酸钠、乳酸、乳糖、精氨酸、聚丙烯酸、丙二醇加入混合物 3 中，搅拌均匀，即得。

[原料介绍]　采用醇提和水提复合使用的方式，对西红花、浙贝母、酵母进行功效成分定向提取，可以让功效成分从原料中分离以及浓缩，然后添加至精华液中，可以使功效成分更加高效地被皮肤吸收，从而发挥功效。

西红花提取液、浙贝母提取液和酵母提取液中富含的活性成分经由皮肤直接吸收到达作用位置，活血解郁，消除暗纹，从而达到红润肤色和提亮肤色的作用。

透明质酸钠、鱼胶原蛋白、黄原胶，进入皮肤深层，补充由于年龄增长而流失的肌肤成分，重塑皮肤支撑网络，减少皮肤皱纹。

丁二醇、环五聚二甲基硅氧烷、环己硅氧烷、麦芽寡糖葡糖苷、角鲨烷、聚二甲基硅氧烷、氢化聚癸烯、十三烷醇聚醚、裸藻多糖、聚二甲基硅氧烷醇、橄榄油、卵磷脂、泛醌、柠檬酸、脱氢乙酸钠、乳糖作为皮肤保湿和滋润剂，能够有效改善皮肤水油失衡，保持良好的滋润效果。

甘油、乳糖、精氨酸、聚丙烯酸、EDTA 二钠、丙二醇和去离子水作为支撑物质，保证精华液成型。

　　将西红花与 50% 的乙醇按质量比为 1∶10 的比例混合，50℃ 的条件下，经过 3h 回流提取后过滤，得西红花提取液。

　　将浙贝母与 60% 的乙醇按质量比为 1∶10 的比例混合，50℃ 的条件下，经过 3h 回流提取后过滤，得浙贝母提取液。

　　将酵母与去离子水按质量比为 1∶10 的比例，70℃ 的条件下，经过 4h 回流提取后过滤，得酵母提取液。

[产品特性]

　　(1) 该精华液通过特定功效成分提取浓缩的方式，对功能原料进行醇-水复合提取，不仅天然安全，而且优于现有技术中将原料直接磨粉加入的技术手段，分散性、吸收性、有效性得到了显著提高。

　　(2) 该精华液利用复配功能成分，通过活血解郁、消除暗纹、重塑支撑结构以及保湿等作用相互协同，层次递进，最终达到减少皱纹和改善面色的作用。

　　(3) 该精华液采用水相和油相复配的方式，并合理添加保湿剂和润肤剂，不仅能够保证产品剂型稳定，还能有效改善皮肤的水油失衡。

配方 34　抗衰老保湿精华液（2）

[原料配比]

原料	配比（质量份）		
	1#	2#	3#
1,3-丁二醇	5	5	6
甘油	3	4	5
乙酰基葡萄糖	0.5	1.5	2
燕麦葡聚糖	0.5	1.5	2
甜菜碱	1	2	3
乳酸钠	0.5	1	1.5
生物糖胶-1	4	4	5
石斛提取液	4	4	5
汉生胶	0.15	0.3	0.5
透明质酸钠	0.2	0.3	0.5
蓝酮胜肽	1	2	3
寡肽-1	0.2	0.4	0.5
羟癸基泛醌	1	1	1
乙酰基六肽-8	1	2	3

原料	配比（质量份）		
	1#	2#	3#
对羟基苯乙酮	0.3	0.3	0.3
1,2-己二醇	0.3	0.3	0.3
去离子水	77.35	70.4	61.4

[制备方法]

（1）将20～30份的去离子水升温至95℃并保温30min，冷却去离子水至50℃时分别将蓝酮肽、寡肽-1、乙酰基六肽-8投入罐中，搅拌均匀待用；

（2）将步骤（1）得到的混合物投入搅拌锅A中，进行搅拌、离心处理，搅拌速度为60r/min，保持搅拌25min，过滤，获得预配液；

（3）将去离子水和汉生胶、甘油、甜菜碱、生物糖胶-1、1,3-丁二醇、乳酸钠、透明质酸钠、石斛提取液依次投入搅拌锅B中并搅拌，使汉生胶、透明质酸钠均匀溶解在去离子水中，加热混合液至90℃，并保温30min；

（4）搅拌上述搅拌锅B中的混合液，并冷却至40～70℃；

（5）将搅拌锅A中的预配液和乙酰基葡萄糖、燕麦葡聚糖、羟癸基泛醌依次投入到搅拌锅B中并搅拌，去离子水和羟癸基泛醌的比例为99∶1，随后降温至45℃时，加入对羟基苯乙酮、1,2-己二醇，并使混合物的pH值为6.4，且混合物的黏度为4000mPa·s时，即得成品。

[原料介绍]　蓝铜胜肽可以有效促进胶原蛋白和弹性蛋白的制造，增加血管生长和抗氧化能力，并刺激葡萄糖聚胺（GAGs）产生，帮助皮肤恢复自我修复的天赋能力。可以在不伤肌肤、不刺激肌肤的情况下，增加细胞的活力，逐渐恢复体内流失的胶原蛋白，使皮下组织坚强，伤口迅速愈合，进而达到除皱抗老化的目的。

寡肽-1（EGF）为表皮细胞生长因子，又名人寡肽-1，是人体内的一种活性物质，是由53个氨基组成的活性多肽，借由刺激表皮细胞生长因子受体之酪氨酸磷酸化，达到修补增生肌肤表层细胞的作用。其最大特点是能够促进细胞的增殖分化，从而以新生的细胞代替衰老和死亡的细胞。EGF还能止血，并具有加速皮肤和黏膜创伤愈合、消炎镇痛、防止溃疡的功效。EGF的稳定性能极好，在常温下不易失散流动，能与人体内各种酶形成良好的协调效应。最初的EGF主要被运用于医学领域，主要用于促进受损表皮的修复与再生，如治疗烧伤、烫伤等。EGF能促进表皮细胞组织内多种细胞的生长分裂，使表皮细胞变得饱满、恢复年轻状态，它还可以提高胶原蛋白生长能力，修复老化断裂的胶原弹性纤维，所以被众多科学家誉为"美丽因子"。

乙酰基六肽-8是一种神经递质抑制类胜肽，其抗皱活性高，副作用小，现已成为风靡世界的祛皱原料，在各高端化妆品系列中都有应用。机理为：乙酰基六肽-8 参与竞争 SNAP-25 在融泡复合体的位点，从而影响复合体的形成。当融泡复合体稍有不稳定，囊泡不能有效释放神经递质，从而致使肌肉收缩减弱，防止皱纹的形成。

[产品特性] 本品采用蓝酮肽、寡肽-1（EGF）、乙酰基六肽-8、艾地苯等具有抗衰老功效的组分，起到延缓皮肤衰老、保湿等功效。利用各组分的特性，相互混合，配合辅料产生协同作用，避免对人体皮肤带来刺激性，缓解脸部皮肤的衰老，令脸部皮肤保持水润透亮白皙，同时满足肌肤补水需求。

配方 35 抗皱精华液（2）

[原料配比]

原料	配比（质量份）			
	1#	2#	3#	4#
环聚二甲基硅氧烷	6	4	8	4
丁二醇	6	4	8	4
聚二甲基硅氧烷	3	6	2	8
聚谷氨酸钠	2	1	4	1
甘油	2	3	0.5	4
丙二醇	1.5	0.5	3	0.5
聚甘油-10	1.5	3	0.5	4
双丙甘醇	1	0.5	2	4
赤藓醇	1	2	0.5	0.5
丙烯酸羟乙酯/丙烯酰二甲基牛磺酸钠共聚物	1	0.5	2	4
生物糖胶-1	0.8	1.5	0.5	0.5
木糖醇	0.8	0.5	1.5	3
$C_{20}\sim C_{22}$ 醇磷酸酯/$C_{20}\sim C_{22}$ 醇	0.8	1.5	0.5	0.5
乳酸杆菌/石榴果发酵产物提取物	0.5	0.3	1	0.3
北极岩衣藻精华	0.6	1	0.3	0.3
海星精华	0.5	0.3	1	0.3
六肽-3	0.6	1	0.3	0.3
橙花精华	0.5	0.3	1	0.3
龙胆根提取物	0.5	1	0.3	0.3
熊果苷	0.2	0.1	0.6	1
牛奶蛋白	0.2	0.6	0.1	1

续表

原料	配比（质量份）			
	1#	2#	3#	4#
凝血酸	0.1	0.05	0.3	1
羟苯甲酯	0.01	0.01	0.05	0.01
苯氧乙醇	0.01	0.05	0.01	0.1
香精	0.0015	0.01	0.01	0.05
去离子水	加至100	加至100	加至100	加至100

[制备方法]

（1）将环聚二甲基硅氧烷、聚二甲基硅氧烷和 $C_{20} \sim C_{22}$ 醇磷酸酯/$C_{20} \sim C_{22}$ 醇，加入油相锅中，加热至80~85℃，搅拌至完全溶解，得到物料A；

（2）将水、丁二醇、聚谷氨酸钠、甘油、丙二醇、聚甘油-10、双丙甘醇、赤藓醇、木糖醇、熊果苷和羟苯甲酯加入水相锅中，加热至80~85℃，搅拌至完全溶解，得到物料B；

（3）将物料A和物料B抽入乳化锅中，开启均质，均质5~10min，保温搅拌10~20min；

（4）降温至40~45℃，加入丙烯酸羟乙酯/丙烯酰二甲基牛磺酸钠共聚物、生物糖胶-1、乳酸杆菌/石榴果发酵产物提取物、北极岩衣藻精华、海星精华、六肽-3、橙花精华、龙胆根提取物、牛奶蛋白、凝血酸、苯氧乙醇和香精，搅拌均匀，即可出料，制得抗皱精华液。

[原料介绍] 乳酸杆菌/石榴果发酵产物提取物含有大量的鞣花酸、多酚和花青素，其抗氧化性强，能有效中和自由基，促进新陈代谢，减少可见细纹。

北极岩衣藻精华富含藻胶体、褐藻多酚、褐藻酸钠、藻类胡萝卜素及海洋微量元素，可以增加皮肤厚度，改善皮肤的力学性能，改善屏障功能，促进胶原蛋白及弹性蛋白的合成，抑制降解酶，从而改善皮肤的纹理、色泽和亮度。

海星精华可促进皮肤的新陈代谢，促进表皮屏障再生，同时更增加糖胺多糖（GAGS）和Ⅳ型胶原蛋白的合成，帮助肌肤有效对抗皱纹，使肌肤水嫩有弹性，并且没有任何的副作用与刺激性。

六肽-3具有类似能抑制神经传导物质、阻断神经肌肉间传导的功能，避免肌肉过度收缩，防止细纹形成，还能够减缓肌肉收缩的力量，让肌肉放松，减少动态纹的发生与消除细纹，有效重新组织胶原弹力，可以增加弹力蛋白的活性，使脸部线条放松、皱纹抚平，改善松弛。

橙花精华含多种美白活性成分，可将肌肤内已形成的黑色素层层导出，并随着老化角质的代谢而排出，肌肤逐渐白皙的同时还能排出肌肤内聚集的浊质及因污染而产生的有害物质，增强细胞活力，帮助细胞再生，增加皮肤弹性。

龙胆根提取物可以帮助消除肌肤表面暗沉，同时有效抑制黑色素的形成，淡化色斑，提亮肤色，净白肌肤。

牛奶蛋白含有的亲水性保湿成分能防止皮肤总水分流失，多种氨基酸成分能促进损伤皮肤的快速修复，可丰富皮肤中蛋白质的含量，同时能增强结缔组织的强度，能促进皮肤生成蛋白质，防止和减少皱纹产生，使皮肤丰满而有弹性。

[产品特性]

（1）本品含有乳酸杆菌/石榴果发酵产物提取物、北极岩衣藻精华、海星精华、橙花精华和龙胆根提取物等多种天然提取物，可高效补水、保湿，给肌肤补给营养，促进肌肤新陈代谢，有效抚平细纹、减少皱纹，减缓皮肤衰老，改善皮肤松弛下垂，亮肤紧致，且长效保湿，使皮肤水润光滑、富有弹性，提升肌肤年轻度。

（2）本品安全稳定，渗透性好，易吸收，使用后脸部清爽不黏腻；且本品制备方法简单，条件可控，工艺稳定，可推广应用。

6 祛痘祛斑精华

配方1　中药祛痘精华液

[原料配比]

原料	配比（质量份）	
	1#	2#
野菊花	25	30
金银花	25	30
连翘	8	8
丹参	40	45
甘草	15	15
白及	15	18
芦荟	20	25
甘油	7	8
丙二醇	4	5
三乙醇胺	5	6
茶树油	15	17
水溶性珍珠粉	12	14
去离子水	150	170

[制备方法]　将野菊花、金银花、连翘、丹参、甘草、白及、芦荟放入水中浸泡6～8h，放入高压锅于130～160℃内蒸煮15～35min，再用文火微煮2～4h，过滤，冷却滤液得到中药提取液；将甘油、丙二醇、三乙醇胺、茶树油加热至70～85℃，保温15～20min后，冷却至30～50℃，加入水溶性珍珠粉和中药提取液，搅拌8～10min至均匀，即得到成品。

[产品特性]　本品渗透肌肤，具有明显的抑菌和杀菌作用，还能防止毛囊皮脂腺导管过度角化而致栓塞，有利于皮脂的正常排出，预防皮脂瘀积而形成粉刺；有

明显的抗炎作用，可促进炎性屏障的形成，降低毛细血管通透性，减少炎性渗出，消除青春痘引起的局部红肿；淡化痘印，修复同时在肌肤表层形成防护膜，抵御痘痘再生。

配方 2 具有祛痘功效的护肤精华素

［原料配比］

原料		配比（质量份）		
		1#	2#	3#
中药提取物	茵陈蒿	30	20	25
	地肤子	20	30	25
	牡丹皮	10	15	20
	五倍子	20	10	15
	皂刺	10	15	20
	夏枯草	20	10	15
	75%～80%乙醇	适量	适量	适量
	丙二醇	适量	适量	适量
中药提取物		2	5	4
丙烯酰二甲基牛磺酸铵/VP 共聚物		0.2	2	1
EDTA 二钠		0.08	0.01	0.03
水溶性霍霍巴油		0.2	1	0.5
透明质酸钠		5	1	5
甘油		1	5	3
尿囊素		0.2	0.1	0.15
芦荟粉		0.1	0.5	0.3
防腐剂		0.03	0.1	适量
去离子水		加至 100	加至 100	加至 100

［制备方法］
（1）用水先将水溶性霍霍巴油加热到 80～90℃，完全溶解；

（2）将 EDTA 二钠、透明质酸钠、甘油、尿囊素、芦荟粉加入步骤（1）得到的溶液中，加热到 80～90℃，后搅拌至完全溶解，再加入丙烯酰二甲基牛磺酸铵/VP 共聚物搅拌至完全溶解；

（3）降温到 40℃以下，加入所述防腐剂和中药提取物搅拌均匀，即得。

［原料介绍］ 中药提取物制备方法如下。

（1）取中药各组分，用75%～80%乙醇提取两次，第一次提取原料药与乙醇质量体积比（g/mL）为1:10～1:20，50～70℃下搅拌1～2h，过滤得第一次滤液；第二次提取原料药与乙醇质量体积比（g/mL）为1:10～1:20，50～70℃下搅拌30～60min，过滤得第二次滤液；将第一次滤液和第二次滤液混合，浓缩至0.21～0.5g/mL，得浓缩物。

（2）按照质量比为1:1～1:2向步骤（1）得到的浓缩物中加入丙二醇或丁二醇，抽滤，以3000～5000r/min离心取上清液，即得。

防腐剂为2-甲基-4-异噻唑啉-3-酮/3-碘-2-丙炔基丁基甲氨酸酯。

[产品应用]　使用方法为：每天洁面后，把精华素涂在有痘的皮肤上，轻轻按摩，待精华素慢慢吸收。

[产品特性]　本品原材料选用天然植物成分，经实验证实对皮肤安全无刺激，可以从根本上改善皮肤微环境达到治愈痤疮的功效，并且兼具清热凉血、活血散结、止痒、抑脂消炎等功效，还可以缓解和消除瘢痕痘痕等。

配方3　除疤精华素

[原料配比]

原料	配比（质量份）	原料	配比（质量份）
透明质酸钠	1	乳木果油	0.3
羊毛脂	1	聚二甲基硅氧烷	2
血清白蛋白	1	角鲨烷	1
玫瑰提取液	3	甘油	4
山梨醇	4	去离子水	加至100
极美-Ⅱ	0.01		

[制备方法]　将各组分溶于水，混合均匀即可。

[原料介绍]　血清白蛋白，缩写为ALB。血清白蛋白合成于肝脏，是脊椎动物血浆中含量最丰富的蛋白质。不同来源的血清白蛋白的氨基酸序列及其空间结构非常保守，它具有结合和运输内源性与外源性物质、维持血液胶体渗透压、清除自由基、抑制血小板聚集和抗凝血等生理功能。在生命过程中有着重要的意义。

极美-Ⅱ防腐剂的作用原理是缓释甲醛，对革兰氏阳性菌、革兰氏阴性菌，包括假单胞菌有抑制效果，对酵母菌、霉菌有选择地抑制。极美-Ⅱ为类白色流动性易吸潮粉末（吸潮并不影响抑菌活性），微带甲醛气味，1%水溶液pH＝6.0～7.5。极美-Ⅱ防腐剂具广谱抗菌活性，能有效对抗各类细菌、霉菌以及酵母菌。并且可与其他防霉防腐剂（特别是百霉杀或尼泊金甲酯、尼泊金丙酯）协同，能有效地构成安全、有效、高效的化妆品防腐体系。

乳木果油（sheabutter）也称牛油树脂，提取自"乳油木"，是纯天然绿色植物源固体油脂，能促进表皮细胞再生，赋予皮肤营养。有象牙白、米黄色和黄色三种颜色，颜色越深效果越好。乳木果油与人体皮脂分泌油脂的各项指标最为接近，蕴含丰富的非皂化成分，极易于被人体吸收，不仅能防止干燥开裂，还能进一步恢复并保持肌肤的自然弹性，具有不可思议的深层滋润功效，同时还能起到消炎作用。

[产品特性] 将精华素涂抹在瘢痕处，避免有创口的皮肤留下瘢痕，运用细胞再生技术，利用其趋向性特点，有利于皮肤创面的修复，促进新皮肤生长，实现无伤疤愈合。

配方4 祛痘修护精华霜

[原料配比]

原料	配比（质量份）		
	1#	2#	3#
1,3-丁二醇①	4	4.5	5
二（月桂酰胺谷氨酰胺）赖氨酸钠	0.4	0.5	0.6
氢化卵磷脂	0.1	0.2	0.3
黄原胶	0.04	0.05	0.06
卡波姆	0.3	0.4	0.5
鲸蜡硬脂醇	5	6	7
聚二甲基硅氧烷	3	4	5
异壬酸异壬酯	2	3	4
水杨酸	1	1.5	2
PEG-45 硬脂酸酯	1	1.5	2
蔗糖硬脂酸酯	1	1.5	2
甘油硬脂酸酯	0.6	0.7	0.8
氢氧化钠	0.4	0.45	0.5
淀粉辛烯基琥珀酸铝	2	2.5	3
精氨酸	0.3	0.4	0.5
白藜芦醇	0.05	0.1	0.15
银耳多糖	0.05	0.1	0.15
视黄醇棕榈酸酯	0.001	0.001	0.001

续表

原料	配比（质量份）		
	1#	2#	3#
β-葡聚糖	0.4	0.5	0.6
香橙果提取物	0.004	0.005	0.006
水①	50	55	69
水②	9	11	11
1,3-丁二醇②	4	4.5	5
菜蓟叶提取物	0.0004	0.0004	0.0004
水解植物蛋白	0.01	0.015	0.02
三磷酸腺苷	0.01	0.015	0.02
软骨素硫酸钠	0.01	0.015	0.02
PCA 锌	0.4	0.5	0.6
喷替酸五钠	0.01	0.015	0.02
肌醇六磷酸	0.0015	0.0017	0.002
氧化银	0.000162	0.000162	0.000162
丁香花提取物	0.001	0.001	0.001
茵陈蒿花提取物	0.07	0.075	0.08
甘油辛酸酯	0.6	0.08	0.09
聚甘油-10 月桂酸酯	0.02	0.03	0.04
白柳树皮提取物	0.1	0.2	0.3
葡萄糖酸锌	0.1	0.2	0.3
黄檗树皮提取物	0.001	0.002	0.003
蜜柑果皮提取物	0.001	0.002	0.003
铂粉	2×10^{-8}	2×10^{-8}	2×10^{-8}
抗坏血酸磷酸酯钠	0.0001	0.0001	0.0001
梅果提取物	0.00001	0.00001	0.00001
白花春黄菊花提取物	2×10^{-7}	7.5×10^{-7}	7.5×10^{-7}
1,3-丙二醇	0.0005	0.0005	0.0005
烟酰胺	0.05	0.1	0.15

[制备方法]

（1）取水①、1,3-丁二醇①、二（月桂酰胺谷氨酰胺）赖氨酸钠、氢化卵磷脂、黄原胶、卡波姆，加入水相锅，加热至 70～75℃后，搅拌均匀，抽入真空乳化机中。

（2）取鲸蜡硬脂醇、聚二甲基硅氧烷、异壬酸异壬酯、水杨酸、PEG-45 硬脂酸酯、蔗糖硬脂酸酯、甘油硬脂酸酯，加入油相锅，加热至70~75℃，搅拌均匀，抽入真空乳化机中。

（3）开机搅拌混合均匀，搅拌时间为30min，速率为1000r/min，停止搅拌，降温至40℃；加入氢氧化钠、淀粉辛烯基琥珀酸铝、精氨酸、白藜芦醇、银耳多糖、视黄醇棕榈酸酯、β-葡聚糖、香橙果提取物、水②、1,3-丁二醇②、莱蓟叶提取物、水解植物蛋白、三磷酸腺苷、软骨素硫酸钠、PCA锌、喷替酸五钠、肌醇六磷酸、氧化银、丁香花提取物、茵陈蒿花提取物、甘油辛酸酯、聚甘油-10月桂酸酯、白柳树皮提取物、葡糖酸锌、黄檗树皮提取物、蜜柑果皮提取物、铂粉、抗坏血酸磷酸酯钠、梅果提取物、白花春黄菊花提取物、1,3-丙二醇、烟酰胺，继续搅拌均匀，冷却至室温；灌装，即得。

［原料介绍］　祛痘成分组成为：淀粉辛烯基琥珀酸铝、水杨酸、PCA锌、葡萄糖酸锌、烟酰胺、蜜柑果皮提取物、黄檗树皮提取物、视黄醇棕榈酸酯。

［产品特性］　本品的祛痘成分能够有效地抑制痤疮丙酸杆菌，将祛痘成分加入精华霜中，对于痤疮具有很好的治疗作用。同时本品具有更好的稳定性。

配方5　美肌祛痘精华液

［原料配比］

原料	配比（质量份）		
	1#	2#	3#
1,2-戊二醇	4	5	6
甘油①	1.2	1.5	1.7
甘油②	1.3	1.7	2.3
1,3-丁二醇	0.5	1	1.5
甜菜碱	0.4	0.5	0.6
羟丙基三甲基氯化铵透明质酸	0.2	0.25	0.3
尿囊素	0.1	0.2	0.3
卡波姆	0.1	0.2	0.3
氢氧化钠	0.1	0.1	0.1
喷替酸五钠	0.01	0.01	0.01
EDTA二钠	0.01	0.01	0.01
白藜芦醇	0.003	0.003	0.003
肌醇六磷酸	0.0012	0.0012	0.0012
水解蜂王浆蛋白	0.001125	0.001125	0.001125

续表

原料	配比（质量份）		
	1#	2#	3#
角鲨烷	0.0005	0.0005	0.0005
鲸蜡醇	0.0004	0.0004	0.0004
1,3-丙二醇	0.00025	0.00025	0.00025
澳洲坚果籽油	0.00015	0.00015	0.00015
氧化银	0.00011	0.00011	0.00011
辛基十二醇月桂酰谷氨酸酯	0.0001	0.0001	0.0001
肉豆蔻醇	0.0001	0.0001	0.0001
苯甲地那铵	0.00002	0.00002	0.00002
二（月桂酰胺谷氨酰胺）赖氨酸钠	7.5×10^{-7}	7.5×10^{-7}	7.5×10^{-7}
植物鞘氨醇	5×10^{-7}	2.5×10^{-7}	2.5×10^{-7}
神经酰胺6Ⅱ	2.5×10^{-7}	2.5×10^{-7}	2.5×10^{-7}
神经酰胺3	2.5×10^{-7}	2.5×10^{-7}	2.5×10^{-7}
神经酰胺1	5×10^{-8}	5×10^{-8}	5×10^{-8}
胆甾醇	2.5×10^{-7}	2.5×10^{-7}	2.5×10^{-7}
黄檗树皮提取物	0.005	0.01	0.015
野蔷薇果提取物	0.01	0.015	0.02
膜荚黄芪根提取物	0.05	0.1	0.15
白术根提取物	0.05	0.1	0.15
阿尔泰柴胡根提取物	0.05	0.1	0.15
银耳提取物	0.04	0.05	0.05
去离子水①	71	77	80
去离子水②	11	12	12

[制备方法]

（1）取去离子水①、1,2-戊二醇、甘油①、尿囊素、卡波姆、EDTA二钠，加入搅拌锅，加热至70～75℃后，搅拌均匀，抽入真空乳化机中。

（2）开机搅拌混合均匀，搅拌时间为30min，速率为1000r/min，停止搅拌，降温至40℃；加入去离子水②、1,3-丁二醇、黄檗树皮提取物、野蔷薇果提取物、甜菜碱、羟丙基三甲基氯化铵透明质酸、甘油②、膜荚黄芪根提取物、白术根提取物、阿尔泰柴胡根提取物、喷替酸五钠、肌醇六磷酸、氧化银、氢氧化钠、银耳提取物、水解蜂王浆蛋白、1,3-丙二醇、神经酰胺3、神经酰胺6Ⅱ、神经酰胺1、植物鞘氨醇、胆甾醇、肉豆蔻醇、鲸蜡醇、辛基十二醇月桂酰谷氨酸酯、二（月桂酰胺谷氨酰胺）赖氨酸钠、角鲨烷、澳洲坚果籽油、白藜芦醇、苯甲地那铵，继续搅拌均匀，冷却至室温；灌装，即得。

[原料介绍]　祛痘成分包括黄檗树皮提取物、野蔷薇果提取物、膜荚黄芪根提取物、白术根提取物、阿尔泰柴胡根提取物、银耳提取物。

[产品特性]　本品既具有美白作用又具有祛痘作用，祛痘成分能够有效地抑制痤疮丙酸杆菌，对于痤疮具有很好的治疗作用。

配方6　祛痘精华液（1）

[原料配比]

原料	配比（质量份）		
	1#	2#	3#
甘油	6	4.50	3
丁二醇	6	4.50	3
羟乙基脲	6	4.50	3
肉桂树皮提取物	4	3	1
姜提取物	4	3	1
地榆根提取物	4	3	1
β-葡聚糖	7	5	3
季铵盐-73	0.00	0.00	0.00
芽孢杆菌/大豆发酵产物提取物	0.10	2	1
叶酸	0.10	2	1
透明质酸钠	0.10	2	1
1,2-己二醇	0.10	2	1
黄原胶	0.20	0.15	0.10
紫草根提取物	0.01	0.30	0.50
银耳子实体提取物	0.00	0.00	0.00
橄榄油 PEG-7 酯类	3	2	0.10
香精	0.10	0.05	0.01
增溶剂	0.30	0.20	0.10
防腐剂	0.30	0.20	0.10
去离子水	加至 100	加至 100	加至 100

[制备方法]

（1）将季铵盐-73、丁二醇加热到 60℃ 溶解完全后得到混合物 A；

（2）将步骤（1）得到的混合物 A 与去离子水、甘油、黄原胶、银耳子实体提取物混合，搅拌溶解完全后得到混合物 B；

（3）将步骤（2）得到的混合物 B 与羟乙基脲、肉桂树皮提取物、紫草根提取物、姜根提取物、地榆根提取物、β-葡聚糖、芽孢杆菌/大豆发酵产物提取物、叶酸、透明质酸钠、1,2-己二醇和橄榄油 PEG-7 酯类混合，搅拌均匀后得到混合物 C；

（4）将步骤（3）得到的混合物 C 与溶解好的香精、增溶剂、防腐剂混合搅拌均匀即可得本品。

[原料介绍] 肉桂树皮提取物对人体免疫功能有明显的增强作用。其作用机理是，其可增强人体 T 淋巴细胞和 B 淋巴细胞的增殖与分化，并增强其杀伤细胞的功能以及单核吞噬细胞的功能。

地榆根提取物能升高外周血白细胞、中性粒细胞、血小板，改善骨髓微循环。调节和改善机体免疫功能。

β-葡聚糖具有保湿功效，具有成膜性，能够帮助皮肤保持水分，具有隐形皮肤的美称；具有抗氧化功效，显著减少皮肤皱纹，提高皮肤弹性；保护皮肤免受紫外线的伤害，增强皮肤抵御外界刺激的耐受力；能够赋予产品良好的使用肤感，增加活性物质的透皮吸收。

橄榄油 PEG-7 酯类具有助乳化、辅助增溶和保湿滋润的作用，有效降低表面活性剂体系的刺激性，其极好的赋脂性改善洗后干燥紧绷的肤感。

[产品特性] 本品具有祛痘控油和去痘印的功效。通过食用香料肉桂、生姜、地榆植物成分有效地抑制皮脂过量的油脂分泌，降低皮脂酶活性，减少游离脂肪酸的产生，从根本上减少细菌生长所需的营养，最后杀菌，消除已有痤疮，使痘痘肌肤快速恢复自然健康状态，从而彻底解决痤疮问题，杜绝痤疮反复问题；能够有效地抑制皮脂孔的扩大，缩小毛孔直径。

配方 7　生物蛋白酶清痘精华乳

[原料配比]

原料	配比（质量份）			
	1#	2#	3#	4#
丙烯酸（酯）类共聚物钠	2.5	1	3.5	4
蛋白酶	5	3	2	4
丁二醇	2.5	1.5	2	4
烟酰胺	1.5	0.5	1.2	1.7
卵磷脂	25	28	18	23
水杨酸	2.5	0.5	4	3.5

原料		配比（质量份）			
		1#	2#	3#	4#
氧化银		2.5	1.5	3.5	4
中药提取物		40	45	47	37
去离子水		加至100	加至100	加至100	加至100
中药提取物	丹参提取物	1.5	2	2	1
	北苍术提取物	2	1.5	1	2
	蒲公英提取物	1.5	1	2	2
	茯苓提取物	1	1.5	1	1

[制备方法] 将各组分溶于水，混合均匀即可。

[原料介绍] 所述中药提取物包含丹参提取物、北苍术提取物、蒲公英提取物和茯苓提取物。

所述蛋白酶包含丝氨酸蛋白酶、苏氨酸蛋白酶、半胱氨酸蛋白酶、天冬氨酸蛋白酶、金属蛋白酶和谷氨酸蛋白酶中的一种或几种，优选包含丝氨酸蛋白酶、谷氨酸蛋白酶和半胱氨酸蛋白酶。

所述丙烯酸（酯）类共聚物钠是以丙烯酸（酯）类为主要原料经共聚反应生成的聚合物的总称，用于增稠、悬浮和稳定含有表面活性剂和皂基的个人清洁用品，广泛用于多种洗护产品，如：透明香波、沐浴露、含高分子硅油的调理产品、低pH值的面部和身体清洁产品等多种清洁产品之中，同时也用于护肤霜、防晒霜、粉底乳液及水性乳胶涂料中。

所述氧化银是棕褐色立方晶系结晶或棕黑色粉末，不溶于水，易溶于酸和氨水，受热易分解成单质，在空气中会吸收二氧化碳变为碳酸银。

[产品特性] 本品对于预防和治疗痤疮效果明显，起效快，愈后无痘痕，不易复发，对于宿旧痤疮瘢痕可以有效修复护理，消炎祛痘、抗炎舒缓、淡化痘印、抑油控油、保湿润养，有效平衡肌肤水油比例，促进肌肤细胞新生。

配方8 具有祛痘功效的精华液

[原料配比]

原料	配比（质量份）			
	1#	2#	3#	4#
蒲公英	6	9	8	7

原料	配比（质量份）			
	1#	2#	3#	4#
黄连	15	11	12	13
金银花	7	3	4	6
紫花地丁	6	3	4	5
丹皮	3	6	4	4
草乌	8	5	4	3
荆芥	6	7	8	9
车前草	2	5	4	3
茯苓	5	3	4	4
薏苡仁	5	3	4	4
山药	6	2	4	4
柴胡	10	7	8	9
龙胆草	2	5	4	3
醋	适量	适量	适量	适量
白酒	适量	适量	适量	适量
黄酒	适量	适量	适量	适量
甲醇/乙醇	适量	适量	适量	适量
甘草和黑豆的煎液	适量	适量	适量	适量
去离子水	适量	适量	适量	适量

[制备方法]
（1）采用醋炙法炮制黄连、山药和薏苡仁；再选用甘草和黑豆的煎液浸泡草乌至无干心后，蒸 10～14h，干燥；醋炙法为将药材与黄酒混合后，采用闷润法待药材被黄酒浸透至无干心后，用文火炒制。

（2）将丹皮、茯苓、柴胡与炮制过的黄连、薏苡仁、山药和草乌用白酒浸泡50～70 天后，过滤并除去滤液中的乙醇，得到组分 A；上述白酒中乙醇的体积分数为 30％～40％。采用酒精度低的白酒，即采用乙醇含量低的白酒，根据相似相溶原理，有助于大部分极性适中的有效成分的溶出，从而减少杂质的含量。

（3）采用溶剂法分别提取蒲公英、紫花地丁、车前草、金银花、荆芥和龙胆草，回收溶剂，合并后得到组分 B，再将组分 A 和组分 B 混合。提取溶剂为甲醇或乙醇与水的混合物，该溶剂法可以为加热回流提取法、微波提取法、煎煮法或者浸渍法等。

[原料介绍] 黄连为苦寒药，采用醋炙法处理黄连，有助于缓和黄连苦寒之性。采用醋炙法处理山药和薏苡仁，有助于增加药材中的有效成分的溶解度。采用溶剂法提取蒲公英、紫花地丁、车前草、金银花、荆芥和龙胆草，有利于提高这些

药材中有效成分的溶出率，从而提高该精华液的祛痘功效。

[产品特性]

（1）本品去热散结的功效显著，祛痘的效果好，可以在短时间内见效，同时能够改善面部环境，避免粉刺的反复发作。

（2）本品能够抑制暗疮、粉刺，疏通闭塞毛孔，同时也能平衡水油，软化毛囊口，能够有效促进毛孔内毒素的排出并紧致毛孔，保护肌肤免受外界再次刺激。

配方9 祛痘精华液（2）

[原料配比]

原料	配比（质量份）		
	1#	2#	3#
茶树油	2	3	4
大黄素	1	2	3
肉桂酸	1	1.5	2
小檗碱	1	1.5	2
甘草酸二钾	1	2	3
芦荟苷	1	1.5	2
透明质酸	0.5	1	1.5
角鲨烷	1	1.5	2
甘油	1	2	3
丁二醇	3	4	5
黄原胶	0.1	0.2	0.3
尼泊金酯	0.1	0.2	0.3
去离子水	87.3	79.6	71.9

[制备方法]

（1）将水、甘油和丁二醇混合均匀，加热至 60～70℃，搅拌加入茶树油、大黄素、肉桂酸和小檗碱，搅拌均匀，得溶液 A；

（2）将步骤（1）所得溶液 A 冷却至 40～50℃，搅拌加入甘草酸二钾、芦荟苷、透明质酸和角鲨烷，搅拌均匀，得溶液 B；

（3）将步骤（2）所得溶液 B 冷却至室温，加入黄原胶和尼泊金酯，搅拌，即得。

[原料介绍] 茶树油具有抑菌、消炎、杀螨的作用，用于治疗粉刺、痤疮；大黄

素具有抗菌、抗肿瘤的作用；肉桂酸具有杀菌、抗氧化的作用；小檗碱具有抗菌、止血的作用；甘草酸二钾具有消炎、抗过敏、美白的作用；芦荟苷具有杀菌、消炎解毒、促进伤口愈合的作用；透明质酸具有保湿、去皱、促吸收的作用。

[产品特性]　本品能够有效地抑制痤疮丙酸杆菌，从根本上减少皮肤痤疮产生，达到祛痘的效果。同时，本品还具有清热解毒、抗敏消炎、补水的功效，且无毒无刺激、安全有效、易于吸收。

配方 10　祛痘精华乳

[原料配比]

原料		配比（质量份）		
		1#	2#	3#
A	薄荷草浸泡油	5	4.5	5.5
	紫草浸泡油	15	14	16
	丹皮酚	6	5.5	6.5
B	1,3-丙二醇	8	7.5	8.5
	甘草酸钾	3	2.5	3.5
	薰衣草	25	22	27
	野菊花	25	27	22
	去离子水	13	17	11

[制备方法]

（1）按配方比例选取薄荷草浸泡油、紫草浸泡油、丹皮酚，混合均匀，加热至 58～62℃后保温，得到 A 相；

（2）按配方比例选取 1,3-丙二醇、甘草酸钾、薰衣草、野菊花、去离子水混合均匀，加热至 38～42℃后保温，得到 B 相；

（3）将 B 相加入 A 相中，混合、均质得到产品。

[原料介绍]　所述的薄荷草浸泡油为采用橄榄油浸泡薄荷草 3～6 个月后所得。

所述的紫草浸泡油为橄榄油浸泡紫草 3～6 个月后所得。

[产品特性]　本品成本低廉、制作方法简单、见效时间短。它能快速安全有效地祛除面部粉刺痤疮，修复痘印，清除皮肤淤堵，灭菌消炎，对红肿、胀痛的炎性痘痘也有舒缓作用，具有清洁、杀菌及收敛作用，能有效地收缩毛孔，使肌肤呈现洁净明亮光泽。

配方 11　祛痘精华液（3）

[原料配比]

原料		配比（质量份）		
		1#	2#	3#
A组分	水	71.55	68.25	69.35
	丙二醇	3	6	5
	1,2-己二醇	0.3	0.6	0.5
B组分	祛痘方Ⅰ	21	20.5	20
	祛痘方Ⅱ	1	1.5	2
C组分	聚山梨醇酯-20	0.68	1.21	1
	香精	0.07	0.04	0.05
D组分	苯氧乙醇、乙基己基甘油	0.7	0.2	0.4
	70%泛醇	0.3	0.6	0.5
	水杨酸	1.4	1.1	1.2

[制备方法]

（1）将 A 组分的物料加入搅拌锅，升温至 65～70℃并搅拌至溶解完全；

（2）将 B 组分的物料加入搅拌锅，搅拌均匀后降温至 45℃；

（3）将 C 组分的物料先混合分散均匀，再加入搅拌锅，搅拌至完全分散；

（4）将 D 组分的物料按照苯氧乙醇、乙基己基甘油、70%泛醇、水杨酸的顺序依次加入搅拌锅，搅拌至分散均匀，得祛痘精华液。

[原料介绍]　所述祛痘方Ⅰ包括 61.445%丙二醇、32.5%水、3%芍药根提取物、0.055%忍冬花提取物、3%倒捻子果皮提取物，以质量分数计，所述祛痘方Ⅱ包括 48.1%水、50%丁二醇和 1.9%榆绣线菊提取物。

[产品特性]　本品对痤疮丙酸杆菌有极强的抑制作用，并有较好的抗炎消肿功效，能有效改善痤疮症状；同时原料中的祛痘方Ⅱ富含从绣线菊提取并纯化的酚酸，刺激天然抗生素的合成，改善易生痤疮的油性肤质，收敛毛孔，有效修复痘后肌肤以及预防肌肤的易长痘。祛痘精华液的有效祛痘成分均采用纯中药配方制得，无添加任何激素和违禁成分，产品天然、温和、安全性好且祛痘效果显著。

配方 12 温和控油祛痘精华

[原料配比]

原料		配比（质量份）		
		1#	2#	3#
A 相	去离子水	加至 100	加至 100	加至 100
	甘油	5	5	5
	EDTA 二钠	0.05	0.05	0.05
	丙烯酰二甲基牛磺酸铵/VP 共聚物	0.5	0.5	0.5
	黄原胶	0.1	0.1	0.1
	尿囊素	0.2	0.2	0.2
	对羟基苯乙酮	0.3	0.3	0.3
B 相	丙二醇	10	10	10
	O-伞花烃-5-醇	0.05	0.05	0.05
	黄檗树皮提取物/苯甲酸钠/柠檬酸/水	0.5	1	2
	北美金缕梅提取物/苯氧乙醇/水	1	1.5	2
	牡丹根提取物	0.5	0.5	1
	乳酸菌/绿豆籽提取物发酵产物滤液	2	3	5
	10-羟基癸酸/丁二醇	0.5	0.5	1
	季铵盐-73	0.001	0.0015	0.002
	PEG-40 氢化蓖麻油	0.15	0.15	0.15
	苯氧乙醇	0.35	0.35	0.35
	乙基己基甘油	0.03	0.03	0.03
	香精	0.05	0.05	0.05
	泛醇	1	1	1

[制备方法]

（1）用甘油预先分散黄原胶，将称量好的 A 相原料加入乳化锅中，加热至 80℃，搅拌均匀后，通冷却水降温至 40℃；

（2）预先用丙二醇分别溶解 O-伞花烃-5-醇和季铵盐-73，预先用 PEG-40 氢化蓖麻油增溶香精；

（3）在步骤（1）和（2）的基础上，将称量好的 B 相原料加入乳化锅中，充分搅拌至均匀状态；

（4）取样，检测各项指标；

（5）各项指标合格后出料，灌装至包装容器中。

[原料介绍] 本品所选用的控油成分包括10-羟基癸酸和乳酸菌/绿豆籽提取物发酵产物滤液。其中，10-羟基癸酸可抑制5α-还原酶活性（皮肤组织内的5α-还原酶是造成皮脂腺活动异常、油脂分泌过旺、青春痘暴发的首要原因），调节皮脂分泌；本品使用的乳酸菌/绿豆籽提取物发酵产物滤液富含的球蛋白含有能水解脂肪的酶类，有降低人体脂肪的作用，能够分解过多的皮脂，抑制皮脂分泌过旺，令皮肤达到较佳的油水平衡，不泛油光。二者共同作用于皮脂，达到清洁毛孔、使肌肤毛孔畅通、平衡油脂的作用。

本品所选用的主要祛痘成分是O-伞花烃-5-醇和季铵盐-73，其具有高效广谱的抗菌能力，能快速抑制痤疮丙酸杆菌的生长，安全无刺激；所选用的辅助植物祛痘成分包括北美金缕梅提取物、黄檗树皮提取物和牡丹根提取物，具有抗敏、消炎杀菌和收敛毛孔的功效。

[产品特性] 该温和控油祛痘精华将各种控油祛痘组分进行合理的搭配，相辅相成，起到了协同增效的结果，达到温和无刺激、疏通毛孔、灭菌消炎的目的，可以有效地抑制油脂的过度分泌，收敛毛孔，舒缓红肿、胀痛的炎性痘痘。

配方13 补水祛痘精华液

[原料配比]

原料	配比（质量份）			
	1#	2#	3#	4#
枳壳提取液	18	19	20	21
黄芩提取液	25	26	27	28
维生素C乙基醚	2	4	3	3
熊果苷	4	7	6	5
四乙酸二氨基乙烯二钠	0.1	0.2	0.2	0.3
珍珠水解液	3	4	5	5
尼泊金酯	0.5	0.6	0.7	0.8
植物鞘氨醇	1.1	1.5	1.3	1.2
甘油	4	7	6	5
蜗牛蛋白粉	0.4	0.7	0.6	0.5
棕榈酸异辛酯	0.3	0.4	0.5	0.5
失水山梨醇单硬脂酸酯	1	1.3	1.5	1.7
甘草酸二钾	0.8	1.1	1	0.9
去离子水	50	54	53	51

［制备方法］

（1）称取枳壳提取液、熊果苷和珍珠水解液，投入磁力搅拌机中，磁力搅拌混合15～20min，获得第一混合物；

（2）称取甘油和蜗牛蛋白粉，加入至第一混合物中，继续磁力搅拌30～40min，获得第二混合物；

（3）称取黄芩提取液、四乙酸二氨基乙烯二钠和棕榈酸异辛酯，加入至第二混合物中，继续磁力搅拌50～60min，出料，获得第三混合物；

（4）称取维生素C乙基醚、尼泊金酯和去离子水，投入至乳化锅中，在80～85℃下均质处理6～10min，获得混合物A；

（5）将步骤（4）中的乳化锅降温至60～65℃，称取植物鞘氨醇和甘草酸二钾，加入至混合物A中，均质处理5～8min，获得混合物B；

（6）保持步骤（5）中乳化锅的温度，将失水山梨醇单硬脂酸酯和第三混合物投入至混合物B中，均质处理20～30min，出料，即可。

［原料介绍］　所述枳壳提取液由以下方法制得：取枳壳，洗净，烘干，研磨，加入6～8倍质量的乙醇水溶液，加热回流提取50～60min，获得回流提取液和回流提取残渣，向回流提取残渣中加入3～4倍质量的乙醇水溶液，浸泡2～3h，超声波提取40～50min，获得超声波提取液和超声波提取残渣，将回流提取液和超声波提取液合并，减压蒸发浓缩为原体积的18%～22%，获得枳壳提取液。

所述黄芩提取液由以下方法制得：取黄芩，洗净，烘干，研磨，送入渗漉器中，用12～15倍质量的乙醇水溶液进行渗漉提取，获得渗漉提取液和渗漉提取残渣，向渗漉提取残渣中加入3～4倍质量的乙醇水溶液，浸泡2～3h，超声波提取40～50min，获得超声波提取液和超声波提取残渣，将渗漉提取液和超声波提取液合并，减压蒸发浓缩为原体积的15%～20%，获得黄芩提取液。

所述乙醇水溶液的乙醇浓度为60%。

［产品特性］　本品能够滋润皮肤，用后感觉柔软舒适、不油腻，达到补水保湿的目的，且本精华液还能够消炎祛除痤疮，愈后不易复发，增强皮肤新陈代谢，对皮肤进行修复。

配方 14　高效祛痘精华素

［原料配比］

原料	配比（质量份）		
	1#	2#	3#
丁二醇	9	13	11

续表

原料	配比（质量份）		
	1#	2#	3#
乙醇	11	8	9
丙二醇	4	6	5
甘油	4	2	3
祛痘植物组合物	1	3	2
舒敏组合物	0.9	0.5	0.7
丙烯酸（酯）类/$C_{10} \sim C_{30}$ 烷醇丙烯酸酯交联聚合物	0.1	0.4	0.3
尿囊素	0.4	0.1	0.2
库拉索芦荟叶提取物	0.1	0.4	0.2
季铵盐-73	0.01	0.001	0.005
防腐剂	0.1	0.4	0.2
三乙醇胺	0.05	0.01	0.03
羟苯甲酯	0.1	0.4	0.2
PEG-40 氢化蓖麻油	0.4	0.1	0.2
香精	0.01	0.05	0.03
去离子水	加至 100	加至 100	加至 100

[制备方法]

（1）将库拉索芦荟叶提取物加入适量水中搅拌溶解至透明，记为预制品 1；将季铵盐-73 与丙二醇以 1∶1000 的比例混合搅拌加热到 85～90℃至完全溶解透明，降温至 40～45℃，记为预制品 2；将香精加入 PEG-40 氢化蓖麻油中搅拌溶解至透明，记为预制品 3；将三乙醇胺与适量水混合，记为预制品 4。

（2）将剩余的水加入水剂锅，将水性增稠剂缓慢撒在水面上，浸泡 5～8min，开搅拌器，在 30～35Hz 下，搅拌 2～4min，再加入丁二醇、甘油、尿囊素、羟苯甲酯，升温至 85～90℃，保温搅拌 15～20min。

（3）降温至 45～50℃，加入舒敏组合物、防腐剂、乙醇、预制品 1、预制品 2、预制品 3、预制品 4，搅拌均匀后加入祛痘植物组合物，保持真空度为 -0.04～-0.08MPa，搅拌 10～15min，降温后取样检测，合格后出料。

[原料介绍] 所述的祛痘植物组合物由苦参根提取物、欧蒲公英根茎/根提取物、药蜀葵根提取物、甘草根提取物、黄芩根提取物、忍冬花提取物、黄檗树皮提取物按照质量比 1∶1∶1∶1∶1∶1∶1 组成。

苦参根提取物是一种生物碱，苦参具有美白、消炎、抗痘、抗菌等多种效用；欧蒲公英根茎/根提取物含有丰富的果聚糖，保护肌肤免受环境污染影响；药蜀葵根提取物具有良好的抗炎解热作用；甘草根提取物是从甘草中提取的有药用价值的成分，甘草提取物的美白作用主要是通过抑制酪氨酸酶和多巴色素互变酶（TRP-2）的活性、阻碍5,6-二羟基吲哚（DH1）的聚合，来阻止黑色素的形成，从而达到美白皮肤的效果；黄芩根提取物为淡黄色至棕黄色的粉末，具有抑菌、抗炎、抗过敏、抗氧化作用；忍冬花提取物可以改善皮肤炎症，抵御细菌，促进毛孔收敛，使肌肤更加细腻光滑；黄檗树皮提取物为棕黄色的粉末，抗炎抑菌，减轻炎症反应，收敛疮口。

所述的舒敏组合物由膜荚黄芪根提取物、防风根提取物、马齿苋提取物、金盏花提取物、合欢花提取物、天麻根提取物、扭刺仙人掌茎提取物按照质量比1∶1∶1∶1∶1∶1∶1组成。

所述的水性增稠剂为丙烯酸（酯）类/C_{10}～C_{30}烷醇丙烯酸酯交联聚合物。

所述的防腐剂由苯氧乙醇和乙基己基甘油按照质量比9∶1组成。

[产品特性] 富含高效祛痘功效的植物提取物及一定量能够高效抑制痤疮丙酸杆菌的抑菌剂季铵盐-73的精华素，使植物提取物与季铵盐-73起到协同增效的作用，弥补了植物提取物和抑菌剂单独使用的不足之处，同时搭配具有舒敏功效的植物提取物，在达到高效祛痘功效的同时将对皮肤的刺激降到最低。

配方15 祛痘精华素微胶囊

[原料配比]

原料		配比（质量份）		
		1#	2#	3#
囊芯 （祛痘精华素）	艾草提取物	12	18	26
	夏枯草提取物	8	7	21
	芍药提取物	3	13	17
	刺海门冬提取物	3	6	9
	积雪草提取物	1	4	6
	桑葚提取物	2	3	5
	透明质酸	2	6	8
	甘油	1	2	4
	维生素C	2	4	6
囊壁 （丝胶蛋白壳膜）	囊壁与囊芯的质量比	1∶1	2∶1	2∶1

[制备方法]

（1）配制含220～260mmol/L金属离子的丝胶蛋白溶液，调节pH至6～8，持续搅拌后置于 28～37℃ 的恒温箱中反应；

（2）将步骤（1）反应后的溶液离心分离沉淀，用去离子水洗涤除去多余的金属离子，然后加入囊芯的各组分，持续搅拌后置于 28～37℃ 的恒温箱中反应 6～12h；

（3）采用去离子水洗涤步骤（2）反应后的产物，置于真空干燥箱中干燥，即可制得。

［原料介绍］　丝胶蛋白溶液的质量分数为 3%～8%。

所述金属离子为钙离子、镁离子、铜离子、锌离子中的任意一种。

所述丝胶蛋白的分子量为 10000～80000。

［产品特性］

（1）本品以天然植物成分作为主要功效成分，具有抗菌、促渗透、清热解毒、活血消肿的作用；

（2）本品性状稳定，能够从根本上改善皮肤微环境，缓解和消除瘢痕和痘痕。

配方 16　祛痘修复精华

［原料配比］

原料	配比（质量份）		
	1#	2#	3#
金叉石斛提取物	0.5	1	1
铁皮石斛提取物	0.5	1	1
苦参碱	0.8	1.2	1
明串球菌/萝卜根发酵产物滤液	3	4	3.5
透皮 EGF	0.0003	0.0008	0.0006
甘油	5	10	5
脯氨酸	5	10	5
聚丙烯酰基二甲基牛磺酸铵	0.2	0.5	0.3
透明质酸钠	0.05	0.1	0.06
去离子水	加至 100	加至 100	加至 100

［制备方法］

（1）将上述配比的去离子水、甘油、脯氨酸、聚丙烯酰基二甲基牛磺酸铵、透明质酸钠加入乳化锅，搅拌加热到 80～85℃，搅拌速度为 40～50r/min 后，保温搅拌 30～40min 后，降温到 45℃；

（2）将金叉石斛提取物、铁皮石斛提取物、苦参碱、明串球菌/萝卜根发酵产物滤液、透皮 EGF 依次加入乳化锅，搅拌均匀至产品透明即可。

[产品特性]

（1）本品由具有祛痘功效的植物提取物组成，天然不刺激，安全高效抑菌抗炎，舒缓皮肤红肿，具有抚平痘坑、减少痘印、抑制痘痘再生的效果。

（2）本品具有用生物方法制得的透皮 EGF，能够促进细胞增殖，加速皮肤新陈代谢，具有主动修复受损肌肤的功效。

（3）本品不含防腐剂，采用生物发酵制得的明串球菌/萝卜根发酵产物滤液，配方更温和，同时具有抗炎舒缓功效。本精华采用聚丙烯酰基二甲基牛磺酸铵作为增稠剂，配方稳定，刺激性低，肤感非常清爽，有益于功效成分发挥作用。

配方 17 滋养保湿祛痘修护精华液

[原料配比]

原料		配比（质量份）		
		1#	2#	3#
芦荟提取物		6	7	8
银耳提取物		3	3.75	4.5
透明质酸钠		3	3.5	4
乙二醇		2	2.25	2.5
对羟基苯乙酮		1	1.2	1.3
去离子水		6	7	8
甘草提取物		2.5	2.85	3
驼乳乳清		5	5.5	6
罗望子多糖胶		2	2.25	2.5
雪猪油		4	4.5	5
十八醇		6	7	8
玛咖提取物		2	2.5	3
基质		2.2	2.35	2.5
基质	增稠剂	0.2	0.3	0.4
	保湿剂	0.6	0.7	0.8
	皮肤调节剂	0.1	0.2	0.3
	赋香剂	0.6	0.8	1

[制备方法]

（1）将所述芦荟提取物、银耳提取物、透明质酸钠、乙二醇和对羟基苯乙酮放入同一容器中加入质量分数为 25％的乙醇，均匀混合后静置 1～1.5h，得到初步混合物；

（2）将所述去离子水、罗望子多糖胶、玛咖提取物和基质，在 30～40℃的条件下，放入同一容器中混合均匀，得到均匀混合物；

（3）将所述初步混合物加热到 50～55℃，然后加入所述雪猪油和十八醇，搅拌 20～30min，得到搅拌混合物；

（4）将所述搅拌混合物加热到 60～70℃，缓慢加入所述均匀混合物，搅拌 30～40min，然后在 50～60kHz 的超声波条件下处理 60min，得到充分混合物；

（5）向充分混合物中添加所述甘草提取物和驼乳乳清，使用高速分散器搅拌 8～10min，冷却出料，得到精华液。

［原料介绍］ 所述保湿剂为甘油、甘油葡糖苷、丙二醇、丁二醇、透明质酸钠、甜菜碱、聚甘油-10 中的一种或几种。

所述增稠剂为羟乙基纤维素、黄原胶、丙烯酰二甲基牛磺酸铵/VP 共聚物、丙烯酸（酯类）/C_{10}～C_{30} 烷醇丙烯酸酯交联聚合物中的一种或几种。

所述皮肤调节剂为生育酚乙酸酯、氢化聚癸烯、聚二甲基硅氧烷、棕榈酸乙基己酯中的一种或多种。

［产品特性］ 本品抗菌性能好，对皮肤无刺激感，可促进伤口快速愈合，有效清洁皮肤污渍，使肌肤白皙，恢复肌肤光泽，还具有很好的保湿增湿和润肤护肤作用，可对皮肤发挥保水作用，增加皮肤角质层的水分，使皮肤滋润光滑、细腻柔软且富有弹性。

配方18 玻尿酸祛痘保湿精华液

［原料配比］

原料	配比（质量份）			
	1#	2#	3#	4#
玻尿酸	10	12	15	5
玫瑰精油	5	3.5	6	1
角鲨烷	2.5	5	6	2
富勒烯纳米粒子	0.025	0.06	0.1	0.01
甘油	2	5	6	15
丁二醇	2	1	2	5
1,3-丙二醇	2	2	2	5
汉生胶	0.3	0.2	0.5	0.1

原料	配比（质量份）			
	1#	2#	3#	4#
葡萄籽提取液	0.3	0.4	0.5	0.1
地麻黄提取液	0.3	0.2	0.5	0.1
三七提取液	0.3	0.2	0.5	0.1
二裂酵母发酵产物溶胞物	0.6	0.6	0.2	0.8
辛酰羟肟酸	—	—	0.5	0.1
去离子水	加至100	加至100	加至100	加至100

[制备方法]

（1）将玻尿酸、保湿剂、增稠剂、葡萄籽提取液、地麻黄提取液、三七提取液、二裂酵母发酵产物溶胞物和去离子水混合，搅拌加热至70～80℃，并保温搅拌5～15min，得到混合物A；

（2）将富勒烯纳米粒子加入到角鲨烷中，经超声处理后得到悬浮液，在超声下将玫瑰精油滴加到悬浮液中，加入辛酰羟肟酸，继续超声处理20～40min，得到混合物B；

（3）将混合物B添加到混合物A中，搅拌均匀后，得到玻尿酸祛痘保湿精华液。

[原料介绍]　所述玻尿酸选自寡聚玻尿酸、小分子玻尿酸、大分子玻尿酸中的一种或多种，其中，所述寡聚玻尿酸的分子量小于10000，所述小分子玻尿酸的分子量为10000～1000000，所述大分子玻尿酸的分子量大于1000000。

所述玻尿酸由质量比为（0.5～2）:（1～3）:（0.5～1）的寡聚玻尿酸、小分子玻尿酸、大分子玻尿酸组成。

所述保湿剂选自甘油、丁二醇、1,3-丙二醇、聚甘油-10、羟乙基脲、1,2-戊二醇和甘油辛酸酯中的一种或者多种。

所述增稠剂选自汉生胶。

[产品特性]

（1）本品能快速渗透肌底，玻尿酸与葡萄籽提取液、地麻黄提取液、三七提取液协同作用，合理搭配，能有效提高精华液的抗炎、杀菌、祛痘作用，从肌底改善自身补水和锁水能力，促进表皮细胞的增殖和分化，减少缺水引起的干纹、细纹，并可预防和修复皮肤损伤，恢复光泽弹性；

（2）本品通过以角鲨烷为溶剂，将富勒烯纳米粒子均匀分散在角鲨烷溶剂中，形成悬浮液，再滴入玫瑰精油，使富勒烯纳米粒子溶入玫瑰精油中，使富勒烯纳米粒子在精华液中分散均匀，阻止纳米粒子聚集，增加了富勒烯纳米粒子进入皮肤角质层的概率，从而提高精华液清除自由基的能力；

（3）本品的二裂酵母发酵产物溶胞物能剥落角质，加速老化角质层细胞更新换代，从而使皮肤能够充分吸收其他功效成分，充分发挥其他功效成分的作用。

配方 19　具有减脂功效的祛痘保湿精华液

［原料配比］

原料	配比（质量份）			
	1#	2#	3#	4#
众香子油	5	8	5	5
甘油	4	5	2	4
1,2-戊二醇	10	8	8	10
薄荷叶油	3	4	3	3
丁二醇	3	4	2	3
阿基瑞林	3	2	4	3
甜菜碱	3	4	5	3
牛奶	20	15	20	—
去离子水	—	—	—	20
菊苣提取物	5	4	1	5
海藻提取物	5	A	4	5
芹菜提取物	5	4	4	5
积雪草提取物	5	6	3	5
丹参根提取物	5	6	3	5
冬虫夏草提取物	5	6	3	5
白茶提取物	6	6	9	6
藤黄果提取物	6	6	9	6
诺丽果提取物	2	3	3	2
紫草提取物	2	3	4	2
密罗木提取物	3	2	5	3

［制备方法］

（1）将众香子油、甘油、1,2-戊二醇、薄荷叶油、丁二醇、阿基瑞林、甜菜碱混合加热至 80～85℃，搅拌均匀，抽入真空乳化机中，搅拌混合均匀，搅拌时间为 10～20min，搅拌速度为 1600～2000r/min，降温至 35℃，保温；

（2）将菊苣提取物、海藻提取物、芹菜提取物和牛奶（去离子水）混合加热至 60℃，溶解均匀后抽入真空乳化锅中，搅拌混合均匀得到混合物；

（3）将积雪草提取物、丹参根提取物、冬虫夏草提取物加入到步骤（2）已经制备好的混合物中，800～1000r/min 的条件下搅拌均匀得到混合物，降温至 35℃，保温；

（4）将白茶提取物、藤黄果提取物、诺丽果提取物、紫草提取物、密罗木提取物加入到步骤（3）最终得到的混合物中，搅拌均匀，冷却至室温即得。

[原料介绍] 菊苣提取物、海藻提取物、芹菜提取物的制备方法为：将菊苣、海藻、芹菜分别洗净、干燥、粉碎后，并过 20 目筛，将过筛后的粉末分别加水蒸煮，每次加 6～12 倍的水量，蒸煮 2～3 次，合并蒸煮液；分别过滤，经活性炭脱色，冷冻干燥。

积雪草提取物、丹参根提取物、冬虫夏草提取物的制备方法为：将积雪草、丹参根、冬虫夏草分别加水浸泡 1～2h，加水煮沸 2h，过滤得清液，将清液进行水蒸气蒸馏得到蒸馏液，浓缩干燥。

白茶提取物、藤黄果提取物的制备方法为：将白茶、藤黄果机械粉碎，经红外加热干燥，温度为 60℃，时间为 1h，然后研磨。

诺丽果提取物、紫草提取物、密罗木提取物的制备方法为：将诺丽果、紫草、密罗木机械粉碎，过 20 目筛，直接水蒸气蒸馏得到蒸馏液，浓缩干燥。

阿基瑞林是一种类肉毒毒素的小分子六肽，水溶性强，能够抑制神经递质儿茶酚胺和乙酰胆碱释放，局部阻断神经传递，进而抑制肌肉收缩，减少皱纹产生。

菊苣提取物、芹菜提取物中富含单宁，能够有效清除体内的自由基，保护皮肤组织免受炎症及引发癌症相关的有害因子的伤害。海藻提取物中含有藻胶酸、粗蛋白、多种维生素、酶及微量元素，能增进皮肤表面造血功能，降低表面血脂，而且还有减肥、保温、增稠的功能。三者相结合，能够促进脂类物质的合成，增强美肌效果，在制备过程中加入牛奶，能够去除植物提取物的异味，同时促进各提取物之间的融合，使得各组分之间的协同效果更好，且起到美白、修复肌肤及减脂的作用。

积雪草提取物、丹参根提取物均具有祛痘功能，冬虫夏草提取物内含丰富的蛋白质和氨基酸，而且含有多种人体所需的微量元素，同时具有美白祛黑、抗菌作用，积雪草提取物、丹参根提取物相配合，能够有效祛痘，同时修复痘痕，协调提高祛痘作用，以及改善皮肤光滑度。

白茶提取物具有抗菌、抗氧化、降低血糖、消除疲劳、减肥、调节免疫功能的作用，藤黄果提取物所含 HCA 为柠檬酸类似物，能够竞争抑制 ATP-柠檬酸裂解酶的活性，因此阻碍体内多余的糖类转换为脂肪，与白茶提取物协同起到减脂的效果。

[产品特性]

（1）本品原料多选择天然植物成分，无毒害，对肌肤无刺激作用，具有良好的祛痘、减脂及保湿抗皱的作用，弥补市售精华液的缺陷，克服传统减脂产品带来的肌肤松弛、无弹性的问题。

（2）本品各原料之间协同发挥作用，加强祛痘、美白、减脂功效。

（3）本品通过添加温和的植物提取成分，配合基础原料，制成祛痘保湿精华液，能调节皮肤的水油平衡，祛除痘痘，淡化痘印，修复受损肌肤，恢复肌肤自然健康状态。

配方 20　多肽复方祛痘抑菌精华素

[原料配比]

原料	配比（质量份）			
	1#	2#	3#	4#
丁二醇	5	5	5	5
生物糖胶-1	3	3	3	3
黄原胶	0.05	0.005	0.005	0.05
北美金缕梅花水	3	3	3	3
氨糖	2	2	2	2
紫苏叶提取物	1	1.5	1.5	2
菌立肽	1	0.5	1.5	1
精氨酸/赖氨酸多肽	1	1	1	1
抗痘肽	1	1	1	1
叶酸	0.5	0.5	0.5	0.5
A91（辛酰羟肟酸：丙二醇：甘油辛酸酯＝1：2：1）	0.4	0.4	0.4	0.4
对羟基苯乙酮	0.3	0.3	0.3	0.3
透明质酸钠	0.1	0.1	0.1	0.1
甘草酸二钾	0.1	0.1	0.1	0.1
尿囊素	0.1	0.1	0.1	0.1
EDTA 二钠	0.05	0.05	0.05	0.05
去离子水	80.9	81.4	80.4	80.4

[制备方法]

（1）向消毒之后的容器中加入丁二醇、黄原胶、尿囊素、透明质酸钠，边搅拌边加热至 70～80℃，使其溶解完全；加入水、EDTA 二钠、对羟基苯乙酮，加热到 80～85℃，搅拌速度开至 20～30r/min，充分搅拌 5～10min，形成混合液；

（2）将步骤（1）中的混合液继续加热至 85～95℃，并且提高乳化锅的搅拌速度至 30～40r/min，使其充分混合溶解，保温 30～60min；

（3）将步骤（2）得到的混合液，利用搅拌降温至 35～45℃后，加入生物糖胶-1、北美金缕梅花水、氨糖、紫苏叶提取物、菌立肽、精氨酸/赖氨酸多肽、抗痘肽、叶酸、A91（辛酰羟肟酸：丙二醇：甘油辛酸酯＝1：2：1）、甘草酸二钾，搅拌均匀后，降温至 20～30℃，即得所述精华素；

（4）灌装，包装，获得多肽复方祛痘抑菌精华素成品。

［原料介绍］　本产品主要以菌立肽为主要功效物，温和抗菌，有效消除产生痘痘的根本源头；添加甘草酸二钾和精氨酸/赖氨酸多肽加速炎症的消除，加速病症的消除；以北美金缕梅花水、紫苏叶提取物等植物提取物为辅助，抑制痤疮丙酸杆菌生长的同时，能抑制皮肤油脂的过度分泌，从而防止痘痘的再次出现；添加、叶酸、尿囊素增加皮肤的自我修复速度，减少痘痘留下的痕迹。

原料作用说明如下：

北美金缕梅花水具有舒缓镇静的作用，控制油脂分泌，收敛，保持代谢平衡。同时还具有一定的抗菌功效及降低紫外线损伤的功效。

紫苏（PERILLAOCYMOIDES）叶提取物渗透性强，具有一定的抗氧化能力、抗菌及抗过敏作用，还有防腐抗氧化的作用，能有效抑制金黄色葡萄球菌和大肠杆菌的繁殖。

菌立肽（水：丙二醇：乳酸菌发酵产物＝2：1：1）中乳酸菌发酵产物乳链菌肽有光谱抑菌性，对革兰氏阴性菌和阳性菌都有强抑制作用，能有效抑制痤疮丙酸杆菌，减少痤疮的产生，消除痘痘。

抗痘肽提升肌肤的抵抗力，减少皮脂分泌和增加皮肤滋润度。抗痘肽通过诱导内源性防御素（人β-防御素-2 和-3）的表达来强化皮肤天然防御系统，保护皮肤免受外界微生物的侵害，同时降低感染风险。适用于各种控油和祛痘产品。

精氨酸/赖氨酸多肽是由 10～30 个氨基酸残基组成的小分子多肽，大多富含半胱氨酸，具有高度保守的二硫键骨架，使之形成高度限定的立体构象。

尿囊素主要用于皮肤调理、防护，具有杀菌、抗炎、止痛、抗氧化作用，促进细胞修复。

透明质酸钠具有极强的吸收和保持水分的能力，保持皮肤水润，增加光泽，平滑肌肤。

生物糖胶-1 含有多个硫酸基，能聚合阴离子化合物，具有强大的水合能力，具有良好的保湿性、润湿性，也能对破损肌肤进行一定程度的修复。

甘草酸二钾主要是甘草根部及茎部的甘草酸成分，对过敏性肌肤具有抗刺激、退红消肿愈合作用。有效预防皮肤受刺激导致敏感发炎的现象产生，对日照引起的炎症具有消炎镇静的作用。

［产品特性］　本品能有效抑制皮肤上有害细菌的过度繁殖，促进炎症消失和皮肤修复，同时减少皮肤油脂过度分泌，减少痘痘的复发，改善皮肤状况，使皮肤保

持健康。使用安瓿瓶作为产品的包装，有效保护功效成分的活性，减少外界因素对活性物发挥活性作用的干扰。

配方 21 祛痘抗敏修复精华素

[原料配比]

原料		配比（质量份）			
		1#	2#	3#	4#
A 相	去离子水	65	66	67	68
	植物抗菌剂	0.1	0.1	0.2	0.2
B 相	烟酰胺	2	2.6	3.2	3.8
	乙酰化透明质酸钠	0.005	0.006	0.007	0.008
	甘油葡萄糖苷	2	2.4	2.8	3.2
	植物丙二醇	4	5	6	7
	水解小核菌胶	1	1.4	1.8	2.2
	芦巴油	0.5	0.6	0.7	0.8
	氢化软磷脂	0.1	0.2	0.3	0.4
	EDTA 二钠	0.01	0.01	0.02	0.02
	玻尿酸聚合物	0.1	0.2	0.3	0.4
	尿囊素	0.1	0.14	0.18	0.22
	海藻糖	0.5	0.6	0.7	0.8
	甘草酸二钾	0.1	0.14	0.18	0.22
	根瘤菌胶	0.1	0.11	0.18	0.22
C 相	去离子水	3	3.4	3.8	4.2
	精氨酸	0.1	0.14	0.18	0.22
	丝氨酸	0.1	0.14	0.18	0.22
D 相	乳化剂	0.5	0.6	0.7	0.8
	澳洲坚果油	0.1	0.14	0.18	0.22
	霍霍巴油	0.5	0.6	0.7	0.8
	甜杏仁油	0.5	0.6	0.7	0.8
	向日葵油	0.1	0.2	0.3	0.4
	氢化椰汁油脂	0.5	0.6	0.7	0.8
E 相	草绿盐角草提取物	0.3	0.4	0.5	0.6
	干细胞提取物	0.3	0.4	0.5	0.6
	苯氧乙醇	0.1	0.14	0.18	0.22

原料		配比（质量份）			
		1#	2#	3#	4#
F相	去离子水	3	3.4	3.8	4.2
	依克多因	0.5	0.6	0.7	0.8
G相	己二醇	0.5	0.6	0.7	0.8
	积雪草提取物	0.8	0.9	1	1.1

[制备方法]

（1）清洗所有器具并消毒待用；

（2）按照相应质量份数称取 A 相进行水浴加热，加热到 80℃，依次称取 B 相原料并加入 A 相中搅拌 60min 直至 A、B 两相全部溶解，同时称取 C 相原料用冷水预分散待用；

（3）另外称取 D 相并加热至 85℃，加热 30min；

（4）取出 A、B 混合相并放入均质搅拌器中，以 3000r/min 均质 3min，然后缓慢倒入 D 相并继续均质 3min，取出放入搅拌器中，800r/min 的搅拌条件下加入 C 相，搅拌 10min；

（5）开启冷却模式，当温度降低到 50℃时加入 F 相，继续搅拌均匀，再加入 E 相和 G 相，搅拌 30min；

（6）检测、包装、入库。

[原料介绍] 其中植物抗菌剂采用市售的 SabiLizeMAlpha。

乳化剂采用橄榄油乳化蜡 olivem-1000。olivem-1000 为 100% 全天然来源，不含皂基、乙氧基等基团，是新一代自乳化功能型乳化剂，可形成稳定、含有液晶相网状结构的体系，使得制备出来的精华素具有丝般手感、易涂性和高度保湿性，其具有极佳的保湿效果，与配方中其他的祛痘抗敏成分具有很好的配伍性。

所述干细胞提取物采用植物干细胞提取物或动物干细胞提取物。

植物干细胞包含有关于植物发育和生长的所有程式，是拥有永恒生命力的细胞，是植物生命力的根源。植物干细胞存在于被称为分生组织的特殊构造内，具有非常惊人的再生能力，将其添加到精华素中能够修复受损的皮肤细胞，赋予皮肤细胞更顽强的生命力。

将动物干细胞添加到精华素中，其被面部表皮层吸收后，深入到真皮层和皮下组织，全面激活皮肤内干细胞分化，快速地更新替换衰老的细胞和受损的细胞，从而增加胶原分泌，改善面部皮肤弹性。

[产品特性]

（1）本品通过复配使用草绿盐角草提取物和干细胞提取物，能够较大限度地发挥草绿盐角草提取物的抗氧化作用，使得受损修复后的细胞更加紧致有弹性。

（2）本品还加入依克多因和积雪草提取物，依克多因能够有效提升皮肤细胞的免疫防护能力，增加细胞修复能力，使皮肤能有效对抗微生物及过敏原的入侵；积雪草提取物可促进皮下血液循环，改善痤疮性皮肤，防止色素沉着，促进皮肤的胶原蛋白生成，改善皮肤弹性，延缓肌肤老化，且对被紫外线晒伤的皮肤具有较好的修复效果。

配方 22　祛斑抑疮精华素

[原料配比]

原料	配比（质量份）	原料	配比（质量份）
芍药花、红参浸提液	100	1,3-丁二醇	50
银耳、百合浸提液	150	丙二醇	50
迷迭香叶浸提液	25	甘油	50
茶叶浸提液	25	去离子水	50
透明质酸钠	1		

[制备方法]

（1）将透明质酸钠加入甘油中充分搅拌，分散均匀，静置 30min，得到澄清透明黏稠液，备用；

（2）将芍药花、红参浸提液，银耳、百合浸提液，迷迭香叶浸提液，茶叶浸提液混合均匀，加入 1,3-丁二醇、丙二醇和水充分搅拌混合均匀后，再加入到步骤（1）得到的澄清透明黏稠液中，充分搅拌混合均匀，得到黏稠液，静置 24h，即得本精华素。

[原料介绍]　芍药花、红参浸提液制备方法为：取芍药花 180～220 份、红参 90～110 份，加丙二醇 1000 份，丁二醇 1000 份，水 1000 份，于室温浸泡 5～7 天，经 200 目过滤制得。

银耳、百合浸提液制备方法为：取银耳 1200～1800 份、百合 700～800 份，加水 90000 份，浸泡 20～28h，微沸煮提 2～4h，趁热用 200 目滤布过滤，再加水 90000 份，微沸煮提 2～4h，趁热用 200 目滤布过滤，合并两次滤液，浓缩至 25℃时相对密度为 1.25～1.28，冷却至室温。

迷迭香叶浸提液制备方法为：取迷迭香叶 40～60 份，加 70%～95% 乙醇回流提取 2 次，每次 1～2h，第一次加 7 倍质量乙醇提取，第二次加 5 倍质量乙醇提取，经 200 目过滤，合并两次滤液，回收乙醇至无醇味，加入 250 份丙二醇，经 300 目过滤，得深棕色液体。

茶叶浸提液制备方法为：取茶叶 40～60 份，加 70％～95％乙醇回流提取 2
次，每次 1～2h，第一次加 7 倍质量乙醇提取，第二次加 5 倍质量乙醇提取，经
200 目过滤，合并两次滤液，回收乙醇至无醇味，加入 250 份丙二醇，经 300 目过
滤，得深棕色液体

[产品特性]　本品为植物配方组合，制备工艺能较好地不破坏植物有效成分并
保存植物天然香味，制备工艺绿色、环保、经济。该产品配方独特，其中植物
天然成分发挥功效，温和不刺激皮肤，安全性高，祛斑抑疮，紧致润肤效果
较好。

配方 23　除色斑精华素

[原料配比]

原料	配比（质量份）	原料	配比（质量份）
透明质酸钠	1	霍霍巴油	2
芦荟胶	2	芦芭胶	1.5
血清白蛋白	0.5	D-泛醇	2
鱼子提取液	2	甘油	4
1,3-丙二醇	4	去离子水	加至 100
极美-Ⅱ	0.01		

[制备方法]　将各组分溶于水，混合均匀即可。

[产品特性]　本品解决了皮肤色素沉着的问题，恢复白皙柔润，涂抹在肌肤特定
部位，可以集中抑制黑色素生成，能逐步感觉到面部色斑的淡退。由于本品在酪
氨酸向黑色素转化过程中起阻断作用，从根本上减少斑点的形成，让肤色变得更
均匀白皙。

配方 24　活力祛斑精华液

[原料配比]

原料	配比（质量份）		
	1#	2#	3#
聚乙烯吡咯烷酮	3.3	3	4
棕榈酸异丙酯	5.2	5	6

续表

原料	配比（质量份）		
	1#	2#	3#
角鲨烷	9	8	10
香兰素	1.4	1.3	1.5
马油	11	10	12
聚甲基苯基硅氧烷	1	1	1.2
杏仁油	8	6	8
素馨花乙醇提取物	2.2	2	2.5
鸡蛋果乙醇提取物	3.5	3	4
砂生槐乙醇提取物	2.8	2.5	3
山梨醇酐油酸酯	2.3	2	3
去离子水	55	50	58

[制备方法]

（1）将棕榈酸异丙酯、角鲨烷、马油、聚甲基苯基硅氧烷、杏仁油，在72～78℃的条件下，加入搅拌机中以1000r/min的转速搅拌12min；

（2）将聚乙烯吡咯烷酮、香兰素、去离子水，在45～50℃的条件下，加入搅拌机中以800r/min的转速搅拌8min；

（3）将素馨花乙醇提取物、鸡蛋果乙醇提取物、砂生槐乙醇提取物、山梨醇酐油酸酯加入到步骤（2）得到的混合物中，在55～60℃的条件下，以800r/min的转速搅拌10min；然后加入步骤（1）得到的混合物，在60～65℃的条件下，以1000r/min的转速搅拌25min即成。

[原料介绍] 鸡蛋果中富含的维生素C、胡萝卜素、SOD酶能够清除体内自由基，起养颜抗衰老作用。鸡蛋果提取物为鸡蛋果的乙醇提取物，可以通过乙醇回流提取法获得。

素馨花的气味非常芳香，是常用的花类药，有疏肝解郁、行气止痛、生津益气、养肝明目、排毒养颜及健胃消积的作用。素馨花提取物为素馨花的乙醇提取物，可以通过乙醇回流提取法获得。

砂生槐具有消炎解毒功效，砂生槐乙醇提取物由砂生槐的果实通过乙醇回流提取法获得。

角鲨烷为最接近人体皮脂的一种脂类，亲和力强，能够与人类自身的皮脂膜融为一体，在皮肤表面形成一层天然的屏障。

马油是一种动物油，含有丰富的自然营养素、高度不饱和脂肪酸及维生素E，使得马油可以渗入极微小的间隙中。

杏仁油富含蛋白质、不饱和脂肪酸、维生素、无机盐、膳食纤维及人体所需的微量元素，具有润肺、健胃、补充体力的作用，其中苦杏仁苷更是天然的抗癌活性物质。

[产品特性] 本品含有多种营养护肤元素，尤其是加入了素馨花乙醇提取物、鸡蛋果乙醇提取物、砂生槐乙醇提取物，各个营养元素有效配合，协同效应十分突出，具有优异的祛斑以及增加肌肤弹性、提高肌肤活力的功效。

配方 25　海茴香祛红血丝精华素

[原料配比]

原料	配比（质量份）		
	1#	2#	3#
金缕梅提取物	1.2	0.5	0.1
芦荟提取物	6	2	1
海茴香干细胞	3.5	1.5	0.5
甘油	3	7	7
卡波姆	0.1	0.5	0.5
二丙二醇	1	4	4
透明质酸	0.1	0.5	0.5
1,3-丁二醇	3	10	10
三乙醇胺	0.1	0.3	0.3
聚谷氨酸钠	0.1	0.3	0.3
EDTA 二钠	0.05	0.1	0.1
尿囊素	0.05	0.25	0.25
乙基己基甘油	0.0425	0.0425	0.0575
苯氧乙醇	0.4425	0.4575	0.4575
去离子水	加至100	加至100	加至100

[制备方法]

（1）将甘油、二丙二醇、1,3-丁二醇、EDTA 二钠、乙基己基甘油、苯氧乙醇、卡波姆和水混合，升温至 85℃，高速均质 3～5min，确保物料完全溶解分散均匀；

（2）加入预先分散好的透明质酸、聚谷氨酸钠、尿囊素原料，保温 20min 后降温；

（3）降温至 70℃时加入三乙醇胺调节剂，降温至 45℃时加入金缕梅提取物、芦荟提取物、海茴香干细胞，搅拌均匀；

（4）检验合格后即可出料，料体放置静置间稳定，微检等合格后方可灌装，成品入库。

[原料介绍] 所述的海茴香干细胞是从海茴香根部萃取而得的，所述的金缕梅提取物为金缕梅的醇提取物，所述的芦荟提取物为芦荟的醇提取物。

所述的海茴香干细胞，通过纯天然萃取而得，富含维生素C和矿物质等多种活性成分。特别是海茴香干细胞中的CIC-2成分，是对抗干燥缺水及强烈紫外线的最直接有效的成分，通过调节表皮层内角质细胞分裂、转移、脱落等功能，促进皮肤伤口愈合、表皮层新陈代谢和激发角质细胞生成，从而很大程度上改善皮肤质感，达到去除红血丝的效果。海茴香干细胞，由于和人体皮肤干细胞相似，从而能与其相结合，维持皮肤生长和加强皮肤保护。

所述的金缕梅提取物能够阻挡紫外线和清除紫外线诱发的自由基，从而保护皮肤表皮细胞，同时对脂质氧化产生抑制，减轻色素沉着。

所述的芦荟提取物中含有的氨基酸和复合多糖物质构成天然保湿因子（NMF），芦荟中的天然蒽醌苷或蒽的衍生物，能吸收紫外线，防止皮肤红、褐斑产生。

[产品特性] 本品含纯天然的提取物，具有很好的祛红血丝作用，且该产品具有护肤作用，对人体皮肤温和无刺激；由于本产品含有如CIC-2等活性成分能有效地抵抗紫外线和清除紫外线诱发的自由基，调节表皮层内角质细胞分裂、转移、脱落等功能，促进皮肤伤口愈合、表皮层新陈代谢和激发角质细胞生成，从而很大程度上改善皮肤质感，达到去除红血丝的效果。

配方 26 淡斑精华

[原料配比]

原料		配比（质量份）		
		1#	2#	3#
A	水	82	80	84
	银耳多糖	0.2	0.3	1
	双甘油	1.2	2	0.5
	丁二醇	5	3.5	3
B	聚谷氨酸钠	3.2	2	2.5
	水解藻提取物	1.2	2.8	1
	褐藻提取物	1.5	2	4
	海水仙提取物	1.7	2.9	1
	烟酰胺	1	3	0.5

原料		配比（质量份）		
		1#	2#	3#
B	甜菜碱	2	1	2
C	对羟基苯乙醇	0.5	0.1	0.3
	己二醇	0.5	0.4	0.2

[制备方法]

（1）处理 A 组原料，将 A 组原料依次加入乳化锅中，升温到 75～80℃，使得 A 组原料完全溶解；

（2）对步骤（1）中的乳化锅进行保温操作，保温 30min，然后降温至 45℃，加入 B 组原料，均质 30s，得到初步混合液；

（3）将 C 组原料依次加入另一个乳化锅中进行单独混合，升温到 65℃，使 C 组原料完全溶解；

（4）将步骤（2）中制得的初步混合液加入到步骤（3）中的乳化锅中，利用搅拌装置以 5r/min 的低速旋转模式进行搅拌混合，搅拌 2～4min，检验出料。

[原料介绍]　银耳多糖，能够起到很好的锁水保湿的效果，辅助损伤细胞的修复，使用后肌肤的舒适感增强；

水解藻提取物、褐藻提取物和海水仙提取物，这三种天然提取物合理的综合使用，有效地抵御了紫外线，抑制了黑色素的合成与迁移，美白淡斑，修复损伤细胞，延缓衰老。

[产品特性]　本品配方简单合理，功能实用，易吸收，保湿效果好，能够抵御紫外线，抑制黑色素的合成与迁移，美白淡斑，修复损伤细胞，延缓衰老。

配方 27　淡化黄褐斑精华素微胶囊

[原料配比]

原料		配比（质量份）		
		1#	2#	3#
囊芯 （精华素）	角鲨烷	7	11	19
	维生素 E	3	6	9
	维生素 C	2	5	8
	人溶菌酶	1	2	3
	芦荟提取物	2	6	8
	石榴籽提取物	8	11	16

续表

原料		配比（质量份）		
		1#	2#	3#
囊芯 （精华素）	葡萄籽提取物	2	5	8
	茶多酚	3	7	11
	尿囊素	2	8	11
	透明质酸	3	7	9
囊壳	丝胶蛋白壳膜：囊芯	1：1	2：1	3：1

[制备方法]

（1）配制含 230mmol/L 金属离子的丝胶蛋白溶液，调节 pH 至 6，持续搅拌后置于 30℃的恒温箱中反应；

（2）将步骤（1）中反应后的溶液离心分离沉淀，用去离子水洗涤除去多余的金属离子，然后加入囊芯的各组分，持续搅拌后置于 30℃的恒温箱中反应 6h；

（3）采用去离子水洗涤步骤（2）中反应后的产物，置于真空干燥箱中干燥，即可制得。

[原料介绍] 丝胶蛋白溶液的质量分数为 3%。

所述金属离子为钙离子、镁离子、铜离子、锌离子中的任意一种。

所述丝胶蛋白的分子量为 10000～80000。

[产品特性]

（1）本品能够有效淡化黄褐斑，防止色素沉着，且对皮肤无不良刺激；

（2）本品能够修复受损皮肤角质层，维持皮肤稳定。

配方 28　含脐带提取物的祛斑精华液

[原料配比]

原料	配比（质量份）			
	1#	2#	3#	4#
二裂酵母发酵产物溶胞物	1	3	2	1.8
脐带提取物	1	3	2	1.8
胎盘蛋白	1	3	2	1.8
胎盘酶	1	3	2	1.8
烟酰胺	3	8	5	4
丙二醇	1	2	1.4	1.6
肌肽	0.5	1	0.7	0.8

续表

原料	配比（质量份）			
	1#	2#	3#	4#
扁桃酸	0.1	0.5	0.2	0.3
丙酮酸	0.1	0.5	0.2	0.3
肌醇六磷酸	0.1	0.5	0.2	0.3
5-辛酰水杨酸	0.1	0.3	0.2	0.3
浮游生物提取物	0.1	0.5	0.3	0.4
甘油	3	6	5	6
透明质酸	2	8	6	6
水	70	90	80	85
1,2-己二醇	1	3	2	1.2
牡丹根皮提取物	0.05	0.5	0.4	0.4
龙胆根提取物	0.05	0.5	0.3	0.4

[制备方法]

（1）将水、烟酰胺、透明质酸和甘油混合，加热至80℃；

（2）降温至45℃，加入二裂酵母发酵产物溶胞物、脐带提取物、胎盘蛋白、胎盘酶、丙二醇、肌肽、扁桃酸、丙酮酸、肌醇六磷酸、5-辛酰水杨酸、浮游生物提取物、牡丹根皮提取物和龙胆根提取物并搅拌15min；

（3）继续降温至38℃，加入1,2-己二醇搅拌后出料，即得祛斑精华液。

[产品特性]

（1）本品生物毒性低、渗透性高、细胞活性高。

（2）本品中添加的脐带提取物能真正解决色斑问题，让肌肤光泽滋润细腻，经过处理的提取物中含有多种氨基酸、微量元素和蛋白质被表皮细胞吸收后，细胞变得活跃起来，新陈代谢速度明显提升。

（3）本品加入的肌肽能量因子不仅能够诱导角质细胞桥粒断裂和角质细胞剥落，还能从内部抑制黑色素合成，使角质细胞色素沉着失败，激活皮肤细胞各种生理功能活动和新陈代谢，达到美白祛斑效果。

7

眼部肌肤调理精华

配方1 植物精华眼霜

[原料配比]

原料	配比（质量份）		
	1#	2#	3#
甘油	20	30	23
甲基葡萄糖20环氧乙烷	30	40	33
苹果提取物	5	10	6
芦荟提取物	5	10	6
小麦蛋白	10	20	12
月桂酰基谷氨酸钠	5	10	6
大豆卵磷脂	10	20	13

[制备方法]

（1）按配方量称取各个组分，备用；

（2）将步骤（1）称取的甘油与甲基葡萄糖20环氧乙烷于室温下混合，并搅拌均匀；

（3）将称取好的苹果提取物、芦荟提取物、大豆卵磷脂、小麦蛋白，置于步骤（2）所得的混合液中，并于30～40℃的条件下搅拌均匀；

（4）将月桂酰基谷氨酸钠加入到步骤（3）所得的混合液中，并在温度为30～50℃的条件下搅拌均匀，冷却至室温即可得到产品。

[原料介绍] 甘油作为保湿剂，甲基葡萄糖20环氧乙烷作为溶剂，月桂酰基谷氨酸钠作表面活性剂使用，它们的存在不仅使得配方中的油-水组分可以混合均匀，还能促进皮肤对眼霜的吸收，具有双重功效；苹果提取物能够淡化细纹、抚平皱纹；芦荟提取物可以舒缓淤血，缓解眼部浮肿；大豆卵磷脂和小麦蛋白内含有柔

软因子和丝氨酸，使肌肤滋润。

[产品特性] 本品具有保湿效果好、吸收快、抗衰老效果好的作用，能有效抗皱；此外还具有植物精华的安全性、成本低廉、制备工艺简单等优点。

配方 2 水润滋养眼部精华素

[原料配比]

原料		配比（质量份）	
		1#	2#
水相	甘油	5.65	6.05
	丁二醇	4.35	5.05
	黄原胶/葡萄糖/皱波角叉菜提取物	2.25	1.85
	海藻糖	0.98	0.78
	乙酰基四肽-5	1.75	1.45
	红景天提取液	0.85	0.56
	透明质酸钠	0.25	0.08
	脱羧肌肽 HCl	0.18	0.08
	葛根提取物	0.18	0.07
	光果甘草根提取物	0.18	0.07
	水	60.55	61.05
油相	环五聚二甲基硅氧烷	4.04	4.32
	聚二甲基硅氧烷	2.02	2.18
	C_{14}～C_{22} 醇/C_{12}～C_{20} 烷基葡糖苷	1.98	2.18
	甘油硬脂酸酯	1.42	1.62
	鲸蜡硬脂醇	0.68	0.9
	苯氧乙醇	0.45	0.65
	乙基己基甘油	0.05	0.06
	羟苯甲酯	0.2	0.21
	羟苯丙酯	0.08	0.13
	霍霍巴籽油	4.25	3.96
	角鲨烷	3.95	3.55
	牛油果树果脂	2.78	2.46
	生育酚乙酸酯	0.85	0.56

[制备方法]

（1）将水、甘油、丁二醇、黄原胶/葡萄糖/皱波角叉菜提取物、海藻糖、乙酰基四肽-5、红景天提取液、透明质酸钠、脱羧肌肽 HCl、葛根提取物、光果甘草根提取物组分混合，加热至80℃保温，搅拌溶解，得到水相，备用；

（2）再将环五聚二甲基硅氧烷、聚二甲基硅氧烷、$C_{14}\sim C_{22}$ 醇/$C_{12}\sim C_{20}$ 烷基葡糖苷、甘油硬脂酸酯、鲸蜡硬脂醇、苯氧乙醇、乙基己基甘油、羟苯甲酯、羟苯丙酯、霍霍巴籽油、角鲨烷、牛油果树果脂、生育酚乙酸酯组分混合，加热至80℃，保温，搅拌溶解，得到油相，备用；

（3）将步骤（2）制好的油相边搅拌边缓缓加入步骤（1）制好的水相中，充分搅拌乳化0.5～1h，加入香精，边搅拌边自然降温，至室温后通过减压均质泵出罐，静置24h，即得。

[原料介绍] 有效成分中，脱羧肌肽 HCl、红景天提取液、生育酚乙酸酯起到抗氧化的作用，减少外部刺激对眼周肌肤的氧化衰老损伤；海藻糖、黄原胶/葡萄糖/皱波角叉菜提取物、透明质酸钠均起到保湿作用，可以提供眼部肌肤长久的滋润，防止肌肤产生因脱水而导致的皱纹；葛根提取物、光果甘草根提取物用于美白；霍霍巴籽油、角鲨烷、牛油果树果脂加速吸收，涂抹在肌肤上的质感清爽。

$C_{14}\sim C_{22}$ 醇/$C_{12}\sim C_{20}$ 烷基葡糖苷型号为 MONTANOVL。

[产品特性] 本品配比组成合理，配方能够使有效成分相结合，达到最佳水油比，使其渗透率优良，最大程度地发挥功效。

配方3　冷热 SPA 眼部精华乳

[原料配比]

原料		配比（质量份）			
		1#	2#	3#	4#
热感精华乳	甘油	3	2	4	5
	丙二醇	1	1.2	1.5	2
	氯化钠	0.5	0.6	0.8	1
	羟乙基脲	1	0.5	0.7	0.8
	环五聚二甲基硅氧烷	5	6	8	12
	异十二烷	2.5	2	2.8	3
	聚异丁烯	2.5	2	2.8	3
	聚二甲基硅氧烷	1.5	1	1.2	2
	二硬脂二甲铵锂蒙脱石	0.8	0.5	0.6	1

原料		配比（质量份）			
		1#	2#	3#	4#
热感精华乳	聚甘油-4异硬脂酸酯	0.6	0.5	0.8	1
	棕榈酰五肽-4	3	1	2	5
	淀粉辛烯基琥珀酸铝	1.5	1.4	1.6	1.5
	水解石莼提取物	2	1	1.5	3
	极地雪藻提取物	3	1	2	5
	氯苯甘醚	0.2	0.1	0.25	0.2
	甲基异噻唑啉酮	0.005	0.005	0.005	0.005
	日用香精	0.1	0.05	0.15	0.1
	香兰基丁基醚	0.05	0.01	0.03	0.1
	纯水	71.745	79.135	69.265	54.295
冷感精华乳	甘油	4.5	4	4.5	5
	黄原胶	0.2	0.1	0.3	0.5
	碳酸二辛酯	2.5	2	2.5	3
	鲸蜡醇	1.5	1	1.5	2
	甘油单硬脂酸酯	2	1	2	3
	PEG-75硬脂酸酯	1.5	1	1.5	2
	硬脂醇聚醚-20	1.5	1	1.5	2
	鲸蜡醇聚醚-20	1.5	1	1.5	2
	棕榈酰五肽-4	3	1	2	5
	水解石莼提取物	2	1	1.5	3
	极地雪藻提取物	3	1	2	5
	苯氧乙醇	0.5	0.4	0.6	0.5
	日用香精	0.2	0.1	0.3	0.2
	薄荷醇乳酸酯	0.05	0.01	0.03	0.1
	乙基己基甘油	0.5	0.4	0.6	0.5
	纯水	75.55	84.99	77.67	66.2

[制备方法]

热感精华乳的制备方法如下：

（1）将上述热感精华乳的组分水、甘油、丙二醇、氯化钠和羟乙基脲在水相搅拌锅中搅拌充分混匀，得A混合物，将环五聚二甲基硅氧烷、异十二烷、聚异丁烯、聚二甲基硅氧烷、二硬脂二甲铵锂蒙脱石和聚甘油-4异硬脂酸酯在油相搅拌锅中搅拌充分混匀，得B混合物；

（2）将步骤（1）制得的 A 混合物和 B 混合物抽入乳化锅，搅拌充分混匀，得 C 混合物；

（3）向步骤（2）制得的 C 混合物中依次加入棕榈酰五肽-4、淀粉辛烯基琥珀酸铝、水解石莼提取物、极地雪藻提取物、氯苯甘醚、甲基异噻唑啉酮、日用香精和香兰基丁基醚，混匀，得到热感精华乳。

冷感精华乳的制备方法如下：

（1）将水、甘油和黄原胶加入水相锅中混合并加热至 75～80℃，搅拌使之充分混合均匀，得到 A 混合物，将碳酸二辛酯、鲸蜡醇、甘油单硬脂酸酯、PEG-75 硬脂酸酯、硬脂醇聚醚-20 和鲸蜡醇聚醚-20 加入油相锅，混合并加热至 75～80℃，搅拌使之充分混合均匀，得到 B 混合物；

（2）将步骤（1）制得的 B 混合物和 A 混合物在乳化锅中进行混合均质 5～10min，然后搅拌降温到 40～45℃，得到 C 混合物；

（3）向步骤（2）制得的 C 混合物中加入棕榈酰五肽-4、水解石莼提取物、极地雪藻提取物、苯氧乙醇、日用香精、薄荷醇乳酸酯和乙基己基甘油，混匀，并降温至 35℃以下，得到冷感精华乳。

[原料介绍]　棕榈酰五肽-4 可以刺激胶原蛋白的合成，消除细纹，紧致肌肤；极地雪藻提取物具有保护及活化细胞的长寿因子的作用；水解石莼提取物是一种海洋来源的低聚糖，可以促进胶原蛋白和透明质酸的合成，抑制基质金属蛋白酶降解，使得真皮层变得紧密，从而丰盈紧致肌肤，消除细纹。

[产品应用]　先使用热感精华乳，然后使用冷感精华乳。

[产品特性]　本品基于冷热泡浴的科学养生方法，冷热 SPA 眼部精华乳包含冷热两种眼部精华乳，通过冷热的交替刺激使血管一张一缩，从而增加血管的弹性和对刺激的耐受力，改善机体的血液循环和营养状态，使代谢产物、致痛因子、炎症因子等不良成分排出，达到舒缓疲劳的效果。在冷热交替的使用体验中，除了具有舒缓眼部皮肤疲劳的作用，同时具有淡化眼部细纹、紧致眼部肌肤的作用。

配方 4　眼部肌肤调理精华

[原料配比]

原料	配比（质量份）		
	1#	2#	3#
大马士革玫瑰精油	2	3	2
薰衣草精油	7	8	8
水解卵白蛋白肽	1	1.5	1.3

续表

原料		配比（质量份）		
		1#	2#	3#
	水解绿豆蛋白液	1	2	1.6
	洋甘菊纯露	1	5	2
	野菊花提取液	1	3	2
	人参提取液	1	2	1.2
	当归提取液	1	2	1.2
	瓜拉那提取物	1	2	1.3
	脂质体精华素	100	100	100
脂质体精华素	表皮细胞生长因子	10	1	6
	血管内皮细胞生长因子	10	1	5
	透明质酸	20	10	16
	干细胞生长因子	0.1	0.01	0.09
	类脂	1	0.001	0.5
	磷脂	1	0.01	0.4
	脂肪酸	1	0.01	0.3
	熊果苷	10	0.01	8
	芦荟苷	10	0.01	3

[制备方法]　将各组分混合均匀即可。

[原料介绍]　本品主要添加了脂质体精华素，其以脂质体为载体，将各种营养成分运输到皮肤深层，能够促进皮肤组织细胞的增殖和生长，使新生的年轻细胞迅速替代衰老的死亡细胞；大马士革玫瑰精油具有保湿、抗氧化、活化细胞的作用，在本配方中起到主要的调理作用；薰衣草精油具有促进受损组织再生修复、缓解肌肤疲劳的作用，辅助大马士革玫瑰精油进行肌肤调理；添加植物蛋白和植物精华提取物，有效改善黑眼圈症状。

[产品特性]　本品可有效调理眼部肌肤，促进细胞生长，防止皮肤老化，有效去除黑眼圈和细纹，兼具保湿、抗皱和美白的功效，长期使用，保持眼部肌肤活力。

配方 5　珍珠裸妆眼部精华露

[原料配比]

原料		配比（质量份）			
		1#	2#	3#	4#
A 相	珍珠水解液脂质体	5	7	9	11

原料		配比（质量份）			
		1#	2#	3#	4#
A相	甘油	10	9	8	7
	丁二醇	8	7	6	5
	丙烯酸（酯）类/$C_{10} \sim C_{30}$烷醇丙烯酸酯交联聚合物	0.1	0.2	0.3	0.35
	甘油聚醚-26	1.0	1.5	2.0	2.5
	EDTA二钠	0.03	0.04	0.05	0.06
	尿囊素	0.1	0.12	0.14	0.15
	羟苯甲酯	0.15	0.13	0.12	0.10
	纯水	73.8	73.0	72.0	71.1
B相	三乙醇胺	0.1	0.2	0.3	0.35
C_1相	卵磷脂	0.05	0.08	0.12	0.15
	乙醇	0.01	0.03	0.05	0.06
	咖啡因	0.05	0.08	0.1	0.15
	磷酸钠	0.001	0.002	0.003	0.004
C_2相	β-葡聚糖	0.01	0.03	0.05	0.1
	甘油	0.03	0.05	0.08	0.12
	双（羟甲基）咪唑烷基脲	0.001	0.0015	0.002	0.003
	丙二醇	0.01	0.02	0.03	0.04
	碘丙炔醇丁基氨甲酸酯	0.00001	0.00003	0.00006	0.00007
	小核菌胶	0.1	0.3	0.5	0.6
	苯氧乙醇	0.002	0.004	0.006	0.008
C_3相	甘油丙烯酸酯/丙烯酸共聚物	0.2	0.1	0.08	0.06
	丙二醇	0.2	0.15	0.1	0.08
	羟苯甲酯	0.01	0.009	0.008	0.007
	羟苯丙酯	0.004	0.003	0.002	0.001
	甘油	0.8	0.6	0.5	0.4
D相	双（羟甲基）咪唑烷基脲	0.05	0.08	0.10	0.12
	羟苯甲酯	0.002	0.004	0.006	0.008
	丙二醇	0.06	0.08	0.10	0.12
	碘丙炔醇丁基氨甲酸酯	0.0001	0.0003	0.0005	0.0007
E相	香精	0.05	0.10	0.12	0.14
	PEG-50氢化蓖麻油	0.02	0.04	0.06	0.08
	壬基酚聚醚-14	0.02	0.04	0.06	0.07
	丙二醇	0.002	0.004	0.006	0.008

[制备方法]

（1）将 A 相原料加入乳化锅，均质 3～8min，拌加热到 80～85℃，真空度为−0.03～−0.07MPa，低速均质 2min；

（2）温度降至 55～60℃时加入 B 相搅拌均匀，真空度为−0.03～−0.07MPa；

（3）冷却至 40～45℃时加入 C₁、C₂、C₃、D、E 相原料搅拌均匀，真空度为−0.03～−0.07MPa；

（4）理化指标检验合格后，出料。

[原料介绍] 珍珠水解液脂质体能够降低水解液的电导率，减少对化妆品体系的破坏，有效地保护珍珠的有效成分不被其他组分所破坏，大大提高了珍珠营养成分的吸收效果，可以利用珍珠水解液脂质体中的多种氨基酸和微量元素，以及多种蛋白质等营养成分，促进新生细胞合成，提高人体肌肤中的歧化酶（SOD）的活性，抑制黑色素的形成，达到提亮肤色的效果。

[产品应用] 使用方法：洁肤、爽肤后，取适量均匀涂抹于眼部肌肤，轻轻按摩至吸收。

[产品特性] 通过添加珍珠水解液脂质体，协同咖啡因，同时辅以β-葡聚糖、小核菌胶、甘油丙烯酸酯/丙烯酸共聚物等紧致抗皱成分，促进眼部的血液微循环，促进成纤维细胞合成胶原蛋白，改善眼部皮肤的细小皱纹及皮肤纹理度，提高皮肤弹性，温和紧致眼周肌肤，并缓解眼圈周围皮下肿胀，淡化黑眼圈，令眼部肌肤细腻、紧致弹润。具有工艺简单、营养全面、抗皱效果明显等特点。

配方 6　具有保湿功效的眼部精华

[原料配比]

原料	配比（质量份）			
	1#	2#	3#	4#
肌酸	0.3	0.1	0.5	0.2
丙二醇	2	1.0	3.0	1.5
甘油	4	3.0	5.0	3.5
葡聚糖	3.5	2.0	5.0	2.75
环五聚二甲基硅氧烷（及）二甲基硅氧烷	1.25	1.0	1.5	1.12
环五聚二甲基硅氧烷	1.75	1.0	2.5	1.37
卡波姆	0.15	0.1	0.2	0.12
黄原胶	0.07	0.05	0.1	0.06
三乙醇胺	0.15	0.1	0.2	0.12

续表

原料	配比（质量份）			
	1#	2#	3#	4#
透明质酸钠	0.03	0.01	0.05	0.02
双-PEG/PPG-16/16PEG/PPG-16/16 聚二甲基硅氧烷和辛酸/癸酸甘油三酯	1	0.5	1.5	0.75
PPG-26-丁醇聚醚-26/PFG-40 氢化蓖麻油/水	0.2	0.1	0.3	0.15
EDTA-2Na	0.03	0.01	0.05	0.02
乙基己基甘油	0.3	0.1	0.5	0.2
苯氧乙醇	0.3	0.1	0.5	0.2
香精	0.07	0.05	0.1	0.06
鳕鱼皮胶原肽	3.5	1.0	5.0	2.25
绿色巴夫藻多糖	2.5	1.0	5.0	1.75
胶原肽修饰的羧甲基果聚糖	3	1.0	5.0	2
去离子水	75.9	87.78	64	81.86

[制备方法]

（1）将甘油、丙二醇、葡聚糖、肌酸、卡波姆、黄原胶、透明质酸钠、EDTA-2Na、鳕鱼皮胶原肽、绿色巴夫藻多糖、胶原肽修饰的羧甲基果聚糖、去离子水加入搅拌锅，在室温、800～1000r/min 的速度下混合搅拌，溶解完全，制得 A 相；

（2）将环五聚二甲基硅氧烷（及）二甲基硅氧烷、环五聚二甲基硅氧烷、双-PEG/PPG-16/16PEG/PPG-16/16 聚二甲基硅氧烷和辛酸/癸酸甘油三酯、PPG-26-丁醇聚醚-26/PEG -40 氢化蓖麻油/水、香精加入搅拌锅，在室温、800～1000r/min 的速度下混合搅拌，分散均匀，制得 B 相；

（3）将 B 相加入 A 相中，搅拌 5～10min，均质 3～5min，制得 C 相；

（4）将三乙醇胺、乙基己基甘油、苯氧乙醇依次在 500～800r/min 的搅拌速度下加入 C 相中，搅拌均匀出料。

[原料介绍]　鳕鱼皮胶原肽与人类皮肤胶原肽的结构相似，相容性较好，对皮肤有着很好的营养作用。水解胶原分子中含有大量的羧基、羟基等亲水基团，同时存在丰富的甘氨酸、丝氨酸、丙氨酸、天冬氨酸等天然保湿因子，能极大地提高细胞的贮水能力，达到皮肤保湿的目的。胶原肽分子量较小，可以进入到皮肤的深层，起到类似天然保湿因子的作用，提高皮肤水分含量。长期涂抹分子量<1000 的胶原肽水溶液对提高衰老皮肤中透明质酸的含量功效最佳。胶原肽保湿精华使皮肤中的水分含量、羟脯氨酸、透明质酸均有明显的提高，对保持皮肤水润、健康起到了良好的功效，同时针对衰老皮肤造成的干燥、松弛、皱褶等症状亦有很好的改善作用。

绿色巴夫藻富含特殊的巴夫甾醇、多糖、蛋白质和脂肪酸等有效成分，其中有一种特殊的多糖成分，具有良好的吸湿和保湿性能，这是由于多糖分子结构中存在大量羟基或羧基等极性基团，能够与水分子形成氢键且相互交联呈网状结构。此外，绿色巴夫藻多糖具有良好的成膜性能，可以减少水分的蒸发，保存水分。微藻多糖天然、无毒副作用，具有营养和保湿双重功能。比较了绿色巴夫藻多糖和其他保湿类成分的保湿性能，绿色巴夫藻多糖表示出较好的保湿性，保湿率都在55%以上。

以解淀粉芽孢杆菌PB6高产胞外果聚糖为原料，通过羧基化修饰在果聚糖骨架上引入羧基后，进一步借助羧基与氨基的交联反应，制备得到胶原肽修饰的羧甲基果聚糖。胶原肽在保留胶原蛋白有关特性如参与细胞迁移分化增殖、生物相容性良好等的同时，还兼具分子量小、更容易被人体吸收的优点。通过共价键在多糖骨架上引入胶原肽形成的交联产物，水溶性、抗氧化性、吸湿保湿性良好，能促进皮肤成纤维细胞增殖。这种果聚糖还剩下不少羟基，能够与水分子形成氢键且相互交联呈网状结构，像一层膜一样，可以防止水分流失。

所述双-PEG/PPG-16/16PEG/PPG-16/16聚二甲基硅氧烷和辛酸/癸酸甘油三酯为一种混合物。

鳕鱼皮胶原肽的制备方法如下：选取鳕鱼皮胶原蛋白，配制成底物浓度为1%的胶原蛋白水溶液，调pH至8.0，加入1‰的碱性蛋白酶，在50℃的水浴锅中进行酶解，得酶解液；将酶解液用沸水灭活15min，冷却，以8000r/min的转速离心15min，取上清液，得多肽水解液；将多肽水解液过0.22μm微孔滤膜除去杂质，截留，低温旋蒸，冷干，得鳕鱼皮胶原肽。

绿色巴夫藻多糖的制备方法如下：将绿色巴夫藻洗净，65℃烘干，切片粉碎，得绿色巴夫藻粉末；按照料液比1∶15加入水在85℃下提取1.5h，回流提取3次，合并提取液，以5500r/min离心15min，65℃下减压浓缩，得浓缩液；将浓缩液加入4.5倍质量的无水乙醇过夜，沉淀，干燥，得绿色巴夫藻粗多糖；将所得绿色巴夫藻粗多糖脱蛋白、浓缩、透析、超滤、冻干，得绿色巴夫藻多糖。绿色巴夫藻多糖制备方法中超滤的条件为：超滤压力0.5MPa，超滤温度25℃，用MW300000的超滤膜进行初滤，用MW5000以下的超滤膜进行截留。

胶原肽修饰的羧甲基果聚糖的制备方法如下：取羧甲基果聚糖溶于80质量份的0.2mol/L MES缓冲液中，加入0.5质量份的EDC试剂和0.2质量份的NHS试剂，常温搅拌20h后，迅速加入0.8质量份的胶原肽，搅拌15min，调节pH至6，透析72h，浓缩冷冻干燥，得胶原肽修饰的羧甲基果聚糖。胶原肽修饰的羧甲基果聚糖制备方法中羧甲基果聚糖的制备方法如下：选取果聚糖加入40质量份的异丙醇，逐步滴入15质量份的20%NaOH溶液，常温搅拌1.5h后加入2质量份的氯乙酸，60℃下搅拌4h，调pH至6.0，将混合物转移至10000Da的透析袋中用去离子水透析96h，收集透析液，冷却干燥，得羧甲基果聚糖。

[产品特性]

（1）本品能改善眼周血液循环，提高皮肤含水量，进而增加皮肤的弹性，减轻眼周皮肤干燥、老化、有轻微皱纹等问题；

（2）本品吸湿性及保湿性优异，甚至优于甘油和壳聚糖。且绿色巴夫藻多糖结构中存在着硫酸基、羧基等多种活性基团，赋予产品显著的保湿作用的同时，还满足消费者对产品安全性的要求；

（3）本品与皮肤亲和性好，对细胞无毒性，并能有效促进人皮角质细胞增殖，有效地延缓眼部周围皮肤的衰老；

（4）本品能促进肌肤形成结合水，保持了肌肤的滋润度。

配方 7　天然植物精华眼膜基底液

［原料配比］

原料	配比（质量份）		
	1#	2#	3#
岗松提取浓缩精华液	16.7	15	19
岗松精油	8	6	9.7
玫瑰精油	18	2	6.8
蜂蜡	6	2	10
角鲨烷	3	6.5	15
甘油	8.8	7	6.5
脂肪酸聚氧乙烯酯	4	4.3	2.3
椰油基葡糖苷	3.2	2	1.6
十六烷酸异丙酯	1.6	2.1	1.4
甜杏仁油	2.2	1.3	2
中链甘油三酸酯	1.5	2	2.8
异构十二烷	0.5	0.4	0.2
肉豆蔻酸异丙酯	0.6	1.4	0.8
月桂醇醚	1	1.3	0.7
油酸甲酯	0.2	0.1	0.3
辛癸酸甘油酯	0.2	0.3	0.1
丁香酚	0.15	0.22	0.25
苯氧乙醇	0.4	0.3	0.1
棕榈醇	0.1	0.2	0.4
去离子水	10	10	10

［制备方法］

（1）取部分去离子水，按照配方取玫瑰精油、蜂蜡、角鲨烷、椰油基葡糖苷、肉豆蔻酸异丙酯、月桂醇醚、丁香酚、苯氧乙醇、棕榈醇分散于去离子水中，充分搅拌混合得到基础混合液；

（2）将脂肪酸聚氧乙烯酯、异构十二烷、十六烷酸异丙酯、中链甘油三酸酯、油酸甲酯按照配方称取后，加入到上述基础混合液中，并进行水浴加热；

（3）将岗松精油、甜杏仁油混合得到混合油液；

（4）将甘油、辛癸酸甘油酯和剩余的去离子水混合，并进行水浴加热得到甘油混合溶液；

（5）将混合油液滴加到甘油混合溶液中，并搅拌均匀，搅拌 10～30min 后，依次加入步骤（2）得到的混合液和岗松提取浓缩精华液搅拌均匀，即得天然植物精华眼膜基底液。

[原料介绍] 岗松提取浓缩精华液和岗松精油的制备方法，包括以下过程：

（1）将岗松树枝上的杂物泥土清理干净，保留树叶，并用清水清洗干净，晾干，然后放入双氧水中再次进行清洗和消毒，双氧水的质量分数为 3%。

（2）将消毒后的岗松树枝取出沥干水分后，烘干至含水量在 5% 以下，然后将烘干的树枝粉碎，粉碎后的颗粒粒径不大于 1mm。

（3）粉碎后的岗松颗粒采用超微粉碎至 300 目，得超微岗松粉。

（4）加入水，调节 pH 在 4.5～6.5，加入纤维素酶进行酶解，保温在 26～31℃。

（5）按照每 100kg 超微岗松粉，用纯度为 95% 的乙醇溶液 500kg，将其一起放入密封的容器内，水浴加热，加热的温度为 40℃，保温 8h 后，在开温至 65℃ 的同时，搅拌剥离 20min；其中，水浴加热的时间和方式进一步细化，可以使得岗松粉的有效成分进一步提取出，即加热的温度为 35℃ 等待 2h，然后在 2min 内上升到 40℃，保温 7h 后，在 5min 内，升温至 60℃ 并保温 5min，然后在 2min 内加热到 65℃ 并保温 10min，在此 20min 的时间内一直保持搅拌。

（6）用 500 目的滤膜对搅拌剥离后的溶液进行过滤，渣液分离后，将滤渣再一次地用乙醇溶液浸泡，过滤，将两次滤液合并。

（7）将滤液放入容器中，水浴加热到 50～60℃，岗松精油汇集到液体的表面，收集岗松精油。

（8）剩余的滤液采用超滤膜分离处理方法，设定超滤粒度为 0.01μm，将去除岗松精油后的滤液加压，通过低压大孔 0.01μm 滤膜超滤截留细小残渣得到低压大孔透过液。

（9）将低压大孔透过液经高压小孔 0.001μm 的滤膜超滤截留，得高压小孔透过液和高压小孔的截留液。

（10）将高压小孔透过液，经硅胶柱层析真空态渗透吸附，得到洗脱液，然后将洗脱液与高压小孔截留液合并，得到提取液；其中硅胶 pH 值为 6.9，水分含量为 2.5%，比表面积为 350m²/g；在经过此工艺之前，将高压小孔透过液加热到 78℃。

（11）将提取液进行浓缩得到岗松提取浓缩精华液。

[产品特性] 本品对皮肤具有良好的抑菌、消炎功能，并且没有刺激性，起到很

好的护肤作用。

配方 8 强效抗衰眼部精华乳

[原料配比]

原料	配比（质量份）	原料	配比（质量份）
玫瑰花水	20～40	绞股蓝提取物	3～6
白池花籽油	10～20	虾脊兰提取物	2～4
乳酸杆菌发酵溶胞产物	10～20	超氧化物歧化酶	2～4
卵磷脂	20～40	咖啡因	1～2
氢化卵磷脂	5～8	橙皮甲基查尔酮	2～4
植物甘油	4～8	维生素 E	1～3
石刁柏茎提取物	4～8	1,2-戊二醇	2～4
明串球菌/萝卜根发酵产物滤液	4～8	棕榈酰寡肽	1～2
野大豆蛋白	4～6	棕榈酰三肽-5	1～2
水解大米蛋白	4～6	二肽-2	1～2
藻提取物	3～6	盐生杜氏藻提取物	1～2
石榴皮提取物	3～6		

[制备方法]
（1）将玫瑰花水加热至 80℃，将白池花籽油加热至 80℃，将加热后的玫瑰花水和白池花籽油混合，加入氢化卵磷脂后置于乳化机中在 10000r/min 的转速下均质 5min，得乳化液；

（2）将石刁柏茎提取物、石榴皮提取物、绞股蓝提取物、棕榈酰寡肽、棕榈酰三肽-5、超氧化物歧化酶、藻提取物混合并加入 4 倍相对密度的瑞士脂质包裹体进行包裹，得到混合液；

（3）待均质后的乳化液降温至 40℃ 以下，依次加入混合液和植物甘油、乳酸杆菌发酵溶胞产物、二肽-2、野大豆蛋白、水解大米蛋白、虾脊兰提取物、咖啡因、橙皮甲基查尔酮、维生素 E、盐生杜氏藻提取物、明串球菌/萝卜根发酵产物滤液、1,2-戊二醇，在 10000r/min 的转速下均质 5min；

（4）对步骤（3）得到的乳化液进行灭菌，即可得到精华乳，将得到的精华乳进行灌装和包装后得到成品精华乳。

[原料介绍]　明串球菌/萝卜根发酵产物滤液作为天然防腐剂使用，从细菌中分离出来的肽具有抗微生物的活性，来取代传统的化学防腐剂，明串球菌/萝卜根发酵产物滤液不仅帮助配方有效控制微生物，还帮助肌肤增强保湿。

乳酸杆菌发酵溶胞产物是基于益生技术，从乳酸菌菌株分离出的 ASP（刺鼠信号蛋白）结构类似物，这些类似物关键的氨基酸结构，可与 MC1R 相互作用，诱导肌肤色素沉着的改变，减少黑眼圈的出现。

咖啡因来源于咖啡豆提取物，具有收缩血管和良好的淡化黑眼圈之功效。

绞股蓝生长在美国南部，其提取物中人参皂苷（一种三萜烯皂苷）一直以来都被用于强化血管，能够有效增强血管韧性。

橙皮甲基查尔酮，常常用来治疗静脉循环不足，它能有效降低血管滤出速度，从而阻止血液淤积；优化酶的活性，从而减轻血液的被氧化；强化毛细血管体系、增强毛细血管的韧性，从而降低毛细血管的渗透性，能够较好地提高眼部肌肤抗衰老性能。

水解大米蛋白是从水解大米中提取的蛋白质通过蛋白质分解酶的加水分解处理后，调配得到的蛋白质分解精华，富含丰富的氨基酸，能够促进纤维芽细胞产生胶原，强化肌肤的防御机能。

虾脊兰提取物，可改善皮肤干细胞和成纤维细胞间的信号交流，提升皮肤紧致度、弹性、光泽度和明亮度。

藻提取物是从甲藻属微藻中分离出的硫化多糖类，作为供硫成分调控谷胱甘肽的产生，从而达到减少细纹、延缓肌肤衰老之效。

原料中的二肽-2、棕榈酰寡肽、棕榈酰三肽-5，能够通过刺激 TGF-β 来促进胶原蛋白来消除细纹，仅仅七天就能显著减少眼部周围的细痕和皱纹。

卵磷脂，是指瑞士的脂质包裹体，它是基于天然原材料的创新型亲水性化妆品活性成分的载体。本品采用的瑞士卵磷脂包裹技术，只需要与水简单混合即可形成稳定的脂质体。将活性原料用 1∶4 的脂质体进行包裹，再加入配方体系，不需要特殊的设备即可形成粒径约为 200nm 的装载脂质体，从而大大提升活性成分对肌肤的作用。

[产品特性] 本品渗透性好，易吸收，深层保湿，滋养修护肌肤，增强眼周肌肤弹力并改善干燥、松弛现象，修复受损或缺乏养分的细胞，明显延续皮肤衰老，使眼周肌肤恢复丰满与圆润，重拾亮丽光彩的明亮双眸。

配方 9 改善黑眼圈的精华液

[原料配比]

原料		配比（质量份）			
		1#	2#	3#	4#
改善黑眼圈组合物	芽孢杆菌发酵产物	0.0005	0.001	0.0025	0.005
	咖啡提取物	0.25	0.5	0.75	1.0
	白松露菌提取物	0.0015	0.003	0.0075	0.015

续表

原料		配比（质量份）			
		1#	2#	3#	4#
增稠剂	卡波姆	0.20	0.20	0.20	0.20
pH 调节剂	三乙醇胺	0.20	0.20	0.20	0.20
保湿剂	甘油	5.00	5.00	5.00	5.00
	1,3-丙二醇	5.00	5.00	5.00	5.00
	透明质酸钠	0.05	0.05	0.05	0.05
	水解透明质酸钠	0.05	0.05	0.05	0.05
螯合剂	EDTA 二钠	0.03	0.03	0.03	0.03
防腐剂	羟苯甲酯	0.15	0.15	0.15	0.15
	苯氧乙醇	0.35	0.35	0.35	0.35
芳香剂	香精	0.02	0.02	0.02	0.02
增溶剂	PEG-60 氢化蓖麻油	0.10	0.10	0.10	0.10
溶剂	去离子水	加至 100	加至 100	加至 100	加至 100

[制备方法]

（1）将无菌去离子水加入主锅，在机械搅拌下慢慢加入卡波姆，搅拌直至无白色团块；

（2）然后将 EDTA 二钠、羟苯甲酯加入，加热至 80～85℃，搅拌均匀，至完全溶解为止，保温 20min，以 3000r/min 均质 1min，然后边搅拌边冷却；

（3）60℃时加入预混匀的甘油、1,3-丙二醇、透明质酸钠和水解透明质酸钠，恒温搅拌 20min，以 3000r/min 均质 1min，然后加入三乙醇胺，边搅拌边冷却；

（4）45℃时，加入芽孢杆菌发酵产物、咖啡提取物、白松露菌提取物及预混匀的苯氧乙醇、香精和 PEG-60 氢化蓖麻油，搅拌均匀，降至 36℃时，送检，合格后出料。

[原料介绍] 芽孢杆菌发酵产物具有降低血管通透性和脆性，增加血液中铁离子的活性以及分解胆红素，促进 I 型胶原蛋白生成、使表皮厚度增加，减少氧化应激/炎症反应的作用。

咖啡提取物具有扩张血管、促进血液循环、改善皮肤毛细血管堵塞的作用。

白松露菌提取物具有消除自由基，能抑制酪氨酸酶的活性、减少黑色素、提亮肤色的作用。其被广泛用于具有美白功效的化妆品中。

[产品特性] 本品在滋润、保湿的同时，可提供较好地去除眼周肌肤暗黄、改善黑眼圈效果，具有提亮肤色、美化眼周肌肤的功效。

8 润发护发精华

配方1 滋养保湿润发精华素

[原料配比]

原料	配比（质量份）			
	1#	2#	3#	4#
去离子水	88.52	86.58	80.66	87.82
螯合剂	0.05	0.08	0.05	0.1
阳离子表面活性剂	2.5	3	2	5
乳化剂	1.5	2	3	1
赋脂剂	6.3	8	10	5
调理剂	1.8	2	4.5	1.5
保湿剂	0.3	0.3	0.3	0.3
功能性添加剂	0.2	2	1	3
赋香剂	0.2	0.4	0.2	0.6
抗氧化剂	0.05	0.08	0.05	0.1
防腐剂	0.08	0.06	0.04	0.08

[制备方法]

（1）在乳化锅中加入去离子水和螯合剂，搅拌加热，65～75℃下加入阳离子表面活性剂；

（2）同时将赋脂剂、调理剂、乳化剂、保湿剂加入油锅中搅拌，70～80℃时被抽入乳化锅中；

（3）保温10～20min后，冷却；

（4）55～65℃时，加入功能性添加剂、赋香剂、抗氧化剂和防腐剂；

（5）40～50℃时，停止搅拌；

（6）30～40℃时，取样按半成品指标检验；

（7）检验合格，称量包装。

[原料介绍] 所述的阳离子表面活性剂包括十八烷基三甲基氯化铵，十六烷基三甲基氯化铵或十二烷基二甲基苄基氯化铵。

所述的乳化剂包括单硬脂酸甘油酯、失水山梨醇脂肪酸酯或聚氧乙烯失水山梨醇脂肪酸酯。

所述的赋脂剂选自白油、植物油、羊毛脂、脂肪酸、高碳醇中的一种或几种。

所述的调理剂包括聚二甲基硅氧烷、聚季铵盐-7、聚季铵盐-10 或聚季铵盐-36。

所述的保湿剂选自甘油、透明质酸、丙二醇、1,3-丁二醇中的一种或几种。

所述的功能性添加剂选自胶原蛋白液、维生素 E、泛醇、壳多糖、中草药提取物中的一种或几种。

所述的螯合剂包括 EDTA 二钠或 EDTA 四钠。

所述的赋香剂为 BH-90408、0207C、90729。

所述的防腐剂包括尼泊金甲酯、尼泊金丙酯、苯氧乙醇或 1,3-二羟甲基-5,5-二甲基海因。

所述的抗氧化剂包括 2,6-二叔丁基对甲酚、丁基羟基茴香醚、五倍子酸丙酯或四-(二丁基羟基氧化肉桂酸)季戊四醇酯。

[产品特性]

（1）蕴含丰富的保湿成分和发质所需要的营养，增强头发的韧力，促进头发的顺滑性、韧性；

（2）在头发表层形成一层保护层，保护头发免受折损，使头发保持最佳状况和亮泽；

（3）不刻意追求短期效果；

（4）本品具有良好的敷展性，且适用于各种发质。

配方 2　用于人发卷烫后损伤修复的护发精华素

[原料配比]

原料	配比（质量份）
黄明胶	1～5
苯甲酸钠	1～5
人参茎叶水提干浸膏	1～3
柠檬酸	0.1～0.3
水杨酸乙酯	0.5～1
聚乙烯吡咯烷酮	0.1～0.9

续表

原料		配比（质量份）
微晶纤维素		1～5
溶媒	甘油	3
	丙二醇	4
	乙酸乙酯	0.5
	去离子水	加至 100

[制备方法]

（1）在常温条件下，在配液罐内配制溶媒，搅拌均匀后，用 0.22μm 除菌过滤器过滤至带夹层的配液罐中，加热至 50℃，保温，备用；

（2）将黄明胶、苯甲酸钠、人参茎叶水提干浸膏、柠檬酸、水杨酸乙酯、聚乙烯吡咯烷酮、微晶纤维素加入到上述溶媒中，开启搅拌，加热至 50℃，保温，搅拌 20min 后，用 0.5μm 过滤器过滤，即得。

[原料介绍] 本品考虑到对发根的滋养，添加了黄明胶，黄明胶中含有丰富的氨基酸成分，是皮肤毛发生长所需的重要营养成分。通过头皮表皮的吸收，促进毛发生长。

对于已经受损的发丝，添加水杨酸乙酯和人参茎叶水提干浸膏，对发丝表层的鳞片形成修复，改善发丝内部营养管路的通透性。此外，水杨酸乙酯在使用中会分解，产生微量水杨酸，软化发丝，提高其韧性。聚乙烯吡咯烷酮、微晶纤维素作为分散剂并改善黏度，提高护发精华素在发丝上的附着量。甘油和丙二醇可以增加保湿，使发丝保持较湿的状态，形成较好的光泽和柔顺效果。苯甲酸钠和柠檬酸主要作为防腐剂，防止细菌滋生造成护发精华素的腐败。

[产品特性] 该护发精华素在发丝表层有较强的附着，对受损发丝鳞片和发丝内部营养管路有良好的修复作用，在发丝表面能形成致密均匀保护层，同时有效保湿，增加了发丝的光泽和柔顺感，较好地解决了人发卷烫受损造成的易断、易开叉、干枯等系列问题。

配方 3 防脱生发精华

[原料配比]

原料		配比（质量份）			
		1#	2#	3#	4#
保湿剂	丙二醇	5	3	5	5
	甘油	—	2	4.9	—

原料		配比（质量份）			
		1#	2#	3#	4#
保湿剂	泛醇	—	—	0.1	—
	氨基酸	—	—	—	0.5
	透明质酸钠	0.01	—	—	—
增稠剂	羟乙基纤维素	0.5	0.3	—	—
	汉生胶	—	0.7	—	0.1
	卡波姆	—	—	1	—
人参茎叶三醇组皂苷		0.5	2	0.01	0.1
防腐剂	碘丙炔醇丁基氨甲酸酯	0.02	—	—	—
	甲基异噻唑啉酮	0.01	—	0.01	—
	DMDM乙内酰脲	—	0.3	—	—
	苯氧乙醇	—	—	—	1
去离子水		93.96	91.7	88.98	93.3

[制备方法]

（1）将人参茎叶三醇组皂苷加入保湿剂中，搅拌至完全溶解；

（2）将增稠剂加入水中，以 2500～3000r/min 的速率搅拌 20～30min，至完全分散；

（3）向增稠剂中加入溶有人参茎叶三醇组皂苷的保湿剂，再加入防腐剂，搅拌均匀后即得成品。

[原料介绍] 所述人参茎叶三醇组皂苷包括 20%～50%人参皂苷 Re、25%～50%人参皂苷 Rg1、5%～25%人参皂苷 Rg2 和 5%～25%人参皂苷 Rh1。

所述人参茎叶三醇组皂苷按照以下方法提取：用 70%乙醇提取人参茎叶粗粉，收集提取液，静置 24h，取上清液浓缩，然后用大孔吸附树脂柱 XAD-4 分离，树脂与上样量的质量之比为 6∶1，先用 30%乙醇洗脱，再用 70%乙醇洗脱，经收集、浓缩得到人参茎叶三醇组皂苷。

人参茎叶三醇组皂苷为纯天然提取，对头皮没有刺激作用，操作简单，具有激发毛发再生、滋养头皮的作用；本品利用人参茎叶三醇组皂苷与保湿剂结合来预防脱发，促进毛发生长。

[产品特性] 本品可直接作用于头皮，促进头皮细胞的新陈代谢，扩张毛细血管，改善血液循环，使毛囊组织得到合理营养，有效提高头皮的抗病能力，保护和促进毛发生长，有效缓解头皮瘙痒、脱发症状；防脱生发精华制备简单，使用方便，价格低廉，其具有一定的黏度，用于头皮，按摩易吸收，清爽不油腻，有效改善头皮营养状态，促进头发生长。

配方4　真姜精华护发素

[原料配比]

原料		配比（质量份）		
		1#	2#	3#
姜根		10	12	14
硬脂基三甲基氯化铵		7	8	9
鲸蜡硬脂醇		3	3.5	4
甘油		2.5	3	3.5
柔软剂	BTMS-350	1.2	1.5	1.8
羟乙基纤维素		0.8	1	1.2
PPG-3辛基醚		0.8	1	1.2
姜油		0.4	0.5	0.6
生姜提取物		0.4	0.5	0.6
保湿剂	Prodew-500	0.4	0.5	0.6
润肤剂	EldewPS-203	0.08	0.1	0.12
生育酚乙酸酯		0.026	0.03	0.33
乳酸		0.026	0.03	0.33
姜黄素		0.04	0.05	0.06
苯氧乙醇		0.4	0.5	0.6
防腐剂		0.05	0.06	0.07
水		72.878	67.73	61.99

[制备方法]

（1）将姜根去皮并用质量分数为0.3%的防腐剂溶液浸泡30～40min，用水冲洗干净后机械粉碎，加入用量50%的水升温至90～100℃，煮0.5～1.5h后保温20～40min，得混合物A；

（2）将甘油、羟乙基纤维素、姜油、生姜提取物和剩余水加入乳化锅，升温至80～90℃，加入硬脂基三甲基氯化铵和柔软剂搅拌至溶解完全，得混合物B；

（3）将鲸蜡硬脂醇、PPG-3辛基醚、润肤剂和生育酚乙酸酯加入油相锅中，升温至80～90℃，将油相锅中物料抽入步骤（2）的乳化锅中，搅拌10～20min后开启均质，均质1～2min后保温搅拌10～20min，得混合物C；

（4）将步骤（3）中混合物C降温至50～60℃，加入步骤（1）的混合物A，搅拌均匀，得混合物D；

（5）将步骤（4）的混合物D降温至40～50℃，加入保湿剂、乳酸、姜黄素、苯氧乙醇和防腐剂，搅拌均匀，得混合物 E；

（6）将混合物 E 降至常温，抽样检测合格后过滤，即得。

［原料介绍］　柔软剂是山嵛基三甲基铵甲基硫酸盐和鲸蜡硬脂醇复合产品 BTMS-350，因其山嵛基结构部分具有独特的直接吸附和抗静电性能，具有润湿、清洁、调理、柔软、悬浮和乳化的作用，对头发具有卓越的抗缠结能力。

保湿剂 Prodew-500 是由 NMF 和 11 种氨基酸组成的水溶液，根据人体头发的氨基酸组成比例调制而成，具有优良的吸湿及保湿性能，对皮肤和眼黏膜不刺激。

润肤剂植物甾醇和辛基十二醇月桂酰谷氨酸酯复合产品 EldewPS-203，可以很好地在体系里形成稳定分散溶液，对皮肤和头发都具有较好的保湿效果，能够增强皮肤角质层或头发鳞片的吸附水分能力，同时还可降低产品的刺激性。

防腐剂为甲基氯异噻唑啉酮和甲基异噻唑啉酮与氯化镁及硝酸镁的混合物，其中甲基氯异噻唑啉酮、甲基异噻唑啉酮、氯化镁和硝酸镁的质量比为 11：48：230：747。

本品中生姜提取物和姜油含有的姜辣素，可以刺激头皮扩张毛细血管，促进皮肤里的血液循环，给毛囊输送更多的细胞营养让毛发长得更快，改善掉头发的状况，尤其对于局部的斑秃有非常好的效果。而且其含有的姜辣素、姜烯油等成分可以使头部皮肤血液循环正常化，促进头皮新陈代谢，活化毛囊组织，有效地防治脱发、白发，刺激新发生长，并可抑制头皮痒，强化发根。此外其还具有清洁头皮、祛除头屑等功能。

［产品特性］　本品采用无硅油配方，添加由超临界二氧化碳萃取分离的生姜活性成分，深层清洁多余油脂，舒缓头皮，平衡油脂分泌，提供头皮头发所需营养，深入发丝，强根健发，令秀发健康亮丽、乌黑浓密；本品真姜精华护发素营养头发、保护发丝、改善头发梳理性。

配方 5　防脱发精华液

［原料配比］

原料	配比（质量份）		
	1#	2#	3#
植物提取物	20		
丙二醇	7		
透明汉生胶	2.4		
甲基异噻唑啉酮	0.1		
苯氧乙醇	0.5		

原料		配比（质量份）		
		1#	2#	3#
去离子水		70		
植物提取物	金星果叶	9	9.2	8.8
	花椒	1	0.8	1.2
	去离子水	100	100	100

[制备方法] 将各组分溶于水，混合均匀即可。

[原料介绍] 植物提取物的制备方法为：将金星果叶、花椒，用水浸泡 1h 后，加热煮沸 1h，过滤得滤液，浓缩得植物提取物。

[产品应用] 使用方法：洗发后擦干头发，均匀涂抹于患处，稍后加以按摩，促进吸收，无需冲洗，第一个月每周使用 3 次，第二个月每周 2 次，每次 2～3mL，使用两个月。

[产品特性]

（1）本品具有较好的生发育发效果。

（2）本品具有较好的防脱发效果。

配方 6　无毒副作用防治脱发、生发的修护精华液

[原料配比]

原料	配比（质量份）	
	1#	2#
人参花	10	15
人参	40	50
当归	5	6
桑叶	5	4
去离子水	600	750

[制备方法] 把以上原料加入到砂锅中，并同时加入相当于原料质量 10 倍的水，用大火烧开后再用文火煮 2～4h，冷却后滤去残渣，剩余的液体即为所需的产品。

[产品应用] 用含有人参精华的精华液洗头并洗脸一次，每周 3～7 次，每次洗 5min，然后不断用梳子梳理头发直至干燥，每次精华液用量为 500～1500mL，然后将剩下的含有人参精华的精华液装入容器，置于冰箱中保鲜，再用时加热至温热即可。

[产品特性] 本品在洗头的同时洗脸，可使面部皮肤细嫩、有光泽，既能护发又能美容。

配方 7 黄姜修护补水头皮精华液

[原料配比]

原料	配比（质量份）	原料	配比（质量份）
何首乌提取物	10	聚山梨醇酯-20	0.2
姜根提取物	10	甘草酸二钾	0.1
泛醇	0.5	香精	0.1
二羟甲基海因	0.3	去离子水	加至100

[制备方法]

（1）将去离子水加入到搅拌锅中，再将何首乌提取物和姜根提取物分别加入搅拌锅中搅拌至完全溶解；

（2）先将聚山梨醇酯-20和香精混合均匀，再加入至搅拌锅内，搅拌至完全溶解；

（3）将二羟甲基海因、泛醇和甘草酸二钾加至搅拌锅内，搅拌至完全溶解，制得成品精华液。

[原料介绍] 何首乌提取物具有抗菌和抗衰老的作用，可抑制头皮中细菌的滋生，对头皮屑有抑制作用；由于头皮在户外被紫外线直接照射，加速细胞的老化，通过何首乌提取物提高细胞的损伤修复能力，延缓衰老。姜根提取物中含有姜辣素，姜辣素可吸除过剩油脂，并让肌肤舒爽清新；同时姜辣素具有抗炎、抗菌、抗氧化及促进血液循环的作用，抑制头发中细菌的滋生，减少头皮屑的产生，消炎止痒。通过添加高含量的何首乌提取物和姜根提取物，精华液具有杀菌止痒和修复抗老化的效果。与此同时，泛醇具有舒缓皮肤及减少阳光灼伤的效果，包裹头皮和头发，起到补水保湿和亮泽的作用。

[产品应用] 使用方法为直接取1～2mL涂抹于干净的头皮上，按摩吸收，无需水洗。

[产品特性] 配方精简，制作方法简单，使用方便，无需水洗；通过何首乌提取物抗菌和抗氧化作用，修复头皮，杀菌止痒，减少头屑，同时姜根提取物消炎杀菌，去屑止痒，并通过甘草酸二钾消炎抗过敏，添加泛醇滋润头皮，肤感温和舒适，适用群体广。

配方8 防脱发精华乳

[原料配比]

原料	配比（质量份）		
	1#	2#	3#
生姜	4	3	5
桐叶	4	3	5
侧柏叶	4	3	5
白首乌	4	3	5
微细蛋白	4	3	5
小麦蛋白	4	3	5
椰油单乙醇酰胺	0.5	0.5	2
乙二醇硬脂酸酯	1	1	4
柠檬酸	0.2	0.2	0.2
香精	1.5	1.5	0.3
去离子水	100	100	100

[制备方法]

（1）按计量配比取适量的生姜、桐叶、侧柏叶、白首乌混合搅拌后捣碎，此时加入温度为30～33℃的去离子水浸泡生姜、桐叶、侧柏叶、白首乌，得到混合物a，浸泡一段时间后，将混合物a进行多次重复过滤处理，取其滤液；

（2）将滤液升温至33～36℃后，加入微细蛋白、小麦蛋白、椰油单乙醇酰胺、乙二醇硬脂酸酯，充分搅拌一段时间升温至37～40℃后形成黏液，加入柠檬酸和香精到黏液中，对黏液进行多次降温，最终得到精华乳。

[原料介绍] 所述的椰油单乙醇酰胺有优良的增稠性和泡沫稳定性，在本品中主要用于增黏起泡。所述的柠檬酸能加快角质更新，有助于皮肤中黑色素的剥落、毛孔的收敛、黑头的溶解，还具有杀菌、防腐作用；在本品中用量较少，主要用于调整洗发水的pH值。所述的白首乌既是常用的补血益精之药，又是养生防老的珍品，因而具有促进毛发生长作用。所述的乙二醇硬脂酸酯在表面活性剂复合物中加热后溶解或乳化，降温过程中会析出镜片状结晶，因而产生珠光。在液体洗涤产品中使用，可产生明显的珠光效果，并能增加产品的黏度，还具有滋润皮肤、养发护发和抗静电作用。与其他类型的表面活性剂相容性好，且能体现其稳定的珠光效果及增稠调理功能。对皮肤无刺激，对毛发无损伤。

[产品特性] 目前市场上洗发露一般用于修复发质、清洁头发，市场上尚缺乏促进头发生长的产品，本产品除了促进头发生长外，还修护发质发根，有效减少掉发，它具有方法简单、成本低廉、使用方便且无副作用等优点。

配方 9 洗发精华素

[原料配比]

原料	配比（质量份）		
	1#	2#	3#
新会柑花及柑肉发酵液	1	4	5
橄榄油	3	2	1
人参粉	3	2	1
丙二醇	1.5	1.5	1.5
脂肪醇柠檬酸酯	1.5	1.5	1.5
十二烷基氨基丙酸钠	20	20	20
甲基椰油酰基牛磺酸钠	20	20	20
辛基/癸基葡糖苷	2	2	2
月桂酰胺甜菜碱	12	12	12
聚乙醇二硬脂酸酯	1.2	1.2	1.2
聚乙二醇单硬脂酸酯	1.2	1.2	1.2
山梨醇聚醚-40 四油酸酯	0.8	0.8	0.8
聚季铵盐-10	0.6	0.6	0.6
甘油	6	6	6
EDTA-2Na	0.2	0.2	0.2
氯化钠	0.8	0.8	0.8
柠檬酸	0.5	0.5	0.5
香精	0.3	0.3	0.3
苯氧乙醇	0.4	0.4	0.4
甲基异噻唑啉酮	0.1	0.1	0.1
去离子水	加至 100	加至 100	加至 100

[制备方法]

（1）将新会柑花及柑肉发酵液、橄榄油、人参粉加入丙二醇及脂肪醇柠檬酸酯中，搅拌均匀，得到组合物备用；

（2）在反应锅中加入足量的去离子水，开启搅拌，将 EDTA-2Na 加入去离子水中；

（3）在反应锅中加入表面活性剂十二烷基氨基丙酸钠、甲基椰油酰基牛磺酸钠、辛基/癸基葡糖苷、月桂酰胺甜菜碱、聚乙醇二硬脂酸酯、聚乙二醇单硬脂酸酯、山梨醇聚醚-40 四油酸酯、甘油，加热至 70～80℃，搅拌至溶解；

（4）待体系降温至 55～65℃，加入预先用去离子水分散好的聚季铵盐-10，并搅拌均匀；

（5）待体系降温至 35～45℃，向体系中加入氯化钠、柠檬酸、香精，搅拌至完全溶解，调节 pH 至 5.5～6.5；

（6）加入步骤（1）配制好的组合物，搅拌均匀，最后加入防腐剂苯氧乙醇、甲基异噻唑啉酮，搅拌均匀，即得洗发精华素。

[原料介绍]　新会柑花及柑肉发酵液的制备方法为：

（1）清洗分离果肉、核的专用粉碎机，以及清洗、消毒发酵罐；

（2）取新鲜的新会柑花及新会柑肉各 100g，将新会柑肉经过分离果肉、核的专用粉碎机进行肉、核分离，将新会柑花及分离后的果肉、果汁倒入所述发酵罐中；

（3）在步骤（2）所述发酵罐中加入 5g 白砂糖、2g 玉米浆、3g 益生菌（乳酸菌、酵母菌及嗜热链球菌的混合菌株），并在温度为 40℃下连续搅拌 7 天后，测定pH 值为 3.0，乳酸含量为 1800.00mg/kg，柠檬酸含量为 2500.00mg/kg，结束发酵，转移至储存罐中储存 90 天，即得到新会柑花及柑肉发酵液。

[产品特性]　本品含有新会柑花及柑肉发酵液，具有祛除异味、抑菌效果，对大肠埃希菌作用 30min，对金黄色葡萄球菌作用 30min，对白色念珠菌作用 40min时，杀灭率均达 99.9% 以上；其含有橄榄油和人参粉，能够保护头皮，而且还具有保湿、滋润、乌发、养颜功能，用于护发，可防头发断裂和脱发；同时本品温和无刺激性，特别适合有头屑和头皮敏感的人群，有助于缓解症状。

配方 10　应用于头部的保湿舒敏护发精华液

[原料配比]

原料		配比（质量份）			
		1#	2#	3#	4#
A相	水	88.17	87.47	68.8	91.07
	丙二醇	1.5	1.5	10	1.5
	甘油	3	3	10	3
	羟乙基纤维素	0.03	0.03	0.1	0.03
	尿囊素	0.3	0.5	0.1	0.5
B相	氨基酸保湿剂	0.5	0.3	0.1	0.2
	葡聚糖	0.2	0.5	—	0.3
	泛醇	0.3	0.3	—	0.5
	CalmYang	0.3	0.5	5	0.3
	甘草酸二钾	0.2	0.2	0.5	0.5
	石香薷花/叶/茎提取物	1	1.2	1.5	0.5
	显齿蛇葡萄叶提取物	2	1.5	1.5	0.3

续表

原料		配比（质量份）			
		1#	2#	3#	4#
B相	蒺藜果提取物	1.5	2	1.4	0.3
	对羟基苯乙酮	0.5	0.5	0.5	0.5
	己二醇	0.5	0.5	0.5	0.5

［制备方法］

（1）将A相依次加入水浴锅，边搅拌边加热至80℃，并在80℃保温15～30min后，停止加热，搅拌冷却；

（2）待A相冷却至45℃后，依次加入B相原料，搅拌均匀得到成品。

［原料介绍］ 所述CalmYang由丁二醇50%、水38%、积雪草提取物5%、虎杖根提取物2%、黄芩根提取物2%、茶叶提取物1%、光果甘草根提取物1%、母菊花提取物0.5%、迷迭香叶提取物0.5%配制而成。

本品采用多种舒缓抗炎功效活性物进行配合，有效舒缓修复头部肌肤及毛发，例如：CalmYang、甘草酸二钾与尿囊素的配合有助于肌肤抗炎、舒缓，促进细胞修复。这是因为CalmYang采用多种植物提取物进行配合，能够抑制由各种原因（如外部刺激或遗传因子）引发的炎症因子，显著提高皮肤自身的免疫活性及抗氧化活性，具有良好的舒缓和修复肌肤的功效，能够有效缓解头部肌肤干燥、急性瘙痒、发炎的问题。而尿囊素可降低角质层细胞的黏着力，加速表皮细胞更新，具有良好的修复抗炎能力，配合上甘草酸二钾，进一步地增强了舒缓、抗炎、镇静的作用。此外，石香薷花/叶/茎提取物、显齿蛇葡萄叶提取物、蒺藜果提取物配合作用，能达到止痒、消肿、修复敏感肌肤的功效，更进一步地对头部肌肤起到舒缓抗炎的作用。

［产品特性］ 通过保湿组合物与舒缓组合物的合理配伍，该护发精华液具有良好的保湿以及舒缓头部肌肤、头发的作用。保湿组合物中含有多种保湿功效活性物，如：氨基酸保湿剂通过多种氨基酸的配合，且氨基酸与皮肤的相容性较好，能够起到良好的保湿性能。

配方 11 焗油精华

［原料配比］

原料		配比（质量份）			
		1#	2#	3#	4#
发用硅油类调理剂	氨端聚二甲基硅氧烷、环五聚二甲基硅氧烷、聚二甲基硅氧烷2∶2∶5的混合物	3	13.5	8	9

原料		配比（质量份）			
		1#	2#	3#	4#
阳离子调理剂	聚季铵盐-37、山嵛基三甲基氯化铵 4:3 的混合物	0.7	—	—	—
	聚季铵盐-37、山嵛基三甲基氯化铵、瓜儿胶羟丙基三甲基氯化铵 5:5:3 的混合物	—	3.9	—	—
	聚季铵盐-37、聚季铵盐-10、瓜儿胶羟丙基三甲基氯化铵 8:5:5 的混合物	—	—	1.3	—
	聚季铵盐-7、聚季铵盐-10、山嵛基三甲基氯化铵、瓜儿胶羟丙基三甲基氯化铵 3:4:3:3 的混合物	—	—	—	1.3
蛋白氨基酸类调理剂	玉米谷蛋白氨基酸类	0.5	3	1	0.8
乳化剂	鲸蜡硬脂醇、异硬脂酰乳酰乳酸钠 2:1 的混合物	0.6	3.4	1.5	1.5
保湿剂	甘油	1	5	2	2
防腐剂	苯氧乙醇、苯甲酸钠 6:1 的混合物	0.3	1.4	0.7	0.7
螯合剂	EDTA 二钠	0.01	0.06	0.02	0.02
pH 调节剂	柠檬酸	0.001	0.004	0.0015	0.0015
增稠剂	羟乙基纤维素	0.5	2	1	1
植物提取精华	玉米提取物、伯尔硬胡桃果提取物、天麻提取物、姜提取物、常春藤提取物、仙人掌提取物 5:2:2:2:2:2 的混合物	0.5	3	1	1
去离子水		50	100	82	82

[制备方法]

（1）向搅拌锅加入 1/3 的去离子水和增稠剂，搅拌 5min；

（2）待增稠剂完全溶解后，加入阳离子调理剂，搅拌 10min，开启加热，并投入乳化剂，加热至 80℃；

（3）待乳化剂基本溶解后，加入保湿剂、pH 调节剂和螯合剂，继续搅拌 8min，温度保持在 80℃，待物料完全溶解后，抽真空均质 10min，继续保温搅拌 30min；

（4）开冷却水缓慢降温至 50~55℃，投入剩余的去离子水、发用硅油类调理剂，抽真空，继续搅拌降温至 40~45℃，投入植物提取精华、玉米谷蛋白氨基酸类和防腐剂，搅拌 25min 后，出料，检测各项指标；

（5）各项指标合格后，将料体装入石墨烯焗油帽中。

[产品应用] 使用方法为，通过将焗油精华涂覆于石墨烯焗油帽中使用。

[产品特性] 本品生物质石墨烯焗油帽材质来源于秸秆玉米芯，经绿色循环加工

制成，并与天然纤维素结合，能进行有效的生物降解，亦是一种绿色环保型纤维。生物质石墨烯材料具有多孔结构、抑菌和远红外发热特性，与焗油精华融合后能促进植物提取精华深入头发、头皮表面，被充分吸收，平衡头皮微生态；该焗油精华配方能快速填充翘起的毛鳞片，达到头发柔亮顺滑的效果。

配方12 去屑止痒的头皮精华

[原料配比]

原料		配比（质量份）			
		1#	2#	3#	4#
溶剂	去离子水	加至100	加至100	加至100	加至100
醇类	乙醇	15.00	15.00	15.00	15.00
	丁二醇	5.00	5.00	5.00	5.00
抗氧化剂	对羟基苯乙酮	0.50	0.50	0.50	0.50
去屑剂	己脒定二（羟乙基磺酸）盐	0.01	0.01	0.01	0.01
止痒剂	中药提取物组合	2.00	—	—	—
	氧化玉米油	—	0.30	—	—
	脱色龙胆抗刺激因子	—	—	2.00	—
	天然复合多酚去屑止痒剂（市售商品）	—	—	—	2.00
防腐剂	苯氧乙醇	0.50	0.50	0.50	0.50
芳香剂	香精	适量	适量	适量	适量

[制备方法]

(1) 将对羟基苯乙酮与丁二醇预混，加热至80～85℃，搅拌至溶解；

(2) 将乙醇、香精、苯氧乙醇预混，搅拌至溶解；

(3) 将水加热至60～70℃，加入步骤（1）中的对羟基苯乙酮与丁二醇预混液搅拌均匀，加入己脒定二（羟乙基磺酸）盐搅拌至分散均匀；

(4) 待步骤（3）溶液降温至45℃以下后，再加入步骤（2）中的乙醇、香精和苯氧乙醇预混液；

(5) 20～30℃的条件下，加入止痒剂，搅拌至分散均匀；

(6) 混匀过滤，出锅即得。

[原料介绍] 所述中药提取物组合中，蔓荆果提取物、龙胆提取物和何首乌根提取物的质量比为（1～10）∶（30～50）∶（20～40）。

[产品特性]

(1) 本品相比于其他去屑剂，加入己脒定二（羟乙基磺酸）盐的组合物稳定性更好，更易溶于水，更容易发挥去屑功效。

（2）本品具有较好的去头屑和止痒的效果。

配方 13 头发护理精华液

[原料配比]

原料		配比（质量份）			
		1#	2#	3#	4#
A 相	三甲基五苯基三硅氧烷	5	3	5	3
	苯基聚三甲基硅氧烷	—	1	—	2
	辛酸/癸酸甘油三酯	0.1	0.1	1	0.1
	红色油溶性色素	0.00001	—	—	—
	黄色油溶性色素	—	0.00001	—	—
	紫色油溶性色素	—	—	0.00001	—
	蓝色油溶性色素	—	—	—	0.00001
B 相	乙醇	44	70	60	70
	D-泛醇	0.1	0.1	0.1	0.1
	聚季铵盐-47	0.1	0.1	—	—
	聚季铵盐-51	—	—	0.1	—
	十六烷基三甲基氯化铵	—	1	—	—
	瓜尔胶羟丙基三甲基氯化铵	—	—	—	0.1
	去离子水	50	24	34	24
	其他添加剂 （中和剂、螯合剂、防腐剂、增稠剂）	0.05	0.05	0.05	0.05

[制备方法] 称取三甲基五苯基三硅氧烷、苯基聚三甲基硅氧烷、辛酸/癸酸甘油三酯、油溶性色素，室温下混合并搅拌均匀，制得 A 相；称取水、乙醇、D-泛醇、聚季铵盐、十六烷基三甲基氯化铵、瓜尔胶羟丙基三甲基氯化铵、其他添加剂，室温下混合并搅拌均匀，制得 B 相；将 A 相与 B 相合并在一起，制得头发护理精华液组合物。

[产品特性] 本品通过选用适当的组分及用量配比，在保障护理效果的前提下，调整组合物中油相与水相的相对密度和表面张力等物理参数，使组合物中的油相和水相界面清晰、稳定性好，且只需轻轻摇晃即可使油相迅速形成小粒径油滴而均匀分散于水相中，而静置时，油滴可在 60min 内重新聚集在一起而恢复为连续一体的油相，油相和水相保持清晰的界面，产品可恢复至漂亮的双相外观。本品不仅呈现漂亮的双相外观，且具有快速使头发水润、顺滑、柔软，抗毛躁，提升头发光泽度的显著效果，质地轻薄、免冲洗。

参考文献

中国专利公告

CN 201711407337. 4
CN 201711352980. 1
CN 201110152340. 2
CN 201510055087. 7
CN 201510201160. 7
CN 201610275075. X
CN 201610355928. 0
CN 201610483251. 9
CN 201710218664. 9
CN 201710363872. 8
CN 201710158415. 5
CN 201710869026. 3
CN 201910399972. 5
CN 201910805327. 9
CN 201910033500. 8
CN 201610708969. 3
CN 201610972740. 0
CN 201610882796. 7
CN 201610991153. 6
CN 201610777421. 4
CN 201610972736. 4
CN 201610972739. 8
CN 201610972834. 8
CN 201610972812. 1
CN 201611239758. 6
CN 201710148685. 8
CN 201710229347. 7
CN 201710471772. 7
CN 201710471774. 6
CN 201710471782. 0
CN 201710471034. 2
CN 201710477509. 9
CN 201710470322. 6
CN 201710471028. 7
CN 201710471777. X
CN 201710471773. 1
CN 201710829594. 0
CN 201710823726. 9
CN 201610322800. 4
CN 201711407340. 6

CN 201711369856. 6
CN 201711489910. 0
CN 201711219002. X
CN 201710000339. 5
CN 201710000343. 1
CN 201710000327. 2
CN 201810667692. 3
CN 201810507499. 3
CN 201811100376. 4
CN 201811414598. 3
CN 201711238935. 3
CN 201910182066. X
CN 201910448806. X
CN 201910296098. 2
CN 201910393531. 4
CN 201910404312. 1
CN 201910563929. 8
CN 201910515443. 7
CN 201910515424. 4
CN 201910751924. 8
CN 201910769166. 2
CN 201910742928. X
CN 201910920209. 2
CN 201910964664. 2
CN 201911041550. 7
CN 201910990573. 6
CN 201911181147. 4
CN 201911216833. 0
CN 201911176596. X
CN 201911425175. 6
CN 201510296193. 4
CN 201510630833. 0
CN 201910518665. 4
CN 201910727792. 5
CN 201710729221. 6
CN 201811299312. 1
CN 201910385075. 9
CN 201710924870. 1
CN 201910391293. 3
CN 201711082812. 5

CN 201810406220. 2
CN 201610731893. 6
CN 201610562361. 4
CN 201711203971. 6
CN 201910630174. 9
CN 201910769948. 6
CN 201810966896. 7
CN 201510900305. 2
CN 201710872550. 6
CN 201910720895. 9
CN 201610771367. 2
CN 201610972865. 3
CN 201810490912. X
CN 201810481019. 0
CN 201910057075. 6
CN 201810530506. 1
CN 201810530453. 3
CN 201810530365. 3
CN 201810530554. 0
CN 201610508852. 0
CN 201710613685. 0
CN 201610978844. 2
CN 201611099100. X
CN 201711477184. 0
CN 201810990316. 8
CN 201510122134. 5
CN 201510182659. 8
CN 201510621032. 8
CN 201510801700. 5
CN 201510868650. 2
CN 201610289216. 3
CN 201610526496. 5
CN 201711442591. 8
CN 201611179864. X
CN 201810419423. 5
CN 201810541652. 4
CN 201610950790. 9
CN 201610972818. 9
CN 201610945323. 7
CN 201611186821. 4

CN 201710115909.5
CN 201710032082.1
CN 201710032083.6
CN 201710031559.4
CN 201710031768.9
CN 201710031766.X
CN 201710031767.4
CN 201710725376.2
CN 201710908501.3
CN 201710948161.7
CN 201710860763.7
CN 201711142606.9
CN 201711366695.5
CN 201711371054.9
CN 201711366694.0
CN 201711392785.1
CN 201810073138.2
CN 201610980353.1
CN 201810706695.3
CN 201810549242.4
CN 201810701760.3
CN 201810742559.X
CN 201811617576.7
CN 201811641391.X
CN 201711363927.1
CN 201910372495.3
CN 201910372526.5
CN 201910503642.6
CN 201910753812.6
CN 201910599724.5
CN 201810656810.0
CN 201911300664.9
CN 201610512382.5
CN 201610508851.6
CN 201711307521.1
CN 201810669767.1
CN 201910083965.4
CN 201910520702.5
CN 201510689644.0
CN 201710083228.5
CN 201711215585.9
CN 201910083943.8
CN 201910753358.4

CN 201810909744.3
CN 201611056867.4
CN 201710872301.7
CN 201711013365.8
CN 201910084117.5
CN 201610807420.X
CN 201510679547.3
CN 201810489169.6
CN 201810701766.0
CN 201910017109.9
CN 201910717977.8
CN 201510005842.0
CN 201510200826.7
CN 201510788524.6
CN 201610784455.6
CN 201610945485.0
CN 201711432034.8
CN 201810295789.6
CN 201810763194.9
CN 201910272752.6
CN 201911136656.5
CN 201610007885.7
CN 201711113266.7
CN 201510916816.3
CN 201610802985.9
CN 201810011808.8
CN 201810131855.6
CN 201911305149.X
CN 201710310602.0
CN 201811192128.7
CN 201510009994.8
CN 201610417902.4
CN 201510365868.6
CN 201611023587.3
CN 201710485151.4
CN 201710485073.8
CN 201710533027.0
CN 201711340509.0
CN 201810209822.9
CN 201810212416.8
CN 201811125414.1
CN 201811569893.6
CN 201811525294.4

CN 201811366353.8
CN 201811652039.6
CN 201910030927.2
CN 201910117845.1
CN 201910837916.5
CN 201910893354.6
CN 200910183403.3
CN 201510725005.5
CN 201510799279.9
CN 201510744411.6
CN 201610132171.9
CN 201610827216.4
CN 201710072919.5
CN 201710245792.2
CN 201710348499.9
CN 201710711078.8
CN 201710661509.4
CN 201710881517.X
CN 201710984861.1
CN 201711184573.4
CN 201710879531.6
CN 201711076338.5
CN 201711375910.8
CN 201711439770.6
CN 201711439383.2
CN 201810050124.9
CN 201810131798.1
CN 201810476144.2
CN 201810416759.6
CN 201811637482.6
CN 201811625187.9
CN 201910305727.3
CN 201910682774.X
CN 201911123193.9
CN 201911062056.9
CN 201911222783.7
CN 201610046316.3
CN 201710313387.X
CN 201711433906.2
CN 201810802776.3
CN 201510201558.0
CN 201510868666.3
CN 201510868871.X

CN 201511030542. 4

CN 201510388765. 1

CN 201510837464. 2

CN 201710676962. 2

CN 201710824042. 0

CN 201711013338. 0

CN 201711412441. 2

CN 201810109036. 1

CN 201810831886. 2

CN 201810530343. 7

CN 201810831867. X

CN 201811202144. X

CN 201811366952. X

CN 201811333337. 9

CN 201811112415. 2

CN 201811020337. 3

CN 201811315991. 7

CN 201910446650. 1

CN 201910520701. 0

CN 201910725748. 0

CN 201910737741. 0

CN 201911040517. 2

CN 201810785830. 8

CN 201911105273. 1

CN 201911363499. 1

CN 201911376991. 2

CN 201611189715. 1

CN 201810131852. 2

CN 201510673049. 8

CN 201510828759. 3

CN 201510829965. 6

CN 201610230096. X

CN 201610972848. X

CN 201611062315. 4

CN 201611211844. 6

CN 201710051423. X

CN 201710776748. 4

CN 201711078923. 9

CN 201711378585. 0

CN 201711492913. X

CN 201810530553. 6

CN 201811616891. 8

CN 201910053849. 8

CN 201910372519. 5

CN 201910398031. X

CN 201910805273. 6

CN 201911136638. 7

CN 201510201184. 2

CN 201810062118. 5

CN 201510664776. 8

CN 201610772087. 3

CN 201810530517. X

CN 201911224787. 9

CN 201510368482. 0

CN 201511034986. 5

CN 201610196632. 9

CN 201510686346. 6

CN 201710317497. 3

CN 201710816471. 3

CN 201710937786. 3

CN 201910264982. 8

CN 201910691711. 0

CN 201510682677. 2

CN 201710510250. 3

CN 201711359438. 9

CN 201610917947. 8

CN 201810307062. 5

CN 201810489501. 9

CN 201811178245. 8

CN 201910314472. 7

CN 201910706103. 2

CN 201911013093. 0

CN 201911238283. 2